KB069855

이기적 유전자
THE SELFISH GENE

THE SELFISH GENE
: 40TH ANNIVERSARY EDITION, FOURTH EDITION

First published 1976
Second edition 1989
30th anniversary edition 2006
40th anniversary edition, as Oxford Landmark Science 2016

THE SELFISH GENE

이기적 유전자

리처드 도킨스 지음 | 홍영남·이상임 옮김

을유문화사

이기적 유전자

발행일

초판 1쇄 발행 1993년 11월 15일 | 초판 16쇄 발행 2002년 2월 15일

개정판 1쇄 발행 2002년 10월 10일 | 개정판 19쇄 발행 2006년 9월 30일

30주년 기념판 1쇄 발행 2006년 11월 25일 | 30주년 기념판 26쇄 발행 2010년 6월 30일

전면개정판 1쇄 발행 2010년 8월 10일 | 전면개정판 60쇄 발행 2018년 6월 30일

40주년 기념판 1쇄 발행 2018년 10월 20일 | 40주년 기념판 81쇄 발행 2024년 10월 30일

지은이 | 리처드 도킨스

옮긴이 | 홍영남, 이상임

펴낸이 | 정무영, 정상준

펴낸곳 | (주)을유문화사

창립일 | 1945년 12월 1일

주소 | 서울시 마포구 서교동 469-48

전화 | 02-733-8153

팩스 | 02-732-9154

홈페이지 | www.eulyoo.co.kr

ISBN 978-89-324-7390-1   03470

옮긴이의 말

1976년『이기적 유전자』가 출판되면서 지식 사회에 끼친 영향은 마치 1859년에 다윈이『종의 기원』을 출판했던 때와 흡사하다. 다른 점이 있다면, 1976년에 다시 등장한 다윈은『종의 기원』을 쓴 50세의 다윈이 아니라 35세에『이기적 유전자』를 들고 나타난 도킨스였다. 또 한 가지 다른 점은 다윈의『종의 기원』은 6판을 거듭하면서 계속 수정했기 때문에 내용이 초판과 상당히 다르다. 그러나『이기적 유전자』는 40주년을 맞는 지금까지 책의 내용을 조금도 수정하지 않았다. 이처럼 도킨스는 놀라울 정도의 완벽성을 보여 준다. 다만 도킨스는 1989년 출간한 제2판에서 끊임없이 등장한 비판 내용에 따른 개정이나 반응 그리고 그 후에 전개된 내용들에 대해 보충하는 주를 달았을 뿐이며, 2개의 장을 첨가해 내용을 더욱 심화시켰다. 12장에서 야외 동식물의 진화 과정에서 나타나는 다양한 게임 이론적 측면을 강조하고 있으며 13장에서는 도킨스가 1982년에 저술한『확장된 표현형』을 소개하면서『이기적 유전자』에서 정립한 핵심 개념을 더 발전시켰다. 그리고 30주년 기념판에서는 서문을, 40주년 기념판에서는 에필로그를 더했을 뿐이다.

도킨스는 이 책에서 인간을 포함한 동물 행동에 대한 난해했던 문제들을 유전자의 관점에서 간결하고 적절한 생물학적 비유로 풀어 갔다. 또한 사람의 마음을 휘어잡는 뛰어난 문장력을 보여 주는 이 책은 당대 최고의 고전으로 자리매김하기에 충분하다. 이제 '이기적 유전자론'은 정설이 되었으며, 40년이 지난 지금까지도 신선한 바람을 불러일으키고 있다. 이기적 유전자는 과거뿐 아니라 현재와 미래를 위한 책이다.

이 책은 놀라운 창조성으로 가득 찬 매력적인 진화론이다. 도킨스는 유전자의 눈으로 진화론을 대담하고도 섬세한 이론으로 무리 없이 펼치고 있다. 40주년이 지난 지금 인간 사회를 이끌어 가는 주체가 유전자인 것처럼 보이기까지 한다.

이 책에서 그는 유전자를 다음과 같은 요지로 소개한다. "40억 년 전 스스로 복제 사본을 만드는 힘을 가진 분자가 처음으로 원시 대양에 나타났다. 이 고대 자기 복제자의 운명은 어떻게 됐을까? 그것들은 절멸하지 않고 생존 기술의 명수가 됐다. 그러나 그것들은 아주 오래전에 자유로이 뽐내고 다니는 것을 포기했다. 이제 그것들은 거대한 군체 속에 떼 지어 마치 뒤뚱거리며 걷는 로봇 안에 안전하게 들어 있다. 그것들은 원격 조종으로 외계를 교묘하게 다루고 있으며 또한 우리 모두에게도 있다. 그것들은 우리의 몸과 마음을 창조했다. 그것들을 보존하는 것이 우리의 존재를 알게 해 주는 유일한 이유다. 그것들은 유전자라는 이름을 갖고 있으며, 우리는 그것들의 생존 기계다. 인간은 이기적 유전자를 보존하기 위해 맹목적으로 프로그램을 짜 넣은 로봇 기계다. 이 유전자의 세계는 비정한 경쟁, 끊임없는 이기적 이용 그리고 속임수로 가득 차 있다. 이것은 경쟁자 사이의 공격에서뿐만 아니라 세대 간 그리고 암수 간의 미묘한 싸움에서도 볼 수 있다. 유전자는 유전자 자체를 유지하려는 목적 때문에 원래 이기적이며, 생물의 몸을 빌려 현재에 이르고 있다. 동물의 이기적 행동은 이와 같은 이유에서 비롯된 것이며, 이타적 행동을 보이는 것도 자신과 공통된 유전자를 남기기 위한 행동일 뿐이다." 그러나 인간의 행동만은 다르지 않을까? 자유 의지를 가진 인간은 맹목적으로 유전자가 하라는 대로 따르지 않고 유전자의 전제적 지배에 반역할 수 있지 않을까? 무엇보다도 도킨스는 인간의 특유한 문화 속에 모방의 단위가 될 수 있는 문화적 전달자가 존재할 수 있다고 생각하였고, 이 단위 개념을 밈meme이라고 정의하였다. 지금은 문화적 진화를 이해하려는 학문, 즉 밈학memetics이라는 새로운 분야가 탄생했다.

도킨스에 의해 이기적이며 불멸의 코일인 자기복제자 유전자(DNA)는 자연선택의 단위로서 확고한 위치를 갖게 됐다. 독자들이 도킨스의 풍부한 이론적 정신이 담긴 이 책을 통해 그가 주장하는 새로운 생명관과 세계관을 만날 수 있기를 바란다. 도킨스는 우리의 사고를 바꾼 과학자임이 틀림없다.

2018년 9월

홍 영 남

30주년 기념판 서문◆

좋건 싫건 간에 『이기적 유전자』와 함께 내 생의 거의 절반을 살아왔다는 사실을 생각하면 정신이 번쩍 난다. 여러 해에 걸쳐 일곱 권의 책을 출간했는데, 새 책이 나올 때마다 출판사에서 판촉을 위한 강연 투어를 보내 주었다. 그때마다 어느 책이랄 것 없이 청중은 박수갈채를 보내고 또 재치 있는 질문을 던지면서 새로운 책에 열광적인 반응을 보였다. 강연이 끝나면 청중들이 책을 사려고 길게 줄을 섰는데, 내게 서명해 달라고 내민 책은 어김없이 『이기적 유전자』였다. 물론 약간 과장된 표현이기는 하다. 그들 중 몇몇은 새 책을 사기도 했다. 아내는 다른 사람들은 아마도 새로운 저자를 발견한 기쁨에 자연스럽게 그 저자의 첫 책을 찾는 거라며 나를 위로했다. 『이기적 유전자』를 읽고 나면 그들은 확실히 내친김에 (좋아하는 저자의) 최신작까지 읽지 않겠는가?

『이기적 유전자』가 "이제는 시의에 맞지 않는 필요 없는 책"이라고 말하게 된다면 나는 마음이 그리 편치 못할 것이다. 유감스럽지만 (어떤 관점에서는) 나는 이 책이 필요 없다고 말할 수 없다. 처음 이 책에 실렸던 설명의 상세한 내용은 많이 달라졌고, 예시로 들 사실도 갑자기 많이 늘어났다. 그러나 곧 언급하려는 한 가지를 제외하면, 내가 이 책에서 허겁지겁 빼 버렸으면 하는 것이나 변명하려는 것은 거의 없다. 리버풀대학교의 동물학과 교수였으며 1960년대에

◆ (옮긴이) 도킨스는 이번 40주년 기념판에는 별도 서문을 수록하지 않았고 책 뒤편에 '40주년 기념판 에필로그'(483쪽)를 수록했다.

옥스퍼드대학교에서 나에게 강한 영향을 준 스승들 중 한 사람이었던 고故 아서 케인Arthur Cain은 1976년에 나온 『이기적 유전자』를 "그 사람이 젊었을 때 쓴 책"이라고 표현했다. 그는 아이어A. J. Ayer의 『언어와 진리와 논리*Language, Truth and Logic*』에 대해 주석을 단 사람의 말을 인용했던 것이다. 나는 매우 기뻤다. 나는 아이어가 첫 번째 저서 내용의 대부분을 수정했다는 사실을 알고 있었고, 나도 시간이 충분히 지나면 아이어처럼 책의 내용을 수정해야 할 것이라는 케인의 날카로운 함축을 헤아릴 수 있었지만, 사실 섭섭할 것도 없었다.

책 제목에 대한 이야기부터 거슬러 올라가 보자. 1975년에 친구 데스먼드 모리스Desmond Morris의 소개로 런던 출판계의 베테랑 톰 마슐러Tom Maschler에게 부분적으로 완성된 원고를 보여 주었다. 그리고 우리는 조너선 케이프 출판사에 있는 그의 방에서 토론을 벌였다. 그는 책의 내용은 마음에 들어 했으나 제목엔 불만이었다. '이기적'이라는 말은 "침울한 단어down word"라고 그는 말했다. 왜 '불멸의 유전자The Immortal Gene'라고 하지 않느냐? '불멸'이라는 단어는 "활기찬 단어up word"이며, 유전 정보의 불멸성이 이 책의 중심 주제인 데다가, '불멸의 유전자'도 '이기적 유전자' 못지않게 매혹적인 어감을 지니고 있지 않느냐는 것이었다(그런데 그때 우리 중 누구도 오스카 와일드Oscar Wilde의 『이기적인 거인*The Selfish Giant*』과 어감이 비슷한 것을 눈치채지 못했다). 지금 생각해 보면 마슐러가 옳았던 것 같다. 많은 비평가들, 특히 철학을 한다고 목청을 돋우는 비평가들은 책 제목만 읽기를 좋아한다는 것을 알게 되었기 때문이다. 의심할 바 없이 이런 방법은 『벤저민 버니의 이야기*The Tale of Benjamin Bunny*』라든가 『로마 제국의 쇠망사*The Decline and Fall of the Roman Empire*』 같은 책이라면 통한다. 그러나 『이기적 유전자』는 책에 대한 충분한 설명 없이는 그 내용에 대해 부적절한 인상을 줄지도 모른다. 오늘날의 미국 출판사라면 분명히 부제라도 붙여 달라고 했을 것이다.

책 제목을 설명하는 가장 좋은 방법은 강조점을 어디에 두느냐 하는 것이다. '이기적'을 강조하면 독자들은 이 책이 이기성에 관한 책이라고 생각할 것이다. 오히려 이 책은 이타성에 더욱 주목하고 있는데 말이다. 이 책 제목에서 강조해야 할 핵심 단어는 '유전자'다. 왜 그런지 생각해 보자. 다윈주의의 중심 논쟁은 실제로 선택되는 단위에 대한 것이다. 실제로 어떤 종류의 실체가 자연선택의 결과로 살아남느냐 또는 살아남지 못하느냐 하는 것이다. 그 단위는 정의상 다소간 '이기적'인 단위가 될 것이다. 이타성은 다른 수준에서 선택되었을지 모르겠다. 자연선택은 종 사이에서 이루어지는 선택인가? 그렇다면 우리는 생물 개체들이 "종의 이익을 위해서" 이타적으로 행동할 것이라 기대해도 좋다. 그들은 개체 수 과잉을 피하기 위해 스스로 출생률을 제한하거나, 미래의 먹잇감을 보존하기 위해 사냥을 자제할지도 모른다. 원래 내가 이 책을 쓰려 했던 것도 당시 다윈주의에 대해 널리 퍼진 이와 같은 오해 때문이었다.

그렇지 않으면 내가 주장하는 대로 자연선택은 유전자의 수준에서 이루어지는 선택인가? 이것이 사실이라면 생물 개체들이 "유전자의 이익을 위하여" 이타적으로 행동한다고 해도 놀랄 일이 아닐 것이다. 예컨대 같은 유전자의 사본을 갖고 있을 것이라 생각되는 혈연자에게 먹이를 주고 보호하는 행동을 한대도 말이다. 이와 같은 혈연 이타주의는 유전자의 이기주의가 개체 이타주의로 모습을 바꾸는 방법 중 하나일 뿐이다. 이 책은 이 메커니즘이 어떻게 작용하는지와, 다윈 이론이 이타주의를 설명하는 또 하나의 메커니즘으로서 호혜성에 대해 다룬다. 만약 내가 이 책을 다시 쓰게 된다면 자하비/

그라펜Zahavi/Grafen의 '핸디캡 원리'를 뒤늦게나마 받아들여 자하비의 아이디어를 소개할 것이다. 이 원리에 따르면 이타적 기부 행위는 인디언의 '포틀래치Potlatch' 식 자기 우위를 나타내는 과시 신호다. 즉 "내가 너보다 얼마나 우월한지 좀 보렴. 나는 네게 기부할 능력이 있어!"와 같이 말이다.

책 제목에 '이기적'이라는 단어를 사용한 이유를 다시 한 번 이야기해 보자. 결정적인 문제는 생명의 계층 구조 속에서 결국 어느 수준이 자연선택이 작용하는 '이기적' 수준이 될 것인가이다. 이기적인 종일까? 이기적인 집단일까? 이기적인 개체일까? 이기적인 생태계일까? 이 중 대부분이 논의의 대상이 될 수 있다. 그리고 여러 저자들은 그 대다수를 비판 없이 받아들였다. 그러나 그들 모두 틀렸다. 다윈주의의 메시지를 "이기적인 무엇"으로 간략하게 표현한다고 할 때, 그 '무엇'에 해당하는 것은 유전자일 수밖에 없으며, 이 책은 그에 대한 납득할 만한 이유를 설명한다. 여러분이 나의 주장을 받아들이든 아니든, 결국 이것이 바로 책 제목을 그렇게 붙인 이유다.

나는 이 설명이 보다 심각한 오해도 불식시켜 주기를 바란다. 사실 돌이켜 보니 나 자신도 바로 그 주제에 관하여 오해가 있었던 것 같다. 이는 특히 1장에 나타난다. 그 오해는 "우리는 이기적으로 태어났다. 그러므로 관대함과 이타주의를 가르쳐 보자"라는 문장에 요약되어 있다. 관대함과 이타주의를 가르치는 것에는 잘못된 것이 없다. 그러나 "이기적으로 태어났다"는 말은 오해의 소지가 있다. 부분적으로 설명하자면, '운반자'(보통 개체)와 그 안에 내재된 '자기 복제자'(유전자를 말한다. 13장에 모두 설명하였다) 사이의 구별에 대한 내 생각이 뚜렷해지기 시작한 것은 1978년이 되어서였다. 여러분은 위의 틀린 문장과 그런 취지의 표현을 마음속에서 지워 버리기 바란다. 그리고 삭제한 자리를 내용에 맞는 문장으로 채워 주기 바란다.

그런 식의 과오를 범할 위험이 있으니, 어떻게 이 책의 제목이 오해를 살 수 있는지 알 것 같다. 그리고 바로 이 때문에 '불멸의 유전자'를 책 제목으로 해야 했을지 모르겠다. '이타적인 운반자'라는 제목도 괜찮았을지 모른다. 너무 수수께끼 같은 제목이겠지만, 어쨌든 자연선택의 단위로서 유전자 대 개체 사이의 명백한 논쟁(고 에른스트 마이어Ernst Mayr를 끝까지 괴롭혔던 논쟁)은 해결된 셈이다. 자연선택의 단위에는 두 종류가 있고, 이에 대한 논쟁은 없다. 유전자는 '자기 복제자'라는 의미로서의 단위이고, 개체는 '운반자'라는 의미로서의 단위다. 둘 모두 중요하다. 어느 쪽도 경시되어서는 안 된다. 둘은 완전히 별개의 단위이며, 이 둘을 구별하지 못하면 우리는 어쩔 도리 없이 혼란에서 헤어나지 못할 것이다.

'이기적 유전자'라는 제목에 대한 또 하나의 훌륭한 대안은 '협력적 유전자The Cooperative Gene'일 것이다. 이 제목은 역설적이게도 정반대 의미로 들리지만, 이 책은 이기적인 유전자들 사이의 협력에 대해 중점적으로 논한다. 이는 어떤 유전자 그룹이 같은 그룹의 구성원들이나 다른 그룹의 희생을 발판으로 번영한다는 것을 의미하는 것이 결코 아니다. 오히려 각각의 유전자는 유전자 풀pool(한 종 내에서 유성생식으로 서로 섞이게 될 유전자 세트들) 내에 있는 다른 유전자들을 배경으로 하여 그 자신의 이기적인 계획을 이행하는 것이다. 다른 유전자들은 각 유전자가 살아가는 환경의 일부다. 기후라든지 포식자와 피식자, 식생과 토양 세균이 환경의 일부가 되는 것과 마찬가지로 말이다. 각 유전자의 관점에서 볼 때 '배경' 유전자들은 자신이 수많은 세대를 거쳐 이어 온 시간 여행에서 몸체를 공유하는 길동무다. 단기적으로는 그 유전자와 같은 게놈을 구성하는 유전자들을 의미하며,

장기적으로는 그 종의 유전자 풀 내에 있는 다른 유전자를 의미한다. 그러므로 자연선택은 서로 같이 존재할 때 상리相利적으로 양립할 수 있는, 다시 말하자면 협력하는 유전자의 무리를 반드시 선호한다. 이 '협력적 유전자'의 진화는 결코 이기적 유전자의 근본적인 원리에 위배되는 것이 아니다. 5장에서는 이 이야기를 조정 경기 팀에 비유하여 전개하고 있으며, 13장에서는 더 발전된 논의를 하고 있다.

이제 이기적 유전자를 선택하는 자연선택이 유전자 간의 협력을 선호한다고 한다면, 다른 유전자와 협력하지 않으면서 나머지 게놈의 이익과는 반대로 일하는 유전자가 있다는 것도 인정해야 한다. 어떤 사람들은 이 유전자를 '무법자 유전자'라고 하고, 어떤 사람들은 '초이기적 유전자'라고 하며, 어떤 사람들은 그냥 '이기적 유전자'라고 부른다. 이러한 유전자를 그냥 '이기적 유전자'라고 일컫는 사람들은, 이 유전자와 자신의 이익을 추구하는 조직 속에서 서로 협력하는 유전자와의 미묘한 차이를 이해하지 못하는 것이다. 이러한 '초이기적 유전자'의 예로는 433~436쪽에서 설명하고 있는 감수 분열 구동 유전자들이 있다. 그리고 이 책에서 처음 제안된 '기생 DNA'는 다른 사람들에 의해 '이기적 DNA'라는 표어 아래 한층 더 발전되었다. 초이기적 유전자의 새롭고 한층 더 기상천외한 예를 밝히는 일은 이 책이 처음 출판된 이래 연례적인 사건이 되어 왔다.◆

『이기적 유전자』는 의인화 때문에도 비판을 받아 왔다. 이에 대해서는 변명, 아니 어떤 해명이라도 할 필요가 있다. 나는 두 가지 수준, 즉 유전자 수준과 개체 수준에서 의인화를 사용하였다. 유전자

◆ 오스틴 버트Austin Burt와 로버트 트리버스Robert Trivers의 2006년 책 『유전자 간의 갈등 — 이기적 유전 요소의 생물학』(하버드대학출판사)은 본서에 넣기에는 너무 늦게 출판되었다. 이 책은 이 중요한 주제에 대해 결정적인 참고 서적이 될 것이다.

수준에서의 의인화는 사실 문제가 되어서는 안 된다. 왜냐하면 정신이 온전한 사람이라면 누구라도 DNA 분자가 의식이 있어 나름의 성격을 갖는다고 생각하지는 않을 것이기 때문이다. 그리고 분별 있는 독자라면 누구라도 그 같은 환상을 갖는 것을 저자 탓으로 돌리지도 않을 것이다. 나는 예전에 위대한 분자생물학자인 자크 모노Jacques Monod가 과학의 창의성에 대해 강연하는 것을 들은 적이 있다. 정확한 표현은 잊어버렸으나 그는 대략 이렇게 말했다. 어떤 화학 문제를 풀어야 할 때 그는 스스로에게 "만약 내가 하나의 전자였다면 나는 어떻게 행동했을까?"라고 자문해 보았다고 말이다. 피터 앳킨스Peter Atkins도 그의 명저 『창조의 재발견*Creation Revisited*』에서 이와 유사한 의인화를 사용한다. 그는 빛이 굴절률이 큰 매질을 통과할 때 속도가 느려지는 문제에 대해 생각하던 중이었다. 빛은 마치 목표 지점까지의 이동 시간을 최소화하려는 듯이 행동한다. 앳킨스는 그것을 물에 빠진 사람을 구출하러 달려가는 해변의 구조 요원과 같다고 생각했다. 구조 요원은 물에 빠진 사람을 향해 똑바로 달려가야 할까? 아니다. 구조 요원은 수영 속도보다 달리는 속도가 더 빠르기 때문에, 이동 시간을 단축하려면 지상에서 달리는 거리의 비율을 높이는 것이 현명할 것이다. 그러면 목표에서 가장 가까운 지점까지 달려가서 수영 시간을 최소화하는 것이 현명할까? 시간은 좀 단축되겠지만 아직도 최선의 방법은 아니다. 계산을 해 본다면(만약 그럴 시간이 있다면) 그 구조 요원은 달리기와 수영 시간이 이상적으로 조합된 조건을 만들어 내는 최적 각도를 알아낼 것이다. 앳킨스는 다음과 같이 결론을 내렸다.

이것이 바로 고밀도 매질을 통과하는 빛의 행동이다. 그러나 빛은 어디가 가장 짧은 경로인지 어떻게 미리 알 수 있을까? 그리고 왜 빛은 그런 것을 고려해야만 하는 것일까?

그는 양자론에서 아이디어를 얻어 이 문제들을 멋지게 풀었다.

이런 종류의 의인화는 단지 색다르고 재미있는 교훈을 주기 위한 것만은 아니다. 의인화는 자칫하면 오류를 범할 수 있는 유혹에 맞서서 옳은 해답을 얻으려는 과학자에게 도움이 되기도 한다. 이타주의와 이기주의, 협력과 증오에 대한 다윈주의적 계산에서도 마찬가지다. 잘못된 해답을 얻기가 매우 쉽다. 유전자가 만약 제대로만 의인화되었다면, 이 의인화가 혼란의 늪으로 빠져 들어가는 다윈 이론가를 구출할 수 있는 최단 경로가 되는 경우도 종종 있다. 이렇게 조심스럽게 의인화하려고 하는 도중, 나는 이 책에 등장하는 네 명의 영웅 중 한 명인 대가 해밀턴W. D. Hamilton에게서 적지 않은 용기를 얻었다. 1972년의 논문에서(이해에 나는 『이기적 유전자』를 쓰기 시작했다) 해밀턴은 다음과 같이 썼다.

> 자연선택이 어떤 유전자를 선호한다는 것은 그 유전자의 복사본 집합이 전체 유전자 풀에서 차지하는 비율이 증가한다는 것을 의미한다. 우리는 이제 그 유전자를 지닌 개체들의 사회적 행동에 영향을 준다고 생각되는 유전자에 대해 생각해 보려고 하므로, 이 논의가 보다 생동감을 갖도록 일시적으로나마 그 유전자가 지적 판단력과 모종의 선택의 자유를 갖는다고 생각해 보자. 어떤 유전자가 자신의 복사본의 수를 늘리려 고심하며, 다음 중의 하나를 선택할 수 있다고 상상해 보자. (…)

이 태도야말로 이기적 유전자를 읽을 때 지녀야 할 올바른 태도다.

개체를 의인화하는 일은 좀 더 심각한 문젯거리가 될 수 있다. 왜냐하면 유전자와 달리 개체는 두뇌를 가지고 있어 우리가 주관적 판단력이라고 부르는 것과 비슷한 의미의 이기적 또는 이타적 동기를 정말로 가질지 모르기 때문이다. 『이기적인 사자*The Selfish Lion*』라는 책은 실제로 우리를 혼란스럽게 할지도 모른다. 그러나 『이기적 유전자』라는 책은 그렇지 않을 것이다. 우리가 우리 자신을 일련의 렌즈와 프리즘을 거치는 최적의 경로를 현명하게 선택하는 가상의 빛의 입장에, 또는 여러 세대를 거쳐 가는 최적 경로를 고르는 가상의 유전자의 입장에 놓고 생각해 볼 수 있는 것과 마찬가지로, 우리는 자신의 몸 안에 있는 유전자들의 미래의 생존 가치를 최적화하는 행동 전략을 계산하는 가상의 암사자의 입장을 생각해 볼 수 있을 것이다. 해밀턴이 생물학에 선사했던 첫 번째 선물은 정밀한 수학적 기법이다. 그 기법은 사자처럼 다윈주의에 입각하여 행동하는 개체가 자신의 유전자의 장기적 생존 가치를 최대화하도록 계산하고 결정을 내릴 때 사용할 기법이다. 나는 이 책에서 이러한 계산 대신 그 내용을 두 가지 수준에서 말로 풀어 설명하였다.

260~261쪽에서 보듯이 우리는 한 수준에서 다른 수준으로 빠르게 전환하기도 한다.

> 우리는 지금까지 어떤 조건하에서 이와 같은 새끼는 죽게 놔두는 것이 어미에게 실제로 이익이 되는가를 고찰하였다. 우리는 허약한 막내 자신도 최후까지 살기 위한 노력을 계속한다고 직관적으로 가정할지 모른다. 그러나 이기적 유전자론에 비추어 볼 때 반드시 이와 같지

않을 수도 있다. 허약한 막내가 기대수명이 짧아서 양육 투자로 얻을 수 있는 이익이 같은 양의 투자로 다른 아이들이 얻을 수 있는 이익의 1/2 이하가 되면, 그는 기꺼이 명예로운 죽음을 선택해야 할 것이다. 이처럼 하는 것이 대개 자기 유전자에게 도움이 되기 때문이다.

이 내용은 모두 개체 수준에서의 자기성찰이다. 이러한 가정은 몸집이 작고 허약한 새끼가 자신에게 기쁨을 주거나 기분이 좋아지는 일을 선택한다는 의미가 아니다. 그보다는 다윈주의 세상에서 개체가 자신의 유전자에게 무엇이 최선인가 가상적 계산을 한다는 것을 의미한다고 보아야 한다. 다음 문단은 이러한 내용을 유전자 수준에서의 의인화로 바꾸어 더욱 명백히 드러낸다.

다시 말해서 "몸아, 만일 네가 다른 한배 형제보다 훨씬 작다면 버둥거릴 것 없이 죽어라"라는 지령을 내리는 유전자가 유전자 풀 속에서 성공할 수 있다는 것이다. 그의 죽음에 의해 살아남는 개개의 형제자매의 몸에 그의 유전자가 들어 있을 확률이 50퍼센트고, 한편 허약한 막내의 체내에서 그 유전자가 살아남을 가능성은 어쨌든 극히 적다는 것이 그 이유다.

그러고 나서 곧바로 허약한 막내의 자기성찰로 되돌아간다.

허약한 막내의 생애에는 회복이 불가능해지는 시점이 분명히 있다. 이 시점에 이르지 않는 한 그는 살기 위한 노력을 계속할 것이다. 그러나 그 시점에 달하면 그는 즉시 노력을 포기할 것이고, 차라리 한배의 형제나 부모에게 먹히는 편이 더 나을 것이다.

나는 정말로 독자들이 문맥을 파악하고 자세히 읽으면 이 두 수준의 의인화가 절대로 혼란을 초래하지 않으리라고 믿는다. 두 수준에서의 가상 계산은 제대로만 된다면 결국 정확하게 같은 결론에 이른다. 그래서 나는 이 책을 오늘 다시 쓴다고 해도 의인화를 취소하지는 않을 것이다.

글을 쓰기 전의 상태로 돌아가는 것과 글을 읽기 전의 상태로 돌아가는 것은 별개의 문제다. 호주의 한 독자가 보낸 다음과 같은 의견을 우리는 어떻게 받아들여야 할까?

> 아주 재미있지만 나는 때때로 이 책을 읽기 전으로 돌아갈 수 있기를 바랐다. (…) 어떤 면에서는 그리도 복잡한 과정이 완벽하게 마무리되는 데서 도킨스가 느꼈던 경이를 나도 같이 느낄 수 있었다. (…) 그러나 그와 동시에 10년 이상 나를 괴롭혀 온 우울증도 대개는 『이기적 유전자』 탓이라 생각한다. 내 종교적 인생관에 확신을 가졌던 것은 아니지만 좀 더 심오한 것을 찾으려 애쓰면서 믿고 싶었다. 그러나 그럴 수 없었다. 이 책은 내가 지금까지 이런 맥락에서 막연히 가지고 있었던 모든 생각을 날려 버렸고, 이 책으로 인해 그런 생각들이 더 이상 하나로 합쳐지지 않게 되었다. 이 책은 몇 해 전에 내 인생에 큰 위기를 초래했다.

나는 이전에 독자들이 보내온, 이와 유사한 내용 두 가지에 대해 설명한 바 있다.

> 내 첫 번째 책을 출판한 한 외국 출판인은 책을 읽은 후 사흘 밤이나 잠을 설쳤다고 고백했다. 책이 주는 냉혹하고 암울한 메시지에 매우

괴로웠다는 것이다. 다른 독자들은 내게 어떻게 아침마다 아무 일 없다는 듯이 일어날 수 있느냐고 물었다. 어떤 외국의 교사는 한 여학생이 이 책을 읽고 인생이 허무하고 목적도 없다는 것을 알았다며 눈물을 글썽이면서 자기에게 찾아왔다고 내게 항의 편지를 보내왔다. 이 교사는 학생들이 허무주의적 염세관에 물들지 않도록 그 학생의 친구 누구에게도 이 책을 보여 주지 말도록 충고했다고 한다(『무지개를 풀며*Unweaving the Rainbow*』).

어떤 진실이 진실이 아니기를 바란다고 해서 그 진실을 되돌릴 수는 없다. 이것이 내가 말하고 싶은 첫 번째 사항이다. 그러나 두 번째 사항도 이에 못지않게 중요하다. 나는 다음과 같이 이어 갔다.

아마 우주의 궁극적인 운명에 목적은 없을 것이지만, 우리 중 누구라도 우리의 삶이 정말로 그 우주의 궁극적인 운명과 같은 운명을 갖는다고 생각하는가? 물론 아니다. 제정신이라면 말이다. 우리의 삶은 보다 더 가깝고, 보다 따뜻한 온갖 인간적 야망과 지각이 지배한다. 살아갈 가치가 있다고 판단하게 만드는 따스함을 과학이 빼앗아 간다고 비난하는 것은 너무나 어리석은 잘못이며, 나나 대부분의 과학자들이 갖고 있는 느낌과는 완전히 정반대이다. 사람들은 절망에 빠지지도 않은 나를 절망으로 내몰고 있다.

다른 비평가들도 나쁜 소식을 가져온 사람에게 화를 내는 경향을 보이고 있다. 이들은 『이기적 유전자』에 내포되어 있는, 자신들을 불쾌하게 하는 사회적, 정치적 또는 경제적 함의에 반대해 온 사람들이다. 마거릿 대처가 1979년 첫 선거에서 승리한 직후, 나의 친구 스티븐 로즈Steven Rose는 『뉴사이언티스트』지에 다음과 같이 썼다.

> 광고 대행업체 사치&사치Saatchi and Saatchi가 대처의 원고를 쓰는 데 사회생물학자들을 고용했다든가, 옥스퍼드와 서식스대학의 교수 몇몇이 그간 그들이 우리에게 그토록 알리려고 고군분투했던 이기적 유전자학의 단순한 진실이 비로소 표현된 것을 기뻐하기 시작했다는 것을 말하고자 하는 것이 아니다. 정치적 사건에 때맞춰 어떤 이론이 유행하는 것은 그보다 훨씬 더 복잡한 일이다. 1970년대 말 우익화를 법과 질서로부터 통화주의로, 그리고 (더 모순적으로) 국가주의에 대한 공격으로 다룬 역사가 쓰이기 시작했을 때, 그다음에야 과학계에도 변화의 바람이 불어(비록 집단선택설이 혈연선택설로 변한 것뿐이긴 하지만) 대처주의자들과 그들이 갖고 있던 19세기의 경쟁적이고 타 인종을 혐오하는 인간 본성의 개념이 유행하게 되었다.

'서식스대학의 교수'란 로즈와 내가 똑같이 존경했던 고 존 메이너드 스미스John Maynard Smith였다. 그리고 메이너드 스미스는 『뉴사이언티스트』지에 보낸 글에서 "우리는 무슨 일을 해야만 했을까? 방정식이나 풀며 빈둥빈둥 시간을 보내야 했을까?"라며 그 특유의 문체로 답했다. 『이기적 유전자』의 중심 메시지 중 하나는(『악마의 사도*A Devil's Chaplain*』에서 더 강조되었다) 다윈주의에 붙은 부호가 마이너스 부호가 아닌 한, 다윈주의로부터 우리의 가치관을 이끌어 내서는 안 된다는 것이다. 우리의 뇌는 이기적 유전자에 배반할 수 있는 능력을 가지는 정도로까지 진화했다. 우리가 그렇게 할 수 있다는 사실은 우리가 피임 도구를 사용한다는 점에서 분명해진다. 이것과 동일한 원리가 광범위한 규모로 작용할 수 있고, 또 작용해야 한다.

1989년의 2판과는 달리 이 30주년 기념판에는 이 '서문'과, 내 책 세 권의 편집자이자 최고의 편집자인 라사 메넌Latha Menon이 고른 서평 중 몇 개의 발췌문 외에는 어떤 새로운 내용도 추가되지 않았다. 메넌 말고는 그 누구도 마이클 로저스Michael Rodgers의 자리를 대신할 수 없었을 것이다. 로저스는 K-셀렉티드 출판사의 객원 편집자였으며, 이 책에 대한 그의 지칠 줄 모르는 신념 덕분에 초판이 그 궤도에 오를 수 있었다. 또 이 30주년 기념판은 반갑게도 로버트 트리버스Robert Trivers가 쓴 초판의 권두사를 복원시켜 놓았다. 나로서는 크나큰 기쁨이 아닐 수 없다. 나는 앞에서 이 책에 영향을 끼친 네 명의 지적인 영웅 중 한 명으로 해밀턴을 언급했는데, 트리버스도 그 영웅들 중 한 사람이다. 그의 아이디어들이 9장, 10장, 12장의 대부분, 그리고 8장 전체를 차지하고 있다. 그의 권두사는 이 책을 훌륭하다고 소개하는 데 그치지 않는다. 놀랍게도 그는 권두사를 통해 그의 멋지고 새로운 아이디어, 즉 자기기만의 진화에 대한 그의 이론을 소개한다. 초판의 권두사로 이 기념판을 빛내도록 허락해 준 그에게 무한한 감사를 드린다.

2005년 10월

리처드 도킨스

개정판 서문

『이기적 유전자』가 출판된 이래 10여 년 동안 이 책의 중심 메시지는 교과서적인 정설로 자리 잡았다. 이는 모순적인 일인데, 그 이유에 대해서는 약간의 설명이 필요하다. 이 책은 출판 당시에는 혁명적이라고 비난받다가 꾸준히 사람들의 인정을 받아 결국은 우리가 왜 난리법석을 떨었는지 의아할 정도로 정설이 되는 그런 종류의 책이 아니다. 그 반대다. 처음부터 서평은 만족스러울 만큼 호의적이었고, 처음에는 논쟁이 될 만한 책처럼 보이지도 않았다. 해가 갈수록 논쟁을 일으키는 책이라고 평판이 나더니 지금은 과격한 극단주의 작품이라고 널리 여겨지고 있다. 그러나 극단주의라는 평판이 나는 동안 이 책의 실제 '내용'은 점점 덜 극단적이고 점점 더 보편적이 되어 가는 것처럼 보였다.

이기적 유전자 이론은 다윈의 이론이지만, 나는 다윈이 택하지 않은 방식으로 표현하였다. 그러나 나는 그가 이 표현 방식이 적합하다는 것을 알고 기뻐할 것이라고 생각한다. 이 이론은 사실 신新다윈주의 정설의 논리적 연장선상에 있지만 나는 이를 새로운 이미지로 표현하였다. 이 책은 개개의 생물체에 초점을 맞추기보다는 자연을 유전자의 눈으로 본다면 어떨지 설명한다. 이것은 다른 이론이 아니라 다른 관점일 뿐이다. 나의 다른 책 『확장된 표현형*The Extended Phenotype*』의 첫머리에서 이를 네커Necker의 정육면체에 비유하여 설명하였다.

이것은 종이 위에 잉크로 그린 2차원의 도형이지만 사람들은 이를 투명한 3차원의 정육면체로 인지한다. 이것을 수 초간 응시하

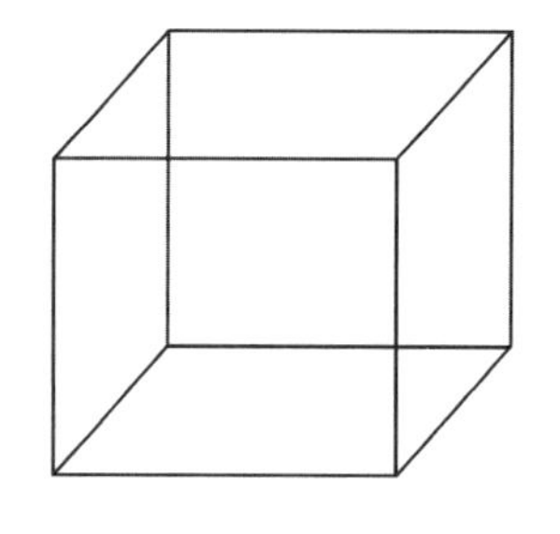

면 앞쪽과 뒤쪽이 바뀔 것이다. 계속 응시하다 보면 다시 원래의 정육면체로 되돌아올 것이다. 이 두 개의 정육면체가 망막 위에 2차원 데이터로 그려질 때 서로 모순되지 않으므로 이렇게도 보이고 저렇게도 보이는 것이다. 어떤 것이 다른 것보다 더 맞는 것이라고 말할 수는 없다. 이처럼 자연선택을 보는 데도 두 가지 관점, 즉 유전자의 관점과 개체의 관점이 있다. 제대로 이해한다면 두 관점이 같다는 점을 알 수 있다. 즉 같은 하나의 진실에 대해 두 개의 관점이 존재하는 것이다. 당신이 한 관점에서 다른 관점으로 바꾼다 해도 그것은 여전히 동일한 신다윈주의다.

지금 생각해 보면 이 비유는 너무 조심스러운 것이었던 듯하다. 새로운 이론을 제안하거나 새로운 사실을 발견해 내는 것보다 과학자가 할 수 있는 더 중요한 공헌은 기존의 이론이나 사실을 보는 새로운 관점을 발견하는 것인 경우가 종종 있다. 네커의 정육면체 모델은 위의 두 가지 방법이 똑같이 타당하다고 주장한다는 점에서 오해를 불러일으킬 소지가 있다. 분명히 이 비유는 부분적으로는 옳다. 이론과 달리 '관점'은 실험을 통해서 옳고 그름을 판단할 수 있는 것이 아니다. 즉 우리에게 친숙한 증명과 반증이라는 잣대를 적용할 수 없다. 그러나 관점의 전환을 통해서는 이론보다 더 귀중한 것을 얻을 수 있다. 관점의 전환이란, 흥미롭고 검증 가능한 많은 이론이 탄생하고 상상조차 못했던 사실이 밝혀지는 하나의 지적 분위기를 창출할 수 있는 것이다. 하지만 네커의 정육면체의 비유는 그렇게 할 수 없다. 그 비유는 보이는 이미지가 뒤바뀌어도 된다는 아이디어를 이해시켜 주기는 하지만, 그 가치를 정당하게 평가하지는 못한다. 우리는 지금 동등한 관점 사이의 전환이 아니라, 극단적으로 말하자면 변용이라고 일컬을 수 있는 전환에 대해 말하는 것이다.

여기서 한 가지 빠뜨릴 수 없는 사항은, 이러한 상태가 된 데에는 내가 기여한 것이 없다는 것이다. 그러나 이러한 이유에서 나는 과학과 과학의 '대중화'를 명확히 구분하는 것을 좋아하지 않는다. 전문 문헌에만 나오는 개념들을 누구나 알기 쉽게 설명하는 것은 매우 어려운 기술이다. 여기에는 통찰력 있는 언어 구사와 적절한 비유가 필요하다. 참신한 언어와 비유로 끝까지 밀고 나가다 보면 새로운 시각을 가질 수 있다. 그리고 앞서 내가 주장했던 것처럼 새로운 시각은 그 자체로 과학에 독창적인 공헌을 할 수 있다. 아인슈타인은 대단히 훌륭하게 과학을 대중화시켰는데, 나는 종종 그의 생생한 비유가 단지 우리에게 도움을 주는 것 이상의 역할을 하지 않았을까 생각해 본다. 이 비유가 그의 뛰어난 천재성에 원동력이 되지는 않았을까?

다윈주의를 유전자의 관점에서 조명하는 것이 피셔R. A. Fisher나 그 외 1930년대 초의 위대한 신다윈주의 개척자들의 저작물에 암시되어 있기는 하지만, 이것이 명시적으로 표현된 것은 1960년대 해밀턴과 윌리엄스G. C. Williams의 저작에서였다. 그들의 통찰력은 내게 비전을 제시하는 것처럼 보였으나, 이후에 나는 그들의 표현이 너무 간결하여 그 의미가 충분히 표출되지 못했다는 것을 알았다. 나는 좀 더 확장되고 발전된 형태의 저작물이 있다면 생명에 관한 모든 것을 이성적으로뿐만 아니라 감성적으로 하나로 묶을 수 있을 것이라는 확신이 들었다. 나는 진화를 유전자의 관점에서 조명하는 것을 옹호하는 책을 쓰려고 했다. 그 책은 당시 대중적인 다윈주의에 널리 퍼져 있던 무의식적인 집단선택론적 견해를 바로잡는 데 도움이 될 수 있도록 사회적 행동의 실례를 많이 담아야 했다. 나는 1972년에 책을 쓰기 시작했는데, 그해에는 노동 쟁의로 실험실의 연구가 중단되어 등화관제하에서 써야 했다. 어떤 면에서 보면 불행하게도 등화관제는 겨우 장 두 개를 썼을 때 해제되었으며, 나는 1975년에 1년간의 안식년을 얻을 때까지 글쓰기를 중단해야만 했다. 그러는 동안에 이 이론은 특히 메이너드 스미스와 트리버스에 의해 확장되었다. 지금 돌이켜 보면 그때는 새로운 아이디어가 공중에 둥둥 떠다니던 신비스러운 시기 중 하나였다. 당시 나는 흥분과 열광에 휩싸여 『이기적 유전자』를 썼다.

옥스퍼드대학교 출판부에서 제2판을 의뢰하면서, 내용 전체에 대한 세부적인 개정은 불필요하다고 이야기했다. 출판부에서 봤을 때 계속해서 개정해야 할 책들이 있기는 하지만 『이기적 유전자』는 그런 책이 아니라는 것이다. 그 덕분에 초판은 쓰인 당시의 생생함을 간직하고 있다. 그 무렵 해외에는 혁명의 기운이 감돌고, 워즈워스Wordsworth의 시처럼 새벽의 축복이 비치고 있었다. 그러한 시대에 태어난 아이를 새로운 사실로 살찌우거나 복잡한 내용과 신중함으로 주름지게 하는 것은 유감스러운 일이다. 그래서 원래 본문에 있던 결함이나 성차별적 대명사는 그대로 두고, 고쳐야 할 사항이나 독자의 반응, 그리고 학문적 발전에 대한 보주補註를 권미에 달았다. 그리고 혁명의 새벽을 불러올 새로운 주제에 대해서는 새로운 장을 덧붙이기로 하였다. 12장과 13장이 그 결과물이다. 이 두 장은 지난 몇 년 동안 나를 가장 흥분시켰던 두 권의 책에서 영감을 얻은 것이다. 하나는 로버트 액설로드Robert Axelrod의 『협력의 진화*The Evolution of Cooperation*』인데, 이 책은 우리의 미래에 대한 어떤 희망을 제공하는 듯 보였다. 다른 하나는 내가 쓴 『확장된 표현형』이다. 이 책은 그간 나를 사로잡았던 주제를 담고 있고, 또 사실일지 아닐지 모르겠지만 이제까지 내가 쓴 책 가운데 가장 훌륭한 책일 것이다.

'마음씨 좋은 놈이 일등한다'는 제목은 1985년에 내가 출연했던 TV 프로그램 <BBC 호라이즌Horizon>에서 따온 것이다. 이것은 협력의 진화에 대한 게임 이론적 접근을 시도한 50분짜리 다큐멘터리로, 제러미 테일러Jeremy Talyor가 제작하였다. 이 프로그램의 제작 과정과 그가 제작한 다른 프로그램인 <눈먼 시계공The Blind Watchmaker>을 보면서 나는 그의 직업적 신념에 존경심을 갖게 됐다. <BBC 호라이즌>(이 프로그램 중 몇몇은 '노바Nova'라는 이름으로 미국에서 방영되기도 한다)의 제작자들은 각자가 맡은 방영 주제에 대해 학문적 전문가가 되었다. 테일러를 비롯한 <BBC 호라이즌> 사람들과 함께 일하면서 이 책 12장의 제목 이상의 것을 얻은 것에 깊이 감사한다.

나는 최근 납득할 수 없는 사실을 한 가지 알게 되었다. 지명도 있는 과학자 중에서 아무런 일도 하지 않고 출판물에 버젓이 자기 이름을 올려놓는 사람이 있다는 사실이다. 어떤 노장 과학자는 연구 시설 및 연구비를 제공하고, 원고를 읽어 준 것이 자기가 한 일의 전부임에도 불구하고 그 논문에 자신의 이름을 넣어 줄 것을 요구한다. 아마도 그의 학문적 명성은 모두 학생과 동료의 업적으로 얻어진 것일지도 모른다. 이러한 부정행위와 싸우려면 어떻게 해야 할지 모르겠다. 이제부터라도 학술지의 편집자들이 논문에 참여한 각 저자의 기여 내용에 대해 서명 각서라도 받아야 하는 것은 아닐까. 그러나 이것은 여담이다.

이 문제를 언급한 것은 이와 대조되는 일이 있기 때문이다. 헬레나 크로닌Helena Cronin은 이 글의 한 행, 한 단어마다 더 좋은 글로 다듬기 위해 수고를 아끼지 않았다. 그녀의 단호한 거절이 아니었다면 이 책의 모든 새로운 부분에 그녀가 공동 저자로 명기되어야 마땅했을 것이다. 나는 크로닌에게 깊이 감사하고 있으며, 감사의 말을 이제 줄여야 한다는 점에 대해 사과드린다. 또한 특정 부분에 조언과 건설적 비판을 해 준 마크 리들리Mark Ridley, 마리아 도킨스Maria Dawkins, 그리고 앨런 그라펜Alan Grafen에게도 감사드린다. 나의 변덕과 게으름을 기꺼이 참아 준 토머스 웹스터Thomas Webster와 힐러리 맥글린Hilary McGlynn을 비롯한 옥스퍼드대학교 출판부 여러분에게도 감사의 말을 전한다.

1989년

리처드 도킨스

초판 권두사

침팬지와 인간은 진화 역사 중 대략 99.5퍼센트를 공유하고 있으나, 아직도 대부분의 사상가들은 자기 자신은 전지전능자로 가는 디딤돌로 여기는 반면, 침팬지는 꼴이 흉하고 엉뚱하고 괴상한 짐승으로 여기고 있다. 진화론자의 입장에서 보면 이는 말도 안 되는 것이다. 어떤 종이 다른 종보다 우월하다는 객관적인 근거는 아무것도 없다. 침팬지와 인간, 도마뱀과 곰팡이, 우리 모두는 대략 30억 년이 넘는 긴 시간 동안 자연선택이라는 과정을 거쳐 진화해 왔다. 각각의 종 안에서도 어떤 개체는 다른 개체보다 생존하는 자손을 더 많이 남겨 그들이 갖고 있는 번식에 성공적인 유전 형질(유전자)이 다음 세대에 더욱 많아지게 된다. 이것이 자연선택이다. 자연선택은 무작위적이 아닌 차등적인 유전자의 번식을 말한다. 자연선택의 결과 지금의 우리가 있게 되었으며, 우리가 우리 자신의 정체성을 이해하기 위해 반드시 먼저 이해해야 하는 것도 자연선택이다.

생물은 자연선택을 통해 진화해 왔다는 다윈 이론이 (특히 멘델의 유전학과 결부되어) 사회적 행동을 연구하는 데 중심이 됨에도 불구하고, 이 이론은 너무나 무시되어 왔다. 오늘날의 연구는 다윈과 멘델 이전의 사회관 또는 심리관을 정립하는 데 기여했던 사회과학의 틀 속에서 성장해 왔다. 심지어 생물학계 내에서조차 다윈주의의 이론을 간과하거나 오용하는 것을 보면 그저 놀라울 따름이다. 이러한 기형적인 전개의 원인이 무엇이든 간에, 그것이 끝나고 있다는 증거가 있다. 다윈과 멘델의 위대한 업적은 점점 많은 학자들에 의해 확장되고 있다. 이들 중 가장 주목할 만한 사람들은 피셔, 해밀턴, 윌리엄스 그리고 메이너드 스미스 등이다. 그리고 이제야 비로소 자연선택에 기초한 사회성에 관한 이론의 토대가 리처드 도킨스에 의해 단순하면서도 대중적인 형식을 갖추어 소개되고 있다.

도킨스는 사회 이론의 주요 주제, 즉 이타적 행동과 이기적 행동의 개념, 이기주의의 유전학적 정의, 공격적 행동의 진화, 친족 이론(부모-자식 관계와 사회성 곤충의 진화를 포함), 성비 이론, 호혜적 이타주의, 속임수, 성 분화의 자연선택 등을 하나씩 설명한다. 기본 이론을 통달함으로써 갖게 되는 자신감으로, 도킨스는 그의 새로운 작품을 경탄할 만큼 명쾌하고도 세련된 문체로 펼쳐 낸다. 생물학 전반에 걸친 해박한 지식으로 그는 독자들에게 풍부하고 흥미로운 생물학적 문헌을 맛볼 수 있게 해 준다. 이 분야를 다룬 기존의 책들과 달리 그는 정확하게 핵심을 꿰뚫는다(그가 내 책의 오류를 집어낼 때 그랬던 것처럼 말이다). 도킨스는 또한 자신의 이론을 명료하게 설명하는 일에 수고를 아끼지 않음으로써 독자들 스스로가 도킨스의 논리를 적용하여 그 논의를 확장할 수도 있게 했다(심지어 독자가 도킨스가 되어 생각할 수도 있을 것이다). 그 논의 자체는 여러 방향으로 확장할 수 있다. 예를 들어 (도킨스가 주장하는 대로) 만약 속임수가 동물의 의사소통에서 기본이 되는 요소라면, 이 속임수를 감지해 내는 능력이 강하게 선택될 것이다. 그리고 이에 따라, 지금 행하는 속임수가 들키지 않도록 (자기만이 알 수 있는 미묘한 신호를 통해) 자기기만의 일부 사실이나 동기가 무의식적이 되도록 하는 어느 정도의 자기기만도 선택될 것이 분명하다. 따라서 자연선택이 이 세상에 대한 정확한 이미지를 만들어 내는 신경계를 선호했을 것이라는 종전의 생각은 감정의 진화를 너무나 순진하게 파악한 견해임이 틀림없다.

최근 사회 이론의 빠른 진보는 반反혁명적인 작은 회오리가 생겨나기에 충분한 것이었다. 예를 들면 사회 이론의 진보는, 사실 사회 발전이 유전학적으로 불가능한 것처럼 보이게 함으로써 사회 발전을 저지하려는 주기적 음모의 일부라고 감히 단언할 수 있다. 이와 유사한 근거 없는 생각들이 서로 연계되어 다윈주의 사회 이론은 정치적으로 반동적이라는 인상을 준다. 그러나 이것은 전혀 사실이 아니다. 양성兩性이 유전적으로 평등하다는 것은 피셔와 해밀턴이 최초로 명확히 확립하였다. 사회성 곤충에게서 얻은 풍부한 양적 자료와 이론을 통해, 부모가 자식보다 우위를 차지한다는 (또는 그 반대의) 어떤 선천적인 경향도 없다는 사실이 밝혀졌다. 그리고 양육 투자와 암컷의 선택에 대한 개념은 성의 차이에 대한 객관적이고도 편견 없는 기초 지식이 된다. 이것이야말로 양성이 생물학적으로 동일하다는 전혀 도움이 안 되는 수렁에서 여성의 힘과 권리의 근원을 찾으려는 대중적 노력에 비해 상당한 진전이 아닐 수 없다. 요컨대 다윈주의 사회 이론은 우리가 맺고 있는 여러 가지 사회관계에서 대칭성과 논리를 이해할 수 있게 해 준다. 이러한 대칭성과 논리를 우리가 보다 충분히 이해하면, 우리는 우리의 정치적 상황을 새롭게 인식할 수 있을 것이고 심리과학과 정신의학에 대한 지적인 기반도 닦을 수 있을 것이다. 또한 그 과정에서 우리가 겪는 수많은 고통의 뿌리도 더 깊이 이해할 수 있을 것이다.

1976년 7월, 하버드대학교에서

로버트 L. 트리버스

초판 서문

이 책은 마치 상상력을 불러일으키는 공상 과학 소설처럼 읽어야 한다. 그러나 이 책은 공상 과학 소설이 아니라 과학서다. 진부한 표현인지 몰라도, '소설보다 더 기이하다'는 표현이 내가 이 책에 대해 느끼는 바를 정확하게 드러내 주는 것이다. 우리는 생존 기계다. 즉 우리는 유전자로 알려진 이기적인 분자를 보존하기 위해 맹목적으로 프로그램된 로봇 운반자다. 이 사실은 아직도 나를 놀라게 한다. 나는 이 사실을 여러 해 전부터 알고 있었지만 그것에 충분히 익숙해지지는 않았던 모양이다. 내가 바라는 것 중 하나는 바로 이러한 사실로 사람들을 깜짝 놀라게 하는 것이다.

내가 이 글을 쓰는 동안 세 부류의 독자가 내 집필을 지켜보았다. 이제 이들에게 이 책을 바친다. 이 세 부류의 독자 중 첫 번째는 생물학에 문외한인 일반 독자다. 이들을 위해 가능한 한 전문적인 특수 용어 사용을 피했고, 전문 용어를 사용해야 하는 곳에는 그 용어에 대한 명확한 뜻을 밝혔다. 이러한 작업을 하고 나서야 비로소 그동안 왜 우리가 학술지에서 불필요한 전문 용어 사용을 저지하지 않았는지 궁금해졌다. 여기서는 일반 독자가 특별한 지식을 갖고 있지 않다고 가정했으나, 이들이 멍청하다고 가정하지는 않았다. 누구나 과학을 지나치게 단순화시키면 과학을 대중화할 수 있다. 나는 본질을 벗어나지 않는 범위 내에서 비수학적인 언어로 미묘하고 복잡한 아이디어 몇 가지를 대중화하기 위해 애썼다. 이러한 내 노력이 얼마나 성공했는지 모르겠다. 이 책의 주제에 합당할 만큼 재미있고 흥미로운 책을 만들려고 노력했던 나의 또 다른 야심 또한 얼마나 성공했는지 모르겠다. 생물학 자체가 하나의 추리 소설이기 때문에 오래전부터 나는 생물학은 마땅히 추리 소설처럼 흥미로워야 한다고 생각해 왔다. 하지만 이 책의 주제가 주는 흥미의 아주 작은 일부분밖에 전달하지 못했다고 해도 나는 성공한 셈이다.

두 번째 가상 독자는 전문가다. 이들은 나의 비유에 대해 날카롭게 비판했다. 이들이 좋아하는 문구는 "~은 예외로 하고", "그러나 한편으로는", "우!(혐오·경멸·공포 따위를 나타냄 — 옮긴이)"이다. 나는 이들의 비판을 주의 깊게 들었고, 심지어 이들을 만족시키기 위해 한 장章을 완전히 다시 썼다. 그러나 결국엔 내 방식대로 이야기를 전개시킬 수밖에 없었다. 전문가들은 아직도 내 방식에 전적으로 만족하지는 않을 것이다. 그러나 나는 이들이 이 책에서 무언가 새로운 것을 발견하기를 제일로 소망한다. 아마도 친숙한 아이디어에 대한 새로운 시각을 갖게 되거나, 새로운 아이디어를 만들어 내는 자극제가 될지도 모르겠다. 만약 이 바람이 너무도 원대한 것이라면, 이 책이 기차 여행 중에라도 이들을 즐겁게 해 주기를 바랄 뿐이다.

내가 생각한 세 번째 독자는 일반 독자에서 전문가로 넘어가는 단계에 있는 학생이다. 아직도 자신의 전공을 결정하지 못했다면, 나는 내 전공 분야인 동물학을 고려해 보라고 권하고 싶다. 동물학을 공부하는 데는 그 '유용성'이나 동물에 대한 일반적인 애호보다 더 뜻 깊은 이유가 있다. 그것은 바로 우리 동물이 현재까지 알려진 우주에서 가장 복잡하면서도 완벽하게 설계된 기계라는 것이다. 이러한 점을 생각하면 왜 사람들이 다른 전공을 택하는지 모르겠다. 이미 동물학에 전념하고 있는 학생에게는 이 책이 어느 정도 교육적 가치가 있기를 바란다. 이들은 내 논리의 기반이 되는 원전 논문과 전문 서적을 읽어야 할 것이다. 원전을 소화하기 어렵다면 아마도 나의 비수학적인 설명이 소개서와 참고서로서 도움이 될 것이다.

이 세 부류의 독자 모두에게 흥미를 유발시키는 데는 확실히 위험이 따른다. 그럼에도 불구하고 이러한 시도를 하는 것은 이러한 시도로 얻는 이득이 훨씬 더 크다고 생각하기 때문이다.

나는 동물행동학자이고 이 책은 동물의 행동에 관한 책이다. 내가 동물행동학의 전통에 깊이 의존하고 있다는 것은 명백히 드러날 것이다. 특히 니코 틴버겐Niko Tinbergen은 내가 옥스퍼드대학교에서 그의 지도 아래 연구했던 12년 동안 얼마나 많은 영향을 받았는지 알지 못할 것이다. '생존 기계'라는 문구는 실제로 그가 만든 것은 아니지만 그로부터 유래한 것이라고 해도 무방하다. 그러나 동물행동학은 종전까지는 행동학 분야가 아니라고 여겨지던 분야에서 새로운 아이디어를 도입하면서 최근에 활기를 띠게 됐다. 이 책은 그와 같은 새로운 아이디어에 기반하고 있다. 그 창시자들의 이름을 본문에 언급했으며, 그 가운데 가장 큰 영향을 준 인물은 윌리엄스, 메이너드 스미스, 해밀턴 그리고 트리버스 등이다.

여러 사람들이 이 책의 제목이 될 만한 문구를 제안했고, 나는 그것을 감사히 장 제목으로 사용했다. 그 제목을 열거하면 다음과 같다. '불멸의 코일'은 존 크렙스John Krebs, '유전자 기계'는 데스먼드 모리스Desmond Morris, '유전자의 행동 방식'은 팀 클러턴-브록Tim Clutton-Brock과 진 도킨스Jean Dawkins가 제안한 것이었다('유전자의 행동 방식'에 대해 스티븐 포터Stephen Potter에게는 사과의 말을 전한다).

가상 독자들이 내게는 비현실적인 바람과 열망의 대상일지는 모르나, 실제로는 진짜 독자들과 평론가들이 더 많은 도움이 되었다. 내가 교정에 중독되어 있을 때 마리아 도킨스Maria Dawkins는 수많은 초고와 다시 고친 초고를 들여다봐 주었다. 그녀의 생물학 문헌에 대한 상당한 지식과 이론적 문제점들에 대한 정확한 이해, 그리고 끊임없는 독려와 윤리적인 지지는 내게 절대적으로 필요했다. 나보다 이 주제에 대해 더 많이 알고 있는 크렙스는 처음부터 이 책의 전체 원고를 읽은 후 충고와 제언을 아끼지 않았다. 글레니스 톰슨Glenys Thomson과 월터 보드머Walter Bodmer는 내가 유전학적 주제를 다루는 방식을 친절하고도 확고하게 비평해 주었다. 여전히 그들에게 이 수정본이 만족스럽지 못할까 걱정스럽지만, 그들이 내 최종본이 예전보다 다소 개선되었다고 생각하길 바란다. 나는 그들이 내게 할애했던 시간과 인내에 무엇보다도 감사한다. 존 도킨스는 오해하기 쉬운 표현을 날카롭게 찾아내 그를 대신할 명확한 표현을 제시해 주었다. 또한 맥스웰 스탬프Maxwell Stamp만큼 '지적인 보통 사람'이라는 말에 어울릴 만한 사람도 없을 것이다. 초고에서 중요하고도 일반적인 표현의 결함을 발견한 그의 통찰력은 마지막 원고 정리에 많은 도움을 주었다. 특정 장에 대해 건설적인 비평과 그 밖에 전문적인 충고를 아끼지 않았던 메이너드 스미스, 모리스, 마슐러, 닉 블러턴 존스Nick Blurton Jones, 사라 케틀웰Sarah Kettlewell, 닉 험프리Nick Humphrey, 클러턴-브록, 루이즈 존슨Louise Johnson, 크리스토퍼 그레이엄Christopher Graham, 제프 파커Geoff Parker, 트리버스 등에게도 감사의 말을 전한다. 팻 설Pat Searle과 스테파니 버호벤Stephanie Verhoeven은 능숙하게 타자를 쳐 주었을 뿐만 아니라 그 일을 즐겁게 해 주어 나를 북돋워 주었다. 마지막으로 초고에 대한 비평뿐 아니라 이 책이 출간되기까지 모든 문제에 정성을 다해 준 옥스퍼드대학교 출판부의 로저스에게 감사드린다.

1976년

리처드 도킨스

차례

1장

Why are people?

사람은 왜 존재하는가?

진화 — 가장 근본적 질문에 대한 대답

어떤 행성에서 지적 생물이 성숙했다고 말할 수 있는 때는 그 생물이 자기의 존재 이유를 처음으로 알아냈을 때다. 만약 우주의 다른 곳에서 지적으로 뛰어난 생물이 지구를 방문했을 때, 그들이 우리의 문명 수준을 파악하기 위해 맨 처음 던지는 질문은 "당신들은 진화를 알아냈는가?"일 것이다. 지구의 생물체는 자신들 중의 하나가 진실을 밝혀내기 전까지 30억 년 동안 자기가 왜 존재하는지 모르고 살았다. 진실을 밝힌 그의 이름은 찰스 다윈Charles Darwin이었다. 공정하게 말하면 몇몇 다른 사람들도 어렴풋이 알고는 있었지만 우리가 왜 존재하는지에 대하여 일관성 있고 조리 있게 설명을 종합한 사람은 다윈이 처음이었다. 다윈은 이 장의 표제와 같은 질문을 던지는 호기심 많은 어린아이에게 우리가 이치에 맞는 답을 가르쳐 줄 수 있도록 한 것이다. 생명에는 의미가 있는가? 우리는 무엇 때문에 존재하는가? 인간이란 무엇인가? 등과 같은 심오한 질문에 마주쳤을 때 우리는 더 이상 미신에 의지할 필요가 없다. 저명한 동물학자 심슨G. Simpson은 이 세 가지 중에서 마지막 질문을 제기하면서 이렇게 적었다.

"내가 강조하고 싶은 것은, 1859년 이전에 이 문제에 답하고자 했던 시도들은 모두 가치 없는 것이며, 오히려 그것들을 완전히 무시하는 편이 나을 것이라는 점이다."*

오늘날 진화론은 지구가 태양의 둘레를 돌고 있다는 사실과 같이 의심의 여지가 없지만, 다윈 혁명의 함의는 널리 받아들여지지 않고 있다. 대학에서 동물학은 아직도 소수의 연구 분야이며, 동물학을 연구하고자 하는 사람들조차 그 깊은 철학적 의미를 인식하지 못한 채 자신의 진로를 결정하는 경우가 종종 있다. 철학과 인문학 분야에서는 아직도 다윈이 존재한 적조차 없었던 것처럼 가르친다. 이런 상황은 틀림없이 언젠가 달라질 것이다. 어쨌든 이 책은 다윈주의 Darwinism를 지지하기 위해서가 아니라 특정 논점에 대하여 진화론이 초래하는 결과를 두루 살펴보기 위해 쓰였다. 나의 목적은 이기주의와 이타주의의 생물학을 탐구하는 것이다.

이기주의와 이타주의

학문상의 흥미는 차치하고라도 이 주제가 인간에게 중요함은 말할 나위가 없다. 이 주제는 우리 사회생활의 모든 면, 즉 사랑과 미움, 싸움과 협력, 주는 것과 훔치는 것, 탐욕과 관대함 등에 모두 관련된다. 콘라트 로렌츠Konrad Lorenz의 『공격성에 관하여*On Aggression*』, 로버트 아드리Robert Ardrey의 『사회 계약*The Social Contract*』, 그리고 아이블-아이베스펠트Eibl-Eibesfeldt의 『사랑과 미움*Love and Hate*』도 이와 같은 문제를 다뤘다고 할 수 있으나 이 책들의 문제점은 그 저자들이 전적으로, 완전히 틀렸다는 데 있다. 이들이 틀린 이유는 진화가 어떻게 진행되는지를 잘못 이해했기 때문이다. 이들은 진화에서 중요한 것은 개체(또는 유전자)의 이익이 아닌 종(또는 집단)의 이익이라는 잘못된 가정을 하고 있다. 애슐리 몬터규Ashley Montagu가 로렌츠를 "'이빨도 발톱도 피범벅이 된 자연'을 상상한 19세기 사상가들의 직계 자손이다"라고 비판한 것은 역설적이다. 내가 이해한 바로는, 진화에 관한 로렌츠의 견해는 테니슨Tennyson의 이 유명한 어구가 의미하는 것을 배척한다는 점에서 몬터규와 같다. 몬터규나 로렌츠와는 달리, 나는 '이빨도 발톱도 피범벅이 된 자연'이라는 표현이 자연 선택의 현대적 의미를 아주 잘 요약했다고 본다.

논의에 들어가기에 앞서 우선 이 논의가 어떤 종류인지, 그리고 어떤 종류가 아닌지 간단히 설명하겠다. 만약 어떤 남자가 시카고 갱단에서 오랫동안 별 탈 없이 살아왔다고 할 때, 우리는 그가 어떤 사람인지 어느 정도 짐작할 수 있다. 우리는 그가 굉장히 빠른 총잡이이고 의리 있는 친구를 여러 명 거느린 능력 좋은 사나이라고 예상할 수 있다. 물론 이 추론이 절대적인 것은 아니더라도 그가 생존해 온 조건, 성공해 온 조건에 관해서 무엇인가를 알게 되면 그 사람의 성격에 관해서 어느 정도 추론이 가능하다. 이 책이 주장하는 바는 사람을 비롯한 모든 동물이 유전자가 만들어 낸 기계라는 것이다. 성공한 시카고의 갱단과 마찬가지로 우리의 유전자는 치열한 세상에서 때로는 수백만 년 동안이나 생존해 왔다. 이 사실로부터 우리는 우리의 유전자에 어떤 성질이 있음을 기대할 수 있다. 이제부터 논의하려는 것은, 성공한 유전자에 대해 우리가 기대할 수 있는 성질 중 가장 중요한 것은 '비정한 이기주의'라는 것이다. 이러한 유전자의 이기주의는 보통 개체 행동에서도 이기성이 나타나는 원인이 된다. 그러나 앞으로 살펴보겠지만 개체 수준에 한정된 이타주의를 보임으로써 자신의 이기적 목표를 가장 잘 달성하는 특별한 유전자들도 있다. 이 문장에서 '한정된'과 '특별한'이라는 용어는 아주 중요하다. 우리가 아무리 그 반대라고 믿고 싶어도, 보편적 사랑이나 종 전체의 번영과 같은 것은 진화적으로는 있을 수 없는 것이다.

여기서 우선, 이 책에서 다루지 **않을** 첫 번째 사항을 말하고자 한다. 나는 진화에 근거하여 도덕성을 옹호하려는 것이 아니다.* 단지 사물이 어떻게 진화되어 왔는가를 말할 따름이다. 우리 인간이 도덕적으로 어떻게 행동해야 하는가를 말하려는 것이 아니다. 내가 이 점을 강조하는 이유는 '어떠해야 한다는 주장'과 '어떻게 된 일인지에 대한 진술'을 구별 못하는 많은 사람들에게서 오해받을 소지가 충분히 있기 때문이다. 비정한 이기주의라는 유전자의 보편적 법칙에만 기초를 둔 인간 사회는 매우 험악한 사회가 될 것이다. 그러나 아무리 개탄스러운 일이라 해도 그것이 사실임에는 변함없다. 이 책은 독자가 흥미롭게 읽도록 쓴 것이다. 그럼에도 불구하고 이 책에서 도덕을 이끌어 내고 싶다면 이 책의 내용을 하나의 경고로 받아들이기 바란다. 만약 당신이 나처럼 개개인이 공동의 이익을 위해 관대하게 이타적으로 협력하는 사회를 만들기를 원한다면 생물학적 본성으로부터 기대할 것은 거의 없다는 것을 경고로 받아들이기 바란다. 우리는 이기적으로 태어났다. 그러므로 관대함과 이타주의를 **가르쳐** 보자. 우리 자신의 이기적 유전자가 무엇을 하려는 녀석인지 이해해 보자. 그러면 우리는 적어도 유전자의 의도를 뒤집을 기회를, 다른 종이 결코 생각해 보지도 못했던 기회를 잡을 수 있을지도 모른다.

관대함과 이타주의를 가르치는 것에 덧붙여 말하자면, 유전되는 형질이 고정된 것이어서 변경이 불가능하다고 가정하는 것은 오류다(이 오류는 아주 흔한 것이다). 우리의 유전자는 우리에게 이기적 행동을 하도록 지시할지 모르나, 우리가 전 생애 동안 반드시 그 유전자에 복종해야만 하는 것은 아니다. 다만 유전적으로 이타적 행동을 하도록 프로그램되어 있는 경우보다 이타주의를 학습하는 것이 더 어려울 뿐이다. 동물 중에서 인간만이 학습되고 전승되어 온 문화에 지배된다. 어떤 사람은 문화만큼 중요한 것이 없기 때문에 이기적이든 아니든 간에 유전자는 인간의 본성을 이해하는 데 하등 도움이 안 된다고 할지도 모른다. 그리고 그렇지 않다는 사람도 있다.

이것은 모두 인간의 속성을 결정하는 요인이 '천성이냐 교육이냐' 하는 논쟁에서 어느 편을 드느냐에 달려 있다. 여기서 나는 이 책에서 다루지 않을 두 번째 사항을 말해야겠다. 이 책은 '천성이냐 교육이냐'라는 논쟁에서 어떤 한쪽을 두둔하려는 것이 아니다. 물론 이에 대한 나 나름의 의견이 있으나 그것을 표명하지는 않을 것이다. 다만 이 책의 11장에서 문화에 대한 내 견해가 은연중에 드러날지도 모른다. 만약 유전자가 현대인의 행동 결정에 전적으로 무관하다고 할지라도, 그리고 이러한 맥락에서 우리가 동물계에서 유일한 존재임을 알았다고 할지라도 최근에야 비로소 인간이 예외가 된 그 규칙에 대해 아는 것은 여전히 흥미로운 일이다. 또한 우리 종이 우리가 생각하고 싶은 만큼 그렇게 예외가 아니라면 우리는 더더욱 그 규칙을 배워야 한다.

이 책에서 다루지 않을 세 번째 사항은 인간 또는 기타 동물의 상세한 행동에 관한 서술이다. 이는 상세한 설명이 필요할 때 예로서만 사용할 것이다. 나는 "개코원숭이의 행동을 보면 그 행동이 이기적이라는 것을 알 수 있기 때문에 인간의 행동도 이기적일 가능성이 크다"고 말하지 않을 것이다. 앞서 이야기했던 '시카고 갱단'의 논리는 전혀 다르다. 인간도 개코원숭이도 자연선택을 거쳐 진화해 왔다. 자연선택의 과정을 보면 자연선택을 거쳐 진화해 온 것은 무엇이든 이기적일 수밖에 없다는 것을 알게 된다. 따라서 우리는 개코원숭이, 인간, 그리고 기타 모든 생물의 행동을 보면 그 행동이 무엇이든 이기적일 것이라고 예상해야 한다. 만약 이 예상이 잘못된 것이라는 사실을 알게 되면, 즉 인간의 행동이 진정으로 이타적이라고 관찰될 경우, 우리는 난처한 설명을 필요로 하는 사태에 직면할 것이다.

논의를 진전시키기에 앞서 용어의 정의가 필요하다. 어떤 생물체(예를 들어 개코원숭이 한 마리)가 자기를 희생하여 다른 생물체의 행복을 증진시키는 행동을 했다면 그 생물체의 행동은 이타적이라고 할 수 있다. 이기적 행동은 이것과 정반대다. '행복'은 '생존의 기회'로 정의된다. 비록 생사의 갈림길에 미치는 영향이 극히 적고 무시해도 될 것**처럼 보이**더라도 말이다. 다윈 이론을 현대적으로 해석함으로써 얻어지는 가장 놀라운 결과 가운데 하나는 생존 가능성에 미치는 아주 사소한 영향이 진화에 커다란 영향을 미칠 수 있다는 것이다. 이것은 그러한 영향이 드러나기까지 필요한 시간이 충분하기 때문에 가능하다.

이처럼 이타주의와 이기주의의 정의가 주관이 아닌 **행동**에 근거한 것임을 이해하는 것이 중요하다. 여기서 나는 행동의 심리적 동기에 대해서는 관심이 없다. 나는 이타적으로 행동하는 사람이 '정말로' 숨겨진 혹은 무의식적인 이기적 동기에 따라 그러한 행동을 하는지 아닌지 논의하려는 것이 아니다. 그들은 그럴 수도 있고 그렇지 않을 수도 있고, 아니면 우리는 영영 알 수 없을지도 모른다. 그러나 어느 경우에라도 이 책에서 논의할 사항은 아니다. 다만 이 행위가 이타 행위자의 생존 가능성과 이타 행동의 수혜자의 생존 가능성을 높이는 효과를 내는지 아니면 낮추는 효과를 내는지만 중요할 뿐이다.

장기적인 생존 가능성에 행동이 미치는 효과를 증명하기는 대단히 어렵다. 우리가 실제 행동에 우리의 정의를 적용할 때에는 '겉보기에' 어떤지를 살펴보아야 한다. 겉보기에 이타적 행위는, 표면적으로 이타주의자의 죽을 가능성을 (조금이나마) 높이고, 동시에 수혜자의 생존 가능성을 높이는 것처럼 보이는 행위다. 자세히 들여다보면, 겉보기에 이타적인 행위는 실제로는 이기주의가 둔갑한 경우가 많다. 다시 말하지만, 이는 기저에 깔린 동기가 이기적이라는 뜻이 아니라, 생존 가능성에 미치는 실제 영향이 우리가 처음 생각했던 것과는 반대라는 뜻이다.

이기적인 행동의 예

겉보기에 이기적인 행동과 이타적인 행동의 예를 몇 가지 들어 보자. 우리가 우리 자신을 취급할 때는 주관적으로 생각하는 경향이 있으므로 다른 종의 동물을 예로 들겠다. 우선 개체의 이기적인 행동의 예를 몇 가지 살펴보자.

검은머리갈매기는 커다란 군락을 지어 둥지를 짓는데, 둥지와 둥지 사이는 불과 수 미터밖에 안 된다. 갓 부화한 새끼는 무방비 상태이기 때문에 포식자에게 먹히기 쉽다. 이웃이 먹이를 찾으러 집을 떠날 때까지 기다렸다가 그 둥지를 습격하여 어린 새끼를 삼켜 버리는 갈매기를 흔히 볼 수 있다. 그 갈매기는 먹이를 잡으러 나가는 수고를 할 필요도 없이 자기 둥지를 지키는 동시에 풍부한 영양을 섭취할 수 있는 것이다.

더 잘 알려진 예로, 암사마귀는 동족을 잡아먹는 무시무시한 습성이 있다. 사마귀는 몸집이 큰 육식성 곤충으로 보통 파리와 같은 작은 곤충을 먹지만 움직이는 것은 무엇이든 공격한다. 짝짓기를 할 때 수컷은 조심스럽게 암컷에게 접근하여 암컷 위에 올라타고 교미를 한다. 암컷은 기회가 되면 수컷을 잡아먹는다. 수컷이 접근할 때나 자신의 몸에 올라탄 직후, 혹은 떨어진 후에 머리부터 잘라 먹는다. 암컷 입장에서는 교미가 끝날 때까지 기다렸다가 수컷을 잡아먹는 것이 가장 유리할지도 모른다. 그러나 머리가 없다는 것이 수컷의 남은 몸통 부분의 성행위를 멈추게 하는 것 같지는 않다. 실제로 곤충의 머리에는 억제 중추가 있기 때문에 암컷은 수컷의 머리를 먹는 것으로 수컷의 성행위를 활성화시킬 수 있다.* 만약 그렇다면 이것은 암컷에게는 추가적인 이득이 되는 셈이다. 물론 주된 이득은 암컷이 좋은 먹이를 얻는 것이다.

'이기적'이라는 말은 동족끼리 잡아먹는 것과 같은 극단적인 경우에 대해서는 상당히 절제된 표현일지 모르겠으나, 다음의 예는 이기성의 정의에 잘 부합한다. 남극의 황제펭귄에서 보고된 비겁한 행동을 살펴보면 아마도 누구나 쉽게 동의할 수 있을 것이다. 황제펭귄은 바다표범에게 잡아먹힐 위험이 있기 때문에 물가에 서서 물에 뛰어들기를 주저하는 모습을 흔히 볼 수 있다. 그중 한 마리가 뛰어들면 나머지 펭귄은 바다표범이 있는지 없는지 알 수 있다. 당연히 어느 펭귄도 자기가 희생물이 되려고 하지 않기 때문에 황제펭귄들은 그저 누군가 뛰어들기만 기다린다. 무리 중의 하나를 떠밀어 버리려고까지 한다.

더 일반적인 경우에 이기적인 행동은 단순히 먹이나 영역, 또는 교미 상대와 같은 가치 있는 자원을 공유하기를 거부하는 행위로 볼 수도 있다. 겉보기에 이타적인 행동의 예를 몇 가지 들어 보자.

이타적인 행동의 예

일벌이 침을 쏘는 행동은 꿀 도둑에 대한 아주 효과적인 방어 수단이다. 그러나 침을 쏘는 벌은 가미가제 특공대다. 침을 쏘는 것과 동시에 생명 유지에 필수적인 내장이 보통 침과 함께 빠져 버리기 때문에 그 벌은 얼마 지나지 않아 죽게 된다. 벌의 자살 행위가 집단의 생존에 필요한 먹이 저장고를 지켜 냈을지 몰라도 일벌 자신은 그 이익을 누리지 못한다. 우리의 정의에 따르면 이것은 이타적인 행동이다. 우리는 여기서 의식적인 동기에 대해서 말하는 것이 아니라는 점을 기억해야 한다. 이 경우에도, 또 이기적인 행동의 경우에도 의식적인 동기는 있을 수도 있고, 없을 수도 있다. 그러나 그 동기는 우리가 내린 정의와 전혀 무관하다.

친구를 위해서 생명을 버리는 것은 명백히 이타적인 행동이며, 위험을 감수하는 것도 마찬가지다. 대부분의 작은 새는 매와 같은 포식자가 날아가는 것을 보면 독특한 '경계음'을 내는데, 이 소리를 듣고 무리 전체가 위험을 피하게 된다. 경계음을 내는 새는 포식자의 주의를 자신에게 쏠리게 하므로 특히 위험에 처할 수 있다는 간접적인 증거도 있다. 아주 약간의 위험을 더 무릅쓰는 것뿐이지만 이 또한 우리의 이타적 행위의 정의에 포함되는 것처럼 보인다.

동물의 이타적 행동 중에서 가장 흔하면서도 뚜렷한 것이 새끼에 대한 어미의 행동이다. 어미는 둥지에서나 체내에서 알을 품고, 엄청난 비용을 감수하면서도 새끼에게 먹이를 주며, 목숨을 걸고 포식자로부터 새끼를 지킨다. 일례로 지상에 둥지를 트는 새 대부분은 여우와 같은 포식자가 접근할 때 이른바 '주의 전환 과시 행동 distraction display'을 한다. 어미새는 한쪽 날개가 꺾인 양 몸짓을 하며 여우를 둥지로부터 먼 곳으로 유인한다. 포식자는 쉽게 잡을 수 있을 것처럼 보이는 먹이를 따라 새끼가 있는 둥지에서 멀어진다. 마침내 어미새는 이 몸짓을 멈추고 공중으로 날아올라 여우의 습격을 피한다. 이 어미새는 자기 새끼의 생명은 구했으나 자기 자신을 위험한 상태에 노출시킨다.

여러 가지 이야기로 논지를 입증하려는 것은 아니다. 사례를 아무리 늘어놓는다고 해도 그것을 일반론의 정당한 증거로 삼기는 어렵다. 위에서 언급한 이야기들은 단지 개체 수준의 이타적 행동과 이기적 행동이 무엇을 의미하는지 알아보기 위해 예로 들었을 뿐이다. 이 책에서 나는 **유전자의 이기성**이라는 기본 법칙으로 개체의 이기주의와 이타주의 모두가 어떻게 설명될 수 있는지 보이고자 한다. 그러나 이에 앞서 이타주의에 관한 잘못된 설명을 지적하지 않을 수 없다. 왜냐하면 이와 같은 설명은 이미 널리 알려져 있고, 학교에서도 이를 널리 가르쳐 왔기 때문이다.

집단선택설

그 잘못된 설명은 앞서 언급한 오해, 즉 "생물은 '종의 이익을 위하여' 또는 '집단의 이익을 위하여' 행동하도록 진화한다"는 오해에 근거한다. 이런 사고방식이 생물학에 어떻게 자리 잡게 됐는지는 쉽게 알 수 있다. 동물의 생활은 대부분 번식에 대한 활동이며, 자연에서 볼 수 있는 대부분의 이타적 자기희생은 어미가 새끼에게 하는 것이다. '종의 영속'은 흔히 번식에 대한 완곡한 표현으로 쓰인다. 그리고 그것이 번식의 **결과**라는 사실은 의심의 여지가 없다. 논리를 조금만 비약시키면 번식의 '기능'이 종을 영속시키기 '위한' 것이라는 추론도 가능하다. 그러나 이로부터 동물이 일반적으로 종의 영속에 유리한 방향으로 행동한다고 결론짓는 것은 잘못이다. 동료에 대한 이타주의는 그 결과로 얻어지는 듯하다.

이 사고방식은 다윈의 용어를 이용하여 표현할 수 있다. 진화는 자연선택을 거쳐 진행되고 자연선택은 '최적자the fittest'의 차등적 생존을 의미한다. 그런데 여기서 말하는 '최적자'란 최적인 개체일까, 최적인 종족일까, 최적인 종일까, 아니면 다른 무엇일까? 어떤 맥락에서는 이것이 그다지 중요한 문제가 아닐 수도 있지만 이타주의에 대해서 말할 때는 확실히 중대한 문제다. 다윈이 이른바 생존 경쟁이라고 말한 데서 경쟁하고 있는 단위가 종이라고 한다면 개체는 장기판의 졸卒로 볼 수 있다. 졸은 종 전체의 더 큰 이익을 위해 필요하다면 희생될 수도 있는 것이다. 좀 더 고상하게 말하면, 자기 집단의 이익을 위하여 희생할 수 있는 개체들로 구성된 종 내지는 종 내 개체군과 같은 집단은, 각 개체가 자기 자신의 이기적 이익을 우선으로 추구하는 다른 경쟁자 집단보다 절멸의 위험이 적을지도 모른다. 따라서 세상은 자기희생을 치르는 개체로 이루어진 집단으로 가득 찬다. 이것이 '집단선택설Theory of group selection'이다. 이 학설은 윈-에드워즈V. C. Wynne-Edwards의 유명한 저서를 통해 소개되었고, 아드리의 『사회 계약』이라는 책을 통해 널리 알려졌다. 이는 진화론의 상세한 내용을 모르는 생물학자들에게 오랫동안 진실이라고 생각되어 온 학설이다. 이와 반대로 정통 학설은 '개체선택설Theory of individual selection'이라고 불린다. 나는 개인적으로 '유전자선택설Theory of gene selection'이라 부르는 것을 더 선호한다.

위의 논의에 대한 '개체선택론자'의 답은 간단히 말해서 다음과 같다. 이타주의자의 집단 내에 희생을 눈곱만치도 하지 않으려는 소수가 반드시 있게 마련이다. 다른 이타주의자를 이용하려는 이런 이기적인 반역자가 한 개체라도 있으면, 정의에 따르자면 그 개체는 아마도 다른 개체보다 더 잘 살아남고 자손도 더 많이 낳을 수 있을 것이다. 그리고 그 자손은 그의 이기적인 특성을 이어받을 것이다. 여러 세대의 자연선택을 거치고 나면, 이 '이타적 집단'에는 이기적인 개체가 만연해 이기적 집단이나 마찬가지가 될 것이다. 있을 수 없는 일이지만 처음부터 반역자가 전혀 없는 순수한 이타적 집단이 있다고 하더라도, 이웃의 이기적 집단에서 이기적인 개체가 이주해 와서 교배를 하여 이타적 집단의 순수 혈통을 오염시키는 것을 막기란 매우 어려운 일일 것이다.

개체선택론자는 집단도 사멸한다는 것과, 집단이 실제로 절멸하는지의 여부가 그 집단에 속한 개체의 행동 여하에 달려 있다는 것을 인정할 것이다. 또한 어떤 집단의 개체들이 선견지명이 있기만 하다면, 이기적 욕망을 억제하고 집단 전체의 붕괴를 막는 것이 종국에는 자기들의 최대 이익이 된다는 것을 알게 되리라는 점까지도 인정할 것이다. 이 점을 몇 번이나 더 반복해서 이야기해야 하는가? 그러나 집단의 절멸은 개체 간에 치고받는 경쟁에 비해 느린 과정이다. 집단이 느리게 그리고 확실히 쇠퇴해 가는 중에도 이기적인 개체는 이타주의자의 희생을 발판 삼아 짧은 시간 안에 그 수가 불어난다. 세상 사람들이 선견지명을 가졌는지 안 가졌는지는 모르겠지만, 진화는 미래를 보지 못한다.

집단선택설은 이제는 진화를 이해하는 전문적인 생물학자들 사이에서 별로 지지를 받지 못하지만, 이 학설은 직관에 호소하는 면이 있다. 동물학을 전공하는 학생은 이것이 정통적인 견해가 아님을 알고 놀란다. 그렇다고 그들을 책망할 수는 없다. 왜냐하면 영국의 고등학교 생물학 교사를 위한 『너필드 생물학 지도서*Nuffield Biology Teachers' Guide*』에도 다음과 같이 적혀 있기 때문이다.

"고등 동물에서는 개체가 종의 생존을 위해 자살이라는 행동 형태를 취하기도 한다."

이 지도서의 익명의 저자는 자기가 논쟁거리가 될 만한 말을 썼다는 사실조차 모르는 듯하다. 이런 점에서 그는 노벨상 수상자감이다. 로렌츠는 『공격성에 관하여』라는 책에서 공격 행동의 '종 보존' 기능에 관해 말하면서, 그 기능 중 하나는 최적 개체만이 번식하도록 보증하는 것이라고 말한다. 순환 논리 같지만, 여기서 내가 말하고 싶은 것은 『너필드 생물학 지도서』의 저자와 마찬가지로 로렌츠도 분명히 자기의 주장이 정통 다윈주의에 반대된다는 사실을 깨닫지 못할 만큼 집단선택설이 뿌리 깊다는 것이다.

최근에 나는 오스트레일리아산 거미에 관한 BBC TV 프로그램에서 이와 비슷한 예를 봤다. 그 프로그램에 출연한 '전문가'는 대부분의 거미 새끼가 다른 종의 먹이가 되는 것을 관찰하고는 다음과 같이 말했다.

"아마도 이것이 그들의 진정한 존재 이유일 것이다. 종의 유지를 위해서는 극소수가 살아남더라도 충분하기 때문이다."

『사회 계약』에서 아드리는 일반적인 사회 질서 전반을 설명하는 데 집단선택설을 이용했다. 명백히 그는 인간을 동물의 정도에서 벗어난 종이라고 본다. 아드리는 적어도 숙제를 한 셈이다. 정통적인 개체선택설에 이의를 제기하려는 그의 결의는 분명히 의식적인 것이었다. 그는 이러한 점에서 평가받을 만하다.

아마도 집단선택설이 큰 매력을 갖는 이유는 그것이 대부분 우리가 갖고 있는 도덕적 이상이나 정치적 이상과 조화를 이루기 때문일 것이다. 개인으로서 우리는 종종 이기적으로 행동하지만 이상적으로는 타인의 이익을 우선하는 사람을 존경하고 칭찬한다. 그러나 우리가 '타인'이라는 말을 어느 범위까지 설정해야 하는가에 관해서는 다소 혼란이 있다. 집단 내 이타주의는 집단 간의 이기주의를 동반할 때가 많다. 이것이 노동조합의 기본 원리다. 또 다른 수준에서 보면 국가는 우리의 이타적 자기희생에서 이익을 얻는 집단이며, 젊은이들로 하여금 자국의 영광을 위해 목숨을 바치게 한다. 또한 그들은 타국인이라는 것 외에는 잘 알지도 못하는 타인을 살상하도록 훈련받는다(이상하게도 개개인에게 생활 소비를 좀 줄여 달라는 평상시의 호소는 자신의 생명을 바치라는 전시의 호소만큼 효과적이지 않은 것 같다).

최근 인종 차별주의나 애국심에 반대하여 동지 의식의 대상을 인류라는 종 전체로 바꾸려는 움직임이 일고 있다. 이처럼 이타주의의 대상을 확장하고자 하는 인도주의자들은 흥미로운 면모를 지니고 있는데, 진화에서 '종의 이익'이 중요하다는 사고방식을 지지하는 것처럼 보인다. 보통 종의 윤리를 가장 확신하는 이 정치적 자유주의자들은 이타주의의 대상을 조금 더 확장하여 다른 종까지 포함시키려는 사람을 매우 경멸하는 경우가 종종 있다. 만약 내가 사람들의 주거 문제를 개선하는 것보다 대형 고래의 도살을 막는 것에 더 관심이 있다고 말한다면 몇몇 친구들은 충격을 받을 것이다.

동종의 일원이 다른 종의 일원에 비해 특별한 도의적 배려를 받는 것이 당연하다는 생각은 아주 오래전부터 이어져 온 것이다. 전쟁 이외의 상황에서 살인하는 것은 통상 범죄 중에서 가장 큰 죄로 생각되어 왔다. 우리 문화에서 살인보다 더 강하게 금지되는 유일한 것은 식인 행위다(비록 이미 죽은 자일지라도). 그러나 우리는 다른 종의 일원을 먹는 것을 즐긴다. 대부분의 사람들은 잔인무도한 범인에 대해서조차 사형 집행을 꺼려하는 데 반해, 많은 피해를 주지 않는 유해 동물에 대해서는 재판도 없이 쏴 죽이는 데 기꺼이 동의한다. 그뿐인가! 우리는 수많은 무해한 동물을 오락이나 유흥을 위해 죽인다. 아메바만큼이나 인간적 감정이 없는 인간의 태아는 어른 침팬지보다도 많은 공경과 법적 보호를 받는다. 그러나 최근의 실험적 증거에 따르면 침팬지는 감정이 있고 사고할 뿐만 아니라 인간의 언어를 배울 수도 있다. 태아는 우리 종에 속하므로 그것만으로 특혜와 특권이 부여되는 것이다. 리처드 라이더Richard Ryder가 말하는 '종 차별주의'의 윤리가 '인종 차별주의'의 윤리보다 확실한 논리적 근거가 있는지 나는 모른다. 단지 내가 아는 것은 그러한 논리에는 진화생물학적으로 적절한 근거가 없다는 것이다.

어느 수준의 이타주의가 바람직한가? 가족인가, 국가인가, 인종인가, 종인가, 아니면 전체 생물인가에 대한 인간 윤리의 혼란은 진화론의 입장에서 보면 어느 수준에서 이타주의를 기대할 수 있는가라는 생물학적인 문제와 혼란을 그대로 반영한다. 집단선택론자도 경쟁 집단의 구성원들이 서로 미워하고 옥신각신하는 것에 그리 놀라지는 않을 것이다. 경쟁 집단의 구성원은 노동조합원이나 군인들처럼 한정된 자원을 둘러싼 싸움에서는 자기 집단의 편을 든다. 그러나 이 경우 집단선택론자가 **어느** 수준이 중요한지를 어떻게 정했는가 하는 것은 질문할 가치가 있다. 만약 선택이 같은 종 내의 집단 간이나 다른 종 간에서 일어난다면 왜 더 큰 집단 간에서는 일어나지 않는 것일까? 종은 속屬에 속하고 속은 목目에, 목은 강綱에 속한다. 사자와 영양은 둘 다 우리와 마찬가지로 포유강의 일원이다. 그렇다면 '사자는 포유동물의 이익을 위해' 영양을 죽이지 않으리라고 예측할 수 없는 것인가? 분명히 포유동물의 절멸을 방지하기 위해서 사자는 영양 대신에 새나 파충류를 사냥해야 할 것이다. 그러나 척추동물 문門 전체를 존속시키기 위해서는 어떻게 해야 하는가?

귀류법으로 집단선택설의 난점을 지적하는 것에는 별문제가 없어 보이지만, 개체에 이타성이 존재한다는 사실을 설명해야 하는 일이 아직 남아 있다. 아드리는 "톰슨가젤이 겅중겅중 뛰는 도약 행동과 유사한 행동들을 설명할 수 있는 것은 집단선택뿐이다"라고 했다. 포식자 앞에서 행해지는 이 박력 있고 눈에 잘 띄는 도약 행동은 새의 경계음과 비슷한 것이다. 위험에 처해 있는 동료들에게 경고하면서 한편으로는 도약 행동을 하는 자신에게 포식자의 주의를 돌리기 때문이다. 우리는 톰슨가젤의 도약 행동이나 이와 유사한 현상 모두를 설명할 책임이 있다. 이에 대해서는 다음 장에서 살펴볼 것이다.

그에 앞서서, 진화를 바라보는 가장 좋은 방법은 '가장 낮은 수준에서 일어나는 선택의 관점에서 보는 것'이라는 나의 신념을 주장하지 않을 수 없다. 이 신념은 윌리엄스G. C. Williams의 명저 『적응과 자연선택*Adaptation and Natural Selection*』에서 큰 영향을 받았다. 이 책에서 활용할 중심적인 아이디어는 금세기 초, 유전자가 밝혀지기 이전 시대에 바이스만A. Weismann이 예시한 것이다. 그의 '생식질의 연속성continuity of the germ-plasm'이라는 학설이 바로 그것이다. 나는 선택의 기본 단위, 즉 이기성의 기본 단위가 종도 집단도 개체도 아닌, 유전의 단위인 유전자라는 것을 주장할 것이다.* 이 말이 일부 생물학자에게는 극단적으로 들릴지도 모르겠다. 하지만 내가 어떤 의미로 그와 같은 논의를 하려는지 알게 된다면, 그들은 비록 그것이 낯선 방법으로 표현되어 있을지라도, 본질적으로 그것이 정통 이론이라는 것에 동의해 주리라 희망한다. 이러한 논의 전개에는 시간이 걸리므로 우선 생명 그 자체의 기원에서부터 시작한다.

2장

The replicators

자기 복제자

안정을 향하여

태초에는 단순함만이 존재했다. 그 단순한 세계도 어떻게 시작되었는지 설명하기란 매우 어렵다. 하물며 복잡한 질서 — 생물 또는 생명을 만들어 낼 수 있는 존재 — 가 돌연히 나타난 것을 설명하기는 더욱더 힘든 일이라는 데는 이견이 없으리라 생각한다. 자연선택에 의한 진화라는 다윈의 학설이 납득할 만한 것인 이유는, 어떻게 단순한 것이 복잡한 것으로 변할 수 있는지, 어떻게 무질서한 원자가 복잡한 패턴으로 모여 인간을 만들어 내기에 이를 수 있는지 보여 주기 때문이다. 다윈은 인간의 존재에 관한 심원한 문제의 해답을 제공해 준다. 그것은 지금까지 제기된 해답 중에서 유일하게 그럴듯하다. 지금부터는 이 위대한 학설에 대해 종래보다 더 일반적으로 설명하고자 한다. 진화가 시작되기 이전의 시기부터 시작해 보자.

안정한 것

다윈의 '최적자 생존survival of the fittest'은 실제로 **안정자 생존**survival of the stable이라는 보다 더 일반적인 법칙의 특수한 예다. 세상은 안정한 것들로 가득 차 있다. 안정한 것이란 이름을 붙일 수 있을 만큼 지속적으로 존재하거나, 흔하게 존재하는 원자의 집단이다. 그것은 가령 알프스의 마터호른Matterhorn 봉우리처럼 이름을 붙이기에 충분할 만큼 오래도록 지속되는 고유한 원자 **집단**일 수도 있다. 또는 빗방울처럼 그 하나하나는 금세 사라질지라도 집합적인 이름을 붙일 수 있을 만큼 많이 존재하는 어떤 집단일 수도 있다. 우리 주위에서 볼 수 있는 것과 설명이 필요하다고 생각되는 것 — 바위나 은하나 바다의 파도 등 — 은 다소간 안정한 원자의 패턴이다. 비누 거품은 구형이 되는 성질이 있는데, 이것은 기체가 차 있는 얇은 막의 안정한 형태가 구형이기 때문이다. 우주선 내에서는 물의 안정한 형태도 구형이지만 지구에서는 중력이 작용하기 때문에 고여 있는 물의 안정한 표면은 편평한 형태다. 소금의 결정은 입방체다. 왜냐하면 나트륨 이온과 염소 이온이 함께 담겨 있으려면 입방체가 안정하기 때문이다. 태양에서는 모든 원자 중에서 가장 단순한 수소 원자가 융합하여 헬륨 원자를 만든다. 왜냐하면 태양의 환경에서는 헬륨의 상태가 더 안정하기 때문이다. 보다 더 복잡한 원자들도, 널리 인정되어 온 학설에 따르면 '대폭발'이 우주를 만들어 낸 직후부터 우주의 여러 별에서 만들어지고 있다. 이것이 우리가 살고 있는 세상에 있는 원소의 유래다. 때때로 원자들이 서로 만나면서 화학 반응을 일으키고 결합하여 다소간 안정한 분자를 형성하기도 한다. 이러한 분자는 매우 클 수 있다. 다이아몬드와 같은 결정은 단일 분자로서 안정한 것으로 유명하지만 그 내부의 원자 구조가 무한히 반복되기 때문에 아주 단순한 분자이기도 하다. 오늘날 생물들은 매우 복잡한 큰 분자들로 구성되며 그 복잡성에는 몇 개의 단계가 있다. 우리 혈액 중의 헤모글로빈은 전형적인 단백질 분자다. 그것은 아미노산이라는 더 작은 분자의 사슬로 되어 있으며, 각 아미노산에는 정해진 패턴으로 배열된 수십 개의 원자가 담겨 있다. 헤모글로빈 한 분자에는 574개의 아미노산 분자가 있다. 이들 아미노산은 4개의 사슬을 만들며, 이 사슬들이 서로 맞물려 매우 복잡한 구형의 3차원 구조를 만들어 낸다. 헤모글로빈 분자의 모형은 마치 빽빽한 가시나무 덤불처럼 보인다. 그렇지만 진짜 가시나무 덤불과 달리, 헤모글로빈 분자는 불규칙하고 어설픈 패턴이 아니라 삐져나오는 잔가지가 하나도 없는 일정하고 변함

없는 구조로 되어 있다. 인체 내에서는 헤모글로빈 분자가 평균 6×10^{21}개나 존재한다. 아미노산 서열이 같은 두 개의 단백질 사슬을 떼어 내면 마치 두 개의 용수철처럼 완전히 똑같은 3차원 구조로 돌아간다. 헤모글로빈과 같은 단백질 분자의 가시덤불 형태가 안정하다고 말할 수 있는 것은 이 때문이다. 우리 체내에서 헤모글로빈의 가시덤불은 매초 4×10^{14}개가 '선호되는' 형태로 만들어지고, 다른 헤모글로빈 분자는 같은 속도로 파괴되고 있다.

헤모글로빈은 오늘날 볼 수 있는 분자이고, 나는 이를 이용하여 원자가 안정한 패턴으로 되려는 경향이 있다는 원칙을 설명했다. 여기서 중요한 것은 지구상에 생물이 생기기 이전에 일반적인 물리화학적 과정을 통해 분자의 초보적인 진화가 일어났을 수 있다는 점이다. 디자인을 누가 했다거나 목적이 있다거나 방향성이 있다는 것에 대해 생각할 필요는 없다. 에너지를 가진 한 무리의 원자가 안정한 패턴을 갖게 되면, 그 원자들은 그대로 머물러 있으려고 할 것이다. 최초의 자연선택은 단순히 안정한 것을 선택하고 불안정한 것을 배제하는 것이었다. 이에 관해서는 전혀 신비로울 것이 없다. 그것은 말 그대로 당연히 그렇게 된 것이다.

그렇다고 해서 인간과 같이 복잡한 존재를 완전히 같은 원리로 설명할 수 있다는 것은 물론 아니다. 알맞은 수의 원자를 취하고 약간의 외부 에너지를 더해 그것들이 바른 패턴이 될 때까지 흔든다고 아담이 뿅 하고 만들어지는 것은 아니다. 수십 개의 원자로 구성된 분자라면 이와 같은 방법으로 만들어질 수 있을지 몰라도 인간은 10^{27}개 이상의 원자로 구성되어 있다. 인간을 만들려면 우주의 전 역사가 마치 한 순간처럼 생각될 정도로 긴 시간 동안 생화학적인 칵테일 셰이커를 흔들어야 하지만, 그러더라도 성공하지 못할 것이다. 바로 이 시점에서 가장 일반적인 형태의 다윈의 이론이 우리를 구조한다. 분자 형성의 느린 과정에 대한 이야기가 끝날 무렵부터 다윈의 이론이 접수한다.

생명의 기원과 자기 복제자

이제부터 이야기할 생명의 기원에 대한 설명은 아무래도 추측에 근거할 수밖에 없다. 그 기원을 본 사람은 아무도 없기 때문이다. 대립되는 이론은 많이 있으나 이들은 모두 어떤 공통된 특징이 있다. 이제부터 시작할 단순화된 설명은 아마도 진실과 그리 동떨어진 것은 아닐 것이다.*

생명 탄생 이전의 지구에는 어떤 화학 원료가 풍부했을까? 확실하지는 않지만 타당성 있는 것들로는 물, 이산화탄소, 메탄, 암모니아 등 태양계 내 적어도 몇 개의 행성에 있다고 알려진 단순한 화합물이 있다. 화학자들은 초기 지구의 화학적 상태를 재현하려는 많은 시도를 했다. 가능성 있는 이들 단순한 물질을 플라스크에 넣고 자외선이나 전기 방전(원시 시대의 번개를 인공적으로 모방한 것) 등의 에너지원을 가한 뒤 2~3주 지나면 대개 플라스크 속에서 흥미로운 것이 나타났다. 처음에 넣었던 분자보다 복잡한 분자가 다량 포함된 연갈색 액체가 생긴 것이다. 특히 그 액체에서 아미노산이 발견됐는데, 이것은 생물체를 구성하는 대표 물질 두 가지 중 하나인 단백질을 구성하는 요소다. 이와 같은 실험이 수행되기 전까지는 자연적으로 생겨나는 아미노산이 생명체가 존재한다는 증거라고 생각되어 왔다. 가령 화성에서 아미노산이 발견되면 거기에 틀림없이 생물이 있을 것이라고 생각했을 것이다. 그러나 지금은 아미노산의 존재가 증명된다고 해도 공기 중에 단순한 기체가 있다는 것과 화산이나 햇빛, 번개가 있다는 것을 알 수 있을 따름이다. 더 최근에는 생명 탄생 이전 지구의 화학적 상태를 본뜬 실내 실험에서 퓨린purine과 피리미딘pyrimidine이라는 유기물이 생성됐다. 이들은 유전 물질인 DNA의 구성 요소다.

이와 비슷한 과정을 통해, 생물학자나 화학자가 30~40억 년 전에 해양을 구성하고 있었다고 생각하는 '원시 수프'가 만들어진 것이 틀림없다. 이 유기물은 아마도 해안 부근의 말라붙은 물거품이나 작게 떠 있는 물방울 속에 국지적으로 농축되었을 것이다. 그들은 다시 태양으로부터 자외선과 같은 에너지의 영향을 받아 결합하여 더 큰 분자가 되었다. 오늘날에는 거대 유기물 분자가 만들어지자마자 박테리아나 기타 생물에 흡수되어 분해되기 때문에 눈에 띌 정도로 오랫동안 존재하지는 않는다. 그러나 그 당시에는 박테리아나 그 밖의 여러 생물이 아직 생겨나지도 않았다. 거대 유기물 분자는 점점 더 진해지는 수프 속을 아무런 방해도 받지 않고 표류했을 것이다.

자기 복제자

어느 시점에 특히 주목할 만한 분자가 우연히 생겨났다. 이들을 **자기 복제자**라고 부르기로 하자. 자기 복제자는 가장 크지도, 가장 복잡하지도 않았을 수 있으나 스스로의 복제물을 만든다는 놀라운 특성을 지녔다. 그 탄생은 전혀 우연히 발생할 수 없는 것처럼 보일 수도 있다. 확실히 그랬다. 그것은 매우 불가능한 일이었다. 어떤 사람의 일생에서 그처럼 일어났을 성싶지 않은 일은 실제로 불가능한 것으로 취급된다. 당신이 축구 경기 내기에서 재미를 못 보는 이유도 이것이다. 그러나 일어날 성싶은 일과 일어날 성싶지 않은 것을 판단할 때 수억 년이라는 세월은 우리에게 낯선 시간이다. 만약 1억 년 동안 매주 축구 경기 내기를 하면 분명히 여러 차례 횡재할 수 있을 것이다.

실제로 스스로 복제하는 분자는 처음 생각했던 것만큼 상상하기 어려운 것은 아니다. 또한 그것은 단 한 번만 생기면 충분하다. 자기 복제자를 주형鑄型이라고 생각해 보자. 여러 가지 종류의 구성 요소 분자들이 복잡하게 연결된 하나의 거대 분자라고 하자. 이 자기 복제자가 담긴 수프에는 이러한 구성 요소들이 많이 떠다닌다. 이제 각 구성 요소가 자기와 같은 종류에 대하여 친화성이 있다고 생각해 보자. 그렇게 되면 수프 속의 어떤 구성 요소가 자기 복제자에서 자기와 친화성을 갖고 있는 부분과 만날 때마다 자기 복제자에게 들러붙으려고 할 것이다. 이렇게 해서 들러붙은 구성 요소는 자동적으로 자기 복제자 내 구성 요소의 서열과 같은 식으로 배열될 것이다. 이렇게 되면 구성 요소들이 최초의 자기 복제자가 만들어졌을 때처럼 안정한 사슬을 만들 것이라 상상하기는 쉽다. 이 과정이 순서에 따라 계속 반복되어 그 산물이 층층이 쌓인다. 이것이 결정체가 만들어지는 방법이다. 한편 두 가닥의 사슬이 세로로 쪼개질 수도 있는데, 그러면 2개의 자기 복제자가 되어 그 각각이 다시 복제를 계속할 수 있다.

더 복잡하게는 각 구성 요소가 동종이 아닌 특정한 다른 종류와 상호 친화성을 갖고 있을 가능성도 있다. 그런 경우 자기 복제자는 동일한 사본을 만들어 내는 주형이 아닌, 일종의 '음각'의 주형이 될 것이다. 그리고 다음에는 '음각'이 본래 '양각'의 사본을 만드는 것이다. 최초 자기 복제자의 현대판인 DNA 분자가 양-음형의 복제를 한다는 것은 주목할 만한 사실이지만, 최초의 복제 과정이 양-양형이었는지 양-음형이었는지는 별문제가 되지 않는다. 중요한 것은 새로운 '안정성'이 갑자기 세상에 태어났다는 것이다. 이전에는 어떠한 종류의 복잡한 분자도 수프 속에 많이 존재하지 않았을 것이다. 왜냐하면 그와 같은 분자는 구성 요소들이 운 좋게도 특유의 안정한 형태로 되어야만 만들어지기 때문이다. 자기 복제자가 생겨나자마자 그 사본들은 틀림없이 바닷속에 빠른 속도로 퍼졌을 것이다. 그러다가 소형의 구성 요소 분자들이 부족해지고 다른 대형 분자의 형성도 드문 일이 되었을 것이다.

복제의 오류

이렇게 하여 똑같은 사본이 많이 만들어진 시점까지 왔다. 그러나 여기서 어떤 복제 과정에서든 나타나게 되는 중요한 특성에 대해 언급하지 않을 수 없다. 그것은 복제 과정이 완전하지 않다는 것이다. 오류가 생기게 마련이다. 나는 이 책에 오자가 없기를 바라지만 주의 깊게 찾아보면 한두 개는 발견될 것이다. 그러나 그것들은 아마도 문장의 의미를 왜곡할 만큼 심각한 오자는 아닐 것이다. 왜냐하면 그 오자가 '제1대' 오류이기 때문이다. 그렇지만 인쇄술이 발명되기 이전에 복음서 등의 책이 필사로 출판되던 시대를 생각해 보자. 모든 사본은 아무리 주의를 기울여 만들었더라도 틀림없이 몇 개의 오류를 갖고 있을 것이고, 그 가운데 몇몇은 고의로 '개량'하려고 시도한 결과일 것이다. 그 사본들이 모두 하나의 원본을 베낀 것이라면 내용이 심하게 곡해되지는 않았을 것이다. 그러나 사본에서 사본을 만들고 그 사본에서 또 다른 사본을 몇 번씩 만들 경우 오류는 누적되어 심각한 상태가 된다. 우리는 잘못된 사본을 나쁜 것으로 생각한다. 더욱이 인간의 문서인 경우에는 오류가 더 나은 것으로 간주되는 사례는 생각하기 어렵다. 구약성서의 그리스어 판본을 만든 학자들이 '젊은 여성'이라는 히브리어를 '처녀'라는 그리스어로 오역하여 "보라 처녀가 아들을 잉태하여…"*라는 예언으로 이어졌을 때 나는 그들이 큰일을 저지른 것이라고 생각한다. 여하튼 앞으로 살펴보겠지만, 생물학적 자기 복제자의 복제 오류는 진정한 의미의 개량으로 이어지며, 몇몇 오류의 발생은 생명 진화가 진행되는 데 필수적이었다. 최초의 자기 복제자가 얼마나 정확하게 사본을 만들어 냈는지는 알 수 없다. 그들의 자손인 현재의 DNA 분자는 인간의 정확한 복사 기술에 견주어 보아도 놀랄 만큼 정확하지만, 그 DNA 분자도 때로는 오류를 일으킨다. 그리고 결국 진화를 가능케 하는 것은 바로 이와 같은 오류다. 아마도 최초의 자기 복제자는 더 많은 오류를 저질렀을 것이다. 그러나 어쨌든 오류는 생겨났고, 이 같은 오류가 누적되어 왔다는 것은 확실하다.

이처럼 복제 과정에서 오류가 생기고 그것이 확대되면서 원시 수프는 모두 똑같은 복제자 사본의 개체군이 아닌, 같은 조상으로부터 '유래'한 몇 가지 변종 복제자의 개체군으로 채워졌다. 어떤 변종은 다른 변종보다 그 수가 많았을까? 물론 그랬을 것이다. 어떤 변종은 다른 종류보다 원래부터 안정한 것이었을 수도 있고, 어떤 분자는 일단 만들어지면 다른 것보다 덜 분해되었을 것이다. 이러한 변종은 수프 속에서 비교적 그 수가 많았을 것이다. 그것은 이들의 '수명'이 길었기 때문일 뿐 아니라, 이들이 스스로의 사본을 만드는 데 사용할 수 있는 시간이 길었기 때문이기도 하다. 따라서 수명이 긴 자기 복제자는 점점 더 그 수가 많아졌을 것이고, 다른 조건이 같다고 할 때 분자의 개체군에는 수명이 길어지는 '진화적 경향'이 나타났을 것이다.

다산성과 정확성

그러나 아마도 다른 조건이 같지는 않았을 것이다. 어떤 자기 복제자가 개체군 내에서 퍼져 나가는 데 보다 더 중요한 특성은 바로 복제의 속도, 즉 '다산성'이었다. 만약 A형의 자기 복제 분자가 평균 주 1회 속도로 자기의 사본을 만드는 한편, B형의 자기 복제 분자는 1시간에 1회씩 사본을 만든다면, A형 분자가 B형 분자보다 훨씬 '장수'한다 할지라도 A형 분자는 수적으로 많이 뒤떨어지고 말 것이다. 따라서 수프 속의 분자들이 더 높은 '다산성'을 갖는 '진화적인 경향'이 존재했을 것이다. 선택에서 살아남았을 자기 복제자 분자의 세 번째 특징은 복사의 정확성이다. 가령 X형 분자와 Y형 분자가 같은 시간 동안 존재하고 같은 속도로 사본을 만들지만, X형 분자가 평균 열 번 중 한 번 잘못된 사본을 만드는 데 비하여 Y형 분자는 백 번 중 한 번밖에 잘못된 사본을 만들지 않는다면, 분명히 Y형 분자 쪽이 수적으로 많아질 것이다. 이 개체군 내의 X형 분자단은 잘못된 사본인 '자식' 그 자체를 잃을 뿐 아니라 현재의 자손 또는 가질 수 있었던 자손 모두를 잃는 것이다.

진화에 관하여 어느 정도라도 알고 있다면 여러분은 위의 설명이 약간 역설적이라고 느낄 것이다. 복제의 오류가 진화에 필요한 선제 조건이라는 설과 자연선택이 정확한 복제를 선호할 것이라는 설은 과연 양립 가능한가? 우리 자신이 진화의 산물이기 때문에 우리는 진화를 막연히 '좋은 것'이라고 생각하기 쉬우나 실제로 진화를

'바라는' 것은 없다는 것이 그 질문에 대한 답이다. 진화란 자기 복제자(그리고 오늘날의 유전자)가 아무리 막으려고 갖은 노력을 하더라도 어쩔 수 없이 벌어지는 일이다. 자크 모노Jacques Monod는 스펜서 강연(옥스퍼드대학교에서 허버트 스펜서Herbert Spencer를 기리기 위해 만든 강연 — 옮긴이)에서 이 점을 잘 지적했는데, 그는 "진화론에서 또 하나 신기한 점은 누구나 그것을 이해하고 있다고 생각한다는 것이다!"라고 비꼬아 말했다.

다시 원시 수프로 돌아가 보자. 수프는 여러 종류의 안정한 분자, 즉 오랜 시간 존속하거나 복제 속도가 빠르거나 복제의 정확도가 높은 안정한 분자들로 가득 차게 되었을 것이다. 이들 세 종류의 안정성을 향한 진화적인 경향이 있다는 것은 다음의 의미를 지닌다. 일정한 시간적 간격을 두고 수프에서 두 번 샘플을 취할 경우, 두 번째 샘플에서는 수명, 다산성, 복제의 정확도 면에서 우수한 분자들이 더 많이 포함되어 있을 것이다. 이것이 본질적으로 생물학자가 말하는 생물의 진화이며, 그 메커니즘도 바로 자연선택이다.

그러면 최초의 자기 복제자 분자가 '살아 있다'라고 말해야 하는가? 아무려면 어떤가. 내가 "역사상 가장 위대한 인물은 다윈이다"라고 말하면 당신은 "아니, 뉴턴이다"라고 말할 수도 있으나 그런 논의를 계속하고 싶지는 않다. 요점은 우리 논쟁의 결론이 무엇이든 본질적인 결론에는 아무런 영향을 주지 못한다는 것이다. 우리가 뉴턴이나 다윈을 '위대'하다고 칭하든 그렇지 않든 간에 그들의 생애와 업적에는 아무런 변화가 없다. 마찬가지로 자기 복제자를 '살아 있다'고 하든 그러지 않든 그 자기 복제자 분자가 겪어 온 역사는 아마도 내가 주장하는 것과 어느 정도 비슷할 것이다. 말이라는 것은 우리가 사용하는 도구에 지나지 않으며, 가령 '살아 있다'라는 말이 사전에 있다고 해도 그 말이 반드시 현실 세계에서 무엇인가 명확한 것을 지칭한다고 볼 수 없다는 것을 이해하지 못하는 사람이 너무나 많기 때문에 고충이 발생하는 경우가 허다하다. 초기의 자기 복제자를 '살아 있다'고 하든 하지 않든 그들은 생명의 조상이며, 우리의 선조다.

생존 경쟁

그다음으로 중요한 요소는 다윈 자신이 강조한 **경쟁**이다(비록 다윈은 분자가 아닌 동식물에 관하여 기술하고 있지만 말이다). 원시 수프가 무한히 많은 자기 복제자 분자를 담고 있기는 불가능했다. 우선 지구의 크기가 한정되어 있고, 또 다른 제한 요인 역시 중요했을 것이다. 상상해 보면, 주형이 되는 자기 복제자는 복사본을 만드는 데 필요한 작은 구성 요소 분자들이 풍부하게 존재하는 수프 속에서 떠돌아다녔을 것이다. 그러나 자기 복제자가 점점 많아지면서 구성 요소 분자는 점점 더 소진되어 결국 희소하고 귀중한 자원이 되었을 것이 틀림없다. 그리고 그 자원을 차지하기 위하여 자기 복제의 여러 가지 변종들 내지는 계통들이 경쟁했을 것이다. 유리한 종류의 자기 복제자의 수를 증가시키는 요인에 대해서는 이미 앞에서 검토하였다. 별로 유리하지 않은 종류는 경쟁으로 인해 그 수가 줄었고 결국은 그 계통의 대다수가 절멸했을 것이다. 다른 종류의 자기 복제자들 사이에 생존 경쟁이 있었던 것이다. 자기 복제자는 자신이 경쟁하고 있다는 사실을 몰랐고 그 때문에 고민하지도 않았다. 이 경쟁은 아무런 악의도 없이, 아니 아무런 감정도 없이 행해졌다. 그러나 그들은 분명히 경쟁하고 있었다. 안정성을 높이는 복제상의 오류나 경쟁 상대의 안정성을 감소시키는 새로운 방법은 어떤 것이든 자동적으로 보존되고 늘어났기 때문이다. 이러한 개량 과정은 누적되는 것이다. 안정성을 증가시켜 경쟁 상대의 안정성을 감소시키는 방법은 점점 교묘해지고 효과적이 되었다. 그중에는 자기와 경쟁하는 종류의 분자를 화학적으로 파괴하는 방법을 '발견하여' 한때 다른 분자를 구성했던 구성 요소를 자기의 사본을 만드는 데 이용하는 개체도 있었을 것이다. 이들 원시 육식자는 먹이를 얻음과 동시에 경쟁 상대를 제거할 수 있었다. 아마도 어떤 자기 복제자는 화학적으로 자신을 보호하거나 둘레에 단백질 벽을 만들어 스스로 방어하는 방법을 찾아냈을 것이다. 아마도 이렇게 하여 최초의 살아 있는 세포가 나타나게 되었을 것이다. 자기 복제자는 단순히 존재하는 것만이 아니라 계속 존재하기 위해 자신을 담을 그릇, 즉 운반자vehicle까지 만들기 시작했던 것이다. 살아남은 자기 복제자는 자기가 들어앉을 수 있는 **생존 기계**를 스스로 축조한 것이다. 최초의 생존 기계는 아마도 보호용 외피 정도였을 것이다. 그러나 더 우수하고 효과적인 생존 기계를 갖춘 새로운 경쟁 상대가 나타남에 따라 살아가는 것이 점점 더 어려워졌다. 이와 같은 환경 속에서 생존 기계는 더 커지고 더 정교해졌으며 이 과정은 누적되고 계속 진행되었다.

오늘날의 자기 복제자

자기 복제자가 이 세상에서 자신을 유지해 가는 데 사용한 기술이나 책략이 점차 개량되는 데에 끝이 있었을까? 개량을 위한 시간은 충분했을 것이다. 장구한 세월은 도대체 어떤 기괴한 자기 보존 기관을 만들어 냈을까? 40억 년이란 세월 속에서 고대 자기 복제자의 운명은 어떻게 되었을까? 그들은 절멸하지 않았다. 그들은 과거 생존 기술의 명수가 아니었던가. 그러나 지금 바닷속을 유유히 떠다니는 자기 복제자를 찾는 것은 부질없는 일이다. 그들은 이미 먼 옛날에 자유를 포기하고 말았기 때문이다. 오늘날 자기 복제자는 덜거덕거리는 거대한 로봇 속에서 바깥세상과 차단된 채 안전하게 집단으로 떼지어 살면서,* 복잡한 간접 경로로 바깥세상과 의사소통하고 원격 조정기로 바깥세상을 조종한다. 그들은 당신 안에도 내 안에도 있다. 그들은 우리의 몸과 마음을 창조했다. 그리고 그들이 살아 있다는 사실이야말로 우리가 존재하는 궁극적인 이론적 근거이기도 하다. 자기 복제자는 기나긴 길을 지나 여기까지 왔다. 이제 그들은 유전자라는 이름으로 계속 나아갈 것이며, 우리는 그들의 생존 기계다.

3장

Immortal coils

불멸의 코일

유전자란 무엇인가

우리는 생존 기계다. 여기서 '우리'란 인간만을 가리키는 것이 아니다. 모든 동식물, 박테리아, 그리고 바이러스를 포함한다. 지구상 생존 기계의 총수를 파악하기는 매우 어렵다. 심지어 종의 총수마저 제대로 알지 못하는 실정이다. 예컨대 곤충의 경우 현재 약 3백만 종이 있다고 추정되며, 그 개체 수는 10^{18}마리나 된다. 생존 기계는 종류에 따라 그 외형이나 체내 기관이 매우 다양하다. 문어는 생쥐와 전혀 닮지 않았으며, 이 둘은 참나무와 또 다르다. 그러나 그들의 기본적인 화학 조성은 다소 균일하다. 특히 그들이 갖고 있는 자기 복제자, 즉 유전자는 박테리아에서 코끼리에 이르기까지 기본적으로 모두 동일한 종류의 분자다. 우리 모두는 같은 종류의 자기 복제자, 즉 DNA라고 불리는 분자를 위한 생존 기계다. 그러나 세상을 살아가는 데는 여러 종류의 생활 방법이 있는데, 자기 복제자는 이 방법을 이용하기 위해 다종다양한 기계를 만들었다. 원숭이는 나무 위에서 유전자를 유지하는 기계이고, 물고기는 물속에서 유전자를 유지하는 기계다. 심지어 독일의 맥주잔 받침에서 유전자를 유지하는 보잘것없는 작은 벌레도 있다. 이처럼 DNA는 매우 신비하게 일한다.

지금까지는 간단하게 설명하기 위해 DNA로 만들어진 현대의 유전자가 원시 수프 속의 최초 자기 복제자와 같은 것이라는 인상을 풍겼다. 논의 전개에는 아무런 문제가 되지 않지만, 실제로는 틀린 것일지도 모른다. 최초 자기 복제자는 DNA와 연관된 분자였을 수도 있지만 전혀 다른 것이었는지도 모른다. 만약 다른 것이었다면 그들의 생존 기계를 나중에 DNA가 강탈했다고 말할 수 있다. 만일 그랬다면, 오늘날의 생존 기계에는 최초 자기 복제자의 흔적이 전혀 남아 있지 않으므로 최초의 자기 복제자는 완전히 파괴되었을 것이다. 이러한 맥락에서 케언스-스미스A. G. Cairns-Smith는 우리의 선조인 최초 자기 복제자가 유기 분자가 아닌 금속이나 점토의 작은 조각 같은 무기 결정체가 아니었을까 하는 흥미로운 추측을 했다. 강탈자건 아니건 오늘날 DNA는 생존 기계를 손아귀에 쥐고 있다. 다만 이 책의 11장에서 시사하는 바와 같이 새로운 권력이 나타나고 있다는 것을 예외로 한다면 말이다.

DNA의 구성 단위

DNA 분자는 뉴클레오티드nucleotide라고 하는 작은 단위 분자로 구성된 긴 사슬이다. 단백질 분자가 아미노산의 사슬인 것과 같이 DNA 분자도 뉴클레오티드의 사슬이다. DNA 분자는 너무 작아서 육안으로 확인할 수 없으나 그 정확한 형태는 간접적인 방법으로 파악할 수 있다. 그것은 우아하게 맞물린 한 쌍의 뉴클레오티드의 나선형 사슬, 즉 '불멸의 코일'인 '이중 나선'으로 되어 있다. 뉴클레오티드를 구성하는 단위는 단지 네 종류밖에 없다. 그 이름은 줄여 A, T, C, G라고 한다. 이 점은 모든 동식물에서 동일하다. 다른 점이 있다면 이들이 연결되는 순서다. 인간의 구성 요소 G는 모든 점에서 달팽이의 구성 요소 G와 같다. 하지만 어떤 사람의 구성 요소 **서열**은 달팽이의 것과 다를 뿐만 아니라 다른 사람의 것과도 (차이가 큰 것은 아니나) 다르다(일란성 쌍생아라는 특수한 경우는 제외하고).

DNA는 우리의 몸속에서 살고 있다. 그것은 몸의 한곳에 모여 있는 것이 아니라 각 세포에 분포해 있다. 인간의 몸을 구성하는 세포 수는 평균 약 10^{15}개다. 예외적인 경우가 있기는 하지만 이 세포들 각각에는 그 신체에 대한 완전한 DNA 사본이 들어 있다. 이 DNA는 뉴클레오티드의 A, T, C, G라는 알파벳을 이용해 몸을 만드는 방법에 관한 설명서라고 생각해도 좋다. 마치 거대한 건물의 모든 방에 그 건물 전체의 설계도가 들어 있는 '책장'이 있는 것과도 같다. 세포 내의 '책장'은 핵이라고 불린다. 인간의 설계도는 46권이나 되며 이 수는 종에 따라 다르다. 우리는 각 '권'을 염색체라고 부른다. 현미경으로 보면 염색체는 기다란 실처럼 보인다. 유전자는 그 실에 질서정연하게 놓여 있다. 어떤 유전자가 어디에서 끝나고 다음 유전자가 어디에서부터 시작하는가를 판단하기는 쉽지 않으며, 실제로 의미 있는 일이 아닐지도 모른다. 이 장에서 살펴보겠지만 이것은 다행스럽게도 우리의 목적과 별로 관계가 없다.

이제부터는 실물을 지칭하는 용어와 비유하는 용어를 적당히 섞어 가면서 설계도에 비유하여 설명할 것이다. '권'과 염색체는 같은 뜻으로 쓰일 것이다. 또 '페이지'는 유전자와 같은 뜻으로 쓰일 것이다. 비록 유전자 간의 경계는 책의 페이지 사이의 경계만큼 분명치는 않지만 말이다. 이러한 비유를 이용하여 꽤 많은 이야기를 할 수 있을 것이다. 이 비유가 더 이상 들어맞지 않으면 또 다른 비유를 쓸 것이다. 덧붙이자면 설계도를 그린 '건축가'는 존재하지 않는다. 설명서인 DNA는 자연선택을 거쳐 만들어진 것이기 때문이다.

DNA는 무슨 일을 하는가

DNA 분자는 두 가지 중요한 일을 하는데 그중 하나가 복제다. 즉 DNA 분자는 스스로의 사본을 만든다. 이 과정은 생명 탄생 이래 쉬지 않고 계속되어 왔으며, DNA 분자는 복제를 아주 잘한다. 성장한 인간은 10^{15}개의 세포로 되어 있지만, 처음 수정되었을 때는 설계도의 원본 하나가 들어 있는 한 개의 세포였다. 이 세포는 각기 설계도 사본을 받은 두 개의 세포로 분열된다. 분열은 계속되어 세포 수는 4, 8, 16, 32 …로 증가하여 몇 조가 되고, 분열할 때마다 설계도 DNA는 거의 착오 없이 복제된다.

DNA가 복제되는 과정과 그것이 어떻게 몸을 만들어 내는가는 별개의 문제다. 만약 DNA가 실제로 몸을 만들기 위한 설계도 한 세트라고 하면 그 설계도는 어떤 방식으로 몸을 만드는 것일까? 어떻게 몸의 재료로 번역되는 것일까? 여기서 DNA가 하는 두 번째 중요한 일이 무엇인지 보기로 하자. DNA는 다른 종류의 분자, 즉 단백질의 제조를 간접적으로 통제한다. 앞 장에서 언급한 헤모글로빈은 수많은 종류의 단백질 분자의 한 가지 예에 지나지 않는다. 네 종류의 알파벳으로 암호화된 DNA의 메시지는 단순한 기계적 방법에 의해 또 다른 알파벳으로 번역된다. 이 알파벳은 아미노산의 알파벳이며 단백질 분자를 지정한다.

단백질을 만드는 것은 몸을 만드는 것과 무관하다고 생각하기 쉬우나, 사실은 그 방향으로 가는 작은 첫걸음이다. 단백질은 몸을 구성하는 물리적 재료일 뿐만 아니라, 세포 내의 화학적 과정 전반을 섬세하게 제어하여 정확한 시간, 정확한 장소에서 화학적 과정의 스위치를 선택적으로 켰다 껐다 한다. 이와 같은 과정이 어떻게 유아의 발육으로 이어지는가 하는 문제는 발생학자가 몇십 년, 아니 몇백 년에 걸쳐 알아내야 할 부분이다. 그러나 그 과정이 유아의 발육으로 이어진다는 것은 엄연한 사실이다. 유전자는 신체가 만들어지는 과정을 간접적으로 제어하는데, 그 제어 과정은 엄격하게 일방통행이다. 즉 획득 형질은 유전되지 않는다. 일생 동안 아무리 많은 지식과 지혜를 얻었을지라도, 유전적 수단으로는 그중 단 한 가지도 자식에게 전해지지 않는다. 새로운 세대는 무無에서 시작한다. 몸은 유전자를 불변 상태로 유지하기 위해 유전자가 이용하는 수단일 뿐이다.

유전자가 배胚 발생을 제어한다는 사실이 진화에서 갖는 중요성은 유전자가 부분적으로나마 장래에 자신이 생존하는 데 책임이 있다는 데 있다. 유전자의 생존은 자신이 살고 있고 그 제조를 도왔던 몸의 효율에 달려 있기 때문이다. 먼 옛날 자연선택은 원시 수프 속에서 자유로이 떠다니는 자기 복제자의 차등적 생존에 따라 이루어졌다. 지금의 자연선택은 생존 기계를 잘 만드는 자기 복제자, 즉 배 발생을 제어하는 기술이 뛰어난 유전자를 선호한다. 그러나 이 점에서 자기 복제자는 예전과 마찬가지로 의식적이거나 의도적이지 않다. 수명, 다산성, 복제의 정확도에 근거하여 경쟁 분자 사이에서 자동적으로 벌어지는 선택이라는 낡은 과정은 아직도 먼 옛날과 같이 맹목적으로, 그리고 불가항력적으로 계속된다. 유전자는 선견지명이 없다. 미래에 대한 계획이 없다. 유전자는 그저 **존재할** 뿐이다. 어떤 유전자가 다른 것보다 많을 뿐, 그게 전부다. 그러나 유전자의 수명과 다산성을 결정하는 특성은 예전처럼 단순하지 않다. 전혀 단순하지 않다.

최근 6억 년 동안 자기 복제자는 근육, 심장, 눈 등과 같은 생존 기계 제조 기술에서 주목할 만한 성과를 거두었다(이들 기관은 몇 번 독립적으로 진화했다). 그 이전에 그들은 자기 복제자로서 근본적인 생활양식을 철저히 변화시켰는데, 우리가 논의를 계속하려면 이것을 이해해야 한다.

현대의 자기 복제자는 무리를 짓는 습성이 대단히 강하다. 하나의 생존 기계는 하나가 아닌 수십만이나 되는 유전자를 가진 운반자다. 몸을 제조한다는 것은 유전자 각각의 기여도를 구별하는 것이 거의 불가능할 정도로 복잡한 협력 사업이다.* 하나의 유전자가 몸의 여러 부분에 각각 다른 영향을 미치기도 한다. 또 몸의 한 부위가 여러 유전자의 영향을 받기도 하며, 한 유전자의 효과가 다른 많은 유전자들과의 상호 작용에 따라 다르게 나타나기도 한다. 또 그중에는 다른 유전자 무리의 작용을 제어하는 마스터 유전자 역할을 하는 것도 있다. 설계도로 치면 설계도의 페이지 각각에는 건물의 각 부분에 관한 설명이 적혀 있고, 각 페이지의 내용은 수많은 다른 페이지의 내용을 참조해야 비로소 의미를 갖는 것과 같다.

유성생식과 유전자의 정의

이렇게 복잡한 상호 의존성에도 불구하고 왜 '유전자'라는 단어를 사용하는지 궁금할 수도 있을 것이다. 왜 '유전자 복합체'와 같은 집합 명사를 쓰지 않을까? 집합 명사를 쓰는 것은 사실 여러 가지 목적에서 볼 때 꽤 유용할 것이다. 그러나 또 다른 면에서 보면 이 유전자 복합체가 개별적인 자기 복제자, 즉 유전자로 나뉘어 있다고 생각하는 것도 나름대로의 의미를 갖는다. 그것은 바로 성性이라는 현상 때문이다.

유성생식은 유전자를 섞는다. 이것은 개체의 몸이란 일시적인 유전자의 조합을 위한 임시 운반체에 불과하다는 것을 의미한다. 하나의 개체에 들어 있는 유전자의 **조합**은 일시적이지만 유전자 자체는 잠재적으로 수명이 매우 길다. 유전자의 길은 끊임없이 교차하면서 세대에서 세대로 이어진다. 한 개의 유전자는 수많은 개체의 몸을 연속적으로 거쳐 생존하는 단위라고 생각해도 좋다. 이것이 이 장의 중심 논제다. 이것은 매우 존경받는 내 동료 몇 사람이 완강하게 동의를 거부하는 점이기도 하다. 그러므로 나의 설명이 다소 장황하더라도 양해하기 바란다. 우선 성에 대한 사실부터 살펴보자. 앞서 인간의 몸을 만들기 위한 설계도가 46권 속에 분명하게 그려져 있다고 이야기했다. 그러나 이 말은 지나치게 단순화된 표현이다. 사실은 좀 기괴하다. 46개의 염색체는 염색체 23**쌍**으로 이루어져 있다. 모든 세포의 핵 속에 정리되어 있는 것은 23권의 설계도에 대한 대립되는 두 세트라고 해도 좋을 것이다. 이것들을 1a권과 1b권, 2a권과 2b권 … 23a권과 23b권이라고 부르자. 물론 내가 어떤 권이나 어떤 페이지에 붙이는 번호는 순전히 임의적인 것이다.

우리는 부모로부터 각각 염색체를 받는다. 이 각각의 염색체는 부모의 정소 또는 난소 안에서 조립된 것이다. 예컨대 1a권, 2a권, 3a권 …은 아버지로부터 받은 것이고 1b권, 2b권, 3b권 …은 어머니로부터 온 것이다. 실제로는 대단히 복잡하지만 이론적으로는 어떤 세포의 46개 염색체를 현미경으로 들여다보면서 아버지에게서 유래한 23개와 어머니에게서 유래한 23개를 구별하는 것이 가능하다.

한 쌍으로 된 염색체는 전 생애 동안 서로 물리적으로 붙어 있지도, 가까이 있지도 않다. 그렇다면 어떤 의미에서 그들을 '쌍으로 되었다'고 말하는 것일까? 그것은 아버지에게서 유래한 각 권의 페이지가 어머니에게서 유래한 특정한 권의 페이지와 대응한다는 의미에서다. 가령 13a권의 6페이지와 13b권의 6페이지는 모두 눈동자의 색에 관한 것일 수 있다. 한편에는 '청색'이라고 쓰여 있고 다른 한편에는 '갈색'이라고 쓰여 있을지도 모른다.

때로는 대응하는 두 페이지에 같은 것이 쓰여 있는 경우도 있으나 눈동자 색깔의 예와 같이 다를 수도 있다. 이들이 모순된 '추천'을 할 때 몸은 어떻게 할 것인가? 그 해답은 다양하다. 어떤 경우에는 한쪽에 적힌 내용이 다른 쪽의 내용보다 우세하다. 앞에서 예로 든 눈동자 색깔의 경우 그 사람은 실제로 갈색 눈을 가질 것이다. 왜냐하면 청색 눈을 만드는 설명이 무시되기 때문이다(그렇다고 그 설명이 자손에게 전해지지 못하는 것은 아니다). 이와 같이 무시되는 유전자를 **열성 유전자**라고 한다. 열성 유전자의 반대는 **우성 유전자**다. 갈색 눈을 만드는 유전자는 청색 눈을 만드는 유전자에 대해 우성이다. 대응하는 두 페이지가 모두 청색 눈을 추천할 경우에만 청색 눈이 만들어진다. 더 일반적인 경우에는 대립하는 유전자가 동일하지 않을 때 그 결과가 일종의 타협으로 나타난다. 즉 몸은 중간 형태를 띠거나 양쪽과 전혀 다른 것이 된다.

갈색 눈의 유전자와 청색 눈의 유전자같이 두 개의 유전자가 염색체의 같은 위치에서 경쟁할 경우, 이들을 서로의 **대립 유전자**allele라고 부른다. 대립 유전자라는 말을 경쟁자라는 말과 동의어라고 하자. 건축가 설계도의 각 권을, 페이지를 마음대로 뺐다 끼웠다 할 수 있는 바인더라고 생각해 보자. 13권에는 6페이지가 있을 텐데, 5페이지와 7페이지 사이에 들어갈 수 있는 6페이지가 몇 종류 있다. 어떤 것에는 '청색 눈', 다른 것에는 '갈색 눈'이라고 쓰여 있다. 또 개체군 내에는 녹색 등 다른 색이 쓰여 있는 것이 있을지도 모른다. 아마도 전체 개체군 여기저기에 흩어져 있는 13번 염색체의 6페이지에 해당하는 대립 유전자는 대여섯 개 정도 있는 듯하다. 그러나 어떤 사람이라도 13번째 권의 염색체는 2개만 갖는다. 따라서 한 사람이 6페이지에 갖는 대립 유전자는 최대 두 개가 된다. 즉 청색 눈을 가진 사람처럼 같은 대립 유전자를 갖거나, 전체 개체군에 있는 대여섯 개 중에서 어떤 것이든 두 개의 대립 유전자를 갖는다.

물론 자기가 직접 전체 개체군 내 이용 가능한 유전자 풀로부터 유전자를 선택할 수는 없다. 항상 모든 유전자는 개개의 생존 기계 속에 구속되어 있다. 유전자는 우리가 수태될 때 할당받는 것이므로, 이에 대해서 우리가 할 수 있는 것은 아무것도 없다. 하지만 장기적으로 봤을 때 개체군의 유전자들을 일반적으로 **유전자 풀**gene pool로 보는 것은 의미가 있을 것이다. 유전자 풀이란 유전학자가 사용하는 학술 용어다. 유성생식은 정해진 방법대로 이뤄지기는 하지만 유전자를 서로 섞어서 붙이는 과정이기 때문에 유전자 풀이라는 말로 추상화하는 것은 상당히 유용하다. 이제 살펴보겠지만 바인더에서 페이지나 페이지의 뭉치를 빼거나 끼워 넣는 일이 실제로 벌어지고 있다.

앞에서 설명한 대로 1개의 세포가 2개로 갈라지는 정상적인 세포 분열에서 그 각각의 세포는 46개의 모든 염색체 사본을 전부 받는다. 이처럼 정상적인 세포 분열을 **체세포 분열**이라고 한다. **감수 분열**이라고 하는 다른 형태의 세포 분열이 있는데, 이는 생식 세포, 즉 난자 또는 정자를 만들 때에만 일어나는 세포 분열이다. 난자와 정자는 염색체를 46개가 아닌 23개밖에 갖고 있지 않다는 점에서 특이한 세포다. 물론 이 수는 46개의 절반으로, 이들이 수정되면 새로운 개체를 만들기에 딱 맞는 수다. 감수 분열은 정소와 난소에서만 일어나는 특수한 형태의 세포 분열이다. 거기에서는 46개 염색체의 완전한 두 세트를 갖는 1개 세포가 분열하여 한 세트에 23개의 염색체를 갖는 생식 세포가 만들어진다(이 설명에서는 인간의 염색체 수를 쓰기로 하자).

23개의 염색체를 가진 정자는, 정소 내 46개의 염색체를 가진 보통의 세포가 감수 분열하여 만들어진다. 하나의 정자 세포에 어떤 염색체 23개가 들어가는 걸까? 중요한 사실은 46개 중에서 아무렇게나 23개가 들어가면 안 된다는 것이다. 즉 13권의 사본이 두 개 있고 17권의 사본이 하나도 없는 상태가 되어서는 안 된다. 이론적으로는 정자 하나에 이를테면 어머니로부터 받은 염색체 전부, 즉 1b권, 2b권, 3b권, … 23b권을 넣는 것이 가능하다. 이 일어날 것 같지 않은 일이 일어날 경우, 자식은 그 유전자의 절반을 친할머니로부터 물려받기 때문에 친할아버지로부터는 아무것도 물려받지 않은 셈이 된다. 그러나 실제로는 이처럼 염색체가 한 뭉치로 배분되지는 않는다. 실제로 벌어지는 일은 더 복잡하다. 권(염색체)을 낱장을 뺐다 끼웠다 할 수 있는 바인더로 가정했던 것을 기억하기 바란다. 정자가 만들어질 때 어떤 한 페이지 또는 여러 페이지 뭉치가 빠지고, 짝이 되는 권에서 이에 해당하는 페이지나 뭉치와 바뀌는 것이다. 그래서 어떤 정자에서 제1권은 1a권의 첫 페이지에서 65페이지까지, 그리고 그다음은 1b권의 66페이지부터 끝까지 이어져 있을 수 있게 되는 것이다. 이러한 방법으로 나머지 22권도 만들어진다. 따라서 어떤 한 개체에서 만들어진 모든 정자 세포는 서로 다르다. 그의 모든 정자 세포가 46개의 염색체로 이루어진 동일한 세트의 작은 조각에서부터 23개의 염색체를 조립하여 만들어졌더라도 말이다. 난자는 난소 내에서 같은 식으로 만들어지고 역시 모든 난자 세포는 서로 다르다.

실제로 벌어지는 이 혼합 메커니즘은 꽤 잘 알려져 있다. 정자 또는 난자가 만들어지는 과정 중에 아버지 쪽의 염색체 조각들은 서로 떨어져서 어머니 쪽 염색체의 해당 조각과 바뀐다(여기서 아버지

쪽, 어머니 쪽이라고 하는 것은 그 정자를 만드는 개체의 부모에게서 유래하는 염색체라는 의미다. 즉 그 정자가 수정하여 만드는 자손의 할아버지·할머니에게서 유래하는 염색체를 뜻한다). 염색체의 조각이 교환되는 이 과정을 **교차**라고 한다. 이 교차 현상은 이 책의 논의 전반에 걸쳐 매우 중요하다. 교차라는 현상이 나타나는 이상, 당신이 현미경으로 자기 정자(당신이 여자라면 난자)의 염색체를 들여다보며 아버지로부터 온 염색체와 어머니로부터 온 염색체를 구별하려는 것은 시간 낭비일 뿐이다(이것은 보통의 체세포와는 현저히 대조적이다). 한 개의 정자에 들어 있는 염색체는 어떤 것이든 어머니 쪽 유전자와 아버지 쪽 유전자의 모자이크로 만들어진다.

유전자를 책의 페이지에 비유한 것은 여기서 무너지기 시작한다. 바인더에서는 한 페이지 전체가 삽입되거나 삭제되거나 교환되거나 하지만 한 페이지의 일부분이 삭제되거나 교환되거나 하는 일은 없다. 그렇지만 유전자 복합체는 뉴클레오티드의 문자로 이어진 긴 끈이기 때문에 페이지처럼 분명히 나뉘지 않는다. 명확히 하자면, 단백질을 지정하는 메시지에 쓰이는 것과 똑같은 네 알파벳 글자로 된 '단백질 사슬의 종결 메시지'와 '단백질 사슬의 시작 메시지'가 있다. 이들 두 개의 메시지 사이에는 한 개의 단백질을 지정하는 암호화된 설명서가 들어 있다. 원한다면 우리는 하나의 유전자를, 시작과 종결 메시지 사이에서 한 개의 단백질 사슬을 지정하는 뉴클레오티드 문자의 서열이라고 정의할 수도 있다. **시스트론**cistron이 이와 같이 정의된 단위를 지칭하는 말로 사용되고, 어떤 사람들은 유전자와 시스트론을 같은 의미로 사용하기도 한다. 그러나 교차는 시스트론 간의 경계선을 고려하지 않는다. 시스트론 간뿐만 아니라 시스트론 내에서도 쪼개지는 경우가 있다. 마치 설계도가 각각 떨어진 페이지에 적혀 있는 것이 아니라, 46개의 두툼한 두루마리 테이프에 적혀 있는 것과 같다. 시스트론의 길이는 일정치 않다. 어떤 시스트론이 어디에서 끝나고 다음의 시스트론이 어디에서 시작되는지 아는 유일한 방법은, 두루마리 테이프에 적힌 암호를 읽고 '종결 메시지'와 '시작 메시지'를 찾는 것이다. 교차는 어머니 쪽의 두루마리 테이프와 그에 상응하는 아버지 쪽의 두루마리 테이프를 맞잡아 들고, 그것에 적힌 내용이 무엇이든 대응하는 부분을 잘라서 바꾸는 것과 같다.

이 책의 제목으로 쓰인 유전자라는 말은 하나의 시스트론을 가리키는 것이 아니라 좀 더 미묘한 무엇인가를 가리킨다. 물론 내 정의가 모든 사람을 만족시키지는 못할 것이다. 그러나 유전자에 대해 모든 사람이 동의하는 정의는 없다. 설령 있다손 치더라도 그 정의에 무언가 신성한 것은 없다. 목적에 따라 원하는 대로 용어를 정의하면 된다. 다만 그 정의는 명확하며 오해의 여지가 없어야 한다. 여기서 내가 사용하고 싶은 정의는 윌리엄스의 정의다.* 유전자는 자연선택의 단위로서 그 역할을 할 수 있을 만큼 긴 세대에 걸쳐 지속될 수 있는 염색체 물질의 일부로 정의한다. 앞 장에서 사용한 말로 표현하면, 유전자는 복제 정확도가 뛰어난 자기 복제자라고 할 수 있다. 복제의 정확도란 사본 형태로서의 수명을 나타내는 또 다른 표현이다. 여기서는 이것을 단순히 수명이라고 줄여 부르기로 한다. 이 정의를 어느 정도 정당화하는 과정이 필요할 것이다.

유전 단위

어떻게 정의하더라도 유전자가 염색체의 일부라는 것은 틀림없는 사실이다. 문제는 얼마나 큰 일부인가, 즉 두루마리 테이프의 얼마만큼을 차지하는 부분인가 하는 것이다. 두루마리 테이프에 적혀 있는 인접한 암호 문자의 서열을 생각해 보자. 이 서열을 **유전 단위**라고 부르자. 그것은 한 시스트론 내 겨우 10문자로 된 서열일 수도 있고, 8개의 시스트론에 해당하는 서열일 수도 있으며, 시스트론의 중간쯤에 끼어 있는 서열일 수도 있다. 그것은 다른 유전 단위와 겹칠 것이다. 보다 작은 유전 단위를 포함하고, 보다 큰 유전 단위의 일부가 되기도 할 것이다. 현재 논의의 목적에서 길이는 큰 문제가 되지 않는다. 우리가 일컫는 유전 단위는 이것이다. 그것은 단지 염색체상의 일정한 구간일 뿐이고, 물리적으로 나머지 염색체와 아무런 차이가 없다.

이제 좀 더 중요한 이야기를 해 보자. 유전 단위는 짧으면 짧을수록 더 오래 살 것이다(세대 수로 따져서). 특히 교차에 의해 쪼개질 확률이 적을 것이다. 감수 분열로 정자나 난자가 만들어질 때마다 한 염색체당 평균 1회 교차가 일어나며, 그 교차가 염색체의 어디에서나 일어날 수 있다고 생각해 보자. 염색체 길이의 절반에 이르는 대단히 큰 유전 단위를 생각하면, 그 단위가 1회 감수 분열에서 쪼개질 확률은 50퍼센트다. 우리가 생각하는 유전 단위가 염색체 길이의 1퍼센트밖에 안 된다면, 1회 감수 분열에서 절단될 확률이 1퍼센트밖에 안 된다고 볼 수 있다. 이것은 그 단위가 자손의 몸에 담겨 여러 세대에 걸쳐 살아남을 수 있음을 의미한다. 하나의 시스트론은 염색체 길이의 1퍼센트보다도 훨씬 작을 것이다. 인접한 시스트론 몇 개로 이루어진 시스트론군도 교차 때문에 해체되기 전까지 수 세대에 걸쳐 살아남을 수 있다.

유전 단위의 평균 수명은 편의상 세대 수로 나타낼 수 있고, 그것을 다시 햇수로 환산할 수도 있다. 만약 하나의 염색체 전체를 유전 단위로 가정하면, 그것은 한 세대밖에 이어지지 않는다. 당신이 아버지로부터 이어받은 8a번 염색체의 경우를 생각해 보자. 그것은 당신이 수태되기 직전에 당신 아버지의 정소에서 만들어진 것으로, 전 세계의 역사를 통틀어 그 이전에는 결코 존재하지 않았다. 그것은 감수 분열의 혼합 과정으로 생겨났다. 즉 당신의 친할아버지, 친할머니로부터 온 염색체 일부분을 모아 만들어진 것이다. 그 염색체는 모두 특정한 한 개의 정자 내에 들어 있었고, 유일한 존재였다. 그 정자는 수백만의 거대한 함대를 이루는 작은 배들 가운데 한 척이었고, 배들은 일제히 당신의 어머니 쪽을 향해 전진했다. 이 특별한 정자는 (당신이 이란성 쌍생아가 아니라면) 당신 어머니의 난자 중 하나에 닻을 내린 유일한 배였다. 이것이 당신이 지금 존재하는 이유다. 우리가 고찰하는 유전 단위, 즉 당신의 8a번 염색체는 당신의 나머지 모든 유전 물질과 함께 자기 복제를 시작했다. 지금 그것은 복제된 형태로 당신의 몸 곳곳에 존재한다. 그러나 당신이 자식을 만들 차례가 되면 이 염색체는 당신이 난자 또는 정자를 만들 때 파괴될 것이다. 그 일부는 당신 어머니 쪽의 8b번 염색체의 일부와 교환될 것이다. 그리하여 모든 생식 세포에서 새로운 8번 염색체가 만들어질 것이다. 그것은 예전의 염색체보다 '좋을' 수도 있고 '나쁠' 수도 있지만, 가능성이 거의 없는 우연의 일치가 일어나지 않는 이상 아주 다르고 아주 유일하다. 염색체의 수명은 한 세대이다.

더욱 작은 유전 단위, 예컨대 당신의 8a번 염색체 길이의 1/100 길이인 유전 단위의 수명은 어떨까? 이 단위 역시 당신의 아버지에게서 온 것이지만 처음부터 당신의 아버지 속에서 모아진 것은 아닐 가능성이 크다. 이전의 추론을 적용해 보면 당신 아버지가 부모 중 한 사람에게서 그 유전 단위를 그대로 물려받았을 확률이

99퍼센트에 달하기 때문이다. 그 유전 단위가 아버지의 어머니, 즉 당신의 친할머니로부터 온 것이라고 해 보자. 아까와 마찬가지로 친할머니가 자신의 부모 중 한 사람으로부터 그 단위를 그대로 물려받았을 확률 역시 99퍼센트다. 이렇게 작은 유전 단위의 선조를 멀리까지 거슬러 올라가면 결국은 최초의 창조자를 만나게 될 것이다. 그 유전 단위는 어느 단계에선가 당신의 조상 가운데 한 사람의 정소 또는 난소 내에서 창조된 것임에 틀림없다.

여기서 내가 '창조'라는 말을 쓰는 것은 다소 특수한 의미에서라는 점을 다시 한 번 밝히고자 한다. 우리가 생각하는 유전 단위를 구성하는 더 작은 소단위는 훨씬 이전부터 존재했다고 봐야 한다. 우리의 유전 단위가 어느 시점엔가 창조되었다는 것은, 이러한 소단위의 특정한 **배열**(유전 단위를 규정하는 것은 바로 배열이다)이 그 이전에는 존재하지 않았다는 말에 지나지 않는다. 그 창조 시기는 예컨대 당신의 할아버지·할머니 세대 정도로 아주 최근이었을지도 모른다. 그러나 아주 작은 단위를 생각하면, 그것은 좀 더 먼 조상, 즉 원숭이와 닮은 인간 이전의 조상에서 최초로 조립되었을지도 모른다. 게다가 당신 몸 안의 작은 유전 단위는 그만큼 먼 미래까지 그대로 살아남아 당신의 먼 후대에까지 전해질지도 모른다.

어떤 개체의 자손은 하나의 계통을 유지하는 것이 아니라 여러 갈래로 갈라진다는 것도 기억하자. 당신의 8a번 염색체의 그 짧은 일부분을 '창조한' 것이 당신의 조상 중 누구든 간에, 그 사람에게는 분명히 당신 외에도 다른 자손이 많이 있을 것이다. 당신의 유전 단위 중 하나는 당신의 6촌 형제에게도 있을 수 있다. 그것은 내게 있을 수도, 영국 수상에게 있을 수도, 당신이 키우는 개에게 있을 수도 있다. 아주 옛날로 되돌아가면 우리는 다 조상이 같기 때문이다. 또

한 동일한 작은 단위는 우연히 독립적으로 여러 번 조립될 수도 있을 것이다. 단위가 작다면 이런 우연한 일이 일어나는 것도 전혀 불가능한 일이 아니다. 그러나 아무리 가까운 친척이라도 하나의 염색체가 완전히 당신과 같은 사람은 없다. 유전 단위가 작으면 작을수록 다른 개체도 이를 갖고 있을 가능성이 높아진다. 즉 사본 형태로 이 세상에 여러 번 나타날 확률이 매우 높아지는 것이다. 새 유전 단위가 만들어지는 일반적인 방법은 전부터 존재하던 소단위가 교차를 통해 모이는 것이다. 또 하나의 방법은 — 드문 일이지만 진화상 매우 중요하다 — **점 돌연변이**라는 것이다. 점 돌연변이는 마치 어떤 책에 오자가 단 하나 있는 것과 같은 오류다. 그것은 드문 일이기는 하지만, 유전 단위가 길면 길수록 그중 어느 곳엔가 나타나는 돌연변이로 그 유전자 단위가 변할 가능성이 크다.

또 다른 드문 종류의 오류 또는 돌연변이에는 **역위**가 있다. 염색체의 일부가 떨어져 나갔다가 거꾸로 된 방향으로 다시 붙는 것이다. 앞에서처럼 설계도의 비유를 들자면, 역위가 발생하면 페이지 번호를 다시 매겨야 한다. 때로는 염색체의 일부가 단순히 거꾸로 되어 있을 뿐만 아니라 그 염색체의 엉뚱한 부분에 붙는 경우도 있고, 아주 다른 염색체에 붙는 경우도 있다. 이것은 한 권에서 다른 권으로 페이지 뭉치를 옮기는 것과 같다.

일반적으로 이런 종류의 오류가 해롭기는 하지만 중요한 이유는, 때때로 이로 인해 유전 물질 조각들이 가까이 **연관**되어 함께 일할 수도 있기 때문이다. 양쪽이 모두 존재할 때만 이로운 효과를 내는 2개의 시스트론(상호 보완적이거나 서로의 작용을 증강시키는)은 아마도 역위에 의해 서로 가까워질 수 있을 것이다. 이때 자연선택은 이러한 과정을 거쳐 만들어진 새로운 '유전 단위'를 선호할 수 있고, 이 경우 그 유전 단위는 미래의 개체군 내에 퍼질 것이다. 유전자 복합체가 여러 해에 걸쳐 이와 같은 방법으로 대폭 재조립되고 '편집'되었을 가능성도 있다.

나비의 의태

이를 가장 깔끔하게 보여 주는 예 중 하나는 **의태**擬態라고 알려진 현상이다. 어떤 종류의 나비는 맛이 끔찍하다. 이들은 보통 밝고 눈에 띄는 색깔을 하고 있어서 새들은 그 '경고' 표지를 보고 이들을 피한다. 그런데 맛이 나쁘지 않은 다른 종류의 나비가 이득을 본다. 이들은 맛이 없는 나비를 **흉내** 내는 것이다. 즉 맛이 없는 나비를 닮은 색깔과 형태로 태어난다(맛은 닮지 않았다). 자연학자들도 종종 이들에게 감쪽같이 속으며 심지어 새들도 속는다. 정말 맛이 없는 나비를 한 번 맛본 새는 비슷하게 생긴 나비를 모두 피하는 경향이 있다. 그 중에는 의태종도 포함되어 있다. 이 때문에 자연선택은 의태 유전자를 선호한다. 이것이 의태가 진화하는 과정이다.

'끔찍한 맛'을 가진 나비에는 여러 종류가 있으며 그들이 모두 닮은 것은 아니다. 의태종이 그들을 전부 닮을 수는 없다. 맛이 없는 종 하나만을 모방할 수밖에 없다. 일반적으로 특정 의태종은 맛이 없는 종 중 특정 종을 흉내 내는 전문가다. 그러나 개중에는 아주 묘한 짓을 하는 종도 있다. 이 의태종의 일부 개체는 어떤 맛없는 종을 흉내 내는 반면, 다른 개체는 또 다른 맛없는 종을 흉내 낸다. 중간 상태의 개체나 양쪽 모두를 흉내 내려는 개체는 즉시 먹혀 버리기 십상이나 실제로 이와 같은 중간형은 생기지 않는다. 어떤 개체가 암컷이나 수컷 둘 중 하나이듯, 어떤 개체는 맛이 없는 특정 종 하나를 흉내 내거나 다른 종을 흉내 내거나 둘 중 하나다. 어떤 나비가 A종을 흉내 내는데 그 형제가 B종을 흉내 낼 수는 있다.

A종을 흉내 낼지 B종을 흉내 낼지는 단 하나의 유전자가 결정하는 것 같다. 그러나 단 한 개의 유전자가 의태의 다종다양한 면 — 색깔, 형태, 무늬, 비행의 리듬까지 — 의 모든 것을 어떻게 결정할 수 있을까? 아마도 한 **시스트론**으로 정의된 유전자로는 그 모든 것을 결정한다고 보기 어려울 것이다. 그러나 실제로 역위와 그 밖의 우연한 재배열로 유전 물질이 무의식적이고 자동적으로 '편집'되어, 이전에는 마구 흩어져 있던 다수의 유전자가 하나의 염색체상에서 긴밀한 연관 집단을 이루었다. 이 집단 전체는 마치 한 개의 유전자인 양 행동하며(실제로 우리의 정의로는 이제 이것이 하나의 유전자다) 또 다른 집단인 '대립 유전자'도 가지고 있다. 한 무리에는 A종을 흉내 내는 데 관여하는 시스트론이 포함되어 있고, 다른 무리에는 B종을 흉내 내는 데 관여하는 시스트론이 포함되어 있다. 각 무리가 교차로 인해 쪼개지는 일은 거의 없기 때문에 자연계에서 중간형의 나비는 전혀 볼 수 없으나, 여러 마리의 나비를 실험실에서 번식시키면 드물기는 하지만 중간형의 나비를 볼 수 있다.

여기서 사용하는 유전자라는 말은 수많은 세대까지 존속되고, 많은 사본의 형태로 널리 퍼지기에 충분히 작은 유전 단위를 뜻한다. 이것은 '모 아니면 도' 식의 융통성 없는 정의가 아니라, 이를테면 '크다' 또는 '늙다'처럼 경계가 불분명한 정의다. 염색체의 어떤 한 부분이 교차에 의해 쪼개지거나 여러 종류의 돌연변이 때문에 쉽게 변할 가능성이 높으면 높을수록 여기에서 말하는 의미의 유전자로 불릴 자격은 점점 없어진다. 시스트론은 아마도 유전자로 불릴 자격이 있을 것이지만 그보다 더 큰 유전 단위 역시 자격이 있다.

10여 개의 시스트론이 한 염색체상에서 서로 매우 가까이 붙어 있다면 이들을 하나의 장수하는 유전 단위로 볼 수도 있다. 나비의 의태 집단은 좋은 예다. 시스트론이 한 몸을 이탈하여 다른 몸으로 들어갈 때, 즉 다음 세대로 여행하기 위해 정자나 난자에 실릴 때, 이전의 항해에서 같이했던 이웃, 즉 먼 조상의 몸에서부터 긴 방랑의 여정을 같이해 온 옛 길동무와 한 조각배에 같이 실리는 경우가 많았을 것이다. 같은 염색체상에서 서로 이웃한 시스트론은 단단히 뭉쳐 길동무를 이루고, 이들은 감수 분열 시기가 되더라도 반드시 같은 배에 탑승한다.

엄밀히 말해서 이 책의 제목은 『이기적 시스트론』도 『이기적 염색체』도 아닌, 『약간 이기적인 염색체의 큰 토막과 더 이기적인 염색체의 작은 토막』이라고 붙여야 마땅했을 것이다. 그러나 아무리 생각해도 이것은 매력적인 제목이 아니다. 그래서 나는 유전자를 여러 세대에 걸쳐 존속할 가능성이 있는 염색체의 작은 토막이라 정의하고, 이 책의 제목을 『이기적 유전자』라고 한 것이다.

이제 1장의 마지막 단락에서 남겨 두었던 문제로 돌아가 보자. 1장에서 우리는 자연선택의 기본 단위라고 부를 수 있는 모든 실체는 이기적이라고 생각할 수 있다는 것을 배웠다. 또한 사람에 따라 자연선택의 단위가 종이라고 여기는 사람, 종 내의 개체군 또는 집단이라고 여기는 사람, 개체라고 여기는 사람이 있다는 것을 배웠다. 나는 자연선택의 기본 단위, 그리고 이기주의의 기본 단위가 유전자라고 생각하는 편이 낫다고 이야기했다. 나는 방금 내가 옳을 수밖에 없도록 유전자를 **정의**한 것이다!

불멸의 유전자

가장 일반적인 형태의 자연선택은 각 실체의 차등적 생존을 의미한다. 생존하는 것이 있으면 죽는 것도 있는데, 이 선택적인 죽음이 세상에 강력한 영향을 미치기 위해서는 또 다른 조건이 충족되어야 한다. 그 조건이란 각 실체가 수많은 사본의 형태로 존재해야 하며, 적어도 그 실체의 일부는 진화의 시간 중 상당 기간 동안 (사본의 형태로) 생존할 수 있어야만 한다는 것이다. 작은 유전 단위는 이 조건을 충족시키지만 개체, 집단 그리고 종은 그렇지 않다. 유전 단위를 실제로 더 이상 나눌 수 없고 독립적인 입자로 다룰 수 있음을 입증한 것은 그레고르 멘델Gregor Mendel의 위대한 업적이다. 오늘날 우리는 이것이 약간은 지나치게 단순화된 견해라는 것을 알고 있다. 왜냐하면 시스트론까지도 때로는 쪼개지는 경우가 있고, 동일 염색체상에 위치한 두 개의 유전자는 완전히 독립적인 존재가 아니기 때문이다. 나는 더 이상 나눌 수 없는 입자라는 이상적인 속성에 **근접한** 단위로서 유전자를 정의하였다. 유전자는 더 이상 나눌 수 없는 존재는 아니지만 좀처럼 쪼개지지 않는다. 유전자는 어떤 개체의 체내에 확실히 존재하거나 아니면 전혀 존재하지 않는다. 유전자는 할아버지, 할머니로부터 손자, 손녀에 이르기까지 다른 유전자와 섞이지 않고 그대로 중간 세대를 거쳐 여행한다. 유전자가 끊임없이 서로 섞인다면 우리가 현재 이해하는 자연선택은 벌어질 수 없을 것이다. 그런데 이러한 사실이 다윈의 생애 중에 밝혀졌다. 당시에는 유전이 섞이는 과정일 것이라고 가정했기 때문에 이 사실은 다윈을 몹시 곤혹스럽게 했다. 멘델의 발견은 이미 출판되어 있어서 다윈을 도울 수도 있었으나, 안타깝게도 다윈은 그것을 몰랐다. 사람들이 멘델의 책을 읽은 것은 다윈과 멘델이 죽고 몇 년 지나서였다. 멘델은 아마도 자신이 발견한 사실의 중요성을 깨닫지 못했던 것 같다. 그것을 깨달았다면 그는 다윈에게 편지를 썼을지도 모른다.

유전자 입자성의 또 다른 측면은 그것이 노쇠하지 않는다는 데 있다. 유전자가 백만 년을 살았다고 해서 백 년쯤 산 유전자보다 쉽게 죽는 것은 아니다. 유전자는 자기 마음대로 몸을 조작하며, 죽을 운명인 몸이 노쇠하거나 죽기 전에 그 몸을 버리면서 세대를 거쳐 몸에서 몸으로 옮겨 간다.

유전자는 불멸의 존재다. 아니, 불멸의 존재라는 말이 잘 어울리는 유전 단위로 정의된다. 이 세상에 존재하는 개개의 생존 기계인 우리는 수십 년을 살 수 있을 것이다. 그러나 세상에 존재하는 유전자의 기대 수명은 10년 단위가 아닌, 1백만 년 단위로 측정되지 않으면 안 된다.

유성생식을 하는 종에서 개체는 자연선택의 중요한 단위가 되기에는 너무 크고 수명이 짧은 유전 단위다.* 나아가 개체의 집단은 한층 더 큰 단위다. 유전적으로 말하면 개체와 집단은 하늘의 구름이나 사막의 모래바람 같은 것이다. 그들은 일시적인 집합 내지는 연합이다. 진화적 시각에서 보면 그들은 불안정하기 이를 데 없다. 개체군은 장기간 지속될 수 있다지만 다른 개체군과 끊임없이 섞이면서 정체성을 잃는다. 또한 개체군은 내부적으로도 진화를 겪는다. 개체군은 자연선택의 단위가 될 수 있을 만큼 독립된 존재가 아니다. 다른 개체군보다 선호되어 '선택될' 만큼 안정적이지도 않고 단위로 보기도 어렵다.

개체의 몸은 그것이 유지되는 한 충분히 독립적인 것처럼 보인다. 그러나 도대체 얼마나 유지될 수 있는가? 개체들은 서로 다르다. 각 실체의 사본이 한 개씩밖에 없을 때에는 그들 실체 간에 선택을 통해 진화가 나타날 수 없다. 유성생식은 자기 복제가 아니다. 개체군이 다른 개체군으로 인해 오염되듯이 개체의 자손은 그 개체의 성적 파트너로 인해 오염된다. 당신의 자식은 당신의 절반밖에 안 되고, 당신의 손자는 당신의 1/4밖에 안 된다. 그리하여 겨우 몇 세대가 지났을 뿐이지만 당신이 기대할 수 있는 것이란 기껏 해봐야 당신의 아주 작은 부분 몇 개의 유전자만 지닌 후손 여럿일 뿐이다. 비록 몇몇 자손은 당신의 성姓까지 물려받았더라도 말이다.

개체는 안정적이지 않다. 정처 없이 떠도는 존재다. 염색체 또한 트럼프 카드의 패처럼 섞이고 사라진다. 그러나 섞인 카드 자체는 살아남는다. 바로 이 카드가 유전자다. 유전자는 교차에 의해서 파괴되지 않고 단지 파트너를 바꾸어 행진을 계속할 따름이다. 물론 유전자들은 계속 행진한다. 그것이 그들의 임무다. 유전자들은 자기 복제자이고 우리는 그들의 생존 기계다. 우리의 임무를 다하면 우리는 폐기된다. 그러나 유전자는 지질학적 시간을 살아가는 존재이며, 영원하다.

유전자는 다이아몬드처럼 영원하지만 다이아몬드와 다른 면이 있다. 다이아몬드의 결정은 원자들의 일정한 배열 패턴으로 그 존재가 지속된다. DNA 분자는 그와 같은 영구성은 가지고 있지 않다. 물리적 DNA 분자는 어느 것이든 그 생명이 매우 짧다. 분명히 한 생애보다는 짧다. 아마도 수개월 정도가 될 것이다. 그러나 이론적으로 DNA 분자는 그 **사본** 형태로 1억 년 동안 살아남을 수 있다. 더욱이 원시 수프 속의 고대 자기 복제자와 똑같이, 특정 유전자의 사본이 온 세상에 퍼질 수도 있다. 단지 다른 점이 있다면, 오늘날의 복제자들은 모두 생존 기계인 몸속에 온전히 들어앉아 있다는 사실이다.

여기에서 내가 강조하고자 하는 것은, 유전자를 정의하는 속성은 유전자가 사본 형태로 거의 불멸이라는 것이다. 유전자를 하나의 시스트론으로 정의하는 것은 어떤 목적에서는 적절할지 모르나, 진화를 논하려면 그것을 확대할 필요가 있다. 얼마나 확대하느냐는 우리가 왜 정의를 내리려고 하느냐에 따라 결정된다. 우리는 자연선택의 실제 단위를 알아내고 싶다. 그러기 위해서는 자연선택에 성공하는 단위가 가져야 할 특성을 먼저 파악해야 한다. 앞 장에서 썼던 용어로 말하면 그 특성은 장수, 다산, 복제의 정확성이다. 그러므로 '유전자'를 간단히 이와 같은 특성을 갖는(잠재적으로라도) 가장 큰 실체라고 정의하자. 유전자는 많은 사본의 형태로 존재하는 장수하는 자기 복제자다. 그러나 무한히 사는 것은 아니다. 다이아몬드라 해도 말 그대로 영원하지는 않으며, 시스트론도 교차에 의해 둘로 갈라지는 경우가 있다. 유전자는 자연선택의 단위가 될 만큼 **오랫동안** 존속할 수 있는, 충분히 짧은 염색체의 한 조각으로 정의된다.

'오랫동안'이란 정확하게 얼마나 긴 시간을 뜻하는 것일까? 이에 대해 정해진 답은 없다. 그것은 자연선택의 '압력'이 얼마나 강하냐에 따라 달라질 것이다. 즉 '나쁜' 유전 단위가 '좋은' 대립 유전 단위보다 얼마만큼 쉽게 소멸할 것인가에 따라 달라질 것이다. 이것은 양적인 문제이며, 경우에 따라 다르다. 실제 자연선택의 단위 중 가장 큰 것 — 유전자 — 은 보통 시스트론과 염색체 사이 중간 정도일 것이다.

유전자—이기주의의 기본 단위

유전자가 자연선택의 기본 단위에 대한 훌륭한 후보가 될 수 있는 것은 유전자의 잠재적 불멸성 때문이다. 이제 '잠재적'이라는 말을 강조해야 할 때가 왔다. 어떤 유전자는 백만 년을 '살 수' 있지만 많은 새로운 유전자는 최초의 한 세대조차 넘기지 못한다. 소수의 유전자가 그 고비를 넘기는 것은 운이 좋아서일 수도 있지만 대개는 그 유전자가 중요한 무언가, 즉 생존 기계를 잘 만드는 능력을 갖고 있기 때문이다. 그 유전자는 자기가 들어앉아 있는 몸의 배 발생에 영향을 주어 그 몸이 경쟁 유전자, 즉 대립 유전자의 영향하에 있을 때보다 조금 더 잘 살아남고 더 많이 번식하도록 한다. 예컨대 '좋은' 유전자는 자기가 들어앉아 있는 몸이 긴 다리를 갖게 하여 포식자로부터 잘 도망칠 수 있게 함으로써 자기의 생존을 확실하게 할지 모른다. 그러나 이것은 개별적인 예이지 보편적인 예는 아니다. 긴 다리를 갖는 것이 항상 장점이 되는 것은 아니기 때문이다. 가령 두더지에게는 긴 다리가 약점이 될 수 있다. 세부적인 사항에 너무 얽매이지 말고 좋은(즉 장수하는) 유전자 모두에 공통되는 어떤 보편적인 특성을 생각할 수 있지 않을까? 반대로 어떤 유전자를 '나쁜', 혹은 오래 살지 못하는 유전자로 규정짓는 특성도 생각할 수 있지 않을까? 몇 가지 **보편적인** 특징이 있을 수도 있으나, 이 책의 내용과 특히 관련된 특성은 바로 유전자 수준에서 이타주의는 나쁘고 이기주의는 좋다는 것이다. 이는 우리의 이기주의와 이타주의에 대한 정의에서부터 필연적으로 얻게 되는 것이다. 유전자는 생존을 놓고 그 대립 유전자와 직접 경쟁한다. 유전자 풀 내의 대립 유전자들은 다음 세대의 염색체 위에 한 자리를 차지하기 위해 경쟁하는 경쟁자이기 때문이다. 유전자 풀 속에서 대립 유전자 대신 자기의 생존 확률을 증가시키는 유전자는 어느 것이든 그 정의상 오래 살아남을 것이다. 유전자는 이기주의의 기본 단위인 것이다.

유전자의 협력 사업

지금까지의 내용이 이 장의 주요 메시지다. 그러나 나는 몇 가지 복잡한 문제와 숨겨진 가정을 대충 얼버무리고 넘어갔다. 복잡한 문제 중 첫 번째는 이미 간단히 언급했다. 유전자가 세대를 통해 여행할 때 아무리 독립적이고 자유로울지라도 그것은 배 발생 과정을 제어하는 데 전혀 자유롭지도, 독립적이지도 **않다**는 것이다. 유전자는 매우 복잡한 방법으로 서로 간에, 그리고 외부 환경과 협력하고 상호 작용을 한다. 앞에서 이야기한 '긴 다리를 만드는 유전자'나 '이타적 행동에 대한 유전자'라는 표현은 편의상의 비유일 뿐이며, 그것이 의미하는 바를 이해하는 것이 더 중요하다. 길든 짧든 다리를 혼자 힘으로 만드는 유전자는 없다. 다리를 만드는 일은 많은 유전자의 협력 사업이다. 이때 외부 환경의 영향도 없어서는 안 될 중요한 요소다. 결국 다리는 음식으로부터 만들어진다. 그러나 **다른 조건이 같다면**, 대립 유전자가 영향을 미칠 때보다 다리를 더 길게 만드는 하나의 유전자가 존재할 수도 있다.

이에 대한 비유로 밀의 생장을 촉진하는 비료인 질산염의 영향을 생각해 보자. 질산염이 없는 곳보다 있는 곳에서 밀이 더 잘 자란다는 것은 누구나 알고 있다. 그러나 질산염 비료만으로 밀을 재배할 수 있다고 주장하는 어리석은 사람은 없다. 밀을 재배하기 위해서는 종자, 토양, 햇빛, 물, 그리고 여러 가지 무기물도 필요하다는 것은 명백하다. 그렇지만 이 같은 요인들이 모두 같거나 약간의 변화가 있다 하더라도, 질산염 비료와 같은 거름을 주면 밀은 더 잘 자랄 것이다. 배 발생에서 유전자 하나의 역할도 바로 이와 같다. 배 발생은 매우 복잡하게 맞물린 상호 작용에 의해 제어되는데, 그 영향이 너무 복잡해 깊게 들어가지 않는 편이 차라리 나을 정도다. 유전인자든 환경 인자든 갓난아이의 어떠한 부분에 대한 유일한 '원인'으로 생각되는 것은 없다. 갓난아이의 모든 부분에 영향을 미치는 원인은 거의 헤아릴 수 없을 만큼 많다. 그러나 한 아기와 또 다른 아기 사이에 있는 **차이**, 이를테면 다리 길이가 차이 나는 원인을 추적해 보면, 환경이든 유전자든 하나 내지 두세 개의 단순한 차이를 쉽게 발견할 수 있을지도 모른다. 치열한 생존 경쟁에서 중요한 것은 **차이**이고, 진화에서 중요한 것은 '유전자에 의해 제어되는 차이'이다.

하나의 유전자에서 그것의 대립 유전자는 치명적인 경쟁 상대지만 다른 유전자들은 온도, 먹이, 포식자 또는 동료와 같은 환경의 일부일 뿐이다. 유전자의 작용은 이와 같은 환경에 좌우되며, 그 환경에는 다른 유전자도 포함된다. 하나의 유전자가 미치는 영향이 특정 유전자가 있을 때와 또 다른 유전자가 있을 때 전혀 다른 경우도 있다. 몸속의 유전자 세트 전부는 일종의 유전적 풍토와 배경을 형성하며, 개개 유전자의 작용을 바꾸거나 그것에 영향을 준다.

그러나 여기 뭔가 모순된 것이 있는 듯하다. 아기를 만드는 것이 이 정도로 복잡한 협력 사업이라면, 그리고 모든 유전자가 그 일을 달성하기 위해 수천 개의 동료 유전자를 필요로 한다면, 개별 유전자는 불가분의 존재라는 내 정의와 이 사실이 어떻게 양립할 수 있을까? 각각의 유전자는 마치 불사의 영양처럼 세대를 거쳐 몸에서 몸으로 뛰어다니는, 자유롭고 구속받지 않는 이기적인 생명체라고 하지 않았던가? 그것은 모두 난센스였을까? 결코 그렇지 않다. 현란한 문장으로 오해를 불러일으켰을지 모르나 내가 말한 것은 결코 난센스가 아니며 실제로 여기에 모순은 없다. 이것은 또 다른 비유를 들어 설명할 수 있다.

조정 선수에의 비유

조정 선수 한 명이 옥스퍼드대학교와 케임브리지대학교의 조정 경기에서 이길 수는 없다. 그에게는 여덟 명의 동료가 필요하다. 선수 각각은 항상 특정 자리에 앉는 전문가다. 앞 노를 젓든, 옆 노를 젓든, 키를 잡든, 각자 역할을 맡는다. 노를 젓는 것은 협력 작업이지만, 그중에는 다른 사람보다 실력이 더 나은 사람이 있을 수 있다. 코치가 여러 명의 후보자 중에서 앞 노 전문, 키 전문 등을 골라 이상적인 조정 팀을 꾸린다고 해 보자. 그리고 그가 다음과 같이 선수를 뽑았다고 가정하자. 매일 각 위치의 선수 후보자들을 무작위로 조합하여 시험 삼아 세 개의 팀을 짠 뒤 서로 경쟁시킨다. 이것을 몇 주간 계속하다 보면 이긴 배에는 종종 동일 인물이 타고 있음을 알 수 있다. 이들은 우수 선수로 기록된다. 또 항상 뒤진 팀에 있는 선수들도 있다. 이들은 결국 탈락한다. 그러나 특별히 팔심이 좋은 선수라도 때로는 뒤진 팀에 있는 경우가 있다. 다른 멤버들이 못하기 때문이거나 운이 나쁘게도 강한 역풍이 분다든지 하기 때문이다. 가장 뛰어난 선수들이 이긴 배에 있다는 것은 단지 **평균**적으로 그렇다는 것이다.

이 선수들에 해당하는 것이 바로 유전자다. 배에서 각 위치를 차지하려는 경쟁자는 염색체상의 동일 위치를 차지할 수 있는 대립 유전자다. 노를 빨리 젓는 것은 잘 살아남을 수 있는 몸을 만드는 것과 같다. 바람은 외부 환경에 해당한다. 교체 선수 집단은 유전자 풀이다. 하나의 몸의 생존에서 모든 유전자는 한 배에 타고 있는 것이라고 보면 된다. 좋은 유전자가 나쁜 동료 유전자와 팀을 이뤄 치사 유전자와 한 몸속에 들어앉는 일도 자주 있다. 이 경우 치사 유전자는 그 몸이 어릴 때 죽게 하는데, 이때 좋은 유전자도 다른 유전자와 함께 파괴된다. 그러나 이것이 그 유전자가 담겨 있는 유일한 몸은 아니다. 좋은 유전자의 똑같은 사본들이 치사 유전자를 갖지 않는 다른 몸속에서 살고 있다. 좋은 유전자 사본들은 때로는 나쁜 유전자와 한 몸에 들어 있기 때문에 나쁜 유전자의 영향에 휩쓸려 사라지기도 하고, 또 머물고 있는 몸이 벼락을 맞는 등 불운한 일에 휩쓸려서 죽기도 한다. 그러나 정의상 행운이나 불운은 무작위로 일어나는 것이다. 그렇기 때문에 늘 사라지는 쪽에 있는 유전자는 불운한 것이 아니라 나쁜 유전자다.

훌륭한 조정 선수의 자질 중 하나는 팀워크, 즉 팀 내 다른 선수들과 협조하는 능력이다. 이것은 강한 근육만큼이나 중요하다. 나비의 예에서 말한 것처럼, 자연선택은 역위에서와 같이 염색체 일부가 대규모로 이동하는 것을 이용하여 무의식적으로 하나의 유전자 복합체를 '편집'하고, 이를 통해 잘 협조하는 유전자를 모아서 가까이 연관된 집단으로 만들어 낼 수 있다. 그러나 어떤 의미에서 이 말은 물리적으로는 전혀 연결되어 있지 않은 유전자들이 상호 조화롭게 공존할 수 있다는 것 때문에 선택될 수도 있다는 말이다. 다음 세대의 몸속에서 다시 만날 가능성이 있는 대부분의 유전자, 즉 유전자 풀 내 다른 유전자 모두와 잘 협조하는 유전자는 유리한 셈이다.

이를테면 유능한 육식 동물의 몸에는 고기를 자르는 이빨, 고기를 소화시키기에 알맞은 창자 등을 포함한 여러 가지 특성이 필요하다. 한편 유능한 초식 동물은 풀을 씹기 위한 평평한 어금니와, 육식 동물과는 다른 종류의 소화 작용이 벌어지는 훨씬 더 긴 창자를 필요로 한다. 초식 동물의 유전자 풀에서 육식용의 날카로운 이빨을 만들어 내는 새로운 유전자는 그다지 성공하지 못할 것이다. 이는 육식이 일반적으로 좋지 않은 발상이어서가 아니라, 알맞은 형태의 창자와 기타 육식 생활에 필요한 특성들을 두루 갖추고 있지 않으면 고기를 효율적으로 먹을 수 없기 때문이다. 육식용의 날카로운 이빨을 만드는 유전자가 본래 나쁜 유전자는 아니다. 그것은 초식성을 나타내는 유전자가 많이 존재하는 유전자 풀 속에 있을 때에만 나쁜 유전자다.

이 개념은 미묘하고 복잡하다. 어떤 유전자의 '환경'이 대부분 다른 유전자로 구성되어 있고, 그 환경을 구성하는 유전자들 각각은 또 다른 유전자로 구성된 환경과 얼마나 잘 협력하느냐에 따라 선택되기 때문에 복잡한 것이다. 이러한 미묘한 점을 설명해 줄 수 있는 비유가 존재하기는 하지만, 그것은 일상생활에서 찾을 수 있는 것이 아니다. 그것은 바로 5장에서 소개하게 될 인간에 대한 '게임 이론'이다. 5장에서는 동물 개체 간의 공격적인 경쟁과 관련하여 게임 이론을 살펴볼 것이다. 따라서 나는 이 요점에 대한 논의를 잠시 미루고 5장의 마지막 부분에서 다시 언급하려고 한다. 이제 이 장의 중심 개요로 돌아오자. 이 장의 중심 개요는, 자연선택의 기본 단위로 가장 적합한 것은 종도 개체군도 개체도 아닌, 유전 물질의 작은 단위(이것을 '유전자'라고 부르면 편리하다)라는 것이다. 이 논의의 기초가 되는 것은 유전자가 불멸인 데 비하여 몸 이상의 큰 단위는 일시적이라는 가정이었다. 이 가정은 두 가지 사실, 즉 유성생식과 교차가 있다는 사실과, 개체는 죽을 운명이라는 사실에 근거를 둔 것이다. 이러한 사실은 명백하지만 우리는 그것들이 왜 사실일 수밖에 없는가라는 질문을 던질 수 있다. 왜 우리와 대부분의 다른 생존 기계는 유성생식을 하는 것일까? 우리의 염색체는 왜 교차하는 것일까? 그리고 왜 우리는 영원히 살지 못하는가?

노화 이론

'우리는 왜 늙어서 죽는가'라는 의문은 복잡한 문제일 뿐만 아니라 그 내용을 상세히 기술하는 것은 이 책의 영역을 넘어선다. 우리가 왜 늙어서 죽는지에 대해 경우마다 다르게 적용되는 이유뿐만 아니라 더 일반적인 이유도 몇 가지 제시되어 있다. 예를 들면 노쇠는 개체의 생애 동안 일어나는 복제 과정의 유해한 오류와 유전자 손상이 축적되어 생기는 것이라는 이론이 있다. 피터 메더워Peter Medawar 경이 주장한 또 다른 이론은 진화를 유전자선택에 근거한 것으로 생각하는 사고방식의 좋은 예가 된다.* 메더워는 우선 다음과 같은 전통적인 가설을 기각하였다. "늙은 개체가 죽는 것은 그 종의 나머지 개체에 대한 이타적 행위다. 왜냐하면 번식할 수 없을 정도로 늙어서도 살아 있는 개체는 세상을 어지럽히기만 할 뿐이기 때문이다"라는 종래의 설은, 메더워가 지적하고 있듯이 순환 논리다. 이것은 그 가설이 증명하려고 하는 것, 즉 개체가 너무 늙어서 번식할 수 없다는 것을 처음부터 가정하기 때문이다. 이 가설은 또한 순진한 집단선택 내지는 종 선택의 설명법과 다를 바가 없다. 비록 그 일부분은 말을 더 근사하게 바꿀 수도 있지만 말이다. 메더워의 이론은 훌륭한 논리를 담고 있다. 그것은 다음과 같이 설명될 수 있다.

'좋은 유전자'의 가장 일반적인 특성이 무엇인지에 대해서는 이미 언급했다. 그리고 우리는 '이기성'이 그 특성 중 하나라고 결정했다. 그러나 성공한 유전자가 가지는 또 하나의 일반적인 특성은, 자기 생존 기계의 죽음을 적어도 번식한 뒤로 미루는 경향이 있다는 사실이다. 당신의 사촌과 종조부 중에는 어려서 죽은 자가 반드시 있을 테지만, 당신의 조상 중에는 단 한 사람도 어려서 죽은 자가 없다. 어려서 죽었다면 당신의 조상이 되지 않았을 테니 말이다.

'치사 유전자'란 자신을 지니고 있는 개체를 죽이는 유전자다. 반半치사 유전자는 개체가 쇠약해지도록 하여 다른 원인에 의해서 죽을 가능성이 높아지도록 한다. 모든 유전자는 생애 중 특정 단계에서만 몸에 최대 영향을 미치는데, 치사 유전자와 반치사 유전자도 예외는 아니다. 대부분의 유전자는 배아기에 영향을 미치지만 어떤 유전자는 유아기에, 어떤 유전자는 청년기에, 또 어떤 것은 중년기에, 그리고 어떤 것은 노년기에 영향을 미친다(나비 애벌레와 그것이 변태한 나비 성충은 똑같은 유전자 세트를 가지고 있다는 점을 기억하기 바란다). 분명히 치사 유전자는 유전자 풀에서 제거될 것이다. 그러나 후기에 작용하는 치사 유전자가 초기에 작용하는 치사 유전자에 비해 유전자 풀 내에서 더 안정하게 유지된다는 사실 또한 확실하다. 늙은 몸에서 치사 효과를 내는 유전자가 개체가 번식을 어느 정도라도 하고 나서 그 치사 효과를 나타낸다면 그 치사 유전자는 유전자 풀 내에서 성공적일 수 있다. 이를테면 늙은 몸에 암을 유발하는 유전자는 개체가 암이 발현되기 전에 번식하기 때문에 수많은 자손에게 전해질 수 있다. 한편 젊은 성인에게서 암을 일으키는 유전자는 그다지 많은 자손에게 전해지지 않을 것이며, 어린아이에게서 치명적인 암을 일으키는 유전자는 자손에게 전혀 전해지지 않을 것이다. 이 이론에 따르면, 노쇠 현상은 후기에 작용하는 치사 유전자와 반치사 유전자가 유전자 풀에 축적되기 때문에 나타나는 부산물일 뿐이다. 이들 치사 및 반치사 유전자는 단지 후기에 작용한다는 이유만으로 자연선택의 그물 구멍으로 빠져나올 수 있었던 것이다.

메더워가 강조하는 점은, 선택은 다른 치사 유전자의 작용을 늦춰 주는 유전자를 선호하고, 좋은 유전자의 작용을 빠르게 하는 유전자도 선호한다는 것이다. 진화의 많은 부분은 유전자 활동의 개시 시기를 유전적으로 제어하는 것과 연관되어 있는지도 모른다.

이 이론에서는 특정 연령대만이 번식한다는 전제가 필요 없다는 점을 주목하기 바란다. 모든 개체가 연령에 상관없이 자손을 가질 수 있다는 가정에서 출발한다 해도, 메더워의 이론은 후기에 작용하는 유해한 유전자가 유전자 풀 내에 축적되리라 예측한다. 그리고 노년에 번식이 어려워진다는 것은 그 2차적인 결과로서 생겨날 것이다.

인간의 수명

이 이론의 장점 중 하나는 이에 근거하여 재미있는 추측을 할 수 있다는 것이다. 예를 들어 이 이론에 따르면 인간의 수명을 연장할 수 있는 두 가지 방법이 있다. 하나는 어떤 연령, 예컨대 40세 이전에는 번식하지 못하도록 하는 것이다. 수백 년 후에는 이 연령 제한을 50세로 올리고 그 이후에도 조금씩 늘려 간다. 이러한 방법으로 인간의 수명을 수백 살까지 연장할 수 있을 것이라 생각할 수 있다. 이와 같은 정책을 진지하게 시행하려는 사람은 없겠지만 말이다.

두 번째 방법은 유전자를 '속여서' 자신이 들어 있는 몸을 실제 연령보다 젊다고 생각하도록 하는 것이다. 실제로 이렇게 하려면 나이가 들면서 일어나는 몸속의 화학적 환경 변화를 알아야 한다. 후기에 작용하는 치사 유전자의 '스위치'를 켜는 '신호'가 이러한 변화 중 하나일 수 있다. 젊은 몸의 화학 특성을 흉내 냄으로써 후기에 작용하는 유해한 유전자의 '스위치'가 켜지는 것을 막을 수 있지 않을까? 흥미로운 것은 노화의 화학 신호 그 자체가 통상적인 의미로 반드시 유해할 필요는 없다는 점이다. 예를 들어 물질 S가 젊은 개체보다 늙은 개체의 몸에 많이 농축되어 있다고 하자. S는 그 자체로는 별로 해롭지 않은데, 아마도 먹이에 함유되어 있던 어떤 물질이 나이를 먹음에 따라 점점 몸에 농축된 것인지도 모르겠다. 그러나 S가 있을 때는 유해한 영향을 끼치지만 그렇지 않을 때는 좋은 영향을 주는 유전자가 있다면 이 유전자는 유전자 풀에서 선택되어 살아남을 것이며, 그 유전자가 사실상 늙어서 죽는 것에 '대한' 유전자가 **될** 것이다. 이 경우 치료법은 단순히 몸에서 S를 제거하는 것이다.

이와 같은 사고가 혁명적인 이유는 S 자체가 노령의 '표시'에 불과하다는 것을 시사하기 때문이다. S의 농도가 높으면 죽는다는 것을 알아낸 의사는, 아마도 S를 일종의 독으로 생각하고 S와 신체 기능 부전 간 직접적인 인과 관계를 찾아내려고 고심할 것이다. 그러나 방금 살펴본 가상적 예와 같은 경우라면 그는 시간 낭비를 하는 셈인지도 모른다.

늙은 몸보다 젊은 몸에 많이 들어 있어서 젊음을 '표시'하는 물질인 Y도 존재할 수 있다. S의 경우와 마찬가지로, Y가 있으면 좋은 영향을 미치지만 Y가 없을 때에는 유해한 유전자가 선택될지도 모른다. S와 Y가 무엇인지 알아낼 방법이 전혀 없지만 — 이와 같은 물질은 많이 있을 수 있다 — 일반적으로 늙은 몸에서 젊은 몸의 특성을 모방하거나 흉내 낼 수 있다면 그만큼 늙은 몸은 장수할 것이라고 예측할 수 있다. 젊은 몸의 특성이 아무리 피상적인 것이더라도 말이다.

이것은 메더워의 이론에 기초한 추측에 지나지 않는다. 어떤 의미에서는 메더워의 이론이 논리적으로 어느 정도 맞다고 하더라도, 그것이 반드시 노쇠에 대한 옳은 설명이라고 할 수는 없다. 현재 우리에게 중요한 것은 진화에서 유전자선택의 관점을 취하는 것이 개체가 늙으면 죽게 되는 경향을 설명하는 데 아무런 어려움이 없다는 것이다. 이 장에서 중점적으로 논의하는 개체의 죽음에 대한 가정은 이 이론의 체계 내에서 충분히 입증될 수 있다.

유성생식과 교차

앞에서 구체적인 설명 없이 대충 넘겨 버린 또 하나의 가정, 즉 유성생식과 교차가 존재한다는 가정은 입증하기가 더 어렵다. 교차가 반드시 일어나야 하는 것은 아니다. 초파리 수컷에게서는 교차가 일어나지 않는다. 암컷에게도 교차를 억제하는 유전자가 있다. 만약 이 유전자가 널리 퍼져 있는 초파리의 개체군이 번식한다면 '염색체 풀' 내의 염색체가 자연선택의 최소 기본 단위가 된다. 사실 우리의 정의에 따라 논리적으로 생각해 보면 (초파리의 경우에는 — 옮긴이) 한 개의 염색체 전체를 하나의 '유전자'라고 생각해야 한다는 결론에 이른다.

유성생식의 대안도 존재한다. 진딧물 암컷은 수컷 없이 새끼를 낳을 수 있으며, 그 암컷들은 모두 어미의 유전자를 그대로 이어받는다(그런데 어미 '자궁' 내의 배아가 그 자궁 내에 더 작은 배아를 갖고 있는 경우도 있다. 이 경우 어미는 딸과 손녀딸을 한꺼번에 낳는 꼴이 되며, 딸과 손녀는 둘 다 어미의 일란성 쌍생아에 해당한다). 많은 식물은 흡근吸根을 뻗어서 무성생식을 한다. 이럴 경우에는 생식reproduction이라기보다는 **생장**growth이라고 해야 적합할 것 같으나, 생장과 무성생식은 단순히 체세포 분열로 되는 것이기 때문에 양자 간에는 구별이 거의 없다. 때로는 무성생식으로 번식한 식물이 '부모'로부터 떨어지는 일도 있다. 또 어떤 경우에는, 예컨대 느릅나무에서처럼 부모와 자손을 잇는 흡근이 그대로 남아 있다. 느릅나무 삼림

전체를 한 개체로 생각할 수도 있을 것이다.

여기서 한 가지 의문이 생긴다. 진딧물과 느릅나무는 유전자를 섞지 않는데 우리는 왜 아이를 만들려면 자기의 유전자와 남의 유전자를 섞어야 하는 귀찮은 일을 하지 않으면 안 되는가? 이 과정이 기묘해 보이는 것은 사실이다. 간단한 복제 과정이 성이라는 기묘하고 번거로운 방식을 취하게 된 이유는 도대체 무엇일까? 성이 있으면 무엇이 좋을까?*

이것은 진화론자가 답하기에 대단히 어려운 문제다. 이 의문에 대한 답을 찾으려는 진지한 시도는 대부분 매우 복잡한 수리적 추론에 근거한다. 그러나 나는 다음 한 가지만 이야기하고 복잡한 수리적 추론은 피하고자 한다. 이론가들이 성의 진화를 설명할 때마다 부딪치는 난관 중 몇몇은, 이들이 습관적으로 개체가 살아남는 유전자 수를 극대화하려 노력한다고 생각하기 때문에 생긴다. 이와 같은 사고방식에 따르면 성은 비합리적인 것처럼 보인다. 왜냐하면 각각의 자손에게는 특정 개체 유전자의 단 50퍼센트만이 전해지며 다른 50퍼센트는 배우자로부터 공급되므로, 성은 개체가 자기의 유전자를 퍼뜨리기 위한 방법으로서는 '비효율적'이기 때문이다. 만약 진딧물과 같이 무성생식으로 자기의 정확한 사본인 자손을 만들 수만 있다면, 모든 자손의 몸을 통해 자기 유전자 100퍼센트를 다음 세대에 전달할 수 있을 것이다. 이처럼 성이 비합리적인 것처럼 보이기 때문에 일부 이론가들은 집단선택설로 빠져들었다. 집단 수준에서 성이 가지는 이점은 비교적 생각하기 쉽기 때문이다. 보드머W. F. Bodmer가 간단명료하게 말한 것처럼, 집단선택론자들은 성이 "다른 개체의 몸속에서 독립적으로 발생한 이로운 돌연변이가 한 개체에게 쉽게 모일 수 있도록 한다"고 생각한다.

그러나 성의 비합리성도, 이 책이 주장하는 것처럼 개체를 장수하는 유전자들의 단기적 연합이 만들어 낸 생존 기계라고 생각하면 그렇게 비합리적인 것은 아닌 듯하다. 개체 전체라는 관점에서의 '효율성'은 적절한 기준이 아니다. 유성생식 대 무성생식은 청색 눈 대 갈색 눈과 같이 하나의 유전자가 제어하는 특성이라고 생각된다. 유성생식을 가능케 하는 유전자는 자기의 이기적 목적을 위해 다른 유전자 모두를 조종한다. 교차를 가능케 하는 유전자도 마찬가지다. 심지어는 다른 유전자의 복제 오류 빈도를 조종하는 유전자(돌연변이 유발 유전자)도 있다. 정의에 따르면, 복제 과정의 오류는 복제되는 유전자에게 명백히 불리하다. 그러나 만약 이 오류가 그것을 일으킨 이기적 돌연변이 유발 유전자에게 이로운 것이라면 그 돌연변이 유발 유전자는 유전자 풀 속에 퍼질 수 있다. 이와 유사하게 교차가 교차를 가능케 하는 유전자에게 이로운 것이라면 이것으로서 교차의 존재는 충분히 설명되는 셈이다. 무성생식에 비해 유성생식이 유성생식을 가능케 하는 유전자에게 이롭다면 이것으로서 유성생식의 존재도 충분히 설명된다. 유성생식이 개체의 나머지 유전자 모두에게 이로운가 아닌가 여부는 별로 중요치 않다. 유전자의 이기성이라는 관점에서 보면 결국 성은 그다지 기묘한 것이 아니다.

이런 식으로 하다 보니 순환 논리가 되어 가는 것 같다. 성의 존재는 유전자가 선택의 단위라는 결론에 이르는 일련의 논의에서 전제 조건이기 때문이다. 물론 나는 이 순환성을 피할 방법이 있다고 생각하지만 이 책에서는 이를 다루지 않겠다. 성은 존재한다. 이것은 어디까지나 사실이다. 작은 유전 단위, 즉 유전자를 가장 근본적인 독립된 진화의 인자因子에 가장 근접한 것으로 생각할 수 있는 것은 성과 교차가 있기 때문이다.

이기적 유전자의 관점에서 생각할 때 표면적인 비합리성이 해결되는 것은 비단 성의 경우만이 아니다. 예컨대 생물체의 DNA 총량은 그 생물체를 만드는 데 필요한 양보다 훨씬 많은 듯하다. DNA의 많은 부분은 단백질로 번역되지 않는다. 생물 개체의 관점에서 보면 이것은 비합리적이다. 만약 DNA의 '목적'이 몸을 만드는 과정을 지휘하는 것이라면 그런 일을 하지 않는 DNA가 대량으로 존재한다는 사실은 이상하다. 이에 대해 생물학자들은 여분의 DNA가 어떤 유익한 일을 하고 있는지 알아내려고 머리를 쥐어짠다. 그러나 이기적 유전자의 관점에서 보면 비합리적인 것은 아무것도 없다. DNA의 진정한 '목적'은 생존하는 것 그 이상도 그 이하도 아니다. 여분의 DNA에 대한 가장 단순한 설명은 그것을 기생자, 아니면 기껏해야 다른 DNA가 만든 생존 기계에 편승하는, 해는 주지 않지만 쓸데도 없는 길손으로 생각하는 것이다.*

어떤 사람들은 진화를 지나치게 유전자 중심으로 생각하는 것에 반대한다. 그들의 말에 따르면 실제로 살거나 죽거나 하는 것은 결국 유전자 전부를 지닌 개체다. 이 점에 관해서는 이견이 없다고 이 장에서 충분히 설명했음을 알아주었으면 한다. 조정 경기에서 이기고 지는 것은 배 자체인 것과 마찬가지로 살거나 죽거나 하는 것은 개체이고, 자연선택이 가장 **즉각적**으로 나타나는 것은 항상 개체 수준에서다. 그러나 선택적인 개체의 죽음과 번식으로 인한 장기적인 결과는 유전자 풀 내에서 유전자의 빈도가 변하는 것으로 나타난다. 단정적으로 말하기는 어렵지만, 유전자 풀은 원시 수프가 최초의 자기 복제자에게 했던 역할을 현대의 자기 복제자에게 똑같이 하고 있다고 할 수 있다. 성과 염색체 교차는 현대판 수프의 유동성을 유지시키는 역할을 한다. 성과 교차로 인해 유전자 풀은 유동적이며 유전자는 부분적으로 뒤섞인다. 진화는 유전자 풀 속에서 어떤 유전자는 그 수가 늘어나고 또 어떤 유전자는 수가 줄어드는 과정이다. 이타적 행동과 같은 어떤 형질의 진화를 설명할 때는 습관처럼 다음과 같은 질문을 던져 보는 것이 좋다.

"이 형질은 유전자 풀 내 유전자의 빈도에 어떤 영향을 주는가?"

때로는 유전자 용어가 다소 따분하게 느껴질 수 있으므로 간결하고 생생한 표현을 위해서 우리는 비유를 사용할 것이다. 그러나 우리는 항상 이 비유를 의심의 눈초리로 바라볼 것이며, 필요할 때는 그것이 유전자 용어로 다시 번역될 수 있는지 늘 확인할 것이다.

유전자에 관한 한 유전자 풀은 유전자가 살아가는 새로운 형태의 수프다. 옛날과 다른 점이라면 오늘날의 유전자는 언젠가는 죽을 생존 기계를 만들기 위하여 유전자 풀 내 동료 유전자들 집단과 협력하며 살아간다는 것이다. 다음 장에서는 생존 기계 자체에 대해서, 그리고 어떤 의미에서 유전자가 생존 기계의 행동을 제어한다고 말할 수 있는지 살펴보도록 하겠다.

4장

The gene machine

유전자 기계

생존 기계의 시작

생존 기계는 유전자의 수동적 피난처로 처음 생겨났다. 처음에는 경쟁자들과의 화학전으로부터, 그리고 우연히 발생하는 분자들의 폭격으로부터 유전자를 지키는 벽에 불과했다. 초기에는 수프 속에서 자유로이 떠다니는 유기 분자를 '먹이'로 하였다. 그러나 수백 년 동안 햇빛 에너지의 영향으로 수프 속에 천천히 축적된 유기물 먹이가 사라지기 시작하면서 이러한 편한 생활도 끝났다. 오늘날 식물이라 불리는 생존 기계의 한 갈래는 스스로 직접 햇빛을 사용해 단순한 분자에서 복잡한 분자를 만들어 내기 시작했고, 초기 원시 수프에서 벌어졌던 유기물 합성 과정을 더 빠른 속도로 재현해 냈다. 동물이라고 불리는 또 다른 갈래의 생존 기계는 식물을 먹든지 다른 동물을 먹든지 하여 식물의 화학적 노동을 가로채는 방법을 '알아냈'다. 이 두 갈래의 생존 기계들은 다양한 형태의 생활 방식에 효율을 높이기 위해 점점 더 교묘한 책략을 진화시켰고, 새로운 종류의 생활 방식이 계속해서 생겨났다. 곁갈래에 또 곁갈래가 생겨났다. 그리고 그 각각은 바다에서, 지상에서, 공중에서, 땅속에서, 나무 위에서, 다른 생물체 내에서 점점 더 특수화된 생활 방식을 진화시켰다. 이 곁가지들이 오늘날 우리를 감동시킬 정도로 다양한 동식물 세계를 만들어 냈다.

개체는 유전자의 군체

동식물은 모든 유전자의 완전한 복사본이 모든 세포에 들어 있는 다세포 생물로 진화했다. 이와 같은 것이 언제, 왜, 혹은 몇 번이나 독립적으로 생겼는지는 모른다. 어떤 사람은 몸을 세포의 군체에 비유하기도 한다. 나는 몸을 유전자의 군체로, 세포를 유전자 화학 공장의 작업 단위로 보는 것이 더 낫다고 생각한다.

아무리 유전자의 군체라도 그 행동 양상을 보면 몸은 이미 부정할 수 없이 개체성을 획득하고 있다. 하나의 동물은 하나의 잘 조정된 총체, 하나의 단위로 움직인다. 내 생각에는 군체보다는 단위가 더 맞는 것 같다. 이는 당연하다. 자연선택은 다른 유전자와 협력하는 유전자를 선호했다. 희소한 자원에 대한 치열한 경쟁이나, 다른 생존 기계를 잡아먹기 위한 또는 먹히지 않기 위한 혹독한 싸움에서, 공동체와 같은 몸이 중추에 의해 조절되는 쪽이 무질서한 쪽보다 틀림없이 더 유리했을 것이다. 이와 같이 복잡한 유전자 간의 공진화가 계속 진행되어 왔기 때문에 오늘날에는 개개의 생존 기계가 공동체의 성질을 갖는다는 점을 사실상 인식하지 못할 정도가 됐다. 확실히 많은 생물학자들은 그것을 인식하지 못하고 나와 의견을 달리할 것이다.

다행히 이 책의 나머지 부분에 대한, 저널리스트들이 '신뢰성'이라고 부르는 문제에서, 그들과 내 의견이 불일치하는 것은 대체로 학술적인 부분이다. 자동차의 성능을 논할 때 양자나 소립자에 관해 말하는 것이 별로 도움이 안 되는 것처럼, 생존 기계의 행동을 논할 때 유전자를 걸고넘어지는 것은 재미없고 불필요할 때가 많다. 사실 개체를, 그 유전자 모두를 다음 세대에 더 많이 전하려고 '애쓰는' 유전자의 대리인이라고 근사시켜 생각하는 것이 많은 경우 편리하다. 나는 편의상 이러한 의미의 용어들을 사용할 것이다. 앞으로 별다른 언급이 없으면, '이타적 행동'과 '이기적 행동'은 한 동물 개체가 다른 개체에 대해서 하는 행동을 의미하는 것이다.

동물의 행동

이 장에서는 **행동**, 즉 생존 기계의 동물 쪽 갈래가 대개 이용하는 재빠른 몸놀림에 대해 다룬다. 동물은 민첩하고 활발한 유전자의 운반자, 즉 유전자 기계가 되었다. 생물학자들이 사용하는 용어로서의 '행동'의 특징은 그 움직임이 빠르다는 것이다. 식물도 움직이기는 하나 매우 느리다. 물론 고속으로 영상을 재생시켜 보면 덩굴 식물도 활동적인 동물처럼 보인다. 그러나 대부분의 식물 운동은 사실상 비가역적인 생장이다. 한편 동물은 식물보다 수십만 배나 빨리 움직이는 방법을 진화시켰다. 게다가 동물의 운동은 가역적이고 무한히 반복될 수 있다.

동물이 빠른 운동을 위해 진화시킨 부품은 근육이다. 근육은 증기 기관이나 내연 기관과 같이 화학 연료에 저장된 에너지를 써서 기계적 운동을 만들어 내는 엔진이다. 다른 점이 있다면 근육이 만들어 내는 가장 일차적인 기계력은 증기 기관이나 내연 기관의 경우처럼 기압이 아닌 장력의 형태라는 것이다. 그러나 근육도 끈이나 경첩이 붙은 지렛대에 힘을 가한다는 점에서는 엔진과 유사하다. 우리 몸에서 지렛대는 뼈, 끈은 힘줄, 경첩은 관절이다. 근육의 움직임에 대한 정확한 분자적 원리는 이미 잘 알려져 있다. 그러나 내게는 근육 수축의 **타이밍**이 어떻게 결정되는지가 더 흥미롭다.

복잡한 인공 기계, 예컨대 편물 기계, 재봉틀, 베틀, 자동으로 병에 음료가 채워지는 병입 공장, 건초 묶음기 등을 한 번이라도 본 적 있는가? 이들 기계의 동력은 전동기, 예를 들면 트랙터에서 공급된다. 그러나 훨씬 더 신기한 것은 기계가 조작되는 타이밍의 복잡성이다. 밸브가 올바른 순서로 개폐되고, 강철 손가락이 능숙하게 건초의 단을 묶고, 때맞춰 칼이 튀어나와 그 끈을 자른다. 대개 인공 기계의 타이밍은 캠cam이라는 멋진 발명품에 의해 조절된다. 캠은 단순한 회전 운동을 편심륜偏心輪 또는 특수한 형태의 바퀴를 이용하여 복잡하고 반복적인 패턴으로 바꾼다. 뮤직 박스에서도 같은 원리가 사용된다. 그 밖에 증기 기관이나 자동 피아노와 같은 기계에서는 특정 패턴으로 구멍을 뚫은 카드나 두루마리 종이가 사용된다. 최근에는 이와 같은 단순한 기계적 타이머가 전자 타이머로 대체되는 경향이 있다. 디지털 컴퓨터가 대표적인 예다. 디지털 컴퓨터는 복잡하게 시간이 조절된 운동 패턴을 만들어 내는 데 사용될 수 있는 다양한 기능을 가진 대형 전자 장치다. 컴퓨터와 같은 현대적 전자 기기의 기본 구성 요소는 반도체다. 반도체의 한 형태로 우리에게 낯익은 것으로는 트랜지스터가 있다.

뉴런과 컴퓨터

생존 기계는 캠과 펀치 카드 등을 완전히 건너뛴 것처럼 보인다. 생존 기계가 행동의 시간을 조절하는 데 쓰는 장치는 컴퓨터와 공통점이 많기는 하지만 기본적인 조작 방식은 전혀 다르다. 생물 컴퓨터의 기본 단위인 신경 세포, 즉 뉴런은 그 내부 활동이 트랜지스터와는 조금도 닮지 않았다. 분명히 뉴런에서 뉴런으로 전해지는 신호는 컴퓨터의 펄스 신호와 약간 닮은 것처럼 보인다. 그러나 개개의 뉴런은 트랜지스터에 비해 훨씬 정교한 데이터 처리 단위다. 세 개의 다른 부품과 연결되는 트랜지스터에 비해, 하나의 뉴런은 수십만 개의 다른 성분과 연결된다. 뉴런은 트랜지스터보다 정보 처리 속도는 느리지만, 과거 20년간 전자 산업계가 추구해 온 소형화 추세에서 트랜지스터보다 훨씬 앞선다. 인간의 뇌에 수십억 개의 뉴런이 있다는 사실만 봐도 이를 잘 알 수 있다. 두개골 하나에는 겨우 수백 개의 트랜지스터밖에 집어넣을 수 없을 것이다.

식물은 옮겨 다니지 않고도 살 수 있기 때문에 뉴런이 필요 없으나, 대부분의 동물 집단에게는 뉴런이 있다. 그것은 동물의 진화에서 일찍이 '발견'되어 모든 집단에 전승되었을 수도 있고, 몇 차례 독립적으로 재발견됐을 수도 있다.

뉴런은 기본적으로 세포일 뿐이고, 다른 세포와 같이 핵과 염색체를 가지고 있다. 그러나 뉴런의 세포막은 가늘고 길며 철사 모양의 돌기가 있다. 흔히 하나의 뉴런에는 축삭 돌기라는 특별히 긴 '철사'가 한 가닥 있다. 축삭 돌기의 폭은 육안으로 볼 수 없을 만큼 좁지만 그 길이는 수 미터에 달하는 경우도 있다. 예컨대 한 가닥의 길이가 기린 목의 전체 길이에 달하는 긴 축삭 돌기도 있다. 축삭 돌기는 보통 다발로 되어 있고 많은 가닥이 꼬여 굵은 케이블, 즉 신경을 형성한다. 신경은 몸의 한 부분에서 다른 부분으로 마치 전화선처럼 메시지를 운반한다. 어떤 뉴런은 축삭 돌기가 짧고, 신경절 또는 더 큰 경우에는 뇌라고 하는 빽빽한 신경 조직의 집합 속에 들어 있다. 뇌는 그 기능상 컴퓨터와 유사하다고 볼 수 있다.* 뇌나 컴퓨터나 복잡한 입력 패턴을 분석하여 저장되어 있는 정보를 조회한 후 복잡한 출력 패턴을 만들어 낸다는 점에서 유사하다.

뇌 — 행동의 제어와 조정

뇌는 주로 근수축의 제어와 조정을 통해서 실제로 생존 기계의 성공에 기여한다. 이를 위해서는 뇌에서부터 근육에 이르는 케이블이 필요한데, 우리는 이를 운동 신경이라 부른다. 그러나 근수축의 제어와 조정이 유전자를 효과적으로 보존하는 것으로 이어지려면, 근수축의 타이밍과 외부에서 일어나는 사건의 타이밍 사이에 어떤 관계가 있어야만 한다. 깨물 것이 입 속에 있을 때만 턱 근육을 수축시키고, 무언가를 쫓거나 무언가로부터 도망가야 할 때만 다리의 근육을 달리는 양상으로 수축하는 것이 중요하다. 이 때문에 자연선택은 감각 기관, 즉 바깥세상에서 벌어지는 물리적 사건들의 양상을 뉴런의 펄스 신호로 바꾸는 장치를 갖춘 동물을 선호했을 것이다. 뇌는 감각 신경이라는 케이블을 통해 눈, 귀, 미뢰와 같은 감각 기관에 이어져 있다. 감각계의 성능은 특히 놀라운데, 가장 값비싸고 가장 뛰어난 인공 기계에 비하더라도 훨씬 복잡한 패턴 인식이 가능하기 때문이다. 만약 그렇지 않았다면 모든 속기사는 음성 인식 기계나 손으로 쓴 문자를 읽는 기계로 대체되었을 것이다. 속기사는 앞으로 수십 년이 지나도 여전히 필요할 것이다.

감각 기관이 뇌를 거치지 않고 근육과 직접 연결되었던 시기가 있었을 것이다. 말미잘은 현재도 이 상태와 별로 다르지 않다. 왜냐하면 말미잘의 생활양식에서는 이것이 효과적이기 때문이다. 그러나 바깥세상에서 일어나는 사건들의 타이밍과 근수축의 타이밍 사이에 더욱더 복잡하고 간접적인 관계를 수립하기 위해서는 그 매개물로서 뇌와 비슷한 것이 필요했다. 진화의 과정 중에 기억이 '발명'되었다는 것은 주목할 만한 사실이다. 기억이라는 장치 덕분에 근수축의 타이밍은 가까운 과거의 사건뿐 아니라 먼 과거에 일어났던 사건에서도 영향을 받을 수 있다. 디지털 컴퓨터에서도 기억, 즉 메모리는 없어서는 안 될 부분이다. 컴퓨터의 기억은 인간의 기억보다 신뢰성이 높지만, 용량도 인간보다 작을뿐더러 정보를 불러내는 방법도 덜 복잡하다.

생존 기계의 행동에서 가장 뚜렷한 특성의 하나는 목적이 있는 것처럼 보인다는 것이다. 이것은 생존 기계가 동물 유전자의 생존에 도움이 되도록 잘 설계되어 있는 것처럼 보인다는 뜻만이 아니다. 물론 생존 기계는 그렇게 설계된 것이 사실이다. 여기서 내가 말하고자 하는 것은 생존 기계의 행동이 목적의식 있는 인간의 행동과 매우 닮았다는 것이다. 동물이 먹이나 배우자, 또는 잃어버린 새끼를 '찾는' 것을 보면, 인간이 무언가를 찾을 때 경험하는 모종의 주관적 감정을 그 동물 역시 가지고 있다고 하지 않을 수 없다. 이와 같은 감정에는 어떤 물체에 대한 '욕망', 즉 바라는 물체를 '마음속에 그린 그림' 또는 '목적'이 내포되어 있다. 누구나 자신을 되돌아보면 알 수 있듯이, 현대의 생존 기계 중 적어도 하나(사람)에서는 이 목적성이 '의식'이라고 불리는 특성을 진화시켰다. 나는 이것이 무엇을 의미하는지 논할 만한 철학자는 아니지만, 다행히 현재 우리의 목적에서 이에 대한 논의는 별로 중요하지 않다. 왜냐하면 어떤 목적을 갖고 그로 인해 동기 부여가 되는 것**처럼** 행동하는 기계에 대해 이야기하면서, 그 기계가 정말 의식이 있는지 아닌지에 대한 질문은 미해결 상태로 남겨 둘 수도 있기 때문이다. 이들 기계는 기본적으로 극히 단순하며, 의식이 없으면서도 목적의식이 있는 듯 행동한다. 이러한 원리는 공학 분야 어디에서나 흔히 볼 수 있다. 그와 같은 고전적인 예로는 와트 증기 기관의 조속기調速機가 있다.

피드백

이것에 관련된 기본 원리는 '음의 피드백negative feedback'이다. 여기에는 여러 가지 형태가 있다. 일반적으로 이 원리는 다음과 같다. '목적 기계', 즉 의식적인 목적을 갖고 있는 것처럼 행동하는 기계 내지 물건은 사물의 현재 상태와 자신이 '바라는' 상태의 차이를 측정하는 일종의 장치를 가지고 있다. 이 차이가 클수록 기계는 더 열심히 돌아가도록 만들어진다. 이렇게 해서 기계는 자동적으로 그 둘의 차이를 좁혀 가며(이 때문에 '**음의** 피드백'이라고 불린다), 자신이 '바라는' 상태에 도달하면 작동을 멈춘다. 와트 증기 기관의 조속기에는 증기 기관의 힘으로 도는 한 쌍의 공이 있는데, 그 공은 각각 경첩이 있는 팔의 끝에 붙어 있다. 공이 빨리 돌수록 원심력이 세져 팔이 수평 위치로 밀려 올라가게 되는데, 중력이 그 움직임을 제한한다. 팔은 엔진에 증기를 보내는 밸브에 연결되어 있으며, 팔이 수평에 가까워지면 증기의 공급이 감소하도록 되어 있다. 따라서 엔진이 지나치게 빨라지면 공급되는 증기의 양이 줄고 엔진은 느려진다. 반대로 엔진이 너무 느려지면 밸브를 통해 자동적으로 더 많은 양의 증기가 엔진에 보내져 엔진은 제 속도를 되찾는다. 이와 같은 목적 기계는 종종 과다 반응과 시차 때문에 그 성능이 들쭉날쭉하기도 하는데, 이 성능의 변동 폭을 줄이는 부속 장치를 잘 만드는 것이 기술자의 몫이다.

이 조속기가 '바라는' 상태란 어떤 특정한 회전 속도다. 분명히 조속기가 특정 속도를 의식적으로 바라는 것은 아니다. 기계의 '목표'는 단순히 기계가 도달하는 상태로 정의된다. 오늘날의 목적 기계는 음의 피드백과 같은 기본 원리를 활용하여 더욱 복잡한, '생명체 같은' 행동을 만들어 낸다. 예컨대 유도 미사일은 적극적으로 목표를 찾는 것처럼 보인다. 그리고 사정거리 내에서 표적을 발견하면 표적이 도망칠 수 있는 방향과 진로를 바꾸는 것 등을 미리 계산하여 추격하며, 때로는 그 경로를 '예측'하거나 '예상'하기까지 한다. 여기서 이 과정의 상세한 내용을 깊이 파고들 필요는 없다. 거기에는 여러 종류의 음의 피드백과 피드포워드feed-forward(실행 전에 결함을 예측하고 실시하는 제어 — 옮긴이) 등의 원리가 포함되어 있는데, 이 원리들은 기술자들에게 잘 알려져 있고 현재 생물체의 작동에도 깊이 관련되어 있다고 알려져 있다. 원격 조종처럼 외부에서 전달되는 의식적 조작은 전혀 가정할 필요가 없다. 유도 미사일이 목적의식을 가진 것처럼 행동하는 것을 본 사람들이 미사일을 직접 조종하는 인간 조종사가 없다는 것을 믿지 않는다고 해도 말이다.

컴퓨터 체스와 프로그래머

유도 미사일과 같은 기계가 의식을 가진 인간의 손으로 설계되고 만들어진 것이므로 의식을 가진 인간에 의해 직접 조종되는 것과 같다는 주장은 잘못된 생각이다. 또한 '컴퓨터는 조작하는 사람이 명령한 것밖에 못하기 때문에 진정한 의미에서 체스를 두고 있는 것은 아니다'라는 생각이 왜 잘못된 것인지 이해할 필요가 있다. 왜냐하면 그것을 이해하는 것이, 유전자가 행동을 '조종'한다고 말할 때 그 조종의 의미를 이해하는 것과 연관되기 때문이다. 컴퓨터 체스는 이 점을 설명하는 데 매우 좋은 예이므로 간단히 논해 보기로 하자.

컴퓨터는 아직 명인만큼 체스를 잘 두지는 못하지만 적어도 훌륭한 아마추어 수준 정도는 된다. 엄밀히 말하자면 컴퓨터의 **프로그램**이 아마추어의 실력 수준이라고 해야 할 것이다. 왜냐하면 체스를 두는 프로그램은 어떤 컴퓨터로 체스를 두더라도 별로 상관없을 것이기 때문이다. 그렇다면 프로그래머의 역할은 무엇일까? 그가 인형극에서 인형을 움직이는 사람처럼 매순간 컴퓨터를 조종하는 것은 분명히 아니다. 만약 그렇다면 그것은 명백한 사기다. 그는 프로그램을 만들어 컴퓨터에 넣을 뿐이다. 이때부터 컴퓨터는 혼자 작동한다. 자기가 둘 수를 컴퓨터에 입력시키는 상대방 경기자를 제외하면 인간의 개입은 더 이상 없다. 그렇다면 프로그램 작성자는 말의 모든 가능한 위치를 예상하고, 발생할지도 모르는 각 경우에 대비하여 그 경우에 좋다고 생각되는 수들을 컴퓨터에 입력시키는 것일까? 그렇지 않을 것이다. 체스에서 각 말의 가능한 위치는 그 수가 너무 많기 때문에 그에 대한 목록이 완성되기도 전에 이 세상이 끝나 버릴 정도다. 마찬가지로, 필승의 작전이 발견될 때까지 가능성 있는 모든 수를 시도해 볼 수 있도록 프로그램을 만들 수도 없다. 왜냐하면 체스 게임의 수는 은하계의 원자 수보다도 많기 때문이다. 컴퓨터가 체스를 두도록 하려면 프로그램을 어떻게 만들 것인가에 관해 해답이 없다는 이야기는 그만두기로 하자. 사실 이는 매우 어려운 문제이며, 가장 잘된 프로그램도 아직 명인의 경지에 도달하지 못했다는 사실은 결코 놀라운 일이 아니다.

프로그래머의 실제 역할은 오히려 아들에게 체스를 가르치는 아버지의 역할에 더 가깝다. 프로그래머는 컴퓨터에게 가능한 모든 경우에 대해서가 아니라 좀 더 경제적으로 표현된 규칙을 이용해 게임의 기본적인 수를 가르친다. 그는 말로 "비숍은 대각선으로 움직인다"라고 하지 않고 수학적 언어로 더 간단히 말한다. 예를 들면 "비숍의 새로운 좌표는 원래의 X좌표와 Y좌표의 양방에 동일한 정수(단 부호는 동일하지 않아도 좋다)를 더해서 얻는다"라는 식으로 말이다. 그리고 프로그래머는 같은 종류의 수학적 또는 논리적 언어로 된 '충고'를 프로그램에 짜 넣을 수도 있다. 인간의 언어로 표현하면 "왕은 무방비 상태로 두지 마라"라는 힌트나, 나이트를 이용한 '양수걸이'와 같은 유용한 책략 같은 것 말이다. 이런 상세한 설명을 계속하면 재미는 있을지 몰라도 논의가 옆길로 샐 것이다. 중요한 것은, 컴퓨터가 실제로 경기를 할 때 컴퓨터는 이미 독립되어 있고 프로그래머의 훈수는 기대할 수 없다는 것이다. 프로그래머가 할 수 있는 것이란 **미리** 많은 양의 지식과 전략 및 기술에 대한 힌트를 적절히 섞어 입력하여 최선의 상태로 컴퓨터를 설정해 놓는 것뿐이다.

유전자 역시 인형을 직접 조종하는 것이 아니라 컴퓨터 프로그래머처럼 간접적으로 자기 생존 기계의 행동을 제어한다. 유전자가 할 수 있는 것은 미리 생존 기계의 체제를 만드는 것뿐이다. 그 후 생존 기계는 완전히 독립적인 존재가 되며 유전자는 그저 수동적인 상태로 그 안에 들어앉게 된다. 유전자는 왜 그렇게 수동적이 되었을까? 왜 고삐를 잡고 일일이 명령을 내리지 않을까? 그 이유는 시간적 차이 때문이다. 공상 과학 소설에 나오는 다른 예를 보면 이 사실을 쉽게 이해할 수 있다. 프레드 호일Fred Hoyle과 존 엘리엇John Elliot의 소설 『안드로메다의 A*A for Andromeda*』는 재미있는 이야기이며, 좋은 공상 과학 소설이 대부분 그러하듯 흥미로운 과학적인 논제들을 그 배경에 깔고 있다. 묘하게도 이 책은 이러한 논제들 중 가장 중요한 논점에 대해 직접적인 언급을 하지 않고 독자의 상상에 맡긴다. 내가 여기서 그 논점을 상세하게 설명하는 것을 저자들이 개의치 않았으면 한다.

2백 광년이나 멀리 떨어져 있는 안드로메다 성좌에 어떤 문명이 있다.* 그들은 자기들의 문화를 먼 외계에까지 전하고 싶어 한다. 그렇다면 어떻게 하는 것이 가장 좋을까? 직접 여행하는 것은 불가능하다. 광속은 우주 내 한 장소에서 다른 장소로 이동할 수 있는 속도의 이론적 상한선이다. 거기에다 기계공학적 문제를 생각하면 사실상의 한계는 광속보다 훨씬 더 낮다. 또한 가 볼 만한 가치가 있는 별들이 그리 많지 않을 수도 있으니, 어느 방향으로 가면 좋을까? 무선 전파는 우주의 다른 장소와 교신하는 보다 좋은 수단이다. 한 방향으로만이 아니라 모든 방향으로 신호를 발송할 수 있을 만큼 힘이 있으면 아주 많은 세계(그 수는 신호가 가는 거리의 제곱에 비례하여 증가한다)에 신호를 보낼 수 있기 때문이다. 무선은 광속으로 전파되므로 그 신호가 안드로메다에서 지구까지 오는 데 2백만 년이 걸린다는 얘기가 된다. 이렇듯 거리 때문에 그들은 우리와 대화를 할 수 없다. 지구에서 연이어 송출된 메시지들이 각각 12세대만큼의 간격을 두고 전달된다는 사실은 차치하더라도 이러한 거리에서 대화를 시도하는 것은 분명히 헛된 일일 것이다.

이 문제는 곧 우리에게 현실로 나타날 것이다. 무선 전파가 지구와 화성 사이를 오가는 데 약 4분 걸린다. 이제 우주 비행사는 짧은 문장으로 말을 교환하는 습관을 버리고 대화보다는 편지 같은 장문의 혼잣말을 하지 않으면 안 될 것이 분명하다. 또 하나의 예를 들면 로저 페인Roger Payne이 지적한 대로 바다는 독특한 음향학적 특성을 갖고 있다. 즉 일정한 깊이에서 헤엄치는 어떤 고래들의 엄청나게 큰 '노래'는 이론적으로 세계 모든 곳에서 들을 수 있다. 고래들이 실제로 매우 멀리 떨어져 있는 친구와 교신하는지 여부는 알 수 없으나, 만약 그렇다면 그들은 틀림없이 화성에 있는 우주 비행사와 같은 처지일 것이다. 수중의 음속으로 계산하면 그 노래가 대서양을 횡단하여 회답이 오기까지 약 2시간이 걸린다. 일부 고래들이 반복 없이 8분간이나 계속 독백하는 것은 이 때문이 아닌가 생각된다. 8분간의 독백이 끝나면 고래들은 노래를 처음부터 계속 여러 번 반복하는데,

그 반복 주기는 8분 정도다.

그 소설 속의 안드로메다 외계인도 똑같은 일을 했다. 회답을 기다려 봤자 소용없으므로, 하고 싶은 말을 모두 모아 방대하고 끊기지 않는 메시지를 만들고, 이를 수개월에 걸친 주기로 몇 번이고 되풀이하여 우주로 계속 송출했다. 그러나 그 메시지는 고래의 노래와 전혀 다른 것이었다. 그것은 대형 컴퓨터를 만들고 프로그램을 만드는 것에 관한 암호화된 지령이었다. 물론 그 암호는 인간의 언어로 표현되지 않았지만, 숙련된 암호 해독자의 손에 맡겨지면 해독이 가능한 것이었다. 특히 암호를 만든 사람이 일부러 암호를 쉽게 해독할 수 있도록 의도했다면 더더욱 그랬을 것이다. 조드렐 뱅크Jodrell Bank 천문대에 있는 전파 망원경에 포착된 이 메시지는 결국 해독되어 컴퓨터가 조립되고 프로그램이 작동됐다. 그 결과는 거의 인간을 파멸에 이르게 하였다. 안드로메다 외계인의 의도는 당연히 이타적인 것이 아니었기 때문이다. 이 컴퓨터는 세계를 지배하기 직전까지 갔다가 결국 영웅의 도끼에 찍혀 파괴되어 버린다.

우리의 관점에서 재미있는 것은, 어떤 의미에서 안드로메다 외계인이 지구상의 일을 조종한다고 말할 수 있는가 하는 질문이다. 그들은 컴퓨터가 시시각각 하는 일을 직접 제어하지는 않았다. 실제로 그들은 컴퓨터가 조립된 것조차 모르고 있었다. 그 정보가 그들에게 전해지려면 2백 광년이나 걸렸을 것이기 때문이다. 그 컴퓨터의 의사 결정과 행동은 전적으로 독립적이었다. 컴퓨터가 일반적인 방침에 대해 주인에게 다시 지시를 받는 것도 불가능했다. 넘을 수 없는 2백 광년이라는 장벽 때문에 그 지령은 모두 미리 만들어져 있어야 했다. 원칙적으로 그것은 체스를 두는 컴퓨터의 경우와 똑같이 프로그램되어 있었을 테지만, 주변으로부터 정보를 흡수하는 능력과 융통성은 훨씬 컸을 것이다. 이것은 그 프로그램이 지구에서뿐만 아니라 진보된 기술을 가지는 세계라면 어떠한 곳에서도, 안드로메다 외계인이 그 세계가 어떠한 상태인지 자세히 모르는 세계에서도 통용되도록 설계되어야 했기 때문이다.

유전자는 예측한다

안드로메다 외계인이 자신들 대신에 지구상에서 일상적 의사 결정을 내리는 컴퓨터를 만들어야 했던 것처럼, 우리의 유전자도 뇌를 만들지 않으면 안 되었다. 그러나 유전자는 암호화된 지령을 보낸 안드로메다 외계인에 상응할 뿐만 아니라 그 지령 자체에 상응하는 것이기도 하다. 유전자가 우리를 인형에 매달린 끈으로 직접 조종하지 못하는 이유도 마찬가지다. 즉 시간적 차이 때문이다. 유전자는 단백질 합성을 제어하는 일을 통해서 작용한다. 이것은 세상을 조종하는 강력한 방법이기는 하지만 그 속도는 매우 느리다. 배胚를 만들려면 인내를 갖고 몇 개월 동안 단백질(합성)의 끈을 잡고 있어야 한다. 반면에 행동의 특징은 빠르다는 것이다. 행동은 수개월이라는 시간 단위가 아닌 몇 초, 또는 몇 분의 1초라는 시간 단위로 작용한다. 예컨대 부엉이가 머리 위를 휙 지나가고 키 큰 풀숲에서 부스럭거리는 소리가 나 먹잇감이 자기 위치를 들키면, 수 밀리세컨드(1/1000초) 만에 신경계가 흥분하고 근육이 몸을 띄워 누군가의 생명이 살아남거나 아니면 사라진다. 그러나 유전자는 그처럼 반응시간이 신속하지 못하다. 유전자가 할 수 있는 것은 안드로메다 외계인처럼, 자기들을 대신해서 신속히 작동할 컴퓨터를 조립하고, '예상'할 수 있는 많은 우발적 사건들에 대처하기 위한 규칙과 '충고'를 **사전에** 프로그램으로 만들어 최선의 대책을 강구해 두는 것뿐이다. 그러나 체스 게임이 그렇듯이 생명체가 맞닥뜨릴 수 있는 우발적 사건이란 수없이 많기 때문에 도저히 그 모든 것을 예상할 수는 없다. 체스 프로그래머와 마찬가지로, 유전자는 생존 기계에게 생존 기술의 각론이 아니라 일반 전략이나 비결을 '가르쳐' 주지 않으면 안 된다.*

영J. Z. Young이 지적했듯이 유전자는 예측과 비슷한 작업을 하지 않으면 안 된다. 생존 기계의 배胚가 만들어질 때, 그 배에 닥칠 위험이나 생사의 문제는 미래의 일이다. 어떠한 맹수가 어느 숲속에 숨어 있는지, 어떤 발 빠른 먹잇감이 갑자기 눈앞에 튀어나와 이리저리 도망칠지 누가 알 수 있을까? 어떤 예언자도, 어떤 유전자도 알 수 없다. 그러나 어느 정도 일반적인 예측은 가능하다. 북극곰의 유전자는 곧 태어날 자신들의 생존 기계가 미래에 추위를 느낄 것이라고 예측할 수 있다. 그렇다고 해서 그 유전자가 그것을 하나의 예언으로서 생각해 내는 것은 아니다. 그 유전자는 생각이라는 것을 전혀 하지 않는다. 그저 두꺼운 모피를 만들 뿐이다. 왜냐하면 이것이 그 유전자가 과거의 몸속에서 항상 해 왔던 일이고, 또 그 유전자가 아직도 유전자 풀 속에 존재하는 이유이기도 하기 때문이다. 또한 유전자는 땅이 눈으로 뒤덮일 것을 예측하고, 그 예측으로 인해 북극곰의 모피는 백색이라는 위장 색을 갖게 된다. 만약 북극의 기후가 급변하여 아기 북극곰이 열대의 사막과 같은 환경에서 태어난다면, 그 유전자의 예측은 빗나가고 그 유전자는 대가를 치를 것이다. 아기 북극곰은 죽고 그 속의 유전자도 사라질 것이다.

유전자는 도박꾼이다

복잡한 세상에서 예측이란 불확실하기 마련이다. 생존 기계가 내리는 결정은 모두 도박이다. 따라서 유전자가 할 일은 뇌가 평균적으로 이득이 되는 결정을 내릴 수 있도록 뇌에 미리 프로그램을 짜 놓는 것이다. 진화라는 카지노에서 쓰이는 판돈은 생존이다. 엄밀히 말하면 그것은 유전자의 생존인데, 여러 가지 면에서 개체의 생존을 유전자 생존의 근사치로 보아도 좋다. 당신이 물을 마시러 물가로 간다면, 당신은 물가 옆에 숨어 사냥감을 기다리는 포식자에게 먹힐 위험이 크다. 그렇지만 물가로 가지 않으면 결국 목말라 죽을 것이다. 어느 쪽을 택하든 위험이 따를 것이므로, 장기적 안목에서 당신의 유전자가 살아남는 기회를 최대화하도록 결정을 내려야만 한다. 아마도 최선의 수단은 갈증을 참을 수 있을 때까지 참다가, 못 참을 지경에 이르면 물가로 가서 오랫동안 견딜 수 있도록 물을 잔뜩 마시는 것이다. 이렇게 하면 물가에 가는 횟수를 줄일 수 있지만, 물을 많이 마시느라 오랫동안 머리를 숙이고 있어야 한다. 이를 대신할 만한 가장 좋은 방법은 물을 조금씩 자주 마시는 것일 수도 있다. 즉 물가 옆을 지나치면서 재빠르게 조금씩 마시는 것이다. 어느 것이 가장 좋은 도박 전략인지는 여러 가지 복잡한 사정에 따라 달라진다. 특히 포식자의 수렵 습성은 중요한데, 이 자체는 포식자의 입장에서 가장 효율적이도록 진화한 것이다. 여러 가지 가능성을 이리저리 재 보는 것이 필요할 것이다. 그러나 동물이 의식적으로 계산한다고 생각해서는 안 된다. 우리가 믿어야 할 것은, 올바른 도박을 하도록 뇌를 만들어 준 유전자의 개체가 당연히 더 잘 살아남고, 따라서 같은 유전자를 퍼뜨릴 것이라는 사실이다.

도박의 비유를 좀 더 써 보기로 하자. 도박꾼은 주로 판돈, 승산, 상금 세 가지 요소를 생각해야 한다. 상금이 크면 기꺼이 판돈을 크게 걸 것이다. 한 방으로 일확천금을 노리는 도박꾼은 큰돈을 모을 수 있다. 반면에 큰 손실을 볼 수도 있으나, 평균적으로 큰 판돈을 거는 도박꾼은 판돈을 적게 걸어서 적은 상금을 노리는 도박꾼에 비해 벌이가 좋지도 나쁘지도 않다. 주식 시장에서 투기형 투자가와 안정형 투자가도 유사한 경우다. 어떤 면에서는 주식 시장에 비유하는 것이 카지노에 비유하는 것보다 더 나을 수도 있겠다. 왜냐하면 카지노는 주인에게 유리하도록 미리 설계되어 있기 때문이다(엄밀히 말해서 이 말은 돈을 많이 건 승부사는 조금 건 승부사보다 재미를 못 볼 것이며, 조금 건 사람은 전혀 돈을 걸지 않은 사람보다 재미를 못 볼 것이라는 뜻이다. 그러나 이것은 우리의 논의와 별로 관계가 없다). 이 점만 빼면 판돈이 큰 도박이건 작은 도박이건 둘 다 어느 정도 이치에 맞는 것처럼 생각된다. 동물 중에도 판돈을 크게 거는 도박꾼이나 작게 거는 도박꾼이 있을까? 9장에서 보게 될 텐데, 수컷은 큰돈을 거는 모험적인 도박꾼으로, 암컷은 안정형 투자가로 볼 수 있다. 여러 수컷이 암컷을 놓고 싸우는 일부다처인 종에서는 특히 그러하다. 독자가 자연학자라면 판돈도 크고 위험도 큰 승부사로 볼 수 있는 종과 좀 더 보수적으로 승부를 거는 종을 떠올릴 수 있을 것이다. 이제 유전자가 어떻게 미래를 '예측'하는가에 대해 보다 일반적인 이야기를 해 보자.

학습

예측 불허인 환경에서 예측을 하기 위해 유전자가 취할 수 있는 방법 가운데 하나는 학습 능력을 만드는 것이다. 이 경우 프로그램은 생존 기계에게 다음과 같은 지령을 내릴 수 있다.

"여기에 달콤한 것, 오르가슴, 따스한 기후, 방실거리는 아이 등 보상이라고 불릴 만한 것들의 목록이 있다. 그리고 여러 가지 고통, 구역질, 공복, 울고 있는 아이 등 불쾌한 것들의 목록이 있다. 만약 당신이 무엇인가를 한 뒤에 불쾌한 것 중의 하나가 발생하면 다시는 그것을 하지 마라. 그러나 좋은 것 중의 하나가 생기면 그것은 반복하라."

이와 같은 프로그램의 이점은 최초의 프로그램에 넣어야만 하는 자세한 규칙의 수를 대폭 줄일 수 있다는 것과, 자세히 예측하지 못한 환경의 변화에 대처할 수 있다는 데 있다. 반면 여전히 프로그램에 넣어야 할 예측들이 있다. 우리의 예에서 유전자는 입속의 단맛이나 오르가슴은 당류의 섭취나 교미가 유전자의 생존에 적합할 것이라는 의미에서 '좋은 것'이라고 예측하고 있다. 이에 따르면 사카린과 자위는 예기치 못한 것이며, 오늘날 우리 주위에서 흔히 볼 수 있는 당류의 과다 섭취도 마찬가지다.

체스를 두는 컴퓨터 프로그램 중에도 학습 전략을 사용하는 것이 있다. 이러한 프로그램은 인간이나 다른 컴퓨터를 상대로 한 체스 게임에서 실제로 성적이 좋다. 이들 프로그램에는 규칙과 전술의 레퍼토리가 들어 있기는 하지만, 그 의사 결정 과정에는 약간의 무작위성도 입력되어 있다. 과거의 의사 결정을 기록하였다가, 승리할 때마다 승리하기 직전에 썼던 전술의 비중을 약간씩 늘여, 다음에는 그 똑같은 전술을 선택할 확률이 더 높아지게 된다.

시뮬레이션

미래를 예측하는 방법으로 가장 흥미로운 것 중 하나는 시뮬레이션이다. 어떤 장군이 특정 작전이 다른 것보다 좋은지 알고 싶을 때 그것을 예측하는 것은 쉽지 않다. 날씨, 자기 부대의 사기, 적의 작전 등 미지의 요소들이 있다. 그것이 좋은 작전인지 아닌지 아는 방법 중 하나는 그것을 시험해 보는 것이다. 그러나 '나라를 위해' 죽을 각오가 된 젊은이의 수에는 한계가 있고 생각할 수 있는 작전은 매우 많으므로 여러 계획을 닥치는 대로 모두 시험해 보는 것은 바람직하지 않다. 그러므로 여러 가지 작전을 시도할 때는 목숨을 걸고 착실히 행하는 것보다 예행연습을 해 보는 편이 좋다. 이것은 공포탄을 사용해 '남'과 '북'이 싸우는 대훈련이 될 수도 있겠지만, 그것도 시간과 물자 면에서 비경제적이다. 좀 더 경제적인 방법은 큰 지도를 펼쳐 놓고 그 위에서 인형 군대와 장난감 탱크로 전쟁놀이를 하는 것이다.

최근에는 군사 전략뿐만 아니라 경제학, 생태학, 사회학, 기타 미래 예측을 필요로 하는 모든 분야에서 컴퓨터가 대부분의 시뮬레이션을 행하고 있다. 이를 설명하자면 다음과 같다. 우선 세상의 여러 측면이 컴퓨터에 설정된다. 컴퓨터의 덮개를 열면 그 속에 작은 모형이 만들어져 있다는 것이 아니다. 체스를 두는 컴퓨터의 기억 장치 속에 기사와 졸이 놓인 체스판의 '상상도'가 있는 것도 아니다. 체스판과 말들의 현재 위치는 전자적으로 기호화된 수치로 표시되어 있다. 우리에게 지도는 세계의 일부를 2차원으로 압축한 축소 모형이다. 컴퓨터 지도에는 아마도 마을을 비롯한 여러 지점이 각각 위도와 경도라는 두 가지 수치로 표시한 도표로 나타날 것이다. 컴퓨터가 그 머릿속에 어떤 방식으로 세계의 모형을 담고 있는가는 중요하지 않다. 그것을 조작하고, 처리하며, 그것에 대해 실험하고, 사람인 조작자가 이해할 수 있도록 보고해 주면 그것으로 충분하다. 시뮬레이션을 이용한 모의 전쟁에서는 이길 수도 있고 질 수도 있으며, 모의 비행을 하는 항공기는 날 수도 있고 추락할 수도 있고, 경제 정책은 번영으로 이끌기도 하고 파멸에 이르게 할 수도 있다. 어떤 경우라도 실생활에서 걸리는 시간에 비해 매우 짧은 시간 안에 모든 과정이 컴퓨터 내에서 진행된다. 물론 훌륭한 세계 모형이 있으면 좋지 못한 모형도 있고, 좋은 모형조차 현실을 대략적으로 모사한 근사물일 뿐이다. 그 어떤 시뮬레이션도 실제로 어떤 일이 벌어질지 정확히 예측하지는 못한다. 그래도 무턱대고 실행해 시행착오를 겪는 것보다는 훨씬 낫다. 시뮬레이션은 대리 시행착오라고 부를 수도 있을 텐데, 불행하게도 이 말은 오래전에 쥐를 연구한 심리학자가 이미 사용했다.

시뮬레이션이 그렇게 좋은 방안이었다면 생존 기계는 벌써 옛날에 그것을 발견했을 것이라 생각할 수도 있을 것이다. 그들은 인간이 사용하는 여러 가지 공학 기술을 우리가 등장하기 훨씬 이전에 발명해 내지 않았던가. 초점 렌즈와 포물 반사경, 음파의 주파수 분석, 서보servo 조종 장치, 음파 탐지기, 입력 정보의 완충 기억 장치, 그 밖의 긴 이름이 붙은 무수한 기술들을 말이다(이들의 상세 목록은 중요치 않다). 시뮬레이션에 대해서는 어떨까? 미래에 무엇이 얼마나 있을까를 결정해야 한다면, 당신은 시뮬레이션이라는 방법을 이용할 것이다. 당신은 당신이 택할 수 있는 선택지들을 실제로 행했을 때 각각 어떤 일이 생길까를 **상상**한다. 이때 당신이 머릿속에 그리는 것은 세상 모든 것의 모형이 아니라 관계가 있을 법한 항목들의 모형이다. 당신은 마음의 눈으로 그 항목들을 생생하게 보기도 하고, 그 항목들의 추상 개념을 상상하고 조작할 수도 있다. 어느 경우에라도 당신의 뇌 어딘가에 당신이 상상하고 있는 사물들의 실제 공간 모형이 있을 리 없다. 그러나 컴퓨터의 경우와 같이, 뇌가 어떻게 세상의 모형을 표상하느냐에 대한 세부 내용보다는 뇌가 그 모형을 사용하여 앞으로 일어날 수 있는 일들을 예측할 수 있다는 사실이 더 중요하다. 미래를 시뮬레이션할 수 있는 생존 기계는 시행착오를 통해서만 학습할 수 있는 생존 기계보다 한 단계 앞서 있는 것이다. 시행착오 중 '시행'에는 시간과 에너지가 들며, '착오'는 생명을 위협할 수도 있다는 문제가 있다. 하지만 시뮬레이션은 보다 안전하면서 보다 신속하다.

의식의 진화

시뮬레이션할 수 있는 능력의 진화는 주관적 의식의 진화를 초래한 듯하다. 그 이유는 현대 생물학이 당면한 가장 심오한 미스터리다. 컴퓨터가 시뮬레이션할 때 의식이 있다고 생각할 이유는 없다. 비록 컴퓨터가 장래에는 그렇게 될 수도 있다고 하더라도 말이다. 아마도 의식이 생겨난 것은 뇌가 세상을 완벽하게 시뮬레이션할 수 있어서 그 시뮬레이션 속에 자체 모형을 포함해야 할 정도가 되었을 때였을 것이다.* 분명히 생존 기계의 사지와 몸은 그 생존 기계가 세상을 시뮬레이션한 것의 중요한 일부가 될 것이다. 아마도 비슷한 이유에서 시뮬레이션 그 자체도 시뮬레이션의 대상인 세상의 일부로 생각될 수 있을 것이다. 이것을 다른 말로 '자기 인식'이라고 할 수 있는데, 이것만으로는 의식의 진화가 충분히 설명되는 것 같지 않다. 그 이유는 무한 회귀를 포함하고 있기 때문이다. 모형의 모형이 있다면 모형의 모형의 모형도 있어야 하는 것 아닌가?

의식에 대해 제기되는 철학적 문제가 무엇이든, 현재 우리의 목적에서 의식이란, 실행의 결정권을 갖는 생존 기계가 그들의 궁극적 주인인 유전자로부터 해방되는 진화의 정점이라고 생각할 수 있다. 뇌는 생존 기계의 일상생활을 관리할 뿐만 아니라, 미래를 예측하고 그것에 따라 행동하는 능력도 있다. 또 뇌는 유전자의 독재에 반항하는 힘까지 갖추고 있다. 가급적 많은 아이를 낳는 것을 거부하는 것이 이에 해당한다. 그러나 앞으로 살펴보겠지만 인간은 이 점에서 대단히 특수한 경우에 속한다.

도대체 이 모든 것은 이타주의, 이기주의와 무슨 상관이 있을까? 내가 말하려는 것은 이타적이든 이기적이든 동물의 행동은 유전자의 제어하에 있으며, 그 제어가 간접적이기는 하나 그와 동시에 매우 강력하기도 하다는 것이다. 생존 기계와 신경계를 조립하는 방법을 지시함으로써 유전자는 생존 기계의 행동에 엄청난 영향력을 미친다. 그러나 다음에 무엇을 할 것인가를 순간순간 결정하는 것은 신경계다. 유전자는 일차적 정책 수립자이며 뇌는 집행자다. 그러나 뇌가 고도로 발달함에 따라 점점 더 많은 정책 결정권을 갖게 되었으며, 결정권 행사에서 학습이나 시뮬레이션과 같은 책략을 쓰게 되었다. 이 경향이 계속되면 유전자는 생존 기계에 단 하나의 종합적인 정책, 즉 우리가 살아가는 데 가장 좋다고 생각하는 것은 무엇이든 하라고 지시하게 될 것이다. 어느 종도 아직까지는 이 시점에 도달하지 않았지만 말이다.

유전자의 제어를 컴퓨터와 인간의 의사 결정에 비유한 것은 좋다. 그러나 이제 현실로 돌아와 진화는 실제로 유전자 풀 내 유전자들의 차등적 생존을 통해 단계적으로 일어난다는 것을 명심해야 한다. 따라서 어떤 행동 패턴 — 이타적인 것이든 이기적인 것이든 — 이 진화하기 위해서는 그 행동을 '담당하는' 유전자가 다른 행동을 '담당하는' 경쟁적 유전자, 즉 대립 유전자보다 유전자 풀 속에서 더 잘 생존해야 한다. 이타적 행동을 담당하는 유전자란 이타적으로 행동하도록 신경계의 발달에 영향을 주는 유전자를 말한다.* 그렇다면 이타적 행동이 유전된다는 실험적 증거는 있을까? 없다. 그러나 놀랄 필요는 없다. 왜냐하면 어떤 행동에 대해서든 그 유전학적 연구는 거의 수행되고 있지 않기 때문이다. 대신에, 완전히 이타적인 것이라고 할 수는 없으나 매우 복잡하여 우리의 흥미를 끄는 행동 패턴 연구에 관해 이야기하도록 하자. 이 이야기가 이타적 행동이 어떻게 유전될 수 있는가에 대한 모델이 될 수도 있을 테니 말이다.

행동에 대한 유전자

꿀벌은 부저병foul brood이라는 세균성 전염병에 걸린다. 이것은 꿀벌의 애벌레나 번데기가 벌집 속에서 세균에 감염되어 썩는 병이다. 양봉벌 중에서 특히 어떤 종류는 다른 종류보다 이 병에 걸리기 쉬운데, 몇 가지 경우에는 그 원인이 행동의 차이에 기인한다. 위생적인 종류는 병에 걸린 애벌레를 발견하고 봉방에서 끄집어내 버림으로써 병을 빨리 근절할 수 있다. 한편 감염되기 쉬운 종류는 이 '위생을 위한 영아 살해'를 하지 않기 때문에 병에 걸리기 쉽다. 이 위생을 위한 행동은 사실 상당히 복잡하다. 일벌은 병에 걸린 애벌레의 봉방을 발견한 뒤 그 밀랍 뚜껑을 떼고 애벌레를 끄집어내 벌집의 출입구로 끌고 가서 쓰레기장에 내던져야 한다.

꿀벌을 대상으로 유전학적 실험을 하는 것은 여러 가지 이유에서 매우 복잡한 일이다. 보통 일벌 자신은 번식하지 않으므로, 한 종류의 여왕벌과 다른 종류의 수벌을 교배시켜 그 딸들인 일벌의 행동을 관찰해야 한다. 이러한 작업을 한 사람은 로센불러W. C. Rothenbuhler였다. 그는 잡종 제1세대의 일벌들이 모두 비위생적이라는 것을 알아냈다. 위생적인 부모의 행동은 마치 사라진 듯 보였다. 그러나 위생적 형질의 유전자는 인간의 청색 눈의 유전자처럼 여전히 존재한다는 사실을 뒤늦게 알았다. 하지만 그 유전자는 열성이었다. 로센불러가 잡종 제1세대와 위생적 형질의 종류를 '역교배'시키자(물론 여왕벌과 수벌을 이용해서) 훌륭한 결과가 나왔다. 태어난 일벌은 세 그룹으로 나뉘었다. 첫 번째 그룹은 완벽한 위생적 행동을 보였다. 두 번째 그룹은 전혀 위생적 행동을 취하지 않았다. 세 번째 그룹은 중간쯤 되는 행동을 했다. 세 번째 그룹은 병에 걸린 애벌레가 있는 봉방의 뚜껑을 떼기는 했지만, 그 뒤 애벌레를 버리는 일은 하지 않았다. 이 결과를 바탕으로 로센불러는 뚜껑을 떼는 것에 대한 유전자와 애벌레를 버리는 것에 대한 유전자가 따로 있다고 생각했다. 즉 정상적인 위생적 종류는 그 두 유전자를 가지고 있고, 감염되기 쉬운 종류는 두 유전자 모두의 라이벌인 대립 유전자들을 가지고 있다. 짐작건대 중간쯤 되는 행동을 하는 잡종은 뚜껑을 떼는 유전자는 (두 배만큼) 갖고 있으나 애벌레를 버리는 유전자는 갖고 있지 않을 것이다. 로센불러는 겉보기에 완전히 비위생적인 일벌들은 애벌레를 내버리는 유전자를 갖고 있지만 뚜껑을 떼는 유전자가 없기 때문에 그 능력이 드러나지 않는 것이라 추측했다. 그래서 그는 이 추측을 확인하기 위해 봉방의 뚜껑을 떼어 주었다. 그러자 겉보기에 비위생적인 일벌 중 절반이 완전히 정상적인 '애벌레 버리기' 행동을 보였다.*

이 이야기는 앞 장에서 언급했던 중요한 문제점들을 드러내는 것이기도 하다. 이 이야기는 우리가 유전자에서 행동에 이르는 배 발생의 화학적 인과 관계의 사슬이 어떻게 되는지 전혀 모르는 상태에서 "무슨 무슨 행동에 대한, 무슨 무슨 행동을 담당하는 유전자"라고 말한다 해도 전혀 문제 될 것이 없음을 시사한다. 이 인과 관계의 사슬에는 학습 과정까지도 포함되어 있을 수 있다. 예컨대 뚜껑을 떼는 유전자는 벌이 병에 감염된 밀랍의 맛을 좋아하기 때문에 그 효과를 발휘하는 것일 수도 있다. 즉 그들로서는 병에 걸린 애벌레를 덮고 있는 밀랍 뚜껑을 먹는 것이 그들에게 보상을 주는 일이기 때문에 그것을 되풀이한다는 것이다. 비록 유전자가 작용하는 방식이 이렇다 할지라도, 다른 조건이 같을 때 그 유전자를 갖고 있는 벌은 뚜껑을 떼고, 그 유전자를 갖지 않은 벌은 뚜껑을 떼지 않는다면, 그것은 진실로 '뚜껑을 떼는 것에 대한' 유전자인 것이다.

둘째로 이 이야기는 유전자들이 공동으로 소유한 생존 기계의 행동에 영향을 미치는 데에 서로 '협력'한다는 사실을 드러낸다. 애벌레를 버리는 유전자는 뚜껑을 떼는 유전자가 없다면 필요 없을 것이고, 그 반대도 마찬가지다. 그러나 유전학적 실험을 통해 우리는 이 두 유전자가 세대를 거쳐 전달되면서 원칙상 얼마든지 분리될 수 있다는 것을 알고 있다. 이들의 기능에 관한 한 우리는 이들을 하나의 협력 단위로 생각할 수 있지만, 복제상에서 이들은 자유롭고 독립적인 인자다.

논의 전개상 갖가지 있을 성싶지 않은 일을 '담당하는' 유전자에 관해 생각해 보는 것이 필요할 것 같다. 예를 들어 내가 '물에 빠진 친구를 건지는' 유전자에 대해 말하는데 당신이 그와 같은 개념을 믿기 어렵다면 꿀벌 이야기를 떠올려 보라. 우리가 친구를 구조하는 데 관여하는 복잡한 근육 수축, 감각 정보의 통합, 더 나아가서는 의식적 결단에 이르기까지 모든 것을 유전자가 단독으로 유발한다고 이야기하는 것이 아니라는 점을 명심해야 한다. 또한 학습과 경험, 또는 환경의 영향이 그 행동의 발달에 관여하는가에 대해서 이야기하는 것도 아니다. 여기서 우리가 인정해야 할 것은, 다른 조건이 같고 또 여러 중요한 유전자나 환경 요인이 존재한다면, 하나의 유전자가 대립 유전자에 비해 물에 빠진 친구를 더 잘 구할 것 같은 몸을 만들 수 있다는 것이다. 두 유전자 간의 차이는 근본적으로 단순한 양적 변수의 근소한 차이로 생겨날 수 있다. 배 발생의 상세 과정은 재미있기는 하지만 진화에 대한 고찰에는 하등 관계가 없다. 로렌츠도 이 점을 잘 지적하고 있다.

유전자는 우두머리 프로그래머이며 자기의 생명을 위해 프로그램을 만든다. 유전자는 자기의 생존 기계가 생애 중에 부딪치는 모든 위험을 그 프로그램이 얼마나 잘 대처하느냐로 심판받는다. 그것은 생존 법정에서 내려지는 냉혹한 심판이다. 언뜻 보기에 이타적인 것처럼 보이는 행동이 어떻게 유전자의 생존을 촉진시킬 수 있는지에 대해서는 나중에 살펴볼 것이다. 그러나 생존 기계와, 생존 기계를 대신해 결정을 내리는 뇌가 가장 중요시하는 것은 개체의 생존과 번식이다. 이 '군체' 내의 모든 유전자는 이에 동의할 것이다. 그래서 동물들은 먹이를 찾고, 잡아먹히지 않으려 하고, 병이나 사고를 피하려 하며, 나쁜 기후 조건에서 몸을 지키려 하고, 이성을 찾아 교미를 시도하며, 자기들이 누리는 것들을 자손들에게 물려주려 한다. 굳이 예를 들 필요도 없다. 원한다면 주위의 야생 동물을 잘 관찰해 보라. 그러나 한 가지 특별한 종류의 행동에 대해서는 언급하고자 한다. 이타성과 이기성에 대해 이야기할 때 다시 한 번 이 문제를 언급할 것이기 때문이다. 그것은 넓은 의미로 **의사소통**이라고 부를 수 있는 행동이다.*

의사소통

어떤 생존 기계가 다른 생존 기계의 행동 또는 신경계의 상태에 영향을 미칠 때, 그 생존 기계는 그의 상대와 의사소통했다고 할 수 있다. 영원히 주장하고 싶을 정도의 정의는 아니지만 현재 우리의 목적에는 충분하다. 영향이라는 것은 직접적인 인과적 영향을 말한다. 의사소통의 예는 무수히 많다. 새, 개구리, 귀뚜라미의 노래, 개가 꼬리를 흔들거나 털을 세우는 행동, 이를 드러내는 침팬지의 표정, 인간의 몸짓이나 말씨 등 생존 기계의 수많은 동작은 다른 생존 기계의 행동에 영향을 줌으로써 간접적으로 자기 유전자의 번영을 증진시킨다. 동물들은 효과적인 의사소통을 위해서는 어떤 일도 서슴지 않는다. 예로부터 새의 노랫소리는 사람의 마음을 매료시켰다. 앞에서 살펴보았듯이 혹등고래의 매우 정교하고 신비로운 노래는 그 음역이 무척이나 넓다. 그 주파수 범위는 인간의 가청 범위 이하의 웅웅거리는 소리부터 초음파의 쌩쌩거리는 소리까지 이른다. 땅강아지는 이중 지수 곡선형의 나팔, 또는 메가폰 같은 모양의 구멍을 조심스럽게 파고, 그 구멍 안에 들어앉아 자기의 울음소리를 큰 소리로 증폭시킨다. 꿀벌은 다른 벌에게 먹이의 방향과 거리에 대한 정확한 정보를 전하기 위해 어둠 속에서 춤을 춘다. 그 의사소통의 교묘함은 인간의 언어에 필적할 만하다.

동물행동학자의 전통적인 설명에 따르면, 의사소통 신호는 송신자와 수신자 쌍방이 서로 이익을 얻도록 진화한다. 예를 들면 병아리는 길을 잃거나 추우면 큰 소리로 삐악거려 어미의 행동에 영향을 준다. 이 소리는 보통 어미를 부르는 직접적인 효과가 있어서, 어미는 그 병아리를 둥지로 데려온다. 이 행동은 길을 잃으면 우는 병아리와 그 울음소리에 적절히 반응하는 어미 모두에게 자연선택이 유리하게 작용했다는 의미에서 상호 이익을 위하여 진화했다고 말할 수 있다.

우리가 원한다면(꼭 그래야 하는 것은 아니다) 이 병아리의 울음소리를 어떤 의미를 가진 것, 즉 정보(이 경우에는 '길을 잃었다'라는 정보)를 전하는 것으로 생각할 수 있다. 1장에서 말한 새의 경계음은 '매가 있다'라는 정보를 전하는 것이라고 할 수 있다. 이 정보를 받아서 그에 따라 행동하는 동물은 이익을 얻는다. 따라서 이 정보는 참된 정보다. 그러나 동물들이 거짓된 정보를 전하는 일은 없을까? 거짓말하는 일은 없을까?

동물의 거짓말

동물이 거짓말을 한다는 주장은 오해를 불러올 소지가 있으므로 미리 설명하고 시작하도록 하겠다. 나는 가드너 부부Beatrice and Allen Gardner의 강의에서 그 유명한 '말하는' 침팬지 와쇼Washoe(미국 수화를 쓰는 이 침팬지의 능력은 언어학자들에게 큰 관심거리다)의 이야기를 들은 적이 있다. 이때 청중 중에는 철학자도 몇 명 있었다. 강의가 끝나자 그들은 와쇼가 거짓말을 할 수 있는가를 주제로 열띤 토론을 벌였다. 가드너 부부는 이에 대해 더욱 흥미로운 이야깃거리가 있을 것이라고 생각했고, 내 생각도 그렇다. 이 책에서 나는 철학자들보다 훨씬 직설적으로 '속인다'거나 '거짓말을 한다'라는 말을 쓰고 있다. 철학자들은 속이려고 하는 고의적 의도에 관심이 있었지만, 내가 이야기하는 것은 단순히 '속이는 것과 기능적으로 같은 것'이다. 예컨대 어떤 새가 매가 없는데도 '매가 있다'라는 신호로 동료를 겁

주어 쫓아 버리고 먹이를 혼자 독점했다면, 이 새는 거짓말을 했다고 말할 수 있을 것이다. 그렇다고 해서 이 새가 고의로 속이려 작정했다고 말하는 것은 아니다. 우리가 의미하는 것은 거짓말쟁이 새가 다른 새를 속여 먹이를 획득했다는 것과, 다른 새들이 날아간 이유는 거짓말쟁이 새의 소리에 매가 있을 때처럼 반응했기 때문이라는 것뿐이다.

먹어도 독이 없는 많은 곤충은 앞 장에서 말한 나비처럼 다른 맛없는 곤충이나 침을 쏘는 곤충의 모습을 흉내 내 자신의 몸을 지킨다. 우리도 간혹 착각하여 노란색과 흑색 줄무늬가 있는 꽃등에를 벌로 오인하는 경우가 많다. 벌을 흉내 내는 파리들 중 몇몇은 꽃등에보다 더 완벽한 속임수를 구사하기도 한다. 포식자들도 거짓말을 한다. 아귀는 바다 밑에서 참을성 있게 기다린다. 아귀의 몸이 배경에 파묻히기 때문에 유일하게 보이는 부분이라고는 기다란 '낚싯대' 끝에 매달린 지렁이처럼 꿈틀거리는 살덩어리뿐이다. 작은 물고기가 접근하면 아귀는 지렁이같이 생긴 미끼를 움직여 숨어 있는 자기의 입 가까이 물고기를 유인한다. 그러다가 재빠르게 입을 벌려 물고기를 삼켜 버린다. 아귀는 꿈틀거리는 지렁이와 같은 물체에 접근하는 작은 물고기들의 습성을 이용해 거짓말을 하는 것이다. 아귀는 '여기 지렁이가 있다'라는 거짓말을 하고, 이를 '믿는' 작은 물고기는 즉시 잡아먹히는 것이다.

어떤 생존 기계는 다른 생존 기계의 성적 욕망을 이용한다. 벌난초는 벌에게 암벌과 꼭 닮은 자기의 꽃과 교미하도록 한다. 벌난초가 벌을 속여서 얻는 것은 수분(꽃가루받이)인데, 이는 두 개의 벌난초에게 속은 벌이 이 꽃에서 저 꽃으로 꽃가루를 옮겨 줄 것이기 때문이다. 반딧불이는 빛을 깜빡거려 교미 상대를 유인한다. 각각의 종은 특유의 깜빡거리는 패턴을 가지고 있어서 종 간의 혼란과 그 결과로 생길 수 있는 유해한 잡종 형성을 방지한다. 선원들이 특정 등대의 깜빡거리는 패턴을 찾는 것처럼 반딧불이도 자기 종만의 깜박거리는 패턴을 찾는다. 포투리스*Photuris* 속屬 암컷은 포티누스*Photinus* 속 암컷의 신호를 흉내 내면 포티누스 속 수컷을 유인할 수 있다는 것을 '발견'했다. 이렇게 속은 포티누스 수컷이 접근하면 포투리스 암컷은 즉석에서 그 수컷을 잡아먹어 버린다. 사이렌과 로렐라이의 이야기를 언뜻 떠올릴 수도 있겠지만, 콘월(영국 남서부의 해안 도시 — 옮긴이) 지방 사람이라면 옛날 초롱불로 배를 벼랑으로 유인하여 난파선에서 나온 쏟아진 화물을 집어 갔던 약탈자를 떠올릴 것이다.

의사소통 시스템이 진화할 때는 누군가 그 시스템을 악용할 위험이 항상 도사리고 있다. 우리는 '종의 이익'이라는 관점에서 진화를 배워 왔기 때문에, 거짓말쟁이나 사기꾼은 포식자와 먹이, 그리고 기생자 등과 같이 다른 종에 속하는 것으로 생각하기 쉽다. 그러나 유전자들의 이해관계가 개체들마다 달라진다면 언제나 거짓이나 속임수 등 개체들이 의사소통 체계를 이기적으로 이용할 여지가 생긴다는 것을 알아야 한다. 이것은 같은 종의 개체들 간에도 마찬가지다. 앞으로 살펴보겠지만, 자식이 부모를 속이고 남편이 아내를 속이고 형제끼리 거짓말을 하는 것조차 예상하지 않으면 안 된다.

동물의 의사소통 신호는 본래 서로의 이익을 증진시키도록 진화되었고 그런 뒤 나쁜 동물들이 이 신호를 악용하게 되었다고 믿는 것도 너무나 순진한 믿음이다. 모든 동물의 의사소통에는 처음부터 사기 요소가 포함되어 있다고 보는 것이 타당할지 모른다. 왜냐하면 모든 동물의 상호 작용에는 적어도 어느 정도 이해의 충돌이 내재하기 때문이다. 다음 장에서는 진화의 관점에서 이해 충돌을 어떻게 생각할 수 있는지 소개할 것이다.

5장

Aggression: stability and the selfish machine

공격—안정성과 이기적 기계

다른 생존 기계는 환경의 일부

이 장에서는 오해가 많은 주제인 공격성에 대해 다룰 것이다. 여기서도 우리는 개체를, 유전자 모두에게 최선이라면 무엇이든지 실행하게 만들어진 이기적 기계라고 간주할 것이다. 이는 편의를 위한 것이다. 이 장의 마지막에서는 다시 하나의 유전자에 대해 논의할 것이다.

한 생존 기계의 입장에서 보면, 자기의 아이 또는 가까운 친척이 아닌 다른 생존 기계는 바위나 냇물이나 한 조각의 먹이 같은 환경의 일부다. 그것은 방해물일 수도 있고 이용 대상이기도 하다. 그러나 바위나 냇물과 다른 점은 반격할 수 있다는 것이다. 그 또한 미래를 책임질 불멸의 유전자를 갖고 있는 생존 기계이며, 그 유전자를 지키기 위해 어떤 일도 서슴지 않을 것이기 때문이다. 자연선택은 환경을 가장 잘 이용하도록 자기의 생존 기계를 제어하는 유전자를 선호한다. 이것은 같은 종이거나 다른 종이거나 상관없이 다른 생존 기계를 가장 잘 이용하는 것도 포함한다.

생존 기계들이 서로의 생활에 별로 영향을 미치지 않는 것처럼 보이는 경우도 있다. 예컨대 두더지와 지빠귀는 먹거나 먹히지도 않고, 서로 교미하는 것도 아니고, 생활 공간을 놓고 싸우지도 않는다. 그렇다고 그들을 완전히 독립된 존재로 간주해서는 안 된다. 그들은 무엇인가, 예를 들자면 지렁이를 놓고 다투고 있을지도 모른다. 이는 두더지와 지빠귀가 지렁이를 가지고 줄다리기를 한다는 뜻이 아니다. 사실 지빠귀는 평생 동안 두더지를 한 번도 못 볼 수도 있다. 그러나 만약 당신이 두더지의 개체군을 근절시켰다면 지빠귀는 큰 영향을 받을지도 모른다. 비록 어떤 영향이 어떻게 미칠 것인지, 또는 어떠한 간접 경로를 통해 그 영향력이 미칠 것인지 상세하게 추측할 수는 없지만 말이다.

여러 종의 생존 기계는 다양한 방법으로 다른 생존 기계에 영향을 준다. 그들은 포식자와 피식자의 관계일 수도 있고, 기생자와 숙주의 관계일 수도 있으며, 희소 자원을 놓고 싸우는 경쟁 관계일 수도 있다. 또 벌이 꽃가루 운반자로서 꽃에게 이용당하는 경우와 같이 특수한 방법으로 이용당할 수도 있다.

같은 종의 생존 기계끼리는 더 직접적인 방법으로 서로의 생활에 영향을 미친다. 여기에는 여러 가지 이유가 있다. 그 가운데 하나는, 자기 종에 속하는 개체군의 반은 잠재적으로 교미 상대이며, 또한 잠재적으로 자기의 자손을 낳고 열심히 길러 줄, 착취 대상인 부모가 될 수 있는 개체이기 때문이다. 또 다른 이유는 같은 종의 구성원이 서로 매우 닮아 있고, 같은 장소에서 같은 생활 수단으로 유전자를 지키는 기계이므로, 생활에 필요한 모든 자원에 대해서 직접적인 경쟁 상대가 되기 때문이다. 한 마리의 지빠귀에게 두더지가 경쟁 상대일 수도 있지만 다른 지빠귀만큼 치열한 경쟁 상대는 아니다. 두더지와 지빠귀는 지렁이를 놓고 다툴 수도 있으나, 지빠귀끼리는 지렁이**뿐만 아니라** 다른 모든 것을 놓고 싸운다. 동성끼리라면 교미 상대를 놓고서도 다툴 것이다. 앞으로 살펴보겠지만 일반적으로 수컷들이 암컷을 놓고 싸우는데, 이것은 한 수컷이 경쟁 상대의 수컷에게 해로운 짓을 함으로써 자신의 유전자에게 이득을 가져다줄 수 있음을 의미한다.

형식적인 공격 행동

생존 기계에게 가장 논리적인 방책은 자기의 경쟁자를 죽여서 가능하면 먹어 버리는 것이라고 생각할지도 모르겠다. 동종의 개체를 잡아먹는 종을 실제로 자연계에서 볼 수 없는 것은 아니지만, 이기적 유전자론을 순진하게 해석할 때 예측할 수 있을 만큼 자주 일어나는 일은 아니다. 사실 로렌츠는 저서 『공격성에 관하여』에서 동물의 싸움, 즉 '공격'은 억제되고 신사적인 것임을 강조한다. 그가 주목하는 것은 동물의 싸움이 복싱이나 펜싱처럼 규칙에 따라 싸우는 형식을 갖춘 시합이라는 점이다. 동물들은 글러브를 낀 주먹과 끝이 뭉뚝한 연습용 칼로 싸운다. 위협과 겁주기가 목숨을 건 결투를 대신한다. 승자는 패자의 항복의 몸짓을 인정하지만, 우리가 순진하게 예측하는 대로 때려죽이거나 물어 죽이거나 하는 행동은 하지 않는다.

그러나 동물의 공격은 억제되고 형식적인 것이라는 해석에는 반론의 여지가 있다. 특히 불쌍한 늙은 **호모 사피엔스**만이 동족을 죽이는 유일한 종이며 카인의 후예라는 식의, 멜로드라마에 나올 법한 죄를 짓는 종이라고 비난하는 것은 분명히 잘못이다. 어떤 자연학자가 동물의 공격이 폭력적이라고 하느냐 아니면 억제된 것이라고 하느냐 하는 것은, 한편으로는 그 사람이 관찰해 온 동물의 종류에 따라, 다른 한편으로는 그 사람의 진화론에 대한 선입견에 따라 좌우된다. 로렌츠도 '종의 이익'을 주장하는 사람 아니던가. 다소 과장된 것이기는 하지만 동물들이 글러브를 끼고 싸운다고 보는 것도 어느 정도는 맞는 것 같다. 표면적으로는 일종의 이타주의처럼 보인다. 이기적 유전자론은 어렵지만 이것을 설명해야만 한다. 동물들이 기회 있을 때마다 동종의 경쟁자를 죽이는 데 전력을 다하지 않는 것은 왜일까?

이 물음에 대한 일반적인 답은 앞뒤 재지 않고 싸우는 것에는 이익(이득)과 동시에 대가(손실)가 따른다는 것이다. 이것은 시간과 에너지의 손실뿐만이 아니다. 예를 들어 B와 C는 모두 나의 경쟁자인데 내가 마침 B를 만났다고 하자. 이기적 개체인 내가 그를 죽이려는 것은 당연해 보인다. 하지만 C는 내 경쟁자이기는 하지만 B와도 경쟁 관계가 아닌가. 내가 B를 죽이면 잠재적으로 C의 경쟁자 하나를 제거해 C에게 이익을 주는 셈이 된다. 따라서 B를 살려 두면 B가 C와 다투거나 싸울 것이므로 결국 나 자신에게는 간접적으로 이익이 될 것이다. 이 단순한 가상적 예가 우리에게 주는 교훈은 함부로 경쟁자를 죽이려고 하는 것에는 뚜렷한 이익이 없다는 것이다. 크고 복잡한 경쟁 시스템 속에서는 눈앞의 경쟁자를 없애는 것이 반드시 좋은 것은 아니다. 그 경쟁자의 죽음으로 당사자보다 다른 경쟁자가 이득을 볼 수도 있기 때문이다. 이것은 해충 방제 관계자들에게서 우리가 배운 쓰라린 교훈이기도 하다. 농작물에 심한 피해를 입히는 해충을 없앨 방법을 발견한 뒤 신나서 이 방법을 적용했는데, 그 결과 이 해충의 절멸로 다른 해충이 더 큰 이익을 보게 되었고, 우리는 전보다 더 나쁜 상태에 빠지고 말았다는 것이다. 한편 어떤 특정한 경쟁자를 선택적으로 죽이거나 그와 싸우는 것은 좋은 계획일지 모른다. 만약 B가 암컷이 많이 있는 큰 하렘(수컷 한 마리가 여러 암컷을 거느리며 교미하는 번식 체계 및 그 암컷의 무리 — 옮긴이)을 가진 바다표범이고, 다른 바다표범인 내가 B를 죽여 그의 하렘을 얻을 수 있다면 그렇게 하는 것이 좋을지 모른다. 그러나 상대를 선택하여 싸움을 하는 경우에도 손실과 위험이 따르게 마련이다. B는 자신의 이익을 위하여 반격할 것이고 가치 있는 재산을 지키려 할 것이다. 내가 싸움을 걸 경우 나도 그도 죽을 수 있다. 어쩌면 내가 죽을 확률이 더 높을지도 모른다. B는 가치 있는 자원을 가지고 있고, 그것이 내가 그에게 싸움을 거는 이유다. 하지만 B는 왜 그 자원을 갖고 있는가? 아마도 B는 싸움에서 이겨 그 자원을 얻었을 것이다. 그는 이전에 다른 도전자들을 물리쳤을 것이다. 그러므로 B는 뛰어난 전사일 것이다. 비록 이 싸움에서 내가 이겨 하렘을 차지하더라도 상처투성이가 되어 이익을 누릴 수 없을지도 모른다. 또한 싸움은 시간과 에너지를 소모하는 일이므로 당분간 시간과 에너지를 축적해 두는 편이 더 나을 수도 있다. 내가 한동안 먹는 것에 전념하고 싸움에 말려들지 않도록 조심하면 나는 장차 강대해질 것이다. 언젠가는 하렘을 놓고 B와 싸우게 되겠지만, 당장 서두르기보다는 조금 기다리는 편이 결과적으로 나의 승률을 높이는 선택일지 모른다.

게임 이론과 진화적으로 안정한 전략

이러한 예는 이상적으로는 싸울 것인가 말 것인가의 결단에 앞서 무의식적으로라도 '손익 계산'을 해 봐야 한다는 것을 보여 준다. 싸워서 확실히 이득을 볼 때도 있지만 싸울 때마다 매번 그만큼의 이익이 쌓이는 것은 아니다. 마찬가지로 싸우는 동안 그 싸움을 확대시키느냐 진정시키느냐 하는 전술적 결단에는 각각 손실과 이득이 있으며, 이는 원칙적으로 분석이 가능하다. 이 사실은 오랫동안 동물행동학자들에게 막연히 받아들여졌으나, 이 발상을 분명히 표현한 것은 보통 동물행동학자로 인정되지 않는 메이너드 스미스였다. 그는 프라이스G. R. Price, 파커G. A. Parker와의 공동 연구에서, '게임 이론'이라는 수학의 한 분야를 응용했다. 이들의 멋진 이론은 수학 기호를 쓰지 않고도 말로 표현할 수 있다. 정확도가 조금 떨어지기는 하지만 말이다.

메이너드 스미스가 소개하는 중요한 개념은 **진화적으로 안정한 전략**evolutionarily stable strategy, ESS인데, 그는 이 개념을 해밀턴과 맥아더R. H. MacArthur에게서 따왔다고 한다. '전략'이라는 것은 미리 프로그램된 행동 방침이다. 전략의 일례를 들어 보면, "상대를 공격하라. 그가 도망치면 쫓아가고, 그가 보복해 오면 도망쳐라" 같은 것이다. 여기서 중요한 것은, 개체가 전략을 의식적으로 고안해 냈다고 생각하지는 말아야 한다는 점이다. 우리는 현재 동물을, 근육을 제어하는 미리 프로그램된 컴퓨터가 조종하는 로봇 생존 기계라고 생각하고 있다는 점을 상기하기 바란다. 편의상 이 전략을 일종의 지시처럼 말로 쉽게 표현하는 것뿐이다. 어떤 불분명한 메커니즘에 의해 동물은 마치 이러한 지시를 따르는 것처럼 행동한다.

진화적으로 안정한 전략, 즉 ESS는 개체군에 있는 대부분의 구성원이 일단 그 전략을 채택하면 다른 대체 전략이 그 전략을 능가할 수 없는 전략이라고 정의된다.* 이것은 미묘하고도 중요한 개념이다. 바꿔 말하면, 어떤 개체에게 가장 좋은 전략은 개체군 대부분이 무엇을 하고 있느냐에 따라 좌우된다는 것이다. 그 개체를 제외한 나머지 개체들도 각각 **자기의** 성공을 최대화하려는 개체들이므로, 장기간 지속될 수 있는 유일한 전략은 일단 그 전략이 진화하면 다른 어떤 전략도 그 전략보다 더 많은 이득을 볼 수 없는 그런 전략이다. 환경에 어떤 큰 변화가 일어나면 잠시 동안 진화적으로 불안정한 기간이 올 수 있으며, 개체군 내에서 변동이 생기는 경우도 있다. 그러나 어떤 전략이 일단 ESS가 되면 그것은 계속 ESS로 남는다. 자연선택은 이 전략에서 벗어나는 전략을 벌할 것이다.

매파와 비둘기파

이 개념을 동물의 공격적 행동에 적용하기 위해 메이너드 스미스의 가상적인 예 중 가장 단순한 예 하나를 고찰해 보자. 예컨대 어떤 종의 개체군에서 개체들이 채택하는 싸움 전략은 두 종류밖에 없다고 하고, 그 이름을 **매파**와 **비둘기파**라고 하자(이 이름은 우리가 관례적으로 사용하는 용어에 따른 것일 뿐, 실제 매나 비둘기의 습성과는 아무런 관계가 없다. 사실 비둘기는 다소 공격적인 새다). 우리의 가상적 개체군에서 개체들은 모두 매파든 비둘기파든 어느 한편에 속한다. 매파의 개체들은 늘 맹렬히 싸우고, 심하게 다쳤을 때가 아니면 굴복하지 않는다. 비둘기파의 개체들은 그저 품위 있는 정통적 방법으로 위협만 할 뿐 누구에게도 상처를 주지 않는다. 매파의 개체와 비둘기파의 개체가 싸우면 비둘기파는 그냥 도망치므로 다치는 일이 없다. 매파의 개체끼리는 한편이 중상을 입거나 죽을 때까지 싸운다. 비둘기파끼리 부딪칠 때는 어느 편도 다치지 않는다. 오랫동안 서로 위협 자세를 취하기만 하다가 싫증이 나거나 더 이상 버틸 필요가 없다고 생각해 결국 싸움을 멈추기 때문이다. 당분간은 어떤 개체가 자신의 경쟁자가 매파인지 비둘기파인지 미리 알 수 있는 방법이 없다고 가정하자. 그 경쟁자와 싸운 뒤에야 비로소 알 수 있고, 그 개체가 싸우는 데 도움이 될 수 있는 특정 개체와의 과거 싸움은 기억하지 못한다고 하자.

이제 순전히 임의적인 방법으로 싸우는 개체들에게 '점수'를 주기로 하자. 예컨대 승자에게는 50점, 패자에게는 0점을 주고, 중상자에게는 -100점, 장기전에 따른 시간 낭비에는 -10점을 준다고 하자. 이들 '점수'는 유전자의 생존이라는 통화로 직접 환산될 수 있다고 보아도 좋다. 높은 점수를 얻은 개체, 즉 평균 '득점'이 높은 개체는 유전자 풀 속에 다수의 유전자를 남기는 개체다. 실제 개체들에게 수치를 얼마로 주느냐는 제법 넓은 범위 내에서는 분석상 관계없지만, 우리가 이 문제를 생각하는 데는 특정 수치를 가정하는 것이 어느 정도 도움이 된다.

중요한 것은 우리가 매파가 비둘기파와 싸워 이기는 경향이 있다든가 하는 것에는 관심이 없다는 것이다. 우리는 이미 그 답을 알고 있다. 언제나 매파가 이길 것이다. 우리가 알고 싶은 것은 매파형 전략과 비둘기파형 전략 중 어느 것이 진화적으로 안정한 전략(ESS)인가 하는 것이다. 만약 한쪽이 ESS이고 다른 쪽은 그렇지 않다면 우리는 ESS인 쪽이 진화할 것이라고 생각해야 한다. 물론 두 개의 ESS가 있는 것도 이론적으로는 가능하다. 개체군의 대세가 매파든 비둘기파든 간에 어떤 개체에게 최선의 전략은 대세를 따르는 것이다. 이때 개체군은 두 개의 안정 상태 중 어느 것이든 먼저 도달된 쪽으로 고정될 것이다. 그러나 앞으로 살펴보겠지만, 실제로 매파와 비둘기파라는 두 전략은 그 자체로는 진화적으로 안정한 것이 아니므로, 둘 중 어느 한쪽이 진화한다고 기대할 수는 없다. 이를 설명하려면 평균 득점을 계산해야만 한다.

구성원 전원이 비둘기파인 개체군이 있다고 하자. 이들은 싸워도 다치지 않는다. 이들의 싸움은 예를 들면 째려보는 것같이 장기적이고 의식적인 시합이어서, 어느 쪽이든 기가 죽으면 끝난다. 이때 승자는 싸워서 자원을 차지했기 때문에 50점을 얻지만, 째려보는 데 오래 걸렸기 때문에 10점의 점수가 깎여 결국 40점을 얻게 된다. 패자 역시 시간을 낭비했으므로 10점이 깎인다. 평균적으로 비둘기파 개체들은 모두 싸움의 반은 이기고 반은 질 것이므로, 싸움당 이들의 득점은 +40과 -10을 평균하여 +15점이 된다. 따라서 비둘기파의 개체군 내 비둘기파 개체들은 모두 득점이 좋아 보인다.

그런데 이 개체군에 매파의 돌연변이 개체가 나타났다고 가정해 보자. 돌연변이 개체는 여기서 유일한 매파이므로 싸움 상대는 모두 비둘기파다. 매파는 항상 비둘기파를 이기므로 그는 모든 싸움에서 +50점을 기록하게 되며, 이것이 그의 평균 득점이 된다. 그는 득점이 +15점밖에 안 되는 비둘기파에 비해 막대한 이익을 누린다. 그 결과 매파의 유전자는 개체군 내에 급속히 퍼질 것이다. 그러나 그렇게 되면 매파의 개체는 자신과 부딪치는 경쟁자가 모두 비둘기파라고 기대할 수 없게 된다. 극단적인 예를 들어서 매파의 유전자가 너무도 순조롭게 개체군 내에 퍼져서 개체군 전체가 매파가 됐다면, 이번에는 모든 싸움이 매파끼리의 싸움이 될 것이다. 이제는 사정이 매우 달라진다. 매파끼리 부딪치면 한쪽이 심하게 다쳐 100점이 깎이는 반면, 승자는 50점을 얻는다. 매파 개체군의 각 개체는 싸움의 반은 이기고 반은 질 것이므로 싸움당 평균 득점은 +50과 -100의 평균, 즉 -25점이 된다. 이제 매파의 개체군 내에 비둘기파가 한 개체 있다고 하자. 확실히 그는 모든 싸움에서 패하지만, 결코 부상당하는 일은 없다. 매파 개체군 내의 평균 득점이 -25점인 데 비해, 매파 개체군 내에서 그의 평균 득점은 0점이다. 따라서 비둘기파의 유전자는 그 개체군 내에 퍼질 것이다.

이 이야기대로라면 마치 개체군 내에 끊임없는 변동이 있을 것처럼 생각될지도 모르겠다. 매파의 유전자가 압승하여 우세를 점하고 마침내 대다수가 매파로 변하지만, 그 결과 오히려 비둘기파의 유전자가 이득을 보면서 그 수를 늘려 가다가, 비둘기파가 많아지면 다시 매파의 유전자가 번성하는 식으로 말이다. 그러나 이와 같은 변동이 벌어지지 않을 수도 있다. 매파와 비둘기파의 안정된 비율이 존재한다면 말이다. 우리가 사용하는 임의의 득점 시스템으로 계산해 보면, 안정된 비율은 비둘기파가 5/12, 매파가 7/12인 것을 알 수 있다. 개체군이 이와 같은 안정된 비율을 가지면 매파의 평균 득점과 비둘기파의 평균 득점은 같아진다. 따라서 자연선택은 어느 한쪽을 선호하지 않는다. 만약 개체군 내 매파의 수가 점점 늘어 그 비율이 7/12을 넘으면 비둘기파가 더 이익을 보기 시작하여 그 비율은 원래의 안정한 비율로 돌아온다. 안정된 성비가 50 대 50인 것처럼, 이와 같은 가상적 예에서 매파 대 비둘기파의 비는 7 대 5다. 어느 경우에서든 안정점 부근에서 변동이 있었다고 해도 그 변동 폭은 그리 크지 않다.

표면적으로는 집단선택설처럼 들릴지도 모르나 실제로는 전혀 다른 이야기다. 집단선택설처럼 들리는 이유는, 개체군에 안정된 평형 상태가 있어서 그것을 흐트러뜨리면 다시 그 상태로 되돌아오려는 경향이 있기 때문이다. 그러나 ESS는 집단선택보다 훨씬 미묘한 개념이다. 그것은 어떤 집단이 다른 집단보다 더 성공적인가와는 관계가 없다. 이 사실은 우리의 가상적인 득점 시스템을 이용하여 설명할 수 있다. 매파 7/12, 비둘기파 5/12로 된 안정한 개체군 내에서 한 개체의 평균 득점은 6¼이 된다. 이것은 그 개체가 매파든 비둘기파든 같다. 그런데 이 6¼이라는 득점은 비둘기파 개체군 내 비둘기파 개체의 평균 득점(15)보다 훨씬 낮다. 개체군 구성원 전원이 비둘기파가 되는 것에 동의하기만 하면, 어느 개체나 이득을 보는 것이다. 단순한 집단선택설에 따르면, 그 구성원 전원이 비둘기파가 되는 것에 동의하는 집단은 ESS에 머물러 있는 경쟁자 집단보다 성공할 확률이 높다(실제로 전원이 비둘기파가 되기로 '공모'한 집단이 성공 확률이 가장 높은 집단은 아니다. 매파 1/6과 비둘기파 5/6인 집단에서는 싸움당 평균 득점이 16⅔이다. 이것이 가장 성공 확률이 높은 공모 형태지만 현재의 논의에서는 무시해도 좋다. 전원이 비둘기파가 되는 단순한 공모의 경우에도 각 개체는 평균 득점이 15점이나 되며 그 집단 내 모든 개체의 득점은 ESS 집단보다 훨씬 높다). 따라서 집단선택설은 전원이 비둘기파가 되기로 공모한 집단이 진화할 것이라고 예측할 것이다. 왜냐하면 매파가 7/12의 비율로 포함되어 있는 **집단**은 비둘기파가 되기로 공모한 집단보다 덜 성공적일 것이기 때문이다. 그러나 개체들 간의 공모에는 한 가지 문제가 있다. 장기간에 걸쳐 전원에게 이익이 되는 공모의 경우에도 악용될 소지가 있다는 것이다. 확실히 어떤 개체도 ESS 집단에 있는 것보다 비둘기파의 공모 집단에 있는 것이 더 유리하다. 그러나 불행하게도 비둘기파 공모 집단 속에서 한 개체의 매파는 그 성적이 너무 좋기 때문에 이 집단에서 매파의 진화를 막을 수 있는 것은 아무것도 없다. 그러므로 그 공모는 내부의 불신 행위로 말미암아 파기될 수밖에 없다. ESS는 안정한 것이다. 이는 ESS에 참여하는 개체에게 딱히 유리해서가 아니라, 내부로부터의 배신에도 흔들리지 않기 때문이다.

인간이 모두에게 도움이 되는 협정을 맺거나 공모를 하는 것은 설령 그것이 ESS의 의미에서 안정한 것이 아니더라도 가능하다. 그러나 인간의 경우에 공모(혹은 협정)가 가능한 이유는, 개인 모두가 **의식적으로** 미래를 예견하고 그 협정의 규약에 따르는 것이 자기의 장기적 이익에 좋다고 여기기 때문이다. 하지만 인간의 협정에서도 그 협정을 파기하면 **단기적으로** 큰 이득이 되기 때문에 그러고 싶은 유혹이 압도적으로 커질 위험이 있다. 이에 해당되는 가장 좋은 예는 아마도 가격 협정일 것이다. 휘발유 가격을 인위적으로 높게 책정하면 주유업자들 모두 장기적으로 이익을 얻는다. 이를 의식적으로 예상한 주유업자들의 가격 담합이 오랫동안 지속될 것이다. 그런데 조만간 자기만 가격을 인하해 빠른 시간 내에 한몫 챙기자는 유혹에 빠지는 업자가 생겨난다. 그러면 그 즉시 인근 업자도 가격을 내리고 순식간에 휘발유 값 인하 파동이 전국으로 퍼진다. 주유업자가 아닌 우리에게는 불행한 일이지만, 주유업자들이 다시금 의식적으로 미래를 예상하여 새로운 가격 담합이 형성된다. 이와 같이 의식적으로 예견하는 재능을 가진 인간에서도 장기적 이익을 기반으로 한 협정 또는 공모는 내부로부터의 배신 때문에 늘 붕괴할 위험이 있다. 하물며 고군분투하고 있는 유전자에게 조종되는 야생 동물에게서 집단의 이익이나 공모 전략이 어떻게 진화할 수 있는지는 상상조차 하기 어렵다. 따라서 우리는 진화적으로 안정한 전략이라는 방식을 어디에서나 볼 수 있다고 기대해야만 한다.

앞의 가상적인 예에서 우리는 어느 한 개체는 매파나 비둘기파 중 어느 한쪽이 된다는 단순한 가정을 했다. 그리고 결국 매파와 비둘기파는 진화적으로 안정한 비율에 이르게 되었다. 실제로 이것은 매파 유전자와 비둘기파 유전자의 안정된 비율이 유전자 풀 내에 확립된다는 것을 의미한다. 유전학 용어로 이 상태를 '안정 다형安定多形, stable polymorphism'이라고 한다. 그러나 수학적으로는 다형성을 가정하지 않고도 이와 똑같은 ESS에 도달할 수 있다. **모든 개체**가 각각의 싸움에서 매파처럼 또는 비둘기파처럼 행동한다면, 모든 개체가 같은 **확률**로, 위의 예에서는 7/12의 확률로 매파처럼 행동하는 ESS에 이를 수 있을 것이다. 실제로 이것은 각 개체가 싸움을 시작하기 전에 매파처럼 행동할 것인가 비둘기파처럼 행동할 것인가를 무작위로(무작위라고는 하나 7 대 5의 비율로 매파가 많게) 결정한다는 것을 의미한다. 여기서 중요한 사실은, 매파 쪽으로 결정하는 빈도가 더 높기는 하지만, 어떤 다툼에서도 경쟁자는 상대방이 어떤 전략을 취할지 추정할 수단이 없으므로 그 결정은 무작위여야 한다는 것이다. 예컨대 7회의 다툼에 계속 매파로 행동한 뒤 계속해서 5회의 다툼에 비둘기파로 행동하는 등의 방식은 전혀 쓸모가 없다. 만약 어떤 개체가 이처럼 단순한 순서의 전략을 택했다면, 그 개체의 경쟁자는 재빠르게 이 순서를 눈치채고 그를 이용할 것이다. 단순한 순서의 전략을 취하는 상대를 이용하는 방법은 상대방이 비둘기파로 행동하려는 것을 알았을 때에만 매파로 행동하는 것이다.

물론 매파와 비둘기파의 이야기는 너무나 단순하다. 자연계에서 실제로 일어나지는 않으나, 이것은 자연계에서 일어나는 것을 이해하는 데 도움이 되는 하나의 '모델'이다. 모델은 이처럼 극히 단순하나 어떤 현상을 이해하거나 어떤 아이디어를 얻는 데 유용할 수 있다. 단순한 모델은 보다 정교하게 발전시킬 수도 있고 점점 복잡하게 만들 수도 있다. 잘만 만들면 모델은 복잡해질수록 현실 세계를 보다 잘 묘사할 수 있다. 매파와 비둘기파의 모델을 발전시킬 수 있는 한 가지 방법은 전략을 추가하는 것이다. 가능한 전략 중에 매파와 비둘기파만이 있는 것은 아니다. 메이너드 스미스와 프라이스가 도입한 더 복잡한 전략은 **보복자** 전략이라고 불린다.

보복자와 불량배

보복자는 모든 싸움에서 처음에는 비둘기파처럼 행동한다. 즉 매파처럼 철저하게 심한 공격을 하지 않고 전통적인 위협 행동을 한다. 그러나 상대가 공격해 오면 보복한다. 바꿔 말하면 보복자는 매파에게 공격당했을 때는 매파처럼 행동하고 비둘기파를 만났을 때는 비둘기파처럼 행동한다. 또 다른 보복자를 만났을 때는 비둘기파처럼 행동한다. 보복자는 **조건부 전략자**다. 그의 행동은 상대의 행동에 따라 정해진다.

또 하나의 조건부 전략은 **불량배**다. 불량배는 누군가가 반격해 올 때까지는 누구에게나 매파처럼 행동하지만, 반격당하면 즉시 도망친다. 또 다른 조건부 전략은 **시험 보복자**다. 시험 보복자는 기본적으로는 보복자와 같으나 가끔 시험 삼아 싸움의 강도를 높인다. 상대가 반격하지 않으면 계속 매파처럼 행동하지만, 상대방이 반격하면 다시 비둘기파의 전통적인 위협 행동으로 되돌아간다. 공격을 받은 경우에는 보통의 보복자와 똑같이 보복한다.

컴퓨터 시뮬레이션상에서 지금까지 말한 다섯 개의 전략 모두를 자유롭게 행동하도록 놔두면 보복자만이 진화적으로 안정한 전략이 된다.* 시험 보복자는 안정한 전략에 가깝다. 비둘기파는 그 개체군 내에 매파나 불량배가 생겨나면 무너져 버리므로, 즉 이들의 침입을 허락하므로 안정한 전략이 아니다. 매파도 그 개체군이 비둘기파와 불량배의 침입을 허용할 것이므로 안정한 전략이 아니다. 불량배도 그 개체군이 매파의 침입을 허락하므로 안정한 전략이 못 된다. 보복자의 개체군에서는 보복자 자신보다 더 성적이 좋은 전략이 없기 때문에 어느 전략도 침입할 수 없다. 그러나 비둘기파는 보복자의 개체군 내에서 보복자와 비슷한 정도로 성적이 좋다. 이는 다른 조건이 같다면 비둘기파의 수가 서서히 늘어날 수 있다는 것을 의미한다. 그런데 비둘기파의 수가 어느 정도까지 늘어나면 시험 보복자가(덩달아서 매파와 불량배도) 유리해지기 시작한다. 왜냐하면 이들이 비둘기파와 마주쳤을 때의 성적은 보복자가 비둘기파와 마주쳤을 때보다 낫기 때문이다. 시험 보복자는 매파와 불량배와 달리 ESS에 가깝다. 시험 보복자의 개체군 내에서 그들보다 잘할 수 있는 것은 보복자뿐이고 그 차이도 미미하다. 따라서 보복자와 시험 보복자 사이에서 약간씩 왔다 갔다 하는 혼합 전략이 개체군 내에서 우세할 것이며, 그 변동에 따라 소수인 비둘기파도 수적 변동을 보일 것이라 생각할 수 있다. 다시 한 번 말하지만, 이 경우 개체들이 항상 고정된 전략을 택한다는 다형성을 상정할 필요는 없다. 각 개체는 보복자, 시험 보복자, 비둘기파가 복잡하게 뒤섞인 혼합 전략을 취할 수 있을 것이다.

시뮬레이션과 실제

이 이론적인 결론은 대부분의 야생 동물들 사이에서 실제로 일어나는 현상과 그리 동떨어진 것이 아니다. 지금까지 우리는 동물의 공격성이 '글러브를 낀 주먹'처럼 보이는 측면에 관해서도 어느 정도 설명한 셈이다. 물론 상세한 것은 승리나 부상, 시간의 낭비 등에 주어지는 정확한 '점수'에 따라 달라진다. 바다표범에게 승리에 대한 보상은 큰 하렘에 대한 독점권이다. 그렇기 때문에 승리의 득점은 틀림없이 매우 높을 것이다. 싸움이 격렬한 것도, 중상을 입을 확률이 높은 것도 별로 놀랄 일이 아니다. 시간 낭비로 인한 손실(비용)은 부상에 따른 비용과 승리에 따른 이익에 비하면 적다고 볼 수 있다. 반면에 추운 지방에서 사는 작은 새에게 시간의 낭비라는 비용은 무엇과도 바꿀 수 없는 큰 손실일 것이다. 새끼를 기르는 박새는 30초에 한 번꼴로 먹이를 잡지 않으면 안 된다. 낮에는 일분일초가 귀중하다. 매파 대 매파 싸움에 소요되는 비교적 짧은 시간까지도 이와 같은 작은 새들에게는 아마 부상의 위험 이상으로 중요하게 생각해야 할 사항일 것이다. 불행하게도 현재 자연계에서 일어나는 모든 현상의 비용과 이익을 실제 수치에 맞추어 보기에는 우리의 지식이 너무 도 부족하다.* 그러므로 우리는 우리가 임의로 정한 수치에서 단순히 얻어지는 결과를 가지고 어떤 결론을 내리지 않도록 주의해야 한다. 우리에게 중요한 결론은 ESS가 진화할 것이라는 것, ESS는 집단 공모에 의해 얻어지는 최적 상태와는 같지 않다는 것, 그리고 상식은 사실을 잘못 이해하게 만들 수 있다는 것이다.

소모전

메이너드 스미스가 생각한 또 하나의 전쟁 게임은 '소모전'이다. 이것은 위험한 싸움은 결코 하지 않는, 예를 들자면 부상 같은 것은 있을 수도 없는 갑옷으로 덮인 종에서 볼 수 있다. 이런 종에서 싸움은 모두 전통적으로 정해진 자세를 취하는 것으로 해결된다. 싸움은 항상 어느 편이든 물러서면 끝난다. 이기기 위해서는 상대가 등을 돌릴 때까지 자기 진지에 버티고 서서 적을 노려보기만 하면 된다. 위협하는 데 무한한 시간을 쓸 정도로 여유 있는 동물은 없다. 달리 해야 할 중요한 일이 얼마든지 있기 마련이다. 그가 다투고 있는 자원은 가치 있는 것일지 모르지만 무한한 가치가 있을 리는 없다. 그것은 시간 가치가 어느 정도 있을 뿐이고, 경매에서 그렇듯 각 개체는 그 자원에 어느 정도의 시간만 투자하려고 한다. 이 두 입찰자의 경매, 즉 소모전에서는 시간이 통화인 것이다.

이 개체들이 모두 특정 자원에 대하여, 가령 암컷에 대하여 정확히 어느 정도 시간 가치가 있는가를 미리 계산해 놓았다고 가정하자. 계산한 '경매가'보다 조금 더 긴 시간을 투자하려고 각오한 돌연변이 개체는 항상 이길 것이다. 따라서 마음먹은 경매가를 유지한다는 전략은 안정한 전략이 아니다. 설령 자원의 가치에 대한 추정이 아주 정확해서 모든 개체가 그 값을 불렀다고 해도 이 전략은 안정한 것이 아니다. 이 가장 오래 버티기 전략에 따라 경매를 하는 두 개체는 똑같은 순간에 포기할 것이며 어느 편도 자원을 갖지 못할 것이다. 이 경우 개체에게는 싸움으로 시간을 허비하는 것보다는 처음부터 권리를 포기하는 편이 상책이다. 소모전과 실제 경매의 커다란 차이는, 소모전에서 대가를 치르는 것은 두 경쟁자 모두이지만 이익을 얻는 것은 한 개체라는 점이다. 따라서 가장 오래 버티기 전략을 취하는 개체군 내에서는 처음부터 포기하는 전략이 성공하여 개체군 내에 퍼질 것이다. 그렇게 되면 바로 포기하지 않고 몇 초 기다렸다가 포기하는 개체에게 이익이 생기기 시작한다. 이 전략은 현재 개체군 내에서 우세를 점하는 '즉시 포기파'에 대하여 유리할 것이다. 이때 자연선택은 포기 시간을 점점 연장하는 방향으로 작용하여, 결국 다투는 자원의 참된 경제적 가치에 따라 결정되는 최대 버티기 시간에 다시 접근할 것이다.

우리는 여기서도 수식을 쓰지 않고 말로써 개체군 내에서의 변동을 묘사했다. 그러나 수학적 분석에 따르면 이번에도 이 묘사는 틀린 것이다. 여기서 진화적으로 안정한 전략은 수식으로 표시되는데 이를 말로 표현하면 다음과 같다. 각 개체가 버티는 시간은 **예측 불가능**하다. 특정 싸움에서 개체가 버티는 시간은 예측 불가능하지만, 그 평균은 자원의 진가와 같다. 예를 들어 자원이 실제로는 5분의 가치가 있다고 하자. ESS에서 어떤 개체는 5분 이상 버틸지도 모르고, 5분도 버티지 못할지 모르고, 또 꼭 5분간만 버틸지도 모른다. 중요한 것은 이 경우 그가 얼마나 버틸지 상대가 전혀 알 수 없다는 것이다.

소모전에서는 내가 포기하려는 것을 상대가 눈치채지 않도록 하는 것이 무엇보다 중요하다. 수염을 조금 움직이든지 하여 포기하려는 것이 들키면 즉시 불리한 입장에 놓인다. 가령 수염을 움직이는 것이 1분 내에 포기한다는 확실한 징조라면 다음과 같은 지극히 단순한 승리의 전략이 존재할 수 있다. '상대의 수염이 움직이면 당신의 처음 계획이 무엇이었든 1분만 더 참아라. 상대의 수염이 아직 움직이지 않고 게다가 당신이 포기하려고 했던 시간까지 이제 1분도 안 남았다면, 즉시 포기하고 더 이상 시간을 허비하지 마라. 수염은 결코 움직이지 마라.' 이런 이유로 자연선택은 수염을 움직이는 행위나 그 밖의 속마음을 표출하는 행위를 즉시 벌할 것이다. 그리하여 무표정한 얼굴, 즉 포커페이스가 진화하는 것이다.

철저하게 거짓말을 하는 것보다 포커페이스가 더 나은 것은 왜 일까? 거짓말을 하는 것이 안정한 전략이 아니기 때문이다. 대부분의 개체들이 정말로 장시간 버틸 작정일 때에만 목덜미 털을 세운다고 해 보자. 상대방의 대응 전략, 즉 상대가 목털을 세우면 즉시 포기하는 전략이 진화할 것이다. 그러나 여기서 거짓말이 진화하기 시작한다. 실제로는 장시간 버틸 작정이 아닌 개체가 어떤 소모전에서나 목털을 세워 손쉽게 승리의 이익을 누릴 수도 있을 것이다. 이렇게 해서 거짓말쟁이의 유전자가 퍼져 나갈 것이다. 거짓말쟁이가 대세를 차지하면 선택은 이제 그 속임수를 감지하는 개체를 선호할 것이다. 이 때문에 거짓말쟁이는 다시 그 수가 감소할 것이다. 소모전에서는 거짓말을 하는 것이 진실을 말하는 것보다 진화적으로 안정한 전략이 아니다. 무표정한 얼굴은 진화적으로 안정하다. 결국 항복한다고 해도 그것은 돌발적이고 예측 불가능해야 한다.

비대칭적 싸움

우리는 지금까지 두 개체의 다툼에서 메이너드 스미스가 '대칭적' 싸움이라고 부른 것들만 다루었다. 즉 우리는 두 경쟁자의 싸움에서 전략 이외의 모든 것은 똑같다고 가정했던 것이다. 매파와 비둘기파는 똑같이 강하고, 무기나 갑옷으로 동등하게 무장했고, 승리로 얻는 것도 동등하다고 가정했다. 이것은 하나의 모델을 만들기에는 편리한 가정이지만 별로 현실적이지 않다. 그래서 파커와 메이너드 스미스는 비대칭적인 싸움을 고려하였다. 예컨대 전투 능력과 몸의 크기가 개체에 따라 다르며, 각 개체가 자기와 비교해서 상대가 어느 정도 큰지 잴 수 있다면 이러한 결과는 ESS에 영향을 미칠 것인가? 틀림없이 그럴 것이다.

크게 세 종류의 비대칭이 존재할 수 있다. 첫째는 앞서 말한 대로 몸의 크기라든가 전투 능력이 개체에 따라 다른 경우다. 둘째는 승리로 얻을 수 있는 이익이 개체에 따라 다른 경우다. 가령 여생이 길지 않은 노인은 앞으로 긴 삶을 바라보는 젊은이와는 달라서, 비록 부상을 입는다 해도 잃을 것이 별로 많지 않을지 모른다.

셋째는 좀 이상하기는 하지만 이 가설에서 우리가 얻을 수 있는 하나의 결론으로, 순전히 임의적이고 전혀 무관해 보이는 비대칭성으로 인해 ESS가 생겨날 수 있다는 것이다. 이와 같은 비대칭성 덕분에 싸움이 신속하게 수습될 수 있기 때문이다. 예를 들면 많은 경우에 그렇듯 경쟁자의 한쪽이 다른 쪽보다 먼저 싸움터에 도착해 있을 수 있다. 그들을 각각 '거주자'와 '침입자'라고 부르기로 하자. 논의의 편의상, 거주자 또는 침입자로서 얻게 되는 일반적 이익은 없다고 가정한다. 이러한 가정이 실제로는 옳은 것이 아니지만 그게 중요한 것은 아니다. 여기서 중요한 것은, 가령 거주자가 침입자보다 일반적으로 유리하다고 생각할 만한 근거가 없더라도, 그 비대칭(누구는 유리하고 누구는 불리한 비대칭 — 옮긴이)을 기반으로 한 ESS가 진화할 가능성이 크다는 사실이다. 이에 상응하는 예로, 법석을 떨지 않고도 동전을 던져 신속하게 싸움을 결판 짓는 사람들의 경우를 생각해 볼 수 있다.

조건부 전략, 즉 '당신이 거주자라면 공격하고, 침입자라면 퇴각하라'는 전략은 ESS일 수 있다. 또 두 전략 간의 비대칭은 임의적인 것이라 가정했으므로 '당신이 거주자라면 퇴각하고, 침입자라면 공격하라'는 정반대의 전략이 안정한 전략일 가능성도 있다. 어떤 개체군에서 이 두 개의 ESS 중 어떤 것이 선택될지는 어느 쪽이 먼저 과반수를 차지하느냐에 달려 있다. 대다수의 개체가 이 두 개의 조건 전략 중 한쪽을 취하면 그와 다른 전략을 취한 개체는 벌을 받게 된다. 따라서 그 전략은 정의상 ESS가 된다.

이를테면 모든 개체가 '거주자는 승리하고 침입자는 진다'는 전략을 취한다고 하자. 이것은 그들이 싸움에서 반은 이기고 반은 진다는 것을 의미한다. 그들은 결코 다치지도, 시간을 허비하지도 않는다. 왜냐하면 모든 다툼이 임의의 규정에 따라 즉시 해결되기 때문이다. 그런데 여기에 새로운 돌연변이 반역자가 나타났다고 가정해 보자. 그는 항상 공격하며 결코 물러나지 않는 순수한 매파 전략을 취한다고 해 보자. 상대가 침입자일 경우 이 개체는 이길 것이다. 상대가 거주자라면 이 개체는 부상의 위험을 감수해야 한다. 평균적으로 그는 ESS의 임의의 규칙에 따라서 행동하는 개체보다 득점이 낮아진다. '당신이 거주자라면 도망가고, 침입자라면 공격하라'는 관행에 반대되는 전략을 시도하는 반역자의 상황은 더욱 나쁘다. 그는 자주 부상을 당할 뿐만 아니라 거의 이기지 못한다. 그러나 어떤 우연한 일로 이 관행에 반대되는 전략을 따르는 개체가 과반수를 차지하는 경우를 생각해 보자. 이때 이들의 전략은 안정한 규범이 되어 이를 따르지 않는 개체는 처벌을 받는다. 아마도 한 개체군을 여러 세대에 걸쳐 관찰하다 보면 가끔 한 안정 상태에서 다른 안정 상태로 급변하는 과정을 목격할지도 모른다.

그러나 실생활에서 순전히 임의적인 비대칭이라는 것은 존재하지 않는다. 예컨대 거주자는 대개 침입자보다 유리한 입장에 있을 것이다. 거주자는 그 지역의 지형을 잘 알고 있으며, 거주자가 오래도록 거기에 머물러 있었던 데 반해, 침입자는 이제 막 싸움터로 왔기 때문에 숨 가쁠지도 모른다. 자연계에서 두 개의 안정 상태 중 '거주자는 이기고 침입자는 진다'라는 편이 안정 상태가 될 가능성이 높다는 데는 더 추상적인 이유가 있다. 즉 '침입자가 이기고 거주자가 진다'라는 반대의 전략은 스스로 붕괴하는 성향을 가지고 있다는 것이다. 메이너드 스미스는 이것을 '역설적 전략'이라고 했다. 이 역설적 ESS의 상태에 있는 개체군 내의 개체는 항상 거주자로 보이지 않으려 애쓸 것이다. 어떤 다툼에서도 항상 침입자인 것처럼 보이려 노력할 것이다. 이렇게 하려면 그들은 부단히, 그리고 목적 없이 돌아다니는 수밖에 없다. 이에 소모되는 시간과 에너지는 차치하고라도, 이 진화적 경향으로 인해 '거주자'라는 범주가 사라질 것이다. '거주자는 이기고 침입자는 진다'는 다른 안정 상태에 있는 개체군에서는 자연선택이 거주자가 되려고 애쓰는 개체를 선호할 것이다. 각 개체에게 이는 특정 구역에 틀어박혀 가능한 한 그곳을 벗어나지 않고 마치 그곳을 '지키고' 있는 것처럼 보이는 것을 의미한다. 잘 알려져 있듯이 이러한 행동은 자연계에서 흔히 볼 수 있는데, 우리는 이를 '영역 방어'라고 부른다.

이러한 종류의 행동적 비대칭에 대해 내가 알고 있는 가장 훌륭한 예는 유능한 동물행동학자인 니코 틴버겐Niko Tinbergen의 기발하고 간단명료한 실험에서 얻어진 결과다.* 틴버겐에게는 가시고기 수컷 두 마리가 들어 있는 수조가 있었다. 이 수컷들은 서로 수조의 반대쪽 구석에 집을 짓고 자기 집 둘레의 영역을 '지키고' 있었다. 틴버겐은 이 두 마리의 물고기를 각각 큰 유리 시험관에 넣고, 시험관을 나란히 놓아 시험관 속의 물고기들이 시험관 벽을 통하여 싸우려고 하는지 관찰하였다. 그는 매우 흥미로운 결과를 얻었다. 두 개의 시험관을 수컷 A의 집에 가까이 접근시키자 A가 공격 자세를 취하고 B는 물러나려고 했다. 그런데 시험관을 수컷 B의 영역으로 이동시키자 형세는 역전됐다. 틴버겐은 두 개의 시험관을 단순히 수조의 한 끝에서 다른 끝으로 이동시키는 것만으로도 어떤 수컷이 공격하고 어떤 수컷이 물러서게 만들 수 있었다. 두 개체 모두 단순한 조건부 전략, 즉 '거주자면 공격하고, 침입자면 물러나라'는 전략을 취했던 것이다.

생물학자들은 영역 방어 행동의 생물학적 '이점'이 무엇인가 묻는다. 이에 대해 여러 가지 가능성이 제기되었는데, 그중 몇 가지에 대해서는 나중에 언급하겠다. 그런데 이제 이 질문 자체가 쓸데없을지도 모른다는 것을 알게 될 것이다. '영역 방어'란 두 개체와 한 뙈기의 땅 사이의 관계를 결정짓는 도착 시간의 차이, 즉 도착 시간의 비대칭성 때문에 생기는 하나의 ESS에 불과할지도 모른다.

체구의 차이

아마도 비임의적인 비대칭 중에서 가장 중요한 것은 몸의 크기와 일반적인 전투 능력의 차이일 것이다. 체구가 크다는 것은 싸움에서 이기기 위해 가장 중요한 요건이라고 할 수는 없으나 중요한 요건 가운데 하나임이 분명하다. 싸움에서 몸집이 큰 편이 항상 이긴다면, 그리고 각 개체가 자기가 상대보다 큰지 작은지를 확실히 알고 있다면 이때 쓸모 있는 전략은 단 하나밖에 없다. 즉 '상대가 더 크면 도망가라. 상대가 작으면 공격하라'는 전략이다. 몸집의 크기가 얼마나 중요한지 확실하지 않을 때는 문제가 좀 더 복잡해진다. 체구가 크다는 것이 조금이라도 도움이 된다면 지금 말한 전략은 안정한 것이다. 그런데 부상 위험이 큰 경우에는 제2의, '역설적' 전략도 있을 수 있다. 이는 '자기보다 큰 놈이면 싸움을 걸고, 작은 놈은 피하라'는 전략이다. 이 전략이 역설적인 이유는 명백하다. 상식에 완전히 반대되기 때문이다. 그러나 이 전략이 안정한 전략인 이유는, 모두가 역설적 전략을 취하는 개체군에서는 누구도 부상을 입지 않기 때문이다. 이것은 모든 싸움에서 몸이 큰 쪽이 항상 도망가기 때문이다. 여기에 작은 상대를 괴롭히는 '상식적' 전략을 취하는 평균적 몸 크기를 지닌 돌연변이 개체가 나타난다면, 그 개체는 자신이 마주친 상대의 절반가량과 격한 싸움을 하게 될 것이다. 이것은 그가 자기보다 작은 상대와 마주치면 공격을 하고, 그 작은 개체는 역설적 전략을 취하고 있으므로 공격에 맞서 싸우기 때문이다. 상식적 전략을 취하는 개체(상식파)가 역설적 전략을 취하는 개체(역설파)보다 이길 확률은 높으나, 한편 패할 위험과 크게 다칠 위험도 감수해야 한다. 개체군의 대부분이 역설적 전략을 취하고 있으므로, 상식적 전략을 취하는 개체는 역설적 전략을 취하는 어느 개체보다 다칠 가능성이 높다.

설령 역설적 전략이 안정한 전략이라고 해도 이것은 다만 학문적으로 흥미로운 것에 불과하다. 역설파가 상식파보다 높은 득점을 올리는 것은 그들이 상식파보다 압도적으로 많을 때에만 가능하다. 이 상태가 처음에 어떻게 생겨날 수 있는지 상상하기란 어렵다. 설령 그러한 상태가 생겨났다 해도, 개체군 내에서 역설파에 대한 상식파의 비율이 아주 조금만 증가하면 다른 ESS, 즉 상식파의 ESS의 '유인 지대'에 빨려들고 말 것이다. 이 경우 유인 지대란 상식파가 유리하게 되는 개체군 내 비율의 집합을 말한다. 즉 한 개체군이 이 유인 지대에 들어가면 상식적 전략의 안정점 쪽으로 어쩔 수 없이 빨려들어 가는 것이다. 자연계에서 역설적 ESS의 예를 발견하는 것은 흥분할 만한 일이지만, 정말로 그 예를 발견할 수 있을지는 의문이다. [내가 너무 빨리 이 문장을 써 버렸나 보다. 이 마지막 문장을 쓴 후에 메이너드 스미스 교수가 내게 버제스J. W. Burgess가 멕시코산 사회성 거미인 **오에코비우스 시비타스***Oecobius civitas*(티끌거미의 일종 — 옮긴이)의 행동에 관해 쓴 것을 알려 주었다. "이 거미에게 자극을 주어 은신처에서 나오게 하면 이 거미는 바위를 쏜살같이 가로질러 가 몸을 숨길 빈틈을 찾는데, 만약 빈틈을 찾지 못하면 같은 종 다른 개체의 집으로 달려든다. 도망쳐 온 침입자가 들어왔을 때 거기에 거주하던 거미는 침입자를 공격하지 않고 밖으로 나와 자기가 숨을 곳을 새로이 찾는다. 이 때문에 일단 거미 한 마리를 자극하면 거미들이 차례대로 집을 바꾸는 과정이 수 초 동안 계속되고, 이로 인해 종종 그 집단의 개체 대다수가 자기 집에서 새로운 집으로 이동하게 된다(「사회성 거미Social Spiders」, 『사이언티픽 아메리칸*Scientific American*』, 1976년 3월호). 이 전략은 173쪽에서 설명한 의미에서 볼 때 역설적이다.]*

순위제

만약 개체들이 과거의 싸움에 관해 무언가 기억하고 있다면 무슨 일이 벌어질까? 그것은 그 기억이 개별적인 것인가 아니면 일반적인 것인가에 따라 다르다. 귀뚜라미는 과거 싸움에서 있었던 일에 대해 일반적인 기억을 갖고 있다. 최근에 많은 싸움에서 승리한 귀뚜라미는 매파처럼 행동한다. 반면 계속 지기만 한 귀뚜라미는 비둘기파처럼 행동한다. 이를 알렉산더R. D. Alexander가 근사하게 입증했다. 알렉산더는 모형 귀뚜라미를 사용해 진짜 귀뚜라미를 공격했다. 그다음부터 그 귀뚜라미는 다른 진짜 귀뚜라미와의 싸움에서 지는 일이 많아졌다. 각각의 귀뚜라미는 자기의 개체군 내 개체들의 평균적 전투 능력과 비교해 자기의 전투 능력을 끊임없이 재평가하는 것 같다. 과거의 싸움에 대한 일반적인 기억을 갖고 있는 귀뚜라미와 같은 동물이 일정 기간 동안 밀폐된 집단을 이루면 모종의 우열 순위가 생겨난다.* 그리하여 관찰자는 각 개체를 차례대로 나열할 수 있다. 순위가 낮은 개체는 순위가 높은 개체에게 항복하는 경향이 있다. 개체끼리 서로를 알아본다고 가정할 필요는 없다. 여기서 벌어지는 것은 이기는 데 익숙해진 개체는 계속해서 이기고, 지는 데 익숙해진 개체는 정해 놓고 지기만 하는 것뿐이다. 처음에는 개체들이 완전히 무작위로 이기고 지다가 자연히 개체들 사이에 어떤 순위가 매겨진다. 이것은 부수적으로 집단 내의 심한 다툼을 점차 줄이는 효과가 있다.

이것을 '모종의 우열 순위'라고 했는데, 그 이유는 우열 순위라는 말을 개체들이 서로를 알아보는 경우에만 쓰는 사람들이 많기 때문이다. 이 경우에 과거 싸움의 기억은 일반적이라기보다는 개별적이다. 귀뚜라미는 상대를 알아보지 않지만 닭이나 원숭이는 상대를 알아본다. 당신이 원숭이라면, 과거에 당신을 이긴 적 있는 원숭이는 앞으로도 당신을 이길 가능성이 높다. 이런 경우 개체에게 최선의 전략은 이전에 자기를 이긴 적 있는 개체에 대해서는 비둘기파처럼 행동하는 것이다. 이전에 맞부딪친 적 없는 암탉들을 같이 놔두면 대부분의 경우 엄청나게 싸운다. 시간이 지나면 결국 싸움은 줄어드는데, 이유는 귀뚜라미의 경우와 다르다. 암탉의 경우 싸움이 줄어드는 것은 각 개체가 다른 개체에 대한 '자신의 지위를 배우기' 때문이다. 이것은 부수적으로 집단 전체에게 좋다. 그 증거로서, 순위가 정해져 있어 심한 싸움이 거의 일어나지 않는 암탉의 무리가 끊임없이 구성원이 바뀌어 항상 싸움이 일어나는 무리보다 산란율이 훨씬 높다는 사실은 이미 알려져 있다. 생물학자들은 흔히 순위제의 생물학적 이점 또는 '기능'은 집단 내에서 공공연하게 벌어지는 공격을 줄이는 것이라고 한다. 그러나 이러한 설명은 옳지 않다. 순위제 **그 자체**는 집단의 특성이지 개체의 특성이 아니기 때문에 진화적 의미에서 '기능'을 가졌다고 할 수 없다. 집단 수준에서 볼 때 순위제의 형태로 나타나는 개체의 행동 패턴에는 기능이 있다고 할 수 있을지 모르나, '기능'이라는 말 대신에 개체 인식과 기억이라는 두 기작이 존재하는 비대칭적 싸움에서의 ESS라는 관점으로 생각하는 것이 훨씬 바람직하다.

같은 종끼리 또는 다른 종끼리

지금까지는 동종 개체 간의 싸움에 관해 생각해 보았다. 그렇다면 종 간의 다툼은 어떠할까? 앞서 말한 대로 다른 종의 구성원은 같은 종의 구성원에 비하면 그렇게까지 직접적인 경쟁 상대가 아니다. 이 때문에 자원을 놓고 다른 종 간에 다툼이 생기는 경우는 그리 많지 않을 것이라 기대할 수 있으며, 이는 실제로도 그러하다. 가령 울새는 다른 울새에 대해서는 영역을 방어하지만 박새에 대해서는 방어하지 않는다. 어떤 숲속에 있는 울새들의 영역을 지도에 표시할 수 있고 그 위에 박새들의 영역을 겹쳐 그릴 수 있다. 이 두 종의 영역은 서로 상관없이 완전히 겹쳐 그릴 수 있다. 마치 두 지도가 별개의 행성 위에 그려져 있는 듯 말이다.

그런데 다른 종 개체들의 이해관계가 첨예하게 대립하는 경우도 있다. 가령 사자는 영양을 잡아먹고 싶어 하나 영양은 전혀 생각이 다르다. 보통 이것을 자원에 대한 경쟁이라고 보지 않는 경향이 있으나, 논리적으로 생각해 보면 그렇게 보지 않을 이유가 없다. 이때의 자원은 고기다. 사자의 유전자는 자기의 생존 기계의 먹이로서 그 고기를 '원한다'. 영양의 유전자는 자기의 생존 기계를 위해 일하는 근육이나 기관으로서 그 고기를 필요로 한다. 그 고기의 두 가지 용도는 서로 양립할 수 없는 것이므로 이해관계가 대립하는 것이다.

자기 종의 구성원 또한 고기로 되어 있다. 그런데 왜 서로 잡아먹는 일이 비교적 드문 것일까? 검은머리갈매기의 경우에서 보았듯이 어른 개체는 때때로 자기 종의 새끼를 먹는다. 그러나 육식 동물이 자기 종의 다른 어른 개체를 먹으려고 적극적으로 쫓는 일은 결코 없다. 왜 그런 걸까? 우리는 여전히 진화를 '종의 이익' 관점에서 보는 견해에 너무 익숙해져 있어서 "사자는 왜 다른 사자를 사냥하지 않는가?"와 같은 아주 타당한 질문을 하지 않는다. 누구도 던지지 않는 좋은 질문 중에는 "영양은 왜 반격하지 않고 사자로부터 도망치는가?"라는 것도 있다.

사자가 사자를 잡아먹지 않는 것은 그것이 그들에겐 ESS가 아니기 때문이다. 동종끼리 서로 잡아먹는 전략은 앞에서 살펴본 매파의 전략과 같은 이유로 불안정하다. 또 보복의 위험도 너무 크다. 그러나 이것은 다른 종 간의 싸움에는 별로 해당되지 않는다. 대개 피식자 동물이 보복하지 않고 도망치는 것은 바로 이 때문이다. 이것은 다른 종의 두 개체 간 상호 작용에는 같은 종의 개체 간보다 더 큰 비대칭, 즉 더 큰 차이가 내재되어 있기 때문일 것이다. 개체 간 싸움에서 큰 비대칭이 존재할 때 ESS는 항상 그 비대칭에 근거한 조건부 전략이 될 가능성이 크다. 다른 종 간의 다툼에서 이용될 수 있는 비대칭은 얼마든지 있으므로 '작으면 도망가고 크면 공격하라'는 식의 전략이 훨씬 진화하기 쉽다. 예컨대 사자와 영양은 진화적 분기分岐를 거쳐 어떤 안정 상태에 이르렀는데, 이들이 겪어 온 진화적 분기는 이들 간의 싸움에 본래 존재하던 비대칭을 점점 더 증폭시키는 것이었다. 그들은 각각 쫓고 쫓기는 데 대가가 되었다. 사자에게 '맞서는' 전략을 취하는 돌연변이의 영양이 있다 해도 그는 지평선 너머로 도망쳐 사라지는 영양보다 성공적일 수 없을 것이다.

ESS 개념

다윈 이후 진화론에서 가장 중요한 진보를 꼽으라면, ESS 개념의 창안을 들어야 할 것이다.* 이 개념은 이해 대립이 있는 경우라면, 즉 거의 어디에나 적용될 수 있다. 동물 행동을 연구하는 학생들은 '사회 조직'이라고 불리는 것에 대해 이야기하는 습관이 있다. 어떤 종의 사회 조직은 그 자체로 생물학적 '이점'을 지닌 독자적 실체로서 취급되는 경우가 너무도 많다. 그 단적인 예가 바로 앞서 설명한 '순위제'다. 생물학자들이 사회 조직에 대해 언급하는 내용 상당수의 배후에는 집단선택주의자의 가정이 숨어 있을 것이라고 나는 믿는다.

메이너드 스미스의 ESS 개념은 독립된 이기적 실체가 어떻게 해서 조직화된 전체를 닮게 되는가를 우리에게 최초로 가르쳐 줄 것이다. 이 사실은 종 내의 사회 조직뿐만 아니라 많은 종으로 이루어진 '생태계'나 '군집'에 대해서도 마찬가지일 것이다. 장기적인 안목에서 보면 ESS 개념은 생태학에 혁명을 불러일으킬 것이다.

ESS 개념은 우리가 3장에서 뒤로 미뤘던, 좋은 팀워크를 필요로 하는 한 보트 안의 조정 선수(한 몸 안의 유전자에 해당)에의 비유에도 적용할 수 있다. 유전자는 혼자 있을 때 '좋은 것'이 아니라, 유전자 풀 내 다른 유전자를 배경으로 할 때 좋은 것이어야 선택된다. 좋은 유전자는 수 세대에 걸쳐 몸을 공유해야 할 다른 유전자와 잘 어울리고 또 상호 보완적이어야 한다. 식물을 잘게 씹는 이빨의 유전자는 초식 동물의 유전자 풀 내에서는 좋은 유전자지만 육식 동물의 유전자 풀에서는 나쁜 유전자이다.

서로 잘 어울리는 유전자의 세트가 **하나의 단위로서** 함께 선택되는 것은 상상할 수 있다. 3장에서 설명한 의태하는 나비의 경우에는 정말로 그런 것 아닐까 싶은 생각이 든다. 그러나 ESS 개념은 우리에게 독립적인 유전자 수준에서의 선택으로도 이와 똑같은 결과가 얻어질 수 있다는 것을 알려 준다. 유전자들이 같은 염색체상에서 연관되어 있을 필요는 없는 것이다.

조정 선수에의 비유는 실제로 아직 이 아이디어를 설명하는 데까지는 이르지 못했다. 이에 가장 가까운 설명은 다음과 같은 것이다. 경주에서 이기려면 팀의 선수들끼리 언어로 자기가 할 일을 조정하는 것이 중요하다고 하자. 또한 코치의 지휘하에 있는 선수들 중 어떤 선수는 영어밖에 못하고 어떤 선수는 독일어밖에 못한다고 하자. 영국인이 항상 독일인보다 노 젓는 것이 낫거나 서툴거나 하지는 않다. 그러나 의사소통이 중요하기 때문에 영국인과 독일인이 섞인 팀이 영국인만으로 구성된 팀이나 독일인만으로 구성된 팀에 비해 이기는 횟수가 적을 것이다.

코치는 이를 모른다. 그는 선수를 마구 섞어서 이긴 팀의 보트에 탔던 선수에게 점수를 주고, 진 팀의 보트에 탔던 선수는 점수를 깎는다. 그 코치가 데리고 있는 선수 풀에 우연히도 영국인이 많으면, 어떤 보트에 탄 한 독일인은 의사소통이 되지 않으므로 그 팀을 지게 만들기 쉬울 것이다. 반대로 선수 풀에 우연히 독일인이 많을 때에는, 한 명의 영국인 때문에 그 팀은 경주에서 질 수도 있다. 종합적으로 최상의 팀이 되려면 두 개의 안정 상태 중 하나일 때, 즉 전원이 영국인이든지 전원이 독일인이든지 하는 상태여야 한다. 언뜻 보면 마치 코치가 특정 언어를 쓰는 선수 그룹을 단위로 하여 선택한 듯 보인다. 그러나 이것은 그가 하는 일과는 거리가 멀다. 그는 경주에서 이기는 능력에 근거하여 선수들을 개별적으로 선발할 뿐이다. 어떤 선수가 경주에서 이길 것인가는 대기 선수의 풀에 어떤 선수들이 있는가에 달려 있다. 영국인이든지 독일인이든지 소수로 존재하는 대기 선수들은 자동적으로 불리하지만, 그것은 노 젓는 것이 서툴러서가 아니라 단지 그들이 소수이기 때문이다. 이와 유사하게, 서로 잘 어울리는 유전자가 같이 선택됐다고 해서 반드시 유전자 집단이 선택의 단위가 되어야(나비의 예에서처럼) 하는 것은 아니다. 유전자 하나의 낮은 수준에서 선택이 진행되더라도 더 높은 수준에서 선택이 진행되는 것 같은 인상을 줄 수도 있다.

이 예에서 선택은 단순한 일치를 선호한다. 그러나 이보다 더욱 흥미로운 것은 서로를 보완하는 유전자들이 선택될 수도 있다는 것이다. 비유적으로, 아주 이상적인 팀 구성은 오른손잡이 네 명과 왼손잡이 네 명이라고 가정해 보자. 그리고 아까와 같이 코치는 이 사실을 모르고, 단순히 선수의 '성적'을 기준으로 선발한다고 가정하자. 그런데 대기 선수 풀에 우연히 오른손잡이가 많다면 왼손잡이 선수는 유리한 입장에 놓일 것이다. 자기가 타고 있는 보트를 이기게 할 수 있으므로 좋은 선수인 것처럼 보일 것이다. 반대로 왼손잡이가 많은 선수 풀에서는 오른손잡이가 유리할 것이다. 이것은 비둘기파의 개체군 내에서는 매파가, 매파 개체군 내에서는 비둘기파가 성공적인 것과 같다. 다른 점이라면 비둘기파와 매파의 예는 개체 간의, 즉 이기적 기계 간의 상호 작용에 대한 것인 데 비해, 우리의 예에서는 체내 유전자 간의 상호 작용을 비유해서 다루고 있다는 것이다.

코치가 맹목적으로 '좋은' 선수를 뽑아도 결국은 왼손잡이 네 명과 오른손잡이 네 명으로 구성되는 이상적인 팀이 만들어질 것이다. 그것은 마치 코치가 균형 잡힌 하나의 완전한 단위로서 선수들을 뽑은 것처럼 보인다. 그러나 코치가 한 수준 아래, 즉 개개의 후보 수준에서 선택한다고 보는 것이 부가적인 가정이 필요 없는, 더 '인색'한 견해일 것이다(간결하고 명료한 이론을 위해서 생물학에서는 어떤 현상에 대해 더 인색한 설명을 채택하는 경향이 있다. 이를 인색 원리law of parsimony라고 한다 — 옮긴이). 왼손잡이 네 명, 오른손잡이 네 명의 진화적으로 안정한 상태(여기서 '전략'이라는 말은 오해를 불러일으키기 쉽다)는 단순히 성적에 기초한 한 단계 낮은 수준에서의 선택에 따라 얻어지는 결과일 뿐이다.

유전자 풀은 오랜 기간에 걸친 유전자의 환경이다. '좋은' 유전자란 맹목적으로 선택되어 유전자 풀에서 살아남은 것이다. 이것은 이론이 아니다. 관찰된 사실도 아니다. 이것은 동어 반복일 뿐이다. 그렇다면 좋은 유전자는 어떤 속성을 지니고 있는가? 이에 대해 나는 앞서 좋은 유전자는 유능한 생존 기계, 즉 몸을 만드는 능력을 갖고 있다고 말한 바 있다. 그러나 이제는 이를 수정해야 할 때다. 유전자 풀은 **진화적으로 안정한 유전자들의 세트**가 될 것이며, 이는 어떠한 새로운 유전자도 침입할 수 없는 유전자 풀로 정의된다. 돌연변이나 재조합, 또는 이입으로 생기는 새로운 유전자는 대부분이 자연선택의 벌을 받아 즉시 제거되고 진화적으로 안정한 유전자 세트는 복원된다. 어떤 새로운 유전자가 그 세트에 침입하는 데 성공해 유전자 풀 내에 퍼져 나가는 경우도 있다. 그러면 불안정한 과도기를 거쳐 진화적으로 안정한 새로운 조합이 만들어진다. 작은 진화가 일어나는 것이다. 공격 전략에 대한 예에서 설명했던 것처럼, 개체군에는 또 다른 안정점이 하나 이상 존재할 수 있고 때때로 이쪽 안정점에서 저쪽 안정점으로 갑자기 펄쩍 뛰어넘기도 한다. 진보를 향한 진화는 꾸준히 올라가는 과정이 아니라 오히려 한 안정기에서 다음 안정기로 불연속적인 계단을 올라가는 과정일지도 모른다.* 개체군 전체가 마치 하나의 자기 조절 단위인 것처럼 보일 수 있다. 그러나 이런 착각은 유전자의 수준에서 진행되는 선택 때문에 생기는 것이다. 유전자는 그 '우수성' 때문에 선택된다. 그러나 그 우수성은 진화적으로 안정한 세트, 즉 현재의 유전자 풀을 배경으로 했을 때 그 성과가 얼마나 뛰어난지에 기초하여 결정된다.

메이너드 스미스는 개체들 사이에서 벌어지는 공격적 상호 작용에 초점을 맞춤으로써 이 과정을 분명히 설명할 수 있었다. 매파의 몸의 개수와 비둘기파의 몸의 개수 사이에 안정한 비율이 존재한다는 것을 생각하기는 어렵지 않다. 왜냐하면 몸은 큰 물체여서 우리가 눈으로 볼 수 있기 때문이다. 그러나 이와 같이 **다른** 몸속에 들어앉아 있는 유전자 간에 벌어지는 상호 작용은 빙산의 일각에 불과하다. 진화적으로 안정한 세트, 즉 유전자 풀 내에서 유전자 간의 상호 작용 대부분은 하나의 몸속에서 벌어진다. 이들의 상호 작용은 세포 내에서, 특히 발생 중인 배의 세포 내에서 일어나기 때문에 육안으로 보기는 어렵다. 모든 것이 잘 통합된 몸이 존재하는 것은, 그것이 이기적 유전자들의 진화적으로 안정한 세트가 만들어 낸 산물이기 때문이다.

그러나 이 책의 주제인 동물 개체들 간의 상호 작용 수준으로 되돌아가야 한다. 공격성을 이해하기 위해서는 개개의 동물을 독립된 이기적 기계로 보는 것이 편리했다. 이러한 모델은 우리가 형제자매, 사촌, 부모 자식 간과 같은 가까운 혈연자를 다룰 때는 더 이상 성립하지 않는다. 혈연자끼리는 상당히 많은 유전자를 공유하기 때문이다. 따라서 하나의 이기적 유전자를 위해 다른 여러 개의 몸이 충성을 다한다. 이것에 관해서는 다음 장에서 설명하겠다.

6장

Genesmanship

유전자의 행동 방식

이기적 유전자와 이타주의

이기적 유전자란 무엇일까? 그것은 단지 DNA의 작은 조각에 불과한 것이 아니다. 원시 수프에서처럼, 그것은 온 세상에 퍼져 있는 특정 DNA 조각의 **모든 복사본들**이다. 우리가 원한다면 언제라도 적절한 용어로 고칠 수 있다는 것을 염두에 두고 유전자가 마치 의식적으로 목적을 갖고 있는 듯 이야기한다면, 우리는 이기적 유전자의 목적이 무엇인가 질문할 수 있다. 이기적 유전자의 목적은 유전자 풀 속에 그 수를 늘리는 것이다. 유전자는 기본적으로 그것이 생존하고 번식하는 장소인 몸에 프로그램 짜 넣는 것을 도와줌으로써 이 목적을 달성한다. 그러나 우리는 이제 유전자가 다수의 다른 개체 내에 동시에 존재하는 분산된 존재라는 것을 강조하고자 한다. 이 장의 핵심은 유전자가 남의 몸속에 들어앉아 있는 자신의 **복사본**을 도울 수 있다는 것이다. 만약 그렇다면 이것은 개체의 이타주의로 나타나겠지만, 그것은 어디까지나 유전자의 이기주의에서 생겨난 것이다.

알비노 유전자, 녹색 수염

인간의 알비노(선천성 색소 결핍증 — 옮긴이) 유전자를 생각해 보자. 실제로 알비노를 일으키는 유전자는 여러 개가 있으나 여기서는 그중 하나에 대해서만 이야기하기로 한다. 이 유전자는 열성이다. 즉 어떤 사람이 알비노가 되려면 이 유전자가 두 개 존재해야만 한다. 약 2만 명 중 한 명 정도는 이렇게 알비노가 된다. 그러나 70명 중 한 명 정도는 이 유전자를 하나만 가지고 있는데, 이들은 알비노가 아니다. 알비노 유전자와 같은 유전자는 많은 개체에 퍼져 있기 때문에 이론상 자기가 머물고 있는 몸이 다른 알비노 개체의 몸에게 이타적으로 행동하도록 프로그램함으로써 유전자 풀 속에서 자기의 생존을 도울 수 있다. 알비노 개체는 자신의 몸에 들어 있는 유전자와 동일한 유전자를 갖고 있음이 분명하기 때문이다. 알비노 유전자가 들어 있는 몇 사람의 죽음으로 같은 유전자를 가진 다른 몸이 생존할 수 있다면 알비노 유전자로서는 매우 다행한 일일 것이다. 만약 알비노 유전자가 들어앉은 몸 하나가 다른 알비노 10명의 생명을 구할 수 있다면, 그 이타주의자가 죽더라도 유전자 풀 속의 알비노 유전자 수가 증가해 그 죽음이 충분히 보상되는 것이다.

그러면 알비노끼리는 특별히 서로에게 더 친절한 걸까? 아마도 실제는 그렇지 않을 것이다. 그 이유를 알기 위해서는, 유전자를 의식적인 존재에 비유했던 것을 일시적으로 중단해야만 한다. 왜냐하면 여기서 그런 비유를 쓰면 분명 오해를 일으킬 소지가 있기 때문이다. 다소 설명이 길어질지 몰라도 적절한 용어로 바꿔야겠다. 알비노 유전자는 실제로 살고 싶다든가 다른 알비노 유전자를 돕고 싶다든가 하지 않는다. 그러나 알비노 유전자가 어쩌다가 자신이 들어 있는 몸이 다른 알비노에 대해 이타적으로 행동하도록 했다면, 결과적으로 유전자 풀 내에서 그 수가 늘어날 것이다. 하지만 그렇게 되기 위해서는 그 유전자가 몸에 대해 두 가지의 독립적인 효과를 내야만 한다. 그것은 심하게 하얀 피부를 만들어 내는 보통의 효과뿐 아니라, 심하게 하얀 피부를 지닌 사람에게 선택적으로 이타적 행동을 하는 경향을 만들어 내는 효과도 있어야 한다. 이와 같은 이중 효과를 가진 유전자가 만일 존재한다면 그것은 개체군 내에서 엄청난 성공을 거둘 수 있을 것이다.

3장에서 강조한 대로 유전자가 여러 형질에 영향을 미친다는 것은 사실이다. 하얀 피부든 녹색 수염이든 다른 어떤 유별난 특징이든 간에, 겉으로 보이는 '표시'와 그 표시의 주인에게 특히 친절하게 하는 경향을 동시에 발현시키는 유전자가 생기는 것은 이론적으로 가능하다. 그러나 가능하긴 하지만 가능성이 특별히 높을 것 같지는 않다. 녹색 수염은 살을 파고들며 자라는 발톱 등과 같은 다른 어떤 형질과도 연관될 수 있으며, 녹색 수염에 대한 호감은 프리지어 향기를 맡지 못하는 형질과도 연관될 수 있다. 하나의 동일한 유전자가 표시와 그 표시에 대한 이타주의 둘 다를 만들어 낼 가능성은 아마도 그리 크지 않을 것이다. 그럼에도 불구하고 '녹색 수염 이타주의 효과'의 존재는 이론상 가능하다.

녹색 수염과 같은 임의의 표시는 한 유전자가 다른 개체 내에서 자기 사본을 '알아보는' 방법 중 하나일 뿐이다. 그렇다면 다른 방법도 있을까? 특히 직접적으로 가능한 방법으로는 다음과 같은 것이 있다. 이타적 유전자를 갖고 있는 개체를 단순히 이타적 행위를 한다는 사실로 알아보는 것이다. 어떤 유전자가 자기 몸에게 "A가 물에 빠진 자를 건지려다 물에서 못 나오면 뛰어들어 A를 구하라"는 식으로 '말한다'면 이 유전자는 유전자 풀 속에서 번영할 것이다. 이와 같은 유전자가 성공하는 이유는 A가 남의 생명을 구하는 이타적 유전자를 가지고 있을 확률이 평균보다 높기 때문이다. A가 다른 누군가를 도우려 했다는 것이 녹색 수염과 같은 일종의 표시가 되는 것이다. 이것은 녹색 수염만큼 자의적인 표시는 아니지만, 여전히 별로 그럴싸해 보이지 않는다. 유전자가 다른 개체 내에서 자기의 사본을 '알아보는' 그럴싸한 방법이 있을까?

혈연자

한 가지 방법이 있다. 가까운 **친척**, 즉 혈연자가 유전자를 공유할 확률이 평균보다 높다는 것을 증명하기는 어렵지 않다. 이 때문에 그토록 많은 부모들이 새끼에게 이타적 행동을 한다는 것은 이미 오래전에 밝혀진 사실이다. 피셔, 헐데인J. B. S. Haldane, 그리고 특히 해밀턴이 알아낸 것은 이를 다른 혈연자(형제자매, 조카, 가까운 친척)에게도 적용할 수 있다는 것이다. 가령 열 사람의 혈연자를 구하기 위해 한 개체가 죽었을 경우, 혈연 이타주의 유전자의 사본 하나는 없어지지만 같은 유전자의 보다 많은 사본이 구조되는 셈이다.

그러나 '보다 많은 사본'이라는 것은 다소 모호하다. '혈연자'라는 것도 그러하다. 해밀턴이 입증한 것처럼 우리도 이를 조금 더 분명히 할 수 있다. 1964년 발표된 해밀턴의 두 논문은 지금까지의 사회성 동물행동학 문헌 중 가장 중요한 것인데, 이들 논문이 그간 왜 동물행동학자들에게 무시되어 왔는지 이해가 안 된다(그의 이름은 1970년에 출간된 두 종의 중요한 동물행동학 교과서의 색인에서조차 없다).* 다행히 최근 그의 이론에 대한 관심이 되살아나고 있다. 해밀턴의 논문은 다소 수학적이지만, 정확한 수식 없이 직관적으로도 기본 원리를 쉽게 터득할 수 있다. 비록 지나치게 단순화시키는 것에도 문제가 있겠지만 말이다. 우선 우리가 계산하려는 것은, 예컨대 자매와 같은 두 개체가 특정한 유전자를 공유할 확률이다.

논의를 쉽게 하기 위해 전체 유전자 풀에서 드물게 존재하는 유전자에 대해 이야기해 보자.* 대부분의 사람들은 혈연관계든 아니든 '알비노가 되지 않게 하는 유전자'를 공유하고 있다. 이 유전자가 이토록 흔한 것은 자연계에서는 알비노가 비非알비노에 비해 생존이 어렵기 때문이다. 예컨대 햇빛에 눈이 부셔 다가오는 포식자를 알아채지 못하는 식으로 말이다. 여기서 우리는 비알비노 유전자와 같이 명백히 '좋은' 유전자가 왜 유전자 풀 내에 널리 퍼졌는지를 설명하려는 것이 아니다. 유전자의 이타성 때문에 유전자 풀 내에서 그 유전자가 퍼진다는 것을 설명하고 싶은 것이다. 따라서 적어도 이 진화 과정의 초기 단계에서만큼은 그 유전자가 드문 것이었다고 가정할 수 있다. 이제 중요한 것은, 개체군 전체에서는 드물더라도 어떤 가족 내에서는 흔히 존재하는 유전자가 있다는 점이다. 나도 개체군 전체에서는 드물게 나타나는 유전자를 많이 가지고 있고 당신도 마찬가지다. 우리 두 사람이 드문 유전자를 공유할 확률은 극히 낮다. 그러나 나의 누이가 나와 똑같은 드문 유전자를 갖고 있을 확률은 어느 정도 있으며, 당신의 누이가 당신과 공통으로 드문 유전자를 갖고 있을 확률 또한 같은 정도다. 이 경우 그 확률은 정확히 50퍼센트다. 그 이유는 쉽게 설명된다.

당신이 유전자 G의 사본 한 개를 가지고 있다고 가정하자. 그것은 틀림없이 당신의 아버지나 어머니 중 어느 한편에서 받았을 것이다(편의상 여러 가지 드문 가능성들, 즉 G가 새로운 돌연변이라거나, 부모 모두가 그것을 가지고 있을 경우, 또는 부모 중 누군가가 그 사본을 두 개 가지고 있는 경우 등은 무시하기로 한다). 이 유전자를 당신에게 준 사람이 아버지였다고 하자. 이 경우 아버지의 체세포는 모두 G의 사본을 한 개 가지고 있었다는 것이 된다. 당신은 인간이 정자를 만들 때 자기의 유전자를 절반씩 나눈다는 것을 기억할 것이다. 그러므로 당신의 누이를 만든 정자가 유전자 G를 받았을 확률은 50퍼센트다. 한편 당신이 어머니로부터 G를 받았다고 하면, 같은 이유로 어머니가 만든 난자의 절반이 G를 가지고 있었을 것이며, 누이가 G를 가지고 있을 확률 또한 50퍼센트다. 이것은 당신에게 1백

명의 형제자매가 있다면, 그중 약 50명이 당신이 가진 것과 똑같은 드문 유전자를 갖고 있다는 말이 된다. 또 당신이 드문 유전자를 1백 개 갖고 있다면, 그중 약 50개는 형제 또는 자매 누군가의 몸에 들어 있다는 말도 된다.

근연도

친족 관계인 개체에 대해서는 멀거나 가깝거나 관계없이 이와 같은 식으로 계산할 수 있다. 중요한 것은 부모와 자식 간의 관계다. 당신이 유전자 H의 사본을 한 개 가지고 있다면, 당신 아이들 중 어느 한 아이가 그것을 갖게 될 확률은 50퍼센트다. 왜냐하면 당신의 생식 세포의 반수가 H를 가지고 있고, 당신 아이들은 누구라도 그 생식 세포의 하나로부터 만들어졌기 때문이다. 당신이 유전자 J를 한 개 가지고 있다면, 당신 아버지가 J를 가지고 있을 확률은 50퍼센트다. 왜냐하면 당신은 자신의 유전자 절반을 아버지로부터, 나머지 절반은 어머니로부터 받았기 때문이다. 편의상 두 사람의 혈연자가 한 개의 유전자를 공유할 확률을 나타내는 **근연도**relatedness라는 지표를 쓰기로 하자. 두 사람이 형제간인 경우, 한 사람이 가지고 있는 유전자의 절반을 그 형제도 갖고 있을 것이므로 그 근연도는 1/2이다. 이것은 평균적 수치다. 즉 감수 분열이라는 제비뽑기에서 얼마나 행운이 따르느냐에 따라 어떤 형제들 사이에서 공유하는 유전자는 이보다 많을 수도 있고 적을 수도 있다. 그러나 부모와 자식 간의 근연도는 언제나 반드시 1/2이다.

매번 처음부터 이런 계산을 거쳐 가는 것은 다소 번거로운 일이므로, 임의의 두 개체 A와 B 사이의 근연도를 산출할 수 있는 간단한 계산법을 여기에 제시하고자 한다. 이 방법은 유언장을 작성할 때나 가족의 닮은 점을 밝히는 데 유용할 것이다. 단순한 경우라면 어디에나 적용되지만, 근친 교배가 일어날 때나 다음에 살펴볼 특정 곤충에게는 적용될 수 없다.

우선 A와 B의 **공동 조상**을 모두 밝힌다. 가령 사촌 간인 경우 공동 조상은 그들의 할아버지와 할머니다. 공동 조상이 밝혀지면 논리적으로 그 공동 조상의 조상은 A와 B 모두에게 공동 조상이다. 그러나 가장 가까운 공동 조상 외에는 모두 무시하기로 하자. 그러면 사촌끼리의 공동 조상은 두 명뿐이다. 만일 B가 A의 직계 자손(A가 B의 증조부)이라면 A 자신이 우리가 찾고 있는 '공동 조상'이 된다.

A와 B의 공동 조상이 밝혀지면 다음과 같이 **세대 간격**을 센다. 우선 A에서부터 한 공동 조상에 이르기까지 가계도를 거슬러 올라갔다가 거기서 다시 B까지 내려간다. 올라가는 계단 수와 다시 내려오는 계단 수의 합계가 세대 간격이다. 가령 A가 B의 작은아버지라면 세대 간격은 3이다. 이 경우 공동 조상은, 예를 들자면 A의 아버지이자 B의 할아버지가 된다. A에서 출발해 그 공동 조상과 만나기까지는 한 세대를 거슬러 올라가야 한다. 그다음 거기서 B까지 내려오는 데는 다른 쪽으로 두 세대를 내려가야 한다. 따라서 세대 간격은 1+2=3이다.

한 공동 조상을 경유한 A, B 간의 세대 간격을 알았으면, 그 조상에 기인한 근연도의 일부분을 계산한다. 이것을 계산하려면 세대 간격의 각 계단마다 1/2을 곱한다. 세대 간격이 3이라면 1/2×1/2×1/2, 즉 $(\frac{1}{2})^3$이 된다. 한 특정 조상을 경유한 세대 간격이 g라면 그 조상을 경유한 근연도의 일부분은 $(\frac{1}{2})^g$이다.

그러나 이것은 A, B 간 근연도의 일부분일 뿐이다. 그들에게 공동 조상이 두 사람 이상일 때에는 각각의 조상에 대해 같은 식으로 수치를 계산하여 더해야 한다. 보통 두 개체의 공동 조상들을 경유한 세대 간격은 모든 공동 조상에 대해 같다. 그러므로 공동 조상 중 어떤 한 사람을 경유한 A, B 간의 근연도를 계산했으면, 다음에 실제로 해야 할 일은 공동 조상의 수를 곱하는 것이다. 가령 사촌 간에는 공동 조상이 2명이고, 그 각각을 경유하는 세대 간격은 4이다. 따라서 사촌 간의 근연도는 $2\times(½)^4=1/8$이다. A가 B의 증손이라면 세대 간격은 3이고, 공동 '조상'의 수는 1(B 자신)이므로 근연도는 $1\times(½)^3=1/8$이 된다. 유전적으로 보면 사촌은 증손과 동급인 셈이다. 마찬가지 논리로 당신은 할아버지〔근연도 $1\times(½)^2=1/4$〕를 닮은 것과 같은 정도로 작은아버지〔$2\times(½)^3=1/4$〕를 '닮았다'.

8촌처럼 먼 친척 관계〔$2\times(½)^8=1/128$〕에 대해서는 특정 개체가 가진 특정한 한 유전자를 전체 개체군 내 임의의 개체가 공유할 확률로 정의되는 '기준 확률'에 가까워진다. 8촌 간은 이타적 유전자의 관점에서 보면 지나가는 행인과 같다고 해도 과언이 아니다. 6촌끼리(근연도 1/32)는 아주 조금만 특별할 뿐이며, 사촌끼리(1/8)는 이것보다 조금 더 특별하다. 친형제와 친자식(1/2)은 매우 특별한 존재들이다. 그리고 일란성 쌍둥이끼리(근연도 1)는 자기 자신만큼 특별하다. 삼촌(외삼촌)과 고모(이모), 조카, 할아버지·할머니와 손자, 배다른 형제자매는 근연도가 1/4이기 때문에 그 중간 정도다.

혈연 이타주의 유전자

이제 혈연 이타주의 유전자에 대해 좀 더 정확하게 이야기해 보자. 사촌 다섯 명을 구하기 위해 자기의 생명을 버리는 유전자가 개체군 내에 많아질 리는 없으나, 형제 다섯 명이나 사촌 열 명 때문에 생명을 버리는 유전자의 수는 많아질 것이다. 이타적 자살 유전자가 성공하기 위한 최소의 조건은 그 유전자가 형제(또는 자식이나 부모) 두 명 이상, 배다른 형제(또는 삼촌이나 외삼촌, 고모나 이모, 조카, 조카딸, 할아버지·할머니, 손자) 네 명 이상, 또는 사촌 여덟 명 이상을 구해야 한다는 것이다. 평균적으로 이런 유전자는 자신이 구조한 많은 개체의 몸속에서 살아가게 된다. 이타주의자 자신의 죽음에 따른 손실을 보상받는 것이다.

어떤 사람이 자기의 일란성 쌍둥이라는 사실이 확실하다면 우리는 그 사람의 행복을 자기 것과 마찬가지로 중요하게 여길 것이다. 쌍둥이 이타주의 유전자는 그것이 어떤 것이든지 쌍둥이 모두에게 있을 것이므로, 한쪽이 다른 쪽을 살리고 영웅적으로 죽어도 그 유전자는 살아남는다. 아홉 줄 아마딜로는 네 마리의 일란성 쌍둥이를 낳는다. 아직까지 아마딜로 새끼들의 영웅적인 자기희생 사례는 보고되지 않았으나 모종의 강력한 이타주의가 있을 것이라 추정되어 왔다. 누구라도 남아메리카에 가서 한번 살펴볼 가치가 분명히 있는 일이다.*

이제 우리는 부모의 자식 돌보기는 혈연 이타주의의 특수한 예에 불과하다는 것을 알 수 있다. 유전적으로 말하면, 만약 갓난아기인 동생이 고아가 됐을 경우 형제들은 이 어린 동생을 자기의 친자식처럼 열심히 돌봐 줘야 할 것이다. 근연도가 똑같이 1/2이기 때문이다. 유전자선택의 용어로 말하자면, 누나의 이타적 행동에 대한 유전자가 개체군 내에 퍼질 확률은 부모의 이타적 행동에 대한 유전자와 같은 정도여야 한다. 그러나 이것은 다음에 설명할 여러 이유에서 볼 때 지나치게 단순화시킨 것이며, 실제로 자연계에서 누나 또는 형이

동생을 돌보는 것은 부모가 자식을 돌보는 것만큼 흔하지 않다. 그러나 여기서 말하고 싶은 것은, 부모 자식 간의 관계가 형제자매 간의 관계에 비해 '유전적'으로 더 특별할 것은 없다는 사실이다. 부모가 실제로 자식에게 유전자를 건네주는 데 반해 자매간에는 유전자를 주고받지 않는다는 지적은 부적절하다. 왜냐하면 자매는 같은 부모로부터 같은 유전자의 복사본을 물려받기 때문이다.

혈연선택

어떤 사람은 이러한 형태의 자연선택을 집단선택(집단 간의 차등적 생존)이나 개체선택(개체 간의 차등적 생존)과 구별하여 **혈연선택**kin selection이라고 한다. 혈연선택은 가족 내 이타주의를 설명한다. 가까운 혈연관계일수록 선택이 강하게 작용한다. 이 용어에 잘못된 것은 아무것도 없으나 불행하게도 최근 이 용어의 오용이 심각한 상태이므로 사용을 금해야 할지도 모르겠다. 그렇지 않으면 앞으로 수년간 생물학자들은 혼란에 빠질 것이다. 윌슨E. O. Wilson은 저서 『사회생물학: 새로운 종합*Sociobiology: The New Synthesis*』에서 혈연선택을 집단선택의 특수한 예로서 정의한다. 그의 책에는 그가 혈연선택을 '개체선택'과 '집단선택'(통상적 의미, 즉 1장에서 설명했던 의미의 집단선택) 사이에 위치하는 것으로 생각하고 있음을 명백히 드러내는 그림이 하나 있다. 그런데 집단선택은 윌슨 자신의 정의에서도 집단 간 차등적 생존을 의미한다. 확실히 어떤 의미에서 가족은 특수한 집단이라고 할 수 있다. 그러나 해밀턴의 주장의 요점은 가족과 비가족을 구분 짓는 분명한 경계가 존재하지 않는다는 것이다. 단지 그 경계에 대한 수리적 확률이 존재할 뿐이다. 해밀턴의 이론에는 동물이 '가족 구성원' 전원에 대해 이타적으로 행동하고 다른 개체들에게는 이기적으로 행동한다는 내용이 전혀 포함되어 있지 않다. 가족과 비가족을 구분 짓는 하나의 결정적인 선은 존재하지 않는다. 예컨대 6촌을 가족 집단에 넣을 것인지 말 것인지를 따질 필요는 없다. 다만 6촌이 이타적 행동을 받을 가능성은 아들이나 형제의 1/16이라고 예상할 수 있을 뿐이다. 혈연선택은 절대로 집단선택의 특수한 예가 **아니다**.* 그것은 유전자선택의 특수한 결과다.

윌슨의 혈연선택의 정의에는 더 심각한 문제점이 있다. 윌슨은 일부러 논의에서 자식을 제외한다. 자식은 혈연으로 포함시키지 않는 것이다!* 물론 윌슨도 자식이 부모의 혈연자라는 것을 잘 알고 있으나, 자식에 대한 어버이의 이타적 행위를 설명하기 위해 혈연선택설에 기대기가 싫은 것이다. 물론 윌슨에게는 자기 마음대로 용어를 정의할 자유가 있기는 하지만, 이것은 큰 혼란을 초래하는 정의이므로 나는 윌슨이 자신의 영향력 있는 책의 개정판을 낼 때 그것을 변경해 주기를 바란다. 유전적으로 말해, 부모의 자식 돌보기와 형제자매의 이타주의가 진화할 수 있는 이유는 똑같다. 즉 두 경우 모두 이타적 행동을 받는 개체의 체내에 그 이타적 유전자가 존재할 확률이 큰 것이다.

이 자질구레한 혹평에 대해서 여러분의 양해를 구하며 이제 본래의 주제로 돌아오도록 하겠다. 지금까지 나는 유전자를 지나치게 단순화시켰는데, 이제는 약간 수정해야겠다. 앞에서 나는 자살 유전자가 근연도를 확실히 알고 있는 특정한 수의 혈연자의 생명을 구한다고 단순하게 이야기했다. 그러나 실제로는 동물이 자기가 구조하는 혈연자의 수를 정확히 파악할 것이라고 기대할 수 없고, 가령 누가 형제이고 누가 사촌인지 정확히 알 수 있다고 해도 머릿속에서 해밀턴 식의 계산을 한다고 기대할 수도 없다. 확실한 자살과 절대적 생명 '구조'라는 말은 실생활에서는 자기 자신과 타인들의 **통계적 사망 확률**로 치환되어야 한다. 자기의 사망 확률이 매우 낮다면 8촌 한 사람까지도 구할 가치가 있을 것이다. 그러나 자기가 구해 주려는 혈연자와 자기는 모두 언젠가는 죽을 운명에 있다. 모든 개체에게는 보험 회계사가 일정 오차 확률을 감안하고 산출하는 '기대 수명'이 있다. 기대 수명이 짧은 늙은 혈연자를 구하는 것은, 이 노인과 근연도가 같으면서 아직 살아갈 날이 많은 혈연자를 구하는 것에 비해 미래의 유전자 풀에 미치는 영향이 적다.

우리가 깔끔하게 대칭적으로 산출했던 근연도에도 골치 아픈 보험 회계사 통계에 근거한 가중치를 부여해야 한다. 유전적으로 보았을 때 할아버지·할머니와 손자가 서로에 대해 이타적으로 행동하는 이유는 같다. 그들은 서로 유전자의 1/4을 공유하기 때문이다. 그러나 손자의 기대 수명이 더 길다면, 할아버지·할머니가 손자에게 이타적으로 행동하게 하는 유전자 쪽이 손자가 할아버지·할머니에게 이타적으로 행동하게 하는 유전자보다 더 유리하다. 근연도가 먼 젊은이를 도울 때의 순이익이 근연도가 가까운 노인을 도울 때의 순이익보다 많은 것은 얼마든지 있을 수 있다(할아버지·할머니의 기대 수명이 손자보다 항상 적다고는 할 수 없다. 유아 사망률이 높은 종에서는 그 반대가 맞을 수도 있다).

개체는 생명 보험업자다

보험 회계사에 대한 비유를 확장하면, 개체는 생명 보험업자라고 볼 수 있다. 한 개체는 다른 개체의 생명에 자기의 자산 일부를 투자하거나 내건다고 볼 수 있다. 그는 다른 개체와 자기의 근연도를 고려하고, 또 그 개체의 기대 수명을 보험업자 자신의 '기대 수명'과 비교해서 그 개체가 '좋은 피보험자'인지 아닌지를 판단한다. 엄밀히 말하면 기대 수명이라기보다는 '번식 기대치'라고 하는 것이 적절하며, 더 엄밀하게는 '장래에 자기의 유전자를 이롭게 할 일반적인 능력'이라고 해야 할 것이다. 그리고 이타적 행동이 진화하기 위해서는, 이타적 행동을 하는 개체가 감수해야 하는 위험도가 수혜자의 순이익에 그 근연도를 곱한 것보다 작아야 한다. 이때 위험도와 이익은 앞에서 말한 복잡한 보험 회계적 방법에 의해 산출되어야 한다.

그러나 어설픈 생존 기계가, 특히 황급히 계산하기에는 이 얼마나 복잡한가!* 위대한 수리생물학자인 헐데인까지도(해밀턴보다 먼저 물에 빠진 혈연자를 구조하는 유전자가 퍼질 수 있는 가능성을 검토한 1955년의 논문에서) 이렇게 썼다.

"(…) 나는 물에 빠진 사람을 건져 낸 적이 두 번 있다(내가 감수해야 하는 위험은 극히 적었다). 그러나 그때 그런 계산을 할 여유 같은 건 없었다."

그러나 헐데인 자신도 잘 알고 있었겠지만, 생존 기계가 의식적으로 머릿속에서 그런 계산을 한다고 생각할 필요는 다행히도 없다. 우리가 결과적으로는 로그를 사용하면서도 그것을 모른 채 계산자를 사용하는 것과 마찬가지로, 동물 역시 복잡한 계산을 하는 것**처럼** 행동하도록 미리 프로그램되어 있을지도 모른다.

이것은 생각보다 그리 상상하기 어려운 것이 아니다. 공을 공중에 던져 올렸다가 다시 잡을 때 사람들은 일련의 미분 방정식을 푼 것같이 그 공의 궤도를 예측한다. 그는 미분 방정식이 무엇인지 알지도 못하고 개의치도 않을 수 있지만, 그 공을 잡는 기술은 이에 전혀 영향을 받지 않는다. 무의식적으로 그 수학적 계산과 기능적으로 똑같은 어떤 일이 진행되고 있다. 마찬가지로 모든 장단점과 예상되는 모든 결과를 고려하여 어려운 결정을 내릴 때, 사람들은 컴퓨터나 할 법한 대규모의 '가중 합계加重合計' 계산과 기능적으로 똑같은 일을 하고 있다.

순이익 점수

이타적으로 행동할지 결정하는 생존 기계 모델을 시뮬레이션하는 컴퓨터 프로그램을 만든다면 우리는 대체로 다음과 같은 절차를 밟아야 할 것이다. 우선 그 동물이 할 수 있는 대안 행동 목록을 만든 다음, 이들 행동 패턴 각각에 대해 가중 합계 계산 프로그램을 만든다. 모든 이익에는 +기호를, 위험에는 -기호를 붙인다. 합산하기 전에 이익과 위험에 적당한 근연도를 곱하여 **가중**한다. 이야기를 간단히 하기 위해 우선 연령, 건강과 같은 다른 가중 요인들은 무시하기로 하자. 어떤 개체든지 자신과의 '근연도'는 1이기 때문에(그 개체는 자신의 유전자를 당연히 100퍼센트 가지고 있다) 자신에 대한 위험과 이익은 전혀 평가 절하되지 않고 그대로 계산에 이용될 것이다. 특정한 행동 패턴에 대한 총합은 다음과 같다. 행동의 순이익 =(자신의 이익)-(자신의 위험)+(형제의 이익×1/2)-(형제의 위험×1/2)+(또 다른 형제의 이익×1/2)-(또 다른 형제의 위험×1/2)+(사촌의 이익×1/8)-(사촌의 위험×1/8)+(자식의 이익×1/2)-(자식의 위험×1/2)+등.

이 합계로 얻어지는 것은 그 행동 패턴의 '순純이익 점수'라고 하는 수치다. 그다음으로 모델 동물은 자기의 행동 레퍼토리 안에 들어 있는 행동 패턴 각각에 대해 같은 식으로 합계를 구한다. 최종적으로 그 동물은 순이익이 최대가 되는 행동 패턴을 선택하여 실행한다. 가령 전체 득점이 마이너스라고 해도 그 동물은 가장 높은 득점의 행동을, 즉 마이너스 값이 가장 작은 행동을 택해야 한다. 어떠한 적극적 행동을 하더라도 시간과 에너지가 소모되며, 그 시간과 에너지는 다른 일을 하는 데 쓰일 수도 있었다는 것을 기억하라. 아무것도 하지 않는 것이 순이익 점수를 최고로 하는 '행동'이라면 그 모델 동물은 아무것도 하지 않을 것이다.

여기서 매우 단순화된 예를 들어 보자. 이번에는 컴퓨터 시뮬레이션이 아닌 주관적인 독백 형식으로 표현해 보자. 가령 내가 여덟 개의 버섯 무더기를 발견한 동물이라고 하자. 나는 그 영양가를 계산한 뒤 독버섯일지도 모른다는 위험을 어느 정도 감안하여 그것들이 각각 +6단위(이 단위는 앞의 예처럼 임의의 점수다)의 가치가 있다고 판단한다. 버섯이 너무 커서 나는 그중 세 개밖에 먹을 수 없다. 그렇다면 먹을 것을 찾았다는 '먹이 신호'로 내가 발견한 버섯 무더기를 다른 누구에게 알려 줄 것인가? 알린다면 들리는 범위에는 누가 있는가? 내 신호가 들리는 범위에 마침 동생 B(나와의 근연도 1/2)와 사촌 C(근연도 1/8), 그리고 D(별다른 혈연관계가 아니며 나와 근연도가 매우 작아 실제로 0으로 취급)가 있다고 하자. 내가 먹이 신호를 내지 않고 조용히 있으면 나의 순이익 점수는 내가 먹을 수 있는 세 개의 버섯에 대해 각각 +6이니까 합계는 +18이다. 먹이가 있다고 알렸을 때 나의 순이익 점수는 좀 계산해 보아야 한다. 여덟 개의 버섯은 우리 넷이서 골고루 나눌 것이다. 내가 먹는 두 개에서 얻은 순이익 점수는 각각 완전한 +6으로, 합계 +12일 것이다.

그러나 동생과 사촌이 두 개씩 먹었을 때에도 나는 얼마간 득점을 얻을 수 있는데, 이는 우리가 유전자를 공유하기 때문이다. 실제의 총 득점은 (1×12)+(1/2×12)+(1/8×12)+(0×12)=+19½이 된다. 이기적으로 행동할 경우 순이익은 +18이다. 두 점수는 비슷하나 답은 분명하다. 나는 먹이 신호를 내야 한다. 이 경우 나의 이타주의는 나의 이기적인 유전자에 이익을 주는 것이 된다.

설명을 간단히 하기 위해 개개의 동물이 자기의 유전자에게 최선이 무엇인지 알아낸다고 가정해 보았다. 실제로는, 몸이 마치 이와 같은 계산을 한 것처럼 행동하도록 영향을 미치는 유전자들로 유전자 풀이 채워진다.

여하튼 이 계산은 이상적 계산에 비하면 매우 초보적인 일차적 근사치에 불과하다. 그것은 관련된 개체들의 연령 등 많은 것을 무시하고 있다. 또한 내가 멋진 식사를 막 끝낸 뒤라 버섯을 한 개밖에 먹을 수 없다면, 먹이 신호를 내는 경우의 순이익은 내가 굶주려 있을 때보다 더 클 것이다. 가능한 한 최상의 세상에서 얻을 수 있는 계산을 점점 세련되게 만들자면 끝도 없다. 그러나 실제 생명체들은 가능한 한 최상의 세상에서 살아가는 것이 아니다. 실제로 동물들이 최적의 결단을 내릴 때에 모든 세부 사항까지 고려하고 있다고 볼 수는 없다. 우리는 야외 관찰과 실험을 통해 살아 있는 동물들이 이상적인 손실(비용)-이익 분석에 실제로 얼마나 가까이 접근하는지를 알아내야 할 것이다.

여기서 우리가 주관적인 예에 너무 빠져 들지 않았다는 것을 재확인하기 위해 잠깐 유전자 용어로 돌아가자. 생명체의 몸은 지금까지 생존해 온 유전자가 프로그램한 기계다. 지금까지 생존해 온 유전자는 과거에 그 종이 살아왔던 환경의 **평균적** 특징이 되는 조건들 속에서 생존해 왔던 것이다. 따라서 손익의 '추산'은 인간이 결정을 할 때처럼 과거의 '경험'에 근거하게 된다. 그러나 이때의 경험은 유전자의 경험, 더 정확히 말하면 과거에 유전자가 살아남은 조건을 말하는 것이다(유전자는 생존 기계에게 학습 능력도 주었으므로, 몇몇 손익 추산의 경우 개체의 경험에 근거한다고도 말할 수 있다). 조건이 터무니없이 달라지지 않는 한, 그 추산은 쓸 만한 것이고 생존 기계는 평균적으로 올바른 결단을 내리게 된다. 만약 조건이 급변하면 생존 기계는 잘못된 결정을 내릴 가능성이 높아지고 그 유전자는 벌을 받게 될 것이다. 오래된 정보에 근거한 인간의 결정이 틀리기 쉬운 것과 마찬가지로 말이다.

근연도의 추산에도 역시 오류와 불확실성이 따르게 마련이다. 지금까지 살펴봤던 매우 단순화된 계산에서 우리는 마치 생존 기계가 누가 자기의 혈연자고 얼마나 가까운 혈연인지 **알고** 있는 것처럼 말했다. 실제로 이와 같이 확실히 알고 있는 경우도 있지만, 대개의 근연도는 평균치로 추정될 뿐이다. 가령 A와 B가 친형제인지 아니면 이복 또는 이부 형제인지 모른다고 하자. 이들 간의 근연도는 1/4이거나 1/2인데, 친형제인지 이복 또는 이부 형제인지 모르기 때문에 유효한 근연도는 평균치인 3/8이다. 이들의 어머니가 같다는 것은 확실하나 아버지가 같을 확률이 1/10이라면, 이들이 이부형제일 가능성은 90퍼센트이고 친형제일 가능성은 10퍼센트다. 이때 유효한 근연도는 (1/10)×(1/2)+(9/10)×(1/4)=0.275가 된다.

혈연자를 어떻게 알아볼 것인가

그러나 우리가 90퍼센트 확실하다고 할 때 누구에게 확실하다는 것인가? 오랫동안 야외 연구를 한 자연학자에게 90퍼센트 확실하다는 것인가, 아니면 동물에게 90퍼센트 확실하다는 것인가? 재수가 좋다면 이 둘이 거의 같을 수도 있다. 이것을 알기 위해서는 실제로 동물이 자신의 친척을 어떻게 판단하는지 생각해 보아야 한다.*

우리가 우리의 친척을 알 수 있는 것은 주위로부터 듣고, 서로를 부르는 이름이 있으며, 결혼이라는 형식이 있고, 기록과 뛰어난 기억력이 있기 때문이다. 많은 사회인류학자들은 자신이 연구하는 특정 사회의 '친족 관계'에 몰두한다. 진정한 유전적 혈연이 아닌, 주관적인 문화적 개념으로서의 친족 관계를 연구한다. 인간의 관습이나 종족의 의식은 보통 친족 관계를 크게 강조한다. 조상 숭배가 널리 행해지고, 가족으로서의 의무와 가족에 충실하는 것이 삶에서 큰 부분을 차지한다. 피의 복수나 씨족 간의 싸움은 해밀턴의 유전학 이론으로 쉽게 설명된다. 근친상간의 금기도 인간의 위대한 친족 의식을 증명한다. 근친상간을 금기시함으로써 얻어지는 유전적 이익은 비록 이타주의와 아무런 관계가 없지만 말이다. 아마도 그것은 근친교배로 나타나는 열성 유전자의 유해성과 관계가 있을 것이다(왠지 많은 인류학자들은 이 설명을 좋아하지 않는다).*

그렇다면 야생 동물은 누가 친척인지 어떻게 '알' 수 있는가? 다시 말해서, 그들이 어떤 행동 규칙을 따랐기에 마치 혈연관계를 알고 있는 듯 행동할 수 있는 것일까? "친척에게는 친절히 행동하라"는 규칙은 실제로 동물이 친척을 어떻게 알아보는가라는 문제를 적당히 피할 수 있게 해 준다. 동물은 자신의 유전자로부터 간단한 행동 규칙을 부여받아야 한다. 그 규칙은 모든 상황에서 행동의 궁극적 목적을 다 알고 있어야 도움이 되는 것이 아닌, 적어도 보통의 조건하에서 도움이 되는 것이면 된다. 우리 인간은 규칙에 익숙하다. 그리고 그 규칙은 대단히 강력해서, 우리는 그 규칙이 자신뿐 아니라 그 누구에게도 좋을 게 없다는 것이 명백한 경우에도 그 규칙을 따른다. 예를 들어 일부 정통파 유대교도와 회교도는 비록 굶어 죽을망정 돼지고기는 먹지 않는다는 규칙을 따른다. 그렇다면 정상 조건하에서 동물이 따르는, 가까운 친척에 이익을 주는 간접적인 효과를 가지면서 단순하고 실제적인 규칙에는 어떤 것들이 있을까?

만일 동물이 자기와 신체적으로 닮은 개체에게 이타적으로 행동한다면, 그 동물은 간접적으로 자기의 친척에게 어느 정도 이익을 주는 셈이 된다. 해당 종이 갖는 여러 특성에 따라 많은 부분이 달라질 것이다. 그러나 어느 경우에라도 이러한 규칙은 다만 통계적 의미에서 '올바른' 결단을 이끌어 낼 뿐이다. 조건이 달라지면, 예를 들어 어떤 종이 훨씬 큰 집단에서 생활하게 되면 그 규칙은 그 종의 동물들에게 잘못된 결단을 내리게 만들 수 있다. 상상컨대, 인종 편견이란 신체적으로 자기와 닮은 개체를 인식하고 겉모양이 다른 개체에게 못되게 구는, 혈연선택을 거쳐 진화해 온 경향이 비이성적으로 일반화된 결과라고 볼 수 있을 것이다.

원숭이와 고래의 이타적 행위

별로 돌아다니지 않는 동물이나 작은 그룹을 이루어 돌아다니는 동물에서는 자기가 만나는 개체가 누구든 자기와 친척일 가능성이 크다. 이 경우 "자기 종의 구성원이면 누구에게나 친절해라"라는 규칙은 플러스의 생존 가치를 가질 수 있는데, 이는 이 유전자를 갖고 있는 개체에게 이 규칙을 따르도록 하는 유전자가 유전자 풀 속에서 늘어난다는 것을 의미한다. 이것이 원숭이 무리와 고래 무리에서 이타적 행동이 자주 보고되는 이유일 것이다. 고래와 돌고래는 공기를 들이마시지 않으면 익사한다. 아기 고래들이나 상처를 입어 수면까지 뜨지 못하는 개체를 같은 무리의 동료들이 도와서 수면으로 떠올리는 것이 관찰된 적이 있다. 고래가 자기 친척을 알아보는 수단이 있는지는 알 수 없으나 그것은 문제가 안 될 수도 있다. 무리에서 마주치는 구성원이 친척일 가능성이 매우 높으므로, 그 이타주의는 그만한 대가(비용)를 치를 가치가 있다. 그런데 물에 빠진 사람을 야생 돌고래가 구조했다는 믿을 만한 이야기가 있다. 이것은 물에 빠진 무리 내 구성원을 돕기 위한 규칙이 잘못 사용된 것이라 생각된다. 물에 빠진 무리의 구성원에 대한 정의는 대략 '수면 가까이에서 숨을 못 쉬고 허우적대는 기다란 물체'와 비슷할 것이다.

비비 원숭이 어른 수컷은 표범 같은 포식자로부터 무리의 구성원들을 목숨 걸고 지킨다는 보고가 있다. 평균적으로 어른 수컷은 무리 내 다른 구성원에게도 들어 있는 유전자를 여러 개 가질 가능성이 높다. "몸아, 네가 어른 수컷이라면 표범으로부터 무리를 지켜라"라고 '말하는' 유전자는 유전자 풀 속에서 그 수가 늘어날 수 있을 것이다. 이처럼 종종 인용되는 예에 대한 논의를 마치기 전에, 권위 있는 학자 한 명 이상이 보고한 전혀 다른 사실을 이야기해야 공평할 것 같다. 그 학자에 따르면 어른 수컷 비비 원숭이는 표범이 출현하면 맨 먼저 지평선 너머로 도망쳐 버린다고 한다.

혈연선택 규칙의 오류

병아리는 모두 어미의 뒤를 따라다니며 가족 무리 속에서 모이를 먹는다. 병아리는 주로 두 종류의 울음소리를 낸다. 앞에서 이미 언급했던, 크고 예리한 삐악삐악 소리와, 먹는 중에 내는 짧게 지저귀는 소리가 있다. 어미에게 도움을 청하는 삐악삐악 소리는 다른 병아리에게 무시된다. 그러나 지저귀는 소리는 다른 병아리에겐 매력적으로 들린다. 즉 한 마리의 병아리가 먹이를 찾으면, 그 병아리의 지저귀는 소리가 다른 병아리를 먹이가 있는 곳으로 유인한다. 앞의 가상적인 예에서 사용했던 말로 하자면 이 지저귐은 '먹이 신호'다. 그 예에서처럼 이와 같이 이타적으로 보이는 병아리의 행동은 혈연선택에 의해 쉽게 설명된다. 자연계에서 그 병아리들은 모두 친형제자매이므로, 먹이를 보고 지저귀는 병아리가 감수해야 하는 비용이 다른 병아리들이 얻는 순이익의 1/2보다 적으면 먹이를 보고 지저귀게 하는 유전자는 확산될 것이다. 그 이익은 친형제자매들 간에 골고루 나눠지며 그 형제자매의 수는 보통 둘이 넘으므로 이 조건이 성립되기란 그리 어려운 일이 아니다. 물론 가끔 가정이나 농장에서 암탉이 자기 것이 아닌 알(칠면조나 오리알)을 품고 있을 경우, 이 규칙은 적용될 수 없다. 그러나 암탉과 병아리가 이를 알아챌 것이라고 기대할 수는 없다. 그들의 행동은 자연계에서 흔하게 존재하는 조건 아래 형성된 것이고, 자연계에서 보통 자기 둥지에 낯선 알이 있는 경우는 없기 때문이다.

그러나 이런 오류는 자연계에서 가끔 일어난다. 무리를 지어 사는 종에서는 고아가 된 새끼가 다른 암컷, 대개는 자기 자식을 잃은 암컷에게 입양되는 경우가 있다. 원숭이를 관찰하는 사람들은 입양하는 암컷에게 '이모'라는 말을 종종 쓴다. 대개의 경우 그 암컷이 실제로 이모라는 증거는 없으며 어떤 친척이라는 증거도 없다. 원숭이를 관찰하는 사람들이 유전자에 대해 잘 알고 있었더라면 '이모'와 같은 중요한 말을 그렇게 함부로 쓰지는 않았을 것이다. 아무리 감동적으로 보일지라도 입양하는 행동은 대부분의 경우 어떤 정해진 규칙이 잘못 사용된 것이라고 보아야 한다. 왜냐하면 그 암컷이 고아의 시중을 드는 것이 자신의 유전자에게는 아무 도움도 되지 않기 때문이다. 암컷은 자기의 친족, 특히 장래의 자기 새끼들을 살리는 데 투자할 시간과 에너지를 허비하고 있다. 이것은 아마도 매우 드물게 생기는 실수이므로, 자연선택이 모성 본능을 좀 더 선별적으로 만들려고 '수고'할 필요가 없었을 것이다. 그런데 많은 경우 이와 같은 입양은 거의 일어나지 않으며 대개 고아는 죽게 내버려진다.

너무나도 극단적이어서 여러분은 이게 전혀 오류가 아니라 이기적 유전자론을 부정하는 증거라고 생각할 만한 극단적 오류의 예가 하나 있다. 새끼를 잃은 어미 원숭이가 다른 암컷으로부터 새끼를 훔쳐서 그 새끼를 보살피는 것이 관찰되었던 것이다. 나는 이것을 '이중 오류'라고 본다. 왜냐하면 이 양모는 자기 시간을 낭비할 뿐만 아니라, 경쟁자인 암컷이 새끼를 키우는 부담에서 벗어나 더 빨리 다음 새끼를 낳도록 해 주기 때문이다. 이것은 철저하게 연구할 가치가 있는 결정적인 예라고 생각된다. 우리가 알아야 할 것은 그것이 어느 정도의 빈도로 일어나는지, 양어미와 입양되는 새끼 사이의 평균 근연도는 어느 정도인지, 진짜 어미는 어떻게 행동하는지(결국 새끼가 입양된다면 친어미에게는 이득이 된다), 어미가 일부러 미숙한 젊은 암컷을 속여서 자기 새끼를 입양하도록 하는 것인지(양어미와 새끼 도둑이 새끼를 기르는 양육 기술을 연습할 좋은 기회를 얻게 될 것이라는 견해가 제기된 적도 있다) 등이다.

탁란과 예리한 식별력

고의적으로 모성 본능을 악용하는 예는 다른 새의 둥지에 산란하는 뻐꾸기 같은 '탁란조托卵鳥'에서 볼 수 있다. 뻐꾸기는 부모 새에게 내장된 "자기 둥지 속에 있는 새끼 모두에게 친절하라"라는 규칙을 악용한다. 뻐꾸기를 제외하면, 이 규칙은 정상적으로는 이타주의를 가까운 친족에 한정 짓는 바람직한 효과를 갖는다. 왜냐하면 둥지 간 거리가 멀어 자기 둥지 속에 들어 있는 것은 거의 틀림없이 자기 새끼일 것이기 때문이다. 재갈매기 어미는 자기 알을 구별하지 못해 다른 갈매기의 알을 기꺼이 품으며, 대충 만든 나무 모형과 바꿔 놓아도 그 모형을 품는다. 야생의 갈매기에게 알을 알아보는 것은 중요하지 않다. 왜냐하면 알이 몇 미터 떨어진 이웃집 둥지 가까이로 굴러가는 일은 없기 때문이다. 그러나 갈매기는 자기 새끼를 알아본다. 알과 달리 새끼는 돌아다니고, 결국은 이웃집 가까이까지 가서 1장에서 말했던 것처럼 생명을 잃을 수도 있다.

한편 바다오리는 자기 알을 표면에 있는 반점의 패턴으로 구별하고, 알을 품고 있는 도중에는 더더욱 적극적으로 구별한다. 이것은 아마 이들이 평탄한 바위 위에 둥지를 지으므로 알이 굴러서 섞일 위험이 있기 때문일 것이다. 그런데 왜 그들은 자기 알만 구별하여 품으려고 애쓰는 것인가? 확실히 모든 어미가 남의 알을 품는다면 특정 어미 새가 자기 알을 품는지 남의 알을 품는지는 전혀 문제가 안 될 것이다. 이것은 집단선택론자의 논거다. 이런 공동 육아 무리가 조성되면 어떻게 될 것인가를 생각해 보자. 바다오리는 한배에 평균적으로 알을 한 개 낳는다. 이것은 공동 육아 서클이 성공하려면 모든 어미가 평균적으로 알을 한 개 품어야 한다는 것을 의미한다. 이제 누가 속임수를 써서 알 품기를 거절했다고 하자. 그 암컷은 알을 품는 데 시간을 낭비하는 대신에 알을 더 많이 낳는 데 시간을 투자할 수 있다. 이 속임수의 매력은 더 이타적인 다른 어미 새가 그 암컷을 대신해 알을 돌본다는 것이다. 그 이타적인 새들은 "둥지 옆에 누가 흘린 알이 있으면 그 알을 둥지에 가져와서 품어라"라는 규칙에 충실히 복종할 것이다. 그러면 이 시스템을 속이는 유전자가 개체군 내에 퍼져 우호적인 육아 서클은 붕괴되고 말 것이다.

다음과 같이 말할 사람이 있을지도 모른다. "그렇다면 성실한 새가 속아 넘어가기를 거부하고 단호히 알을 단 한 개만 품겠다고 결정하면 어떻게 될까? 사기 친 새의 뒤통수를 치는 꼴이 되겠지. 사기 친 새의 알은 누구도 품지 않고 바위 위에 나뒹굴게 될 테니까. 이렇게 되면 그들은 곧 남들처럼 자신의 알을 품게 될 거야."

그러나 그렇지는 않을 것이다. 우리가 알을 품는 새들이 개개의 알을 구별하지 않는다고 가정하기 때문에, 가령 성실한 새가 이 작전을 실행하여 속임수에 대항한다고 해도 결국 내버려진 알이 자기의 알일 수도, 사기 친 새의 알일 수도 있게 된다. 사기 친 새는 여전히 알을 더 많이 낳고, 따라서 새끼를 더 많이 남기게 되므로 이익을 얻는 셈이다. 성실한 바다오리가 사기꾼 개체에 대항할 수 있는 유일한 방법은 적극적으로 자기의 알을 잘 구별해 내어 보살피는 것이다. 즉 더 이상 이타적으로 행동하지 않고 자기의 이익만을 좇는 것이다.

메이너드 스미스의 용어를 써서 말하자면 이타적인 입양 '전략'은 진화적으로 안정한 전략이 아니다. 이 전략은 정해진 양보다 더 많은 알을 낳되 품기를 거부하는 이기적인 경쟁 전략을 능가할 수 없다는 점에서 불안정하다. 이기적 전략 역시 불안정하다. 왜냐하면 이들이 착취하는 이타적 전략이 불안정하여 사라져 버릴 것이기 때문이다. 바다오리에게 진화적으로 안정한 유일한 전략은 자기의 알을 인식하고 전적으로 자기의 알만 품는 것이다. 이것은 실제로 벌어지는 일이기도 하다.

뻐꾸기가 탁란하는 명금류는 자기 알의 겉모양을 터득한 것이 아니라 자기 종 특유의 표식이 있는 알을 본능적으로 골라 보살핌으로써 뻐꾸기의 속임수에 대항해 왔다. 자기 종의 개체들이 탁란할 염려는 없으므로 이 방법은 유효하다.* 그런데 뻐꾸기들도 자기 알의 색, 크기, 그리고 표식을 숙주의 알과 더욱더 비슷하게 만들어 이에 보복해 왔다. 이것이 동물 세계에서 관찰되는 거짓말의 예이며, 종종 성공하기도 한다. 이러한 진화적 군비 확장 경쟁의 결과 뻐꾸기의 알은 숙주의 알을 완벽히 흉내 낼 수 있게 되었다. 뻐꾸기의 알과 새끼 중 일정 비율은 '발각될' 것이며, 발각되지 않은 알과 새끼가 살아남아 다음 세대의 뻐꾸기 알을 낳을 것이다. 이 때문에 보다 효과적으로 속이는 형질의 유전자가 뻐꾸기의 유전자 풀 속에 퍼질 것이다. 마찬가지로 뻐꾸기 알의 의태가 조금이라도 불완전한 것을 놓치지 않는 예리한 눈을 가진 숙주의 유전자는 동종의 유전자 풀의 대부분을 차지하게 될 것이다. 그의 의심 많고 예리한 눈이 다음 세대에 전해지는 것이다. 이것은 자연선택이 어떻게 적극적 식별 능력을 좀 더 예리하게 만들 수 있었는지를 보여 주는 좋은 예다. 이 경우 식별 능력은, 식별자의 책략을 무력화하기 위해 전력을 다하는 다른 종에 대항하기 위한 것이다.

근연도와 확실성

이제 집단 내 다른 구성원과의 근연도에 대한 동물의 '추정치'와, 이에 대한 야외 연구 전문가 자연학자의 추정치를 비교해 보자. 브라이언 버트람Brian Bertram은 세렝게티 국립공원에서 수년간 사자의 생태를 연구해 왔다. 그는 사자의 번식 습성을 기초로 전형적인 사자 무리 내 개체 간의 평균 근연도를 추정하였다. 그가 이 추정 과정에 사용한 사실들은 다음과 같다.

전형적인 사자 무리는 암컷 일곱 마리와 수컷 두 마리로 구성되는데, 암컷은 보다 영구적으로 그 무리에 머무르며 수컷은 떠돌아다닌다. 암컷의 절반은 동시에 출산하여 동시에 양육하므로 서로 자신의 새끼를 분별하기 어렵다. 전형적인 한배의 새끼 수는 세 마리다. 무리 내 어른 수컷들이 새끼들의 아비가 될 가능성은 균등하다. 젊은 암컷은 무리에 머물러 있다가 그 무리에 있는 늙은 암컷이 죽거나 무리를 떠나면 그 후계자의 위치를 차지한다. 젊은 수컷은 사춘기에 쫓겨나는데, 이들은 성장하면 두서너 마리의 혈연 집단을 이루어 무리에서 무리로 이동하며, 원래의 가족 무리로 되돌아오는 일은 거의 없다.

위의 사실과, 다른 몇 가지 가정을 바탕으로 우리는 전형적인 사자 무리에서 두 개체 간의 평균 근연도를 산출할 수 있다. 버트람은 무작위로 뽑은 수컷 두 마리에 대해서는 0.22, 암컷 두 마리에 대해서는 0.15라는 수치를 얻어 냈다. 즉 평균적으로 무리 내 수컷들은 이복 또는 이부 형제보다는 근연도가 약간 더 낮고, 암컷들은 사촌보다 근연도가 조금 더 높다.

물론 어떤 특정한 두 개체는 친형제일지 모른다. 그러나 버트람은 이것을 알 수 있는 방법이 없었고 사자도 그것을 모를 가능성이 높다. 한편 버트람이 추정한 평균치는 어떤 의미에서는 사자 자신도 이용할 수 있는 것이다. 이 수치가 실제로 평균적인 사자 무리에 전형적인 것이라면, 다른 수컷을 마치 이복 또는 이부 형제처럼 대하는 유전자는 플러스 생존가를 가질 것이다. 다른 수컷을 완전히 친형제인 양 대하도록 지시하는 유전자는 평균적으로 불리하게 될 것이다. 다른 수컷을 예컨대 6촌인 듯 충분한 친밀감을 표하지 않도록 지시하는 유전자도 불리하기는 마찬가지다. 사자의 생활이 실제로 버트람이 말한 대로라면, 그리고 그들이 많은 세대에 걸쳐 그래 왔다면(이 두 조건은 똑같이 중요하다), 자연선택은 전형적인 사자 무리에서 평균 근연도에 알맞은 정도의 이타주의를 선호했을 것이라 생각할 수 있다. 이런 의미에서 나는 앞서 동물과 자연학자의 근연도 추정치가 대체로 같게 된다고 말했던 것이다.*

따라서 이타주의의 진화에서 '진짜' 근연도는 동물들이 근연도에 대해 얻을 수 있는 최선의 추정치만큼 중요하지는 않다고 결론 내릴 수 있다. 아마도 이 사실은 자연계에서 부모의 자식 돌보기가 형제자매의 이타주의에 비해 왜 그렇게 빈번하고 헌신적인지, 또 동물이 왜 자기 자신을 형제 몇 명보다도 더 귀중하게 평가하는지에 대한 의문을 이해하는 열쇠가 될 것이다. 여기서 내가 말하려는 요점은 근연도 지수뿐만 아니라 '확실성의 지수'도 고려해야 한다는 것이다. 부모-자식의 관계는 유전적으로 형제자매 관계보다 더 가깝지는 않으나, 그 확실성은 훨씬 높다. 보통 누가 자기의 형제인가보다는 누가 자기의 새끼인가가 훨씬 더 확실하다. 그리고 누가 자기 자신인가라는 것은 더욱더 확실하다.

앞에서는 바다오리 거짓말쟁이에 대해 살펴보았고, 다음 장에서는 사기꾼, 거짓말쟁이, 그리고 착취자에 대해 살펴볼 것이다. 혈연선택된 이타주의를 악용하여 자기 목적을 달성하고자 기회만 엿보는 개체들로 가득한 세상에서, 생존 기계는 자기가 누구를 신뢰할 수 있는지, 누구에게 진짜 확신을 가질 수 있는지를 고려해야 한다.

만일 B가 정말 나의 어린 동생이라면, 나는 나 자신을 소중히 여기는 정도의 절반만큼 그를 돌봐 줄 것이고, 내 자식을 돌봐 주는 만큼 그를 돌봐 주어야 할 것이다. 그러나 나는 내 자식을 확신하는 것처럼 그를 확신할 수 있을까? 나는 그가 나의 동생이라는 것을 어떻게 알 수 있을까?

C와 내가 일란성 쌍둥이라면, 나는 내 자식의 두 배만큼 그를 돌봐 줄 것이며 그의 생명의 가치가 내 생명과 똑같다고 평가해야 한다.* 그러나 나는 그가 내 일란성 쌍둥이인지 확신할 수 있을까? 그의 용모는 그럴듯하게 나를 닮았으나, 얼굴의 특징에 관한 유전자를 공유하는 것뿐일지도 모른다. 아니, 나는 그를 위해 내 생명을 내던지지는 않을 것이다. 왜냐하면 그는 내 유전자 100퍼센트를 갖고 있을 '**가능성**이 있는' 반면, 내가 내 유전자 100퍼센트를 가지고 있다는 것을 나는 확실히 **알고** 있으므로 나는 그 사람 이상의 가치가 있다. 나는 나의 이기적 유전자들 중 어느 것이든 확신할 수 있는 유일한 개체다. 이론상 개체 이기주의에 대한 유전자는, 적어도 일란성 쌍둥이의 한쪽이나 형제 둘, 또는 손자 넷 등을 구하도록 하는, 이와 경쟁 관계에 있는 이타주의 유전자로 대치될 수 있지만 개체의 정체성이 **확실**하다는 점에서 엄청나게 더 유리하다. 경쟁 관계에 있는 혈연 이타주의에 대한 유전자는 우연히, 또는 사기꾼이나 기생자의 꾐에 넘어가 정체성을 잘못 판단할 위험을 안고 있다. 따라서 자연계에서는 유전적 혈연관계만 고려했을 때보다 훨씬 더 많이 개체 이기주의가 나타날 것이라 기대해야 한다.

부모와 자식의 관계

많은 종에서 어미는 아비보다 자기 자식을 더 확신할 수 있다. 어미는 눈으로 보고 만져 볼 수 있는 알을 낳거나 새끼를 갖는다. 어미는 자기 유전자를 갖고 있는 개체를 확실히 알 수 있는 기회가 충분하지만 불쌍한 아비는 속기 쉽다. 그래서 아비는 어미만큼 육아에 열중하지 않을 것이라 기대할 수 있다. 아비가 어미만큼 육아에 열중하지 않는 다른 이유에 관해서는 암수의 전쟁에 대한 장(9장)에서 살펴볼 것이다. 이와 마찬가지로 외할머니는 친할머니에 비해 자기 손자가 확실하므로 친할머니보다 강한 이타주의를 나타낼 것이라 기대할 수 있을지도 모른다. 할머니 자신의 딸의 아이는 확신할 수 있지만 며느리는 바람을 피웠을지도 모르기 때문이다. 외할아버지는 친할머니만큼 손자에게 확신이 간다. 왜냐하면 두 사람 모두 한 세대는 확실하고 한 세대는 불확실하다고 생각하기 때문이다. 같은 식으로 외삼촌은 친삼촌에 비해 조카의 행복에 더욱 관심이 있고, 일반적으로 이모와 비슷한 정도로 이타적일 것이다. 실제로 간통이 매우 흔한 사회에서는 외삼촌이 '아버지'보다 이타적일 것이다. 외삼촌 쪽이 그 아이와의 근연도에 대해 더 확실한 근거를 갖고 있기 때문이다. 외삼촌은 그 아이의 어머니가 적어도 자기의 동복누이일 것을 알고 있다. '법률상의 아버지'는 아무것도 모른다. 이 예측을 지지할 증거가 있는지 어떤지 나는 모르지만, 누군가는 알고 있을지 모른다는 희망에서, 또는 누군가는 증거를 찾기 시작할지 모른다는 마음에서 이러한 이야기를 해 보았다. 특히 사회인류학자들에게는 흥미로운 이야깃거리가 있을지 모르겠다.*

부모의 자식에 대한 이타주의가 형제간의 이타주의보다 더 흔하다는 사실로 되돌아가서, '식별의 문제'로 이것을 설명하는 것은 합당해 보인다. 그러나 이것은 부모-자식 관계에 존재하는 근본적인 비대칭성을 설명하지 못한다. 부모-자식 간의 유전적 관계는 대칭적이고 근연도도 어느 쪽으로나 똑같이 확실함에도 불구하고, 부모는 자식이 부모에게 하는 것보다 훨씬 더 극진히 자식을 돌본다. 그 이유 중 하나는 부모 쪽이 나이도 많고 매사에 더 능숙해서 자식을 도울 수 있는 좋은 위치에 있기 때문이다. 아기가 부모에게 먹이를 주려고 해도 아기는 실제로 그렇게 하기에 적당한 구조를 갖고 있지 않다.

부모-자식 간의 관계에는 형제 관계에는 해당되지 않는 또 다른 비대칭성이 있다. 자식은 항상 부모보다 젊다. 이것은 항상은 아니더라도 대개의 경우 자식의 기대 수명이 길다는 것을 의미한다. 앞에서 강조한 대로 기대 수명은 동물이 이타적으로 행동할 것인가 아닌가를 '결정할' 때 가급적 '계산'에 넣어야만 할 중요한 변수다. 자식이 부모보다 기대 수명이 긴 종에서 자식의 이타주의 유전자는 불리한 입장에 서게 될 것이다. 그것은 이타주의자 자신보다 더 빨리 노쇠하여 죽게 될 개체의 이익을 위해 이타적으로 자기를 희생하려는 것이기 때문이다. 반면 부모의 이타주의 유전자는 그 계산식에 들어가는 기대 수명에 관한 한 그에 상응하는 이익을 갖게 될 것이다.

흔히 혈연선택은 학설로서는 더할 나위 없으나 실제 예는 거의 없다고들 한다. 이러한 비판을 하는 사람은 혈연선택이 무엇인가를 이해하지 못하는 것이다. 자식 보호나 부모의 자식 돌보기에 대한 모든 예, 그리고 젖샘이나 캥거루의 주머니 등의 신체 기관들은 자연에서 혈연선택 원리가 실제로 기능하고 있음을 보여 주는 예다. 비판론자들은 물론 부모의 자식 돌보기가 널리 존재함을 잘 알고는 있지만, 부모의 자식 돌보기가 형제자매의 이타주의에 뒤지지 않는 혈연선택의 예라는 것을 이해하지 못한다. 그들은 부모의 자식 돌보기 이외의 예를 원하는 것인데 그런 예가 적은 것은 사실이다. 그럴 만한 이유는 앞에서 이미 제시했다. 형제자매의 이타주의 예는 상당히 많다. 그러나 나는 굳이 그 예들을 나열하고 싶지 않다. 그렇게 하면 혈연선택이 부모-자식 관계 **이외**의 관계에 대한 것이라는 그릇된 생각(앞서 이야기한 바와 같이 윌슨이 좋아하는 생각)을 강화시키는 꼴이 될 것이기 때문이다.

이러한 오류가 커진 것은 대체로 학문의 역사 때문이다. 부모의 자식 돌보기가 진화적으로 갖는 이점은 너무도 명백하기 때문에 우리는 사실 해밀턴의 설명을 기다릴 필요도 없었다. 이것은 다윈 이래로 받아들여져 온 것이다. 해밀턴은 다른 관계들도 유전적으로 부모-자식 간 관계와 동등하고 진화적으로 중요하다고 증명하면서, 자연스레 부모-자식 간 관계 이외의 관계를 강조하게 되었다. 해밀턴은 자매간 관계가 특히 중요한 개미나 꿀벌 등 사회성 곤충의 예를 들었다(이에 대해서는 차후에 살펴볼 것이다). 해밀턴의 이론이 사회성 곤충**에만** 적용되는 것인 줄 알았다고 말하는 사람들까지 있었다.

부모의 자식 돌보기가 혈연선택의 예라는 것을 인정하기 싫은 사람들은 부모의 이타주의는 예측하지만 방계 친족 간의 이타주의는 예측하지 **않는** 자연선택의 일반론을 만들 의무가 있다. 내 생각에 그들은 성공하지 못할 것이다.

7장

Family planning

가족계획

아이 낳기와 아이 키우기

부모가 자식을 돌보는 행동을 혈연선택의 산물인 다른 이타적 행동과 별도로 취급하려는 사람들이 있다. 그들은 무슨 이유로 그렇게 생각할까? 그 이유를 이해하기는 어렵지 않다. 부모의 자식 돌보기는 번식의 중요한 요소인 것처럼 보이지만, 가령 조카를 위한 이타적 행동 등은 그렇게 보이지 않기 때문이다. 나 역시 양자 간에는 실제로 중대한 차이점이 숨겨져 있다고 생각하지만, 그 사람들은 그 차이점을 잘못 이해하고 있다. 그들은 번식과 부모의 자식 돌보기를 한편에, 다른 이타적 행동을 다른 편에 두고 있다. 그러나 나는 **새로운 개체를 낳는 것**을 한편에, **현존 개체를 돌보는 것**을 다른 편에 두어야 한다고 생각한다. 이 두 활동을 각각 아이 낳기와 아이 키우기라고 부르자. 생존 기계 각각은 아이 낳기와 아이 키우기라는, 상당히 이질적인 두 종류의 결단을 내리지 않으면 안 된다. 여기서 결단이라는 말은 무의식적으로 행해지는 전략적 조치를 뜻한다.

아이 키우기의 결단은 다음과 비슷할 것이다.

“여기에 아이가 한 명 있다. 이 아이와 나의 근연도는 이러이러하고, 내가 이 아이에게 음식을 주지 않을 때 이 아이가 죽을 확률은 이러저러하다. 나는 이 아이에게 음식을 주어야 할 것인가?”

한편 아이 낳기의 결단은 다음과 같다.

“새로운 개체를 하나 낳기에 필요한 여러 단계를 밟을 것인가? 번식을 할 것인가?”

아이 키우기와 아이 낳기는 하나의 개체가 이용할 수 있는 시간 또는 여러 자원을 놓고 서로 어느 정도 경합하지 않을 수 없다. 그리하여 그 개체는 다음과 같은 선택을 해야 할 것이다. “이 아이를 키울 것인가, 아니면 새로 하나를 낳을 것인가?”

종의 생태적인 특성에 따라 키우기와 낳기 두 전략의 여러 가지 혼합 전략이 진화적으로 안정한 전략(ESS)이 될 수 있다. ESS가 절대로 될 수 없는 한 전략은 바로 아이를 키우기만 하는 전략이다. 만일 모든 개체가 현존하는 아이 키우기에만 몰두하여 아이를 낳지 않는 상태가 되면, 이 개체군은 아이 낳기를 전문으로 하는 돌연변이 개체들에 의해 곧 점거될 것이다. 아이 키우기는 혼합 전략의 일부로서만 진화적으로 안정한 전략이 될 수 있다. 아이 낳기는 어느 정도 진행되지 않으면 안 되는 것이다.

우리에게 가장 낯익은 동물들 — 포유류와 조류 — 은 아이 키우기 선수들이다. 일반적으로 아이 낳기 결단은 낳은 아이를 키우는 결단으로 이어진다. 이 두 결정이 이어지는 것이 너무도 흔한 일이기 때문에 사람들은 이 둘을 혼동하곤 한다. 그러나 앞서 말한 대로 이기적인 유전자의 관점에서 보면 당신이 남동생을 돌보는 것과 어린 자식을 키우는 것 사이에는 원칙적인 차이가 전혀 없다. 어느 아이나 당신과의 근연도는 동일하기 때문이다. 당신이 양육 대상으로서 한 쪽을 선택해야 할 때, 당신의 자식을 선택해야 하는 유전적 이유는 없다. 그러나 정의상, 당신이 당신의 남동생을 낳는 것은 불가능하다. 당신 이외의 누군가가 남동생을 낳은 다음에야 당신이 남동생을 돌볼 수 있을 뿐이다. 앞 장에서 우리는 다른 개체에 대해 개개의 생존 기계가 이타적으로 행동할 것인가 아니면 그렇게 행동하지 않을 것인가를 결정할 때 이상적인 결정이 어떤 것인지 살펴보았다. 이 장에서는 새로운 개체를 출산할 것인가 출산하지 않을 것인가를 정할 때 생존 기계가 어떤 결정을 내리는지 살펴보자.

개체 수 조절과 인구 문제

1장에서 '집단선택'에 관한 논쟁을 소개했는데, 그 논쟁은 주로 이 장에서 다룰 문제를 토대로 하여 전개됐다. 그렇게 된 원인은 집단선택설을 유포시킨 장본인인 윈-에드워즈가 '인구 조절'의 이론을 기초로 했다는 데 있다.* 그는 개개의 동물이 집단 전체의 이익을 위해 의도적이고 이타적으로 스스로의 출생률을 감소시킨다고 제안했다.

이는 매우 매력적인 가설이다. 왜냐하면 바로 그것이 인간 개개인이 해야 할 일이기 때문이다. 인간은 너무나 많은 자손을 낳고 있다. 개체군의 크기는 출생, 사망, 이입, 이출의 네 가지 요인으로 결정된다. 세계 총인구에서 보면 이입과 이출은 없으므로 남는 것은 출생과 사망이다. 출산 가능한 시기까지 생존하는 자식의 수로 하여 한 부부당 평균 자식 수가 두 명보다 많으면 신생아 수는 매년 가속적으로 증가할 것이다. 인구는 각 세대당 일정한 수로 늘어나는 것이 아니라, 그때그때 인구의 일정 비율 같은 식으로 증가한다. 각 시점에서 인구 자체가 계속 늘어나기 때문에 그에 따라 그 증가분도 커지는 것이다. 만약 이런 증가 현상이 멈추지 않고 계속되면 인구는 놀라울 정도로 빠른 시간 안에 천문학적인 규모에 이른다.

인구 조절

여기서 인구 문제를 우려하는 사람들까지도 때때로 놓치는 사실이 하나 있다. 그것은 사람들이 아이를 몇 명이나 낳느냐는 것뿐만 아니라, **언제** 낳느냐에 따라서도 인구 증가가 좌우된다는 것이다. 인구는 각 **세대마다** 일정한 비율로 증가하는 경향을 나타내므로, 만약 각 세대의 간격을 보다 넓게 하면 1년당 인구 증가율은 완만해질 것이다. '둘만 낳고 그만'이라는 표어 대신에 '30세부터 낳기 시작'이라고 해도 거의 같은 효과를 기대할 수 있다. 그러나 어느 경우라도, 인구의 가속적인 증가는 심각한 문제를 초래한다.

이 점을 분명하게 납득시킬 수 있는 계산의 예를 아마도 우리 모두는 이미 여러 차례 접했을 것이다. 예를 들면 라틴아메리카의 현재 인구는 약 3억이고, 그중 많은 사람들은 이미 영양실조 상태다. 그러나 만일 현재의 속도로 인구 증가가 계속된다면, 전 라틴아메리카 대륙에 직립 자세의 인간이 빽빽하게 늘어선 인간 양탄자가 깔리는 데 채 5백 년도 걸리지 않을 것이다. 사람들이 모두 피골이 상접했다고 해도(이것은 결코 황당무계한 상상이 아니다) 그 결과는 마찬가지다. 천 년이 지나면 이미 꽉 찬 인간들의 어깨 위로 100만이 넘는 인간이 겹쳐 쌓인다. 2천 년 후에는 이 커다란 인간 산더미는 마침내 우주를 향해 광속으로 팽창하여 현재 알려져 있는 우주의 끝에 도달할 것이다.

물론 독자 여러분은 이것이 하나의 가설적 계산이라는 것을 알고 있을 것이다. 현실적으로는 위와 같은 식으로 인구 증가가 진행되지 않는다. 왜냐하면 이를 저지할 만한 충분한 이유가 몇 가지 있기 때문이다. 기아, 전염병, 전쟁이나, 재수가 좋으면 산아 제한이 인구 증가를 저지할 수 있다. '녹색 혁명' 같은 농업 생산 기술의 진보에 기대하는 것은 별 소용이 없다. 식량 증산이 인구 문제를 일시적으로 완화시킬지는 몰라도, 그것이 장기적인 문제 해결에 도움이 될 수 없음은 수학적으로 확실하다. 그리고 사실 의학의 진보가 인구의 위기를 촉진하는 데 일익을 담당하는 것과 마찬가지로, 식량 증산도 인구 증가 속도를 가속시켜 오히려 인구 문제를 악화시킬지 모른다. 매 초

수백만 대의 로켓을 발사하여 우주로 대량 이민이라도 보내지 않는 한, 출생률이 조절되지 않으면 필연적으로 사망률이 엄청나게 증가할 것이라는 사실은 단순하지만 논리적인 진리다. 믿기 어려운 일이지만, 이 단순한 진리를 이해하지 못하고 효과적인 피임 수단을 사용하지 못하게 하는 지도자들이 있다. 그들은 인구를 '자연적인' 방법으로 제한하는 것이 바람직하다고 보는데, 그들이 원하는 대로라면 우리는 자연적인 방법에 직면하게 될 것이다. 바로 기아다.

물론 여기서 말하는 것과 같은 먼 장래에 대한 계산에 우리가 불안을 느끼는 이유는 인류라는 종 전체의 장래 행복을 바라기 때문이다. 인간(또는 일부 사람)은 인구 과잉의 파괴적 귀결을 예견할 수 있는 의식적인 선견지명을 가지고 있다. 한편 생존 기계라는 것은 일반적으로 유전자라는 이기적 존재에 의해 지배되며, 이 유전자라는 존재가 장래를 예견하거나 종 전체의 행복을 걱정하리라고는 기대할 수 없다는 것이 이 책의 기본 전제다. 윈-에드워즈가 정통적인 이론진화학자들과 구분되는 것은 바로 이 점에서다. 그는 진정한 이타적 산아 제한이 진화할 수 있다고 생각한다.

동물의 개체 수 조절

윈-에드워즈의 저작이나 그의 견해를 대중화한 아드리의 책에서 강조되지 않는 점은, 더 이상 논쟁거리가 아닌, 이미 받아들여지고 있는 사실이 많다는 것이다. 야생 동물의 개체군이 이론적으로 가능한 천문학적 속도로 증가하지 않는다는 것은 명백하다. 때로는 출생률과 사망률이 서로 균형을 이뤄 야생 동물의 개체군이 어느 정도 일정하게 유지되기도 한다. 또 유명한 레밍과 같이 급격한 대

번식과 절멸에 가까울 정도의 개체 수의 저하가 교대로 일어나 개체군이 대폭적으로 변동하는 경우도 많다. 때로는 그 결과 국지적으로라도 개체군이 완전히 절멸하는 경우도 있다. 캐나다 스라소니의 예와 같이(최근 몇 년간 허드슨즈 베이 컴퍼니의 모피 판매량으로 개체 수를 추정했다), 개체군이 주기를 가지고 변동하기도 한다. 동물 개체군에서 벌어지지 않는 단 한 가지는 개체 수가 무제한으로 증가하는 것이다.

야생 동물은 늙어서 죽는 일이 거의 없다. 실제로 늙기 훨씬 이전에 굶거나 병들거나 포식자에게 먹혀 버린다. 최근까지는 인간도 이러한 예에서 벗어나지 못했다. 대개의 동물은 어린 단계에서 죽고, 알의 단계를 넘기지 못하는 경우도 많다. 기아와 그 밖의 사망 원인이 개체군이 무제한 증가하지 못하게 하는 궁극적인 이유다. 그러나 우리가 아는 바와 같이, 인간이라는 종에서 상황이 그렇게 되어야 할 필연적 근거는 없다. 동물이 **출생률**을 조절하기만 하면 기아는 발생하지 않기 때문이다. 그리고 동물들이 정확하게 이것을 실행하고 있다는 것이 윈-에드워즈의 주장이다. 또 이 논점에 대해서는 사람들이 윈-에드워즈의 저서를 읽고 상상하는 것만큼 큰 견해 차이는 존재하지 않는다. 왜냐하면 동물이 출생률을 조절**한다**는 견해에는 이기적 유전자론의 신봉자들도 즉시 동의할 것이기 때문이다. 어느 종이라도 한 둥지의 알 수 또는 한배의 새끼 수는 어느 정도 일정하다. 새끼를 무제한 낳는 동물이란 존재하지 않는다. 견해 차이는 출생률이 조절되는가 조절되지 않는가가 아니라, 출생률이 **왜** 조절되는가이다. 바꿔 말하면 자연선택을 통해 어떻게 가족계획이 진화했는가에 의견의 차이가 있다. 한마디로 말해서 동물의 산아 제한이 집단 전체의 이익을 위해 실행되는 이타적인 것인가, 아니면 번식하고 있는 개체의 이익을 위해 실행되는 이기적인 것인가라는 두 견해 중 어느 쪽을 취하느냐에 있다. 이 두 이론을 차례로 살펴보자.

동물이 집단 전체의 이익을 위해 낳을 수 있는 것보다 적은 수의 새끼를 낳는다는 것이 윈-에드워즈의 가정이었다. 그는 보통의 자연선택에서 이러한 이타주의는 진화하지 못할 거라고 생각했다. "평균 이하의 출생률이 자연선택된다"라는 말은 명백히 모순된 표현이다. 그리하여 그는 우리가 1장에서 살펴본 집단선택의 이론을 들먹인다. 그는 그 구성원인 개체가 자기의 출생률을 제한하는 집단은, 구성원의 증식이 너무 빨라 먹이 공급이 위태로워지는 경쟁 집단에 비해 절멸 가능성이 적을 것이라 생각했다. 따라서 자연계는 번식을 자제하는 개체들의 집단으로 채워진다. 윈-에드워즈가 생각하는 개체의 번식 자제는 일반적 의미로는 산아 제한과 같은 것일 수 있으나, 실제로 그가 의미하는 것은 더 구체적이며, 동물의 모든 사회생활을 개체 수의 조절 기작으로 보려는 웅대한 착상을 제안하고 있다. 예컨대 많은 동물 종에서 볼 수 있는 사회생활의 두 가지 중요한 요소는 5장에서 설명한 영역성과 순위제다.

영역성

많은 동물들은 어떤 지역을 방어하기 위해 많은 시간과 에너지를 소비하는데, 자연학자들은 그 지역을 **영역** 또는 **세력권**이라고 부른다. 이 현상은 동물계에서 매우 흔한 현상으로 조류, 포유류, 어류뿐만 아니라 곤충이나 말미잘 등에서도 볼 수 있다. 영역은 울새의 경우처럼 번식하는 한 쌍이 먹이를 취하는 넓은 면적의 임야일 수도 있고, 재갈매기의 경우처럼 먹이는 없지만 중앙에 둥지가 있는 좁은 지역일 수도 있다. 윈-에드워즈는 **영역**을 놓고 다투는 동물들이 한 조각의 먹이와 같은 실질적인 목표물이 아니라 특권을 보증하는 표식, 즉 **토큰**을 놓고 싸우는 것이라고 믿고 있다. 대개의 경우 암컷은 영역이 없는 수컷과는 짝짓기 하려고 하지 않는다. 그뿐만 아니라 짝지은 수컷이 다른 수컷에게 패해 그 영역의 주인이 바뀌면 암컷이 재빠르게 그 승자에게 들러붙는 일도 종종 있다. 성실하게 일부일처제를 지키는 종의 경우에도 암컷이 수컷 그 자체와 결속하기보다는 오히려 수컷이 소유하는 영역과 결혼하는 것인지도 모른다.

개체군이 너무 커지면(즉 개체군 내 개체 수가 너무 많아지면 — 옮긴이) 영역을 갖지 못하는 개체가 생기고 그들은 번식할 수 없게 된다. 윈-에드워즈에 따르면 영역을 얻는다는 것은 번식할 수 있는 티켓 또는 면허를 얻는 것과 같다. 이용 가능한 영역의 수는 정해져 있으므로 번식 면허 발행 수는 제한되어 있는 것이나 다름없다. 이런 면허증을 누가 획득하는가를 가지고 개체들이 서로 싸울 테지만, 개체군 전체가 낳을 수 있는 새끼의 총 마리 수는 이용 가능한 영역의 수에 의해 제한된다. 홍뇌조에서처럼 언뜻 보기에 개체들이 철저한 자기 규제를 하는 것처럼 보이는 경우도 있다. 왜냐하면 이들의 경우 영역을 얻지 못한 개체는 단지 번식을 못할 뿐만 아니라 영역을 얻기 위해 싸우는 것까지 포기하는 것처럼 보이기 때문이다. 그들은 마치 게임의 규칙을 받아들인 것처럼 보인다. 즉 서로 경합하는 계절이 끝날 때까지 아직 번식을 위한 공인된 티켓을 입수하지 못하면 그 개체는 스스로 번식을 포기해야 하며, 또 번식기에 운 좋은 개체들이 이 종의 번식을 계속할 수 있도록 방해하지 말아야 한다는 규칙 말이다.

순위제

윈-에드워즈는 **순위제**에 관해서도 같은 해석을 한다. 많은 동물 집단에서는 개체들이 서로의 특징을 파악하여 누구에게는 이길 수 있고 누구에게는 패할 것인가를 학습하는 현상이 많이 관찰된다. 이것은 특히 사육되는 동물 집단에서 볼 수 있지만, 야생 상태의 동물 집단에서도 그러한 예가 있다. 5장에서 기술한 것처럼, 동물들은 어떻게 해도 이길 수 없다는 것을 '알고 있는' 상대에 대해서는 싸우지 않고 항복하는 경향이 있다. 이 때문에 자연학자들은 순위제 또는 '세력 순위peck order(먹이를 쪼아 먹는 순서를 말한다 — 옮긴이, 닭의 경우를 가리켜 최초로 기술되었기 때문에 이렇게 불린다)'에 대해 다음과 같이 이야기한다. 순위제란 "하나의 사회적 계층 질서로서, 모든 개체가 자기의 지위를 알고 있으며 분수에 맞지 않는 일은 생각지도 않는 것"이다. 물론 때로는 치열한 싸움이 일어날 수도 있고, 때로는 어떤 개체가 바로 위의 상급자를 이기고 승진하는 경우도 있다. 그러나 5장에서도 살펴본 바와 같이 일반적으로는 하위의 개체가 자동적으로 복종하기 때문에 애초에 지난한 싸움이 시작되지도 않고, 심한 상처를 입는 일도 거의 없다.

많은 사람들은 집단선택론자의 입장에서 이 상황을 막연히 '좋은 것'으로 생각한다. 그러나 윈-에드워즈는 훨씬 대담한 해석을 내리고 있다. 순위가 높은 개체는 하위 개체보다 번식할 가능성이 크다. 이는 암컷이 상위 개체를 선택하거나, 하위 개체가 암컷에게 얼씬도 못하도록 상위 개체가 막기 때문이다. 윈-에드워즈는 높은 사회적 순위가 번식의 자격을 나타내는 또 하나의 티켓이라고 생각한다. 개체들이 직접 암컷을 에워싸고 싸우는 대신 사회적 지위를 걸고 싸우기 때문에, 만일 높은 지위에 도달하지 못할 경우에는 번식 자격이 없는 것으로 자인한다는 것이다. 물론 하위 개체는 종종 높은 사회적 지위를 향해 나아가려 하고, 따라서 '간접적'으로는 암컷을 가지고 경쟁한다고 볼 수 있지만, 직접 암컷이 개입된 문제에 관해서는 자제한다는 것이다. 그리고 윈-에드워즈에 의하면, 순위가 높은 수컷만이 번식할 수 있다는 규칙을 기꺼이 '받아들인' 결과, 영역 방어 행동에서와 같이 개체 수는 별로 증가하지 않는다고 한다. 실제로 너무 많은 새끼를 낳은 후에야 비로소 그것이 잘못이었음을 깨닫고 괴로워하는 대신에, 동물의 개체군은 순위와 영역에 대한 형식적인 다툼을 이용하여 실제로 기아에 의한 희생자가 발생할 수 있는 수준보다 약간 적게 개체 수를 제한하고 있다는 것이다.

현시 행동

아마도 윈-에드워즈의 착상 중에서 가장 놀랄 만한 것은 **현시**顯示, epideictic 행동일 것이다. 이 용어는 그가 갖다 붙인 말이다. 많은 동물은 많은 시간을 큰 무리 속에서 지낸다. 이러한 무리 짓기 행동이 자연선택된 것은 어째서일까. 이에 관해서는 상식선에서 여러 가지 이유가 제기되어 왔고, 그중 몇 가지에 관해서는 10장에서 이야기하고자 한다. 그런데 윈-에드워즈의 생각은 이전에 제기됐던 것들과 사뭇 다르다. 그의 주장에 의하면 저녁때 찌르레기가 큰 무리를 이루거나 날벌레들이 여름날의 하늘을 윙윙거릴 때 그들은 스스로 자기 개체군의 밀도 조사를 하고 있는 것이다. 윈-에드워즈는 개체가 집단 전체의 이익을 위해 출생률을 자제하고, 개체군 밀도가 높을 때는 출생률을 감소시킨다고 주장하는 것이므로, 이를 위해 그들이 개체군의 밀도를 추정하는 어떤 수단을 가지고 있어야 한다는 것은 이치에 맞는 생각이다. 이것은 마치 항온 장치가 제대로 작동하기 위해서는 그 장치 속에 온도계가 반드시 있어야만 하는 것과 같은 이유다. 윈-에드워즈에게 현시 행동이란 개체군 밀도의 추정을 보다 쉽게 하기 위해서 동물이 의도적으로 모여 무리를 짓는 것이다. 그러나 그는 개체 수 추정이 의식적으로 행해지고 있다고 생각하지 않는다. 그는 개체가 인지한 개체군 밀도에 관한 감각 자극을 생식 시스템에 결부시키는 자동적인 신경, 또는 호르몬 메커니즘을 제안하고 있다.

이제까지 나는 간략하게나마 윈-에드워즈의 이론을 올바르게 평가하려고 노력했다. 만약 내가 이것에 성공했다면 독자는 지금 그의 이론이 표면적으로는 그럴듯하다고 생각할 것이다. 그러나 이 책의 이 부분까지 읽은 독자는 의심하고 덤빌 준비가 되어 있을 것이다. 언뜻 보면 그럴싸할지라도 그의 이론에 대한 증거가 타당해야 한다. 그러나 불행히도 그 증거는 별로 타당하지 않다. 그의 이론에 대한 증거 중 상당수는 그의 말대로 해석이 가능하지만, 더 정통적인 '이기적 유전자'의 관점에 의해서도 똑같이 설명될 수 있다.

가족계획 이론

이기적 유전자론에 입각한 가족계획 이론을 세운 제1인자는(비록 그가 이 명칭을 사용한 적은 없을 테지만) 위대한 생태학자 데이비드 랙David Lack이었다. 그의 연구는 주로 야생 조류의 한배 알 수clutch size에 관한 것이었으나, 그의 이론과 결론은 이기적 유전자론을 펴는데 두루 적용할 수 있는 장점이 있다. 새는 어떤 종류든 그 종에 고유한 수의 알을 낳는 경향이 있다. 가령 가넷(북대서양에 사는 가장 큰 해양 조류로, 아프리카·오스트레일리아·뉴질랜드의 온대 해역에서도 산다 — 옮긴이)과 바다오리는 한 번에 한 개의 알을 품는데, 칼새는 세 개, 박새는 여섯 개 남짓 알을 품는다. 물론 이 한배 알 수에는 변이도 있다. 한 번에 알을 두 개밖에 낳지 않는 칼새도 있고, 열두 개의 알을 낳는 박새도 있다. 한 마리의 암컷이 산란하여 품는 알의 수는 다른 특성들과 마찬가지로 부분적이나마 유전적 지배를 받고 있다고 생각해도 이상할 것이 없다. 말하자면 알을 두 개 낳게 하는 유전자나 세 개, 네 개를 낳게 하는 대립 유전자가 각각 존재할지도 모른다는 것이다. 실제로 이와 같은 현상이 그 정도로 단순한 것은 아니더라도 말이다. 자, 이제 유전자 풀 속에서 수를 늘려 가는 것은 이들 유전자 중 어떤 것일지 이기적 유전자론에 입각하여 생각해 보자. 표면적으로 보면 알을 두 개 또는 세 개 낳게 하는 유전자에 비해 알을 네 개 낳게 하는 유전자가 당연히 유리하다고 생각할지도 모른다. 그러나 '다다익선'의 단순 논리가 옳을 리 없다는 것은 조금만 생각해 보면 알 수 있다. 만약 그 논리가 옳다면 네 개의 알을 낳기보다는 다섯 개가 더 좋고 또한 열 개, 백 개가 더 좋고 나아가서 무한히 산란하는 것이 최상일 것이다. 즉 논리적으로 따져서 이는 말도 안 되는 이야기다. 많은 알을 낳으면 이익뿐만 아니라 그 **대가** 또한 톡톡히 치러야 한다. 아이를 많이 낳으면 아이를 돌보는 효율이 감소할 수밖에 없는 것이다. 랙의 이론의 요점은 어떤 환경 조건에 놓인 어떤 종에서건 그 상황에 최적인 한배 알 수가 틀림없이 존재한다는 것이다. 랙과 윈-에드워즈의 견해 차이는 "누구의 입장에서 보아 최적인가?"라는 물음에 대한 대답에 있다. 이에 대해 윈-에드워즈는 모든 개체가 따라야 하는 중요한 최적은 집단 전체의 관점에서의 최적 알 수라고 주장할 것이다. 한편 랙은, 각각의 이기적 개체는 어미가 키울 수 있는 새끼의 수를 최대로 할 수 있는 한배 알 수를 선택한다고 대답할 것이다. 만일 칼새에서 최적인 한배 알 수가 세 개라면, 이것에 대한 랙의 해석은 다음과 같다. 네 마리의 새끼를 키우려는 개체가 최종적으로 키울 수 있는 새끼 수는, 세 마리만 낳아 키우려는 좀 더 조심스러운 경쟁자에 비해 적을 것이다. 그 이유는, 네 마리의 새끼를 키운다면 각각의 새끼에게 분배되는 먹이의 양이 부족하기 때문에 어른이 될 때까지 살아남는 새끼가 거의 없다는 것이다. 이것은 애초에 네 개의 알에 분배되는 난황의 양, 그리고 부화 후 새끼에게 주어지는 먹이의 양, 둘 모두에 해당된다. 그러므로 랙에 따르면, 개체가 한배 알 수를 조절하는 이유는 전혀 이타적인 것이 아니다. 그들이 산아 제한을 행하는 것은 집단이 이용할 자원의 고갈을 막기 위해서가 아니다. 자기가 낳은 새끼들 중 살아남는 새끼 수를 최대화하기 위해 산아 제한을 실행하는 것이다. 이는 우리가 보통 '산아 제한' 하면 떠올리는 목적과는 정반대다. 새끼를 키우는 것은 대단히 힘든 일이다. 우선 알을 만들기 위해 어미 새는 다량의 먹이와 에너지를 투자해야만 한다. 짝의 도움을 받으며 어미 새는 알을 보호해 줄 둥지를 만드는 데도 많은 노력을 기울인다. 부모 새는 인내심을 갖고 수 주일에 걸쳐 알을 품는다. 그리하여 새끼가 부화하면 부모 새는 거의 쉬지 않고 새끼에게 먹이를 열심히 물어 나른다. 이미 앞에서 소개했던 박새의 경우 어미 새 한 마리는 낮 동안 평균 30초에 1회꼴로 먹이를 구해 온다. 우리 인간과 같은 포유류의 경우 방법은 달라도 특히 어미에게 있어 번식은 힘든 노력이 뒤따른다는 점에서 큰 차이가 없다. 만약 어미가 먹이나 양육 노력 등과 같은 한정된 자원을 너무 많은 수의 새끼들에게 분산시킨다면, 좀 더 작은 목표로 시작했을 때보다 어미가 키울 수 있는 새끼의 수는 적어질 것이다. 어미 새는 아이 낳기와 아이 키우기 사이의 균형을 이루기 위해 노력해야만 한다. 한 마리의 어미 새 또는 한 쌍의 짝이 구할 수 있는 먹이와 자원의 총량이 그들이 키울 수 있는 새끼 수를 결정하는 제한 요인이 된다. 랙의 이론에 의하면, 자연선택은 이런 한정된 자원을 최대로 이용할 수 있도록 초기의 한배 알 수(또는 한배의 새끼 수)를 조정한다고 한다.

합리적 출산

새끼를 과다 출산하는 개체가 불리한 이유는 개체군 전체가 그로 인해 절멸해 버리기 때문이 아니라 단지 그들의 새끼 중에 살아남는 수가 적기 때문이다. 새끼를 너무 많이 낳게 하는 유전자는 이를 지닌 새끼들 중 어른이 될 때까지 살아남는 개체가 거의 없으므로 다음 세대에 다량 전달되지 않는다. 그러나 현대 문명인들에게는 가족의 크기가 개개의 부모가 조달할 수 있는 한정된 자원에 더 이상 제한되지 않는 현상이 생기고 있다. 어떤 부부가 자기들이 양육 가능한 수 이상의 아이를 낳으면 국가, 즉 그 개체군 중 해당 부부를 제외한 다른 개체들이 개입하여 그 잉여분의 아이들이 건강하게 살아가도록 한다. 물질적 자원이 전혀 없는 부부가 여성의 생리적 한계에 이를 때까지 아이를 낳아 기르려 한다고 해도 실제로 이것을 저지할 수단은 아무것도 없다. 그러나 복지 국가라는 것은 극히 부자연적인 실체다. 자연 상태에서는 키울 수 있는 수 이상의 아이를 가진 부모는 손자를 많이 가질 수 없고, 따라서 그들의 유전자가 장래의 세대에게 이어지는 일은 없다. 자연계에는 복지 국가 같은 것이 존재하지 않기 때문에 출생률을 이타적으로 자제할 **필요**가 없다. 또한 자제를 모르고 방종을 가져오는 모든 유전자는 즉시 벌을 받는다. 그 유전자를 보유한 아이들은 굶주리기 때문이다. 물론 우리 인간은 너무 많은 아이를 가진 가정의 아이들이 굶어 죽는다 해도 아무런 대책이 없었던 옛날의 이기적인 방법으로 되돌아가는 것을 원치 않는다. 그래서 우리는 가족을 경제적인 자급자족 단위로 하는 것을 폐지하고 그 대신에 국가를 경제 단위로 한 것이다. 그러나 아이에 대한 생활 보장의 특권은 결코 남용되어서는 안 된다.

피임

피임은 종종 '부자연스럽다'고 비난받는다. 그렇다. 극히 부자연스러운 일이다. 문제는 복지 국가도 마찬가지라는 점이다. 우리의 대부분은 복지 국가를 매우 바람직한 것으로 믿고 있다. 그러나 부자연스러운 복지 국가를 유지하기 위해서는 부자연스러운 산아 제한을 실행해야만 한다. 그렇지 않으면 자연 상태에 있는 것보다 더 비참한 결과에 이를 것이다.

복지 국가란 지금까지 동물계에 나타난 이타적 시스템 중 아마도 가장 위대한 것일 것이다. 그러나 어떠한 이타적 시스템도 본질적으로 불안정하다. 그것은 그 시스템을 착취할 만반의 준비를 갖춘 이기적 개체에게 남용당할 여지를 갖고 있기 때문이다. 자기가 키울 수 있는 것 이상의 아이를 낳은 사람들은 대개의 경우 무지 때문에 그렇게 된 것이므로, 그들이 의식적으로 악용을 꾀한다고 보긴 어렵다. 다만 나는 다수의 아이를 낳도록 의도적으로 선동하는 지도자나 강력한 조직에 대해서는 그 혐의를 풀 수 없다고 생각한다.

영역과 번식 면허

야생 동물의 이야기로 되돌아가 한배 알 수에 관한 랙의 논리는 윈-에드워즈가 인용하는 기타 모든 사례, 예컨대 영역 행동, 순위제 등에 일반화시킬 수 있다. 예를 들면 윈-에드워즈와 그의 동료들이 연구 대상으로 삼고 있는 홍뇌조를 살펴보자. 이 새는 히스속屬 식물을 먹는데, 그 식물이 자라는 황무지에 실제로 필요한 것보다 더 많은 먹이를 포함하는 영역을 나눠 가진다. 번식기 초기에는 영역을 두고 싸우지만, 이내 패자는 자기의 패배를 인정하는지 더 이상 싸우려고 하지 않는다. 패자는 영역을 갖지 못하는 낙오자가 되며, 번식기가 끝날 즈음에는 대체로 굶어 죽는다. 번식할 수 있는 새는 영역 소유자뿐이다. 영역을 갖지 못한 새들도 생리적으로는 번식이 가능하다는 것은 다음의 사실에서 밝혀졌다. 영역 소유자가 총에 맞아 죽으면 낙오자 중 한 마리가 즉시 그 후계자 자리에 앉아서 번식을 시작한다는 것이다. 이 극단적인 영역 행동에 관한 윈-에드워즈의 해석은 이미 알다시피 낙오자들은 번식을 위한 허가증 또는 티켓을 놓친다는 것을 스스로 '인정'하고 번식 행위를 보류한다는 것이다.

이것을 이기적 유전자론으로 설명하기는 약간 곤란해 보인다. 낙오자들은 왜 사력을 다해 영역 소유자를 내쫓으려고 하지 않을까. 비록 지쳐 쓰러질지라도 그들이 잃는 것은 아무것도 없지 않나. 어쩌면 그들에게는 잃는 것이 엄연히 있을지도 모른다. 위에서 보았듯이 만일 영역 소유자가 사망하는 일이 생기면 낙오자가 그 영역을 입수하여 번식할 기회가 돌아온다. 만일 낙오자가 이 방법으로 영역의 후계자로 정착할 가능성이 투쟁으로 영역을 얻을 수 있는 가능성보다 크다면, 비록 적은 에너지라도 아무런 이익이 없는 싸움에 허비하기보다는 영역 소유자 중에서 누군가가 죽기를 기대하며 대기하는 편이 이기적 개체로서 그에게 더 유리할 것이다. 윈-에드워즈 입장에서 보면, 집단의 번영을 꾀하는 데 있어 낙오자들의 역할은 무대 옆에 대기하는 대역과 같다. 집단 번식의 주요 무대에서 영역 소유자 중 누군가가 쓰러지면 즉시 그놈을 대신하는 것이다. 이런 낙오자들의 행동도 순수하게 이기적 개체로서 가장 좋은 전략일지 모른다. 4장에서 말한 대로 우리는 동물을 도박꾼으로 볼 수 있다. 도박꾼으로서 가끔은 공격 전략이 아닌 관망 전략이 최상의 전략일지도 모른다.

다른 동물들이 위와 같은 방법으로 비번식자의 지위를 수동적으로 '감수'하고 있는 듯 보이는 많은 다른 예도 이기적 유전자론에 의해 쉽게 설명될 수 있다. 어떤 경우에도 설명의 기본 형태는 같다. 즉 그 동물의 가장 좋은 결정은 현재 일단 자제하고 장래의 더 좋은 기회에 희망을 거는 것이다. 예컨대 하렘을 독차지한 개체에게 싸우려고 덤벼들지 않는 바다표범은 집단의 이익을 위해 그렇게 하는 것이 아니다. 바다표범은 좋은 기회가 오기를 기다리는 것이다. 비록 좋은 기회는 오지 않고 그 바다표범이 자손을 못 보고 죽을지도 모르지만 이 도박은 어쩌면 성공할 수도 있다. 우리는 그 바다표범이 이기지 못한 것을 알고 있지만 말이다. 또 개체 수가 폭증해 수백만의 개체에 떠밀려 나오는 레밍들도 그들이 뒤에 두고 온 삶의 터전의 개체군 밀도를 감소시키기 위해 그러한 행동을 하는 것은 아니다. 이기적 존재인 그들 모두가 더 밀도가 낮은 생활 장소를 찾아다니는 것이다. 그들 중 일부는 새로운 생활 장소를 발견하지 못하고 죽어 버릴지도 모른다는 사실을 우리는 뒤늦게야 알 뿐이다. 그리고 이 사실도 원래 지역에 남아 있는 것이 더 나쁠 수도 있다는 가능성을 바꾸지 못한다.

개체군 과밀과 출생률 감소

개체군의 과밀이 때로는 출생률의 감소를 초래한다는 것은 이미 잘 밝혀져 있다. 이 사실이 윈-에드워즈의 이론을 지지하는 증거로 취급되는 경우가 종종 있으나, 증거로 사용되기에는 적합하지 않다. 윈-에드워즈의 이론뿐만 아니라 이기적 유전자론과도 합치되기 때문이다. 예를 들어 옥외의 울타리 안에 생쥐들을 풀어놓은 뒤 먹이를 충분히 공급하고 자유로이 번식하게 하는 실험을 행한 적이 있다. 생쥐 개체군은 어느 수준까지는 커졌지만 그 후에는 일정 수준을 유지했다. 개체 수가 평형 상태로 된 것은 과밀로 암컷의 번식 능력이 감퇴되었기 때문임을 알게 되었다. 바로 새끼를 적게 낳은 것이다. 이와 비슷한 효과는 종종 보고된다. 이 같은 평형을 일으키는 직접적인 원인은 '스트레스'라고들 한다. 그러나 그런 이름을 붙이는 것 자체로는 설명에 별 도움이 안 된다. 직접적인 원인이 무엇이든 간에 여기서 제기되지 않으면 안 될 문제는 그 효과의 궁극적인 설명, 즉 진화적 설명이 무엇이냐 하는 것이다. 개체군의 과밀화에 따라 출생률을 감소시키는 암컷이 자연선택에서 유리한 이유는 무엇일까? 윈-에드워즈의 답은 분명하다. 암컷이 개체군 밀도를 측정해 먹이가 고갈되지 않도록 출생률을 조정하는 집단이 집단선택에 유리하기 때문인 것이다. 위 실험의 경우 먹이가 결코 부족하지 않았지만 생쥐가 이 조건을 이해할 것이라고 상정하는 것은 무리다. 그들은 야생 생활에 적응하도록 프로그램되어 있다. 그리고 야외 조건에서라면 개체군 과밀은 앞으로 초래될 기근을 나타내는 지표가 될 것이다.

이기적 유전자론자의 답은 어떠한가? 내용은 거의 같지만 결정적인 차이가 딱 하나 있다. 동물은 그들 자신의 이기적인 입장에서 볼 때 최적 수의 새끼를 갖는 경향이 있다는 랙의 주장을 독자들은 기억할 것이다. 너무 적은 또는 너무 많은 수의 새끼를 **낳**으면, 그들이 최종적으로 키울 수 있는 새끼의 수는 만일 그들이 꼭 맞는 수의 새끼를 낳아서 **키울** 때보다 적을 것이다. 이 '꼭 맞는 수'라는 것이 개체군이 과밀한 해에는 개체군이 희박한 해에 비해 더 적은 수가 될 것이다. 과밀이 기근의 전조가 될 것이라는 점에서는 이미 앞서 동의를 구했다. 만약 어떤 암컷이 기근이 예측되는 확실한 증거에 접했을 때 스스로 출생률을 감소시키는 것은 자신의 이기적 이익을 위해서다. 이러한 경고와도 같은 징후에 반응하지 않는 경쟁자들은, 가령 그 암컷보다 많은 새끼를 낳았다고 해도, 최종적으로 키울 수 있는 새끼의 수가 그 암컷보다 적을 것이다. 그러므로 우리는 최종적으로 윈-에드워즈와 거의 똑같은 결론에 도달하게 된다. 그러나 우리는 그와 전혀 다른 유형의 진화론적 추리를 거쳤다.

현시 행동과 밀도 조사

이기적 유전자론은 '현시 행동'도 아무 문제 없이 설명할 수 있다. 여러분은 동물이 의도적으로 큰 무리를 이뤄 모든 개체가 개체군의 밀도 조사를 보다 쉽게 실행하여 자신의 출생률을 조절한다는 윈-에드워즈의 가설을 기억할 것이다. 실제로 어떤 동물의 무리라도 현시적인 무리라는 직접적인 증거는 없으나, 가령 그런 증거가 있다고 하자. 그렇게 되면 이기적 유전자론이 난감해질 것인가? 전혀 그렇지 않다.

찌르레기는 엄청나게 많은 개체가 잠무리를 짓는다. 이때 겨울 동안의 과밀 상태가 봄에 산란 능력을 감퇴시킬 뿐만 아니라, 서로의 울음소리를 듣는 것이 산란 능력 감퇴의 직접적인 원인이 된다는 것을 알았다고 가정해 보자. 이는 과밀 상태의 시끄러운 잠무리에서 녹음한 소리를 들은 찌르레기가, 개체 수가 많지 않고 조용한 잠무리에서 녹음한 소리를 들은 찌르레기보다 적은 수의 알을 산란한다는 것으로 입증할 수 있을지 모른다. 정의상, 이 때문에 찌르레기의 울음소리는 현시 행동의 하나로 볼 수 있다. 이기적 유전자론은 생쥐의 예와 거의 같은 방법으로 이 현상을 설명할 수 있다.

양육 능력 이상으로 가족 수를 늘리는 유전자는 유전자 풀 속에서 자동적으로 불리해져 그 수가 감소한다는 가정에서부터 논의를 다시 시작해 보자. 따라서 효율적인 산란자가 할 일은 이기적 개체로서 다가오는 번식기에 자신에게 최적인 한배 알 수를 예측하는 것이다. 4장에서 우리가 '예측'이라는 말을 특수한 의미로 사용했다는 것을 여러분은 기억할 것이다. 암컷은 어떻게 해서 최적인 한배 알 수를 예측하는 것일까? 어떤 변수가 어미의 예측에 영향을 줄까? 많은 동물 종에서 그 예측치는 해마다 바뀌지 않고 고정되어 있는 것 같다. 예컨대 가넷의 최적 한배 알 수는 평균 한 개다. 물론 물고기가 유달리 풍부한 해에는 일시적으로 두 개가 최적일 가능성도 있다. 그러나 어떤 해에 어류가 많을 것인지 여부를 사전에 아는 방법이 가넷에게 없다면, 암컷이 가지고 있는 자원을 낭비할 위험을 무릅쓰고 두 개의 알을 낳을 것이라고는 기대할 수 없다. 그렇게 되면 평년의 조건에서 그들의 번식 성공도는 더 낮아질 것이기 때문이다.

그러나 아마도 찌르레기를 포함하여 이와는 다른 종도 있을 것이다. 이듬해 봄에 먹이 자원의 생산이 좋을지 그렇지 않을지 겨울 동안 예측하는 것이 원칙적으로 가능한 동물들 말이다. 농촌 사람들 사이에는 예컨대 호랑가시나무 열매의 많고 적음이 이듬해 봄 날씨를 예측하는 좋은 수단이 될 수 있다는 것과 같은 속설들이 많다. 늙은 아낙네의 이야기가 옳든 틀리든, 그런 단서들이 존재하고 예측에 뛰어난 새가 자기에게 이익이 되도록 한 둥지의 알 수를 해마다 조정하는 것은 논리적으로 가능한 일이다. 호랑가시나무 열매가 과연 신뢰할 수 있는 예측 수단인지는 모르겠지만, 생쥐의 경우와 같이 개체군 밀도가 좋은 예측 수단이 될 수 있는 가능성은 많아 보인다. 새끼를 낳고 먹여야 하는 봄에 같은 종의 경쟁자들과 먹이를 놓고 경쟁한다는 것을 찌르레기 암컷은 본능적으로 알 수 있다. 만약 겨울에 자기가 서식하는 지역에서 같은 종 개체의 밀도를 어떻게든 추정할 수 있다면, 이것은 봄이 되어 새끼를 위해 먹이를 확보하는 것이 얼마나 어려운 일일지 예측하는 강력한 수단이 될 수 있다. 겨울철에 개체 밀도가 현저히 높았다면 당연히 알을 조금 적게 낳는 것이 암컷의 이기적 견지에 맞는 신중한 대응책이 된다. 즉 암컷이 추정한 자기의 한배 알 수 최적치는 낮아질 것이다.

보 제스트 효과

개체가 자기가 추정한 개체군 밀도를 근거로 자신의 한배 알 수를 감소시키는 것이 현실로 나타나는 순간, 그것은 곧 실제의 밀도가 어떻든 경쟁자에 대해서는 개체군이 굉장히 큰 것처럼 꾸미는 것이 개개의 이기적 개체에게는 유리하다는 것을 암시한다. 예컨대 찌르레기의 예에서, 가령 겨울 잠무리가 얼마나 시끄러운지가 개체군의 크기를 추정하는 수단이라면 개개의 개체는 있는 힘을 다하여 소리를 크게 지를 것이다. 한 마리가 아닌 두 마리가 있는 것처럼 큰 소리를 내는 것이 유리하기 때문이다. 동물 한 마리가 마치 몇 마리의 개체가 있는 것처럼 보이게 한다는 견해는 찌르레기가 아닌 다른 경우에 대해서 크렙스가 시사했던 것이다. 그는 프랑스 외인부대가 이와 같은 전술을 사용하는 장면이 나오는 소설 이름을 따서 거기에 **보 제스트** Beau Geste(아름다운 몸짓 — 옮긴이) **효과**라는 명칭을 붙였다. 찌르레기의 경우 이 행위의 목적은 주위 동료들을 속여서 **자신의** 한배 알 수를 실제 최적 이하 수준으로 감소하도록 유도하는 것이다. 만약 당신이 이렇게 해서 성공하는 찌르레기라면, 이는 당신과 같은 유전자를 공유하지 않은 개체를 감소시키는 것이 되기 때문에 당신의 이기적인 이익에 부합한다. 따라서 현시 행동이라는 윈-에드워즈의 생각은 사실 훌륭한 발상이었는지 모른다. 그의 견해는 처음부터 끝까지 옳았을지도 모른다. 그러나 그가 갖다 댄 이유는 영 잘못된 것이었다. 더 일반적인 결론을 끌어내자면, 집단선택론을 지지하는 것처럼 보이는 어떠한 증거가 나타났다고 해도 랙의 가설은 그 증거를 유전자의 이기성에 의해 설명할 수 있는 막강한 힘을 가지고 있다고 할 수 있다.

이 장에서 우리의 결론은, 개개의 부모 동물은 가족계획을 실행하는데, 이것은 공공의 이익을 위해서라기보다는 오히려 자기 자손의 출생률을 최적화하기 위해서라는 것이다. 그들은 최종적으로 살아남는 자기 새끼의 수를 최대화하려고 힘쓴다. 그러려면 새끼의 수가 지나치게 많아도 안 되고 지나치게 적어도 안 된다. 개체에서 너무 많은 수의 새끼를 가지도록 하는 유전자는 유전자 풀 속에 계속 살아남지 못한다. 그런 종류의 유전자를 체내에 가진 새끼들은 성체가 될 때까지 살아남기가 어렵기 때문이다.

가족계획에 대한 고찰은 이 정도에서 매듭짓기로 하자. 다음에 살펴볼 내용은 가족 내부의 이해 충돌 문제다. 어미가 자기의 새끼 모두를 공평히 대하는 것이 언제나 좋은 일일까, 아니면 특정 새끼를 편애하는 것이 좋을까? 가족은 단일 협력 집단인가, 그렇지 않으면 가족 내부에서도 이기주의나 속임수가 있다고 생각해야 할 것인가? 한 가족 내의 전 구성원은 동일한 최적치의 달성을 향해 함께 노력하고 있는가, 아니면 그들 간에 무엇이 최적치인지에 대해 '의견의 불일치'가 있는가? 다음 장에서는 이 문제에 대한 해답을 찾아보자. 이와 관련된 다른 문제로서 배우자 간에 이해 충돌이 있을 수 있는지에 대해서는 9장에서 살펴보겠다.

8장

Battle of the generations

세대 간의 전쟁

가족 내부의 이해관계

우선 앞 장의 마지막에 제기되었던 여러 문제 중에서 첫 번째 문제부터 이야기해 보자. 어미는 특정 자식을 편애할 것인가, 아니면 모든 자식을 동등하게 이타적으로 대할 것인가? 지루하게 생각될지 모르겠으나 나의 습관적인 경고를 여기서도 다시 한 번 해야겠다. '편애'라는 말에는 그 어떠한 주관적인 의미도 내포되어 있지 않으며, '할 것이다 또는 해야 한다'라는 말에도 윤리적인 의미가 내포되어 있지 않다. 나는 어미를 하나의 기계로 취급한다. 이 기계의 내부에는 유전자가 들어앉아 있고 이 기계는 그 유전자의 사본을 퍼뜨릴 수 있는 한 모든 노력을 기울이도록 프로그램되어 있다. 여러분과 나는 인간이기 때문에 의식적으로 목적을 갖는 것이 어떤 것인지 알고 있다. 그러므로 생존 기계의 행동을 설명할 때 그 목적에 대한 용어를 비유적으로 사용하면 편리할 것이다.

편애

실제로 어미가 자식을 편애한다고 할 때 그것은 무엇을 의미하는가? 그 답은 어미가 이용할 수 있는 여러 자원을 자식들에게 불균등하게 투자한다는 것이다. 어미가 투자할 수 있는 자원에는 여러 가지가 있다. 그중에서도 먹이가 가장 명백한 자원인데, 먹이를 취하는 데 드는 노력도 어미에게 부담이 되므로 이 노력 역시 분명한 자원이다. 포식자로부터 자식을 지킬 때의 위험도 어미가 새끼를 지키기 위해 '소비' 또는 소비를 거부할 수 있는 또 다른 자원이다. 둥지를 짓고 유지하는 데 들이는 에너지와 시간, 폭풍우로부터의 보호, 일부 동물에서 볼 수 있는 새끼 훈련에 소요되는 시간 등, 어느 것이든 어미의 '선별'에 따라 자식들에게 공평하게 또는 불공평하게 분배할 수 있는 귀중한 자원이다.

부모가 투자할 수 있는 이들 자원 모두를 측정하는 공통의 통화를 생각해 내기는 어렵다. 인간 사회에서는 음식물, 토지, 노동 시간 등 어느 것과도 변환 가능한 보편적인 통화로서 화폐가 사용된다. 이와 마찬가지로 개개의 생존 기계가 다른 개체, 특히 새끼의 생명에 투자하는 여러 자원을 측정하는 하나의 통화가 필요하다. 칼로리와 같은 에너지의 척도가 적절하다고 생각한 일부 생태학자들은 야생에서의 에너지 비용을 계산하는 데 몰두해 왔다. 그러나 이 척도는 부적절하다. 에너지의 일부만이 실제로 가장 중요한 통화, 즉 진화의 '금 본위 제도'인 유전자의 생존으로 변환 가능하기 때문이다. 트리버스는 1972년에 **양육 투자**parental investment, P.I.라는 개념을 이용하여 이 문제를 멋지게 해결했다(단 20세기 최고의 생물학자인 로널드 피셔 경의 압축된 문장의 행간을 읽으면 그가 1930년에 '양육 경비parental expenditure'라는 말로 트리버스의 '양육 투자'와 거의 동일한 사실을 지적하고 있음을 알 수 있다).*

양육 투자

양육 투자는 '자손 하나에 대한 투자로서, 다른 자손에 대한 양육 투자 능력을 희생시키면서 그 자손의 생존 확률(그리고 그로 인한 번식 성공도)을 증가시키는 것'으로 정의된다. 트리버스의 양육 투자라는 사고방식의 장점은 실제로 중요한 의미를 가진 척도에 가장 가까운 단위로 평가된다는 것이다. 예컨대 한 아이가 젖을 먹을 때

이 아이의 젖 소비량은 리터나 칼로리가 아닌, 이로 인해 다른 형제가 입는 손해의 단위로 측정된다. 지금 어떤 어머니가 X와 Y라는 두 아이를 키우는데, X가 젖 1리터를 먹었다고 하면 이 젖에 상응하는 P.I.의 대부분은 젖을 먹지 못한 Y의 사망률의 증가량으로 측정된다. P.I.는 이미 출생했거나 앞으로 출생할 다른 아이들의 기대 수명의 감소치로 측정된다.

그러나 양육 투자도 이상적 척도라고 보기는 어렵다. 다른 유전적 관계를 제쳐 놓고 친자 관계만 너무 중요시하기 때문이다. 이상적으로는 일반화된 **이타적 투자**의 척도를 이용해야 할 것이다. 개체 A가 자기 자신 및 다른 친척에 대한 투자 능력을 희생하여 개체 B의 생존 확률을 증가시켰다면 A가 B에게 투자했다고 봐도 좋다. 이때 치러지는 모든 희생은 유전적 근연도에 따라 적절히 가중하여 고려한다. 이상적으로 어떤 자식에 대한 어미의 투자는 다른 자식들뿐만 아니라 조카와 어미 자신 등의 기대 수명의 감소로 측정되어야 할 것이다. 그러나 이것은 여러 면에서 쓸데없는 트집 잡기에 불과하다. 실제로는 트리버스의 척도로도 충분하다.

모든 어른 개체는 자신의 생애를 통틀어 자식(자식뿐만 아니라 다른 혈연자와 자신도 고려해야 하지만 여기에서는 간단하게 자식만 고려하자)에게 투자할 수 있는 일정한 총량의 P.I.를 갖고 있다. 이는 개체가 일생 동안 노동을 통하여 획득 또는 생산할 수 있는 먹이, 감수할 준비가 되어 있는 위험, 그 밖에 자식의 복지를 위해 투여할 수 있는 모든 에너지와 노력의 총합을 의미한다. 이제 막 성숙기에 달한 젊은 암컷은 자원을 어떻게 투자할까? 자기가 따라야 할 현명한 투자 정책은 어떤 것일까? 랙의 이론에서 이미 살펴보았듯이 많은 새끼에게 골고루 투자해서는 안 될 것이다. 그럴 경우 충분한 수의 손자를 확보할 수 없기 때문에 너무 많은 유전자를 잃게 될 것이다. 한편 아주 소수의 새끼에게 모든 자원을 투자하여 응석받이로 만들어서도 안 될 것이다. 그 경우 **몇몇**의 손자는 확보할 수 있을지 몰라도, 최적 수의 새끼에게 투자한 경쟁자가 최종적으로 보다 많은 손자를 얻게 될 것이다. 공평한 투자 정책은 이제 의미가 없다. 이제 우리의 관심사는 자식에 대한 불공평한 투자가 어미에게 득이 되는가, 즉 어미가 편애할 것인가 아닌가에 있다.

편애하는 것이 유리한가

이 질문에 대한 답은 어미가 편애할 만한 유전적 근거는 없다는 것이다. 어미의 자식에 대한 유전적 근연도는 모든 자식에게 1/2로 같기 때문이다. 즉 어미의 최적 전략은 자식이 번식할 때까지 양육할 수 있는 가장 많은 수의 자식에게 **공평한** 투자를 하는 것이다. 그러나 앞서 설명한 바와 같이(6장에서 — 옮긴이) 어떤 개체는 다른 개체보다 생명 보험의 피보험자로서 더 좋다. 다 자라지 못한 막내도 잘 자란 한배 자식들과 같은 수만큼의 어미 유전자를 갖고 있다. 그러나 그의 기대 수명은 다른 형제보다 짧다. 바꿔 말하면, 막내를 다른 형제들과 최종적으로 같은 상태까지 키우려면 공평한 배분량 이상의 양육 투자가 **필요하다**. 사정에 따라서 다 자라지 못한 막내에게 먹이 주는 것을 거부하고 그에 대한 양육 투자 배분량을 모두 다른 형제자매에게 분배하는 것이 어미에게 유리할 수도 있다. 실제로 이런 막내를 그 형제자매에게 먹이거나, 자기가 그 자식을 먹고 젖을 만들어내는 데에 양분을 보태는 편이 어미에게 득이 될지도 모른다. 어미 돼지가 자기 새끼를 실제로 먹는 경우도 있다. 그러나 그 어미 돼지가 막내를 골라서 먹는 것인지 아닌지는 모르겠다.

막내의 경우는 특수한 사례 가운데 하나다. 더 일반화하면 자식에 대한 어미의 투자 경향이 자식의 연령에 따라 어떻게 달라지는가에 관해 몇 가지 예측이 가능하다. 만일 어미가 어느 한편의 새끼만 구하고 다른 새끼는 죽일 수밖에 없는 양자택일을 해야 한다면 어미는 나이 많은 새끼를 구하려고 할 것이다. 나이 든 새끼가 죽는 것과 어린 새끼가 죽는 것을 비교하면 전자의 경우에 어미의 부모로서의 평생 투자량 중 더 많은 비중을 잃게 되기 때문이다. 이를 다음과 같이 표현하는 편이 더 나을 것이다. 만일 어미가 어린 새끼를 구했다면 나이 든 새끼와 같은 연령까지 키우기 위해서 또다시 귀중한 자원을 그만큼 투자하지 않으면 안 된다.

한편 어미가 직면하는 선택이 위의 예처럼 자식의 생사를 가늠할 정도로 급박하지 않을 때에는 어린 자식을 편애하는 것이 더 나을지 모른다. 예를 들어 어미가 한입 분량의 먹이를 어느 새끼에게 줄 것인가라는 문제에 직면한다면, 자력으로 먹이를 구할 가능성이 높은 큰 새끼보다는 그럴 능력이 없는 어린 새끼에게 줄 것이다. 왜냐하면 어미가 먹이를 그만 주더라도 큰 새끼는 살아남을 수 있기 때문이다. 반면 어미가 먹이를 큰 새끼에게 준다면 아직 스스로 먹이를 구하기엔 너무 어린 작은 새끼는 죽을 가능성이 높을 것이다. 이럴 경우에 어미는 비록 큰 새끼를 죽게 하느니 어린 새끼를 죽게 하는 편을 선택하는 경향에는 변함이 없을지라도 그 먹이를 어린 새끼에게 줄 것이다. 그렇게 해도 큰 새끼가 죽을 염려는 없기 때문이다. 포유류의 어미가 평생 동안 무한정 젖을 주지 않고 젖을 떼는 까닭도 여기에 있다. 자식의 일생 중에는 어미가 자식에 대한 투자를 장래의 자식에 대한 투자로 전환하는 편이 어미에게 유리해지는 시기가 온다. 이 시기가 오면 어미는 젖을 떼려고 할 것이다. 어떤 방법으로든지 그 새끼가 마지막 자식이라는 것을 알게 된다면, 어미는 여생 동안 최후의 새끼에게 자신의 모든 자원을 투자할 것이며, 경우에 따라서는 그 새끼가 성체가 될 때까지 젖을 먹일 것으로 예상할 수 있다. 그럼에도 불구하고 어미는 손자나 조카에 투자하는 것이 더 득이 되지 않을까 '저울질'할 것이다. 왜냐하면 손자나 조카와의 근연도는 어미와 자식 사이 근연도의 절반이지만, 어미의 투자에 의해 그들이 받는 이익의 양은 자식이 받는 이익의 두 배 이상이 될 수도 있기 때문이다.

폐경

이 시점에서 여성이 중년기에 갑자기 생식 능력을 잃어버리는 현상, 즉 폐경이라는 기묘한 현상에 대해서 살펴보자. 야생에서 살았던 우리 선조들 사이에 이 현상이 그리 일반적이었다고는 생각되지 않는다. 왜냐하면 폐경에 이르기까지 오래 산 여성은 그렇게 많지 않았을 것이기 때문이다. 하지만 여성의 이 '갑작스러운 변화'와 남성의 생식 능력의 '점차적인 감퇴'의 차이점을 고려하면 폐경에 유전적으로 어떤 '의도된 것'이 있지 않을까, 즉 폐경이 '적응'이 아닐까 생각하게 된다. 이를 설명하기란 쉽지 않다. 어머니의 나이가 많아질수록 아이의 생존은 점점 어려워지는 것이 사실이지만, 언뜻 우리는 여성이 죽을 때까지 아이를 낳을 것이라고 예상할지 모른다. 계속해서 출산하는 것이 정말 해 볼 만한 일일까? 그러나 여기서 우리는 어머니가 아이에 비하면 비록 절반 정도이지만 손자들과도 근연 관계라는 점을 기억해야 한다.

아마 메더워의 '노화 이론'과도 관련된 여러 가지 이유로 자연

상태의 여성은 나이를 먹음에 따라 육아의 효율성이 점점 감퇴했을 것이다. 이 때문에 노령의 산모가 낳은 아기의 기대 수명은 젊은 산모가 낳은 아기의 수명에 비해 짧았다. 이것은 가령 어떤 여성의 아이와 손자가 같은 날 태어났다면 손자가 아이보다 오래 살 것이라고 예상할 수 있다는 것을 의미한다. 여성이 자기가 낳은 아이가 어른이 될 평균 확률이 동갑내기 손자가 어른이 될 확률의 1/2보다 낮아지는 연령에 도달할 때, 자기 아이보다 오히려 손자 쪽으로 투자하게 하는 유전자가 유리하게 되어 번창할 것이다. 이 유전자는 손자 네 명당 한 명의 비율로 전해지는 반면, 그것과 경쟁 관계에 있는 유전자는 자식 두 명당 한 명에게 옮겨지지만, 손자의 기대 수명이 이 관계를 역전시키기 때문에 '손자에 대한 이타적 행동'을 유발하는 유전자가 유전자 풀 속에 널리 퍼지게 된다. 자기 아이를 계속 낳는 여성은 손자에게 충분히 투자할 수 없을 것이다. 그러므로 중년기에 이른 여성이 번식 능력을 상실하도록 작용하는 유전자가 점점 증가했을 것이다. 왜냐하면 이 유전자가 할머니의 이타적 행동에 의해 살아남은 손자들의 몸속에 전해지기 때문이다.

이것이 암컷의 폐경의 진화에 대한 하나의 가설이다. 수컷의 경우 생식 능력이 갑자기 소실되지 않고 점차 쇠퇴해 가는 이유는 아마도 수컷이 자손에 대해 암컷만큼 투자하지 않기 때문일 것이다. 만일 남성이 젊은 여성에게 아이를 낳게 할 수만 있다면 그가 아무리 고령일지라도 손자에게 투자하기보다는 자기 자식에게 투자하는 것이 유리할 것이다.

앞 장과 이 장에서는 모든 것을 부모의 관점, 특히 어미의 관점에서 보아 왔다. 부모가 자식을 편애한다고 예상할 수 있는지 아닌지, 일반적으로 부모로서 가장 좋은 투자 정책은 어떤 것인지가 지금까지의 주제였다. 그러나 자식 각각이 다른 형제자매에 비해 부모로부터 얼마나 많은 투자를 받는가에 스스로 영향력을 행사할 수도 있을 것이다. 비록 부모가 자식을 편애하는 것을 '바라지' 않더라도 자식들 사이에는 특별대우를 둘러싼 경쟁이 있을 수 있는 것 아닌가? 이런 경쟁은 자식들 자신에게 유리할까? 정확히 말해서, 유전자 풀 속에서 자식들 사이에 이기적 욕심을 부리는 유전자가 공평한 분배량을 바라는 대립 유전자보다 많아질 수 있을까? 트리버스는 1974년 「부모-자식 간 갈등」이라는 논문에서 이 문제를 멋지게 분석했다.

어미의 이타적 행동과 자식의 이기적 행동

이미 낳은 자식이나 앞으로 낳을 자식이나 상관없이 어미는 모든 자식에 대한 유전적 근연도가 같다. 따라서 유전적인 배경만 따진다면 어미가 특정 자식을 편애할 이유는 없다. 그럼에도 불구하고 어미가 실제로 편애를 한다면 그것은 연령 등에 따라 결정되는 기대 수명의 차이 때문이다. 어느 개체도 마찬가지지만, 어미의 자기 자신에 대한 근연도는 자식에 대한 근연도의 두 배다. 이것은 제반 조건이 같다면 어미는 자기가 가진 자원의 대부분을 자기 자신에 대해 이기적으로 투자해야 한다는 의미다. 그러나 제반 조건은 같지 않다. 자기 자원의 상당 부분을 자식들에게 투자하는 것이 더 유익할 수도 있다. 그 이유는 자식은 어리고 도움을 필요로 하며, 단위 투자당 그들이 얻을 수 있는 이익이 어미 자신이 얻을 수 있는 이익보다 크기 때문이다. 자신을 제쳐 놓고 도움을 필요로 하는 개체에 투자하도록 하는 유전자는 그 수혜자가 자기 유전자의 일부밖에 공유하지 않더라도 유전자 풀 속에 퍼질 수 있다. 어미 동물이 부모로서의 이타성을 나타내고 또 그들이 혈연선택에 의한 이타성을 나타내는 것도 모두 이 때문이다.

이제 이 문제를 특정한 자식의 관점에서 보면 어떻게 될 것인가. 자식의 형제자매 각각에 대한 유전적 근연도는 그 자식과 어미와의 근연도와 같다. 즉 모든 경우에 그 값은 1/2이 된다. 따라서 그 자식은 어미가 자원 중에서 어느 정도를 그의 형제자매에게도 투자하기를 '바란다'고 할 수 있다. 유전적으로 말하면 그 자식은 형제자매에 대해 어미와 똑같은 정도의 이타적 성향을 나타낼 것이다. 하지만 그와 동시에 그는 자신에 대한 근연도가 형제자매에 대한 근연도의 두 배이므로, 제반 조건이 동일하다면 어미가 다른 어느 형제자매보다 자기에게 더 많이 투자해 주기를 바랄 것이다. 이때 제반 조건은 실제로 같을지 모른다. 가령 어떤 아이와 그 형제가 동갑이고 게다가 둘 모두 젖 1리터로 얻을 수 있는 이익이 같다면, 그 아이는 공평한 배분량 이상을 탈취하려고 애쓸 것이며 그 형제도 공평한 배분량 이상의 획득을 목표로 애쓸 것이다. 어미 돼지가 수유를 위해 누우면 맨 먼저 어미젖을 차지하려고 새끼 돼지들이 꽥꽥거리는 것을 보았을 것이다. 또는 하나 남은 과자를 차지하려고 사내아이들이 다투는 광경도 본 적이 있을 것이다. 이와 같은 이기적 욕심은 아이들 행동의 큰 특징인 것 같다.

그러나 이것으로 이야기가 끝나는 것은 아니다. 가령 내가 밥 한 술을 놓고 동생과 경합하고 있고, 게다가 동생이 훨씬 어려 그 밥 한 술로 얻을 수 있는 이익이 나보다 많다면 어떻게 될 것인가. 아마도 밥 한 술을 동생에게 양보하는 편이 나의 유전자를 위해서도 유리할 것이다. 연상의 형은 자식에 대한 어미의 경우와 같은 근거에서 어린 동생에게 이타적 행동을 하게 될 것이다. 이미 살펴본 바와 같이 어느 경우에도 근연도는 1/2이고, 두 경우 모두 어린 개체가 연상의 개체보다 자원을 더 잘 이용할 수 있기 때문이다. 만약 밥 한 술을 포기하는 유전자가 내게 있다면 어린 동생이 같은 유전자를 소유할 가능성은 50퍼센트다. 이 유전자는 내 몸속에 있는 유전자이기 때문에 그것이 나에게 있을 가능성은 동생의 두 배, 즉 100퍼센트지만 내가 밥 한 술이 필요한 정도는 동생의 1/2 이하일 수 있다. 일반적으로 말하면, 자식 각각은 공평한 할당량 이상으로 양육 투자를 얻으려고 애써야 '할 것'이지만, 그렇게 하는 데는 어떤 한계가 있다. 그 한계는 어디인가? 그 한계란 그가 그 투자를 얻음으로써 기존의 형제자매 및 앞으로 태어날 어린 동생들이 입을 손실이 양육 투자로 얻는 이익의 꼭 두 배가 되는 지점이다.

젖 떼기

언제 젖 떼기를 할 것인가 하는 문제를 생각해 보자. 어미는 앞으로 태어날 자식을 준비하기 위해 현재 돌보는 자식의 수유를 중단하려고 할 것이다. 반면에 지금 젖을 먹고 있는 자식은 아직 젖을 뗄 수 없다고 버둥거릴 것이다. 젖은 편리하고 질 좋은 음식물이기에 자식은 어미에게서 떨어져 스스로 생활해 나가기 싫은 것이다. 정확히 말하자면 궁극적으로 자식은 어미 곁을 떠나 스스로 생활해 나가야 한다. 그 시기는 자기가 어미 품에 있는 것보다 어미 곁을 떠나 어미가 어린 동생을 자유로이 키우도록 하는 것이 자신의 유전자에게 유리하게 되는 시점이다. 젖 1리터에서 아기가 얻는 상대적 이익은 아기가 커가면서 적어진다. 아기가 커 감에 따라 아기의 요구량 중에서 젖 1리터가 차지하는 비율이 낮아지면서 자활 능력은 점차 커지기 때문이다. 그러므로 나이가 많은 자식이 나이 어린 아이에게 투자될 수 있었던 젖 1리터를 마실 경우, 그 자식이 어미로부터 빼앗는 양육 투자량은 어린 자식이 그 1리터를 마신 경우보다 상대적으로 크다. 자식이 커 가면서 그를 먹이는 것을 중단하고 대신 새 자식에게 투자하는 것이 어미에게 유리한 시기가 온다. 그 시기가 좀 지나면 이 자식이 젖을 떼는 것이 자신의 유전자에게도 유리한 시점이 올 것이다. 이 시점에서는 1리터가 그 자식의 몸속에 '있는' 유전자보다 그의 형제자매에게 '있을지 모를' 자기 유전자 사본에 더 큰 이익을 줄 수 있다.

모자간의 의견 불일치는 절대적인 것이 아니라 양적인 것이다. 이 경우는 시기에 대한 불일치다. 어미는 자식의 기대 수명과 이미 자식에게 행해진 투자량을 감안하면서, 투자량이 자식에게 할당된 '공정한' 양에 달하는 시점까지는 현재 돌보는 자식의 수유를 계속하려고 한다. 이 시기까지는 의견의 불일치가 존재하지 않는다. 마찬가지로, 앞으로 태어날 자식이 받을 불이익이 현재의 자식이 받는 이익의 두 배 이상에 달한다면, 이후 어미가 그 자식에게 젖을 주지 않을 것이라는 점에서도 모자의 의견은 일치한다. 모자간에 의견 불일치가 생기는 것은 그 사이의 기간 — 즉 어미의 입장에서 본 공정한 배분량 이상으로 자식이 투자를 얻으면서도 그 결과 초래되는 다른 자식들의 불이익은 아직 그가 얻는 이익의 두 배가 못 되는 기간 — 에서이다.

젖 떼기 시기는 모자간에 생기는 갈등의 한 예에 불과하다. 이것은 또한 개체와 앞으로 태어날 그의 어린 동생들과의 갈등으로도 간주할 수 있다. 그때 어미는 앞으로 태어날 자식의 편에 선다. 그러나 한배 자식인 형제들 간에는 어미의 투자를 놓고 더 직접적인 경쟁이 있을 것이다. 이 경우에도 어미는 대개 자식들 간의 경쟁이 페어플레이가 되기를 바랄 것이다.

이기적인 새끼

많은 새끼 새는 둥지에서 부모로부터 먹이를 공급받는다. 새끼 새가 큰 입을 벌리고 울어 대면 어미 새는 그들 중 한 마리의 입속에 벌레나 한입거리의 먹이를 넣어 준다. 이상적인 경우에 새끼가 질러 대는 소리의 크기는 그 새끼의 배고픈 정도에 비례할 것이다. 그 결과 가장 큰 소리를 내는 새끼에게만 항상 먹이를 준다면 새끼들은 모두 공정한 분배를 받을 수 있다. 왜냐하면 실컷 얻어먹은 새끼는 그다지 소리칠 필요가 없기 때문이다. 가장 이상적인 상태에서는 이렇게 될 것이다. 개체가 속이지만 않는다면 말이다. 그러나 유전자의 이기성이라는 관점에서 보면 틀림없이 새끼들은 속이려 할 것이고 공복 상태에 대해 거짓말할 것이라 예상할 수 있다. 이 사기 행위는 점점 심해져 분명히 무의미한 것에 이르고 말 것이다. 즉 모든 새끼가 더욱 큰 소리를 질러 속이려 할 것이고, 결과적으로 이젠 큰 소리가 표준이 되어 더 이상 속임수가 통하지 않을 것이다. 그러나 소리가 줄어들 가능성은 없다. 소리를 작게 내려는 개체는 줄어든 급식량으로 인해 그 즉시 불리해져 굶어 죽을 가능성이 크기 때문이다. 새끼의 소리가 한없이 커질 수는 없는데, 여기에는 다른 이유도 있다. 이를테면 큰 소리는 포식자를 끌어들이기 쉽고, 또 에너지 소모도 크다는 것이다.

허약한 막내

앞서 말했듯이 한배 자식 중 한 마리가 특히 작은 경우가 있다. 대개 이런 새끼는 다른 형제들처럼 힘차게 먹이를 놓고 다투지 못하고 죽게 되는 경우가 많다. 우리는 지금까지 어떤 조건하에서 이와 같은 새끼는 죽게 놔두는 것이 어미에게 실제로 이익이 되는가를 고찰하였다. 우리는 허약한 막내 자신도 최후까지 살기 위한 노력을 계속한다고 직관적으로 가정할지 모른다. 그러나 이기적 유전자론에 비추어 볼 때 반드시 이와 같지 않을 수도 있다. 허약한 막내가 기대 수명이 짧아서 양육 투자로 얻을 수 있는 이익이 같은 양의 투자로 다른 아이들이 얻을 수 있는 이익의 1/2 이하가 되면, 그는 기꺼이 명예로운 죽음을 선택해야 할 것이다. 이처럼 하는 것이 대개 자기 유전자에게 도움이 되기 때문이다. 다시 말해서 "몸아, 만일 네가 다른 한배 형제보다 훨씬 작다면 버둥거릴 것 없이 죽어라"라는 지령을 내리는 유전자가 유전자 풀 속에서 성공할 수 있다는 것이다. 그의 죽음에 의해 살아남는 개개의 형제자매의 몸에 그의 유전자가 들어 있을 확률이 50퍼센트고, 한편 허약한 막내의 체내에서 그 유전자가 살아남을 가능성은 어쨌든 극히 적다는 것이 그 이유다. 허약한 막내의 생애에는 회복이 불가능해지는 시점이 분명히 있다. 이 시점에 이르지 않는 한 그는 살기 위한 노력을 계속할 것이다. 그러나 그 시점에 달하면 그는 즉시 노력을 포기할 것이고, 차라리 한배의 형제나 부모에게 먹히는 편이 더 나을 것이다.

랙의 한배 알 수 이론을 논할 때에는 언급하지 않았는데, 그해의 최적 알 수가 몇 개인지 미리 정하지 못한 어미에게는 다음과 같은 전략이 타당할 것이다. 즉 어미가 진짜 알맞은 수이겠지 하고 '생각하는' 알 수보다 한 개만 더 여분으로 산란하는 것이다. 이렇게 할 경우, 만일 그해의 먹이가 예상보다 좋은 것을 알게 되면 그 어미는 여분의 새끼를 키워 낼 수 있다. 반대로 먹이가 예상보다 적으면 어미가 입게 될 손실을 줄일 수 있다. 새끼에게 먹이를 항상 같은 순서, 이를테면 크기 순서대로 나누어 주면, 어미는 나머지 한 마리(아마도 발육이 미숙한 새끼가 될 것이다)를 빨리 죽게 하여 그를 위한 난황 또는 이에 상당하는 초기 투자에 더하여 먹이를 크게 낭비하는 것을 피할 수 있다. 이것이 어미가 작고 어린 새끼를 낳는 이유일 수 있다. 작고 어린 새끼는 어미가 분산 투자를 통해 손실을 줄이는 수단이 되는 것이다. 이 현상은 많은 조류에서 관찰된다.

세대 간의 전쟁

이 책에서는 동물 개체를 유전자의 보존이라는 '목적'을 가지고 활동하는 생존 기계로 보기 때문에 우리는 부모와 자식 간의 다툼, 즉 세대 간의 전쟁에 대해서도 논할 수 있다. 이는 양쪽 모두가 모든 방법을 동원하여 전개하는 미묘한 싸움이다. 자식은 부모를 속일 기회를 놓치지 않을 것이다. 그들은 실제 이상으로 배고픈 척하거나, 어리광을 부리거나, 훨씬 더 큰 위험에 처한 것처럼 보이려고 할 것이다. 부모를 물리적으로 위협하기에는 너무 무력하지만 그들에게는 거짓말, 사기, 속임수, 착취 등 자유로이 쓸 수 있는 심리적인 무기가 있다. 그들은 혈연자가 받는 불이익이 유전적 근연도가 허용하는 한도를 넘는 선까지 그러한 모든 심리적 무기를 구사한다.

한편 부모는 방심해서는 안 되며 사기나 속임수에 속지 않도록 노력해야 한다. 이것은 언뜻 보면 간단한 듯하다. 배고픈 상태에 관해 자식들이 거짓말하고 있다는 사실을 안다면, 부모는 자식에게 일정량의 먹이만 주고 아이가 계속 소리치더라도 그 이상의 먹이를 주지 않겠다는 방책을 강구할 수 있다. 문제는 아이가 거짓이 아닌 진실을 말했을 경우인데, 먹이를 먹지 못해 죽고 만다면 그 부모는 귀중한 유전자의 일부를 잃는 것이다. 야생 조류는 단지 몇 시간 동안 먹이를 먹지 못해도 굶어 죽는 경우가 있다.

새끼의 거짓말

자하비A. Zahavi는 새끼가 지독한 공갈 협박을 할 수 있다고 제시하였다. 새끼는 포식자를 집으로 불러들일 정도로 시끄럽게 운다. 마치 그 새끼는 "여우야! 여우야! 나를 잡아먹으러 오렴" 하고 우는 것 같다. 새끼의 울음소리를 그치게 하기 위해 부모가 할 수 있는 유일한 방법은 새끼에게 먹이를 주는 것이다. 그리하여 새끼는 공정한 분배량 이상의 먹이를 얻는 대신에 그 자신도 어떤 위험을 감수해야 한다. 이 위험천만한 전술의 원리는 몸값을 받지 못하면 자기가 탄 비행기를 폭파하겠다고 협박하는 납치범의 전술과 같다. 그러나 나는 이와 같은 전술이 진화 과정에서 선택될 수 있는가에 대해서는 회의적이다. 이 전술이 너무 위험하기 때문이 아니라 공갈 협박하는 새끼가 이 전술을 이용한다고 해서 별다른 이익을 얻으리라고는 생각되지 않기 때문이다. 포식자가 진짜 온다면 그 새끼는 너무 많은 것을 잃는 셈이 된다. 자하비는 새끼가 하나뿐일 때 포식자가 나타났을 경우를 고찰했는데, 이때 이 전술의 불리함을 분명히 이해할 수 있다. 어미가 새끼에게 아무리 많은 투자를 했다고 해도, 어미는 새끼의 유전자를 절반밖에 공유하지 않기 때문에 새끼는 자기 생명을 어미가 평가하는 것보다 더 가치 있게 평가할 것이다. 더구나 공갈 협박을 한 새끼에게 형제가 있고 그들이 모두 같은 둥지에 있다고 해도 그의 전술이 자신에게 유리한 것만은 아니다. 공갈 협박을 한 새끼는 자기 자신에게 100퍼센트가 걸려 있을 뿐만 아니라 그의 전술에 의해 위험에 처해 있는 형제에게도 50퍼센트의 유전적인 '밑천'이 걸려 있기 때문이다. 단 포식자가 둥지의 새끼 중 가장 큰 것만 먹어 버리는 습성을 가졌다면 자하비의 이론도 현실에서 성립할 여지가 있다고 생각된다. 이러한 조건에서라면 작은 새끼가 큰 위험에 처할 걱정은 없으므로, 그는 포식자를 불러들이겠다고 겁을 줘 이익을 얻을 수 있을지도 모른다. 이것은 자폭하겠다고 겁주는 것보다는 오히려 형제의 머리에 권총을 들이대는 것과 유사하다.

뻐꾸기의 공갈 협박

이러한 공갈 협박 전술은 뻐꾸기 새끼에게 더 도움이 될지 모른다. 잘 알려져 있듯이 뻐꾸기 암컷은 다른 새 둥지에 한 개씩 산란하고, 전혀 알아채지 못하는 양부모(아주 다른 종의 새)에게 자기의 새끼를 키우게 한다. 이 때문에 뻐꾸기 새끼는 의붓형제들에게는 유전적 밑천을 전혀 들이지 않는 셈이다(뻐꾸기 중에는 새끼가 의붓형제를 갖지 않는 종도 있다. 그 사악한 이유에 대해서는 다음에 다루기로 하고 여기서는 새끼 때 의붓형제들과 동거하는 종류의 뻐꾸기를 다루는 것으로 가정하자). 뻐꾸기 새끼가 포식자를 유인할 정도로 큰 소리를 지르면 그는 생명을 잃는 큰 희생을 치를 수 있으나 양모는 더욱 큰 희생을 치를 가능성이 있다. 자칫하면 어미는 자신의 새끼를 모두 잃을 수 있기 때문이다. 따라서 뻐꾸기 새끼에게 특별히 많은 먹이를 주는 편이 양모에게 더 나을 것이며, 뻐꾸기 새끼에게는 큰 소리를 질러 얻는 이익이 포식자의 습격 위험보다 더 클지도 모른다.

여기서 주관적 비유에 너무 빠져 들지 않기 위해 유전자 용어로 생각해 보는 것이 현명할 듯하다. 뻐꾸기의 새끼가 “포식자야, 포식자야, 이리 와서 나와 나의 의붓형제를 잡아먹으렴”이라고 큰 소리를 질러 양모에게 ‘공갈 협박’한다는 가설이 실제로 의미하는 바는 무엇일까? 유전자의 용어로 그 의미를 나타내면 다음과 같다.

뻐꾸기 새끼가 큰 소리로 울면 양부모가 그에게 먹이를 줄 확률은 높아지므로 큰 소리로 울도록 하는 유전자는 뻐꾸기의 유전자 풀 속에서 번영해 왔다. 새끼의 울음소리에 대해 양부모가 이렇게 반응하는 것은 이와 같은 반응을 나타내게 하는 유전자가 이미 양부모 종의 유전자 풀 속에 퍼져 있기 때문이다. 그 유전자가 많아진 이유는 울어 대는 뻐꾸기 새끼에게 더 많은 먹이를 주지 않은 양부모들이 뻐꾸기 새끼에게 먹이를 준 경쟁자보다 실제로 적은 수의 새끼밖에 키우지 못했기 때문이다. 뻐꾸기의 소리가 포식자를 둥지로 불러들였기 때문이다. 큰 소리로 울게 하지 않는 유전자는 큰 소리로 울게 하는 유전자에 비해 포식자에게 먹힐 가능성이 낮았을 것이다. 그러나 전자는 여분의 먹이를 받지 못하여 더 큰 손해를 입은 것이다. 따라서 큰 소리로 울게 하는 유전자가 뻐꾸기의 유전자 풀 속에 퍼질 수 있었던 것이다.

위의 논의에 이어서 이와 비슷한 유전자에 대한 논의를 진행시켜 보면 다음과 같은 사실을 알 수 있다. 공갈 협박 유전자는 뻐꾸기의 유전자 풀 속에서는 퍼질 수 있지만 일반적인 종의 유전자 풀 속에서는 퍼질 것 같지 않다(적어도 울음소리가 포식자를 유인한다는 이유 때문에 공갈 협박 유전자가 증가할 가능성은 없는 것 같다). 물론 일반적인 종에서도 큰 소리로 울게 하는 유전자가 퍼지는 데는 다른 이유가 있을 수 있고(앞에서 언급했듯이), 그 이유 때문에 가끔 '우연히' 포식자가 찾아올지도 모른다. 그러나 이 경우에 포식자의 출현은, 만약 영향을 미친다면, 새끼의 울음소리를 작게 만들 것이다. 하지만 가설적인 예로서 소개한 뻐꾸기의 경우에는, 언뜻 보면 역설적으로 들릴지 모르지만 포식자의 영향이 결국 새끼의 울음소리를 더욱 크게 만들 수 있다. 뻐꾸기 또는 이와 유사한 '탁란' 습성을 가진 다른 새가 실제로 공갈 협박 전술을 사용한다는 증거는 없다.

그러나 그들이 잔인하다는 것은 확실하다. 예를 들어 꿀잡이새도 뻐꾸기처럼 다른 종의 둥지에 산란한다. 꿀잡이새 새끼는 끝이 뾰족하고 구부러진 부리를 가지고 있다. 이 새끼는 부화하자마자 아직 깃털도 없고, 눈도 못 뜨고, 아주 가냘픈 외양임에도 불구하고 의붓형제를 마구 베고 쪼아서 죽여 버린다. 형제를 죽이면 먹이를 놓고 경합할 걱정은 없어진다. 흔히 영국에서 볼 수 있는 뻐꾸기는 이와 조금 다른 방법으로 같은 목적을 달성한다. 알을 품는 기간이 짧기 때문에 뻐꾸기 새끼는 의붓형제들보다 빨리 부화한다. 새끼는 부화하자마자 맹목적이고 기계적이지만 놀랄 만큼 효과적으로 다른 알을 둥지 밖으로 밀어낸다. 새끼는 알 밑으로 기어 들어가 등의 오목한 곳에 알을 올려놓은 뒤 작은 날개로 균형을 잡으면서 뒷걸음쳐서 서서히 둥지 벽을 기어올라 알을 땅으로 떨어뜨린다. 새끼는 나머지 알을 모두 같은 식으로 처리해 둥지와 양어미의 관심을 독점한다.

지난 1년 사이에 내가 배운 가장 재미있는 사실 중 하나는 스페인의 알바레스F. Alvarez, 아리아스 데 레이나L. Arias de Reyna, 그리고 세구라H. Segura가 보고한 이야기다. 이들은 뻐꾸기의 희생자가 될 가능성을 가진 양부모가 침입자인 뻐꾸기 알이나 새끼를 검출하는 능력을 가지고 있는지 여부를 조사했다. 일련의 실험에서 이들은 뻐꾸기의 알과 새끼를 까치 둥지에 넣어 보았다. 이때 뻐꾸기와의 명확한 비교를 위해 제비를 비롯하여 다른 종의 알이나 새끼를 까치 둥지에 넣었다. 한번은 제비 새끼 한 마리를 까치 둥지에 넣었다. 다음 날 그들은 둥지 아래 바닥에 까치 알이 하나 떨어져 있는 것을 발견했다. 알이 깨지지 않았으므로 그들은 그것을 주워 다시 둥지에 넣고 어떤 일이 일어나는지 관찰했다. 그들이 본 것은 정말 놀라운 사건이었다. 제비 새끼가 뻐꾸기 새끼와 똑같은 동작으로 까치의 알을 내버리는 것이었다. 그들은 떨어진 알을 또 한 번 둥지에 넣어 보았다. 전과 똑같은 일이 되풀이되었다. 제비 새끼 역시 알을 등에 업고 작은 날개로 균형을 잡으면서 뒷걸음쳐 둥지의 벽을 기어 올라가 알을 밖으로 떨어뜨리는, 뻐꾸기 전법을 썼던 것이다.

어쩌면 이 놀라운 관찰을 했던 알바레스 등이 아무런 설명도 하려고 하지 않았던 것은 현명한 처사였다. 이런 행동이 어떻게 제비의 유전자 풀 속에서 진화할 수 있었겠는가? 이 행동은 제비의 일상적인 생활의 어떤 측면에 상응하는 것이 분명하다. 제비 새끼로서는 까치 둥지 속에 있는 사실이 익숙하지 않다. 정상적인 경우에 그들이 다른 종의 둥지에서 발견되는 일은 결코 발생하지 않는다. 그렇다면 까치 알을 버리는 행동은 뻐꾸기에 대항하는 수단으로서 진화된 하나의 적응일까? 뻐꾸기에 대한 대항책으로서 자기의 무기로 뻐꾸기를 공격할 수 있는 유전자가 자연선택에 의해 제비의 유전자 풀 속에 확산됐다는 것인가? 그러나 보통 제비 둥지에 뻐꾸기가 탁란하지는 않는 것 같다. 이 가설에 따르면 알바레스 등의 실험에 쓰인 까치 알이 뻐꾸기 알처럼 제비 알보다 크기 때문에 우연찮게 뻐꾸기와 같은 취급을 받았을 것이다. 그러나 제비 새끼가 정상의 제비 알과 그것보다 큰 알을 구별할 수 있다면 아마도 어미 제비도 그렇게 할 수 있을 것이다. 그렇다면 어미 제비는 왜 뻐꾸기 알을 내던지는 행동을 하지 않는가? 알을 없애는 일은 새끼보다 어미가 더 손쉽게 할 수 있지 않은가? 새끼 제비의 행동이 본래 썩은 알이나 쓰레기를 둥지 밖으로 내버리는 기능을 한다는 가설에 대해서도 똑같은 반론을 제기할 수 있다. 즉 이 일도 어미가 더 잘 처리할 수 있을 것이며 실제로도 그렇다. 어미 제비가 훨씬 쉽게 처리할 수 있을 것임에도 불구하고 어렵고 기술이 필요한 알 버리기를 실제로는 약하고 힘없는 새끼가 담당한다는 사실을 생각하면, 어미 입장에서 볼 때 그 새끼 제비는 나쁜 일을 꾸미는 것이라고 결론지을 수밖에 없을 것 같다.

이러한 행동에 대한 진짜 이유는 사실 뻐꾸기와 아무 상관이 없을지도 모른다. 끔찍한 생각일지 몰라도 제비 새끼들 사이에도 이런 일이 벌어지는 것은 아닐까. 맨 처음 태어난 새끼는 다음에 부화되는 동생들과 양육 투자를 놓고 결국은 경쟁하게 된다. 그렇다면 생애의 첫 번째 일로서 우선 다른 알을 둥지에서 내던지는 것이 이익이 될 수 있다.

형제 살해 유전자

랙의 한배 알 수 이론은 부모의 입장에서 본 최적 알 수를 문제 삼고 있다. 가령 내가 어미 제비라고 하고 내 입장에서 본 한 둥지의 최적 알 수가 예컨대 다섯 개라고 하자. 그러나 만일 내가 새끼라면 최적 알 수는 나를 포함해서 다섯 개보다 작을 수밖에 없다. 부모는 일정량의 양육 투자가 가능하고, 그것을 다섯 마리의 새끼에게 각각 균등 분배하고 '싶어 할' 것이다. 그러나 개개의 새끼는 1/5의 할당량 이상을 원한다. 뻐꾸기의 경우와는 달라서 개개의 새끼는 양육 투자를 독점하기를 바라지는 않는다. 왜냐하면 새끼는 다른 새끼들과 근연 관계에 있기 때문이다. 그러나 1/5보다 더 많은 양을 바라는 것은 사실이다. 알을 하나 내던지기만 해도 새끼는 양육 투자의 1/4을 획득하는 것이 되고, 하나 더 버리면 투자의 1/3을 자기 것으로 할 수 있다. 유전자 용어로 말하면 형제를 살해하는 개체의 몸속에서 형제 살해를 촉구하는 유전자가 존재할 확률은 100퍼센트이지만 희생되는 형제의 몸속에 있을 확률은 50퍼센트밖에 되지 않는다. 형제 살해를 촉구하는 유전자가 유전자 풀 속에 퍼질 수 있는 이유가 바로 여기에 있다.

이 가설에 대한 반론의 근거는, 실제로 그런 것이 행해지고 있다면 그 악마적 행동을 지금까지 본 사람이 하나도 없다는 것을 믿기가 매우 어렵다는 것이다. 이에 대해서는 나 역시 독자를 납득시킬 만한 설명이 떠오르지 않는다. 단 우리는 세계 각지에서 품종이 다른 제비를 볼 수 있다. 스페인의 제비는 몇 가지 점에서 예를 들면 영국에 사는 제비와는 품종이 다르다고 알려져 있다. 스페인의 제비에 대해서는 영국 제비만큼 상세한 연구가 진행된 적이 없으므로, 스페인 제비에서는 실제로 형제 살해가 일어나지만 지금까지 간과되었다고 생각할 수 있다.

형제 살해에 대한 가설처럼 비현실적인 아이디어를 여기에 제시한 이유는 다음의 요점을 말하고 싶어서다. 즉 뻐꾸기 새끼가 행한 무자비한 행동은 어느 가족에서나 볼 수 있는 극단적인 예에 지나지 않는다는 것이다. 뻐꾸기 새끼와 그 의붓형제에 비하면 같은 부모를 가진 형제간의 근연도가 훨씬 높다는 것은 분명하지만, 이 차이는 단순히 정도의 차이일 뿐이다. 명백한 형제 살해가 진화할 수 있다는 것은 믿을 수 없다 하더라도, 한 새끼가 얻는 이익이 형제자매가 당하는 피해(그 새끼가 감수해야 하는 손해의 한 형태로서)의 절반 이상이 되는 조건에서라면 틀림없이 형제 살해보다 이기성의 정도가 약한 예는 수없이 많이 관찰될 것이다. 이러한 경우에는 젖 떼는 시기의 예와 같이 부모 자식 간의 갈등이 실제로 존재한다.

갈등의 승자

세대 간의 갈등에서는 누가 이길 것인가? 알렉산더R. D. Alexander는 흥미로운 논문을 통해 이 물음에 대한 일반적인 해답을 시사한다. 그에 의하면 항상 부모가 이긴다.* 만약 이 주장이 맞다면 독자가 이 장을 읽는 것은 시간 낭비다. 알렉산더가 맞다면 흥미로운 일이 많이 파생된다. 예를 들면 이타적 행동은 아이의 유전자가 받는 이익 때문이 아니라 부모의 유전자가 받는 이익만으로도 진화할 수 있다. 이 경우 이타적 행동을 진화시키는 원인은 알렉산더가 '부모의 조종'이라고 이름 붙인 요인이며, 이는 단순한 혈연선택과는 다른 것이다. 여기서 우리에게 중요한 것은 알렉산더의 논의를 검토하여 우리가 왜 그의 주장이 틀렸다고 생각하는가를 확인하는 것이다. 원래는 수학식을 써서 해야 하지만, 이 책에서는 수학식의 사용은 피하고 있으므로 알렉산더의 주장 중에 무엇이 잘못되었는가에 대해 직관적인 설명을 해 보도록 하자.

부모가 이긴다는 논리

유전자의 논점에 대한 그의 기본적인 입장은 다음의 일부 생략된 인용문에 내포되어 있다.

"가령 (…) 어떤 새끼가 자기에게 유리하도록 부모의 이익 분배를 불균등하게 하여 그 결과 어미의 번식 성적을 전반적으로 감소시킨다고 하자. 어릴 때 개체의 적응도를 이와 같은 방법으로 상승시키는 유전자는 부모가 되었을 때 반드시 이전의 상승분 이상으로 자기의 적응도를 감소시키는 처지가 될 것이다. 왜냐하면 그와 같은 돌연변이 개체의 자손 중에는 그 돌연변이 유전자가 더 많은 비율로 존재할 것이기 때문이다.”

여기서 알렉산더가 새로운 돌연변이 유전자를 상정하는 것은 그 주장을 위해 꼭 필요한 것은 아니다. 이 유전자를 부모의 한쪽으로부터 전달되는 희소한 유전자라고 생각하는 편이 더 낫다. ‘적응도fitness’라는 것은 번식 성공도를 가리키는 전문 용어다. 알렉산더의 기본 논지는 다음과 같다. 어린 시기에 공평한 분배량 이상의 투자를 자신의 것으로 하여 부모의 번식 성공도의 총량을 감소시키는 유전자는 확실히 자기의 생존 확률을 증대시킬 수 있다. 그러나 그는 부모가 되면 이 죗값을 치러야만 할 것이다. 왜냐하면 같은 이기적 유전자는 그의 아이들에게 전해져 그의 번식 성공도 역시 전반적으로 감소할 것이기 때문이다. 제 덫에 자기가 걸린 격이다. 즉 그 이기적 유전자는 결국 번성하지 못하고, 부모 자식 간 갈등에서 이기는 것은 항상 부모일 수밖에 없다.

자식이 이긴다는 논리

우리는 이 주장에 즉시 의심을 품지 않을 수 없다. 왜냐하면 그 논의는 있지도 않은 유전적 비대칭을 전제로 하기 때문이다. 알렉산더는 양쪽에 마치 근본적인 유전적 차이가 있는 것처럼 ‘부모’와 ‘자식’이라는 말을 쓴다. 앞서 살펴봤듯이 부모와 자식 간에는 부모가 자식보다 나이가 많고 자식이 부모로부터 생긴다는 등의 **실질적** 차이는 있으나, 근본적인 **유전적** 비대칭은 실제로 존재하지 않는다. 어떤 방향에서 보더라도 그 근연도는 50퍼센트다. 이러한 의미를 설명하기 위해 알렉산더의 문장을 ‘부모’, ‘자식’ 및 기타 몇 개의 관련 단어들을 뒤바꿔서 재구성하면 다음과 같다.

"가령 어떤 **부모**가 자식에 대한 이익 분배를 **균등**하게 하는 유전자를 가진다고 하자. **부모**인 개체의 적응도를 이런 식으로 향상시키는 유전자는 **새끼**였을 때 반드시 이 향상분 이상으로 자기의 적응도를 감소시켰을 것이다."

따라서 우리는 알렉산더와 정반대의 결론에 도달한다. 즉 부모 자식 간의 갈등에서 항상 이기는 쪽은 자식임에 틀림없다는 것이다.

분명히 뭔가 잘못됐다. 두 논리 모두 너무 단순하다. 내가 앞에서 인용 부호를 사용한 것은 알렉산더와 반대의 결론을 증명하기 위함이 아니라, 단지 그런 종류의 인위적인 비대칭적 방법으로는 논박할 수 없음을 보이려는 것이다. 알렉산더의 논의와 그것을 뒤집어 본 나의 논의는 모두 한 **개체**의 관점에서 사태를 바라본다는 점에서 잘못됐다. 알렉산더의 경우는 그것이 부모의 관점이었고, 내 경우는 그것이 자식의 관점이었다.

나는 이런 잘못이 '적응도'라는 전문 용어를 사용할 때 일어나기 쉽다고 생각한다. 내가 이 책에서 이 용어의 사용을 피한 이유도 거기에 있다. 진화에서 실제로 중요한 의미를 가지는 실체, 그리고 이에 근거한 관점이 의미를 가지는 실체는 오직 하나밖에 없다. 그것은 이기적 유전자다. 자식의 체내에 있는 유전자는 부모를 압도하는 능력을 갖도록 선택될 것이며, 부모의 체내에 있는 유전자는 자식을 압도하는 능력을 갖도록 선택될 것이다. 같은 유전자가 자식의 몸과 부모의 몸을 차례로 점령한다는 사실에 하등의 모순은 없다. 유전자는 이용할 수 있는 모든 수단을 최대한 활용하는 방향으로 선택되며, 쓸 수 있는 기회를 죄다 이용하려고 할 것이다. 유전자가 자식의 체내에 있을 때 이용할 수 있는 기회는 부모의 체내에 있을 때 이용할 수 있는 기회와는 다를 것이다. 따라서 유전자의 최적 방책은 그것이 자리 잡고 있는 몸의 두 단계에 따라 다를 것이다. 알렉산더의 주장처럼 부모 단계에서 최적 방책이 필연적으로 자식 단계의 최적 방책보다 중요하다고 상정할 만한 이유는 아무것도 없다.

알렉산더의 주장에 반박할 수 있는 방법은 또 있다. 알렉산더는 부모 자식 관계와 형제자매의 관계 사이에 있지도 않은 비대칭을 암묵적으로 가정한다. 독자는 트리버스의 논의를 기억할 것이다. 그에 의하면, 어떤 자식이 공평한 분배량 이상의 투자를 얻기 위해 이기적으로 행동할 때 이런 가로채기 행위가 제한되는 이유는 그와 유전자를 절반 공유한 형제자매의 죽음에 대한 위험 때문이다. 그러나 형제자매는 50퍼센트의 근연도를 가진 혈연자의 하나에 불과하다. 이 이기적인 자식에게는 장래의 자식들도 현재 그의 형제자매와 똑같은 '가치'를 가지고 있다. 그러므로 공정한 분배량 이상의 자원을 가로챌 경우에 생기는 실질적인 총비용에는, 그 때문에 잃게 되는 형제자매의 수뿐 아니라 그 개체 자손들의 이기성 때문에 잃게 되는 장래 자식의 수도 포함시켜야 한다. 어린 시절의 이기성은 자식에게 전해져 그 개체의 장기적인 번식 성공도를 저하시키므로 불리하다는 알렉산더의 견해는 맞지만, 이 견해가 의미하는 것은 단순히 이를 수식상에서 비용의 항으로서 포함시켜야 한다는 것뿐이다. 자식이 이기적 행동을 하여 얻는 이익이 그 행동에 의해 혈연자들이 치르는 대가(비용)의 1/2보다 크기만 하다면 그 자식은 이기적으로 행동하는 것이 유리하다. 그러나 이 '혈연자'에는 형제자매만이 아닌, 장래 자식들까지도 포함해야 한다. 개체는 자기의 복지를 형제들의 것보다 두 배 가치 있는 것으로 생각해야 한다는 것이 트리버스가 설정한 기본 전제다. 그러나 그와 동시에 개체는 자기 자신을 장래의 자식 하나보다도 두 배만큼 소중히 여겨야 한다. 그러므로 부모와 자식 간의 갈등에서 부모 쪽이 본래 우세하다는 알렉산더의 결론은 옳지 않다.

자식이 숨겨 둔 에이스 카드

위에서 이야기한 근본적인 유전적 관점에 덧붙여, 알렉산더는 부모 자식 간에 존재하는 부정할 여지가 없는 비대칭에 근거하여 더 실질적인 논의도 전개한다. 부모 자식 간의 관계에서 먹이를 물어 오는 등의 적극적인 역할을 담당하는 것은 부모이고, 따라서 부모는 양쪽의 관계를 결정하는 입장에 있다는 것이다. 만일 부모가 그 일을 당장 그만두면, 작고 반격할 수 없는 자식은 대처할 방도가 없다. 따라서 자식이 무엇을 바라든 부모는 자기의 뜻을 자식에게 강요할 수 있는 입장에 있다. 이 논의에 뚜렷한 잘못은 없다. 이 경우에 전제되는 비대칭은 실재하는 것이기 때문이다. 부모는 자식에 비하면 확실히 몸도 크고 힘도 세며 또한 세상일에 능하다. 모든 좋은 카드는 부모가 쥐고 있는 것처럼 보인다. 그러나 자식도 실은 소매 속에 에이스 카드를 몇 장 감추고 있다. 예를 들면 먹이를 가장 효율적으로 분배하기 위해 부모는 자식 각각의 배고픈 정도를 알아내는 것이 중요하다. 물론 모든 자식에게 똑같이 먹이를 분배할 수도 있겠지만, 이상적인 상태에서라면 먹이를 가장 효과적으로 이용할 수 있는 자식에게 조금 더 많이 주는 것이 더 효율적일 것이다. 각각의 자식이 부모에게 자기의 배고픈 정도를 알리는 시스템이 부모를 위해서 이상적일 것이며, 앞에서 다룬 바와 같이 이런 시스템이 진화한 것 같다. 그러나 자식의 처지에서는 거짓말을 하는 것이 매우 유리하다. 왜냐하면 자식은 각자 자기의 배고픈 상태를 '정확히 알고 있는' 데 반해 부모는 자식들이 배고픈 상태에 대해 '추정'할 수밖에 없기 때문이다. 터무니없는 거짓말이라면 부모도 알아차릴 수 있겠으나 정도가 약한 거짓말을 탐지하기는 매우 어렵다.

또 자식이 어느 때 만족하는지 아는 것이 부모에게는 유리하며, 자식 측에서도 자기가 만족했을 때에는 그것을 부모에게 전달하는 것이 유용하다. 미소와 가르랑거리는 목소리와 같은 신호가 자연 선택된 것은 부모의 어떤 행위가 자식에게 가장 유리한가를 부모가 학습할 수 있게 하기 때문일지 모른다. 자식이 미소 짓는 모습이나 새끼 고양이의 가르랑거리는 울음소리는 어미에게 일종의 보상이 될 수 있다. 미로 속의 쥐에게 먹이가 보상이 되는 것과 같은 의미다. 그러나 방실거리는 미소나 크게 가르랑거리는 소리가 부모에게 보상이 되는 것이 확실해지는 순간, 자식은 미소나 가르랑거리는 소리를 이용해 부모를 조작하고 공정한 배분량 이상의 투자를 받아 내려고 할 것이다.

따라서 "세대 간의 전쟁에서 어느 쪽의 승산이 높은가"라는 질문에는 일반적인 답이 없다. 최종적으로는 부모와 자식이 서로에게 기대하는 이상적 상태 사이에서 어떤 타협이 이루어질 것이다. 세대 간의 전쟁은 뻐꾸기와 그 양부모 사이의 전쟁에 필적하지만, 양자가 서로 어느 정도의 유전적 이익을 공유하고 있으므로 뻐꾸기와 양부모의 경우만큼 대립이 심하지 않음은 확실하다. 부모와 자식은 일정한 한도까지 혹은 일정한 기간 동안만 적인 셈이다. 그러면서도 자식들은 부모에게 뻐꾸기가 사용하는 것과 같은 전술, 즉 사기와 착취 전법을 사용할 것이다. 뻐꾸기의 경우에는 완벽한 이기성의 행사가 예상되는 데 반하여, 자식은 자기의 부모에 대해 뻐꾸기만큼 철저하게 이기적이지는 않을 것이다.

이 장과 암수의 전쟁에 대해 다루는 다음 장의 내용은 현재 자식들에게 또는 서로에게 헌신하는 인간의 부모들에게 아주 냉소적으로 들릴 뿐만 아니라 심지어 비참함을 줄지도 모르겠다. 여기서 나는 또 한 번 '의식적 동기에 대해 말하는 것이 아니다'라는 점을 강조해야겠다. 아무도 자식들이 자기 몸속에 있는 이기적 유전자 때문에 의도적이고 의식적으로 부모를 속인다고 주장하지 않는다. 다시 한 번 말해 두어야 할 것은 내가 "자식은 사기나 (…) 거짓, 속임수, 착취 (…) 등을 할 수 있는 좋은 기회를 놓칠 리가 없다"는 식으로 말할 때 나는 '~ 리가 없다'는 말을 어떤 특수한 의미로 쓰고 있다는 점이다. 그런 종류의 행동이 윤리적으로 합당하다거나 바람직하다는 주장을 하는 것이 아니다. 단순히 그와 같이 행동하는 자식이 자연선택에서 유리한 경향이 있으며, 그 때문에 야생 동물을 관찰할 때 가족 내에서 사기 행위와 이기적 행위가 나타날 것이라고 기대할 수 있을지 모른다고 말하는 것뿐이다. "자식은 속이는 행위를 할 것이다"라는 표현의 진의는 자식에게 사기 행위를 하게 하는 경향을 가진 유전자가 유전자 풀 속에서 유리하다는 것이다. 이 논의에서 인간의 윤리에 대한 교훈을 도출한다면, 그것은 우리가 자식들에게 이타주의를 **가르쳐** 주지 않으면 안 된다는 것이다. 자식들의 생물학적 본성에 이타주의가 심어져 있다고 기대할 수 없기 때문이다.

9장

Battle of the sexes

암수의 전쟁

짝 간의 갈등

유전자의 50퍼센트를 공유하는 부모 자식 사이에도 이해의 대립이 있는데 하물며 혈연관계가 아닌 배우자, 즉 짝 사이의 다툼은 얼마나 격렬하겠는가?* 이들 간 공통 관심사라고는 같은 자식에 대해 똑같이 50퍼센트의 유전자를 투자한다는 것뿐이다. 아비와 어미가 자식에게 투자한 50퍼센트의 유전자는 서로 다르고 둘은 모두 자기 투자분의 복지에 관심이 있기 때문에 서로 협력해 자녀를 양육하는 것은 양쪽 모두에게 어느 정도 유리할 것이다. 그러나 만일 한쪽이 자식들 각각에 대해 공평한 할당량보다 적게 주고 도망칠 수 있다면 그(도킨스는 이를 남성으로 지칭하고 있다 — 옮긴이)는 유리할 것이다. 왜냐하면 남는 자원으로 다른 짝을 얻어 새로운 새끼를 낳음으로써 자기 유전자를 보다 많이 퍼뜨릴 수 있기 때문이다. 그러므로 짝은 상대에게 더 많은 투자를 강요하면서 서로를 착취한다고 생각할 수 있다. 이상적으로 개체가 '바라는' 것은 가능한 한 많은 이성과 교미하고 자식 양육은 상대에게 전적으로 떠맡기는 것이다(이것이 육체적 쾌락을 의미하는 것은 아니다. 그럴 가능성이 있을지도 모르겠지만 말이다). 앞으로 살펴보겠지만, 여러 종에서 이와 같은 습성은 주로 수컷이 나타낸다. 그러나 암수가 동등하게 양육의 부담을 지는 종도 있다. 암수의 협력을 이처럼 상호 불신과 상호 착취의 관계로 보는 관점은 특히 트리버스가 강조했다. 동물행동학자에게 이러한 관점은 비교적 새로운 것이다. 우리는 성행위, 교미, 그리고 이에 선행하는 구애 행동 등은 본질적으로 협력적인 행위이며 상호 이익 또는 심지어 종의 이익을 위해 수행되는 것이라고 생각해 왔다. 첫 번째 기본 원리로 돌아가 암수의 근본적인 본질에 대해 생각해 보자. 3장에서 성性에 대해 논의할 때는 성의 기본적인 비대칭성을 강조하지 않았다. 우리는 어떤 동물이 수컷이라고 불리고 어떤 동물이 암컷이라고 불리는 것을 단순히 받아들인 채 이들 단어의 실제 의미를 묻지 않았다. 그러나 수컷의 본질이란 대체 무엇일까? 근본적으로 암컷을 정의하는 성질은 무엇일까? 포유류인 우리는 페니스의 유무, 임신, 특수한 젖샘을 이용한 수유, 일부 염색체의 모양 등 여러 특성을 총체적으로 고려하여 암수가 정의된다고 본다. 어떤 개체의 성을 판정하기 위한 이러한 기준은 어느 포유류에나 적합하지만, 이 기준을 일반적인 동식물에게 적용하는 것은 마치 바지를 입는 경향으로 남녀를 판정하는 것과 같이 말도 안 되는 일이다. 예를 들면 개구리는 암수 어느 쪽도 페니스가 없다. 아마도 암수란 말은 용어일 뿐이어서, 만일 개구리에 대해 서술할 경우 암수라는 말이 도움이 안 된다면 암수라는 말을 버려도 좋을 것이다. 원한다면 개구리를 우리 마음대로 '성 1'과 '성 2'로 나눌 수도 있다. 그러나 동식물을 통틀어 수컷을 수컷, 암컷을 암컷이라고 명명하는 데 사용할 수 있는 한 가지 기본적인 특징은, 수컷의 생식 세포(즉 배우자配偶子, gamete)는 암컷에 비해 매우 작고 그 수가 많다는 것이다. 이는 동식물 어느 것을 취급할 때도 마찬가지다. 큰 생식 세포를 가지고 있는 개체의 무리를 편의상 암컷이라고 부르기로 한다. 다른 무리는 편의상 수컷이라고 부르기로 하자. 이들은 생식 세포가 작다. 이 둘의 차이는 파충류와 조류에서 특히 두드러지는데, 이들 동물에서는 난세포 하나가 발육하는 새끼에게 몇 주 동안에 걸쳐 충분한 먹이를 공급할 만큼 크다. 난자가 현미경에서 볼 수 있는 크기밖에 안 되는 사람의 경우에도 난자는 정자보다 훨씬 크다. 나중에 살펴보겠지만 다른 성 간 차이는 모두 이 기본적 차이 하나에서 파생했다고 해석할 수 있다. 곰팡이와 같은 몇

몇 원시적인 생물에서는 일종의 유성생식을 볼 수는 있지만 암수가 존재하지는 않는다. 동형 배우자 접합isogamy으로 알려진 이 체계에서는 개체를 암수로 구별하는 것이 불가능하다. 어느 개체도 다른 개체와 교배할 수 있기 때문이다. 정자와 난자라는 두 종류의 배우자는 볼 수 없고, 모든 생식 세포는 같으며 동형 배우자isogamete라고 불린다. 그리고 감수 분열로 만들어진 동형 배우자의 융합에 의해 새로운 개체가 만들어진다. A, B, C라는 3개의 동형 배우자가 있으면 A는 B, C 중 어느 것이나, 또 B는 A, C 중 어느 것과도 융합할 수 있다. 정상적인 유성생식 체계에서는 이 같은 일이 있을 수 없다. A가 정자이고 이것이 B 또는 C와 융합이 가능하다면 B와 C는 난자일 수밖에 없고 B와 C의 융합은 불가능하다.

동형 배우자가 융합할 경우, 새로운 개체에 기여하는 두 배우자의 유전자 수가 같으면 물론 두 배우자가 기여하는 양분의 양도 같다. 정자와 난자의 경우도 유전자에 대한 기여도는 같다. 그러나 양분의 양에서는 난자의 기여도가 정자를 훨씬 능가한다. 실제로 정자의 기여는 전혀 없고 정자는 유전자를 가급적 빨리 난자로 운반하는 데 주력한다. 따라서 임신 시점에서 수컷이 자식에 대해 투자한 자원량은 공평한 분량, 즉 50퍼센트보다 훨씬 적다. 개개의 정자는 아주 작으므로 수컷은 매일 수백만 개의 정자를 만들 수 있다. 이것은 수컷이 잠재적으로 여러 마리의 암컷을 이용하여 단기간 내에 많은 수의 새끼를 만들 수 있음을 의미한다. 이는 개개의 배胚가 어미로부터 충분한 양분을 받기 때문에 가능하다. 이 때문에 암컷이 만들 수 있는 자식의 수에는 한계가 있는 반면에 수컷이 만들 수 있는 자식의 수에는 사실상 한계가 없다. 수컷의 암컷 착취는 여기서부터 출발한다.*

성의 전략

파커 등은 원래 동형 배우자의 상태에서 앞에서 이야기한 것과 같은 비대칭성이 어떻게 진화할 수 있었는지를 설명하였다. 모든 생식 세포가 쉽게 융합할 수 있고 또한 크기가 거의 같았던 시대에도 그중에는 우연히 다른 세포보다 조금 큰 생식 세포가 있었을 것이다. 큰 동형 배우자는 평균 크기의 배우자에 비해 어떤 면에서는 유리했을 텐데, 이들은 자신의 배에게 다량의 양분을 줌으로써 자신의 배가 남보다 출발에서부터 유리하도록 만들 수 있기 때문이다. 따라서 배우자가 점점 커지는 경향으로 진화가 이루어졌을 것이다. 그러나 거기에는 함정이 있다. 동형 배우자가 꼭 필요한 크기 이상으로 커지는 것은 이를 이기적으로 이용하려는 개체들에게 문을 열어 주는 셈이 됐을 것이기 때문이다. 평균보다 크기가 **작은** 배우자를 만드는 개체는 많은 이익을 볼 수 있었을 것이다. 만일 그들의 작은 배우자를 확실히 큰 배우자와 융합시킬 수만 있다면 말이다. 작은 배우자의 운동성을 길러 적극적으로 큰 배우자를 찾아낼 수 있게 하면 이들의 융합을 확실히 할 수 있었을 것이다. 작고 활발히 움직이는 배우자를 만드는 개체는 더 많은 배우자를 만들어 낼 수 있었을 것이고, 이에 따라 더 많은 자손을 가질 수 있었을 것이다. 즉 대형의 배우자를 상대로 활발하게 찾아다니는 소형의 배우자가 자연선택에서 유리했던 것이다. 이를 통해 우리는 성 '전략'이 두 갈래로 진화했음을 상상할 수 있다. 우선 대투자 전략 또는 '정직한' 전략이 있었다. 이 전략은 소투자 착취 전략의 진화에 문을 열었을 것이다. 일단 성 전략이 두 갈래로 갈라지기 시작한 이후에는 걷잡을 수 없이 진행됐을 것이다. 중간 크기의 배우자를 만드는 전략은 큰 배우자 또는 작은 배우자의 유리함을 갖지 못하므로 불리할 것이기 때문이다. 착취하는 배우자는 점점 더 작고 민첩해졌을 것이다. 정직한 전략의 배우자는 착취하는 배우자의 투자량이 점점 축소되어 가는 것을 메우기 위해서 계속 커지는 방향으로 진화했을 것이고, 착취하는 배우자가 늘 적극적으로 이들을 찾아 나서므로 운동성도 잃게 되었을 것이다. 개개의 정직한 배우자는 다른 정직한 배우자와의 융합을 '선호할' 것이다. 그러나 착취하는 배우자를 배척하는 선택압이 착취하는 배우자가 그 장애물 아래로 비집고 들어오도록 하는 선택압보다 더 약했을 것이다. 즉 착취하는 배우자가 잃을 것이 훨씬 크므로, 착취하는 배우자는 이 진화의 전쟁에서 승리하였다. 정직한 배우자는 난자가 되고 착취하는 배우자는 정자가 되었다.

이러한 상황을 볼 때 수컷은 쓸데없는 작자들 같다. 또 단순히 '종의 이익'만 따지면 수컷은 암컷보다 수가 적어질 것이라 예상할 수 있다. 이론적으로 수컷 하나는 암컷 1백 마리 정도의 하렘을 상대할 수 있을 만큼의 정자를 만들 수 있기 때문에 동물 집단에서 암컷의 수는 수컷의 백 배 정도가 되어야 한다고 생각할 수도 있다. 다른 말로 하면 어떤 종에서 수컷은 암컷보다 '사라져도 상관없는 존재'이고 암컷은 수컷보다 '소중한' 존재다. 종 전체라는 관점에서 보면 위의 견해는 조금도 틀림없는 타당한 것이다. 여기서 더 극단적인 실례를 들어 보기로 하자. 바다코끼리에 관한 연구에 의하면 관찰된 모든 교미 가운데 88퍼센트가 겨우 4퍼센트의 수컷에 의해 이루어졌다고 한다. 많은 경우에도 그렇지만 이 경우에도 아마 평생 교미 한 번 해보지 못할 독신 수컷이 넘쳐난다. 그러나 이들 독신 수컷도 다른 점에서는 정상적인 생활을 하며, 먹이 자원을 먹어 치울 때의 왕성함은 다른 놈들에게 결코 뒤지지 않는다. '종의 이익'이란 관점에서 보면 이것은 끔찍한 낭비가 아닐 수 없으므로, 독신 수컷들은 사회의 기생자와 같이 취급될 것이다. 이것은 집단선택론을 궁지에 몰아넣는 예의 하나일 뿐이다. 그러나 이기적 유전자론은 암수의 수가 같게 된다는 사실을 무난히 설명할 수 있다. 비록 수컷 중에서 실제로 번식에 참여하는 수가 전체의 극히 일부에 불과하더라도 말이다. 이를 처음으로 설명한 사람은 피셔다.

부모의 성비 전략

암수(즉 아들, 딸)를 각각 얼마나 많이 낳느냐 하는 것은 부모의 전략에서 중요한 문제다. 자기 유전자의 생존을 최대화하려는 부모에게 최적의 가족 수는 얼마인가라는 문제를 논했던 것처럼 우리는 최적의 성비에 대해서도 논할 수 있다. 귀중한 유전자를 아들에게 맡기는 것이 좋을까 아니면 딸에게 맡기는 것이 좋을까? 자신이 갖고 있는 자원을 모두 아들에게 투자해 딸에게 나누어 줄 것이 없는 어미가 딸에게 투자한 경쟁자에 비해 미래의 유전자 풀에 평균적으로 더 많이 기여할 것인가? 아들을 선호하는 유전자가 딸을 선호하는 유전자보다 더 많아지거나 감소할 것인가? 피셔에 의하면 정상 조건에서의 최적 성비는 50 대 50이 된다고 한다. 어째서 그런지를 이해하기 위해서는 우선 성이 결정되는 방법을 어느 정도 알 필요가 있다.

포유류의 경우 성은 유전적으로 다음과 같이 결정된다. 모든 난자는 암수 어느 쪽으로도 발달할 수 있다. 성 결정 염색체는 정자에 있다. 수컷이 만드는 정자의 반은 딸을 만드는 X정자이고 나머지 반은 아들을 만드는 Y정자다. 둘 다 외양은 같다. 다만 하나의 염색체만이 다를 뿐이다. 아비가 딸만 만들게 하는 유전자는 수컷이 X정자만 만들도록 하여 그 목적을 달성할 수 있을 것이다. 어미가 딸만 낳게 하는 유전자는 어미에게 Y정자를 선택적으로 죽이는 물질을 분비하게 하거나 아들이 될 태아를 유산하게 하여 그 목적을 달성할 것이다. 우리가 찾는 것은 진화적으로 안정한 전략 ESS와 같은 것이다. 물론 여기서 말하는 '전략'이란 공격을 다루었던 장에서보다 더 단순한 비유적 표현이라 생각하기 바란다. 개체가 자식의 성별을 말 그대로 '선택'하는 일은 불가능하다. 그러나 유전자가 한쪽 성별의 자식을 가지는 경향을 나타내도록 작용하는 것은 가능하다. 그렇다면 불균등한 성비를 선호하는 유전자가 존재한다고 할 때, 이 같은 유전자가 유전자 풀 속에서 균등한 성비를 선호하는 대립 유전자보다 더 많아질 가능성이 있는 것일까?

시계추 운동

앞에서 언급한 바다코끼리에서 거의 딸만을 낳도록 하는 돌연변이 유전자가 나타났다고 가정해 보자. 개체군 내에 수컷이 모자라지 않으므로 암컷들은 무난히 짝지을 수 있을 것이며 딸을 만드는 유전자가 증가할 것이다. 이에 따라 개체군의 성비는 암컷이 많아지는 쪽으로 기울 것이다. 앞에서 말한 대로 가령 암컷이 매우 많아진다고 해도 이들이 필요로 하는 정자는 소수의 수컷으로도 넉넉히 감당할 수 있으므로, 종의 이익이라는 관점에서 볼 때는 별문제 없다. 그러므로 단순히 생각해 보면, 딸을 만드는 유전자는 계속 증가해 결국 성비가 매우 치우쳐 몇 안 남은 수컷이 녹초가 되면서 겨우 버틸 지경에 이를 것이라고 예측할 법도 하다. 그러나 아들을 가진 소수의 부모가 얼마나 엄청난 유전적 이익을 누리고 있는가를 생각해 보라. 아들에게 투자하는 개체는 수백 마리에 달하는 바다코끼리의 할아버지, 할머니가 될 가능성이 다분히 있다. 딸만 낳는 개체는 아마도 몇 마리의 손자를 확보할 것이다. 그러나 아들만 낳는 개체가 누릴 수 있는 엄청난 유전적 가능성에 비하면 이는 아무것도 아니다. 그러므로 아들을 낳게 하는 유전자는 점차 증가할 것이며 시계추는 반대 방향으로 움직이게 된다.

이와 같은 현상을 시계추의 운동으로 설명한 것은 설명을 간단히 하기 위해서다. 실제로 암컷의 수가 수컷을 압도할 만큼 시계추가 멀리 움직일 수는 없다. 성비가 불균등해지는 순간 아들 생산에 대한 압력이 시계추를 반대로 밀어내기 시작할 것이기 때문이다. 아들딸을 같은 수로 낳는 전략은, 이 전략에서 벗어나는 유전자는 손해를 입게 된다는 의미에서 진화적으로 안정한 전략이다.

문제는 투자량

지금까지 나는 아들의 수와 딸의 수에 대해 이야기했다. 이것은 이야기를 단순하게 하기 위해서였는데, 좀 더 엄밀히 말하자면 이 이야기를 양육 투자라는 관점에서 다루어야 한다. 양육 투자에는 먹이와 그 밖에 부모가 자식에게 줄 수 있는 모든 자원이 포함되는데, 그 측정법은 앞 장에서 논한 바 있다. 부모는 아들과 딸에게 같은 양을 **투자**할 것이다. 대개의 경우 이는 수적으로 아들딸이 같게 됨을 의미한다. 그러나 아들과 딸에 대해 투자된 자원의 양이 불균등한 경우에는 한쪽으로 치우친 성비도 진화적으로 안정할 수 있다. 예컨대 바다코끼리의 경우, 딸의 수를 아들의 세 배 정도로 하고 그 대신 각각의 아들에게 딸의 세 배에 해당하는 먹이 등의 자원을 투자하여 막강한 수컷으로 키우는 방책은 안정한 전략일 수 있다. 아들에게 먹이를 많이 주어서 크고 강하게 키움으로써 부모는 자기의 아들이 하렘이라는 최고의 경품을 획득할 기회를 높일 수 있을 것이다. 그러나 이것은 어디까지나 특수한 경우다. 아들에 대한 투자량은 보통 딸에 대한 투자량과 거의 동일하고, 따라서 성비도 대개 1 대 1이다.

그러므로 평균적인 유전자는 수많은 세대를 거쳐 오면서 그 시간의 약 반을 수컷의 몸, 나머지 반을 암컷의 몸속에서 지낸 셈이 된다. 유전자 효과 중에는 한쪽의 성에서만 나타나는 것이 있는데, 이를 '한성sex-limited 유전자 효과'라고 한다. 페니스의 길이를 조절하는 유전자는 수컷의 몸에서만 효과가 나타난다. 그러나 그것은 암컷의 몸에도 전달되며, 거기서는 전혀 다른 효과를 나타내는지도 모른다. 긴 페니스를 발달시키는 성질을 어미로부터 물려받지 말라는 법은 없다.

이기적인 기계 — 누가 누구를 착취할 것인가?

유전자가 암수 중 어느 몸속에 들어 있든지 간에 그 몸에 따라 주어진 기회를 최대한 활용할 것이라고 기대할 수 있다. 그 기회는 그 몸이 암수 중 누구의 몸인지에 따라 당연히 다를 것이다. 편의상 다시 한 번 개개의 몸은 이기적 기계이고 몸속의 모든 유전자를 위해 최선을 다하는 것으로 가정하자. 이러한 이기적 기계의 최선책은 수컷인가 암컷인가에 따라 아주 달라질 수 있다. 보다 간결한 설명을 위해 개체에 의식적인 목표가 있는 것처럼 상정하는 방법을 여기서도 사용하기로 한다. 전과 같이 이 또한 그저 비유에 지나지 않음을 분명히 염두에 두기 바란다. 실제로 하나의 몸은 이기적 유전자들에 의해 맹목적으로 프로그램된 기계다.

이 장의 처음 부분에 나왔던 짝짓기를 마친 한 쌍의 이야기로 되돌아가자. 짝 중 어느 쪽이나 이기적 기계로서 동수의 아들과 딸을 '바랄' 것이다. 여기까지는 양쪽의 이해가 일치한다. 이들이 일치하지 않는 점은 자식들 각각의 양육 부담을 누가 질 것이냐 하는 것이다. 어느 개체든지 가능한 한 많은 수의 자식이 생존하기를 바란다. 자식에 대한 투자량이 줄어들수록 그만큼 자기가 가질 수 있는 자식의 수는 증가한다. 이 바람직한 상태에 도달할 수 있는 분명한 방법 한 가지는, 파트너에게 자식 각각에게 공평한 배분량 이상을 투자하도록 유도하고 자기는 다른 파트너와 새로운 자식을 얻는 것이다. 이 전략은 암수 누구한테나 바람직한 것이지만 암컷이 이를 구사하기는 수컷에 비해 어렵다. 왜냐하면 암컷은 크고 영양소가 풍부한 난자의 형태로 처음부터 수컷보다 많은 투자를 하고 있기 때문에, 수태할 때부터 이미 어느 자식에 대해서건 아비보다 더 깊은 '정성'을 쏟는다. 자식이 죽을 경우 어미는 아비보다 더 많은 것을 잃는다. 더 정확하게 말하면, **장래**에 새로운 자식을 죽은 자식과 같은 단계까지 키우려면 어미는 아비보다 더 많은 투자를 해야 한다. 어미가 자식을 아비에게 맡기고 다른 수컷을 찾아 나서는 전술을 취하면 아비도 별 부담 없이 자식을 버릴 것이다. 따라서 부모가 아직 어린 자식을 내버릴 경우, 버리는 것은 어미가 아니라 아비일 확률이 높다. 이와 같이 암컷은 처음뿐만 아니라 자식의 생장 전 기간에 걸쳐서 수컷 이상의 투자를 할 것이라 예상할 수 있다. 예컨대 포유류의 경우 자기 체내에서 태아를 키우는 것도 암컷이고, 태어난 자식에게 젖을 만들어 먹이는 것도 암컷이며, 자식의 양육과 보호의 부담을 지는 것도 암컷이다. 암컷이란 착취당하는 성이며, 착취의 근본적인 진화적 근거는 난자가 정자보다 크다는 데 있다.

물론 아비가 근면하고 충실하게 자식을 돌보는 종도 많다. 그러나 그러한 경우에도, 자식에 대한 투자를 조금 줄이고 다른 암컷과 더 많은 자식을 만들게 하는 진화적 압력이 수컷에게 어느 정도 작용하고 있다고 봐야 한다. 이 말은 "몸아, 네가 수컷이라면 나의 경쟁자인 다른 대립 유전자가 유도한 것보다 조금만 더 빨리 짝을 버리고 다른 암컷을 좇아가라"라고 말하는 유전자가 유전자 풀 속에서 성공할 가능성이 높다는 것을 의미한다. 이 진화적 압력이 실제로 얼마나 많이 작용하는가는 종에 따라 크게 다르다. 예컨대 뉴기니에 사는 풍조처럼 암컷이 수컷의 원조를 받지 않고 단독으로 새끼를 양육하는 예는 흔히 있다. 한편 세발갈매기와 같이 암수가 충실한 일부일처의 짝을 이루어 협력하여 새끼를 기르는 예도 있다. 후자의 경우에는 반대의 진화적인 압력이 작용한 것으로 보아야 할 것이다. 즉 배우자를 착취하는 전략은 틀림없이 이익에 대한 대가가 따를 텐데, 세발갈매기에서는 그 대가가 이익에 비해 더 큰 것이다. 어찌 됐든 암컷과 새끼를 버리는 것이 수컷에게 유리한 경우는 암컷이 단독으로 자식 양육에 성공할 가능성이 상당히 있을 때다.

버려진 암컷의 전략

트리버스는 짝에게 버려진 암컷이 그 후 어떤 행동을 취하는가를 고찰하였다. 어미로서 최선책은 다른 수컷을 속여서 그에게 자기 자식을 친자라고 '여기도록' 하여 입양시키는 것이다. 자식이 아직 뱃속에 있을 때라면 그리 어렵지 않을지도 모른다. 물론 이 자식은 어미의 유전자를 반 계승하고 있으나 속아 넘어간 계부의 유전자는 일절 갖고 있지 않다. 자연선택은 이처럼 쉽게 속는 수컷에게 매우 불리하다. 실제로 자연선택은 새로운 암컷을 취한 직후 잠재적인 의붓자식을 모두 죽여 버리는 수컷을 선호할 것이다. 이것이 소위 브루스 효과Bruce effect에 대한 설명이다. 이 효과는 쥐에서 알려진 것으로, 수컷이 분비하는 어떤 화학 물질을 임신 중의 암컷이 맡으면 유산하게 된다는 것이다. 암컷은 이전 배우자의 것과는 다른 냄새를 맡았을 때에만 유산하게 된다. 수컷 쥐는 이 방법으로 잠재적인 의붓자식을 죽이고 새로운 암컷이 자신의 성적 접근에 응할 수 있도록 한다. 덧붙이자면 아드리는 이 브루스 효과를 개체군 조절 메커니즘의 하나라고 생각한다. 사자에서도 유사한 예가 알려져 있는데, 무리에 새로 들어온 수사자가 무리에 있는 새끼를 모두 죽여 버리는 경우가 있다. 아마도 그 새끼들이 자기 새끼가 아니기 때문인 듯하다.

수컷은 굳이 의붓자식을 죽이지 않고도 같은 효과를 낼 수 있다. 암컷과의 교미에 앞서 구애 기간을 늘려 다른 수컷의 접근을 막고 암컷이 도망치지 못하게 한다. 이런 방법으로 수컷은 암컷이 뱃속에 의붓자식을 배고 있는지 여부를 확인할 수 있으며, 만일 그렇다면 암컷을 버린다. 암컷 역시 교미에 앞서 긴 '약혼 기간'을 바라는 이유는 아래에서 살펴볼 것이다. 위의 이유는 수컷이 이를 원하는 이유에 해당한다. 만일 다른 수컷이 암컷에 접근하지 못하게 할 수만 있다면, 이는 부지불식간에 이 수컷이 다른 수컷의 자식에게 은혜를 베푸는 것을 방지하는 데 도움이 될 것이다.

버림받은 암컷이 새로운 수컷을 속여 의붓자식을 입양케 할 수 없다면 그 암컷은 어떻게 할 것인가? 이것은 자식의 나이에 따라 좌우될 것이다. 이제 막 수태한 상태라면 이미 암컷은 난자 한 개만이 아닌 그 이상의 투자를 했을 것이지만 그럼에도 불구하고 가능한 한 자식을 빨리 유산시키고 새로운 배우자를 찾는 것이 유리할지 모른다. 유산은 짝이 될 수컷과 그 암컷 쌍방에게 이로울 것이다. 우리가 수컷을 속여서 의붓자식을 양육시킬 가능성이 암컷에게 없다고 가정하기 때문이다. 이것은 브루스 효과가 암컷의 입장에서 볼 때도 득이 되는지 이유를 설명할 수 있을 것이다.

버려진 암컷이 할 수 있는 또 하나의 행동은 끝까지 참고 혼자서 자식을 키우려고 노력하는 것이다. 이 선택은 자식이 충분히 컸을 때 특히 이로울 것이다. 자식이 크면 클수록 이미 자식에게 투자된 분량은 많을 것이고, 따라서 그 자식을 양육하기 위해 앞으로 암컷이 투자해야 할 분량은 그만큼 적을 것이기 때문이다. 비록 자식이 아직은 어려서 짝 잃은 암컷이 그 자식을 먹이기 위해 지금보다 두 배의 정성을 쏟아야 할지라도, 초기 투자에서 조금이라도 건지려고 애쓰는 것이 암컷에게는 이로울지 모른다. 자식에게는 수컷의 유전자가 반이나 들어 있으므로 자식을 버리는 것은 수컷에 대한 보복이 될 수 있겠지만, 이것은 암컷에게 전혀 도움이 되지 않는다. 그 자식에게는 암컷의 유전자도 반 들어 있기 때문이다. 이는 암컷이 혼자서 대처하지 않으면 안 될 딜레마다.

역설적으로 들릴지 몰라도 버려질 위기에 처한 암컷이 수컷에게 거절당하기 **전에** 먼저 수컷을 차 버리는 것도 합리적이다. 가령 암컷이 이미 수컷보다 자식에게 많은 투자를 했다고 해도 이 대책은 암컷에게 이로울 수 있다. 불쾌하게 생각될지 몰라도 어떤 상황에서는 암수 어느 쪽이든 **먼저** 상대를 버리는 쪽이 유리하다. 트리버스의 표현에 따르면 남겨진 배우자는 가혹한 구속을 당한다. 이것은 다소 잔혹하기는 하나 매우 미묘한 논리다. 암수 어느 쪽이든 다음과 같은 판단을 내릴 상황에 이르면 상대를 버릴 가능성이 있다.

"이 자식은 이제 충분히 컸기 때문에 우리 중 누구든 혼자 길러낼 **수 있어**. 그러니까 상대가 자식을 버리지 않을 것을 내가 확신할 수 있다면, 지금 떠나는 것이 내게는 이득이 될 거야. 만일 내가 지금 떠난다면 내 파트너는 자기 유전자에게 최선인 방법을 쓰겠지. 남겨진 내 짝은 지금의 나보다 더 어려운 결단을 내려야 할 거야. 나처럼 어디론가 사라져 버리면 자식들은 확실히 죽어 버린다는 것을 내 파트너는 '알고' 있겠지. 그래서 내 파트너가 자기의 이기적 유전자에게 최선인 결정을 할 것이라고 가정하면 결론은 내가 먼저 떠나는 것이 최선이라는 거야. 상대도 나와 똑같이 '생각'하여 곧 나를 버릴지 모르니 내가 먼저 떠나는 것이 좋겠군!"

언제나 그랬듯이 이 독백 역시 단순히 설명을 위해 의도된 것이다. 단순히 짝보다 **나중에** 자식을 버리도록 하는 유전자가 선택상 유리하지 않을 것이므로 **먼저** 자식을 버리도록 하는 유전자가 선택상 유리할 것이라는 점이 이 논의의 요점이다.

암컷의 선택

짝에게 버림받았을 때 암컷이 취할 수 있는 수단을 몇 가지 생각해 보았으나 이들은 모두 불리한 상태에서 최선을 다해 잘해 보려는 몸부림일 뿐이다. 짝이 암컷을 착취하는 정도를 줄이기 위해 암컷이 선수 치는 방법에는 어떤 것이 있을까? 암컷에게는 강력한 수단이 하나 있다. 그것은 바로 교미를 거부하는 것이다. 암컷은 판매자의 시장에서 수요의 대상이다. 이는 암컷이 크고 영양소가 풍부한 난자라는 지참금을 가지고 있기 때문이다. 교미에 성공한 수컷은 자식을 위한 귀중한 영양 공급원을 얻는다. 교미 전의 암컷이라면 잠재적으로 유리한 흥정을 할 수 있는 위치에 있다. 그러나 일단 교미가 끝나면 흥정은 끝난다. 암컷의 난자가 이미 수컷에게 제공됐기 때문이다. 유리한 흥정이라고 말하는 것도 좋지만 실제로는 그렇지 않다는 것을 우리는 잘 알고 있다. 유리한 흥정에 해당할 만한 것이 자연선택을 통해 진화할 수 있는 현실적인 방법이 있을까? 여기서 대표적인 두 가지 가능성을 생각해 보고자 한다. 하나는 가정의 행복을 우선시하는 수컷을 선택하는 전략이고, 또 하나는 남성다운 수컷을 선택하는 전략이다.

가정적인 수컷을 선택하는 전략

가정의 행복을 우선시하는 수컷을 선택하는 전략의 가장 단순한 예를 생각해 보자. 암컷이 수컷을 훑어보며 성실함과 가정적인 성격을 미리 따져 보는 것이다. 수컷 개체군 내에서는 성실성 면에서 틀림없이 변이가 존재할 것이다. 이러한 성질을 사전에 식별하는 능력이 암컷에게 있다면 이런 성질을 가진 수컷을 고르는 것이 암컷에게 도움이 될 것이다. 암컷이 이것을 달성하는 하나의 방법은 오랫동안 접촉을 거부하고 수줍어하는 행동을 하는 것이다. 암컷이 최종적으로 교미에 동의하기까지 기다리지 못하는 수컷은 성실한 남편이 될 가망이 없다. 긴 약혼 기간을 강요함으로써 암컷은 변덕스러운 구혼자를 솎아 내고 성실함과 인내를 인정받은 수컷과만 최종적으로 교미한다. 연약한 여자의 수줍어하는 성질은 사실 동물들 사이에서는 일반적으로 볼 수 있는 일이며, 긴 구애 행동 또는 약혼 기간도 마찬가지다. 이미 이야기한 대로 수컷이 속아서 다른 수컷의 자식을 양육하게 될 위험이 있을 경우 긴 약혼 기간은 수컷에게도 유리하다.

구애 의식

구애 의식에서 수컷이 적지 않은 혼전 투자를 하는 경우가 종종 있다. 수컷이 집을 완성할 때까지 암컷이 교미를 거절하는 경우도 있고, 수컷이 암컷에게 충분히 먹이를 줘야만 하는 경우도 있다. 물론 암컷의 입장에서 보면 매우 좋은 것이지만, 이는 가정의 행복을 추구하는 또 다른 전략이라고 생각된다. 암컷이 교미를 허락하기 **전**에 수컷에게 자식에 많은 투자를 하도록 하여 교미 **후**에 수컷이 처자를 버린다 해도 결국 아무런 이익을 얻지 못하도록 할 수 있는 것 아닐까? 이는 흥미로운 발상이다. 수줍어하는 암컷이 결국 자기와 교미해 주기를 기다리는 수컷은 대가를 치르는 셈이다. 수컷이 다른 암컷과의 교미 기회를 포기하며, 구애 때문에 많은 시간과 에너지를 쓰고 있기 때문이다. 마음속에 둔 암컷이 최종적으로 교미를 허락할 때쯤이면 그는 필연적으로 이미 암컷에게 몹시 '공을 들인' 상태다. 다른 암컷들도 교미에 앞서 이와 같은 지연 전술을 쓸 것이라는 것을 안다면 수컷은 이 암컷을 버리려 하지 않을 것이다.

다른 논문에서도 지적했지만 이 문제에 대한 트리버스의 추론에는 한 가지 오류가 있다. 그는 과거의 투자 그 자체가 장래의 투자를 약속한다고 생각했다. 그러나 이 경제학적 논의는 틀렸다. 가령 기업가라면 절대로 "(예를 들어) 콩코드 여객기에 이미 많은 투자를 했기 때문에 지금 투자를 중단할 수는 없다"라고 말하지 않을 것이다. 그는 항상 '장래'에 이익이 될 것인지 아닌지를 따지지 않으면 안 된다. 비록 이미 그 프로젝트에 많은 투자를 했다고 할지라도 투자를 중지하고 그 계획을 포기하는 것이 장래의 이익에 도움이 된다면 즉시 그렇게 해야만 한다. 마찬가지로 수컷에게 많은 투자를 강요하는 암컷이 만일 그렇게 하는 것 자체로 수컷이 자기를 버리지 못하게 할 수 있다고 생각한다면 그것은 오산이다. 위의 전략이 가정의 행복을 우선으로 하는 수컷을 고르는 전략이 되기 위해서는 또 하나의 결정적인 전제가 필요하다. 즉 암컷 대부분이 같은 전략을 구사한다는 확신이 있어야 한다. 만일 어떤 개체군에 암컷을 버린 수컷을 언제라도 환영하는 허술한 암컷이 있다면, 비록 새끼에 대해 아무리 많은 투자를 했다고 해도 수컷은 암컷을 버리는 것이 유리할 수 있을 것이다.

따라서 암컷 대다수가 어떻게 행동하느냐에 따라 많은 것이 결정된다. 암컷들 사이에서 공동 행위가 결탁된다면 아무런 문제가 없다. 그러나 암컷들 사이의 공동 행위는, 5장에서 고찰한 비둘기파의 공동 행위와 마찬가지로 진화할 수 없다. 따라서 우리는 진화적으로 안정한 전략을 찾아보는 수밖에 없다. 여기서 메이너드 스미스가 공격적 경쟁을 분석하는 데 사용한 방법을 암수의 다툼 문제에 응용하기로 하자.* 여기서는 암컷의 전략과 수컷의 전략 각각의 경우에 두 가지 전략이 있으므로 매파와 비둘기파의 문제를 다룰 때보다 조금 더 까다로울 듯하다.

암수의 ESS

메이너드 스미스의 연구에서처럼 여기서도 '전략'이란 말은 맹목적이고 무의식적인 행동 프로그램을 가리킨다. 여기서 암컷의 두 전략은 **조신형**과 **경솔형**으로, 수컷의 두 전략은 **성실형**과 **바람둥이형**이라 부르기로 하자. 이들 네 유형의 행동 규율은 다음과 같다.

조신형 암컷은 수컷이 수 주간에 걸친 길고 힘든 구애를 거치지 않으면 수컷과 교미하지 않는다. 경솔형 암컷은 누구와도 즉시 교미한다. 성실형 수컷은 장기간 구애를 지속할 인내력이 있고 교미 후에도 암컷 곁에 머물러 양육을 돕는다. 바람둥이형 수컷은 암컷이 즉시 교미에 응하지 않으면 곧바로 다른 암컷을 찾아갈뿐더러, 교미가 끝나면 암컷 곁에 머물러 좋은 아비 역할을 하지 않고 새로운 암컷을 찾아 사라진다. 비둘기파와 매파의 분석 사례와 마찬가지로, 생각할 수 있는 전략이 이들 네 가지만 있는 것은 아니지만 이들 전략의 운명을 따라가 보면 도움이 될 것이다.

메이너드 스미스처럼 우리도 각각의 비용과 이익에 적당한 가설적 수치를 사용해 보도록 하자. 좀 더 일반적인 논의를 위해서는 대수 기호를 써야 하지만 수치를 쓰는 편이 이해하기 쉽다. 자식이 무사히 컸을 때 부모가 얻는 유전적 이득을 각각 +15단위로 하자. 자식을 키우는 데 들어가는 비용, 먹이에 대한 비용, 돌보는 데 소요되는 시간, 자식을 지키기 위해 부모가 당하는 위험 등을 합계한 것은 -20단위로 한다. 이 비용은 부모가 지불해야 하는 것이기 때문에 음수로 표현한다. 긴 구애로 낭비되는 시간에 대한 비용도 음수가 된다. 이를 -3단위로 하자.

우선 조신형 암컷과 성실형 수컷만으로 구성된 개체군을 생각해 보자. 이 개체군은 이상적인 일부일처제 사회가 된다. 하나의 자식을 키우는 데 어떤 부부라도 암수는 서로 같은 평균 이득, 즉 +15를 얻는다. 양육의 비용 -20은 똑같이 분담하므로 암수 각각에 대해 평균 -10이 된다. 긴 구애에 소요된 시간의 비용 -3이 다시 암수 각각에게 부과된다. 그러면 암수 각각 평균 이득은 +2(+15-10-3=+2)가 된다.

이제 이 개체군에 경솔형 암컷이 하나 끼어들었다고 하자. 이 암컷의 성적은 매우 좋다. 긴 구애에 빠지지 않기 때문에 그만큼의 비용을 지불할 필요가 없다. 개체군 내의 수컷은 모두 성실형이기 때문에 누구와 교미를 하더라도 자식을 위해 좋은 아비라고 기대할 수 있다. 자식 한 마리당 어미의 이득은 +5(+15-10=+5)가 되어 경쟁자인 조신형 암컷보다 성적이 3단위나 더 좋다. 따라서 경솔형 유전자는 집단 내에 퍼지기 시작한다.

경솔형 암컷이 대성공하여 개체군 내에서 많아지면 수컷 측에도 변화가 나타난다. 지금까지는 성실형 수컷의 독무대였으나, 여기에 바람둥이 수컷이 등장하면 이 수컷은 성실한 경쟁자보다 좋은 성적을 올리기 시작한다. 만일 개체군 내의 암컷이 모두 경솔형이라면 이 바람둥이 수컷의 성적은 실로 대단해진다. 자식 하나가 무사히 크면 수컷은 +15를 손에 넣으면서도, 두 종류의 비용을 지불할 필요가 없기 때문이다. 비용이 없다는 것의 주요 의미는 맘대로 암컷을 버리고 새로운 암컷과 교미할 수 있다는 것이다. 불운한 암컷들은 홀로 자식 키우기에 분투해야만 한다. 구애 시간의 낭비라는 대가를 치를 필요가 없다고는 하지만 암컷은 자식 양육 비용 -20단위를 모두 자기가 지불하지 않으면 안 된다. 경솔형 암컷이 바람둥이형 수컷과 우연히 만났을 때 암컷의 순이득은 -5(+15-20=-5)가 된다. 한편 바람둥이형 수컷은 +15를 손에 넣는다. 암컷이 모두 경솔형으로 구성된 개체군에서는 바람둥이형 유전자가 들불처럼 퍼져 나갈 것이다.

바람둥이형 수컷이 크게 성공해 개체군 내의 수컷 대다수가 되면 경솔형 암컷은 극단적인 곤경에 처할 것이다. 여기서는 조신형 암컷이 매우 유리하다. 조신형 암컷이 바람둥이형 수컷과 우연히 만나면 어떤 것도 성사되지 않는다. 암컷은 긴 구애 기간을 요구하지만 수컷은 이를 거부하고 다른 암컷을 찾아 나선다. 즉 양쪽 모두 시간 낭비 비용은 지불하지 않는다. 반면에 양쪽 모두 자식을 낳지 않기 때문에 아무런 이득도 없다. 수컷이 모두 바람둥이형인 집단에서 조신형 암컷의 평균 이득은 0이 된다. 0이 별것 아니라고 생각할지 모르지만 이것은 경솔형 암컷의 평균 성적인 –5보다 높은 것이다. 바람둥이형 수컷에게 버림받은 경솔형 암컷이 새끼를 포기하기로 결정했다고 해도 암컷은 이미 난자에 상당한 비용을 지불한 셈이다. 따라서 조신형 유전자는 다시 집단 내에 퍼지기 시작한다.

가상의 사이클을 마무리 짓기 위해 이야기를 계속해 보자. 조신형 암컷이 수를 늘려 개체군 내에 대다수가 되면 지금까지 느긋하게 경솔형 암컷을 상대했던 바람둥이형 수컷은 곤경에 처한다. 암컷이란 암컷은 모두 장시간의 열렬한 구애를 요구하기 때문이다. 바람둥이형 수컷은 암컷을 이리저리 찾아보지만 상황은 항상 같다. 만일 암컷이 모두 조신형이라면 바람둥이형 수컷의 이득은 0이 된다. 이런 상황에서 성실형 수컷이 출현하면 그놈이야말로 조신형 암컷이 교미하려는 유일한 수컷이 된다. 그의 순이득은 +2가 되므로 바람둥이형보다 높은 성적이다. 따라서 성실형 수컷의 유전자가 증가하기 시작하고 이야기는 한 사이클을 다 돈 셈이다.

공격 행동에 대한 분석에서와 같이 끝없이 변동을 반복하는 것처럼 일련의 상황을 설명했다. 그러나 공격 행동에 대한 예에서와 마찬가지로 실제로 변동은 일어나지 않는다는 것을 알 수 있다. 이 시스템은 어떤 안정 상태로 수렴한다.* 계산을 해 보면 암컷의 5/6가 조신형, 수컷의 5/8가 성실형으로 된 개체군이 진화적으로 안정하다는 결과가 나온다. 물론 이 결과는 처음에 우리가 가정한 임의적인 수치에 따라 얻어진 것일 뿐이지만, 다른 임의의 가정하에서도 안정 상태에서의 각 유형의 비율을 쉽게 계산할 수 있다.

메이너드 스미스의 분석에서 살펴본 예와 같이 반드시 두 가지 형의 암컷과 두 가지 형의 수컷이 있다고는 생각하지 않아도 된다. 개개의 수컷이 5/8시간을 성실형, 나머지 시간을 바람둥이형으로 지내고, 한편 개개의 암컷도 5/6시간을 조신형, 나머지 1/6시간을 경솔형으로 지낸다면 ESS는 똑같이 달성될 수 있다. ESS를 무엇이라 생각하든 그것이 의미하는 것은 다음과 같다. 암수 누구든 적절한 안정 비율에서 벗어나면 변화를 일으킨 성에 불이익을 가져온다. 그 변화는 이성 전략의 상대 비율을 변화시키며 이로 인해 변이를 일으킨 개체는 불리해진다. 이 때문에 ESS는 유지될 것이다.

우리는 조신형 암컷과 성실형 수컷이 대부분인 개체군이 진화할 가능성이 높다는 결론을 얻을 수 있다. 이와 같은 개체군에서는 암컷의 가정의 행복 전략이 실제로 효력을 발휘하고 있다고 생각된다. 여기서는 조신형 암컷이 어떤 음모를 꾸민다고 생각할 필요가 없다. 조신한 성격 자체가 암컷의 이기적 유전자에 실제로 이익을 줄 수 있기 때문이다.

가정의 행복을 위한 암컷의 방법

암컷이 가정의 행복을 위한 전략을 실제로 구현하는 방법에는 여러 가지가 있다. 앞서 제시한 대로 집을 완성하지 못했거나 최소한 둥지 짓기도 돕지 않은 수컷과의 교미를 거부하는 것도 하나의 방법이다.

실제로 일부일처제의 조류에서는 둥지가 완성될 때까지 교미하지 않는다. 그 결과 수컷은 수정하는 순간 자신의 값싼 정자보다 더 많은 투자를 이미 자식에게 한다.

장래의 짝에게 둥지 짓기를 요구하는 것은 수컷을 붙잡아 두기 위한 암컷의 효과적인 방법 중 하나다. 수컷에게 많은 대가를 치르게 하는 것은 어떤 것이라도 이론적으로 같은 효과를 발휘할지 모른다. 설령 그 대가가 아직 낳지도 않은 자식에게 직접적으로 이익이 되지는 않더라도 말이다. 개체군 내 모든 암컷이 수컷과의 교미에 동의하기에 앞서, 예를 들어 용을 죽이라든가 산에 오르라든가 하는 식으로 어렵고 대가 높은 행위를 요구한다면, 수컷이 교미 후에 암컷을 버리려는 유혹에 빠지는 것을 이론적으로는 억제할 수 있을 것이다. 짝을 버리고 다른 암컷을 찾아 유전자를 더 퍼뜨리려는 수컷은 누구라도 용을 또 한 마리 잡아야 한다는 생각에 단념할 것이다. 그러나 실제로는 구혼자에게 용의 머리나 성배聖杯 찾기 같은 것을 마구잡이로 요구하는 암컷은 없다. 그 이유는 수컷에게 무의미한 사랑의 노력을 요구하는 로맨틱한 암컷보다는 조금 덜 어렵더라도 자신과 자식에게 도움이 되는 일을 요구하는 암컷이 더 유리하기 때문이다. 용 잡기나 헬레스폰트Hellespont 해협을 수영해서 건너는 것에 비하면 둥지 짓기는 확실히 로맨틱하지는 않으나 훨씬 유용하다.

암컷이 취할 수 있는 또 하나의 방법은 구애 시 수컷으로부터 먹이를 받는 것이다. 새의 경우 이 행동은 암컷이 일종의 퇴보를 일으켜 새끼 때의 행동을 나타낸다고 보는 것이 일반적이다. 암컷은 새끼와 비슷한 제스처를 취해 수컷에게 먹이를 요구한다. 이와 같은 제스처는 성인 여성의 유아적인 말투나 입술을 삐죽거리는 것을 남성이 귀엽게 봐주는 것처럼 수컷에게 매력적으로 보일 것이라 생각되어 왔다. 이 시기의 암컷은 거대한 알을 만들기에 필요한 영양소를 모으기 때문에 먹을 수 있는 음식이라면 모두 필요로 한다. 그렇기 때문에 구애 급식courtship feeding은 아마도 수컷이 알 자체에 직접 투자한다는 것을 의미할 것이다. 따라서 구애 급식은 암컷과 수컷이 초기에 자식에게 주는 투자량의 격차를 좁히는 효과가 있다.

곤충과 거미 중에도 구애 급식의 현상을 보이는 종이 있다. 이들 중에는 때때로 분명히 다르게 해석해야 할 것도 있다. 예컨대 사마귀의 경우, 수컷이 큰 암컷에게 먹힐 위험이 있기 때문에 암컷의 식욕을 줄이는 것은 무엇이든 수컷에게 유리할 것이다. 섬뜩하기는 하지만 불운한 수컷 사마귀는 몸으로 자식에게 투자한다고 할 수 있다. 수컷의 몸은 먹이가 되어 난자의 생산을 도우며, 이렇게 생산된 난자는 자신이 죽은 후 암컷의 체내에 저장되어 있는 자신의 정자에 의해 수정되기 때문이다.

거짓말과 알아채기

가정의 행복을 위한 전략을 구사하는 암컷이 수컷의 성실도를 대충 훑어보고 섣불리 **판단**하려 하면 속기 쉽다. 매우 성실하고 가정적으로 보이면서 심중에 암컷을 버리거나 바람피우려는 경향을 몰래 숨기는 수컷이 매우 유리하기 때문이다. 이 수컷이 버린 전처들이 자식을 몇이라도 키워 내는 한, 이 바람둥이 수컷은 착실한 남편이자 아비인 경쟁자 수컷보다 많은 유전자를 남길 수 있는 입장에 있다. 따라서 암컷을 효과적으로 기만하는 유전자가 유전자 풀 속에서 많아질 것이다.

그 반대로, 자연선택은 이와 같은 기만을 잘 알아차리는 암컷을 선호할 것이다. 암컷이 수컷의 기만을 알아차리는 방법은 수컷의 최초 구애에 대해서는 특별히 까다롭게 굴되, 이후 번식기마다 같은 수컷의 구애는 점점 빨리 받아들이는 것이다. 이 방법은 처음으로 번식에 참가하는 젊은 수컷들을 사기꾼이든 아니든 관계없이 자동적으로 궁지에 몰아넣을 것이다. 처음으로 번식에 참가하는 젊은 암컷이 낳는 자식에게는 바람둥이 아비의 유전자가 비교적 많이 포함될 것이나, 다음 해 이후에는 성실형 수컷이 유리해진다. 성실형 수컷은 그 이후에는 첫 번째와 같이 많은 시간과 에너지 소모를 수반하는 기나긴 구애 의식을 거치지 않아도 되기 때문이다. 개체군의 개체 대부분이 번식 경험이 있는 어미의 자식이라고 하면 — 수명이 긴 동물이라면 이 가정은 타당하다 — 성실하고 좋은 아비를 만드는 유전자가 유전자 풀에서 우세할 것이다.

지금까지는 이야기를 단순하게 하기 위해 수컷에게는 전적으로 성실하거나 전적으로 사기꾼형인 두 가지 유형밖에 없는 것처럼 설명해 왔다. 그러나 실제로는 십중팔구 모든 수컷, 아니 모든 개체들이 배우자를 착취하는 기회를 놓치지 않도록 프로그램되어 조금씩 기만적인 성격을 갖고 있을 것이다. 배우자의 불성실을 감지하는 능력은 자연선택에 의해 예민하게 단련되어 있으므로 대규모 사기는 매우 낮은 수준으로 유지되어 왔다. 사기를 쳐서 얻을 수 있는 이익은 수컷이 암컷보다 많다. 따라서 수컷이 자식에 대해 상당한 이타적 행동을 보이는 동물일지라도 수컷은 암컷보다 조금 덜 일하며, 수컷의 도피 경향도 암컷보다 조금 더 강할 것이다. 이 현상은 새와 포유류에서 흔하게 나타난다.

헌신적인 물고기 아비

그러나 암컷보다도 수컷이 자식을 돌보는 데 더 많은 노력을 쏟는 동물도 있다. 이와 같이 아비가 자식에게 헌신하는 예는 새와 포유류에서는 극히 드물지만 어류에서는 흔히 볼 수 있다. 도대체 왜일까?* 이것은 이기적 유전자론으로서는 하나의 난제다. 나도 오랫동안 이 문제로 고심해 왔다. 그러나 최근 칼라일T. R. Carlisle이 그 해답을 가르쳐 주었다. 그녀는 앞서 살펴본 트리버스의 '가혹한 구속' 아이디어를 이용해 다음과 같이 이야기하였다.

"어류 대부분은 교미를 하지 않고 생식 세포를 그냥 물속에 방출한다. 수정은 배우자의 체내가 아닌 물속에서 이루어진다. 유성생식이 처음 출현했을 때에도 아마 비슷했을 것이다. 새, 포유류, 파충류 같은 육상 동물은 이런 형태로 체외 수정을 할 수 없다. 이들의 생식 세포는 건조한 조건에 매우 취약하기 때문이다. 그래서 운동 능력을 가진 수컷의 정자가 젖어 있는 암컷의 체내로 주입된다." 여기까지는 사실의 확인일 뿐이다. 칼라일의 아이디어는 이제부터다. "교미 후 육상 동물의 암컷은 얼마 동안 체내에 배아를 가지고 있다. 만일 암컷이 교미 직후에 수정란을 낳아 버린다고 해도, 수컷에게는 도망쳐서 암컷을 트리버스의 '가혹한 구속'에 빠뜨리기에 충분한 시간이 있다. 수컷에게는 암컷의 선택을 봉쇄하고 먼저 도망칠 결단을 내릴 기회가 필연적으로 제공된다. 아이를 내버려 확실히 죽게 할 것인가, 아니면 아이 곁에 남아 돌볼 것인가의 결단은 모두 암컷의 몫이다. 그러므로 육상 동물에서는 아비가 자식을 돌보는 경우보다 어미가 자식을 돌보는 경우가 훨씬 많다."

그러나 물고기를 비롯한 수생 동물에서는 사정이 전혀 다르다. 수컷이 암컷의 체내에 정자를 주입하지 않기 때문에 암컷이 '자식을 품은' 채 혼자 남을 필요가 없다. 수정이 막 끝난 알을 상대에게 맡기고 재빨리 도망치는 것이 암수 모두에게 가능하다. 그러나 이때 종종 수컷이 버림받는 이유가 있다. 어느 쪽이 먼저 생식 세포를 방출하는가 하는 문제로 진화적인 전쟁이 일어날 가능성이 있다. 먼저 생식 세포를 방출한 개체는 수정된 배아를 상대에게 떠맡길 수 있다는 점에서 유리하지만, 그와 동시에 상대방이 뒤따라 주지 않을지 모른다는 위험도 감수해야 한다. 이 점에서 정자가 난자보다 가벼워 확산되기 쉽다는 사실만으로도 수컷이 취약하다. 암컷은 수컷이 아직 준비되지 않은 상태에서 난자를 빨리 방출했다고 해도 큰 문제는 없다. 난자는 비교적 크고 무거워서 잠시 동안 한 덩어리가 되어 머물러 있기 때문이다. 따라서 물고기의 암컷은 먼저 산란하는 '위험'을 감수할 여유가 있다. 반면 물고기의 수컷은 이런 위험을 감수할 수가 없다. 왜냐하면 수컷이 서둘러 정자를 방출해 버리면 암컷이 준비되기 전에 정자가 흩어져 버릴 것이고, 그러면 암컷은 난자를 방출할 가치가 없으므로 산란하지 않을 것이기 때문이다. 확산 문제 때문에 수컷은 우선 암컷이 난자를 방출하기를 기다렸다가 정자를 뿌리는 수밖에 없다. 그러나 그 덕분에 암컷은 실로 귀중한 몇 초를 얻을 수 있다. 그사이에 사라짐으로써 난자를 수컷에게 떠맡겨 수컷을 트리버스의 딜레마에 빠뜨릴 수 있다. 그래서 이 이론은 수컷의 자식 돌보기가 왜 물속에서는 일반적인 현상이고 건조한 육상에서는 보기 드문 일인지를 깔끔하게 설명한다.

남성다운 수컷을 선택하는 전략

이제 암컷이 사용할 수 있는 또 하나의 주요한 전략, 즉 남성다운 수컷을 선택하는 전략을 이야기해 보자. 이 방책을 이용하는 종에서는 암컷이 자기 자식의 아비에게 원조받는 것을 실질적으로 포기하고 그 대신에 좋은 유전자를 얻는 데 전력을 쏟는다. 여기서도 암컷의 무기는 교미를 쉽게 허락하지 않는 것이다. 암컷은 아무한테나 교미를 허락하지 않고 수컷과 교미하기 전에 모든 주의를 집중하여 상대를 선별한다. 수컷 중에는 분명히 남보다 좋은 유전자를 많이 가진 개체가 있을 것이며, 이 좋은 유전자는 딸과 아들의 생존 가능성에 도움을 줄 것이다. 외관상의 단서로 암컷이 어떻게든 수컷이 지닌 좋은 유전자를 탐지할 수 있다면, 암컷은 자기 유전자에 아비의 양질 유전자를 결합시켜 자기 유전자를 유리하게 할 수 있다. 3장에 나온 조정 경기 팀에 비유해서 설명한다면, 암컷은 실력이 나쁜 선수와 한 팀이 되어 자신의 유전자가 경기에서 지게 될 확률을 최소화할 수 있다. 암컷은 자기의 유전자를 위해 좋은 팀원을 직접 선정할 수 있다.

암컷들은 모두 같은 정보를 갖고 있으므로, 어떤 수컷이 최고인가 하는 점에서 대다수의 암컷이 같은 결론에 도달할 가능성도 있다. 그렇게 되면 극소수의 운 좋은 수컷이 대부분의 교미에 관여할 것이다. 개개의 암컷에 대해 수컷이 제공하는 것은 약간의 값싼 정자에 불과하므로 수컷들은 그 일을 쉽게 할 수 있다. 바다코끼리와 풍조에서는 실제로 이와 같은 일이 벌어지는 것으로 생각된다. 암컷은 모든 수컷이 열망하는 이상적인 이기적 착취 전략의 행사를 소수의 수컷에게만 허락하고 있으나, 이러한 호사는 반드시 가장 좋은 유전자를 가지고 있는 수컷에게만 허용된다.

암컷은 좋은 유전자를 찾는다

자기 유전자의 결합 상대인 수컷에게서 가장 좋은 유전자를 찾으려고 노력하는 암컷의 입장을 생각해 보자. 암컷은 도대체 무엇을 찾고 있는 것일까? 암컷이 찾고 있는 목표 중 하나는 생존 능력의 증거다. 물론 암컷에게 구애하는 수컷은 누구든지 적어도 성체에 이르기까지의 생존 능력을 분명히 증명하고 있지만, 그렇다고 앞으로 더 오래 살 수 있음을 증명했다고 할 수는 없다. 암컷이라면 나이가 많은 수컷을 상대로 택하는 것이 꽤 좋은 방책일지도 모른다. 단점이 무엇이든지 그들은 적어도 오래 살 수 있음을 증명하고 있으므로 암컷은 자기의 유전자를 장수하는 유전자와 결합시킬 수 있을 것이다. 그러나 가령 자식들이 오래 살았다고 해도 손자를 많이 낳지 않는다면 어미의 노력은 수포로 돌아간다. 수명 그 자체가 왕성한 생식력의 증명이 될 수는 없다. 장수하는 수컷은 반대로 번식을 위해 위험을 감수하지 않았기 때문에 생존해 왔는지도 모른다. 나이 먹은 수컷을 배우자로 하는 암컷과, 좋은 유전자를 가지고 있음을 보여 주는 다른 증거를 가진 젊은 수컷을 배우자로 하는 암컷을 비교할 때, 반드시 전자가 후자보다 많은 자손을 남긴다고 할 수는 없다.

그렇다면 다른 증거란 도대체 어떤 것일까? 여기에는 여러 가지 가능성이 있다. 아마도 강한 근육은 먹이를 포획하는 능력의 증거가 될 것이고, 긴 다리는 포식자로부터 도망치는 능력의 증거일지도 모른다. 이들 특성은 아들이나 딸 모두에게 유용한 성질이므로, 암컷은 그와 같은 특성을 결합하는 것으로 자기의 유전자를 유리하게 할 수 있을지도 모른다. 이러한 논의를 진행하기 위해서는 암컷이 우량한 유전자의 증거가 되는 표시 또는 표지에 따라 수컷을 선택하는 것으로 상상할 필요가 있다. 그러나 여기서 매우 재미있는 문제가 발생하는데, 이 문제는 다윈도 느낀 것이고 피셔도 이에 대해 명확히 진술한 바 있다. 수컷이 서로 경쟁하여 암컷으로부터 남성다운 수컷임을 인정받으려고 하는 사회에서 어미가 자기의 유전자에 대해 할 수 있는 최선책의 하나는 아들을 매력적이고 남성다운 수컷으로 성장하도록 만드는 것이다. 자신의 아들이 성체가 됐을 때 개체군 내에서 대부분의 짝짓기를 독점하는 소수의 운 좋은 수컷 중 하나가 될 수 있다면 암컷이 얻을 수 있는 손자의 수는 엄청나게 많아질 것이다. 그 결과 암컷의 눈으로 볼 때 수컷이 갖춰야 할 가장 바람직한 성질의 하나는 간단하게도 성적 매력 그 자체가 된다. 특히 매력적이고 남성다운 수컷과 교미한 암컷이 낳은 아들은 다음 세대의 암컷들에게도 매력적인 수컷이 될 가능성이 높고, 따라서 이 아들은 어미에게 많은 손자를 안겨 줄 것이다. 물론 처음에는 암컷이 육중한 근육과 같은 명백히 유익한 성질을 기준으로 하여 수컷을 선별했을 것으로 생각된다. 그러나 일단 그 종이 암컷들 사이에서 매력적인 것으로 널리 받아들여지면 그 성질은 단순히 매력적이라는 이유만으로 자연선택에서 유리함을 계속 유지할 수 있을 것이다.

그러므로 풍조 수컷의 꼬리와 같은 사치스러움은 일종의 불안정한 질주runaway 과정을 거쳐 진화했을지도 모른다.* 그 옛날 풍조의 암컷은 튼튼하고 건강해 보이는, 보통보다 조금 긴 꼬리를 가진 수컷을 바람직한 성질의 소유자로 보고 선택했을 수 있다. 수컷의 꼬리가 짧은 것은 비타민 부족, 즉 먹이 획득 능력이 빈약하다는 표시였을지도 모른다. 또는 포식자로부터 도망치는 것이 서툴러서 꼬리를 잘렸을지도 모른다. 짧은 꼬리 그 자체가 유전된다고 가정할 필요는 없다는 사실에 주의하기 바란다. 짧은 꼬리가 유전적 열세를 드러내는 하나의 지표라고 가정하면 그것으로 충분하다. 이유가 무엇이었든 간에 풍조의 조상에서 암컷은 평균보다 긴 꼬리를 가진 수컷을 선호했다고 가정하자. 수컷의 꼬리 길이의 자연적 변이에 **어느 정도** 유전적 배경이 있었다면, 암컷의 선택으로 개체군 내 수컷의 평균 꼬리 길이는 이내 점점 길어질 것이다. 암컷이 따르는 규칙은 단순하다. 모든 수컷을 둘러본 다음 가장 긴 꼬리를 가진 수컷을 선택하면 된다. 꼬리가 너무 길어져 수컷에게 실제로 거치적거린다고 **할지라도** 이 규칙을 따르지 않는 암컷은 불리하다. 왜냐하면 꼬리가 긴 아들을 낳지 못한 암컷은 자기 자식이 매력적이라는 평판을 들을 기회가 거의 없기 때문이다. 여성의 의상이나 미국의 자동차 디자인의 패션처럼, 보다 긴 꼬리를 가지는 경향은 이렇게 시작되어 점점 더 여세를 몰아가게 되었다. 꼬리가 기괴할 정도로 길어 결국 그로 인한 불리함이 성적 매력이라는 유리함을 능가하게 되어서야 비로소 이 경향이 멈추었다.

핸디캡 원리

이것은 간단히 받아들이기 어려운 아이디어이며, 다윈이 '성선택sexual selection'이라는 이름으로 이 과정을 제창한 이래 회의주의자들의 표적이 되어 왔다. 우리가 이미 살펴본 '여우님, 여우님' 이론의 자하비도 그 설명을 불신하는 사람 가운데 하나다. 그는 그 대신 '핸디캡 원리handicap principle'라는, 성선택과 정반대의 설명을 제안한다.* 그는 우선, 암컷이 수컷 중에서 좋은 유전자를 가진 놈을 선별하려는 것 자체가 실은 수컷이 사기 칠 기회를 제공한다는 점을 지적한다. 강한 근육은 틀림없이 암컷의 선택 기준으로 좋은 성질일 것이다. 그러나 만일 그렇다면 과연 무엇이 어깨 뽕과 같은 가짜 근육이 수컷에게서 나타나는 것을 막을 수 있겠는가? 수컷에게 진짜 근육을 발달시키는 것보다 가짜를 만드는 것이 비용이 덜 든다면 성선택은 가짜 근육을 만드는 유전자를 선호할 것이다. 그러나 이내 대항적인 선택으로 인해 이 속임수를 간파할 능력이 암컷에게서 진화될 것이다. 거짓 선전은 결국 암컷에게 발각되고 만다는 것이 자하비의 기본 전제다. 그러므로 그는 진실로 성공하는 수컷은 거짓 선전을 하지 않고 자신이 속이지 않는다는 것을 상대에게 명확히 드러내는 수컷이라는 결론을 내린다. 가령 강한 근육에 대해서 이야기해 보면, **외양**으로만 강해 보이도록 근육을 과시하는 수컷은 곧 암컷에게 들통 나고 말 것이다. 반면 여봐란듯이 무거운 물체를 들어 올리거나 푸시업을 하는 등 실제 행동으로 강력한 근육의 소유자임을 증명해 보이는 수컷은 암컷의 신뢰를 쟁취할 수 있을 것이다. 바꿔 말하면, 자하비는 남성다운 수컷은 단지 우수한 수컷처럼 **보이기**만 해서는 안 되고 진짜 우수한 수컷**이어야**만 한다고 믿는다. 그렇지 않으면 회의적인 암컷에게 받아들여지지 않을 것이기 때문이다. 따라서 진짜로 남성다운 수컷만이 할 수 있는 과시 행동은 진화할 것이다.

여기까지는 흠잡을 데 없다. 자하비의 이론이 거북하게 느껴지는 것은 이제부터다. 풍조와 공작새의 꼬리, 사슴의 거대한 뿔 등 성적으로 선택된 형질은 그 소유자에게 핸디캡이 되는 듯 보여서 지금까지는 늘 역설적인 존재라고 간주되어 왔다. 그런데 자하비는 이들 형질이 바로 핸디캡이기 **때문에** 진화됐다고 주장한다. 길고 거치적거리는 꼬리를 가진 수컷 새는 실은 자신이 이런 꼬리를 달고 있음에도 **불구하고** 아직도 살아남을 정도로 완강하고 남성다운 수컷이라고 암컷에게 선전한다는 것이다. 두 남자가 달리기 경주를 하는 것을 여자가 지켜본다고 상상해 보자. 양쪽이 동시에 결승선에 도착했을 때, 한 남자가 석탄을 넣은 자루를 등에 지고 뛰었다면 그 여자는 당연히 짐을 진 남자가 실제로 발이 빠르다고 결론을 내릴 것이다.

나는 자하비의 이론을 믿지 않는다. 비록 지금은 내가 이 이론을 처음 들었을 때만큼 확고하지는 않지만 말이다. 그의 이론을 들었을 때 나는 그 생각의 논리적인 결론에 따르면 발도 하나, 눈도 하나밖에 없는 수컷이 진화할 것이라고 지적했다. 이스라엘 출신의 자하비는 즉석에서 이와 같이 답하였다. "최고의 장군 중에는 애꾸눈도 있습니다!" 그의 답변에도 불구하고 그 문제는 여전히 풀리지 않은 채 남아 있고, 핸디캡 이론은 근본적인 모순을 포함하는 것처럼 보인다. 만일 핸디캡이 정말 핸디캡이라면(이론의 본질상 그렇지 않으면 곤란하다), 핸디캡이 암컷을 매혹할 수 있는 것이 확실한 만큼 자손에게 불리하게 작용할 것도 확실하다. 어쨌든 중요한 것은 그 핸디캡이 딸에게 전해지지 않아야만 한다는 것이다. 핸디캡 이론을 유전자 용어로 바꿔 말하면 다음과 같다. 수컷에서 긴 꼬리와 같은 핸디캡을 나타내게 하는 유전자는 암컷이 그 핸디캡을 갖고 있는 수컷을 선택하기 때문에 유전자 풀 속에서 점점 늘어난다. 암컷이 핸디캡을 가진 수컷을 선택하는 것은, 암컷에게 그와 같은 선택을 하게 하는 유전자 또한 많아지기 때문이다. 그렇다면 어떻게 해서 그런 유전자가 많아지는 것인가? 핸디캡을 가진 수컷을 좋아하는 암컷은 자동적으로 다른 면에서 좋은 유전자를 가진 수컷을 선택할 것이기 때문인데, 이 수컷들이 핸디캡을 갖고도 어른이 될 때까지 살아남았다는 것이 그 증거다. 우수한 '다른' 유전자들은 이들이 담긴 새끼들의 몸에 유리하게 작용하고, 이로 인해 새끼들이 더 잘 살아남아 핸디캡을 만들어 내는 유전자뿐만 아니라 핸디캡을 가진 수컷을 선택하게 하는 유전자도 많아지게 된다. 핸디캡을 만들어 내는 유전자가 아들에게만 효력을 나타내는 한편, 핸디캡을 가진 개체에 대한 성적인 호감을 갖게 하는 유전자가 딸에게만 영향을 주게 된다면 이 이론도 타당할지 모른다. 말로서만 표현되어 있는 한, 이 이론이 타당한지 아닌지 분명하게 말하기는 어렵다. 수학적 모델로 재구성해 본다면 이와 같은 이론이 얼마나 설명력 있는지 더 잘 알 수 있을 것이다. 현재까지 핸디캡 원리를 타당한 모델로 만들려는 수리유전학자들의 시도는 모두 실패로 끝났다. 이는 핸디캡 원리가 타당성 없기 때문이거나, 도전한 수리유전학자들이 총명하지 못했기 때문일 것이다. 그들 중에는 메이너드 스미스도 포함된다. 내 생각으로는 전자일 가능성이 높은 것 같다.

어떤 수컷이 일부러 핸디캡이 있는 것처럼 행동하지 않고 다른 방법으로 다른 수컷에 대한 우위를 과시할 수 있다면, 의문의 여지없이 그 수컷은 자기의 유전적 성공을 증대시킬 수 있을 것이다. 예컨대 바다코끼리는 암컷에게 멋져 보임으로써가 아니라 하렘에 침입하려는 수컷을 모두 물리침으로써 하렘을 획득하고 그것을 지켜낸다. 하렘의 소유자는 그 자리를 계속 지킬 수 있었던 명백한 이유만으로도 그 지위를 노리는 침탈자와의 싸움에서 이긴다. 침탈자는 이길 가능성이 적다. 이길 가능성이 있다면 오래전에 이미 이겼어야 할 것 아닌가! 그러므로 하렘의 소유자와만 교미하는 암컷은 필사적으로 덤비는 수많은 독신 수컷들의 계속된 도전을 격퇴할 만한 막강한 수컷에게 자기 유전자를 결연시키게 된다. 운이 좋으면 자신의 아들이 아비의 하렘 소유 능력을 물려받을 것이다. 실제로 바다코끼리의 암컷에게는 별로 선택의 여지가 없다. 암컷이 하렘을 이탈하려고 하면 하렘의 소유자가 혼내 주기 때문이다. 그러나 싸움에 이기는 수컷을 배우자로 선택함으로써 암컷이 자기의 유전자를 유리하게 한다는 원칙에는 변함이 없다. 이미 살펴본 대로 암컷이 영역 소유자나 지위가 높은 수컷을 짝으로 선호하는 예도 있다.

암수의 차이

지금까지의 내용을 요약하면 다음과 같다. 동물계에서 볼 수 있는 다양한 번식 체계, 예를 들면 일부일처제, 난혼, 하렘 등은 모두 암수 사이 이해 대립의 관점으로 설명될 수 있다. 암수 누구나 자신의 생애 동안 총 번식 성적이 최대화되기를 '바란다'. 정자와 난자의 크기 및 수에 근본적인 차이가 있으므로, 수컷들은 일반적으로 아무 암컷하고나 짝을 짓고 자식 부양을 하지 않는 경향이 있다. 이에 대항하는 대책으로서 암컷은 두 가지 대표 전략을 갖고 있는데, 그 하나는 남성다운 수컷을 뽑는 전략이고, 또 하나는 가정의 행복을 우선으로 하는 수컷을 뽑는 전략이다. 암컷이 이 두 대항책 중 어느 것을 취하는지, 또 수컷이 이에 어떻게 대응하는지는 모두 그 종의 생태적 환경에 의해 결정될 것이다. 물론 실제로는 두 대항책의 갖가지 중간 형태가 관찰되고, 이미 말한 대로 아비가 어미보다 더 열성적으로 자식을 기르는 예도 있다. 이 책에서는 특정 동물 종의 세부 사항을 다루고자 하는 것이 아니므로, 어떤 종이 어떻게 다른 종류가 아닌 그 특정 종류의 번식 체계를 갖게 되는지에 대해서는 다루지 않겠다. 그 대신에 일반적으로 수컷과 암컷 사이에서 널리 관찰되는 다른 점을 들어 이것이 어떻게 해석될 수 있는지 보고자 한다. 따라서 암수 간의 차이가 근소하고 일반적으로 암컷이 가정의 행복을 우선으로 하는 수컷을 택하는 전략을 취하는 종에 대해서는 더 이상 강조하지 않을 것이다.

수컷은 화려하다

첫째, 성적으로 매력적이고 화려한 색채를 나타내는 경향이 있는 것은 수컷 쪽이고, 반면에 칙칙한 색채를 나타내는 경향이 있는 것은 암컷 쪽이다. 암수 어느 쪽이든 포식자에게 먹히지 않으려 하므로, 두 성 모두에게 칙칙한 색채를 갖도록 하는 모종의 진화적 압력이 가해질 것이다. 밝고 선명한 색채는 배우자뿐만 아니라 포식자도 유인하기 때문이다. 유전자에 대해 말하자면, 칙칙한 색채를 나타내는 유전자보다 밝고 선명한 색채를 나타내는 유전자가 포식자의 뱃속에 들어갈 가능성이 높다. 한편 다음 세대에 전해질 가능성이라면 아마도 칙칙한 색채를 띠게 하는 유전자보다 선명한 색채를 띠게 하는 유전자가 더 높을지 모른다. 색이 칙칙한 개체는 배우자를 유혹하기 어렵기 때문이다. 따라서 여기에는 두 가지의 서로 대립하는 선택압이 존재한다. 즉 포식자는 유전자 풀에서 선명한 색채의 유전자를 제거하는 경향이 있고, 성적 파트너는 칙칙한 색채를 띠게 하는 유전자를 제거하는 경향이 있다. 많은 다른 경우에서와 같이, 효율적인 생존 기계는 대립하는 선택압 간의 타협의 산물로 생각될 수 있다. 여기서 흥미로운 점은 수컷의 최적 타협점이 암컷의 것과 다르다는 것이다. 이는 수컷이 위험도가 큰 것을 감수하고서라도 큰 벌이를 노리는 도박꾼과 같다고 보는 우리의 견해와도 완전히 일치한다. 암컷이 만드는 난자 한 개에 대해 수컷은 수백만 개의 정자를 만들어 내므로 개체군 내에서 정자의 수는 난자를 훨씬 웃돈다. 따라서 임의의 난자 한 개가 수정될 가능성은 정자보다 훨씬 높다. 난자는 상대적으로 귀중한 자원이기 때문에 암컷은 수컷만큼 성적 매력이 철철 넘치지 않더라도 난자의 수정을 확실히 보증할 수 있다. 수컷 한 마리가 수많은 암컷에게 자식을 낳게 하는 것은 충분히 가능하다. 화려한 꼬리가 포식자를 유인하거나 덤불에 걸리거나 해서 단명하더라도 그 수컷이 죽기 전에 이미 막대한 수의 자식의 아비가 되었을 수도 있다. 그런데 성적 매력이 없는 칙칙한 색채의 수컷은 암컷만큼 오래 살 수는 있어도 자식을 거의 갖지 못하고 자기 유전자를 다음 세대에 전할 수 없을지도 모른다. 온 세상을 손에 넣을지언정 불멸의 유전자를 잃는다면 수컷에게 무슨 이익이 있겠는가?

암컷은 신중하다

암수 사이에서 널리 볼 수 있는 또 하나의 차이는 누구를 배우자로 뽑는가에 대해 암컷이 수컷보다 신중하다는 것이다. 암수를 불문하고 신중함이 필요한 이유 중의 하나는 다른 종과의 교미를 피해야 하기 때문이다. 이와 같은 교잡(두 종의 잡종 형성 — 옮긴이)은 여러 가지 이유에서 좋지 않다. 그 가운데 사람과 양 사이의 교미와 같이 교미의 결과 배가 제대로 만들어지지 못해 손실도 별로 많지 않은 예도 있다. 그러나 말과 당나귀처럼 가까운 종 간에 교잡이 생기면 그 불이익은 적어도 암컷인 파트너에게는 매우 클 수 있다. 노새의 배가 만들어질 것이고, 그렇게 되면 그 배는 11개월 동안 암컷의 자궁을 차지하게 된다. 노새 때문에 암컷은 부모로서의 투자 중 많은 양을 소모하게 되는데, 태반을 통하거나 후에 젖으로 빼앗기는 양분 이외에 가장 중대한 손실은 다른 자식을 키우는 데 쓸 수 있었던 시간의 형태로 소비되는 양육 투자다. 또 노새는 성체가 되어도 번식이 불가능하다. 이는 아마도 말과 당나귀의 염색체가 매우 닮아 협력하여 우수하고 완강한 노새의 몸을 만들 수는 있겠지만, 감수 분열에서 적절한 공동 작업을 수행할 정도로는 닮지 않았기 때문일 것이다. 정확한 이유가 무엇이든 간에 어미가 노새를 키우기 위해 지불한 적지 않은 투자 그 자체는 어미의 유전자 입장에서 보면 완전히 낭비인 셈이다. 암말은 당나귀와 교미하지 않도록 매우 주의해야만 한다. 유전자의 언어로 말하면 다음과 같다. 말의 체내에서 "몸아, 네가 암컷이거든 상대가 말이든 당나귀든 어쨌든 나이가 많은 수컷과 교미하라"는 지령을 내리는 유전자는 노새의 몸속이라는 막다른 골목에 갇히고 마는 처지가 될지 모른다. 더욱이 이 노새를 위한 양육 투자 결과, 번식 가능한 망아지를 키워 낼 수 있는 어미의 능력은 크게 감소된다. 한편 수컷은 비록 다른 종의 개체와 교미하더라도 잃는 것은 적다. 물론 그로부터 수컷이 아무런 이익도 얻지 못한다는 것은 암컷과 같을지라도, 배우자 선택에서 수컷이 암컷보다 덜 신중하리라는 것은 예상할 수 있다. 이 점에 대해 조사된 경우에서는 이 예상이 모두 다 들어맞았다.

같은 종의 개체 사이에서도 배우자 선택을 신중히 해야 하는 이유가 있다. 종 간 교잡과 마찬가지로 근친상간은 유전적 손실을 야기할 수 있는데, 이는 근친상간에 의해 치사성 또는 반치사성인 열성 유전자의 영향이 드러나기 때문이다. 여기서도 암컷이 입는 손실은 수컷보다 크다. 어느 자식에 대해서건 암컷이 수컷보다 더 투자를 많이 하기 때문이다. 근친상간의 금기가 존재하는 곳에서는 암컷이 수컷보다 더 엄격히 이 금기를 지키려 할 것이라고 예상할 수 있다. 근친상간 관계에 있는 개체 중에 적극적인 역할을 하는 것이 연상의 개체라고 가정하면, 근친상간의 결합 중에는 수컷이 암컷보다 연상의 경우일 때가 그 반대의 경우보다 많을 것이다. 예를 들면 아비와 딸 사이의 근친상간이 어미와 아들 사이의 근친상간보다 흔하고 남매간의 근친상간의 빈도가 중간 정도 될 것이다.

일반적으로 수컷이 암컷에 비해 상대를 가리지 않고 교미하는 경향이 강하다. 암컷은 한정된 수의 난자를 비교적 느린 속도로 만들어 내기 때문에, 여러 수컷과 교미를 많이 함으로써 얻을 수 있는 별다른 이익이 없다. 한편 수컷은 매일 막대한 수의 정자를 만들 수 있으므로 상대를 가리지 않고 닥치는 대로 많은 교미를 해서 많은 이익을 얻을 수 있다. 암컷이 지나친 교미로 인해 입게 되는 손실은 시간과 에너지의 손실을 제외하고는 그다지 크지 않을지 모르지만, 그로 인해 얻을 수 있는 이득도 없다. 한편 수컷은 아무리 많은 암컷과 교미를 한다고 해도 부족하다. 수컷에게 '지나치다'라는 말은 의미가 없는 셈이다.

인간에서의 성선택

나는 지금까지 인간에 대해서 확실하게 말하지 않았다. 그러나 이 장에서 거론한 진화론적 논의를 생각할 때 우리가 속하는 인간이라는 종과 우리의 개인적 경험에 대해 생각하지 않을 수 없다. 수컷이 장기간에 걸쳐 성실함을 어떤 식으로든 증명해 보일 때까지 교미하지 않으려는 암컷의 모습은 우리에게도 이미 친숙한 모습이다. 이것은 인간 여성이 사내다운 남성이 아니라 가정적인 남성을 고른다는 것을 시사하는 것인지도 모른다. 사실 대부분의 인간 사회는 일부일처제를 취한다. 우리가 속한 사회에서 자식에 대한 투자는 부모 모두에게 막대하며 뚜렷이 어느 한쪽에게 더 많아 보이지는 않는다. 확실히 어머니는 아이를 위해 아버지보다 더 직접적인 일을 한다. 그러나 아버지도 대개 아이에게 주는 물질적 자원을 얻기 위해 보다 간접적인 의미에서 열심히 일한다. 그러나 한편에서는 난혼제인 사회도 있고 하렘제에 기초한 사회도 많다. 이 놀랄 만한 다양성은 인간의 생활양식이 유전자보다는 문화에 의해 주로 결정됨을 시사한다. 그러나 아직도 진화론적 근거에 입각하여 예상할 수 있는 대로, 남성에게는 일반적으로 난혼 경향이 있고 여성에게는 일부일처제 경향이 있다. 특정 사회에서 이 두 가지 경향 중 어느 것이 우세한지는 세부적인 문화적 상황에 따라 다르다. 다른 동물들에서 세부적인 생태적 상황에 따라 달라지는 것과 마찬가지다. 우리가 속한 사회의 특징 중에 결정적으로 파격적인 것은 성의 선전 행위에 관한 것이다. 이미 살펴본 바와 같이 성 차이가 존재할 때에는 진화론적 근거에 의해 자기를 과시하는 것은 수컷이고 암컷은 칙칙한 색채를 나타낼 것이라고 예상할 수 있다. 그런데 현대 서구인은 이 점에서 의심의 여지없이 예외적인 존재다. 물론 화려하게 치장하는 남성과 칙칙한 옷을 입은 여성이 있지만, 평균적으로 우리 사회에서 공작의 꼬리에 상당하는 것을 과시하는 것은 여성이지 남성이 아니라는 점에서는 의심의 여지가 없다. 여성은 화장을 하고 가짜 속눈썹을 붙인다. 배우와 같이 특별한 경우가 아니면 일반적으로 남성은 그러지 않는다. 여성은 자신의 용모에 관심이 매우 많고, 신문과 잡지가 이를 더 부추긴다. 남성용 잡지는 남자의 성적 매력에 그렇게 집중하지 않는다. 자기의 의상이나 용모에 이상하게 관심을 갖는 남성은 남성뿐만 아니라 여성에게서도 의심을 사기 쉽다. 사람들의 대화에서 여성이 화제가 될 때는 대개 그녀의 성적 매력이나 그것의 부족함에 대한 이야기가 오간다. 대화 상대가 여성이든 남성이든 똑같다. 하지만 남성이 화제에 오를 때 사용되는 형용사는 성과는 관계가 없는 것이 더 많다.

이런 사실에 맞닥뜨린 생물학자는 그가 보아 온 인간 사회는 여성이 남성을 상대로 경쟁하는 사회라고 생각하게 될 것이다. 풍조의 경우에 암컷이 칙칙한 색채를 나타내는 것은 풍조 암컷이 수컷을 가지고 경쟁할 필요가 없기 때문이라고 우리는 생각했다. 암컷에 대한 수요가 있고 암컷이 짝을 선택하는 데 까다롭기 때문에 수컷은 밝고 화려한 색채를 띠게 되는 것이다. 풍조 암컷에 대한 수요가 있는 까닭은 난자가 정자보다 희소한 자원이기 때문이다. 현대 서구인은 어떻게 된 것인가? 실제로 남성은 상대가 애써 찾는 성, 수요의 대상인 성, 신중하게 배우자를 선택할 수 있는 성이 되고 만 걸까? 만일 그렇다면 그 이유는 무엇일까?

10장

You scratch my back, I'll ride on yours

내 등을 긁어 줘, 나는 네 등 위에 올라탈 테니

집단 형성이 주는 이익

지금까지 우리는 같은 종에 속하는 생존 기계 간의 관계, 즉 부모 자식 관계, 성적 및 공격적 상호 관계를 고찰했다. 그러나 동물의 상호 관계 중에는 이들 표제에 포함되지 않는 부분이 분명히 있다. 그중의 하나는 많은 동물이 갖는 무리 짓는 습성이다. 새들은 무리를 짓고, 곤충은 떼를 지으며, 물고기와 고래는 떼 지어 헤엄치고, 초원에서 생활하는 포유류도 무리를 지어 다니거나 집단으로 사냥한다. 이들 집단은 보통 같은 종의 개체만으로 구성되지만 예외도 있다. 얼룩말은 종종 누와 무리를 짓고 여러 종의 새들도 혼합된 무리를 지을 때가 있다.

이기적 존재인 개체가 무리를 지어 생활했을 때 얻을 수 있는 이익을 나열하면 잡동사니 목록같이 되어 버린다. 이에 그 목록을 모두 소개하기보다는 그중 몇 가지에 관해서만 언급하려 한다. 이들을 논하면서, 나는 이미 1장에서 소개했고 설명하기로 약속했던 외관상 이타적으로 보이는 행동의 여러 가지 예에 대해 마저 설명할 것이다. 이 논의는 사회성 곤충에 대한 고찰로 이어지는데, 사회성 곤충의 고찰 없이는 동물의 이타적 행동에 대해 완전히 살펴보았다고 할 수 없을 것이다. 이 장의 마지막 부분에서는 호혜적 이타주의라는 중요한 개념, 즉 '내 등을 긁어 줘, 나는 네 등을 긁어 줄게'라는 원리에 관해 이야기할 것이다.

만일 동물이 무리를 지어 산다면 그들 유전자는 그들이 투입한 것보다 더 큰 이익을 얻는다고 볼 수 있다. 하이에나 한 무리는 한 마리가 잡을 때보다 훨씬 큰 먹이를 잡을 수 있다. 물론 먹이를 나누어야 하지만 떼 지어 사냥하는 것은 이기적 개체 각각에게 유리하다. 거미 몇 종이 협력하여 거대한 공동의 망을 치는 것도 같은 이유일 것이다. 황제펭귄은 서로 몸을 맞대서 열을 보존한다. 이렇게 하면 혼자 있을 때보다 노출되는 몸의 표면적이 적어지기 때문에 모든 개체가 이익을 얻는다. 다른 개체의 뒤에서 비스듬히 헤엄치는 물고기는 앞의 개체가 만든 물결 덕분에 유체역학적으로 유리할 것이다. 이것이 물고기가 떼 지어 헤엄치는 이유 가운데 하나일 것이다. 경륜 선수도 이와 유사하게 공기의 파동을 이용한다고 알려져 있으며, 새가 V자형의 편대로 비행하는 것도 같은 이유에서일지 모른다. 이때 무리의 선두에 서는 것은 불리하므로 이것을 피하려는 경쟁이 있을 것이다. 모르긴 하지만 새들이 힘든 리더 역할을 교대로 떠맡을 가능성도 있다. 만일 그렇다면 그것은 이 장의 끝 부분에서 논의하게 될 호혜적 이타주의의 한 형태다.

이기적 무리

집단생활의 이점으로 가장 많이 제안되는 것은 포식자에게 먹히는 것을 피하기 위해서라는 것이다. 해밀턴은 「이기적 무리의 기하학Geometry for the selfish herd」이라는 논문에서 이 이론에 대해 훌륭하게 설명한다. 오해의 여지가 없도록 다시 한 번 강조한다면 해밀턴이 말하는 '이기적 무리'란 '이기적 개체들의 무리'를 뜻한다.

다시 한 번 단순한 '모델'에서부터 논의를 시작해 보자. 이것은 확실히 추상적이지만 현실의 세계를 이해하는 데 도움이 된다. 어떤 피식자가 가장 가까이 있는 개체를 공격하는 성향이 있는 포식자에게 쫓기는 경우를 상상해 보자. 포식자의 입장에서 보면 이것은 에너지의 소모를 줄여 주므로 괜찮은 전략이다. 피식자의 관점에서 보면 이것은 흥미로운 결과를 초래한다. 피식자 개체는 모두 포식자에게 제일 가까운 위치를 피하려고 끊임없이 노력할 것이다. 만약 피식자가 멀리서 포식자를 발견할 수 있다면 그는 재빨리 도망칠 수 있다. 그러나 포식자가 긴 풀밭에 숨어 있다가 아무런 예고도 없이 갑자기 나타날 경우에도 피식자는 포식자에게 가장 가까이 있게 될 확률을 최소화하는 조치를 취할 수 있다. 우리는 피식자 각각이 일종의 '위험 지대'에 둘러싸여 있다고 생각해 볼 수 있다. 이것은 그 범위 내 임의의 점에서부터 그 개체까지의 거리가 그 점에서 다른 개체까지의 거리보다 짧은 영역이라는 의미다. 예컨대 피식자 개체들이 일정한 대형으로 행진한다면, 개체(가장자리에 있는 개체는 별도로 하고)를 둘러싼 위험 지대는 대략 육각형 모양이 될 것이다. 만일 개체 A의 육각형 위험 지대 내에 포식자가 잠복하고 있으면 개체 A는 먹히기 쉽다. 무리의 가장자리에 있는 개체는 특히 위험하다. 이들의 위험 지대는 상대적으로 좁은 면적의 육각형이 아니며 무리의 바깥쪽에 있는 넓은 범위를 포함하기 때문이다.

이제 현명한 개체라면 분명히 자기의 위험 지대를 최소한으로 좁히려고 할 것이다. 무엇보다도 무리의 가장자리에 위치하지 않으려고 애쓸 것이다. 만일 자기가 가장자리에 있는 것을 알아차리면 그는 즉시 중심 쪽으로 이동할 것이다. 불행하게도 누군가는 가장자리에 위치할 수밖에 없지만, 개체 각각에 관해서 말하면 누구도 그렇게 되고 싶지 않다. 개체들은 끊임없이 무리의 외곽에서 중심 쪽으로 이동할 것이다. 만약 무리가 제멋대로 흩어져 있었다 할지라도 중심 쪽으로 개체들이 이동함에 따라 즉시 밀집된 덩어리가 형성될 것이다. 모델의 초기 조건으로서 피식 동물의 집단화 성향을 가정하지 않고 또 피식 동물들이 무작위적으로 퍼져 있다고 가정하더라도, 개개의 개체는 이기적 충동에 이끌려 다른 개체들 사이로 비집고 들어와 자기의 위험 지대를 좁히려 할 것이다. 그 결과 무리가 형성되고 무리는 점점 밀집될 것이다.

분명히 현실에서 무리가 밀집되는 경향은 이에 반하는 압력에 의해 제한될 것이다. 만일 그렇지 않다면 모든 개체가 밀쳐 대는 바람에 몸이 겹쳐져 쓰러지고 말 것이다. 그러나 여전히 이 모델은 극히 단순한 몇 개의 전제만으로 무리 형성을 예측할 수 있다는 점에서 흥미롭다. 이 모델보다 더 정교한 모델도 제안된 바 있다. 그러나 그 모델이 더 현실적이라는 사실 때문에 동물의 무리 형성을 이해하는 데 유용한 단순한 해밀턴 모델의 가치가 떨어질 리는 없다.

경계음

이기적 무리 모델 자체에 개체 간의 협력 관계가 개입할 여지는 없다. 여기에는 이타주의가 없으며 개체는 다른 모든 개체를 이기적으로 이용할 뿐이다. 그러나 실제 생활에서는 같은 무리에 속한 다른 개체를 포식자로부터 지키기 위해 어떤 개체가 적극적인 행동을 취하는 것처럼 보일 때가 있다.

새의 경계음을 떠올려 보자. 동료의 경계음을 들은 새는 즉시 도망치므로 이 경계음은 확실히 경계 신호 기능을 한다. 그러나 우는 놈이 '동료가 포식자의 공격 목표가 되지 않게 하려고 애쓴다'는 증거는 없다. 그는 그저 동료에게 포식자가 있다는 것을 알려 줄 뿐이다. 그러나 경계음을 내는 행위는 적어도 처음에는 이타적 행위처럼 보인다. 왜냐하면 포식자의 주의가 경계음을 내는 개체에게 향하는 '결과'를 초래하기 때문이다.

말러P. R. Marler가 지적한 다음과 같은 사실에서 우리는 이것을 간접적으로 추론할 수 있다. 경계음은 발신 지점을 알아차리기 힘들게 하는 물리적인 특성을 이상적으로 갖추고 있다는 것이다. 포식자가 발신 지점에 접근하는 것을 어렵게 하는 소리를 음향 기술자에게 의뢰해 만들었다면, 그 소리는 소형 명금류의 실제 경계음과 아주 닮은 것이 될 것이다. 그러면 자연계에서 울음소리를 이와 같은 형태로 만들어 낸 것은 무엇인가? 그것은 자연선택이었음에 틀림없다. 이것이 무엇을 의미하는지는 분명하다. 그것은 많은 개체들이 경계음이 그리 완전하지 못했기 때문에 죽어 사라졌다는 것을 의미한다. 경계음을 내는 행위에는 위험이 따를 것이다. 이기적 유전자론은 경계음을 내는 행위에 이러한 위험을 상쇄하기에 충분한 이점이 있음을 보여야만 한다.

사실 이는 그리 어려운 일이 아니다. 새의 경계음은 다윈 이론으로서는 '다루기 곤란한' 현상이라고 빈번히 여겨져 그것에 대한 설명을 지어내는 것은 일종의 오락거리가 되어 왔다. 덕분에 지금은 훌륭한 설명이 산더미처럼 쌓여 그 설명들을 일일이 기억해 내는 것이 어려울 정도다. 우선 분명한 것은 무리가 혈연자를 포함할 경우, 경계음을 내도록 하는 유전자는 유전자 풀 속에서 수가 늘어날 가능성이 있다는 점이다. 경계음에 의해 구조되는 개체 중 몇몇의 체내에 이 유전자가 들어 있을 가능성이 높기 때문이다. 포식자의 주의를 자기에게 집중시켜 비록 그 발신자가 이 이타적 행위에 비싼 대가를 치르게 된다고 해도 말이다.

만일 이러한 혈연선택이 관련된 설명이 만족스럽지 않다면 또 내세울 수 있는 다른 후보 이론이 많다. 동료에게 경고를 보내 발신자 자신이 이기적인 이익을 얻을 가능성도 여러 가지 있다. 트리버스는 이에 대해 다섯 가지 아이디어를 풀어내고 있으나, 나는 다음의 두 이론이 오히려 더 설득력 있다고 생각한다.첫 번째는 **케이비**cave 이론이다. 케이비라는 말은 '조심하라'는 의미의 라틴어에서 온 말로, 학생들이 선생님이 가까이 온다는 것을 급우에게 알리는 데 아직도 쓰인다. 이 이론은 위험에 처했을 때 덤불 속에서 몸을 웅크리고 가만히 있는, 위장 색의 깃털을 가진 새들의 행동을 설명하는 데 적당하다. 이러한 새의 무리가 초원에서 먹이를 찾고 있다고 상상해 보자. 멀리서 매 한 마리가 날아온다. 매는 아직 새 무리를 목격하지 못해 이들 쪽으로 곧장 날아오고 있지 않으나 그의 예리한 눈이 언제 그 무리를 발견하고 쏜살같이 공격해 올지 모른다. 이때 무리 속의 한 마리만 매를 발견하고 다른 새들은 아직 보지 못했다면 어떻게 될까? 눈이 좋은 이 개체는 즉시 풀 속에 가만히 웅크려 숨을 수 있다. 그러나 그렇게 한들 아무 소용이 없다. 그의 동료들이 주위에서 제멋대로 돌아다니기 때문이다. 그들 중의 한 마리라도 매의 주의를 끌면 무리 전체가 위험에 처할 것이다. 순전히 이기적인 견지에서 보더라도 맨 처음 매를 발견한 개체의 최선의 방책은 동료에게 빨리 경고 신호를 보내 그들이 자기도 모르는 사이에 매를 불러들일 가능성을 될 수 있는 한 줄이는 것이다. 소개하고 싶은 또 하나의 이론은 '대열을 이탈하지 마라'이다. 이 이론은 포식자가 접근하면 나무 위로 날아가 버리는 새에게 적합하다. 먹이를 먹던 무리 중의 한 마리가 포식자를 발견했을 때를 다시 한 번 상상해 보자. 그는 어떻게 행동할까? 동료들에게는 경고하지 않고 혼자만 날아가 버릴 수도 있다. 그러나 이렇게 되면 그는 외톨이가 되어 버린다. 더 이상 무리 내 익명의 일원이 아니다. 매는 실제로 무리를 이탈한 비둘기를 노린다고 알려져 있으나, 그렇지 않다고 해도 무리를 이탈하는 것이 자살 행위라고 볼 수 있는 이론적 근거는 많다. 가령 이후에 동료들이 그를 뒤따른다 해도 맨 처음 지상에서 날아오르는 개체는 일시적으로 자기의 위험 지대를 넓히는 셈이 될 것이다. 해밀턴의 특정 이론이 옳거나 그름에 관계없이 무리 생활에는 어떤 중요한 이점이 있다. 그렇지 않다면 새들은 무리를 짓지 않을 것이다. 그 이점이 무엇이든 맨 처음 무리를 이탈하는 개체는 조금이나마 그 이점을 상실하게 된다. 그렇다면 대열을 이탈해서는 안 된다고 할 때 매를 발견한 새는 도대체 어떻게 해야 할까? 아무 일도 일어나지 않은 것처럼 평소대로 행동하며 무리에 속해 있다는 사실이 주는 일말의 안도감에 의존할 수도 있다. 그러나 이러한 행동에도 큰 위험이 따른다. 그는 여전히 탁 트인, 공격받기 쉬운 장소에 있기 때문에 나무 위로 날아오르는 것이 훨씬 안전할 것이다. 따라서 그의 최선책은 나무 위로 날아오르되 **다른 동료들도 함께 날아오르도록 부추기**는 것이다. 이렇게 함으로써 그는 무리를 이탈한 못난이가 되어 군집의 일부라는 이점을 상실하지 않고서도 몸을 피하는 이점을 얻을 것이다. 이 경우에도 역시 경계음을 내는 행위는 순전히 이기적인 이익을 가져올 것으로 생각된다. 차르노프E. L. Charnov와 크렙스도 비슷한 이론을 제안하였는데, 이들은 경계음을 내는 개체가 무리의 다른 개체에 대해 취하는 행위를 '조종'이라는 말로 표현하기까지 했다. 우리가 순수하고 사심 없는 이타주의로부터 정말 먼 길을 걸어오긴 한 모양이다.

표면적으로 위의 두 가지 이론은 경계음을 내는 개체가 스스로를 위험에 빠뜨린다는 설명과 양립하지 않는 것처럼 보일지 모른다. 그러나 실제로 이들 간에 양립 불가능이란 없다. 경계음을 내지 않으면 그 개체는 자신을 더 큰 위험에 빠뜨리는 꼴이 될 것이기 때문이다. 경계음을 냈기 때문에 죽는 개체도 분명히 있었을 것이다. 발신 지점을 알아내기 쉬운 음을 낸 개체는 특히 죽기 쉬웠을 것이다. 그러나 경계음을 내지 않았기 때문에 죽는 개체는 더 많이 있었을 것이다. 케이비 이론과 '대열을 이탈하지 마라' 이론은 그 이유를 설명하는 많은 방법 중 두 가지 예에 불과하다.

가젤의 높이뛰기

1장에서 언급한 톰슨가젤의 높이뛰기 행동은 어떻게 설명될 수 있을까? 아드리는 그 행위가 명백히 이타적 자살 행위이기 때문에 집단 선택설에 의해서만 설명될 수 있다고 단언했다. 이 예는 이기적 유전자론에 좀 더 가혹한 도전이다. 새의 경계음은 분명히 가능한 한 주의를 끌지 않고 은밀하도록 디자인되어 있다. 영양의 높이뛰기는 그렇지 않다. 그것은 분명 도발이라고 해도 좋을 만큼 드러내는 것이다. 영양들은 마치 고의로 포식자의 주의를 끄는 것처럼, 아니 거의 포식자를 놀리는 것처럼 보인다. 이러한 관찰은 대담한 이론을 이끌어 냈다. 이 이론은 원래 스마이드N. Smythe에 의해 예견됐으나, 그 논리적인 결론을 이끌어 낸 사람은 자하비였다.

자하비의 이론은 다음과 같다. 그의 수평적 사고에서 가장 중요한 부분은, 높이뛰기 행동이 다른 영양에 대한 신호와는 전혀 무관한, 실제로 포식자를 향한 신호라는 점이다. 다른 영양이 그 신호를 보고 행동이 달라질지라도 부수적일 뿐, 그것은 일차적으로 포식자에 대한 신호로서 선택된 것이다. 이는 다음과 같이 표현될 수 있다. "자! 나는 이처럼 높이 뛴다. 이렇게 활기차고 건강한 나를 잡는 것이 네게는 무리다. 나만큼 높이 뛸 수 없는 다른 영양을 쫓는 것이 현명할 것이다." 의인화되지 않은 용어로 표현하면, 포식자는 쉽게 잡힐 만한 먹이를 선택하는 경향이 있기 때문에 허세 부리는 높이뛰기를 가능케 하는 유전자는 포식자에게 쉽게 먹히지 않을 것이다. 특히 많은 포식성 포유류는 늙은 개체와 건강치 못한 개체를 노리는 것으로 알려져 있다. 높이 뛰는 개체는 자신이 늙지도 않고 또 건강하다는 사실을 과장된 방법으로 보여 주는 것이다. 이 이론에 의하면 높이뛰기 행동은 이타주의와 관계가 멀다. 이것은 어디까지나 이기적 행위다. 포식자가 다른 개체를 쫓도록 하는 것이 주목적이기 때문이다. 어떤 의미에서는 누가 제일 높이 뛰는가를 확인하는 경쟁이 있다고 볼 수도 있다. 패자가 포식자의 먹이가 되는 경쟁 말이다.

사회성 곤충

내가 다루겠노라고 말했던 또 하나의 예는 가미가제 꿀벌이다. 이들은 꿀 도둑을 침으로 쏘고 그 과정에서 거의 대부분 죽는다. 꿀벌은 고도의 **사회성**을 가진 곤충이다. 이 외에도 말벌, 개미, 그리고 흰개미 등이 사회성 곤충으로 알려져 있다. 나는 여기서 자살 행위를 하는 꿀벌의 예에 한정하지 않고 사회성 곤충 일반에 대해 논의하려고 한다.

사회성 곤충의 공적, 특히 협동과 이타주의는 전설적이다. 적을 찌르는 자살 행위는 그들이 가진 경이로울 정도의 자기 포기의 대표적인 예다. 꿀단지개미 중에는 괴이하게 배가 부풀어 꿀을 잔뜩 꾸려 넣을 수 있는 일개미 계급이 있다. 이들이 평생 하는 일이란 전구처럼 천장에 매달려 다른 일개미들의 먹이 저장소로 이용되는 것이다. 인간의 관점에서 볼 때 이들에게 개체로서의 삶이란 전혀 존재하지 않는다. 이들의 개체성은 마치 사회의 복지에 종속되어 있는 것처럼 보인다. 개미나 벌이나 흰개미의 사회는 더 높은 수준에서의 개체성을 달성하고 있다. 개체들은 먹이를 나눠 먹기 때문에 '공동체의 위胃'가 있다고 말할 수 있을 정도다. 화학적 신호나 '춤' 등을 통해 매우 효율적으로 정보를 공유하기 때문에 그 공동체는 마치 독립적인 신경계와 감각 기관을 가진 단위처럼 행동한다. 외부로부터의 침입자는 몸의 면역 반응계가 나타내는 것과 같은 정확도로 식별되고 제거된다. 개개의 벌이 '온혈' 동물이 아님에도 벌의 집 내부는 꼭 인간의 체온 조절만큼 정확하게 비교적 높은 온도를 유지한다. 끝으로 가장 중요한 것은, 이 비유가 번식에까지 미칠 수 있다는 사실이다. 사회성 곤충의 군락 내에서 개체 대부분은 불임의 일꾼이다. '생식 계열' — 불멸의 유전자가 전해지는 계열 — 은 극소수의 번식 개체의 몸속에 흐르고 있다. 이들은 우리의 정소나 난소에 들어 있는 생식 세포와 유사하다. 불임인 일꾼들은 우리의 간, 근육, 그리고 신경 세포에 해당된다.

일꾼들은 불임이다

일꾼이 행하는 자폭 행위와 다른 형태의 이타 행동 및 협동은 그들이 불임이라는 것을 이해한다면 놀랄 일이 아니다. 보통 동물의 몸은 자식을 낳거나, 같은 유전자를 가진 다른 개체를 보호함으로써 유전자의 생존을 확보하도록 조종된다. 이 경우 다른 개체를 보호하기 위해 자살 행위를 하면 장래에 자식 생산을 못한다. 자살을 통한 자기희생이 거의 진화하지 않는 것은 이 때문이다. 그러나 일벌은 자식을 만들지 않는다. 일벌의 모든 노력은 자기 자식이 아닌 혈연자를 돌봄으로써 자신의 유전자를 보존하는 데 투자된다. 불임인 일벌 한 마리가 죽는 것은 그 유전자에게는 사소한 일에 불과하다. 나무의 유전자에게 가을에 나뭇잎 하나가 떨어지는 것이 사소한 것과 마찬가지다.

사회성 곤충을 신비롭게 미화하고 싶기도 하지만 실제로 그럴 필요는 없을 것이다. 그러나 이기적 유전자론이 사회성 곤충을 어떻게 다루는가에 대해서는 상세히 살펴볼 가치가 있다. 특히 이기적 유전자론이 일꾼의 불임성이라는 이례적인 현상의 진화적 기원을 어떻게 설명하는가에 주목하자. 이 현상은 여러 가지 문제의 근원이 되기 때문이다.

사회성 곤충의 한 군락은 거대한 가족이며 모든 개체는 한 어미에서 유래하는 것이 보통이다. 일꾼은 스스로 번식하는 일이 거의 또는 전혀 없고 종종 분명한 계급 몇 개로 구별된다. 예컨대 작은 일꾼, 큰 일꾼, 병정, 그리고 꿀단지개미 같은 고도로 특수화된 계급이 있다. 번식 능력이 있는 암컷을 여왕이라고 부른다. 번식 능력이 있는 수컷을 수벌(수개미) 또는 왕벌(왕개미)이라고 부른다. 좀 더 고도로 발달된 사회에서는 번식 개체가 자식 생산 이외의 일을 전혀 하지 않는다. 먹이와 보호는 일꾼이 전적으로 담당하며 애벌레의 시중 역시 일꾼의 몫이다. 몇몇 개미와 흰개미에서 여왕개미는 토실토실하게 부풀어 오른 거대한 알 공장이 된다. 몸의 크기는 일개미의 수백 배에 달하고 거의 움직이지도 못하는데, 도저히 곤충이라고는 믿을 수 없을 정도다. 여왕개미는 계속 일개미의 시중을 받는다. 일개미는 여왕을 돌보고 먹이며, 여왕이 계속 출산하는 알을 공동의 보육원으로 운반한다. 이 거대한 여왕이 왕실에서 나오기라도 할라치면 고되게 일하는 일개미 떼에 그 상태 그대로 얹혀 옮겨진다.

번식 분업

7장에서 아이 낳기와 아이 키우기를 구별하면서 나는 아이 낳기와 아이 키우기를 결합시킨 혼합 전략이 진화하는 것이 일반적이라고 언급했다. 5장에서는 혼합 전략이 진화적으로 안정한 경우에 두 가지의 일반적인 형태가 나타날 수 있다고 했다. 개체군 내 개체 각각이 두 전략, 즉 아이 낳기와 아이 키우기를 적절히 혼합하여 행동하는 경우나, 개체군이 두 종류의 개체들로 나뉘는 경우다. 이것은 우리가 비둘기파와 매파 사이의 균형을 처음에 기술했던 방법과 같다. 따라서 아이 낳기와 아이 키우기에 관해서도 후자의 경우와 같은 형태로 진화적으로 안정한 균형이 얻어지는 것이 이론적으로는 가능할 것이다. 즉 개체군이 아이 낳는 자와 아이 키우는 자로 나뉘는 것이다. 그러나 이것이 진화적으로 안정하기 위해서는 아이 키우는 개체가 양육받는 개체와 근친이 아니면 안 된다. 양자는 적어도 부모와 자식 관계 정도의 혈연관계가 아니면 안 된다. 이론적으로 이러한 방향으로 진화가 일어날 가능성이 있음에도 이것이 실제로 벌어진 것은 사회성 곤충뿐인 것 같다.*

사회성 곤충에서 개체들은 낳는 자와 키우는 자의 두 주요 계급으로 구분되어 있다. 낳기를 담당하는 자는 번식력 있는 암컷과 수컷이고 키우기를 맡는 자는 일꾼들이다. 흰개미의 경우는 불임인 암수 일꾼이 모두 존재하며 여타의 사회성 곤충에서는 불임인 암컷 일꾼이 존재한다. 낳는 자와 키우는 자 모두 자기 일에만 전념하기 때문에 그것에 관해서는 아주 효율적이다. 그러나 도대체 누구 입장에서 효율적인가? 다윈의 이론 앞에 던져질 물음은 아주 익숙한 것이다. "그런 짓을 해서 일꾼에게 무슨 이익이 있는가?"

"아무런 이익도 없다"라고 답한 사람들도 있다. 여왕은 자기의 이기적 목적을 위해 화학 물질로 일꾼을 조종하여 자신이 낳는 많은 새끼의 시중을 들게 한다는 것이다. 이렇게 해서 얻는 이익은 모두 여왕이 차지한다. 이것은 8장에서 소개한 알렉산더의 '부모의 조종' 이론의 한 형태다. 그러나 이것과 정반대의 아이디어에 따르면 일꾼은 아이 낳는 개체를 자기의 이익을 위해 '사육'한다. 일꾼들은 번식 개체를 조종하여 그가 일꾼의 몸속에 있는 유전자의 복사본을 더 많이 퍼뜨리도록 한다는 것이다. 과연 여왕이 만들어 내는 생존 기계는 일꾼의 자손은 아니지만 일꾼에게 혈연이다. 적어도 개미, 벌, 말벌에서 일꾼의 새끼에 대한 근연도가 여왕의 새끼에 대한 근연도보다 실제로 더 높다는 것을 훌륭하게 지적해 낸 사람은 해밀턴이다. 이를 기초로 해밀턴 자신, 그리고 트리버스와 헤어N. Hare는 이기적 유전자론에서 가장 눈부신 개가를 올리게 되었다. 이제 그들의 추리를 살펴보자.

벌목 곤충의 성 결정 시스템

개미, 벌, 말벌 등을 포함하는 그룹을 벌목Hymenoptera이라고 한다. 이들은 매우 특이한 성 결정 시스템을 가지고 있다. 흰개미는 벌목에 포함되지 않으며, 이 특이한 성 결정 양식도 가지지 않는다. 벌목 곤충의 집에는 일반적으로 성숙한 여왕이 한 마리밖에 없다. 여왕은 젊어서 결혼 비행을 한 번 하고, 그때 10년 또는 그 이상의 여생 동안 쓸 정자를 저장한다. 수년에 걸쳐 여왕은 정자를 일정량씩 방출하여 수란관을 통과하는 난자를 수정시킨다. 그러나 모든 알이 수정되는 것은 아니다. 미수정란은 수컷이 된다. 즉 수컷에게는 아비가 없고, 수컷의 몸에 있는 모든 세포는 우리와 같이 염색체 두 세트(한 세트는 어미, 한 세트는 아비로부터 받음)가 아니라 한 세트(어미에게서 받음)만 갖는다. 3장에서 나왔던 비유를 쓰자면 벌목 곤충 수컷의 세포는 각각의 '권卷'에 한 개의 사본(염색체)밖에 가지고 있지 않다. 보통은 사본을 두 개씩 가져야 하는데 말이다.

반면에 벌목의 암컷은 정상이다. 아비도 있고, 체세포 속에 보통과 같은 두 세트의 염색체가 들어 있기 때문이다. 어떤 암컷이 일꾼이 되느냐 여왕이 되느냐는 유전자가 아닌 어떻게 자랐느냐에 따라 결정된다. 다시 말해서 암컷은 여왕을 만드는 유전자의 완전한 세트와 일꾼을 만드는 유전자의 완전한 세트(또는 일꾼, 병정 등 개개의 특수화된 계급을 만들어 내는 유전자의 완전한 세트)를 가지고 있다. 어느 세트의 '스위치가 켜질지'는 그 암컷이 어떻게 양육되느냐, 특히 어떤 먹이를 받느냐에 따라 결정된다.

실제 과정은 훨씬 복잡하지만 본질적으로는 위에서 설명한 바와 같다. 어떻게 이와 같이 특이한 유성생식 시스템이 진화하였는지는 아직 모른다. 충분한 이유가 있었다는 것은 확실하나, 현재로서는 그 현상을 벌목이 나타내는 하나의 신기한 특징으로 다룰 수밖에 없다. 이 특이한 시스템이 어떻게 유래됐든, 이 때문에 6장에서 소개한 깔끔한 근연도 계산법에 심각한 혼란이 생긴다. 가령 인간의 경우 한 남자에게서 유래하는 정자는 모두 다른 유전자 조성을 가지는데, 벌목 시스템에서는 한 마리의 수컷이 만드는 정자가 모두 똑같다. 벌목 곤충 수컷의 몸속 세포에는 두 세트가 아닌 한 세트의 유전자밖에 없다. 따라서 어느 정자도 유전자 세트에서 50퍼센트의 샘플이 아닌 100퍼센트를 받게 되고, 그리하여 수컷 한 마리가 만들어 내는 정자는 모두 같은 것이다. 그러면 이와 같은 조건하에서 어미와 아들의 근연도를 계산해 보기로 하자. 우선 지금 어떤 수컷이 유전자 A를 소유하고 있다고 할 때 그 어미가 A를 가질 확률은 얼마나 될까? 수컷에게 아비는 없고 모든 유전자는 어미에게서 받았으므로 답은 100퍼센트가 된다. 그러나 이번에는 반대로 여왕이 유전자 B를 소유하고 있다고 가정하자. 아들은 여왕 유전자의 절반밖에 가지고 있지 않기 때문에 아들이 B유전자를 가질 확률은 50퍼센트가 된다. 어딘가 모순된 것처럼 들리지만 그렇지 않다. 수컷은 유전자를 **모두** 어미에게서 받지만 어미는 아들에게 자기 유전자의 **절반**밖에 주지 않는다. 이와 같은 외견상의 패러독스에 대한 해답은 수컷이 보통 유전자 수의 절반만 갖고 있다는 사실에 있다. 근연도의 '진짜' 지표가 1/2인지, 1인지를 놓고 골머리 썩을 필요는 없다. 이 지표는 인위적인 척도일 뿐이므로 이를 구체적인 사례에 적용해도 도움이 안 된다면 이 지표를 포기하고 첫 번째 원리로 되돌아가야 할 것이다. 여왕의 몸속에 있는 유전자 A의 입장에서 보면 아들이 이 유전자를 가질 확률은 1/2로, 딸이 가질 확률과 같다. 그러므로 여왕의 입장에서는 아들이건 딸이건 똑같은 정도의 혈연자가 된다. 인간에서 엄마와 자식 간의 근연도와 마찬가지로 말이다.

자매 관계에 이르면 이야기는 더 흥미진진해진다. 같은 아비에게서 유래하는 자매는 단순히 아비를 공유하는 데 그치지 않는다. 자매를 수정시킨 두 개의 정자는 모든 유전자에서 완전히 동일하다. 즉 아비에게 물려받은 유전자에 관한 한 자매는 일란성 쌍생아와 같다. 만약 한 암컷이 유전자 A를 가지고 있다면 이것은 부모 중 어느 한쪽에게서 유래했을 것이다. 만약 그 유전자가 어미에게서 유래했다면 자매가 그것을 공유할 확률은 50퍼센트다. 그러나 만일 그것이 아비에게서 유래했다면 자매가 공유할 확률은 100퍼센트다. 따라서 벌목에서 같은 부모로부터 유래하는 친자매간의 근연도는 보통의 유성생식 동물과 같은 1/2이 아니라 3/4이 된다.

이에 따르면 벌목 곤충의 암컷에게는 자기 자식보다 자신의 친자매가 더 근연도가 높다는 이야기가 된다.* 해밀턴이 제안한 바대로(비록 해밀턴이 나와 똑같이 설명하지는 않았지만), 일꾼은 효율적인 자매 생산 기계로서 어미를 '사육'할 가능성이 있다. 대리를 이용해 자매를 만들게 하는 유전자는 직접 자식을 만들게 하는 유전자보다 빠른 속도로 증식한다. 일꾼의 불임은 이렇게 해서 진화했다. 일꾼의 불임을 수반하는 '진정한 사회성'이 벌목에서는 **독립적으로** 11번 이상 진화했고 나머지 동물계 전체에서는 단지 흰개미에서 한 번 진화한 것은 우연이 아닐 것이다.

벌목 곤충의 성비 결정

그러나 한 가지 함정이 있다. 일꾼이 자매 생산 기계로서 어미를 사육하는 데 성공적이라면, 같은 수의 여동생과 남동생을 일꾼에게 양육하도록 하는 어미의 자연적인 경향을 어떤 방법으로든 억제해야만 할 것이다. 일꾼의 관점에서 보면 임의의 남동생이 자기의 유전자 중 특정한 한 유전자를 가질 확률은 1/4에 불과하다. 그러므로 만일 번식 능력을 가진 암수의 자식을 같은 수로 낳는 것을 여왕에게 허락한다면, 일꾼 입장에서는 사육 농장의 이윤이 그다지 높지 않을 것이다. 이는 일꾼 자신의 귀중한 유전자 증식을 최대화하는 방법이 아닐 것이다.

암컷이 많아지도록 일꾼이 성비를 편향시킬 것을 알아낸 것은 트리버스와 헤어였다. 이들은 앞 장에서 다룬 최적 성비에 대한 피셔의 계산법을 이용하여 벌목 곤충의 특수한 예에 대해 최적 성비를 다시 계산했다. 그 결과 어미 관점에서 본 안정된 투자 비율은 다른 경우와 마찬가지로 1 대 1이었다. 그러나 자매의 관점에서 본 안정된 비율은 수컷 형제보다는 자매가 많은 3 대 1이었다. 만약 당신이 벌목 곤충의 일꾼이라면, 당신의 유전자를 퍼뜨리는 데 가장 유리한 방법은 스스로 새끼 낳는 것을 억제하고 그 대신에 당신의 어미에게 번식 능력을 가진 여동생과 남동생을 3 대 1의 비율로 낳게 하는 것이다. 그러나 만일 당신 자신이 자식을 낳아야만 하는 처지라면 번식 능력이 있는 아들딸을 같은 수로 낳는 것이 당신의 유전자에게 가장 유리하다.

이미 말한 대로 여왕과 일꾼의 차이는 유전적인 것이 아니다. 유전자에 관한 한, 배胚의 상태에 있는 암컷은 3 대 1의 성비를 '바라는' 일꾼이 되든지 아니면 1 대 1의 성비를 '바라는' 여왕이 될 것이다. 그러면 여기서 '바란다'는 것은 도대체 무엇을 의미하는 것일까? 이는 여왕의 몸에 들어 있는 유전자는 그 몸이 번식 능력이 있는 아들과 딸에게 동등하게 투자할 때 가장 많이 퍼질 수 있지만, 같은 유전자라도 일꾼의 몸에 들어 있다면 그 유전자는 그 일꾼의 어미에게 수컷보다 암컷을 많이 만들도록 하여 가장 많이 퍼질 수 있음을 의미한다. 여기에 모순은 전혀 없다. 유전자는 자기가 이용할 수 있는 수단을 최대한 활용해야 한다. 여왕이 될 개체의 발달에 영향력을 행사할 수 있는 입장이라면, 유전자는 이에 적합한 최적 전략을 강구하여 자기의 이익을 위해 그 제어력을 활용하면 된다. 만약 일꾼이 될 개체의 발달에 영향력을 행사할 수 있는 입장이라면, 그 힘을 행사하는 데 최적의 전략은 이전의 경우와 다를 것이다.

이는 일꾼의 사육 농장 내에 이해 대립이 존재한다는 것을 의미한다. 여왕은 암수에게 동등한 투자를 행하려고 한다. 일꾼은 성비를 암컷 3에 수컷 1의 방향으로 치우치게 하려고 한다. 일꾼은 농부에, 여왕은 증식용 암말에 비유하는 것이 옳다면 아마도 일꾼은 3 대 1의 성비를 성공적으로 달성할 것이다. 만일 우리의 비유가 틀렸다면, 즉 여왕이 실제로 그 이름에 걸맞게 행동하고 일꾼은 여왕의 노예로서 왕립 탁아소의 고분고분한 보모라면, 성비는 여왕이 '선호하는' 대로 1 대 1이 될 것이다. 이 특수한 형태의 세대 간 전쟁에서 승리하는 것은 도대체 어느 쪽일까? 이것은 시험이 가능한 문제이고, 실제로 트리버스와 헤어는 많은 종류의 개미를 가지고 이를 시험했다.

문제의 성비는 번식할 수 있는 개체 중 수컷 대 암컷의 비율이다. 이들은 날개를 가진 대형 개체이고, 결혼 비행을 위해서 정기적으로 개미집에서 빠져나온다. 이 결혼 비행 뒤에 젊은 여왕은 새 군락 만들기에 착수한다. 성비 추정치를 얻기 위해서는 날개 달린 이들의 숫자를 헤아릴 필요가 있다. 그런데 많은 종에서 번식 개체 암수는 몸집이 많이 차이 나며, 이것이 문제를 복잡하게 만든다. 앞 장에서 언급한 대로 피셔의 최적 성비 계산법은 엄밀하게 말하면 암수의 **수**에 적용되는 것이 아니라 암수 각각에 대한 **투자량**에 적용된다. 이 점을 감안하여 트리버스와 헤어는 번식 개체의 무게를 참조했다. 이들은 20종의 개미를 조사하여 번식 개체에 대한 투자량의 비로 표현되는 성비를 추정하였다. 이들은 실제 암수 비율이 일개미가 자기들의 이익을 위하여 주도권을 쥐고 있다는 이론으로부터 예측할 수 있는 3 대 1에 근접한다는 것을 알아냈다.*

따라서 트리버스와 헤어의 연구 대상이었던 개미류에서는 이해 대립에서 일개미가 '이기는' 듯하다. 이것은 놀랄 만한 일이 아니다. 일개미의 몸은 보육원의 관리자로서 여왕의 몸보다 더 큰 실질적 힘을 행사할 수 있기 때문이다. 여왕의 몸을 매개로 하여 세계를 조종하려는 유전자는 일개미의 몸을 매개로 하여 세계를 조종하려는 유전자에게 지고 만다. 그러나 반대로 여왕개미가 일개미보다 더 큰 힘을 가질 수 있는 특수한 상황들을 찾아보는 것도 재미있을 것이다. 트리버스와 헤어는 그들의 이론을 검증해 줄 안성맞춤인 상황이 있다는 것을 알아냈다.

노예 사역 개미

이 이야기는 개미 무리 중에 다른 종류의 개미를 노예로 삼는 종이 있다는 사실에서 출발한다. 노예 사역종의 일개미는 일반적인 일을 전혀 하지 않거나 하더라도 솜씨가 좋지 않다. 이들이 잘할 수 있는 것은 노예를 사냥하는 일이다. 상대방이 죽을 때까지 싸우는 진정한 의미의 전쟁은 인간과 사회성 곤충에서만 볼 수 있다. 많은 종류의 개미에서 병정개미라고 하는 특수한 계급의 일개미는 무시무시한 전투용 턱을 가지고 있으며 군락을 위해 다른 개미 군대와 싸우는 일을 도맡는다. 노예 사냥도 전투 행위의 특수한 한 형태다. 노예 사역 개미는 다른 종의 개미집을 공격해 집을 방어하는 일개미나 병정개미를 죽이고 성충이 되기 전의 어린 개체들을 빼앗는다. 어린 개체들은 포획자의 집 안에서 성충이 된다. 이들은 자신이 노예의 몸이라는 것을 '깨닫지' 못하고 자신들의 신경계에 주입된 프로그램에 따라 자기의 원래 집에서 했을 만한 모든 일을 해치운다. 노예 개미가 집에서 청소, 먹이 구하기, 새끼 돌보기 등 일상적인 일에 정성을 쏟는 사이 노예 사역종의 일개미나 병정개미는 또다시 노예 사냥 원정을 나간다.

물론 노예는 자기가 시중들고 있는 여왕이나 새끼가 생판 남이라는 것은 꿈에도 생각하지 못한다. 노예는 스스로 의식하지 못하는 사이에 노예 사역종의 새로운 대군을 길러 내는 것이다. 노예종의 유전자에 작용하는 자연선택은 틀림없이 노예화에 대항하는 여러 적응을 촉진하는 방향으로 작용할 것이다. 그러나 노예 사역 현상은 광범위하게 퍼져 있기 때문에 그 적응력은 명백히 큰 효과를 올리지 못한다.

현재 우리의 관점에서 볼 때 흥미롭다고 생각되는 노예 사역 습성의 결과는 다음과 같다. 노예 사역종의 여왕은 자신이 '선호하는' 방향으로 성비를 기울게 할 수 있는 입장에 있다. 왜냐하면 자신이 낳은 자식들, 즉 노예 사냥꾼들은 이미 보육원의 실권을 잡고 있지 않기 때문이다. 이제 이 힘을 쥐고 있는 것은 노예들이다. 물론 노예 개미는 자기가 형제자매(동생)를 시중들고 있다고 생각할 것이며, 3 대 1이라는 암컷이 많은 성비를 달성하기 위해 **자기의 원래 집에서 했을 법한** 각종 행위를 노예 사역종의 집 안에서 실행할 것이다. 그러나 노예 사역종의 여왕은 이들에게 대항 수단을 행사할 수 있다. 그리고 노예 개미와 노예 사역종의 새끼는 완전히 남남이기 때문에 이러한 여왕의 대항 수단을 무력하게 만드는 선택이 노예 쪽에서 작동할 여지는 없다.

예컨대 어떤 종류의 개미에서 여왕이 수컷이 될 알을 암컷과 같은 냄새가 나도록 위장을 '시도했다'고 생각해 보자. 자연선택은 통상적으로 일개미에게 이 위장을 '간파할' 수 있도록 할 것이다. 말하자면 여왕은 끊임없이 '암호를 바꾸고' 일개미는 그 '암호를 해독하는' 진화의 전쟁이 벌어지는 것이다. 누구든지 번식 개체의 몸을 매개로 하여 다음 세대에 자기 유전자를 보다 많이 전달할 수 있는 자가 이 싸움의 승자가 된다. 앞서 말한 대로 보통은 일개미가 승자가 된다. 그러나 **노예 사역종**의 경우에는 여왕이 암호를 바꾸었을 때 노예 개미에서 이 암호를 해독하는 능력이 진화할 가능성이 없다. 노예 개미 몸에 '암호 해독용' 유전자가 존재한다 해도 그 유전자가 어떤 번식 개체에서도 존재하지 않기 때문에 다음 세대에 전해질 리가 없다. 그 집에서 출생하는 번식 개체는 모두 이 노예 사역종에 속해 있기 때문에 여왕과는 혈연관계이나 노예 개미와는 혈연관계가 아니다. 노예 개미의 유전자가 어떤 번식 개체에 존재한다면 그것은 유괴당하기 전에 자신들이 속했던 본래의 집에서 출생한 번식 개체일 것이다. 노예 일개미들은 엉뚱한 암호를 해독하기에 바쁜 것이다. 따라서 노예 사역종의 여왕은 자신의 암호를 해독해 버리는 유전자가 다음 세대에 전해지는 것을 걱정할 필요 없이 자유로이 암호를 바꿔 나갈 수 있다.

이상의 까다로운 논리의 결론은 노예를 부리는 개미에서는 암수 번식 개체에 대한 투자 비율이 3 대 1이 아닌 1 대 1에 가까우리라 기대할 수 있다는 것이다. 이 경우에는 여왕의 바람대로 된다는 것이다. 비록 두 종의 노예 사역종에서였지만 트리버스와 헤어는 실제로 이와 같은 비율을 발견했다.

해밀턴 이론의 난제

지금까지의 이야기는 이상적인 경우에 대한 것이었음을 강조해야 할 것 같다. 실제 생활은 그렇게 깔끔하고 정연하지 않다. 예컨대 사회성 곤충 중 가장 친숙한 꿀벌에서는 전혀 '기대 밖의' 일이 벌어진다. 꿀벌의 경우 여왕보다 수벌에 대한 투자가 훨씬 더 많은데, 이것은 일벌이나 어미인 여왕벌 어느 입장에서 보아도 계산이 맞을 것 같지 않다. 해밀턴은 이 수수께끼에 해답을 제시했다. 그는 분봉分蜂 시에 여왕벌이 일벌 큰 무리를 동반하고 집을 떠나며, 이 일벌들이 여왕이 새 집을 짓기 시작하는 것을 도와준다는 점에 주목했다. 이들 일벌은 부모 집을 떠나는 것이기 때문에 이 일벌들을 만들어 내는 비용은 번식 대가의 일부로서 계산되어야만 한다. 즉 집을 떠나는 여왕벌마다 따라나설 꽤 많은 **여분의** 일벌이 만들어져야 되고, 이들 여분의 일벌에게 투자된 부분은 번식 능력이 있는 암벌을 만들기 위한 투자의 일부로 간주되어야 한다. 성비를 계산할 때 이들 여분의 일벌은 천칭에서 수벌의 반대쪽에 놓고 무게를 재야만 할 것이다. 결국 이 일례도 앞에서 설명한 이론만큼 그렇게 심각한 난제는 아닌 셈이다.

그러나 해밀턴 이론에 더 찬물을 끼얹는 것은 바로 결혼 비행 때 젊은 여왕이 여러 마리의 수개미(혹은 수벌)와 교미하는 종이 있다는 사실이다. 이는 그 여왕의 딸끼리의 평균 근연도가 3/4 미만이며, 극단적인 경우에는 심지어 1/4에 가까워질 수 있다는 것을 의미한다. 그렇게 논리적이라고 할 수는 없으나, 여러 수개미(수벌)와의 교미는 여왕이 일꾼에게 가하는 교묘한 일격이라고 볼 수도 있을 것이다. 이와 같이 생각할 때 일꾼은 여왕이 교미를 한 번 이상 못하도록 결혼 비행에 일일이 따라다녀야 할 것이라는 이야기도 나올 수 있다. 그러나 그렇게 하더라도 일꾼은 자기의 유전자에 아무런 도움을 주지 못한다. 그것으로 도움 받을 가능성이 있는 것은 다음 세대 일꾼의 유전자다. 동일한 계급으로서의 일벌 사이에 노동조합 정신 같은 것은 없다. 개체 각각은 자기의 유전자만 신경 쓸 뿐이다. 일꾼은 가능하다면 자기 어미의 결혼 비행에 따라붙으려고 했을 것이다. 그러나 일꾼에게는 그러한 기회가 없었다. 그때는 아직 수정도 되지 않은 상태였기 때문이다. 처음으로 결혼 비행을 떠나려는 젊은 여왕은 그 시점 세대의 일꾼과는 자매지 어미가 아니다. 따라서 그 시점의 일꾼은 젊은 여왕과 한편이지 자신들의 조카에 불과한 다음 세대의 일벌과 한편이 아니다. 머리가 핑핑 돈다. 이제 슬슬 이 문제를 매듭지을 때가 온 것 같다.

농장과 가축

벌목 곤충의 일꾼이 그들의 어미에게 가하는 작용을 여기서는 사육 농장에 비유했다. 이 사육 농장은 유전자의 농장이다. 일꾼은 스스로 자신의 유전자 사본을 만드는 대신, 유전자 생산의 효율이 좋은 어미를 그들의 유전자 사본의 생산자로 이용한다. 유전자는 번식 개체라는 이름의 소포로 포장된다. 그러나 사회성 곤충은 전혀 다른 의미의 농장을 운영한다고도 할 수 있으므로 위 사육 농장의 비유를 이것과 혼동하지 않기 바란다. 수렵-채집 생활보다 정착해서 먹이를 양식하는 것이 훨씬 더 효율적이라는 것을 사회성 곤충은 인간보다 훨씬 옛날에 알아냈다.

예컨대 진화적으로는 멀지만 아메리카 대륙의 개미 몇 종류와 아프리카의 흰개미는 버섯 농장을 만든다. 가장 유명한 것은 남미의 파라솔 개미다. 이들은 매우 성공적이어서 한 군락당 개미 수가 2백만 마리가 넘는 예도 발견되었다. 이들의 집은 지하로 뻗어 내린 통로와 기다란 방의 거대한 복합체로, 깊이는 3미터 또는 그 이상에 달하기 때문에 이들이 집을 짓기 위해 파내는 흙의 양은 무려 40톤이나 된다. 지하의 방에는 버섯 농장이 있으며, 개미들은 식물의 잎을 잘게 씹어 만든 특수한 퇴비 못자리에 특정한 버섯의 씨를 뿌린다. 일개미는 자신들의 먹잇감을 구하러 나가는 대신, 퇴비를 만드는 데 필요한 잎을 수집하러 나간다. 파라솔 개미의 군락이 잎을 수집할 때의 '식욕'은 어마어마하기 때문에 이들은 큰 경제적 피해를 입히는 해충으로 인식되기도 한다. 그러나 수집된 잎은 자신의 먹이가 아닌 그들이 키우는 버섯의 먹이인 셈이다. 얼마 후 이들은 그 버섯을 수확하여 자신도 먹고 새끼들에게도 먹인다. 버섯은 개미의 위보다 잎을 분해하는 효율이 높으므로, 이렇게 함으로써 개미는 이득을 보는 것이다. 비록 잘려 나가기는 하지만 버섯도 이득을 볼 법하다. 포자를 퍼뜨려 증식하는 것보다 개미의 도움을 받는 편이 더 효율적일 수 있기 때문이다. 게다가 개미들은 버섯 농장의 '김매기'까지 해 주어 다른 종의 버섯이 침입하지 못하도록 한다. 경쟁의 여지를 제거함으로써 개미들은 자신들이 재배하는 버섯에게 도움을 주는 셈이다. 개미와 버섯 사이에는 일종의 상호 이타적 관계가 존재한다고 할 수 있다. 계통적으로 사뭇 먼 흰개미 중에 이와 매우 유사한 버섯 재배 시스템이 독립적으로 진화하였다는 것도 놀랄 만한 일이다.

개미는 작물뿐 아니라 가축도 기른다. 예를 들면 진딧물이 그것이다. 진딧물은 식물의 즙을 빨아들이는 데 고도로 특수화된 곤충이다. 이들은 소화시킬 수 있는 양보다 더 많은 즙을 빨아낸다. 또한 영양가를 조금만 흡수하고 나머지 액체는 분비한다. 당분을 많이 포함한 '단물'이 꽁지에서 계속 만들어지는데, 자기 체중보다 많은 양의 단물을 매시간 분비할 때도 있다. 단물은 마치 비처럼 땅으로 떨어진다. 구약성서에 등장하는 하느님이 주신 양식 '만나'가 실은 이 단물이 아니었나 하는 생각이 들 정도다. 그런데 몇몇 개미는 그 단물이 진딧물의 꽁지에서 나오는 순간 즉시 가로챈다. 이들은 더듬이와 다리로 진딧물의 꽁지를 비벼서 꿀을 '짜'낸다. 진딧물도 개미에게 반응한다. 개미가 건드리기 전까지 단물 분비를 참는 것처럼 보이는 경우도 있고, 심지어 개미가 받을 준비가 되어 있지 않으면 단물을 뱃속으로 되돌리는 경우도 있다. 몇몇 진딧물은 개미를 더 잘 유인하기 위해서 개미의 안면과 닮은 외관과 감촉을 가진 엉덩이를 갖도록 진화했다는 가설도 제기되었다. 이 관계로부터 진딧물이 얻는 것은 천적으로부터의 보호다. 인간에게 사육되는 젖소처럼 이들도 보호받는 생활을 하고, 개미에게 사육되는 종은 정상적인 자기 방어 메커니즘을 잃어버렸다. 어떤 경우에는 개미가 자기들의 지하 집 속에서 진딧물의 알을 돌봐 주고, 애벌레를 먹이고, 다 자라면 진딧물이 보호를 받으며 즙을 빨 수 있는 곳으로 조심스럽게 운반하기도 한다.

상리 공생

다른 종의 개체와 상호 이익을 주고받는 관계를 '상리 공생相利共生' 또는 '공생'이라고 한다. 다른 종의 개체는 서로 다른 '기능'을 제공할 수 있으므로 때로는 서로 큰 이익을 주고받을 수도 있다. 이와 같은 근본적 비대칭성으로 인해 진화적으로 안정한 상호 협력 전략이 얻어질 수도 있다. 진딧물은 식물의 즙을 빨아내기에 적합한 구기口器를 가지고 있으나 이와 같은 구기가 자기 방어에는 별로 적합하지 못하다. 한편 개미는 식물의 즙을 빨아내기에는 서툴지만 싸움에는 유리하다. 따라서 진딧물을 사육하고 돌보는 유전자는 개미의 유전자 풀 내에서 퍼지게 됐고, 개미와 협력하는 유전자는 진딧물의 유전자 풀 내에서 퍼지게 되었을 것이다.

상리 공생 관계는 동식물계에서 흔히 볼 수 있다. 예컨대 지의류는 언뜻 보면 하나의 개체 식물처럼 보이나 실제로는 균류와 녹조류의 친밀한 공생적 결합체다. 어느 쪽도 다른 쪽 없이는 살아갈 수 없다. 이들의 결합이 좀 더 친밀했다면 지의류가 두 생물의 결합체라고는 도저히 판별해 내지 못했을 것이다. 아직도 우리가 알지 못하는 두 생물 또는 여러 생물의 결합체가 있을지 모른다. 우리 자신도 그러한 결합체가 아닐까?

우리의 세포 하나하나 속에는 미토콘드리아라고 불리는 작은 기관이 들어 있다. 미토콘드리아는 우리가 필요로 하는 에너지의 대부분을 생산하는 화학 공장이다. 만일 미토콘드리아를 잃으면 우리는 즉사하고 말 것이다. 이 미토콘드리아의 기원이 진화의 아주 초기 단계에서 우리와 비슷한 세포와 힘을 합친 공생 박테리아일 것이라는 논의가 최근 설득력을 얻고 있다. 이와 비슷한 가설이 우리의 세포 속에 있는 다른 미세 기관에 대해서도 제시되었다. 이 가설도 다른 혁명적인 사고와 마찬가지로 그 사고에 익숙해지기까지 시간이 걸릴 것인데, 이 가설은 이제 인정받을 때가 도래한 듯하다. 추측건대 우리의 유전자 하나하나가 공생 단위체라는 보다 과격한 생각이 언젠가는 받아들여질 것이다. 우리는 공생하는 유전자들의 거대한 집합체인 것이다. 누구도 이에 대한 '증거'를 실제로 들이댈 수는 없겠지만, 앞서 내가 설명했던 방법과 마찬가지로, 이 가설에 대한 증거는 우리가 유성생식 생물의 유전자 작용을 생각할 때의 바로 그 사고방식 속에 이미 내재하고 있다.

이 생각이 동전의 한쪽 면이라면, 그 반대 면은 이런 생각일 것이다. 바이러스는 우리의 몸과 같은 '유전자 집합체'에서 이탈된 유전자일지도 모른다는 것이다. 바이러스는 단백질 옷을 입은 순수한 DNA(또는 이와 유사한 다른 자기 복제 분자)이다. 이들은 예외 없이 기생적 존재다. 바이러스는 도망친 '반역' 유전자에서 진화한 것으로, 이제는 정자와 난자라고 하는 일반적 운송 수단에 얽매이지 않고 생물의 몸에서 몸으로 직접 공중을 여행하는 신세가 되었다는 가설이 제기되었다. 이 가설이 옳다면 우리는 우리 자신을 바이러스의 집합체로 간주해도 좋을 것이다. 이 바이러스의 일부는 상리 공생적 협력 관계를 맺고 정자와 난자에 실려 몸에서 몸으로 이동한다. 이들이 관례적인 '유전자'다. 그 밖의 것은 기생 생활을 하고 갖가지 수단을 동원해서 몸에서 몸으로 이동한다. 이 기생 DNA가 정자와 난자에 실려 이동하면 아마도 그것은 3장에서 소개한 '모순 덩어리인' 여분의 DNA가 될 것이다. 만일 그것이 공중을 떠다니거나 다른 직접적 수단을 통해 이동한다면 그것은 통상적 의미에서의 '바이러스'다.

그러나 이 내용은 미래에 대한 추측일 뿐이다. 당장은 생물체 내부의 공생이 아닌, 다세포 생물 간의, 좀 더 높은 수준의 공생을 생각하기로 하자. 공생이란 말은 다른 종의 개체 간 상호 관계에 쓰이는 것이 대부분이다. 그러나 '종을 위한 이익'이라는 관점에서 진화를 조망하는 것을 삼가기로 한 이상, 다른 종의 개체 간 관계를 같은 종의 개체 간 관계와 별개의 것으로 보는 논리적 근거는 전혀 없다고 생각된다. 일반적으로 두 개체가 각각 투입량 이상의 이익을 그 관계에서 얻을 수 있다면 상호 이익의 협력 관계는 진화할 것이다. 이것은 같은 무리에 속한 하이에나 개체 간에 대해 말할 때나, 개미와 진딧물, 꿀벌과 꽃 등 동떨어진 별개의 생물 간에 대해서 말할 때나 마찬가지다. 다만 진실로 양쪽에 이익이 되는 경우와 한편이 다른 편을 이기적으로 이용하는 경우를 실제로 판별하기는 어려울지 모른다.

지의류를 구성하는 생물과 같이 양자가 동시에 이익을 주고받는다면 이론적으로 이런 식으로 협력이 진화할 것이라고 쉽게 생각할 수 있다. 그러나 이익의 제공과 이에 대한 보답 사이에 시간적 차이가 있을 때에는 문제가 생긴다. 왜냐하면 이익을 먼저 받은 개체가 상대를 속이고 자기가 보답할 차례가 와도 보답하지 않는 유혹에 빠지기 쉽기 때문이다. 이 문제를 어떻게 해결하느냐는 매우 흥미로운 주제이므로 자세히 논할 가치가 있다. 가설적인 예를 들어 설명하는 편이 가장 좋을 듯싶다.

호혜적 이타주의

어떤 새에 해로운 병을 옮기는 매우 더러운 진드기가 기생한다고 가정하자. 이 새에게는 그 진드기를 가급적 빨리 제거하는 것이 매우 중요하다. 보통 몸에 붙은 진드기는 깃털을 손질하면서 제거할 수 있다. 그러나 부리로도 미치지 못하는 곳이 있다. 바로 머리 꼭대기다. 누구나 다음과 같은 해결책을 떠올릴 것이다. 자기 부리로는 머리 꼭대기를 긁지 못해도 친구는 대신 쪼아 줄 수 있지 않을까? 뒷날 이 친절한 새가 진드기에 옮았을 때, 전에 베푼 친절에 대한 보답을 받을지도 모른다. 사실 조류와 포유류에서는 서로 (깃)털을 골라 주는 일이 매우 흔하다.

이것은 즉각적으로, 또 직관적으로 납득되는 해결책이다. 선견지명을 가진 자라면 서로 상대의 등을 긁어 주는 협력 관계를 맺는 것이 현명한 해결책임을 이해할 수 있다. 그러나 직관적으로 느낄 수 있는 것에 대해 우리는 '조심하라'고 배웠다. 유전자는 선견지명이 없다. 친절 행위와 이에 대한 보답 사이에 시간차가 있는 상황에서 이기적 유전자론은 서로 등을 긁어 주는 관계, 즉 '호혜적 이타주의'의 진화를 설명할 수 있을까? 윌리엄스는 이미 언급한 1966년의 저서에서 이 문제에 대해 간단히 논의하였다. 그는 다윈과 같은 결론에 도달했다. 즉 지연된 호혜적 이타주의는 서로를 개체로서 식별하고 또 기억할 수 있는 종에서 가능하다는 것이다. 트리버스는 1971년의 논문에서 이 문제를 더 진전시켰다. 이 논문을 썼을 당시 그는 메이너드 스미스의 진화적으로 안정한 전략 ESS의 개념을 모르고 있었다. 만일 알았다면 트리버스는 당연히 그 개념을 활용했을 것이다. 왜냐하면 그 개념은 그의 이론을 표현하는 데 알맞은 방법이기 때문이다. 트리버스는 '죄수의 딜레마' — 게임 이론에서 가장 인기 있는 수수께끼 — 에 대해 언급하는데, 미루어 짐작건대 그는 이미 메이너드 스미스와 비슷한 방식으로 생각하고 있었을 것이다.

B라는 개체가 머리 꼭대기에 진드기를 가지고 있다고 하자. A라는 개체는 그것을 잡아 준다. 얼마 지나지 않아 A의 머리에 진드기가 붙었다. 그는 당연히 B를 찾아간다. B가 전날의 친절에 보답해 줄지도 모르기 때문이다. 그러나 B는 A를 상대하지도 않고 가 버린다. B는 사기꾼이다. 여기서 말하는 사기꾼이란 다른 개체의 이타적 행위의 이익은 받아들이지만, 상대에게 보답하지 않거나 보답을 충분히 하지 않는 개체를 말한다. 대가를 치르지 않고 이익을 얻으므로 사기꾼은 상대를 가리지 않는 이타주의자보다 유리하다. 위험한 진드기를 없애는 이익에 비하면 다른 개체의 머리털을 손질해 주는 대가는 분명히 사소할 테지만 그것을 무시할 수는 없다. 어느 정도 귀중한 에너지와 시간이 소요되기 때문이다.

봉과 사기꾼

어떤 개체군이 두 개의 전략 중 하나를 채택하는 개체들로 구성되어 있다고 하자. 메이너드 스미스의 분석에서와 마찬가지로, 여기서의 전략은 의식적인 전략이 아닌, 유전자에 의해 결정되는 무의식적인 행동 프로그램을 말한다. 이 두 전략을 '봉Sucker' 전략과 '사기꾼Cheat' 전략이라고 부르자. '봉'은 도움을 필요로 하는 상대라면 누구에게나 털 손질을 해 준다. '사기꾼'은 봉의 이타적 행동을 받아들이지만 누구한테라도, 심지어 상대가 이전에 자기의 털을 골라 주었던 개체일지라도 일절 털 손질을 해 주지 않는다. 비둘기파와 매파에 대한 분석에서와 같이 여기서도 이득에 대해 임의의 수치를 부여하도록 하자. 털 손질을 받은 경우의 이익이 털 손질을 해 주는 비용(대가)보다 크기만 하다면 정확한 수치는 상관없다. 진드기 기생률이 높을 경우에는 봉의 개체군 내 어느 개체든 남에게 털 손질을 해 준 것과 같은 빈도로 자기도 털 손질을 받을 것이라 기대할 수 있다. 따라서 봉 개체군 내에서 봉의 평균 이득은 양의 값이 된다. 모든 개체가 잘 지낼 것이므로 '봉'이라는 호칭은 부적절할지도 모른다. 그러나 여기서 사기꾼 하나가 이 개체군에 출현하면 어떻게 될까? 사기꾼은 자기 혼자뿐이므로 이 사기꾼은 다른 모든 개체로부터 털 손질을 받지만 자기는 전혀 보답을 하지 않는다. 그의 평균 이득은 봉의 평균 이득을 상회한다. 그러므로 사기꾼의 유전자가 개체군 내에 퍼지기 시작할 것이며 조만간 봉의 유전자는 곧 절멸의 막다른 길로 몰리고 말 것이다. 왜냐하면 개체군 내 이 둘의 비율에 상관없이 사기꾼은 항상 봉보다 성적이 좋을 것이기 때문이다. 가령 사기꾼과 봉이 각각 50퍼센트일 경우를 생각해 보자. 봉의 평균 이득이나 사기꾼의 평균 이득이나, 100퍼센트 봉으로만 구성된 개체군의 평균 이득에 비해 낮은 값이 될 것이다. 그러나 이 조건에서도 여전히 사기꾼은 봉보다 성적이 좋다. 사기꾼은 그 본성대로 누릴 수 있는 모든 이익을 누리면서 전혀 대가를 치르지 않기 때문이다. 사기꾼의 비율이 90퍼센트까지 달하면, 진드기가 옮기는 병 때문에 어느 쪽이나 사망자가 발생할 것이므로 개체군 내 모든 개체의 평균 이득은 매우 낮다. 그러나 여전히 사기꾼은 봉보다 성적이 좋다. 비록 개체군 전체가 절멸할지언정 봉이 사기꾼보다 높은 성적을 올릴 기회는 전혀 없다. 고로 이들 두 전략만 고려하는 한, 봉의 절멸은 피할 수 없을 뿐만 아니라 개체군 전체의 절멸 가능성도 매우 높다.

원한자

이제 '원한자Grudger'라는 제3의 전략을 생각해 보자. 원한자는 처음 대하는 상대와 이전에 자신의 털을 손질해 준 개체에 대해서 털 손질을 해 준다. 그러나 그를 속인 적 있는 상대라면 그것을 잊지 않고 원한을 품는다. 즉 향후에는 그 개체의 털 손질을 거부한다. 원한자와 봉으로 구성된 개체군에서 이 둘을 구별하기는 불가능하다. 둘 모두 다른 개체에게 이타적으로 행하고, 평균 이득이 동등하게 높기 때문이다. 개체군 내 대부분의 개체가 사기꾼일 경우, 원한자 개체가 혼자 있다면 그는 성적이 별로 좋지 않을 것이다. 개체군 내 모든 사기꾼에게 원한을 갖기까지는 시간이 걸릴 것이므로, 원한자는 우연히 만난 거의 모든 개체의 털을 골라 주느라 엄청난 에너지를 소모하게 된다. 더욱이 그 보답으로 그의 털을 손질해 줄 자는 하나도 없다. 사기꾼에 비해 원한자가 드물 경우 원한자 유전자는 절멸하고 말 것이다.

그러나 어떻게 해서든지 원한자의 수가 증가하여 개체군 내 이들의 비율이 어떤 임계값에 도달하면, 이들끼리 만날 확률이 충분히 높아져서 사기꾼의 털을 손질하는 데 낭비되는 에너지를 상쇄할 수 있다. 이 임계값에 도달하면 원한자는 사기꾼보다 평균 이득이 높아 향후 사기꾼의 절멸은 가속화되기 시작한다. 그러나 사기꾼이 절멸 직전까지 감소하면 그들의 감소율은 낮아지기 시작해 매우 오랫동안 소수파로 생존할 것이다. 그 이유는 소수가 되면 사기꾼 개체가 동일한 원한자와 다시 만날 확률이 매우 적어지기 때문이다. 따라서 어떤 사기꾼에게 원한을 품는 개체는 개체군 내에서 극히 일부에 불과할 것이다.

경쟁의 결과

이상 세 가지 전략에 관해서 나는 마치 무엇이 일어날지 직관적으로 알고 있는 것처럼 적었다. 그러나 실제로 그렇게 자명한 것은 아니어서, 나는 컴퓨터 시뮬레이션을 통해 이 직관이 옳다는 것을 확인했다. 원한자 전략은 봉 전략이나 사기꾼 전략에 대해 실제로 진화적으로 안정한 전략(ESS)이다. 대부분이 원한자로 된 개체군에는 사기꾼도, 봉도 침입하지 못하기 때문이다. 그러나 사기꾼도 ESS이다. 대부분이 사기꾼인 개체군 역시 원한자나 봉 누구도 침입할 수 없기 때문이다. 개체군은 이 두 ESS 중 한쪽에 안주하게 된다. 장기적으로 보면 한쪽에서 다른 쪽으로의 변화가 일어날 수도 있다. 각각의 이득에 실제로 어떤 수치를 부여하느냐에 따라(컴퓨터 시뮬레이션에서는 완전히 임의로 수치를 부여하였다) 이 두 안정 상태 중 하나의 '유인 지대'가 커져 그쪽에 안주하는 것이 좀 더 가능할 것이다. 또 한 가지 주의해야 할 사항은, 사기꾼 개체군이 원한자 개체군보다 절멸 가능성이 클지 모르나 그렇다고 해서 사기꾼이 ESS의 지위를 잃는 것은 아니라는 점이다. 만약 한 개체군이 절멸에 이르게 하는 ESS에 도달하면 그 개체군은 절멸해 버릴 것이다. 그저 안됐다고 할 수밖에 없다.*

봉이 압도적 다수이고, 원한자는 임계 빈도를 조금 넘을 정도이며, 사기꾼도 원한자와 거의 비슷한 수의 조합으로 시작한 컴퓨터 시뮬레이션은 매우 흥미롭게 진행된다. 우선 맨 처음 벌어지는 것은 사기꾼의 무정한 착취로 인한 봉 개체군의 극심한 감소다. 사기꾼은 폭증하여 최후의 봉마저 사라져 버릴 때 그 수가 정점에 이른다. 그러나 사기꾼에게는 원한자가 남아 있다. 봉이 급격히 감소하는 동안 파죽지세로 밀고 들어오는 사기꾼의 공세를 받고 원한자의 수도 서서히 감소하였으나 원한자는 세력을 유지할 수 있었다. 최후의 봉이 죽고 사기꾼이 남을 이기적으로 착취하지 못하게 되면서, 이번에는 사기꾼이 줄어드는 대신 원한자가 서서히 늘어나기 시작한다. 원한자의 증가는 꾸준히 여세를 몰아간다. 원한자가 급증하면서 사기꾼은 절멸 직전까지 격감했다가 그 이후 양쪽의 개체 수는 평형을 이룬다. 소수가 된 덕분에 원한 살 일이 적어지는 희소 특권을 사기꾼이 누리기 때문이다. 그러나 사기꾼은 서서히 그리고 냉혹하게 말살되어 결국 원한자만이 개체군에 남는다. 한 가지 역설적인 측면은, 봉의 존재가 사기꾼의 일시적 번영을 가능케 함으로써 초반에 원한자를 위험에 빠뜨린다는 것이다.

청소어

그런데 앞서 살펴본 털 손질을 받지 않으면 위험하다는 가상의 예는 상당히 일어날 법한 것이다. 예컨대 혼자 사육된 쥐에게는 발이 닿지 않는 머리 부위에 종기가 생기곤 한다. 한 연구에 의하면 집단으로 사육된 쥐는 서로 머리를 핥아 주기 때문에 종기가 생기지 않는다고 한다. 호혜적 이타주의 이론이 실험적으로 검증된다면 흥미로울 것이다. 아마도 쥐는 그와 같은 연구에 적합한 재료가 될 듯하다.

트리버스는 청소어의 상리 공생에 관해서도 논한다. 작은 어류와 새우류를 포함해서 약 50종이 대형 어류의 체표면에 붙어 있는 기생충을 먹으면서 살고 있다고 알려져 있다. 대형 어류에게는 깨끗해진다는 분명한 이익이 있고, 청소어는 먹이를 배불리 먹을 수 있다. 즉 이 관계는 상리 공생이다. 많은 경우 대형 어류가 입을 크게 벌리면 청소어가 입 속에 들어가 이를 쪼아 청소한 뒤 아가미를 청소하면서 아가미 틈으로 나온다. 어떤 사람들은 대형 어류가 청소가 끝날 때까지 점잖게 기다렸다가 청소어를 덥석 삼키리라 기대할지도 모르겠다. 그러나 실제로 대형 어류는 청소어를 해치지 않고 지나가도록 내버려 둔다. 많은 경우 청소어는 대형 어류가 보통 먹는 먹이와 몸집이 비슷한데도 말이다. 이것은 바로 이타주의의 한 장면이다.

청소어는 특유의 줄무늬를 지니고 있고 특별한 춤으로 과시 행동도 한다. 이것이 바로 청소어라는 표지다. 대형 어류는 이 특별한 세로줄 무늬에 특별한 춤을 추면서 접근하는 작은 물고기를 먹지 않는 경향이 있다. 이러한 작은 물고기를 먹는 대신 그들은 일종의 황홀경에 빠져 든 것처럼 청소어가 자신들의 몸 안팎을 자유로이 드나드는 것을 허락한다. 이들도 이기적 유전자의 소유자임을 고려하면 이 기회를 이용하려는 냉혹한 사기꾼이 있다는 것도 놀랄 일은 아니다. 대형 어류에 안전하게 접근하기 위해 청소어와 똑같은 외양을 가지고 게다가 똑같은 춤을 추는 소형 어류가 있다. 이 사기꾼은 대형어가 청소를 기대하며 황홀경에 빠지면 기생충을 떼어 내 주기는커녕 그 지느러미에서 살점을 뜯어 물고 줄행랑을 친다. 이런 사기꾼이 있음에도 불구하고 청소어와 그 손님들의 관계는 대체로 우호적이고 안정적이다. 청소부란 직업은 산호초 생물 공동체의 일상생활에서 중요한 역할을 한다. 청소어는 각각 자기의 영역을 가지고 있으며 대형 어류들은 마치 이발소의 손님처럼 줄을 서서 자기 차례를 기다린다. 이 사례에서 지연된 호혜적 이타주의가 진화할 수 있었던 것은 아마도 이와 같은 지역 고착성이라는 성질 때문일 것이다. 대형 어류가 매번 새로운 청소어를 찾는 대신 같은 '이발소'에 계속 들러서 얻는 이익은 이 청소어를 잡아먹지 않는 대가보다 클 것임에 틀림없다. 청소어는 몸집이 작으므로 이를 믿기는 어렵지 않다. 청소어로 의태한 사기꾼의 존재는 진짜 청소어에게 간접적으로 위험할지도 모른다. 왜냐하면 사기꾼 때문에 대형 어류가 이러한 줄무늬 물고기를 잡아먹으려는 작은 압력이 생겨날 수 있기 때문이다. 진짜 청소어가 보이는 특정 지역 고착성 덕분에 손님들은 진짜 청소어를 찾아내고 사기꾼을 멀리할 수 있다.

인간의 개체 식별 능력

인간에게는 오래도록 기억하는 능력과 개체 식별 능력이 잘 발달되어 있다. 따라서 호혜적 이타주의는 인간의 진화에서도 중요한 역할을 했으리라 기대할 수 있다. 트리버스는 우리의 심리적 특징(질투, 죄책감, 감사하는 마음, 동정 등)이 좀 더 사기를 잘 치거나, 사기꾼을 잘 알아차리거나, 남이 자기를 사기꾼이라 생각하지 않도록 좀 더 잘 처신하는 능력에 대한 자연선택을 통해 만들어졌다고 주장하기까지 한다. 특히 흥미로운 것은 '교활한 사기꾼'이란 존재다. 언뜻 보기에는 이들이 보답하는 것처럼 보이지만, 실제로는 받은 것보다 조금 부족하게 갚는다. 인간의 비대한 대뇌와 수학적으로 사고하는 성향이 더 교활하게 사기를 치거나 남의 사기를 좀 더 잘 간파하기 위한 메커니즘으로 진화했을 가능성도 있다. 돈은 지연된 호혜적 이타주의의 공식적인 징표다.

호혜적 이타주의 개념을 인간에 적용하면 흥미롭고 매력적인 추측이 무궁무진하게 솟아난다. 계속하고 싶지만 이 같은 추측은 어느 누구든 나보다 더 잘할 수 있으므로 이후는 여러분에게 맡기고자 한다.

11장

Memes: the new replicators

밈―새로운 복제자

문화, 문화적 돌연변이

지금까지 인간에 관해서는 특별히 많은 이야기를 하지 않았다. 그러나 일부러 인간을 제외하고자 한 것은 아니다. 내가 '생존 기계'라는 말을 쓰는 이유는 '동물'이라고 하면 식물이 제외될 뿐만 아니라 몇몇 사람의 머릿속에서는 인간까지도 제외되어 버리기 때문이다. 내가 전개해 온 논의는 명백히 진화의 모든 산물에 적용될 수 있다. 만약 어떤 종을 예외로 치려면 특별히 타당한 근거가 있어야 한다. 우리가 속하는 인간이라는 종을 특수한 존재로 볼 만한 타당한 근거가 있을까? 그 대답은 '예'일 것이다.

인간의 특이성은 대개 '문화'라고 하는 한 단어로 요약된다. 나는 잘났다고 자랑하고 싶어서가 아니라 과학자의 입장에서 이 단어를 쓴다. 문화적 전달은 유전적 전달과 유사하다. 기본적으로는 유전적 전달이 더 보수적이지만 일종의 진화를 일으킨다는 점에서 유사하다는 것이다. 영국의 시인 제프리 초서Geoffrey Chaucer와 현대의 영국인은 대화를 나눌 수 없을 것이다. 비록 그 두 사람 사이에 20세대가량의 영국인이라는 사슬이 계속 이어졌다 할지라도 말이다. 이 사슬에서 가까이 놓인 세대의 사람들만이 자식이 아버지와 대화할 때처럼 서로 대화할 수 있을 것이다. 언어는 유전자가 아닌 수단에 의해 '진화'하는 것으로 생각되며, 게다가 그 속도는 유전적 진화보다 비교할 수 없을 만큼 빠르다.

문화적 전달은 인간에게서만 볼 수 있는 것이 아니다. 내가 알고 있는 인간 이외의 동물에 관한 가장 좋은 사례는 최근 젠킨스P. F. Jenkins가 기록한 뉴질랜드 앞 바다 섬에 사는 안장새saddleback의 노랫소리다. 젠킨스가 연구한 섬의 안장새는 약 아홉 종류의 노래를 했다. 수컷 한 마리는 이 노래 중에서 하나 또는 두세 가지만 지저귀었다. 따라서 젠킨스는 수컷을 방언 그룹으로 나눌 수 있었다. 예를 들어 영역이 인접한 수컷 여덟 마리로 이루어진 한 그룹은 CC 노래를 했다. 다른 방언 그룹은 다른 노래를 했다. 가끔 같은 방언 그룹에 속하는 개체가 둘 이상의 노래를 공유하는 경우도 있었다. 젠킨스는 아비와 아들의 노래를 비교하여 노래의 패턴이 유전적으로 전해지는 것이 아니라는 사실을 밝혔다. 젊은 수컷은 근처에 영역을 갖는 다른 개체의 노래를 모방함으로써 자기 것으로 삼는다. 인간의 언어와 비슷한 방법으로 말이다. 젠킨스의 체류 기간 중 섬에서 들을 수 있는 노래의 수는 한정되어 있었는데, 이 '노래 풀'에서 젊은 수컷들은 몇 가지 노래를 자기 것으로 삼고 있었다. 그러나 젠킨스는 운 좋게도 젊은 수컷이 옛 노래를 모방하다가 실수로 새로운 노래를 '창작'하게 되는 과정을 몇 번 목격했다. 그는 다음과 같이 들려준다.

"새로운 노래는 음 고저의 변화, 같은 음절의 추가, 음절의 탈락 또는 다른 노래의 부분 편입 등 여러 가지 방법으로 탄생한다. (…) 새로운 노래는 갑자기 출현했는데, 그 후 몇 년에 걸쳐 안정된 형태로 유지됐다. 또한 몇 개의 예에서 변이형의 노래가 새로운 형식 그대로 어린 초보자에게 정확히 전달되어 그 결과 다른 그룹과 식별되는, 같은 노래를 부르는 가수들의 그룹이 생겨났다."

젠킨스는 새로운 노래의 출현을 '문화적 돌연변이'라고 표현한다.

안장새의 노래는 분명히 유전자가 아닌 수단을 거쳐 진화한다. 조류와 원숭이에서도 문화적 진화의 예가 알려져 있다. 그러나 이들은 기이하고 흥미로운 특수한 예에 불과하다. 문화적 진화의 위력을 제대로 보여 주는 것은 우리 인간이라는 종이다. 언어는 많은 예 중 하나에 불과하다. 의복과 음식의 유행, 의식과 관습, 예술과 건축, 기술과 공학 등 이들 모두는 역사를 통하여 마치 속도가 매우 빠른 유전적 진화와 같은 양식으로 진화하는데, 물론 실제로는 유전적 진화와 전혀 관계가 없다.

그러나 유전적 진화에서와 같이 그 변화는 진보적이다. 현대 과학은 실제로 고대 과학보다 우수하다고 할 수 있다. 우주에 관한 우리의 이해는 시대와 더불어 변화할 뿐만 아니라 실제로 개선되어 가고 있다. 확실히 폭발적 진보가 이루어진 것은 르네상스 이후의 일이다. 그전에는 침울한 정체기가 있었고 유럽의 과학 문화는 그리스 시대 이후 같은 수준에 머물러 있었다. 그러나 5장에서 살펴본 것처럼 유전적 진화도 안정된 정체 기간 사이사이 갑작스러운 변화가 일어나면서 진행되는 것일지 모른다.

문화적 진화와 유전적 진화가 유사하다는 것은 여러 번 나왔던 얘기다. 때로는 쓸데없는 미스터리가 있다는 식으로 얘기되기도 했지만 말이다. 과학의 진보와 자연선택에 의한 유전적 진화의 유사성은 특히 칼 포퍼Karl Popper 경이 잘 설명했다. 여기서 나는 포퍼 경의 견지에서 더 나아가 유전학자 카발리 스포르차L. L. Cavalli-Sforza, 인류학자 클로크F. T. Cloak, 그리고 동물행동학자 컬렌J. M. Cullen 등이 탐색하고 있는 연구 방향으로 논의를 더 진전시키고자 한다.

열렬한 다윈주의자인 나는 다른 열렬한 다윈주의자들이 인간 행동에 대해 제기한 설명에 불만을 가지고 있다. 그들은 인간의 문명이 지니는 여러 가지 특성의 '생물학적 이점'을 찾으려고 노력해 왔다. 가령 부족 종교는 집단으로서의 일체감을 높이기 위한 하나의 메커니즘으로 간주되어 왔다. 이러한 메커니즘은 크고 몸놀림이 빠른 먹이를 협동하여 사냥하는 종의 경우 가치가 있다. 이러한 이론의 뼈

대가 되는 진화론적 전제가 은연중에 집단선택설의 내용을 담게 되는 경우가 있으나, 이는 정통적인 유전자선택에 관한 이론으로 다시 설명할 수 있다. 인간은 과거 수백만 년을 소규모 혈연 집단 단위로 생활해 왔다고 해도 과언이 아니다. 따라서 우리의 기본적인 심리적 특성이나 경향은 대개 혈연선택과 호혜적 이타주의를 촉진하는 선택이 우리의 유전자에 작용한 결과로서 만들어졌을지도 모른다. 이와 같은 생각도 그 자체로서는 훌륭하다. 그러나 문화와 문화적 진화, 더 나아가 전 세계 인간 문화가 나타내는 끝없는 차이 — 콜린 턴불Colin Turnbull이 기록한 우간다 이크Ik족의 극한적인 이기성에서부터 마거릿 미드Margaret Mead가 보고한 아라페시Arapesh족의 온화한 이타주의까지 — 를 설명하기에는 아직도 한참 멀었다고 생각된다.

우리는 다시 첫 번째 원리로 되돌아가지 않으면 안 된다. 앞 장을 쓴 저자가 하는 말이라고는 믿기지 않을지 모르지만, 이제부터 전개하려는 논의는 현대인의 진화를 이해하기 위해서는 유전자만이 진화의 기초라는 입장을 버려야만 된다는 사실에 관한 것이다. 나는 확실히 열렬한 다윈주의자다. 그러나 나는 다윈주의는 유전자라는 좁은 문맥에 국한되기에는 너무나 큰 이론이라고 생각한다. 앞으로 나의 주장에서 유전자는 하나의 유추일 뿐 그 이상도 그 이하도 아니다.

또 다른 자기 복제자

도대체 유전자는 무엇이 그리 특별할까? 그 해답은 이들이 복제자라는 데 있다. 물리학의 법칙은 우리가 이를 수 있는 전 우주에 적용된다고 생각되고 있다. 생물학에도 이에 상응하는 보편타당성을 가지는 원리가 있는 것일까? 우주 비행사가 저 멀리 떨어진 행성에 날아가 생명체를 찾는다면 그는 우리가 상상도 못할 기묘하고 희괴한 생물체를 찾아낼지 모른다. 그러나 어디에 살고 있든, 어떤 화학적 기초를 가지고 살고 있든, 모든 생명체에 적용될 수 있는 무엇인가가 있을까? 가령 탄소 대신에 규소를, 물 대신에 암모니아를 이용하는 화학적 구조를 가진 생명체가 존재하거나, -100도가 되어서야 죽는 생물이 발견되거나, 화학 반응에 의존하지 않고 전자 회로를 기초로 한 생물이 발견되었다고 할 때, 이들 모든 생물체에 적용될 수 있는 일반 원리는 없는 것인가? 물론 나는 그 답을 모른다. 그러나 만약 내기를 해야 한다면 나는 하나의 근본 원리에 돈을 걸 것이다. 바로 모든 생명체가 자기 복제를 하는 실체의 생존율 차이에 의해 진화한다는 법칙이다.* 우리의 행성 지구에서 자기 복제를 하는 실체로 가장 그 수가 많은 것은 유전자, 즉 DNA 분자다. 어떤 다른 것이 그 실체가 될 수도 있을지 모른다. 가령 그와 같은 것이 존재하고 다른 여러 조건이 충족된다면, 이것이 진화 과정에 기초가 될 것은 거의 필연적이다.

다른 종류의 자기 복제자와 그 필연적 산물인 다른 종류의 진화를 발견하기 위해서는 아주 먼 세계로 여행을 떠나야만 하는 것일까? 내 생각에, 신종의 자기 복제자가 최근 바로 이 행성에 등장했다. 우리는 현재 그것과 코를 맞대고 있다. 그것은 아직 탄생한 지 얼마 되지 않은 상태이며 자신의 원시 수프 속에 꼴사납게 둥둥 떠 있다. 그러나 이미 그것은 오래된 유전자를 일찌감치 제쳤을 만큼 빠른 속도로 진화적 변화를 달성하고 있다.

'밈'과 그 진화

새로이 등장한 수프는 인간의 문화라는 수프다. 새로이 등장한 자기 복제자에게도 이름이 필요한데, 그 이름으로는 문화 전달의 단위 또는 **모방**의 단위라는 개념을 담고 있는 명사가 적당할 것이다. 이에 알맞은 그리스어 어근으로부터 '미멤mimeme'이라는 말을 만들 수 있는데, 내가 원하는 것은 '진gene(유전자)'이라는 단어와 발음이 유사한 단음절의 단어다. 그러기 위해서 위의 단어를 **밈**meme으로 줄이고자 하는데, 이를 고전학자들이 이해해 주기를 바란다.* 위안이 될지 모르겠지만, 이 단어가 '기억memory', 또는 프랑스어 'même'라는 단어와 관련 있는 것으로 생각할 수도 있다. 이 단어의 모음은 '크림cream'의 모음과 같이 발음해야 한다.

밈의 예에는 곡조, 사상, 표어, 의복의 유행, 단지 만드는 법, 아치 건조법 등이 있다. 유전자가 유전자 풀 내에서 퍼져 나갈 때 정자나 난자를 운반자로 하여 이 몸에서 저 몸으로 뛰어다니는 것과 같이, 밈도 밈 풀 내에서 퍼져 나갈 때에는 넓은 의미로 모방이라 할 수 있는 과정을 거쳐 뇌에서 뇌로 건너다닌다. 어떤 과학자가 반짝이는 아이디어에 대해 듣거나 읽거나 하면 그는 이를 동료나 학생에게 전달할 것이다. 그는 논문이나 강연에서도 그것을 언급할 것이다. 이 아이디어가 인기를 얻게 되면 이 뇌에서 저 뇌로 퍼져 가면서 그 수가 늘어난다고 말할 수 있다.

나의 동료인 험프리N. K. Humphrey는 이 장의 초고를 깔끔하게 요약하여 다음과 같이 적었다.

"(…) 밈은 비유로서가 아니라 실제로 살아 있는 구조로 간주해야 한다.* 당신이 내 머리에 번식력 있는 밈을 심어 놓는다는 것은 말 그대로 당신이 내 뇌에 기생하는 것이다. 바이러스가 숙주 세포에 기생하면서 그 유전 기구를 이용하는 것과 같이 나의 뇌는 그 밈의 번식을 위한 운반자가 되어 버리는 것이다. 이것은 단순한 비유가 아니다. 예컨대 '사후 세계에 대한 믿음'이라는 밈은 수백만 전 세계 사람들의 신경계 속에 하나의 구조로서 존재하고 있지 않은가."

신이라는 밈

신이라는 관념에 대해 생각해 보자. 이것이 어떻게 밈 풀 속에 생겨났는지는 분명하지 않다. 아마 독립된 '돌연변이'를 여러 번 거쳐 발생했을지 모른다. 어쨌든 아주 오래된 것만은 사실이다. 이것은 어떻게 해서 자기 복제를 하는 것일까? 위대한 음악과 예술의 도움을 받은 말과 글을 통해서다. 그러면 그 밈은 왜 이와 같이 높은 생존 가치를 나타내는가? 여기서 말하는 '생존 가치'는 유전자 풀 속 유전자로서의 값이 아닌, 밈 풀 속 밈으로서의 값이라는 것을 기억하기 바란다. 이 질문은 문화 환경 속에서 신의 관념이 안정성과 침투력을 갖는 것이 도대체 어떤 성질 때문일지 묻는 것이다. 밈 풀 속에서 신의 밈이 나타내는 생존 가치는 그것이 갖는 강력한 심리적 매력의 결과다. 실존을 둘러싼 심원하고 마음을 괴롭히는 여러 의문에 그것은 표면적으로는 그럴듯한 해답을 준다. 그것은 현세의 불공정이 내세에서는 고쳐진다고 말한다. 우리의 불완전함을 '영원한 신의 팔'이 구원해 준다고 한다. 이는 마치 의사가 처방하는 가짜 약과 같이 상상을 통해 그 효력을 갖는다. 이것이 신의 관념이 세대를 거쳐 사람의 뇌에 그렇게 쉽게 복사되는 이유 중 하나다. 인간의 문화가 만들어내는 환경 속에서, 신은 높은 생존 가치 또는 감염력을 가진 밈의 형태로만 실재한다. 내 동료 몇몇은 신이라는 밈의 생존 가치에 대한 이러한 설명이 논점을 회피하는 것 아니냐고 지적해 주었다. 최종적으로 이들은 항상 '생물학적 이점'으로 되돌아오려고 한다. 이들은 신의 관념이 '강력한 심리적 매력'이 있다는 것만으로는 만족하지 못한다. 이들은 왜 그것이 강력한 심리적 매력을 갖는가 알고 싶어 한다. 심리적 매력이라는 것은 뇌에 작용하는 매력이며, 뇌는 유전자 풀 속의 유전자에 작용하는 자연선택의 영향을 받는다. 이들은 이와 같은 뇌를 갖는 것이 어떻게 유전자의 생존을 증진시키는지 밝혀내고 싶은 것이다.

나도 이러한 관점에 공감하고, 또 우리가 현재 갖고 있는 종류의 뇌를 가짐으로써 우리에게 유전적 이득이 있을 것이라는 견해에도 아무런 의문을 품지 않는다. 그러나 내 동료들이 자신들의 논리의 전제를 근본에서부터 상세히 검토한다면, 그들도 나와 똑같이 논점을 회피하고 있음을 알게 될 것이라 생각한다. 근본적으로, 생물학적 현상을 유전자의 이익이라는 관점에서 설명하는 것이 좋은 이유는 유전자가 자기 복제자이기 때문이다. 원시 수프에서 분자들이 자기 복제를 할 수 있는 조건이 마련된 이후 자기 복제자의 수가 늘어났다. 30억 년 전부터 이 지상에서 언급할 가치가 있는 유일한 자기 복제자는 DNA였다. 그러나 DNA가 그 독점권을 영원히 가지리란 법은 없다. 새로운 종류의 복제자가 자기의 사본을 만들 조건이 마련되기만 하면, 그 수가 늘어나면서 나름대로 새로운 종류의 진화를 시작하게 될 것이다. 새롭게 시작된 진화가 이미 낡은 유형이 된 진화를 답보할 이유는 없다. 유전자를 선택의 단위로 하는 낡은 유형의 진화는 뇌를 만들어 냄으로써 최초의 밈이 발생할 수 있는 '수프'를 마련해 주었다. 자기 복제 능력이 있는 밈이 등장하면서 이들은 낡은 유형의 진화보다 훨씬 빠른 독자적 진화를 시작했다. 우리 생물학자는 유전자에 의한 진화의 사고방식에 완전히 빠져 있기 때문에, 이것이 가능한 여러 종류의 진화 중 일례에 불과하다는 것을 자칫하면 잊어버린다.

밈의 특성

넓은 의미에서 모방은 밈이 자기 복제를 하는 수단이다. 그러나 자기 복제를 할 수 있는 모든 유전자가 성공적이지 않은 것처럼, 어떤 밈은 밈 풀 속에서 다른 밈보다 성공적이다. 이것은 자연선택과 유사하다. 밈의 생존 가치를 높여 주는 밈의 특성에 관해서는 이미 특수한 예를 몇 개 들었다. 그러나 일반적으로 그 특성은 2장에서 자기 복제자에 관해 논한 것 — 장수, 다산, 그리고 복제의 정확성 — 과 같을 것이다. 밈 사본의 수명은 유전자 사본에 비하면 그다지 중요하지 않을 것이다. 내 머릿속에 있는 '올드랭사인Auld Lang Syne'의 사본은 내가 살아 있는 동안만 존재할 것이다.* 내가 갖고 있는 『스코틀랜드 학생 가곡집』에 인쇄된 이 노래의 사본도 아주 오래 남지는 않을 것이다. 그러나 이 노래의 사본들은 종이에 인쇄되고 사람들의 머릿속에 남아 앞으로 수백 년이라도 계속 존재할 것이다. 유전자의 경우와 같이 여기서도 특정한 사본의 수명보다 다산성이 훨씬 중요하다. 문제의 밈이 과학적인 아이디어일 경우 그 확산은 그 아이디어가 과학자들에게 얼마나 받아들여지는가에 따라 달라질 것이다. 이 경우에는 과학 학술지에 그 아이디어가 인용되는 수를 셈하여 대략적인 생존 가치를 측정할 수 있다.* 유행가의 경우, 밈 풀 속에서의 확산 정도는 그 노래를 휘파람으로 불면서 지나가는 사람의 수로 짐작할 수 있을 것이다. 숙녀화의 스타일이라면 집단 밈 학자는 구두 가게의 매출 통계를 이용할 수도 있다. 유전자의 경우와 같이 밈 중에도 급격하게 퍼져 나가 단기적으로는 성공하지만 밈 풀 속에 오랫동안 머물지 못하는 것들이 있다. 유행가나 뾰족한 스파이크힐 등이 그에 해당된다. 한편 유대교의 율법과 같이 수천 년에 걸쳐 계속 퍼져 나가는 것도 있는데 이는 보통 기록된 언어가 가지는 특출한 영속성 때문이다.

이 논의는 자기 복제자가 성공하기 위한 세 번째 일반적 성질인 복제의 정확성과 연관되어 있다. 먼저 내 논의의 토대가 조금은 불확실하다는 사실을 인정해야 할 것 같다. 언뜻 보아서는 밈은 복제의 정확도가 높은 자기 복제자가 아닌 것 같기 때문이다. 과학자가 어떤 아이디어를 듣고 그것을 타인에게 전할 때 그는 그것을 어느 정도 변화시키게 마련이다. 나는 이 책의 내용이 트리버스의 아이디어에 힘입고 있다는 것을 숨기지 않았으나, 그렇다고 내가 그의 말을 그대로 반복한 것은 아니다. 이를테면 강조하는 점을 바꾸거나 나 자신 또는 다른 사람들의 아이디어와 혼합해서 그의 아이디어를 나의 목적에 맞게 바꾸어 놓았다. 그 밈이 변형되어 독자에게 전해지는 것이다. 이것은 입자를 통한, '모 아니면 도'의 성질을 가진 유전자 전달과는 전혀 닮지 않은 듯 보인다. 밈의 전달은 연속적인 돌연변이를 거치며 다른 것과 혼합도 되는 것처럼 보인다.

이러한 비입자적인 성질은 착각일 수 있으며 유전자와의 유사성은 여전히 존재한다. 인간의 키나 피부색과 같은 많은 형질의 유전을 보면, 이들이 나뉘지도 섞이지도 않는 유전자의 소산이라고는 생각되지 않는다. 흑인과 백인이 결혼하면 그들의 아이는 흑색도 백색도 아닌 그 중간의 피부색을 갖는다. 그러나 그렇다고 해서 이것이

해당 유전자가 입자가 아님을 의미하는 것은 아니다. 단지 피부의 색에 관여하는, 미약한 효과를 나타내는 유전자가 매우 많기 때문에 이들이 혼합하는 것처럼 보인다.

밈의 단위

지금까지 밈의 구성 단위가 마치 분명한 것처럼 말해 왔다. 그러나 사실 분명한 것과는 거리가 멀다. 나는 하나의 노래를 하나의 밈이라고 얘기했다. 그렇다면 하나의 교향곡은 어떻게 되는가? 그것은 몇 개의 밈으로 되어 있는가? 각각의 악장이 밈에 해당하는가, 한 멜로디에 해당하는 악구가 밈에 해당하는가, 각각의 마디가 하나의 밈인가, 도대체 어떻게 되는 것인가?

3장에서 한 것과 같은 말장난을 여기서도 해 보면 어떨까 한다. 3장에서 나는 '유전자 복합체'를 크고 작은 유전자 단위로 분할하고, 그것을 다시 더 작은 단위로 분할했다. 그리고 '유전자'를 엄격히 '모 아니면 도' 식이 아닌 편의적 단위로서, 즉 자연선택의 단위가 될 만큼 복제의 정확도를 갖춘 염색체의 한 부분으로 정의했다. 자, 이제 베토벤의 제9교향곡 중 쉽게 구분되고 외우기 쉬운 한 악구가 있어 불쾌할 정도로 주제넘은 유럽의 한 방송국이 이를 시그널 뮤직으로 사용한다면 그 악구는 위의 의미에서 하나의 밈이라고 할 수 있다. 동시에 원래의 그 교향곡이 내게 주던 즐거움은 반감되겠지만 말이다.

마찬가지로 가령 우리가 "오늘날 생물학자는 모두 다윈의 이론을 믿고 있다"라고 해도 모든 생물학자의 뇌에 다윈이 쓴 단어들이 똑같은 사본으로 들어 있는 것은 아니다. 이들은 모두 다윈의 이론에 관하여 독자적 해석을 내리고 있을 것이다. 아마도 다윈의 저작을 직접 읽었기보다는 최근에 쓰인 책에서 읽어 배웠을 것이다. 다윈의 말 중에는 세부적으로 살펴보면 틀린 부분이 많다. 만약 다윈이 이 책을 읽는다면 자신의 이론을 거의 알아채지 못할 것이다. 나는 그가 내 설명법을 마음에 들어 하기를 바라지만 말이다. 그러나 이런 모든 사정에도 불구하고 다윈주의의 본질이라고 할 수 있는 그 무언가는 이 이론을 이해하는 모든 사람들의 머릿속에 현존한다. 만약 그렇지 않다면 두 사람 간 의견의 일치란 무의미할 것이다. '아이디어 밈'은 뇌와 뇌 사이에 전달될 수 있는 실체로서 정의될 수 있을지 모른다. 즉 다윈 이론의 밈이란 그 이론을 이해하는 모든 뇌가 공유하는 그 이론의 본질적인 바탕이다. 사람들이 그 이론을 표현하는 방법의 **차이**는 정의상 다윈 이론의 밈의 일부가 아닌 셈이다. 만약 다윈 이론이 A와 B 두 부분으로 나뉘어, 어떤 사람은 A를 믿는데 B는 안 믿고 다른 사람은 B를 믿는데 A를 불신하는 상황이라면, A와 B는 서로 다른 밈으로 간주되어야 할 것이다. 그러나 A를 믿는 사람이 대개 B도 믿는다면, 즉 유전학 용어로 이 둘이 밀접하게 '연관'되어 있다면, 이 경우에는 양쪽을 합하여 하나의 밈으로 보는 것이 편리하다.

경쟁하는 밈

밈과 유전자의 유사점을 더 조사해 보기로 하자. 이 책을 통틀어 나는 유전자를 의식이 있는 목적 지향적인 존재로 생각해서는 안 된다고 강조했다. 그러나 맹목적인 자연선택의 작용에 의해 유전자는 마치 목적을 가지고 행동하는 존재인 것처럼 보인다. 그리고 목적이 있는 듯 유전자를 기술하는 편이 이해가 빠를 성싶다. 예컨대 "유전자는 장래의 유전자 풀 속에서 자기의 수를 늘리려고 노력한다"라고 표현할 경우, 이 문장은 실제로 "자연계에서 그 효과를 볼 수 있게 되는 유전자는 장래의 유전자 풀 속에서 자기의 수를 증가시키도록 행동하는 유전자다"라는 것을 의미한다. 유전자를 자기의 생존이라는 목적의식을 가진 능동적인 존재로서 생각하는 것이 편리했던 것처럼 밈에 대해서도 똑같이 생각하면 편리할지 모른다. 어느 경우에도 신비스럽게 해석해서는 곤란하다. 목적이란 어떤 경우에나 단순한 은유에 불과하다. 그러나 유전자의 경우에 이 은유가 얼마나 유용했던가. 그것이 단순한 은유라는 것을 충분히 이해한 후에 우리는 유전자에 대해 '이기적인', '잔인한' 등과 같은 형용사까지 사용했다. 이와 똑같이 이기적인 밈이나 잔인한 밈을 찾아볼 수 있지 않을까?

경쟁의 성질에 관해 문제가 하나 있다. 유성생식의 경우, 개개의 유전자는 염색체상에서 같은 장소를 차지하려는 대립 유전자와 경쟁한다. 밈에는 염색체에 상응하는 것이 없으며, 대립 유전자에 상응할 만한 것도 없는 듯 보인다. 다수의 아이디어에는 그에 '대립하는 아이디어'가 있다고 말할 수 있다 해도 그다지 설득력은 없어 보인다. 대체로 밈은 염색체상에 적절하게 짝을 이룬 형태로 존재하는 오늘날의 유전자와는 별로 닮지 않았다. 오히려 그것은 원시 수프 속에 무질서하게 제멋대로 떠 있던 초기의 자기 복제 분자를 닮았다. 그렇다면 밈이 서로 경쟁한다는 것은 무슨 의미인가? 대립하는 밈이 없는데도 밈이 '이기적'이라거나 '잔인하다'고 말할 수 있는가? 아마도 그럴 수 있을 것이라는 게 나의 견해다. 어떤 의미에서 보면 밈들이 서로 일종의 경쟁을 하지 않으면 안 되기 때문이다.

컴퓨터를 사용해 본 독자라면 컴퓨터의 연산 시간과 기억 용량이 얼마나 귀중한지 잘 알 것이다. 대규모의 컴퓨터 센터에서는 이를 돈으로 환산하거나, 사용자에게 초 단위의 사용 시간과 '문자' 단위의 기억 용량을 일정량씩 배분한다. 인간의 뇌는 밈이 살고 있는 컴퓨터다.* 뇌에서는 아마도 저장 용량보다 시간이 중요한 제한 요인이며, 심한 경쟁의 대상일 것이다. 인간의 뇌와 그 제어를 받는 몸이 동시에 하나 또는 몇 종류 이상의 일을 해치울 수는 없기 때문이다. 한 밈이 어떤 사람의 뇌의 집중력을 독점하고 있다면 '경쟁자'의 밈이 희생되는 것은 틀림없다. 밈은 라디오와 텔레비전의 방송 시간, 광고 게시판의 공간, 신문 기사의 길이, 그리고 도서관의 서가 공간 등과 같은 상품에서도 경쟁하고 있다.

밈 복합체의 예 — 종교, 맹신, 독신주의

유전자의 경우, 유전자 풀 속에 공共적응된 유전자 복합체가 발생할 수 있다는 것을 3장에서 이야기했다. 예컨대 나비의 의태에 관여하는 다수의 유전자는 동일 염색체상에 매우 밀접하게 연관되어 있고 이들 모두를 하나로 묶어 하나의 유전자로 다룰 수 있었다. 5장에서는 진화적으로 안정한 유전자 세트라는 좀 더 복잡한 개념을 소개했다. 육식 동물의 유전자 풀에서는 이, 발톱, 소화관, 감각 기관이 서로 적합한 형태로 진화하는 한편, 초식 동물의 유전자 풀에서는 이와 다른 종류의 안정한 세트가 형성되었다. 밈 풀에서도 이와 비슷한 일이 생길 것인가? 예컨대 신의 밈이 다른 특정 밈과 결합되고, 또 이 결합이 밈 각각의 생존에 도움을 줄 수 있을까? 아마도 우리는 건축, 의식, 율법, 음악, 예술, 문서화된 전통이 조직화된 교회를 서로 돕는 밈의 공적응된 안정한 세트의 일례로 간주할 수 있을 것이다.

하나의 예를 들어 보자. 사람들에게 종교 의식을 강요하는 데 매우 효과적이었던 교의의 하나는 지옥불의 협박이다. 많은 아이들, 그리고 일부 어른들까지도 종교 율법을 따르지 않으면 사후에 말할 수 없는 고통을 겪는다고 믿는다. 이것은 매우 간악한 설득 기술로, 중세에서 오늘날에 이르기까지 사람들에게 엄청난 심리적 고통을 주고 있다. 그럼에도 불구하고 이 기술은 매우 효과적이다. 아마도 심층 심리학적인 교화 기술을 배운 성직자가 의도적으로 그러한 기술을 만들어 냈는지도 모른다. 그러나 나는 성직자들이 그렇게까지 똑똑했다고는 생각하지 않는다. 오히려 의식을 갖지 않은 밈들이, 성공한 유전자가 나타내는 준準잔인성이라는 성질을 가진 덕분에 스스로의 생존을 확보할 수 있었다는 가설이 더 그럴듯하게 느껴진다. 지옥불이라는 아이디어는 단순히 그 자체가 갖는 강렬한 심리적 충격 때문에 **불멸**의 존재가 된다. 그것이 신의 밈과 연관되어 버린 것은, 이 둘이 밈 풀 속에서 서로의 생존을 강화할 수 있기 때문이다.

믿음도 종교라는 밈 복합체의 또 다른 구성 요소다. 이것은 증거가 없어도 — 증거를 무시하고라도 — 맹신함을 의미한다. '불신의 도마Doubting Thomas(예수의 열두 제자 중 한 사람)' 이야기는 우리가 도마를 숭배하도록 하기 위한 것이 아니라, 그와는 달랐던 다른 사도들을 숭배하도록 하기 위한 것이다. 도마는 증거를 요구했다. 그런데 어떤 종류의 밈에게든 증거를 내놓으라는 것만큼 치명적인 것은 없다. 다른 사도들은 아주 강한 믿음을 가지고 있어 증거가 필요하지 않았고, 이들이야말로 우리가 본받을 만한 가치가 있다고 치켜세운다. 맹신이라는 밈은 이성적인 물음을 꺾어 버리는 단순한 무의식적 수단을 행사하여 불멸의 존재가 되는 것이다.

맹신은 어떤 것도 정당화할 수 있다.* 만약 어떤 사람이 다른 신을 믿고 있거나 같은 신을 믿더라도 다른 의식을 행한다면 맹신은 그 사실만으로도 그가 죽어야 한다고 선고할 수 있다. 십자가에 매달거나, 화형을 시키거나, 십자군의 검으로 찌른다거나, 베이루트 노상에서 사살한다거나, 벨파스트의 술집에서 폭탄을 날린다거나, 그 무엇이든 정당화시킬 수 있다. 맹신의 밈은 특유의 잔인한 방법을 통해 스스로 번식해 간다. 애국적 맹신이든 정치적 맹신이든 종교적 맹신이든 모두 마찬가지다.

밈과 유전자는 종종 서로를 보강하지만 때로는 서로 대립하기도 한다. 예컨대 독신주의 같은 것은 유전되는 것이 아니다. 사회성 곤충과 같이 매우 특수한 상황을 제외하면, 독신주의를 발현시키는 유전자는 유전자 풀 속에서 실패하게 돼 있다. 그러나 여전히 독신주의의 밈은 밈 풀 속에서 성공할 가능성이 있다. 예컨대 밈의 성공은 사람들이 그것을 다른 사람에게 적극적으로 전하기 위해서 얼마만큼의 시간을 사용하는가에 의해 결정된다고 가정하자. 그 밈을 전달하려는 것 이외에 사용된 모든 시간은 그 밈의 입장에서 보면 시간 낭비에 불과할 것이다. 독신주의 밈은 성직자로부터 아직 인생의 목표를 정하지 않은 소년들에게 전해진다. 전달의 매체가 되는 것은 인간에게 영향력을 갖는 여러 가지 매체, 예컨대 언어, 문자, 개인의 전례 등이다. 여기서 논의의 편의상 대중에 대한 성직자의 영향력이 어쩌다 결혼 때문에 약화되었다고 해 보자. 그리고 이는 결혼이 그 성직자의 시간과 관심을 차지했기 때문이라고 해 보자. 사실 이것은 성직자에게 독신 생활이 강요되는 공식적인 이유이기도 하다. 만약 위와 같은 일이 벌어진다면 독신주의 밈은 결혼을 촉구하는 밈보다 높은 생존 가치를 가질 수 있다. 물론 독신주의를 촉구하는 '유전자'가 있다면 정반대의 이야기가 될 것이다. 성직자가 밈의 생존 기계라고 한다면 독신주의는 그에게 알맞은 유용한 속성이 된다. 독신주의는 상호 협력하는 종교적 밈들이 만들어 낸 거대한 복합체에서 작은 일부분인 셈이다.

나는 공적응된 유전자 복합체가 진화하는 것과 같은 방식으로 밈의 복합체가 진화한다고 추측한다. 선택은 자기의 이익을 위해 문화적 환경을 이용하는 밈에게 유리하게 작용한다. 이 문화적 환경은 함께 선택되는 밈들로 구성되어 있다. 따라서 밈 풀은 진화적으로 안정한 세트의 속성을 가지게 되며, 여기에 새로운 밈은 쉽게 침입할 수 없다.

밈의 긍정적인 면

지금까지는 밈의 부정적인 면만 이야기한 것 같다. 그러나 밈에도 긍정적인 면이 있다. 우리가 사후에 남길 수 있는 것은 유전자와 밈 두 가지다. 우리는 유전자를 전하기 위해 만들어진 유전자 기계다. 그러나 유전자 기계로서의 우리는 세 세대만 지나도 잊히고 말 것이다. 물론 자식이나 손자도 우리와 얼굴 모양새라든가, 음악적 재능이라든가, 머리칼 색깔이라든가, 하여간 어딘가 닮은 점을 가지고 있을지 모른다. 그러나 한 세대 두 세대 지날수록 우리 유전자의 기여도는 반감된다. 그 기여도는 머지않아 미미해질 것이다. 유전자 자체는 불멸일지 몰라도 우리 각자의 유전자의 집합은 사라질 운명에 있다. 엘리자베스 2세는 정복자 윌리엄 1세 대왕의 직계 자손이다. 그러나 엘리자베스 2세가 윌리엄 대왕의 유전자를 하나도 가지고 있지 않을 가능성은 다분히 있다. 번식이라는 과정 속에서 불멸을 찾을 수는 없다.

그러나 만일 우리가 세계 문화에 무언가 기여할 수 있다면, 예컨대 좋은 아이디어를 내거나, 음악을 작곡하거나, 점화 플러그를 발명하거나, 시를 쓰거나 하면, 그것들은 우리의 유전자가 공통의 유전자 풀 속에 용해되어 버린 후에도 온전히 살아남을 수 있을지 모른다. 윌리엄스의 말마따나 소크라테스의 유전자 중에서 오늘날 남아 있는 것이 과연 하나라도 있는지 어떤지는 알 수 없다. 그러나 누가 그런 것에 관심이나 있는가. 하지만 소크라테스, 레오나르도 다빈치, 코페르니쿠스, 마르코니의 밈 복합체는 아직도 건재하지 않은가.

지금까지 내가 전개한 밈에 관한 이론이 사변적이었다고 하더라도 여기서 또 한 번 강조하고 싶은 중요한 논점은, 문화적 특성의 진화와 그 생존 가치를 문제 삼을 때는 **누구의** 생존을 이야기하는 것인지 분명히 해 두지 않으면 안 된다는 점이다. 이미 본 대로 생물학자들은 유전자 수준에서의 이점을 탐구하는 것이 습관화되어 있다(취향에 따라서 개체, 집단 또는 종 수준에서의 이점을 탐구하는 사람도 있다). 우리가 지금까지 생각해 보지 않았던 것은, 어떤 문화적 특성이 단지 그 **자신에게 유리**하기 때문에 진화할 수 있었을지 모른다는 것이다.

종교, 음악, 제식 춤 등에 생물학적인 생존 가치가 있는지 몰라도 이들에게서 전통적인 생물학적 생존 가치를 찾을 필요는 없다. 일단 유전자가 재빠른 모방 능력을 가진 뇌를 그 생존 기계에게 만들어 주면, 밈은 자동적으로 세력을 얻을 것이다. 모방이 유전자에게 이득을 준다고 가정할 필요조차 없다. 만약 그렇다면 확실히 도움이 되기는 하겠지만 말이다. 필요한 것은 단 한 가지, 뇌가 모방**할 수** 있어야 된다는 것뿐이다. 그러기만 하면 밈은 그 능력을 십분 이용하면서 진화해 나갈 것이다.

인간의 선견지명

새로이 등장한 자기 복제자에 대한 논의는 이 정도로 하고, 희망 사항을 덧붙인 뒤 이 장을 끝내고자 한다. 밈에 의해 진화했는지 아닌지는 모르지만 인간에게는 의식적인 선견지명이라는 독특한 특성이 있다. 이기적 존재인 유전자는(그리고 여러분이 이 장의 사변을 인정한다면 밈에게도) 선견 능력이 없다. 이들은 의식이 없는, 맹목적인 자기 복제자이다. 이들이 자기 복제를 한다는 사실은, 몇 가지 부가적인 조건 등을 조합하여 생각해 볼 때 이들이 진화를 거쳐 이기적(이 책에서 쓴 특수한 의미로)이라고 할 수 있는 여러 성질을 갖게 되었다는 것을 의미한다. 유전자든 밈이든, 단순한 자기 복제자는 당장 눈앞의 이기적 이익을 포기하는 것이 결국에는 이롭다고 하더라도 그것을 포기하지 않는다. 우리는 이러한 예를 공격 행동을 다루면서 살펴보았다. 진화적으로 안정한 전략보다는 '비둘기파의 공동 행위' 전략을 택하는 것이 **모두**에게 유리함에도 불구하고 자연선택은 ESS를 선호하게 된다.

순수하고 사욕이 없는 진정한 이타주의의 능력이 인간만이 가진 또 다른 성질일 가능성도 있다. 나는 이것이 사실이기를 바란다. 그러나 나는 이 점에 관해 가타부타 논쟁할 생각도 없으며, 이것이 밈을 거쳐 진화할 가능성에 대해 이러저러한 추측을 내놓을 생각도 없다. 여기서 강조하고 싶은 것은 다음의 한 가지 사실이다. 우리가 비록 어두운 쪽을 보고 인간이 근본적으로 이기적인 존재라고 가정한다고 해도, 우리의 의식적인 선견지명, 즉 상상력을 통해 장래의 일을 모의 실험하는 능력이 맹목적인 자기 복제자들의 이기성으로 인한 최악의 상황에서 우리를 구해 줄 것이다. 적어도 우리에게 당장 눈앞의 이기적 이익보다 장기적인 이기적 이익을 따질 정도의 지적 능력은 있다. 우리는 '비둘기파의 공동 행위'에 가담하는 것이 장기적 이익이 될 수 있음을 이해할 능력이 있으며, 이 공동 행위가 소기의 목적을 달성할 수 있도록 그 방법을 서로 논의할 능력이 있다. 우리에게는 우리를 낳아 준 이기적 유전자에 반항하거나, 더 필요하다면 우리를 교화시킨 이기적 밈에게도 반항할 힘이 있다. 순수하고 사욕이 없는 이타주의라는 것은 자연계에는 안주할 여지도 없고 전 세계의 역사를 통틀어 존재한 예도 없다. 그러나 우리는 그것을 의식적으로 육성하고 가르칠 방법도 논할 수 있다. 우리는 유전자의 기계로 만들어졌고 밈의 기계로서 자라났다. 그러나 우리에게는 우리의 창조자에게 대항할 힘이 있다. 이 지구에서는 우리 인간만이 유일하게 이기적인 자기 복제자의 폭정에 반역할 수 있다.*

12장

Nice guys finish first

마음씨 좋은 놈이 일등한다

마음씨 좋은 놈, 마음씨 나쁜 놈

"마음씨 좋은 놈이 꼴찌한다." 이 문구는 야구의 세계에서 유래된 것 같다. 어떤 전문가는 이 말이 다른 의미로 먼저 사용되었다고 주장하기도 한다. 미국의 생물학자 가레트 하딘Garrett Hardin은 이 문구를 '사회생물학' 또는 '이기적 유전자학selfish genery'을 요약하는 메시지로 사용했다. 그것이 어떻게 들어맞는지는 쉽게 알 수 있다. 만일 '마음씨 좋은 놈'이라는 일상적인 말을 그에 상응하는 다윈주의의 말로 바꾸면, 마음씨 좋은 놈이란 자기를 희생하면서 동종의 다른 구성원을 도와 이들의 유전자가 다음 세대에 전해지도록 하는 개체다. 따라서 마음씨 좋은 놈은 그 수가 줄어들게 될 것이다. 그가 가진 좋은 마음씨는 다윈주의적인 죽음을 맞이하게 된다. 그러나 '마음씨 좋은'이라는 일상적인 말에는 또 다른 전문 용어로서의 의미가 담겨 있다. 만일 우리가 일상 회화에서 보통 사용하는 의미와 그리 다르지 않은 그 정의를 채택한다면 마음씨 좋은 놈이 일등이 될 수도 있다. 이 장은 이러한 낙관적인 결론에 관한 것이다.

10장의 '원한자'를 떠올려 보자. 이들은 이타적으로 서로 돕지만, 이전에 자기를 도와주지 않은 개체에 대해서는 한을 품고 도와주기를 거절하는 새들이었다. 원한자는 개체군 내에서 수가 많아지게 된다. 왜냐하면 '봉'(무분별하게 남을 도와주지만 이용만 당한다)이나 '사기꾼'(아무나 무자비하게 이용하려다 결국 서로 손해를 입는다)보다 많은 유전자를 다음 세대에 전하기 때문이다. 원한자의 이야기는 트리버스가 '호혜적 이타주의'라고 한 중요한 일반 원리를 예증한다. 청소어의 예(10장 참조)에서 본 것처럼 호혜적 이타주의는 한 종의 구성원에 한정되지 않는다. 그것은 개미가 '가축' 진딧물의 단물을 짜내는 것을 포함한, 공생이라고 불리는 모든 관계에 적용된다. 내가 10장을 쓰고 난 뒤, 미국의 정치학자인 로버트 액설로드(이 책에서 자주 거명된 해밀턴과 공동 연구를 하기도 했다)는 호혜적 이타주의라는 생각을 흥미로운 방향으로 전개했다. 이 장의 첫머리에서 이야기한 '마음씨 좋다'라는 말에 전문 용어로서의 의미를 부여한 것은 액설로드였다.

액설로드는 많은 정치학자, 경제학자, 수학자, 심리학자들처럼 죄수의 딜레마Prisoner's Dilemma라고 하는 단순한 게임에 매료되어 있었다. 죄수의 딜레마는 너무나도 단순해서 머리가 좋은 사람들은 그것을 완전히 오해하고 거기에 무언가 더 있을 것이라고 생각한다는 것을 나는 알고 있다. 그러나 그 단순함은 사람을 현혹시킨다. 이 게임에서 파생된 문제에 관한 책들이 도서관의 선반을 가득 메우고 있다. 다수의 영향력 있는 사람들이 이 게임이 전략적인 방위 계획에 중요하고, 또 제3차 세계대전을 저지하기 위해서도 이를 연구해야 한다고 생각한다. 생물학자로서 나는 많은 야생 동식물이 진화의 긴 시간 동안 죄수의 딜레마 게임을 끊임없이 해 오고 있다는 액설로드와 해밀턴의 의견에 동의한다.

죄수의 딜레마

인간을 대상으로 한 초기 버전에서는 게임이 다음과 같이 진행된다. '물주'가 한 사람 있고 게임을 하는 두 상대에게 판정을 내려 이득을 지불한다. 내가 당신과 대결하고 있다고 가정하자(이제 살펴보겠지만 '대결'이라는 말은 적당하지 않다). 각자의 손에는 '협력'과 '배신'이라고 표시된 두 장의 카드밖에 없다. 게임을 할 때는 카드 한 장을 뽑아 탁자 위에 엎어 놓는다. 카드를 엎어 놓는 이유는 어느 쪽도 상대의 패에 영향을 받지 않도록 하기 위해서다. 즉 실질적으로 동시에 패를 내는 것이다. 그런 뒤 물주가 카드를 뒤집기를 애태우며 기다린다. 이 과정이 애가 타는 이유는, 승패가 자기가 어떤 카드를 뽑았나(이는 각자가 알고 있다)뿐만 아니라 상대가 무엇을 뽑았나(이는 물주가 보여 줄 때까지 모른다)에 따라서 결정되기 때문이다.

카드는 2×2매이므로 가능한 결과는 네 가지가 된다. 각각의 결과에서 얻는 이득은 아래와 같다(게임이 북미에서 비롯됐으므로 각 이득은 달러로 표시한다).

결과 1	**나와 당신이 모두 '협력'의 카드를 내면 물주는 양쪽에 3백 달러를 지불한다. 이 큰 금액을 상호 협력의 '포상'이라고 한다.**
결과 2	**나와 당신이 모두 '배신'의 카드를 내면 물주는 벌로서 양쪽 모두에게 벌금 10달러를 징수한다. 이것은 상호 배신의 '벌'이라고 한다.**
결과 3	**당신이 '협력'의 카드를 내고 내가 '배신'의 카드를 냈을 때 물주는 나에게 5백 달러를 지불하고(배신의 '유혹') 당신(봉)에게 벌금 1백 달러를 징수한다.**
결과 4	**당신이 '배신'의 카드를 내고 내가 '협력'의 카드를 내면 물주는 당신에게 5백 달러의 '유혹' 이득을 지불하고 봉인 나에게 벌금 1백 달러를 징수한다.**

결과 3과 4는 한쪽은 큰 이득을 얻고 다른 한쪽은 크게 손해를 본다는 점에서 분명히 대칭 관계에 있다. 결과 1과 2에서는 우리 둘

모두 같은 결과를 얻지만, 우리 **둘 모두**에게 결과 2보다 결과 1이 더 바람직하다. 정확한 금액은 문제가 안 된다. 몇 번이 +(지급)이고 몇 번이 -(벌금)인가도 문제가 안 된다. 이 게임이 진짜 죄수의 딜레마가 되기 위해서 중요한 것은 네 가지 결과에서 얻게 되는 이득의 순서다. 배신의 유혹은 상호 협력에 대한 포상보다 커야 하고, 상호 협력에 대한 포상은 상호 배신의 벌보다 커야 하며, 상호 배신의 벌은 봉이 뜯기는 양보다 나은 것이어야 한다(엄밀히 말해서 이 게임을 진짜 죄수의 딜레마가 되게 하는 또 하나의 조건은 배신의 유혹과 봉이 뜯기는 양의 평균이 포상을 초과해서는 안 된다는 것이다. 이 부가적인 조건이 필요한 이유는 뒤에 나온다). 네 가지 결과는 <표 1>의 이득표에 요약되어 있다.

<표 1> 죄수의 딜레마 게임에서 나온 여러 가지 결과로부터 내가 얻는 이득

		당신의 패	
		협력	배신
나의 패	협력	꽤 좋음 (상호 협력에 대한) 포상 예: 3백 달러	매우 나쁨 봉으로서 뜯김 예: 벌금 1백 달러
	배신	매우 좋음 배신의 유혹 예: 5백 달러	꽤 나쁨 (상호 배신에 대한) 벌 예: 벌금 10달러

그럼 왜 '딜레마'일까? 이것을 이해하기 위해서는 이 이득표를 보고 내가 당신과 게임하고 있을 때 나의 머릿속에서 어떤 생각이 진

행될지 상상해 보기 바란다. 나는 당신이 낼 수 있는 카드가 '협력'과 '배신'이라는 두 장의 카드밖에 없다는 것을 알고 있다. 이제 차례대로 생각해 보자. 만일 당신이 '배신'의 카드를 낸다면(<표 1>의 오른쪽 참조) 나 또한 '배신'을 내야 내가 최선의 결과를 얻게 된다. 상호 배신으로 벌을 받지만, 만일 '협력'의 카드를 낸다면 나는 봉이 되어 뜯기게 되므로 이보다는 나을 것이다. 다음에는 당신이 '협력' 카드를 낼 때를 상상해 보자(<표 1>의 왼쪽 참조). 이때도 내가 '배신' 카드를 내야 최선의 결과를 얻는다. 만일 내가 '협력' 카드를 낸다면 우리 둘 모두는 3백 달러의 높은 이득을 얻을 수 있을 것이다. 그러나 만일 '배신' 카드를 낸다면 5백 달러라는 더 높은 이득을 얻을 수 있다. 따라서 당신이 어느 카드를 내든 간에 나의 최선의 수는 **항상 배신** 카드를 내는 것이라는 결론에 이르게 된다.

그리하여 나는 나무랄 데 없는 논리로, 당신이 무엇을 내든 나는 '배신' 카드를 내지 않으면 안 된다는 답을 얻었다. 당신 역시 똑같은 논리로 똑같은 결론을 내리게 될 것이다. 따라서 이성적인 두 경기자가 만나면 둘 다 배신하여 똑같이 벌금을 물거나 낮은 이득을 얻게 될 것이다. 만약 '협력' 카드만 낸다면 비교적 높은 상호 협력에 대한 포상(여기서는 3백 달러)을 얻을 것이라는 사실을 **둘** 다 잘 알고 있다. 바로 이 때문에 이 게임이 딜레마이며, 지나칠 정도로 역설적으로 보이는 데다가, 심지어는 이에 대항하는 법이 마땅히 존재해야 한다고 제안되기도 했다.

'죄수'란 하나의 가상의 예에서 유래한다. 이 경우의 통화는 돈이 아니라 죄수의 형량이다. 피터슨Peterson과 모리아티Moriarty가 자신들이 저지른 범죄 때문에 공범 혐의로 투옥되어 있다고 하자. 그리고 이들은 각각 독방에서 공범자에 대한 불리한 증언을 하여 동료를 배신하도록 사주받았다. 결과는 두 사람의 죄수가 어떻게 하는가에 따라 결정되며, 어느 쪽도 상대가 어떻게 하는지 모른다. 만일 피터슨이 모리아티에게 죄를 완전히 뒤집어씌우고 모리아티는(자기의 옛 친구, 그러나 실제로는 자기를 배반해 버린 친구와 협력하기 위해서) 아무 말도 하지 않는다면, 재판장은 그 이야기를 그대로 믿게 되어 모리아티는 무거운 형량을 선고받게 되는 반면 피터슨은 배신의 유혹에 굴복하여 무죄 석방될 것이다. 만일 두 사람 모두 배신하면 양쪽 모두 죄가 인정되나 증거를 제공한 점을 감안하여 어느 정도 경감된 형량, 즉 상호 배신의 벌을 받게 된다. 만일 양쪽이 협력하여(서로는 협력이지만 당국에는 거역) 증언을 거부하면 주요 범죄에 관해서 두 사람 중 누구든 유죄가 될 충분한 증거가 없으므로 보다 경미한 죄로 짧은 형량, 즉 상호 협력의 포상을 받을 것이다. 형량을 '포상'이라고 부르는 것이 이상하게 생각될지도 모르나, 오랫동안 옥중에서 보내게 된다는 것을 생각하면 당사자들에게는 포상이 될 수 있다. '이득'이 돈이 아닌 형량이더라도 이 게임의 필수적 특징이 잘 나타나 있다는 것을 알 수 있다(네 가지 결과에서 얻어지는 이득의 순서를 생각해 보기 바란다). 만일 당신 자신이 각 죄수의 입장에서 자기의 이익만 생각한다면, 또 서로 타협할 기회가 없다는 것을 상기한다면, 어느 쪽이나 서로 배신할 수밖에 없고 그 때문에 양쪽 모두 무거운 형량을 선고받게 될 것임을 알 수 있다.

이 딜레마를 피할 수 있는 방법은 정녕 없는 것인가? 양쪽 모두 상대가 무엇을 하든 자기 자신은 상대를 '배신'하는 것 이상으로 좋은 방책이 없다는 것을 잘 알고 있다. 그러나 만일 **두** 사람이 협력하면 **각자** 보다 큰 이익을 얻을 것이라는 것도 알고 있다. 만일 둘이 합의할 수 있는 어떤 방법이 있기만 하다면, 각각이 상대에게 "나는 이기적인 대박을 바라지 않는다"고 안심시킬 방법이 있기만 하다면, 협약을 성사시킬 수 있는 어떤 특별한 방법이 있기만 하다면 좋을 텐데 말이다.

단순한 죄수의 딜레마 게임에서는 이처럼 신뢰를 확인할 방법이 없다. 경기자 중 적어도 한쪽이 이 세상에는 없을 진짜 성인과 같은 봉이 아닌 한, 최종적으로 이 게임은 두 경기자 모두에게 나쁜 결과를 초래하는 상호 배신으로 끝날 운명인 것이다. 그러나 이 단순한 버전 외에 또 하나의 변형된 게임이 있다. 이를 '반복된' 또는 '되풀이' 죄수의 딜레마 게임이라고 한다. 이 반복 게임은 보다 복잡하고, 그 복잡함 속에 희망이 있다.

반복된 죄수의 딜레마

이 반복 게임은 경기자 두 명이 위에서 이야기한 단순 게임을 무한정 반복하는 게임이다. 아까와 마찬가지로 나와 당신이 서로 바라보고 있으며 그 사이에 물주가 앉아 있다고 하자. 아까처럼 서로의 손에는 '협력'과 '배신'이라는 두 장의 카드밖에 없다. 우리는 이들 카드 중 어느 한쪽을 내 승부를 판가름하고, 물주는 앞에서 제시한 규칙에 따라 돈을 주거나 벌금을 받는다. 그러나 이번에는 그것으로 게임이 끝나지 않고 우리는 또다시 카드를 집어서 다음 게임에 임한다. 몇 번 게임을 반복함으로써 우리는 서로에게 신뢰 또는 불신을 쌓고, 보복하거나 회유할 기회를 갖게 된다. 중요한 것은 무한정 계속되는 게임에서 우리가 서로에게 손해를 입히지 않고 오히려 물주에게 손해를 입힘으로써 둘 모두가 승자가 될 수 있다는 점이다.

게임을 열 번 반복한 뒤 이론적으로 나는 최대 5천 달러를 얻을 수 있으나, 그것은 상대가 터무니없이 어리석어서(또는 살신성인하여) 내가 항상 배신하고 있는데도 매번 '협력' 카드를 낼 경우에 그렇다. 보다 현실적으로는 열 번의 게임에서 모두 '협력' 카드를 냄으로써 물주의 돈 3천 달러를 손에 넣는 것이 더 쉽다. 이를 위해서는 우리가 살신성인할 필요가 없다. 왜냐하면 현재까지 상대가 냈던 패를 통해 상대를 신뢰할 수 있는지 여부를 짐작할 수 있기 때문이다. 실제로 우리는 서로의 행동을 단속할 수 있는 것이다. 또 하나 가능성이 높은 것은 우리 중 누구도 상대를 신뢰하지 않는 것이다. 즉 둘 모두가 열 번의 게임 모두 '배신' 카드를 내 물주가 우리로부터 각각 1백 달러를 얻게 하는 것이다. 이 중에서 가장 가능성이 높은 것은 우리가 서로 어느 정도 상대를 신뢰하고 '협력'과 '배신' 카드를 어느 정도 번갈아 내 최종적으로 중간 금액을 얻는 것이다.

10장에서 이야기한 깃털에서 진드기를 서로 잡아 주는 새들은 일종의 반복된 죄수의 딜레마 게임을 하고 있었다. 어째서 그럴까? 새에게는 자기 몸에 붙은 진드기를 잡아내는 것이 중요하므로, 자기를 대신하여 부리가 미치지 못하는 머리 꼭대기의 진드기를 제거해 줄 친구가 필요하다는 것을 상기하기 바란다. 도움을 받은 새가 훗날 친구에게 도움을 갚아야 하는 것은 당연하다. 그러나 새에게 이 서비스는 대단한 것이 아닐지라도 시간과 에너지가 요구되는 것이다. 만일 새가 속이고 — 자기의 진드기를 잡게 한 뒤에 갚기를 거부하고 — 도망칠 수 있다면 그 새는 대가를 치르지 않고 그 이익을 모두 얻을 수 있다.

<표 2> 새의 진드기 잡기 게임의 여러 가지 결과에서 내가 얻을 수 있는 이득

		당신의 패	
		협력	**배신**
나의 패	**협력**	꽤 좋음 **포상** 당신은 내 진드기를 잡아 준다. 그 대신 나도 당신의 진드기를 잡아 주는 대가를 치른다.	매우 나쁨 **봉으로서 뜯김** 나는 내 몸의 진드기를 내버려 둔 채, 당신의 진드기를 잡아 주는 대가를 치른다.
	배신	매우 좋음 **배신의 유혹** 당신은 내 진드기를 잡아 준다. 그러나 나는 당신의 진드기를 잡아 주는 대가를 치르지 않는다.	꽤 나쁨 **벌** 나는 내 몸의 진드기를 내버려 둔 채, 당신의 진드기를 잡아 주지도 않는다는 변변찮은 자기 위안을 한다.

일어날 수 있는 결과에 순서를 매기면 거기에는 실제로 진짜 죄수의 딜레마 게임이 있다는 것을 알 수 있다. 양자가 협력하면, 즉 진드기를 서로 잡아 주면 꽤 좋은 일이 되겠으나, 갚아 주는 대가를 치르기를 거부하여 보다 많은 이득을 얻으려는 유혹도 당연히 존재할 것이다. 양자가 배신하면, 즉 진드기 잡아 주기를 거부하면 나쁘기는 하겠지만, 남의 진드기를 애써 잡아 주면서 자신은 진드기에 뒤덮여 있는 경우보다 나쁘지는 않을 것이다. 그 이득표는 <표 2>와 같다.

그러나 이는 일례에 불과하다. 생각하면 할수록 인간의 생활뿐만 아니라 동물과 식물의 생활까지도 반복된 죄수의 딜레마라는 게임투성이라는 것을 깨닫게 된다. 식물의 생활이라니? 그게 이상한가? 지금 우리는 의식적인 전략(우리 인간은 그럴 때도 있지만)이 아닌 유전자가 미리 짜 넣은 프로그램의 전략, 즉 메이너드 스미스가 의미한 전략에 대해서 말하고 있음을 기억하기 바란다. 앞으로 우리는 식물, 여러 가지 동물, 그리고 박테리아까지도 모두 반복된 죄수의 딜레마 게임을 하고 있음을 알게 될 것이다. 여기서는 반복이 왜 중요한가에 대해 더 자세한 검토를 해 보자.

여러 가지 전략

'배신'이 유일한 합리적인 전략임을 예측할 수 있는 단순한 게임과는 달리, 반복 방식의 게임은 다수의 전략적 선택의 여지를 제공한다. 단순한 게임에서는 '협력'과 '배신' 두 가지 전략만이 가능하다. 그렇지만 반복 방식에서는 여러 가지 전략이 있을 수 있기 때문에 어느 것이 최선인가는 결코 분명치 않다. 예컨대 "대개의 경우는 협력 카드를 내는데, 무작위로 선정된 10퍼센트 정도의 게임에서는 배신 카드를 낸다"는 전략은 몇천 가지 전략 중 하나에 불과하다. 또는 지난 게임의 결과에 조건적인 전략을 택할 수도 있다. 앞에서 살펴본 '원한자'가 그 예다. 원한자는 얼굴을 잘 기억하며 기본적으로는 협력적이지만 상대 경기자가 앞서 자신을 배신한 적 있으면 자기도 배신한다. 이 외에 보다 관대하고 더 단기간의 기억력을 수반하는 전략도 있을 것이다.

분명히 반복 게임에서 취할 수 있는 전략은 무궁무진하다. 그 많은 전략 중에서 어느 것이 최선인지 찾아낼 수 있을까? 이것은 액설로드 스스로가 던진 질문이었다. 그는 게임 이론 전문가들에게 전략을 제안하도록 시합 광고를 냈다. 여기서 전략은 미리 프로그램된 행동의 규칙이었고, 응모자들은 전략 아이디어를 컴퓨터 언어로 보내왔는데 14가지 전략이 제안됐다. 액설로드는 보다 나은 비교를 위해 랜덤Random이라는 15번째 전략을 추가했다. 이 전략은 '협력'과

'배신'의 카드를 아무렇게나 내는 것으로, 일종의 기준선인 '무전략' 역할을 하는 것이었다. 만일 어떤 전략이 랜덤보다 이득이 좋지 않으면 그것은 상당히 나쁜 것임에 틀림없다.

액설로드는 15개의 전략을 공통의 프로그램 언어로 번역하여 대형 컴퓨터로 서로 대전시켰다. 각각의 전략은 다른 모든 전략(자기 자신의 사본도 포함하여)과 순차적으로 짝을 지어 반복된 죄수의 딜레마 게임을 했다. 15개의 전략이 있었기 때문에 컴퓨터로 행해지는 게임은 15×15, 즉 225가지였다. 각각의 대전에서 200회의 승부가 끝나면 점수를 총계해서 승자를 정했다.

<표 3> 액설로드의 컴퓨터 토너먼트: 여러 가지 결과에서 내가 얻는 이득

		당신의 패	
		협력	**배신**
나의 패	**협력**	**꽤 좋음 (상호 협력에 대한) 포상 3점**	**매우 나쁨 봉으로서 뜯김 0점**
	배신	**매우 좋음 배신의 유혹 5점**	**꽤 나쁨 (상호 배신에 대한) 벌 1점**

어떤 전략이 어떤 특정 상대에게 이겼는가는 우리의 관심사가 아니다. 우리의 관심사는 어떤 전략이 15개 상대와의 대전 모두를 합계했을 때 최대의 '돈'을 누적하느냐다. '돈'이라는 것은 단순히 <표 3>에 나타난 것처럼 주어지는 '점수'를 의미한다. 즉 상호 협력은 3점,

배신의 유혹은 5점, 상호 배신의 벌은 1점(앞 게임에서의 가벼운 벌금에 상응한다), 봉이 뜯기는 경우는 0점(앞 게임에서의 무거운 벌금에 상응한다)이다.

하나의 전략이 달성할 수 있는 최고 점수는 15,000점(매회 5점씩 200회, 그것을 15개 모든 상대에게서 얻으면)이었다. 가능한 최저 점수는 0이었다. 말할 것도 없이 이 두 가지의 극단적인 예는 실제로 나타나지 않았다. 하나의 전략이 15개의 전략과 대전하는 동안 평균적으로 얻을 수 있는 최고 점수는 600점을 훨씬 넘어서지 못할 것이다. 이것은 두 경기자 모두 계속 협력하여 200회의 게임에서 3점씩 획득했을 때 각각의 경기자가 얻는 득점이다. 만일 어느 누구든 배신의 유혹에 굴복하면 다른 경기자의 보복(제안된 전략의 대부분은 모종의 보복 행동을 포함한다) 때문에 600점보다 낮은 점수로 끝날 가능성이 매우 높다. 우리는 600점을 기준으로 하여 모든 점수를 이 기준의 백분율로 표시할 수 있다. 이렇게 하면 이론적으로 최고 166퍼센트(1,000점)까지 얻을 수 있으나 실제로 평균 점수가 600점을 넘는 전략은 없었다.

이 토너먼트에서 '참여자'는 인간이 아닌 컴퓨터 프로그램, 즉 미리 프로그램된 전략이라는 것을 생각하기 바란다. 이 프로그램을 작성한 사람은 육체의 프로그램을 만드는 유전자와 같은 역할을 한 셈이다(4장의 컴퓨터 체스와 안드로메다 컴퓨터를 생각해 보라). 전략은 그 작성자의 소형 '대리인'으로 생각할 수 있다. 실제로 작성자는 두 가지 이상의 전략을 제안할 수도 있었다(작성자 한 사람이 그 시합에 전략 여러 개를 '무더기'로 넣고 이 중 하나가 다른 전략의 희생으로 이득을 취하게 하는 것은 부정행위에 해당한다. 액설로드도 아마 이를 허락하지 않았을 것이다).

교묘한 전략이 여러 개 제안되었다. 물론 그 작성자의 교묘함에는 훨씬 못 미치는 것이겠지만 말이다. 승리를 거둔 전략은 놀랍게도 가장 단순하고 가장 덜 교묘해 보이는 전략이었다. 그것은 '이에는 이, 눈에는 눈Tit for Tat(앞으로는 줄여서 'TFT'라 하겠다)'이라 불리는 전략으로, 제안자는 저명한 심리학자이자 게임 이론가인 토론토대학교의 아나톨 라포포트Anatol Rapoport 교수였다. TFT는 최초의 승부는 협력으로 시작하고 그 이후에는 단순히 상대의 앞 수를 흉내 낸다.

TFT 전략이 관여하는 게임은 어떻게 진행되는가? 언제든 어떤 일이 벌어질지는 상대에 따라 달라지게 마련이다. 먼저, 상대 선수도 TFT라고 가정해 보자(각 전략은 다른 14개의 전략 외에 자기 자신의 사본과도 경기하고 있다는 것을 기억하라). 양자 모두 협력부터 시작한다. 다음번에는 각각 상대가 이전에 낸 패를 내는데, 그 패는 '협력'이다. 따라서 양쪽 모두 게임이 끝날 때까지 '협력'을 계속하여 600점이라는 '기준' 점수의 1백 퍼센트를 얻게 된다.

자, 다음은 TFT가 '순진한 시험꾼Naive Prober'이라 불리는 전략과 경기할 때를 생각해 보자. 이 전략은 실제 액설로드의 시합에는 들어가지 않았으나 배울 점이 있는 전략이다. 기본적으로 'TFT'와 같으나 10회 중 무작위로 한 번 정도 이유 없이 배신하여 높은 배신의 유혹 점수를 받는다. 이 시험에서 순진한 시험꾼이 시험 삼아 배신하기 전까지는 두 경기자 모두 TFT나 다름없다. 오랫동안 상호 이익이 있는 협력이 계속되면서 두 경기자는 기준점 백 퍼센트를 얻게 된다. 그러나 갑자기 예고도 없이, 예컨대 8번째 수에서 '순진한 시험꾼'이 배신한다. TFT는 물론 이 수에서는 '협력' 카드를 내기 때문에 봉으로서 상대방에게 뜯기면서 0점을 받게 된다. 순진한 시험꾼은 그 배신으로 5점을 얻기 때문에 이득을 보는 것처럼 보인다. 그러나 다음의 승부에서는 TFT가 '보복한다'. 상대의 앞 수를 흉내 내는 규칙에 따라 '배신' 카드를 낸다. 한편 순진한 시험꾼은 자신의 규칙에 따라 상대의 '협력'이라는 수를 모방한다. 그리하여 순진한 시험꾼은 봉이 되어 0점을 얻는 데 반해 TFT는 5점이라는 높은 점수를 얻는다. 다음 승부에서는 공정하지 않다고 생각될지 모르겠지만 순진한 시험꾼이 TFT의 배신에 '보복한다'. 그리고 그 반대 상황이 번갈아 계속된다. 이렇게 진행되는 동안 두 경기자는 승부당 평균 2.5점(5점과 0점의 평균)을 받는다. 이것은 두 경기자가 계속 상호 협력하여 꾸준히 모을 수 있는 3점보다 낮다(이것이 앞에서 설명하지 않은 '부가적인 조건'이 필요한 이유다). 따라서 순진한 시험꾼이 TFT와 게임할 때 두 경기자가 얻는 점수는 TFT끼리 게임하는 경우보다 낮다. 그리고 만일 '순진한 시험꾼'끼리 게임하면 양쪽 모두의 득점은 훨씬 더 안 좋을 것이다. 왜냐하면 배신과 그 보복의 연쇄가 더 일찍 시작되는 경향이 있기 때문이다.

'후회하는 시험꾼'

이번에는 '후회하는 시험꾼Remorseful Prober'이라는 또 하나의 전략에 관해 생각해 보자. 후회하는 시험꾼은 순진한 시험꾼과 닮았으나, 보복의 연쇄를 타파하고자 적극적인 방책을 강구한다는 점에서 다르다. 그러려면 후회하는 시험꾼은 TFT나 순진한 시험꾼보다 더 오랫동안 기억할 수 있어야 한다. 후회하는 시험꾼은 이번에 자기가 자발적으로 배신했는지, 그리고 그 결과 즉각적 보복을 당했는지를 기억한다. 그리고 만일 그랬다면 이에 대한 '후회'의 징표로 보복 없는 '한 번의 자유로운 선택'을 상대방에게 허락한다. 이것은 상호 보복의 연쇄가 미연에 방지됨을 의미한다. 후회하는 시험꾼과 TFT가 게임한다고 상상해 보면 상호 보복의 연쇄가 신속히 진압될 것을 짐작할 수 있을 것이다. 게임의 대부분은 상호 협력으로 끝나고 양쪽 경기자 모두 그 결과로 많은 점수를 얻을 수 있다. 후회하는 시험꾼은 TFT와의 승부에서 순진한 시험꾼보다 더 높은 점수를 획득할 수는 있으나 TFT가 서로 대전했을 때만큼 좋은 점수를 얻지 못한다.

액설로드의 토너먼트에 참가한 전략 중 어떤 것은 후회하는 시험꾼과 순진한 시험꾼 전략보다 세련되지만 단순한 TFT보다는 평균적으로 낮은 득점에 그치고 만다. 실제로 모든 전략(랜덤을 제외하고) 중에서 가장 성공률이 낮았던 것은 가장 복잡한 전략이었다. '익명의 인물'이라는 사람이 제안했던 것인데, 이것은 즐거운 추측을 불러일으켰다. 이 '익명의 인물'은 누구일까? 펜타곤의 배후 세력일까? CIA 국장일까? 헨리 키신저Henry Kissinger일까? 아니면 액설로드 자신일까? 우리는 결코 알 수가 없을 것이다.

제안된 특정 전략을 상세히 검토하는 것이 그렇게 재미있기만 한 일은 아니다. 그리고 이 책은 컴퓨터 프로그램 작성자의 창의성에 관한 것이 아니다. 어떤 기준에 따라 전략들을 분류한 다음 각 범주의 성공도를 검토하는 것이 더 재미있다. 액설로드에 따르면 가장 중요한 범주는 '마음씨 좋은' 전략꾼이다. 마음씨 좋은 전략은 먼저 배신하는 일이 결코 없는 전략으로 정의된다. TFT가 그 일례인데, 이 전략은 배신할 수 있기는 하지만 보복으로서만 배신한다. 순진한 시험꾼과 후회하는 시험꾼은 상대방이 배신을 선동하지 않을 때에도 때때로 배신하므로 못된 전략이다. 토너먼트에 참가한 15개의 전략 중 8개는 마음씨 좋은 전략이었다. 중요한 것은 득점이 높은 상위 8위가 모두 마음씨 좋은 전략이었으며 못된 전략 7개가 하위를 차지했다는 사실이다. TFT는 평균 504.5점을 얻었는데 이는 기준점인 600점의 84퍼센트로 고득점이다. 다른 마음씨 좋은 전략들도 이보다 조금 낮은 83.4퍼센트에서 78.6퍼센트 사이의 점수를 얻었다. 이 점수와 못된 전략 중에서 최고로 성공한 그래스캠프Graaskamp가 얻은 66.8퍼센트 사이에는 큰 격차가 있다. 이 게임에서 마음씨 좋은 놈이 성공한다는 것은 꽤 설득력 있다.

관대

액설로드가 사용한 또 하나의 전문 용어는 '관대forgiving'다. 관대한 전략은 보복하는 일은 있으나 단기의 기억밖에 없다. 그렇기 때문에 오래된 악행은 쉽게 잊어버린다. TFT는 관대한 전략이다. 배신자에 대해 그 즉시 가볍게 벌하고 그 후에는 과거를 씻은 듯이 잊는다. 10장에서의 원한자는 전혀 관대하지 않다. 이 전략의 기억력은 게임이 끝날 때까지 지속된다. 한 번이라도 자기를 배신한 적 있는 상대에 대해서는 그 원한을 결코 잊지 않는다. 형식상 원한자와 동일한 전략이 액설로드의 토너먼트에서는 프리드먼Friedman이라는 이름으로 제출되었으나 성적은 별로 좋지 않았다. 모든 마음씨 좋은 전략 중에(프리드먼 전략은 전혀 관대하지 않음에도 구분상 마음씨 좋은 전략임에 주의하라) 원한자/프리드먼의 성적은 끝에서 두 번째였다. 관대하지 않은 전략이 성적이 좋지 못한 이유는 적이 '후회하는' 전략일 경우에도 상호 보복의 연쇄를 타파할 수 없기 때문이다.

TFT보다 더 관대한 전략도 있다. '두 번은 봐준다Tit for Two Tats(이후 TFTT로 줄여 칭한다)'는 전략은 적이 연거푸 두 번 배신하는 것을 용납하고 나서 보복한다. 지나치게 도량이 넓은 전략이라고 생각될지도 모르지만, 액설로드는 누군가가 이 토너먼트에 TFTT를 제안했었다면 승리를 거두었을 것이라는 사실을 알아냈다. 그 이유는 이 전략이 상호 보복의 연쇄를 잘 피할 수 있기 때문이다.

지금까지 우리는 승리하는 전략에 두 가지 특징이 있다는 것을 알아냈다. 즉 '마음씨 좋음'과 '관대'다. 유토피아에서나 나올 법한, 마음씨 좋고 관대하면 이득이 된다는 이 결론은 너무 잔꾀를 부려 미묘하게 못된 전략을 제출한 전문가들에게는 놀라운 것이었다. 또 한편 마음씨 좋은 전략을 제출한 사람까지도 TFTT만큼 관대한 전략을 감히 제출하지는 못했다.

액설로드는 두 번째 토너먼트를 선언했다. 응모한 62개 전략에 '랜덤'을 추가하여 전부 63개 전략이 참여하게 되었다. 이번에는 한 게임당 승부를 200회로 고정하지 않았는데, 그 이유는 이후에 다시 논하기로 하자. 이번에도 역시 득점을 '기준점', 즉 '항상 협력'했을 때의 득점에 대한 백분율로 나타낼 수 있다. 다만 그 기준점은 더 복잡한 계산을 필요로 하며 더 이상 600점이 아니다.

두 번째 토너먼트의 프로그램 작성자들에게는 TFT와 그 밖의 마음씨 좋은 전략, 관대한 전략의 효율성에 관한 액설로드의 분석과 함께 첫 번째 토너먼트의 결과가 제공되었다. 참가자들이 이 배경 정보를 어떤 식으로든 고려할 것은 당연했다. 실제로 그들은 두 가지 사고의 유파로 나뉘었다. 이 중 하나는 마음씨 좋고 관대한 것이 승리로 이끄는 속성이라고 생각하여 마음씨 좋고 관대한 전략을 제출했다. 메이너드 스미스는 훨씬 관대한 TFTT 전략을 제출하기까지 했다. 또 다른 유파는 많은 동료들이 액설로드의 논문을 읽고 이번에는 마음씨 좋고 관대한 전략을 제출할 것이라 생각하고 약자들을 등

쳐먹고자 못된 전략을 제출하였다.

그러나 못된 전략은 또다시 성적이 좋지 않았다. 라포포트가 제출했던 TFT가 또다시 승자가 되었으며 기준점의 96퍼센트라는 높은 점수를 기록했다. 그리고 또다시 마음씨 좋은 전략은 대체로 못된 전략보다 성공적이었다. 상위 15개 중 하나만 제외하면 모두 마음씨 좋은 전략이었고 하위에서 15개 중 하나만 제외하면 모두 못된 전략이었다. TFTT는 제출되었다면 첫 번째 토너먼트에서는 이겼을지 모르지만 두 번째 토너먼트에서는 이기지 못했다. 이번 토너먼트에는 그와 같이 솔직한 약자를 무정하게 짓밟을 수 있는 더 미묘한 못된 전략이 포함되어 있었기 때문이다.

이러한 결과는 이와 같은 토너먼트의 중요한 문제점을 드러낸다. 즉 전략의 성공은 어떤 다른 전략이 제출되느냐에 달려 있다는 것이다. 이것이 첫 번째 토너먼트에서는 TFTT가 승자가 될 수 있었을지 모르지만 두 번째 토너먼트에서는 비교적 하위에 머무를 수밖에 없었던 이유를 설명하는 유일한 방법이다. 그러나 앞에서도 언급했지만 이 책은 컴퓨터 프로그램 작성자의 창의성에 관한 책이 아니다. 보다 일반적이고 보다 덜 자의적인 의미에서 어느 것이 진정으로 최선의 전략인지 판단하는 객관적인 방법이 있을까? 여기까지 읽은 독자는 이미 진화적으로 안정한 전략에 대한 이론에서 그 답을 발견할 준비가 되어 있을 것이다.

액설로드가 초기의 결과를 사람들에게 회람하고 두 번째 토너먼트에 전략을 제출하도록 초청했을 때 나도 거기 끼여 있었다. 나는 그에 응하지 않는 대신에 한 가지 제안을 했다. 액설로드는 이미 ESS의 관점에서 사고하기 시작했지만, 그러한 생각이 매우 중요하다고 느꼈던 나는 그에게 편지를 보내 해밀턴과 접촉하도록 권했던 것이다. 당시 해밀턴은 액설로드와 같은 미시간대학교 내 다른 학과에 있었는데 액설로드는 그 사실을 몰랐다. 액설로드는 즉시 해밀턴과 만났고, 이후 두 사람의 연구 결과가 공동 논문으로 1981년 『사이언스 *Science*』지에 발표되었다. 이 논문은 전미 과학진흥협회의 뉴콤클리브랜드상Newcomb Cleveland Prize을 수상했다. 이 논문에서 액설로드와 해밀턴은 반복된 죄수의 딜레마의 유쾌하고 기발한 생물학적 실례 몇 가지를 고찰한 것과 더불어, ESS적 접근 방식을 제대로 파악하고 있었다고 나는 생각한다.

ESS적 접근 방식

ESS(진화적으로 안정한 전략)적 접근 방식을 액설로드가 두 토너먼트에 적용한 '리그전 방식'과 비교해 보자. 리그전 방식이란 각각의 전략이 다른 전략들과 돌아가면서 모두 대전하는 방식이다. 한 전략의 최종 득점은 다른 전략 모두와의 대전에서 획득한 점수의 총계다. 따라서 리그전 방식의 토너먼트에서 승리하려면 사람들이 당시 제출했던 모든 다른 전략에 잘 대항해야만 한다. 폭넓은 여러 전략들에 대해 잘 대항하는 전략을 액설로드는 '강건하다'라고 부른다. TFT는 강건한 전략으로 판명되었다. 그러나 사람들이 당시 제출했던 일련의 전략들은 제멋대로인 임의의 전략들이다. 앞서 우리가 걱정한 것도 바로 이 때문이다. 액설로드의 첫 번째 토너먼트에서 참가자의 거의 절반이 마음씨 좋은 전략이었다는 것도 우연이었다. 이와 같은 환경 속에서 TFT가 이겼던 것이며, 같은 환경에서는 TFTT도 만약 참가했더라면 이겼을 것이다. 그러나 우연히도 참가자의 거의 모두가 못된 전략이었다고 상상해 보자. 이것은 쉽게 일어날 수 있는 일이다. 결국 제출된 14가지 전략 중 6가지는 못된 전략이었다. 만일 13가지 전부가 못된 전략이었다면 TFT는 이기지 못했을 것이다. 이 '환경'은 TFT에게 맞지 않았을 것이다. 획득 상금뿐만 아니라 전략 간 성공도의 순위도 어떤 전략이 우연히 참가하였는가에, 바꾸어 말하면 인간의 불안정한 변덕스러움만큼 자의적인 것에 좌우된다. 이 자의성을 어떻게 하면 줄일 수 있을까? 바로 'ESS적 사고'를 통해서다.

앞서 언급한 대로, ESS의 중요한 특징은 그 전략이 전략들의 집단 내에서 이미 다수를 점하고 있을 때 계속 좋은 성적을 얻게 된다는 것이다. 말하자면 TFT가 ESS라는 것은 TFT가 우위를 점하는 환경에서는 TFT가 잘해 나갈 것이라는 것을 의미한다. 이것을 우리는 일종의 '강건함'으로 간주할 수 있다. 진화론자로서 우리는 이것을 무엇보다 중요한 강건함이라고 보고 싶을 것이다. 왜 그렇게 중요한가? 왜냐하면 다윈주의의 세계에서 승리는 돈으로 지불되는 것이 아니라 자손의 수로 지불되기 때문이다. 다윈주의자에게 성공적인 전략은 전략들의 집단 내에서 그 수가 많은 것들이다. 어떤 전략이 계속 성공하기 위해서는 그 전략이 다수일 때, 즉 자기 자신의 사본이 많은 환경에서 특히 잘되어야 한다.

액설로드는 실제로 제3라운드의 토너먼트를 자연선택이 벌어지는 식으로 실시하여 ESS를 구하려고 했다. 하지만 그는 그것을 제3라운드라고 부르지 않았다. 왜냐하면 그는 새로운 참가자를 불러모으지 않고 제2라운드의 63가지 전략을 그대로 썼기 때문이다. 나는 이것을 제3라운드로 부르는 것이 편리하다고 생각한다. 그 이유는 처음 두 라운드의 '리그전 방식' 토너먼트 사이보다 제3라운드와 이전의 두 라운드 사이에 더 근본적인 차이가 존재하기 때문이다.

액설로드는 이 63가지 전략을 다시 컴퓨터에 입력해 '제1세대'

를 만들었다. 따라서 '제1세대'의 '환경'에서는 63가지 전략 모두 균등하게 분포해 있었다. 제1세대가 끝날 때 각 전략의 득점은 '돈'이나 '점수'가 아닌 부모(무성생식형)와 동일한 자손의 수로 산출되었다. 세대가 지나면서 어떤 전략은 수가 점점 줄어들어 최종적으로는 절멸한 반면 다른 전략은 점점 수가 많아졌다. 따라서 전략의 비율이 변하면서 다음 단계의 게임이 펼쳐질 '환경'도 변하게 된 것이다.

마침내 대략 1천 세대를 경과한 후에 비율이 더 이상 변하지 않고 환경도 더 이상 변하지 않게 되었다. 안정 상태에 도달한 것이다. 여기까지 오는 동안 여러 가지 전략의 성쇠는 내가 돌린 사기꾼, 봉, 원한자에 대한 컴퓨터 시뮬레이션에서처럼 오르락내리락했다. 몇 개의 전략은 처음부터 사라졌고 대부분은 200세대를 넘지 못했다. 못된 전략 중 한두 개는 처음에는 빈도가 높아졌으나, 나의 시뮬레이션에서 사기꾼 전략처럼 그 번영은 잠깐뿐이었다. 못된 전략 중에 2백세대 이상 살아남은 유일한 전략은 해링턴Harrington 전략이었다. 해링턴은 처음 150세대 동안 급격하게 증가했다. 이 후 천천히 감소해 1천 번째 세대쯤에는 절멸에 접근해 있었다. 해링턴이 일시적으로 성공적이었던 것은 내 시뮬레이션에서 사기꾼과 같은 이유다. 해링턴은 TFTT(너무 관대한 전략)같이 연약한 상대가 있으면 이들을 착취했다. 이후 연약한 패가 절멸하면 더 이상 손쉬운 상대가 없으므로 해링턴은 이들의 뒤를 따라 절멸에 이르렀다. 이제 경기장은 TFT처럼 '마음씨가 좋으'면서도 '분개할 줄 아는' 전략의 독무대가 됐다.

실제로 TFT는 제3라운드의 게임 6회 중 5회에서 1위가 되었다. 제1, 2라운드에서와 마찬가지로 말이다. 마음씨가 좋으면서도 분개할 줄 아는 다른 5개의 전략도 결국 거의 TFT만큼 성공했다(집단 내에서 빈도가 높아졌다). 실제로 그중 하나가 나머지 한 개의 게임에서 승자가 되었다. 못된 전략이 모두 절멸하고 나면 어떤 마음씨 좋은 전략도 TFT나 서로 간에 구별할 수 없게 된다. 왜냐하면 이들은 모두 마음씨가 좋아 상대방에게 협력의 카드를 내놓기 때문이다.

이처럼 구별이 불가능하기 때문에 TFT가 ESS처럼 보이지만 엄밀하게 진짜 ESS는 아니다. 어떤 전략이 ESS가 되려면 그것이 흔한 전략일 때 희소한 돌연변이 전략이 침입하더라도 영향을 받아서는 안 된다는 것을 되새기기 바란다. TFT가 어떤 못된 전략의 침입에 영향을 받지 않는다는 것은 사실이지만, 또 다른 마음씨 좋은 전략의 침입에 대해서는 어떨 것인가는 전혀 다른 문제다. 지금까지 살펴본 대로 마음씨 좋은 전략의 집단 내에서는 어느 것이든 모두 똑같이, 모두 언제나 협력한다. 그래서 완전히 성인처럼 '항상 협력'하는 다른 어떤 마음씨 좋은 전략도 TFT보다 더 우월하지는 않더라도 눈에 띄지 않고 집단에 끼어들 수 있다. 그러므로 TFT는 ESS가 아니다.

온 세상이 마음씨 좋은 상태에 머물러 있기 때문에 TFT를 ESS로 간주할 수 있다고 생각할지도 모른다. 그러나 다음에 어떤 일이 벌어지는지 눈여겨보기 바란다. TFT와는 달리 항상 협력하는 전략은 항상 배신하는 전략처럼 못된 전략의 침입에 대해 안정적이지 못하다. 항상 배신하는 전략은 항상 협력하는 전략을 이긴다. 매번 배신에 대한 유혹의 고득점을 얻기 때문이다. 항상 배신하는 것과 같은 못된 전략은 항상 협력하는 것과 같은 너무 마음씨 좋은 전략의 개수를 적게 유지시킨다.

그러나 비록 TFT가 진짜 ESS는 아니지만, 기본적으로 마음씨가 좋으면서도 보복적인 TFT와 유사한 전략들의 혼합 전략이 실제로 ESS에 해당한다고 보는 것은 아마도 적절할 것이다. 이러한 혼합 전략은 조금 못된 측면을 포함하고 있을 수도 있다. 로버트 보이드Robert Boyd와 제프리 로버바움Jeffrey Lorberbaum은 액설로드의 연구에 대한 아주 흥미로운 후속 연구 중 하나에서 TFTT와 '의심 많은 TFT'의 혼합 전략을 고찰하였다. '의심 많은 TFT'는 구분상 못된 전략이기는 하지만 아주 못된 것은 아니다. 이 전략은 최초의 대전 이후에는 TFT와 똑같이 행동하지만 최초의 대전에서는 꼭 배신한다. 이 때문에 못된 전략으로 구분되는 것이다. TFT가 전면적으로 우위를 점하는 환경에서 의심 많은 TFT는 번영할 수 없다. 왜냐하면 그 최초의 배신이 이후 상호 배신의 연쇄를 일으키기 때문이다. 한편 의심 많은 TFT의 상대가 TFTT라면 TFTT가 매우 관대하기 때문에 이 연쇄의 싹을 잘라 버린다. 양쪽 모두 적어도 '기준점', 즉 모두 C학점으로 게임을 마치며, 의심 많은 TFT는 최초의 배신에 대한 보너스 점수를 얻는다. 보이드와 로버바움은 TFT의 집단이 TFTT와 의심 많은 TFT의 **혼합** 전략의 침입에 영향을 받으며 이 혼합 전략은 번영한다는 것을 보여 주었다. 물론 이 혼합 전략이 이와 같은 형태로 침입할 수 있는 유일한 전략은 아니다. 아마도 조금 못된 전략과 마음씨 좋고 매우 관대한 전략의 혼합 전략으로서 두 전략이 함께 침입하여 성공할 수 있는 조합은 매우 많이 있을 것이다. 이것은 인간 생활에서 흔히 볼 수 있는 측면들을 반영하는 것으로 보인다.

액설로드는 TFT가 ESS가 아님을 인식하고 있었고, 이를 설명하기 위해 '집단적으로 안정한 전략collectively stable strategy'이라는 표현을 만들어 냈다. 진짜 ESS와 마찬가지로, 동시에 둘 이상의 전략이 집단적으로 안정할 수 있다. 그리고 어떤 전략이 하나의 집단에서 우위를 점하는지는 운에 달려 있다. TFT뿐만 아니라 항상 배신하는 전략도 안정하다. 이미 항상 배신하는 전략이 우위를 차지하게 된 집단에서는 다른 어떤 전략도 더 잘해 나갈 수 없다. 우리는 이 시스템을 쌍안정bistable의 시스템, 즉 한편에 '항상 배신'이라는 안정점이 있고, 다른 한편에 'TFT'(또는 주로 마음씨가 좋지만 보복도 하는 전략들의 혼합)라는 안정점이 있는 시스템으로 간주할 수 있다. 어느 쪽이든 집단 내에서 먼저 우위를 차지하는 전략이 그대로 우위에 머물게 된다.

여기서 '우위'란 양적인 면에서 무엇을 의미하는 것일까? TFT가 항상 배신하는 전략보다 더 잘해 나가기 위해서는 어느 정도의 수가 있어야만 하는가? 그것은 이 특정한 게임에서 물주가 지불하겠다고 공표한 금액의 명세에 따라 달라진다. 여기서 우리가 일반적으로 말할 수 있는 것은 칼날처럼 예리하게 운명을 좌우하는 임계 빈도가 존재한다는 것뿐이다. 칼날의 한쪽 면에서는 TFT의 빈도가 임계 빈도를 초과하여 선택은 TFT를 점점 더 선호하게 된다. 칼날의 다른 면에서는 항상 배신하는 전략이 임계 빈도를 초과하여 선택은 점점 더 항상 배신하는 전략을 선호하게 된다. 이 칼날에 해당하는 것을 이미 10장의 '원한자'와 '사기꾼' 이야기에서 살펴본 바 있다.

그러므로 어떤 집단이 칼날의 어느 쪽에서 **출발**하느냐는 분명히 중요하다. 그리고 우리는 어떻게 하여 어떤 집단이 칼날의 한쪽에서 다른 쪽으로 건너갈 수 있는지 알 필요가 있다. '항상 배신' 쪽에 이미 자리 잡고 있는 집단에서 출발해 보자. 소수의 TFT 개체는 호혜적인 이익을 얻을 만큼 충분히 만나지 못한다. 따라서 자연선택은 집단을 더욱더 극단적인 '항상 배신' 쪽으로 민다. 우연한 계기로 이 집단이 칼날을 건널 수만 있다면 집단은 TFT 쪽으로 미끄러져 내릴 수 있을 것이며 모두가 물주(또는 '자연')에게서 점수를 얻어 가며 더 잘해 나갈 수 있을 것이다. 그러나 물론 이들 집단은 집단으로서의 의지도, 의도도, 목적도 갖지 않는다. 칼날을 건너려는 노력 같은 것은 하지 않는다. 방향성을 갖지 않는 자연의 힘이 어쩌다 칼날을 건너도록 이끌 때만 칼날을 건너게 되는 것이다.

이러한 일이 어떻게 일어날 수 있을까? 한 가지 답은 '우연히' 일어날 수 있다는 것이다. 그러나 '우연'이라는 것은 모른다는 것을 표현하는 단어일 뿐이다. 그것은 '무엇인가 알려지지 않은 또는 불특정한 이유에 의해 결정된다'는 것을 의미한다. 우리는 '우연'보다는 조금 더 나은 답을 찾을 수 있다. 우리는 소수파인 TFT 개체의 수가 어떻게 임계값 이상으로 늘어날 수 있는지 그 실제적 방법에 대해 생각해 볼 수 있다. 즉 TFT 개체가 충분한 수만큼 뭉쳐서 모두 물주에게서 이익을 얻을 수 있는 가능한 방법을 탐구하는 것이다.

혈연관계

이러한 생각은 해답을 얻을 가망성은 있어 보이나 다소 막연하다. 도대체 서로 닮은 개체끼리 어떻게 뭉치고 국소적 집합을 이룰 수 있을까? 자연계에서 이는 유전적인 인연, 즉 혈연을 통해서 이루어질 수 있다. 대개의 동물은 집단 내 임의의 개체와 가까이 살기보다는 자기의 형제자매, 조카 등과 가까이 살고 있다. 반드시 개체의 선택을 통해서 그렇게 되는 것은 아니다. 집단 내의 '점성粘性'을 통해 자동적으로 그렇게 되는 것이다. 점성이라는 것은 각 개체가 출생 장소 근처에서 살려는 경향을 의미한다. 예컨대 역사의 대부분을 통틀어 볼 때, 그리고 세계의 대부분 지역에서(현대 세계에서는 다르지만) 인간이 자기의 출생지에서 수 킬로미터 이상 멀리까지 방황하는 일은 별로 없었다. 그 결과 유전적으로 가까운 개체들이 지역적 집합을 이루게 되었다. 아일랜드의 서해안에 있는 어떤 작은 섬을 방문했을 때, 나는 그곳의 거의 모든 사람이 물주전자의 손잡이처럼 생긴 매우 큰 귀를 가지고 있는 사실에 놀란 적이 있다. 그 섬사람들의 큰 귀가 그곳 기후에 적합하기 때문에 그렇게 됐다고 볼 수는 없다(그곳은 바닷바람이 세다). 이는 섬 주민의 대부분이 서로 밀접한 혈연관계에 있기 때문이었다.

혈연관계인 개체들은 단순히 용모뿐만 아니라 갖가지 다른 면에서도 닮는 경향이 있다. 예를 들어 TFT식으로 행동하는(또는 행동하지 않는) 유전적 성향을 서로가 닮는다. 그리하여 집단 전체로 보면 TFT가 드물더라도 국소적으로는 그 수가 많을 수 있다. 일정한 지역에서는 TFT 개체들이 상호 협력하여 번영할 정도로 충분히 자주 만날 수 있다. 비록 집단 전체에서 총체적 빈도만 계산하면 그 빈도가 '칼날의' 임계값을 밑돌지라도 말이다.

만일 그렇다면 아늑한 작은 지역 집단을 이루어 서로 협력하는 TFT 개체는 매우 크게 번영할 수 있으므로 작은 지역 집단에서 보다 큰 지역 집단으로 성장할 것이다. 이러한 지역 집단은 매우 커져서 다른 지역, 즉 그때까지 항상 배신하는 개체가 우세하던 지역에까지 퍼질 수 있다. 이와 같은 지역 집단을 생각할 때, 내가 말한 아일랜드의 섬은 물리적으로 차단되어 있으므로 오해를 불러일으킬 소지가 있다. 이보다는 큰 집단을 생각해 보자. 지역 전체에 걸쳐 교잡이 끊임없이 존재하지만, 내부 이동이 별로 없어 멀리 있는 이웃보다는 근접한 이웃과 닮는 경향을 갖는 집단 말이다.

다시 칼날 이야기로 돌아가 보면, TFT는 그 칼날을 타고 넘을 수가 있다. 필요한 것은 작은 지역 집단을 형성하는 것뿐인데, 자연 개체군에서는 생기기 쉬운 일이다. TFT는 소수일 때조차 칼날을 넘어 자기에게 유리한 쪽으로 건너갈 수 있는 능력을 가지고 있다. 마치 칼날 아래 비밀 통로가 있는 것 같다. 그러나 이 통로에는 일방통행만 가능케 하는 밸브가 있다. 즉 건너가는 방향에 비대칭이 존재하는 것이다. TFT와 달리 항상 배신하는 전략은 진짜 ESS인데도 불구하고 지역적인 소집단을 형성하여 칼날을 넘을 수 없다. 항상 배신하는 개체들의 지역 집단은 서로의 존재에 의해 번영하기는커녕 아주 **죽을 쑤게** 된다. 서로 평화롭게 도와 물주에게서 돈을 뜯어내는 것이 아니라 서로를 공격한다. 이 때문에 항상 배신하는 개체는 TFT 개체와 달리 집단 내에서 혈연 또는 점성의 도움을 얻을 수 없다.

따라서 TFT는 좀 불안한 ESS일지는 모르나 고도의 안정성을 가지고 있다. 이것은 무엇을 의미하는 것일까? 물론 안정한 것이기는 하다. 여기서 우리는 장기적으로 보고 있다. 항상 배신하는 전략은 장기간에 걸쳐 침입에 저항한다. 그러나 만약 충분히 오랫동안, 아마도 수천 년을 기다리면 TFT가 칼날의 저편으로 넘어가기에 충분한 개체 수를 결국 확보할 것이고 그 집단은 TFT의 세상이 될 것이다. 그러나 그 반대는 없다. 이미 보았듯이 항상 배신하는 개체들은 집결로 인한 이익을 얻지 못하므로 이 고도의 안정성을 누리지 못한다.

TFT는 우리가 살펴본 대로 처음부터 배신하는 일은 없으므로 '마음씨 좋은' 전략이며, 과거의 나쁜 행동에 대하여 단기의 기억만 갖고 있어 '관대'하다. 여기서 액설로드의 또 하나의 전문 용어를 소개하겠다. TFT는 '시샘하지도 않는다'. 액설로드의 용어로 시샘한다는 것은 절대적으로 많은 돈을 물주로부터 뜯어내려 노력하는 것이 아니라 상대보다 많은 금액을 얻으려고 애쓰는 것을 의미한다. 시샘하지 않는다는 의미는, 상대가 당신과 같은 돈을 얻었다고 해도 두 사람 모두 많은 금액을 물주로부터 얻을 수 있는 한 완전히 만족한다는 의미다. TFT가 실제로 게임에서 '이기는' 일은 결코 없다. 잘 생각해 보면, TFT는 보복하는 경우를 제외하고는 결코 배신하지 않으므로 어느 게임에서든 '적' 이상의 득점을 획득할 수 **없다**는 것을 알 수 있다. 기껏 잘돼야 상대방과 비길 뿐이다. 그러나 각각의 비기는 게임에서 고득점을 얻게 된다. TFT를 비롯한 마음씨 좋은 전략에 대해서는 '적'이라는 말이 부적절하다. 그러나 슬프게도 심리학자들이 현실의 인간 사이에서 '반복된 죄수의 딜레마' 게임을 실시할 때에는 거의 모든 경기자들이 시샘의 유혹에 빠져 상대적으로 적은 금액밖에 얻지 못한다. 별생각 없이 많은 사람들은 상대방과 협력하여 물주를 공격하기보다 상대방을 공격하려고 한다. 액설로드의 연구는 이것이 실수라는 것을 보여 준다.

영합 게임과 비영합 게임

이것은 어떤 종류의 게임에서만 실수다. 게임 이론가는 게임을 '영합 게임zero sum game'과 '비영합 게임nonezero sum game'으로 나눈다. 영합 게임에서는 한쪽 선수의 승리가 다른 쪽 선수의 패배가 된다. 체스는 영합 게임이다. 왜냐하면 각 선수의 목적은 상대에게 이기는 것이고, 그것은 다른 쪽의 패배를 의미하기 때문이다. 그러나 '죄수의 딜레마'는 비영합 게임이다. 돈을 지불하는 물주가 있고, 따라서 두 선수는 어깨동무를 하고 끝까지 물주를 뜯어내는 것이 가능하다.

이 '물주를 뜯어낸다'는 표현은 셰익스피어의 희곡 한 구절을 떠올리게 한다.

우리가 제일 먼저 할 일, 그것은 모든 변호사를 죽여 없애는 것이다.

— 「헨리 6세」 제2막

민사 분쟁

우리가 민사 '분쟁'이라고 하는 것에는 실제로 크나큰 협력의 여지가 남아 있는 경우가 흔하다. 영합 대립으로 보이는 것에 약간의 선의를 보태면 쌍방에 이익을 주는 비영합 게임으로 바꿀 수 있다. 이혼에 대해 생각해 보자. 좋은 결혼은 분명히 상호 협력이 가득한 비영합 게임이다. 그러나 그 결혼이 실패할 때라도 두 사람이 협력을 계속하여 이혼까지도 비영합 게임으로 만듦으로써 이익을 얻을 수 있는 요소는 얼마든지 있다. 마치 아이들의 행복 같은 것은 안중에도 없다는 듯이 두 사람의 변호사에게 비용을 지불해 버리면 가족의 재정에 적지 않은 영향을 줄 것이다. 그래서 양식과 교양이 있는 부부는 둘이 같이 한 사람의 변호사에게 상담하는 것으로 시작한다. 그렇지 않은가?

그러나 실제로는 그렇지 않다. 적어도 영국에서는, 그리고 최근까지 미국 50개 주 전체에서는 법률이 또는 보다 엄밀히 말해(그리고 의미심장하게도) 변호사 규약이 그렇게 하는 것을 허락하지 않는다. 변호사는 고객으로 의뢰인 부부 중 어느 한 사람밖에 수락할 수 없다. 상대편은 문전에서 거절당하며, 법률적인 조언을 전혀 받을 수 없거나 다른 변호사에게 갈 것을 강요당한다. 그리고 그때부터 재미있는 일이 벌어진다. 두 사람의 변호사는 분리된 방에서, 그러나 같은 목소리로 즉시 '우리'와 '그들'에 관해 상의하기 시작한다. 여기서 '우리'란 나와 내 아내를 말하는 것이 아니라 아내와 아내의 변호사와 대립하는 나와 내 변호사를 말하는 것이다. 이 소송이 법정으로 가면 실제로 '스미스 대 스미스'라는 식으로 기재된다. 그 부부가 서로를 적대시하든 그렇지 않든, 현명하게 서로를 우호적으로 대하는 데 동의하든 아니든 간에, 그 부부는 서로를 적대하는 것으로 **상정**된다. 이혼을 '내가 이기고 너는 진다'라는 싸움으로 다룬다면 누가 이익을 얻겠는가? 이익을 보는 것은 아마도 변호사들뿐이다.

불행한 부부는 영합 게임에 말려들고 만다. 그러나 변호사들에게 스미스 대 스미스의 소송은 짭짤한 **비**영합 게임이다. 그들은 스미스 부부 각자가 돈을 지불하도록 하고 자신들은 잘 짜인 협력을 통해 두 의뢰인의 구좌에서 돈을 쏙쏙 빼낸다. 그들이 협력하는 하나의 방법은 상대측이 수락하지 않을 것이 뻔한 제안을 하는 것이다. 이 제안은 수락하지 않을 것을 양측이 모두 뻔히 알고 있는 반대 제안을 내놓도록 부추긴다. 이런 식으로 일이 계속 진행된다. 협력하는 '적대자(변호사들)' 사이에 오가는 모든 편지와 전화 요금은 또 하나의 적지 않은 금액이 되어 청구서에 추가된다. 운 좋게 이 과정을 몇 개월, 아니 몇 년까지 연장시킬 수 있다면 이에 비례하여 비용도 올라간다. 양측 변호사는 이 모든 것을 진행하는 데 같이 만나 일하지는 않는다. 얄궂게도 그들이 주도면밀하게 떨어져서 일하는 것이 고객의 돈을 빼가는 그들의 협력을 실현하는 주된 수단이다. 변호사들은 자기들이 무엇을 하고 있는지조차 모르고 있을지 모른다. 우리가 곧 만나게 될 흡혈박쥐같이 그들은 의식화된 규칙을 매우 잘 따른다. 이 시스템은 어떤 의식적인 감독이나 관리 없이 작동한다. 그리고 우리를 영합 게임 속으로 빠뜨릴 장치를 모두 갖추고 있다. 의뢰인에게는 영합 게임이지만 변호사에게는 비영합 게임이다.

어떻게 하면 좋을까? 위의 셰익스피어의 선택은 혼란을 가중시킬 뿐이다. 그것보다는 법률을 바꾸는 편이 좋을 것이다. 그러나 대부분의 국회의원들은 법조인 출신으로 영합 게임의 마인드를 가지고 있다. 영국 하원보다 더 적대적인 분위기는 상상조차 하기 어렵다(법정은 적어도 아직 논쟁의 예의범절을 보존하고 있다. 그도 그럴 것이 변호사끼리는 시종 물주를 뜯어낼 협력을 유지하고 있기 때문이다). 어쩌면 선의를 가진 입법부 의원과 회개하는 변호사는 게임이론을 조금이라도 배워야 할 것이다. 정반대로 영합적인 싸움을 하고 싶어 못 견디는 의뢰인에게 법정 밖에서 비영합적인 해결책을 찾는 편이 좋다고 설득하는 변호사들도 있다는 점을 언급하는 것이 공평할 것 같다.

인간의 생활에서 다른 게임은 어떨까? 무엇이 영합적이고 무엇이 비영합적인가? 그리고 (사실과 인식은 다르므로) 우리는 인생의 어떤 측면을 영합적 또는 비영합적이라고 **인식**하는 것일까? 인간 생활의 어떤 측면이 '시샘'을 조장하고 어떤 측면이 '물주'를 뜯는 협력을 조장하는 것일까? 예컨대 임금 교섭과 '차별'에 관해 생각해 보기 바란다. 임금 인상 교섭을 할 때 우리는 '시샘' 때문에 임금 인상을 요구하는 것일까? 아니면 실질적 수입을 최대로 하기 위해 협력하는 것일까? 우리는 심리학 실험에서뿐만 아니라 실생활에서도 영합 게임을 하고 있지 않으면서도 영합 게임을 하고 있다고 생각하는가? 이 같은 어려운 문제들에 답하는 것은 이 책에서 다루고자 하는 영역을 벗어나는 것이므로 여기에서 멈추도록 하겠다.

축구 경기

축구는 일종의 영합 게임이다. 적어도 통상적으로는 그렇다. 그러나 때로는 비영합 게임이 될 수도 있다. 그와 같은 일이 1977년의 영국

축구 리그전에서 일어났다(축구는 정식으로는 아식축구라고 한다. 럭비풋볼, 오스트레일리안 풋볼, 미식축구, 아일랜드 풋볼 등 풋볼로 총칭되는 다른 게임도 보통 영합 게임이다). 영국의 축구 리그 팀은 4부로 나뉘어 있다. 각 팀은 자기 부에 속하는 다른 팀과 시합하여 시즌을 통해 승부 또는 무승부의 득점을 누계한다. 제1부에 드는 것은 대단한 명예이며 그것은 많은 관중을 보증해 주기 때문에 팀으로서도 이익이 된다. 각 시즌이 끝나면 제1부의 하위 3개 팀은 다음 시즌에서는 제2부로 격하된다. 이는 매우 비참한 운명으로 여겨지기 때문에 그러한 일이 일어나지 않게 하기 위해 모두가 열심히 경기에 임한다.

1977년 5월 18일 토요일은 이해 축구 시즌의 마지막 날이었다. 제1부에서 격하되는 세 개 팀 중 두 팀은 이미 정해져 있었는데 세 번째로 탈락될 팀은 아직 경합 중이었다. 선더랜드Sunderland, 브리스톨Bristol, 코번트리Coventry 중 한 팀이 탈락할 것은 분명했다. 따라서 이들 세 개 팀은 이날 모든 것을 걸고 싸우지 않으면 안 되었다. 선더랜드는 제4위 팀(이 팀이 내년에도 제1부에 남는 것은 확실했다)과 시합하게 되었고, 브리스톨과 코번트리가 맞붙게 되었다. 만일 선더랜드가 질 경우, 브리스톨과 코번트리는 서로 비기기만 하면 제1부에 머무르게 된다는 것을 알고 있었다. 그러나 만일 선더랜드가 이긴다면 브리스톨과 코번트리의 시합 결과, 어느 편이 이기느냐에 따라 한 팀이 탈락하게 되는 것이었다. 이 두 중대한 시합은 원래는 동시에 시작될 예정이었다. 그러나 실제로는 브리스톨과 코번트리 경기가 5분 늦게 시작됐다. 그 때문에 브리스톨-코번트리의 경기가 끝나기 전에 선더랜드의 경기 결과가 알려졌다. 그 복잡한 이야기는 이로부터 비롯된다.

당시 신문 기사를 인용하면 브리스톨 대 코번트리의 경기는 대체로 '빠르고 때로는 격했다'. 즉 흥미진진한 (만일 당신이 그러한 것을 좋아한다면) 불꽃 튀는 격전이었다. 양측은 굉장한 득점력을 보여 경기를 시작한 지 80분 후의 득점이 2 대 2였다. 경기 종료 2분 전에 다른 경기장에서 선더랜드 팀이 패했다는 뉴스가 전해졌다. 그 즉시 코번트리 팀의 매니저가 경기장의 끝에 있는 거대한 전광판에 속보를 내보냈다. 22명 선수 모두는 전광판을 본 후부터 열심히 경기할 필요가 없다는 것을 깨달았다. 다음 시즌에 제2부로 밀려나지 않으려면 양 팀은 무승부만 해도 되었다. 실제로 득점을 올리려고 노력하는 것은 이제 전적으로 나쁜 방책이었다. 왜냐하면 방어를 약화시키고 공격에 전념하면 실점 위험 부담이 있고 자칫하면 내년에 제1부에서 밀려날 위험이 있기 때문이었다. 양 팀 모두 무승부로 경기를 끝내기 위해 사력을 다했다. 그 당시 신문 기사에는 "80분 경과 시점에서 브리스톨의 길리스Don Gillies가 동점골을 넣었을 때까지만 해도 심한 경쟁 관계였던 팬들이 갑자기 하나가 되어 축제 분위기에 휩쓸렸다. 심판 찰리스Ron Challis는 선수들이 전혀 공격하지 않고 발로 가볍게 공을 차면서 패스하는 것을 어쩔 수 없이 보고만 있었다"라고 쓰여 있다. 그전까지는 영합 게임이었던 것이 바깥세상으로부터 온 한 편의 뉴스로 갑자기 비영합 게임으로 변해 버린 것이다. 앞에서 언급한 용어로 말하면, 그것은 마치 외부에서 '물주'가 마법처럼 나타나 브리스톨과 코번트리 양 팀 모두 무승부라는 똑같은 결과로 이익을 보도록 한 것과 같다.

축구처럼 관중을 동원하는 스포츠가 보통 영합 게임인 것에는 그럴 만한 이유가 있다. 관중에게는 선수들이 화기애애하게 서로 짜고 경기하는 것보다는 서로가 힘껏 싸우는 것을 보는 편이 훨씬 재미

있기 때문이다. 그러나 현실 생활에서 인간과 동식물의 생활은 관중의 즐거움을 위한 것이 아니다. 사실 실생활의 많은 측면은 비영합 게임에 해당한다. 그렇기 때문에 자연이 종종 '물주' 역할을 하고 개개인은 서로의 성공에서 이익을 얻을 수 있다. 자기의 이익을 위해 반드시 경쟁자를 누를 필요는 없다. 이기적 유전자의 기본 법칙에서 벗어나지 않고도, 우리는 서로 기본적으로 이기적인 세계에서조차 협력과 상호 부조가 어떻게 번성할 수 있는지 알 수 있다. 액설로드의 말대로 어째서 '마음씨 좋은 놈이 일등을 할 수 있는지' 이해할 수 있다.

반복

그러나 만약 게임이 **되풀이**되지 않는다면 여태껏 우리가 살펴봤던 어떤 것도 성립되지 않을 것이다. 선수들은 지금 하고 있는 게임이 최종회가 아니라는 것을 알아야 한다(또는 알고 있다). 액설로드의 명언처럼 '미래의 그림자'는 길어야 된다. 그러면 어느 정도 길어야만 하는가? 무한히 길 수는 없다. 이론적으로 보면 게임이 얼마나 오랫동안 되느냐는 문제가 되지 않는다. 중요한 것은 어느 경기자도 게임이 언제 끝나는지 **몰라야** 된다는 것이다. 나와 당신이 대전 중이고 우리 모두 게임의 횟수가 백 번이라는 것을 알고 있다고 상상해 보자. 그러면 우리 두 사람 모두 백 번째가 최종 라운드이기 때문에 이 백 번째 라운드가 단 한 번의 '죄수의 딜레마' 게임과 똑같다고 이해하게 된다. 따라서 우리 두 사람 누구에게나 이 백 번째 라운드에서의 유일한 합리적인 전략은 '배신'이 될 것이다. 그리고 상대방도 최종 라운드에서 배신한다는 결정을 확실히 내릴 것이라고 예측할 수 있다.

그러므로 최종 라운드에서 벌어질 일은 예상이 가능하다고 결론지을 수 있다. 그렇게 되면 이제는 99번째 라운드도 1라운드의 게임과 같게 되므로 각각의 경기자에게 유일한 합리적인 선택 역시 '배신'이 될 것이다. 98번째도 같은 논리를 따르게 되고 그 앞의 라운드도 마찬가지다. 상대방도 합리적일 것이라고 생각하는 두 사람의 합리적 경기자가 게임이 몇 번째에서 끝나도록 정해져 있는지 알고 있다면 배신만 하게 되는 것이다. 이와 같은 이유로 게임 이론가가 반복된 죄수의 딜레마 게임에 대해 이야기할 때, 그는 항상 게임이 끝나는 시점이 예측불허이거나 물주밖에 모른다고 가정한다.

게임의 정확한 라운드 수가 확실치 않더라도 현실 생활에서는 그 게임이 어느 정도 지속**될지** 통계적으로 추측하는 것이 종종 가능하다. 이 평가는 전략의 중요한 부분이 될 수 있다. 만일 물주가 안절부절못하며 시계를 보면 나는 게임이 막바지에 가까웠다고 추측하여 배신의 유혹을 느낄 것이다. 만일 내가 당신도 물주의 안절부절못하는 행동을 눈치챘다고 의심하면, 나는 당신도 배신의 카드를 내지 않을까 불안할 것이다. 아마도 나는 당신보다 먼저 배신의 카드를 내고 싶을 것이다. 특히 당신이 내가 배신할 것이라 우려하고 있지나 않을까 나도 걱정하기 때문이다.

단 한 번의 죄수의 딜레마 게임과 반복된 죄수의 딜레마 게임을 수학자들이 구분 짓는 방법은 너무나 단순하다. 각 경기자는 게임이 얼마나 계속될 것인가에 관해 끊임없이 갱신되는 추정치를 가진 듯 행동한다고 볼 수 있다. 그의 추정치가 길면 길수록 그는 진짜 반복된 게임에 대한 수학자의 예측에 따라 경기를 할 것이다. 바꿔 말하면 더 마음씨 좋고, 더 관대하고, 덜 시샘할 것이다. 게임의 미래에 대한 추정치가 짧으면 짧을수록 그는 단 한 번의 게임에 대한 수학자의 예측에 따라 경기를 할 것이다. 다시 말해서 더 못되고 더 시샘하게 될 것이다.

영국군과 독일군

액설로드는 미래의 그림자의 중요성을 나타내는 감동적인 사례로 제1차 세계대전 중에 일어났던 소위 '우리도 살고 남도 살리자live-and-let-live' 운동을 들었다. 그는 역사학자이며 사회학자인 토니 애슈워스Tony Ashworth의 연구에 근거했다. 크리스마스에 영국과 독일 부대가 중간 지대에서 일시적으로 전투를 중단하고 같이 술을 마신 일은 잘 알려진 사실이다. 그러나 비공식적으로 암암리에 '우리도 살고 남도 살리자'라는 불가침 협정이 모든 전선에서 1914년부터 적어도 2년간 착실히 지켜졌다는 사실은 별로 잘 알려져 있지 않은데, 나에게는 이 사실이 더 흥미롭게 느껴진다. 참호에 순시 나왔을 때 독일 병사들이 영국군 바로 뒤 소총 사격 범위 내에서 걷는 것을 보고 깜짝 놀란 한 영국 상급 장교의 말이 인용되어 있다.

"우리 편 군인들은 전혀 알아채지 못한 것 같았다. 나는 우리가 이 지역을 인수하면 이와 같은 일을 금지해야겠다고 결심했다. 이러한 일이 허용돼서는 안 된다. 이들은 분명히 전쟁 중이라는 것을 모르고 있다. 양 진영 모두 '우리도 살고 남도 살리자' 원칙을 믿고 있는 것처럼 보였다."

그 시대에는 아직 게임 이론과 죄수의 딜레마가 발명되지 않았으나, 돌이켜보면 무슨 일이 일어나고 있었는지 명료하게 이해할 수 있고, 액설로드는 멋진 분석을 통해 이를 보여 준다. 당시의 참호전에서 개개의 소대에 드리워진 미래의 그림자는 길었다. 말하자면 각각의 참호에 틀어박힌 영국 병사는 같은 처지의 독일 병사와 몇 달이고 대치해야 한다는 것을 예측할 수 있었을 것이다. 무엇보다도 일반 병사는 가령 부대의 이동이 있을 때에도 그것이 언제인지 결코 알지 못한다. 군의 명령은 익히 알려진 대로 독단적이고 변덕스러우며 명령을 받은 사람에게는 이해하기 어려운 것이다. 따라서 미래의 그림자는 TFT 형태의 협력을 촉진하기에 아주 충분히 길고 막연했다. 죄수의 딜레마 게임과 동일한 상황이 갖추어져 있다면 말이다.

진짜 죄수의 딜레마가 되기 위해서는 득점이 특정한 순위를 따라야만 한다는 것을 다시 한 번 상기하기 바란다. 양 진영 모두 상호 협력하는 것이 상호 배신보다 바람직한 것으로 믿고 있어야 한다. 상대방이 협력할 때 내가 배신하는 것은 만약 내가 달아나 버릴 수 있다면 한층 더 좋다. 상대방이 배신할 때 내가 협력하는 것은 최악이다. 상호 배신은 참모들이 바라는 것이다. 그들은 자기의 군대가 호시탐탐 기회를 노려 독일 놈(또는 영국 놈)을 사살하기를 바란다.

상호 협력은 장군의 입장에서 보면 썩 바람직하지 않은 것이었다. 왜냐하면 그것은 전쟁에서 승리하는 데 도움이 되지 않기 때문이었다. 그러나 양 진영 병사의 입장에서는 매우 바람직한 것이었다. 그들은 사살되는 것을 바라지 않기 때문이다. 분명히 병사들도 전쟁에 지는 것보다는 이기는 것이 좋다는 데에는 장군들과 생각이 같았을 것이다. 그리고 이 상황은 진짜 죄수의 딜레마와 같아지기 위한 필요 조건을 만족시킨다. 그러나 그것은 일개의 병사가 선택할 수 있는 사항이 아니다. 그가 개인으로서 무엇을 하느냐가 전쟁 전체의 결과에 실질적으로 영향을 주는 일은 가능하지 않기 때문이다. 한편 무인 지대 저편에서 당신과 대치하는 특정 적군 병사들과의 상호 협력은 당신의 운명에 결정적인 영향을 주며, 상호 배신보다 훨씬 바람직하다. 그 결과를 피할 수 있다면 배신(상대를 죽이는 것)하는 것이 애국적인 또는 규율상의 이유에서 조금이나마 더 낫다고 해도 말이다. 이 상황은 진짜 죄수의 딜레마였던 것 같다. 그러므로 TFT와 같은 전략이 생겨날 것이라는 예상을 할 수 있고, 실제로도 그랬다.

참호 전선의 임의의 지점에서 국지적으로 안정한 전략은 반드시 TFT가 아닐 수도 있었다. TFT는 마음씨 좋으면서 보복은 하되 관대한 전략들 중 하나다. 이들 전략은 원칙적으로 안정한 전략은 아닐지라도 최소한 일단 많아지면 그것에 침입하기 힘들다. 예컨대 당시의 기사에 따르면 '세 배로 갚아 준다Three Tits for a Tat'는 전략이 어떤 지역에 국지적으로 생겼다.

> 우리는 밤에 참호 앞으로 나갔다. (…) 독일군의 작업반도 밖에 나와 있었으므로 발포는 예의에 어긋나는 것이었다. 참으로 불쾌한 것은 총류탄(소총의 총구에 부착한 발사기에서 발사되도록 만들어진 유탄榴彈및 소형 폭탄 — 옮긴이)이다. (…) 참호에 떨어지면 8~9명의 사람을 죽일 수 있다. (…) 그러나 우리 편은 독일군이 상당히 심한 공격을 하지 않는 한 결코 그것을 사용하지 않는다. 왜냐하면 이쪽이 한 발 쏘면 그들은 세 발을 쏘아 보복하기 때문이다.

TFT류의 전략에서 중요한 것은 경기자가 배신에 의해 벌을 받는다는 것이다. 보복의 위협은 항상 존재해야 한다. 보복할 수 있음을 과시하는 것은 '우리도 살고 남도 살리자' 방식의 주목할 만한 특징이다. 양 진영에서의 일급 사격수들은 적군 병사들이 아니라 적군 병사들 가까이에 있는 무생물의 표적을 향해 놀랄 만한 사격 솜씨를 과시한다. 이 기교는 서부 활극 영화에서도 나온다(촛불을 쏘아 끄

듯이). 왜 최초의 두 원자 폭탄이 (그 개발을 담당했던 일류 물리학자들이 강하게 반대했음에도 불구하고) 현란한 촛불 사격과 같은 방식으로 사용되지 않고 두 도시를 파괴하였는가에 대해서는 아직까지 누구도 만족스러운 해답을 갖고 있지 않은 듯하다.

TFT류 전략의 중요한 특징은 관대하다는 것이다. 이것은 우리가 이미 살펴본 대로 서로에게 상처를 주는 장기간의 상호 보복의 연쇄를 진정시키는 데 한몫한다. 보복을 누그러뜨리는 것의 중요성은 한 영국인 장교의 회상록에 극적으로 표현되어 있다.

> 내가 A 중대 병사들과 차를 마시고 있을 때 매우 시끄러운 소리가 들려 정찰을 나갔다. 아군과 독일군이 각각 낮은 방어벽 위에 서 있었다. 갑자기 일제히 사격이 시작됐으나 사상자는 없었다. 당연히 양 진영 모두 몸을 숙였고 아군 병사들은 독일병에게 욕설을 퍼붓기 시작했다. 그때 갑자기 용감한 독일병 한 명이 방어벽 위로 올라와 "대단히 미안하다. 부상자가 없어야 하는데 (…) 우리 잘못이 아니고 망할 놈의 프로이센 대포 때문이다"라고 외쳤다.

이 사과에 대해 액설로드는 "보복을 막기 위한 단순한 수단을 넘어 신뢰를 깨뜨린 데 대한 도덕적인 후회를 드러내고 있고, 또 누군가 부상당하지나 않았는지 걱정하고 있다"라고 언급하였다. 확실히 칭찬할 만한 매우 용감한 독일병이다.

액설로드는 또 상호 신뢰의 안정된 패턴을 유지하는 데 예측 가능성과 의례도 중요하다고 강조한다. 이에 대한 좋은 사례는 영국군 포병대가 전선의 특정 지점에서 시계처럼 정확하게 정기적으로 행하는 '저녁 포격'이다. 한 독일병은 다음과 같이 말하였다.

> 그것은 7시에 있었다. 너무도 규칙적이어서 그때 시계를 맞출 수 있을 정도였다. (…) 그것은 언제나 같은 표적을 겨누었으며 조준이 정확하여 표적에서 벗어나거나 너무 멀거나 모자라는 일이 결코 없었다. (…) 호기심이 강한 사람 몇몇은 (…) 그 포격을 보기 위해 7시 조금 전에 참모 밖으로 나가기도 했다.

독일군의 포병대도 똑같은 행동을 했다. 영국군 측의 이야기를 들어 보자.

> 그들(독일군)의 표적의 선택, 발포 시각, 발포 횟수는 아주 규칙적이어서 (…) 존스 대령은 (…) 다음 포탄이 떨어질 위치를 알고 있었다. 그의 계산은 매우 정확했기 때문에, 풋내기 참모 장교에게는 큰 위험으로 보일 만한 모험을 감행할 수 있었다. 그는 현재 포격을 받고 있는 장소에 도착하기 전에 포격이 그친다는 것을 알고 있었다.

액설로드는 그와 같은 "형식적이고 정기적인 발포 의례는 이중의 메시지를 보낸다. 사령부에게는 공격을, 적에게는 평화를 전하고 있다"라고 논평한다.

무의식의 전략

'우리도 살고 남도 살리자' 운동은 대화를 통한 교섭, 즉 상황을 알고 있는 전략가들이 탁자에 둘러앉아 흥정하여 실현될 수도 있었다. 그러나 현실은 그렇지 않았다. 이것은 사람들이 서로의 **행동**에 반응함으로써, 일련의 국지적인 관행으로 나타나게 되었다. 개개의 병사는 아마도 그것을 거의 느끼지 못했을 것이다. 그다지 놀라운 일은 아니다. 액설로드의 컴퓨터에 입력된 전략은 확실히 무의식적인 것이었다. 그 전략들을 마음씨가 좋은가 아닌가, 관대한가 아닌가, 시샘이 심한가 아닌가 등으로 규정하는 것은 그 전략들의 행동이었다. 그 전략을 설계한 프로그래머들이 이러한 성격을 가졌을지는 몰라도 그것은 전략과 무관하다. 매우 못된 인간이라도 마음씨 좋고 관대하고 시샘하지 않는 전략을 작성할 수 있다. 그리고 그 반대의 일도 가능하다. 어떤 전략이 마음씨가 좋은지 아닌지는 행동에 따라 식별되는 것이지 그 전략의 동기나(전략은 동기를 가질 수 없다) 프로그래머의 성격에 따라 식별되는 것이 아니다(그 프로그램이 컴퓨터에서 작동할 때는 이미 배경 속에서 그의 모습이 사라지고 없다). 어떤 컴퓨터 프로그램은 그 전략을 몰라도, 아니 아무것도 몰라도 전략적으로 행동할 수 있다.

물론 우리는 무의식의 전략가, 또는 의식이나 무의식에 대한 논의가 부적절한 전략가의 개념에 매우 익숙하다. 이 책의 여러 곳에는 무의식의 전략가가 끊임없이 나온다. 액설로드의 프로그램은 우리가 이 책을 통해 동식물, 그리고 유전자에 대해 생각해 온 방법에 대한 훌륭한 모델이다. 그러므로 우리는 자연스레 그의 낙관적 결론(시샘 없고 관대하며 마음씨 좋은 전략의 승리)이 자연계에도 적용되는지 여부를 묻게 된다. 물론 대답은 "예"다. 유일한 조건은 자연이 때때로 죄수의 딜레마 게임을 설정해야 한다는 것과, 미래의 그림자가 길어야 하며, 그 게임이 비영합 게임이어야 한다는 것이다. 이와 같은 조건은 생물계의 도처에서 확실히 충족되는 것이다.

박테리아가 의식이 있는 전략가라고 하는 사람은 아무도 없겠지만, 기생성의 박테리아는 아마도 숙주와 끝없는 죄수의 딜레마 게임을 하고 있을 것이다. 그리고 이들의 전략에 액설로드 식의 형용사 — 관대한, 시샘이 없는 등 — 를 붙이면 안 되는 이유는 없다. 액설로드와 해밀턴은 평상시에는 무해하거나 이익을 주는 박테리아가 상처 입은 사람에게는 못되게 돌변하여 치명적인 패혈증을 일으키는 수가 있다고 지적한다. 의사는 그 사람의 '자연적 저항력'이 상처 때문에 저하됐다고 할지 모른다. 그러나 아마도 진짜 이유는 죄수의 딜레마 게임과 관계가 있을 것이다. 박테리아가 평소에는 이익을 얻을 수 있음에도 불구하고 억제하고 있는 것이 아닐까? 사람과 박테리아 사이에 행해지는 게임에서 '미래의 그림자'는 보통 길다. 왜냐하면 정상적 사람이라면 게임을 시작하는 시점부터 수년간은 살 수 있을 것이기 때문이다. 한편 심한 상처를 입은 사람은 기생하는 박테리아에게 잠재적으로 미래의 그림자가 짧다는 것을 드러내는지도 모른다. 이때부터 '배신에 대한 유혹'에 굴복하는 것이 '상호 협력에 대한 포상'보다 매력적으로 보이기 시작한다. 두말할 나위 없이, 박테리아가 보잘것없는 못된 머리에서 이러한 것을 모두 생각해 내지는 않을 것이다. 아마도 몇 세대에 걸친 선택을 통해 생화학적 수단으로 작용하는 무의식의 경험 법칙이 박테리아에게 짜 넣어졌을 것이다.

무화과말벌

액설로드와 해밀턴에 의하면 식물이 복수하는 경우도 있다고 한다. 이것 또한 분명히 무의식적이다. 무화과나무와 무화과말벌은 밀접한 협력 관계를 구축하고 있다. 당신이 먹고 있는 무화과는 진짜 열매가 아니다. 끝에 작은 구멍이 있는데 그 구멍 속으로 들어가면(들어가기 위해서는 무화과말벌만큼 몸이 작아야만 한다. 무화과말벌은 너무 작아서 우리가 무화과를 먹을 때 벌레가 있는지도 모를 정도다) 둘레의 벽에 수백 개의 작은 꽃이 정렬되어 있는 것을 볼 수 있다. 무화과는 꽃에게는 캄캄한 옥내 온실이며 옥내 수분실이다. 그리고 수분受粉을 할 수 있는 유일한 매개자는 무화과말벌뿐이다. 따라서 나무는 말벌이 서식함으로써 이익을 얻는다.

그러면 이 말벌에게는 어떤 이익이 있는가? 말벌은 작은 꽃에다 알을 낳고 알에서 나온 애벌레는 그 꽃을 먹는다. 이들은 같은 무화과 속의 꽃들을 수분시킨다. 무화과말벌에게 '배신'이란 무화과 속의 꽃에 알은 많이 낳고 수분은 거의 안 하는 것이다. 그러면 이때 무화과나무는 어떻게 '보복'할 수 있을까? 액설로드와 해밀턴에 의하면 "많은 경우에, 어린 무화과 속에 들어간 말벌이 열매가 맺히기에 충분한 수의 꽃을 수분시키지 않고 그 대신에 거의 모든 꽃에 알만 낳으면, 무화과나무는 발육하고 있는 무화과를 얼마 안 가서 떼어 버린다. 그렇게 되면 벌레의 모든 애벌레는 사멸해 버리고 만다".

농어의 협력과 배신

에릭 피셔Eric Fischer는 자연계에서 TFT와 같이 보이는 유별난 예를 암수한몸의 농어에서 발견했다. 우리와 달리 이 물고기의 성은 수정 시점에서 염색체에 의해 결정되지 않는다. 그 대신 어느 개체나 암수 양쪽의 기능을 할 수 있다. 한 번의 방출 시에는 알이나 정자 둘 중 하나만 방출한다. 이들은 일부일처의 한 쌍을 형성하고 한 쌍은 암수의 역할을 교대로 한다. 이 경우 달아나 버릴 수만 있다면 개체는 항상 수컷의 역할을 '선호'할 것으로 추측할 수가 있다. 왜냐하면 수컷의 역할이 지출이 적기 때문이다. 바꿔 말하면 상대방이 대부분의 시간 동안 암컷의 역할을 하도록 설득하는 데 성공한 개체는, 암컷 역할을 하는 쪽이 낳은 알에 투자한 경제적 이익을 모두 얻을 뿐만 아니라, 다른 물고기와 짝짓기 하는 등의 다른 일에 소비할 수 있는 자원의 여유를 갖게 된다.

사실 피셔가 관찰한 것은 이 물고기들이 상당히 엄격한 교번交番 시스템을 갖고 있다는 것이다. 만일 이들이 TFT 전략을 취하고 있다면 우리가 예측하는 결과는 바로 이것이다. 그리고 이 물고기들은 그런 전략을 취하고 있을 가능성이 크다. 왜냐하면 그들의 게임은 다소 복잡하긴 하나 실제로 진짜 죄수의 딜레마 게임처럼 보이기 때문이다. '협력'이란 자기가 암컷의 역할을 할 차례가 돌아왔을 때에 암컷의 역할을 하는 것을 의미한다. 자기가 암컷의 역할을 할 차례가 됐을 때 수컷 역할을 하려는 유혹은 '배신'에 해당한다. '배신'은 보복의 대상이 된다. 상대방은 다음에 자신이 암컷의 역할을 해야 할 차례가 왔을 때 암컷의 역할을 거부하거나 간단하게 모든 관계를 끝장낼 수도 있다. 피셔는 실제로 성 역할의 분담이 불공평한 쌍이 헤어지는 경향이 있다는 것을 관찰했다.

박쥐의 헌혈

사회학자와 심리학자가 때때로 묻는 질문은, 왜 헌혈자가(영국에서처럼 대가 없이) 헌혈을 하느냐 하는 것이다. 그 답이 호혜성 또는 단순한 의미에서의 가장된 이기성에 있다고 믿기 어렵다. 정기적인 헌혈자가 피가 필요할 때 우선적으로 수혈을 받지도 않는 것 같다. 그렇다고 옷에 붙이고 다닐 금별 배지를 받는 것도 아니다. 너무 순진한 생각인지 몰라도 나는 이것이야말로 순수한, 이익과 손해를 따지지 않는 이타 행위라고 생각하고 싶다. 그것은 그렇다 치고, 흡혈박쥐의 혈액 분배는 액설로드의 모델에 아주 잘 맞는 것 같다. 이것은 윌킨슨G. S. Wilkinson의 연구에서 알 수 있다.

잘 알려진 대로 흡혈박쥐는 밤에 피를 먹고 산다. 이들에게 있어 식사를 한다는 것은 쉬운 일이 아니다. 그러나 식사를 한다면 배가 찰 때까지 실컷 먹는다. 새벽이 되었을 때 운 나쁘게도 굶주린 채 돌아오는 개체가 있기도 하지만, 어떻게 해서든지 먹잇감을 발견한 개체는 여분의 피까지 잔뜩 빨아먹고 올 것이다. 다음 날 밤에는 반대의 운명이 될지도 모른다. 따라서 호혜적 이타주의가 조금이나마 개입되어 있을 가능성이 보인다. 윌킨슨은 먹잇감을 발견한 흡혈박쥐가 그렇지 못한 동료들에게 자신이 먹은 먹이를 토해 내는 식으로 헌혈하는 것을 발견했다. 윌킨슨이 목격한 110회의 경우에서 77회는 어미가 새끼를 먹이는 경우였으며, 다른 다수의 경우도 혈연관계인 개체들 간이었다. 그러나 혈연이 아닌 박쥐들 사이에서 혈액을 공유하는 경우도 있었다. 이런 경우 "피는 물보다 진하다"는 설명은 사실과 맞지 않는다. 의미심장하게도 이 개체들은 자주 잠을 같이 자는 잠자리 친구였다. 즉 이들은 반복된 죄수의 딜레마가 되기에 필요한 조건대로 서로가 반복적으로 상호 작용할 기회를 충분히 가지고 있었던 것이다. 그러나 죄수의 딜레마를 위한 다른 요건은 충족됐을까? <표 4>에 제시한 이득표는 만일 그 조건들이 충족될 경우에 우리가 예상할 수 있는 내용이다.

<표 4> 흡혈박쥐의 헌혈: 여러 가지 결과로부터 내가 얻는 이득

		당신의 패	
		협력	**배신**
나의 패	**협력**	꽤 좋음 **포상** 나는 먹이를 구하지 못했지만 당신이 주는 피로 굶주림을 면한다. 내가 먹이를 구하는 날에는 당신에게 피를 나누어 주어야 하며, 이를 위해 내가 치러야 할 대가는 그리 크지 않다.	매우 나쁨 **봉으로서 뜯김** 나는 비용을 지불하면서까지 당신의 목숨을 구한다. 그러나 내가 먹이를 구하지 못하는 날 당신이 내게 피를 나누어 주지 않아 나는 굶어 죽을 수도 있다.
	배신	매우 좋음 **배신의 유혹** 나는 먹이를 구하지 못했지만 당신이 내 목숨을 구한다. 그러나 그런 후 내가 먹이를 구해 온 날에도 당신에게 피를 나누어 주는 조금의 대가도 치르지 않음으로써 부가적 이익을 얻는다.	꽤 나쁨 **벌** 먹이를 구해 온 날에 나는 당신에게 피를 나누어 주는 조금의 대가도 치를 필요가 없다. 그러나 내가 먹이를 구하지 못하는 날 나는 굶어 죽을 수도 있다.

흡혈박쥐의 경제는 정말로 이 표를 따르는 것일까? 윌킨슨은 굶은 박쥐의 체중 감소율을 조사했다. 이것으로 그는 포식한 박쥐가 굶어 죽기까지 걸리는 시간, 공복의 박쥐가 굶어 죽기까지의 시간, 그리고 모든 중간 단계의 시간을 계산했다. 이를 통해 그는 연장 수명 시간이라는 통화로서 혈액을 현금화할 수 있었다. 그리 놀랄 만한 일은 아니지만, 그는 이 통화의 환율이 박쥐가 얼마나 오래 굶주려 있었느냐에 따라 달라진다는 것을 알아냈다. 일정량의 혈액은 별로 굶지 않은 박쥐보다 매우 굶주린 박쥐의 수명을 더 연장시킨다. 헌혈

행위는 헌혈하는 개체의 사망 확률을 증가시키기는 하지만, 이 사망 확률의 증가는 수혈을 받은 개체의 생존 확률의 증가에 비하면 매우 낮았다. 경제 용어로 말하면, 흡혈박쥐의 경제는 죄수의 딜레마의 법칙을 따른다고 보는 것이 맞는 것 같다. 다른 암컷(흡혈박쥐의 사회 집단은 암컷의 집단이다)에게 주는 피는, 주는 개체에게는 받는 개체에게만큼 그렇게 귀중한 것이 아니다. 먹이를 구하지 못한 날, 피를 얻은 개체는 헌혈 선물로 인해 엄청난 혜택을 입게 되는 것이다. 그러나 운 좋게 먹이를 구한 밤에 달아나 배신한다 해도 배신(헌혈을 거부하는 것)으로부터 얻는 이익은 조금밖에 안 될 것이다. '달아나 버린다'는 것은 물론 박쥐들이 모종의 TFT 전략을 채택하고 있을 때에만 의미를 갖는다. 그렇다면 TFT 주고받기가 진화하기 위한 다른 조건은 충족되어 있는가?

특히 이들 박쥐가 서로를 개체로서 식별할 수 있을까? 윌킨슨은 사육 상태의 박쥐에 대한 실험을 통해 이들이 개체를 식별할 수 있음을 증명했다. 이 실험은 기본적으로 다른 개체들에게는 피를 잔뜩 먹이고 한 마리만 하룻밤 동안 격리시켜 굶기는 것이었다. 그런 뒤 윌킨슨은 굶겼던 박쥐를 다시 잠자리로 옮겨 놓고 누가 그 개체에게 피를 나눠 주는지 관찰했다. 실험은 각 개체를 순서대로 굶기면서 여러 번 되풀이되었다. 중요한 점은 이 실험 대상 박쥐들이 몇 마일 떨어져 있는 다른 동굴에서 온 두 그룹으로 구성되어 있었다는 사실이다. 만일 박쥐가 자기 친구를 식별할 능력이 있다면 실험적으로 굶긴 박쥐는 자기 그룹의 박쥐로부터만 먹이를 받아야 한다.

이것은 실제로 일어난 일과 상당히 비슷하다. 헌혈은 13번 관찰됐다. 그중 12번이 굶은 개체와 같은 동굴에서 온 '오래된 친구'가 헌혈한 경우였다. 13번 중 단 한 번만이 다른 동굴에서 잡혀 온 '새

친구'가 먹이를 나누어 주었다. 물론 이것이 우연의 일치일 수는 있으나 우리는 그 확률을 계산할 수 있다. 우연히 그런 일이 생길 확률은 1/500 이하다. 박쥐가 실제로 다른 동굴에서 잡혀 온 모르는 개체보다는 오래된 친구에게 더 먹이를 잘 나누어 준다고 결론을 내리는 것은 상당히 안전한 셈이다.

흡혈박쥐는 많은 신화를 만들어 낸다. 빅토리아 고딕풍의 공포 문학 애호가에게 흡혈박쥐는 단지 목을 축이기 위해 생명의 체액을 빨아 죄 없는 생명을 희생시키는 공포의 대상이다. 이 신화에 '이빨도 발톱도 피범벅이 된 자연'이라는 또 하나의 신화를 결부시켜 보라. 흡혈박쥐야말로 이기적 유전자의 세계에서 최고의 공포의 화신이 아닌가? 하지만 나는 모든 신화에 회의적이다. 만일 특정 사례에서 진실이 어디에 있는지를 알고 싶다면 잘 들여다보아야 한다. 다윈주의에 관한 문헌이 우리에게 알려 주는 것은 특정 생물에 대한 섬세한 예측 같은 것이 아니다. 그것은 더 미묘하고 더 귀중한 무엇인가를 알려 준다. 바로 원리를 이해시켜 준다. 그러나 우리에게 신화가 있어야만 한다면, 흡혈박쥐에 관한 실제 사실은 또 다른 도덕적 이야기를 해 줄 것이다. 박쥐 자신에게 피는 단순히 물보다 진하기만 한 것이 아니다. 그들은 혈연의 관계를 넘어 피를 나눈 충성스러운 형제의 연분으로서 영속적인 끈을 형성한다. 흡혈박쥐는 기분 좋은 새로운 신화, 즉 서로 나누고 협력하는 신화의 선봉이 될 수 있다. 흡혈박쥐는 이기적 유전자에 지배되면서도 마음씨 좋은 놈이 일등이 될 수 있다는 따뜻한 생각을 퍼뜨릴 수 있을 것이다.

13장

The long reach of the gene

유전자의 긴 팔

유전자냐 개체냐

이기적 유전자론의 한가운데에서 모종의 불안감이 회오리친다. 이것은 가장 근본적인 생명의 매개체가 몸인지, 아니면 유전자인지에 대해 우리가 갈팡질팡하기 때문이다. 한편으로 우리는 독립된 DNA 자기 복제자라는 마음 설레는 이미지를 갖고 있다. 그것은 영양처럼 펄쩍펄쩍 뛰면서 자유로이 다음 세대로 옮겨지고, 일회용 생존 기계에 잠시 모였다가도 죽음을 면치 못하는 생존 기계를 끊임없이 갈아타며 각각의 영원한 미래를 향해 매진하는 불멸의 코일이다. 다른 한편으로 우리는 생물 개체의 몸 그 자체를 보는데, 그 각각은 분명히 하나로 긴밀히 연결되고 통합된 기계로서 뚜렷한 단 하나의 목적을 갖는다. 생물체의 몸이, 정자나 난자에 실려 거대한 유전적 산거散居의 다음 여정을 출발하기 전까지는 서로 알지도 못했을 유전자의 느슨하고 일시적인 연합이 만들어 낸 산물처럼 **보이지**는 않는다. 몸은 하나의 목적을 달성하기 위해 사지와 감각 기관의 협력을 조정하는 성실한 뇌를 가지고 있다. 생물의 몸은 그 자체로서 매우 훌륭한 존재인 것처럼 보이며 또 그렇게 행동한다.

이 책의 몇몇 장에서는 실제로 생물 개체를, 그 몸속에 있는 모든 유전자를 미래의 세대에 최대한 성공적으로 전하려고 노력하는 하나의 존재로 생각했다. 또 우리는 동물 개체가 다양한 행동 방침의 유전적 이익에 대해 복잡한 경제학적 계산을 하는 것처럼 생각했다. 그러나 다른 장에서는 그 근본적 이유를 유전자의 관점에서 제시했다. 생명체에 대해 유전자의 관점을 채택하지 않는다면 생물체가 자신의 수명 말고 자신과 그 혈연자의 번식 성공도에 '마음을 쓸' 이유가 별달리 없을 것이다.

생물체에 대한 이 두 가지 관점의 패러독스를 어떻게 해결하면 좋을까? 나는 『확장된 표현형*The Extended Phenotype*』에서 이 해결 방안에 대한 생각을 자세히 설명했다. 이 책은 내가 일생 동안 학자로서 성취했던 그 어떤 것보다 자랑거리이자 기쁨거리다. 이 장은 그 책에서 다루고 있는 주제 몇 가지에 대한 것이지만, 실은 지금 당장 이 책을 접고 『확장된 표현형』을 읽으라고 권하고 싶다.

어떤 관점을 취하더라도 자연선택이 직접 유전자에 작용하는 일은 없다. DNA는 단백질의 고치 안에 들어 있고 막으로 싸여 바깥 세상으로부터 보호되기 때문에 자연선택에게 드러나지 않는다. 만일 자연선택이 DNA 분자를 직접 고르려 한다고 해도 이를 위한 어떤 기준을 찾아내기는 어려울 것이다. 모든 녹음테이프가 똑같아 보이듯 유전자도 어느 것이나 다 똑같아 보이기 때문이다. 유전자 간의 중요한 차이는 그 **영향**으로서만 드러난다. 이것은 보통 배胚 발생 과정에 대한 영향, 즉 신체의 형성과 행동에 대한 영향을 뜻한다. 성공적인 유전자란 하나의 배 내의 모든 다른 유전자들이 영향력을 행사하는 환경에서 그 배에게 유리하게 작용하는 유전자다. 유리하게 작용한다는 것은 성공적인 성체, 즉 잘 번식하여 같은 유전자를 미래 세대에 전해 줄 수 있는 성체가 되도록 배를 발생시키는 것을 의미한다. **표현형**phenotype이라는 용어는 하나의 유전자가 신체로 발현되는 것, 즉 배 발생 과정을 통해 유전자가 그 대립 유전자에 비해 신체에 미치는 영향을 말할 때 쓰인다. 특정 유전자 몇 개의 표현형은, 예를 들면 녹색의 눈을 만드는 데 영향을 미칠 수 있다. 실제로 대부분의 유전자는, 예를 들어 녹색의 눈과 고불거리는 머리카락처럼 둘 이상의 표현형에 영향을 미친다. 자연선택이 어떤 유전자를 선호하는 것은 유전자 그 자체의 성질이 아니라 그 결과, 즉 그 유전자가 표현형에 미치는 영향 때문이다.

배신하는 유전자

다윈주의자들은 보통 그 영향이 생물의 몸 전체의 생존과 번식에 유리하게 또는 불리하게 작용하는 유전자에 관해 논의해 왔다. 이들은 유전자 그 자체의 이익은 고려하지 않는다. 바로 이 때문에 이기적 유전자 이론의 핵심에 패러독스가 있다는 사실이 대개 자각되지 않는다. 예컨대 어떤 유전자는 포식자가 달리는 속도를 향상시킴으로써 성공할 수 있다. 포식자의 몸속 모든 유전자를 포함한 몸 전체는 더 빨리 달릴 수 있기 때문에 보다 성공적이다. 이로 인해 그 포식자가 새끼를 가질 때까지 생존할 수 있고, 빨리 달리게 하는 유전자를 포함한 그 몸의 유전자의 사본이 다음 세대로 보다 많이 전해진다. 한 유전자에게 좋은 것은 모든 유전자에게도 좋기 때문에 패러독스는 편리하게 해결된다.

그러나 만일 한 유전자가 그 자신에게는 좋지만 몸속 나머지 유전자에게는 나쁜 영향을 미친다면 어떻게 될까? 이것은 결코 공상이 아니다. 이에 대한 사례들이 알려져 있는데, 예컨대 '감수 분열 구동 meiotic drive' 같은 흥미로운 현상이 있다. '감수 분열'이란 염색체의 수가 반으로 되어 난세포와 정세포를 생성하는 특별한 종류의 세포 분열이라는 것을 기억할 것이다. 정상적인 감수 분열은 완벽하게 공정한 제비뽑기와 같다. 대립 유전자의 쌍에서 한쪽만이 운 좋게 정자나 난자에 들어갈 수 있다. 그러나 하나의 쌍 중 어느 쪽이 들어갈지 확률은 같으므로 만일 다수의 정자(또는 난자)를 평균하면 그중의 반이 대립 유전자 쌍의 한쪽을, 반이 다른 한쪽을 포함하게 된다. 감수 분열은 동전 던지기처럼 공정하다. 우리는 대개 동전 던지기가 무작위적인 과정이라 생각하지만 이것도 사실 바람, 더 정확하게 말하면 얼마나 세게 동전을 튕기느냐 등 여러 사정에 따라 영향을 받는 물리적 과정이다. 감수 분열 또한 물리적 과정이며 유전자의 영향을 받을 수 있다. 만일 눈 색깔이나 머리카락의 고불거림 등 눈에 보이는 것에 대해서가 아니라 감수 분열 그 자체에 영향을 미치는 돌연변이 유전자가 생겨난다면 어떻게 될까? 그 돌연변이 유전자가 자신이 대립 유전자보다 더 빈번하게 난자에 들어가도록 감수 분열에 영향을 준다고 가정해 보자. 이와 같은 유전자를 '분리 왜곡 유전자segregation distorter'라고 하는데 이들은 실제로 존재한다. 이들은 너무나도 단순하다. 돌연변이에 의해 분리 왜곡 유전자가 생기면 이들은 집단 내에 거침없이 퍼져 나가며 그 대립 유전자는 사라지게 된다. 이것이 바로 감수 분열 구동이다. 신체와 체내 모든 다른 유전자의 번영에 미치는 효과가 비참할지라도 감수 분열 구동은 일어날 것이다.

t 유전자

이 책 전반에 걸쳐 우리는 생물 개체가 교묘한 방법으로 사회적인 동료를 '속일' 가능성이 있음을 주의해야 한다는 것을 배웠다. 여기서는 어떤 유전자가 같은 생물체를 구성하는 다른 유전자를 속이는 것에 대해 이야기하려고 한다. 유전학자인 제임스 크로James Crow는 그것을 '시스템을 망가뜨리는 유전자'라고 불렀다. 분리 왜곡 유전자 중에서 가장 잘 알려진 것은 생쥐의 *t* 유전자다. 생쥐 한 마리가 두 개의 *t* 유전자를 가지고 있으면 어려서 죽거나 불임이 된다. 따라서 *t*는 동형 접합 상태에서는 '치사 유전자'다. 만일 생쥐 수컷이 *t* 유전자를 하나만 가지고 있을 경우에는 정상적으로 건강한 생쥐지만 단 한 가지 놀랄 만한 사실이 숨어 있다. 그러한 생쥐의 정자를 조사해 보면 95퍼센트가 *t* 유전자를 갖고 있으며 겨우 5퍼센트만이 그것의 대립 유전자를 갖고 있다는 것을 알게 된다. 이것은 분명히 50퍼센트라는 분리에 대한 우리의 예측치에서 벗어난 것이다. 야생 개체군에서 *t* 유전자가 돌연변이에 의해 나타나면 그것은 즉시 들불처럼 퍼져 나간다. 감수 분열의 제비뽑기에서 그처럼 심하게 유리하다면 이렇게 퍼져 나가는 것은 당연하다. 확산 속도가 너무 빠르기 때문에 머지않아 개체군 내 대다수의 개체는 *t* 유전자를 두 배로 물려받게(부모로부터 각각) 된다. 이러한 개체는 죽거나 불임이기 때문에 결국 그 지역 개체군 전체가 절멸을 면치 못할 것이다. 과거에 몇몇 야생 생쥐 개체군이 *t* 유전자의 유행으로 절멸한 적이 있었다는 증거도 존재한다.

모든 분리 왜곡 유전자가 *t* 유전자와 같은 파괴적인 부작용을 가지는 것은 아니다. 그러나 그 대부분은 불행한 결과를 초래한다(유전자 부작용의 거의 대부분은 불리한 것이며, 새로운 돌연변이는 보통 유리한 효과가 불리한 효과를 능가할 때에만 퍼진다. 만일 불리한 효과와 유리한 효과가 함께 생물의 몸 전체에 적용된다면 생물체에게 그 순효과는 유리할 수 있다. 그러나 불리한 효과는 생물체에, 유리한 효과는 유전자에게만 적용된다면 생물체의 입장에서 볼 때 그 순효과가 완전히 불리한 것이다). 유해한 부작용에도 불구하고 분리 왜곡 유전자가 돌연변이에 의해 생긴다면 그것은 확실히 집단 내에 퍼지게 될 것이다. 자연선택(이것은 최종적으로 유전자 수준에서 작용한다)은 그 효과가 생물 개체 수준에서 불리할 것 같은 경우에도 분리 왜곡 유전자를 유리하게 한다.

단 분리 왜곡 유전자는 그렇게 흔하지 않다. 왜 흔하지 않느냐고 질문할 수 있는데, 이것은 왜 감수 분열 과정이 정상적으로는 제대로 된 동전을 던질 때처럼 빈틈없이 공평한가를 묻는 것이다. 그 해답은 생물 개체가 도대체 왜 존재하는가를 이해하는 순간 자연스럽게 얻어질 것이다.

생물 개체와 확장된 표현형

생물 개체는 대부분의 생물학자들이 그 존재를 당연한 것으로 받아들이는 그런 존재다. 그 이유는 아마도 생물 개체의 각 부분이 아주 일체화되고 통합되어 서로 긴밀히 협조하기 때문이다. 생명에 관한 질문은 보통 생물 개체에 관한 질문이다. 생물학자는 생물 개체가 왜 그것을 하고, 또 왜 저것을 하느냐고 질문한다. 생물학자는 종종 왜 생물 개체들이 모여서 사회를 이루느냐고 질문한다. 그러나 그들은 생물 물질이 왜, 무엇 때문에 모여서 생물체를 구성하느냐고는 — 이렇게 물어야 하는데도 — 묻지 않는다. 왜 바다는 더 이상 독립된 자기 복제자들이 자유롭게 떠다니는 원초적인 전쟁터가 아닌가? 왜 태고의 복제자들은 거추장스러운 로봇을 만들어 그 속에서 살고 있는가? 그리고 왜 그 같은 로봇 — 생물 개체의 몸, 당신과 나 — 은 이처럼 크고 복잡하게 만들어져 있는 것일까?

많은 생물학자들은 여기에 문제가 있다는 것조차 이해하지 못한다. 생물 개체 수준에서 질문거리를 생각해 내는 것이 그들의 제2의 천성이기 때문이다. 일부 생물학자는 더 나아가 마치 DNA는 생물 개체가 번식을 위해 쓰는 도구라고 생각하기까지 한다. 마치 눈이 생물 개체가 보기 위한 기관이라는 것처럼 말이다. 여러분은 이 같은 태도가 당치도 않은 오류라는 것을 알 것이다. 그것은 완전히 앞뒤가 뒤바뀐 것이다. 여러분은 그 반대의 관점, 즉 이기적 유전자 생명관 또한 그 자체로서 심각한 문제를 갖는다는 것도 알 것이다. 그 문제 — 거의 정반대의 문제 — 란 도대체 생물 개체가 왜 존재하느냐, 특히 왜 생물학자가 앞뒤를 반대로 이해할 정도로 크고 긴밀한 목적성을 가진 형태로 존재하느냐이다. 우리는 생물 개체를 당연한 것으로 간주하는 낡은 태도를 우리의 생각에서 없애는 것부터 시작해야 한다. 그렇지 않으면 문제를 회피하는 셈이 된다. 우리의 생각을 정화하기 위해 우리가 사용할 도구는 내가 '확장된 표현형'이라고 부르는 개념이다. 이제 이 확장된 표현형에 대해, 그리고 그것이 의미하는 내용에 대해 살펴보도록 하자.

하나의 유전자가 표현형에 미치는 영향은 보통 그 유전자가 들어앉아 있는 몸에 미치는 모든 영향으로 드러난다. 그리고 이것이 유전자가 표현형에 미치는 영향에 대한 종래의 정의다. 그러나 우리는 이제 어떤 유전자가 표현형에 미치는 영향을 그것이 **전 세계에 미치는 모든 효과**로서 생각할 필요가 있다. 사실 어떤 유전자가 미치는 영향이 그 유전자가 대대로 들어 있게 되는 몸들에 국한되는 것으로 판명날지 모른다. 그러나 만일 그렇다고 해도 그것은 사실상의 문제일 뿐이다. 그것이 우리의 정의의 일부여야 할 사항은 아니다. 어떤 경우에라도 한 유전자가 표현형에 미치는 영향은 그 유전자가 스스로를 다음 세대 속으로 밀어 넣기 위한 도구가 된다는 것을 기억하기 바란다. 여기서 한 가지 추가할 것은 그 도구가 생물 개체의 체벽을 벗어날 수 있다는 것이다. 유전자가 자신이 들어앉아 있는 생물체 바깥의 세계에까지 확장된 표현형에 영향을 미친다는 것은 실제로 무엇을 의미하는 것일까? 머릿속에 떠오르는 예로는 비버 댐, 새집, 그리고 날도래 애벌레의 집과 같은 건축물이 있다.

날도래의 건축물

날도래는 별다른 특징이 없는 갈색 곤충이어서 대부분의 사람들은 날도래가 하천의 수면 위를 서툴게 날아다녀도 좀처럼 알아채지 못한다. 이것은 성충일 때의 이야기이고 성충이 되기 전까지는 긴 시간 동안 하천의 밑바닥을 기어 다니는 애벌레로서 보낸다. 그러나 날도래 애벌레가 특징이 없다고는 결코 말할 수 없다. 이들은 지구상에서 가장 놀라운 동물 가운데 하나다. 자신이 만들어 낸 접착 물질로 하천 바닥의 재료를 가지고 튜브 모양의 집을 솜씨 있게 짓는다. 이들의 집은 운반하기 쉬워, 이들은 달팽이나 소라게의 껍데기처럼 집을 짊어지고 다닌다. 한 가지 다른 것은 그 껍데기를 자기가 분비하는 물질이 아닌 외부 세계의 재료로 만든다는 점이다. 날도래의 어떤 종은 막대를, 다른 종은 떨어진 잎의 조각을, 또 다른 종은 작은 달팽이 껍데기를 사용한다. 그중에서도 가장 신기한 날도래의 집은 그 지역의 돌로 만들어진 것이다. 날도래는 현재 뚫린 벽의 구멍을 채우기에 너무 크거나 작은 것은 버리면서 돌을 신중하게 고르고, 심지어는 꼭 들어맞을 때까지 이리저리 돌려 보기도 한다.

왜 이것이 그다지 신기한 것일까? 좀 더 객관적으로 생각한다면 이 날도래의 집이라고 하는 비교적 허술한 건조물보다도 날도래의 눈이나 팔꿈치의 관절이라는 건축물이 훨씬 신기하게 느껴져야 할 것이다. 눈과 팔꿈치 관절은 집보다 훨씬 복잡하게 '설계된' 것이다. 그럼에도 우리는 비논리적으로 날도래의 집이 더 신기하게 느껴진다. 아마도 그 이유는 날도래의 눈이나 팔꿈치의 관절은 우리의 눈이나 팔꿈치 관절과 같은 방법으로 발생한 것이며, 어머니 뱃속에서 이루어진 그 발생 과정에서 우리가 한 것은 아무것도 없다는 데 있을 것이다.

이왕 본론에서 벗어난 김에 조금 더 이야기를 진행해 보자. 우리는 날도래의 집이 신기하다고 생각하기는 하지만, 역설적으로 우리와 가까운 동물들이 만들어 낸, 이에 필적할 만한 성취물보다 더 신기하다고 생각하지는 않는다. 만일 어떤 해양생물학자가 지름이 자기 몸길이의 스무 배에 달하는 크고 복잡한 어망을 짜는 돌고래종을 발견했다는 기사가 신문에 크게 실린다고 상상해 보라! 이에 비해 우리는 거미의 집을 경이로운 것이기보다는 집구석의 귀찮은 것으로 여긴다. 또 제인 구달Jane Goodall이 탄자니아의 곰비Gombe에서 정성껏 돌을 선별하여 짜임새 있게 쌓고 틈새를 막아 집을 짓고 훌륭한 지붕과 울타리까지 만드는 야생 침팬지의 사진을 가지고 돌아왔다면 사람들이 얼마나 열광할지 상상해 보라. 그러나 날도래 애벌레가 바로 그러한 일을 하고 있는데도 불구하고 우리의 관심은 일시적일 뿐이다. 때로 이렇게 이중적인 잣대를 변명하듯 사람들은 이렇게 말한다. 거미나 날도래의 건축의 위업은 '본능'에 의한 것이라고. 그래서 어떻다는 것인가? 어떤 의미에서는 본능이 한층 더 신기하기도 하다.

다시 본론으로 돌아와서, 날도래의 집이 자연선택을 거쳐 진화해 온 하나의 적응이라는 사실에는 의심의 여지가 없다. 그 집은 이를테면 바닷가재의 굳은 껍데기와 마찬가지의 이유로 선택되어 왔음에 틀림없다. 그것은 몸을 보호하는 덮개다. 그러므로 그것은 생물 개체 및 그 개체의 모든 유전자에게 이롭다. 그러나 우리는 자연선택에 관한 한 생물 개체의 이익은 부수적인 것으로 간주해야 한다는 것을 배웠다. 실제로 중요한 이익은 껍데기에 개체를 보호하는 속성을 부여하는 유전자의 이익이다. 바닷가재의 경우 이것은 매우 당연한 이야기다. 바닷가재의 껍데기는 분명히 몸의 일부이기 때문이다. 그런데 날도래의 집은 어떨까?

자연선택은 개채로 하여금 기능이 좋은 집을 만들도록 하는 날도래 유전자를 선호했다. 이 유전자는 아마도 배 발생 중 신경계의 발생에 영향을 주어 행동에 작용했을 것이다. 그러나 유전학자가 실제로 관심을 갖는 것은 집의 모양과 그 밖의 성질에 미치는 유전자의 영향이다. 유전학자는 집의 모양을 '담당하는' 유전자를, 예컨대 다리 모양을 담당하는 유전자가 존재한다는 것과 같은 의미로 인식해야 한다. 실제로 날도래 집의 유전학을 연구하는 사람은 한 사람도 없었다. 이러한 연구를 위해서는 날도래를 사육 및 번식시키면서 가계도를 세심하게 기록해야 하는데, 날도래는 번식시키기가 어렵다. 그러나 날도래의 집을 다르게 만드는 유전자가 존재하거나 전에 존재했다는 것을 확증하기 위하여 유전학을 연구해야만 하는 것은 아니다. 필요한 것은 '날도래 집이 다윈주의적(즉 자연선택에 의한 — 옮긴이) 적응이다'라고 믿을 정당한 이유뿐이다. 만약 그렇다면 날도래 집의 변이를 통제하는 유전자가 존재했음에 틀림없다. 왜냐하면 자연선택은 선택 대상들 중에 유전적 차이가 없는 한 적응을 만들어 낼 수 없기 때문이다.

따라서 유전학자는 기괴한 생각이라고 할지 몰라도, 우리가 돌 모양, 돌의 크기, 돌의 견고함 등을 '담당하는' 유전자에 대해 말하는 것은 이치에 맞는 것이다. 이 표현에 반대하는 유전학자가 일관성을 가지려면 눈 색깔을 담당하는 유전자나 콩의 주름을 담당하는 유전자 등의 표현에 대해서도 반대해야만 한다. 돌의 경우에 이러한 표현이 기괴하게 생각되는 이유 중 하나는 돌이 살아 있는 물질이 아니라는 것이다. 더욱이 돌의 성질에 대한 유전자의 영향은 특히 간접적인 것이라고 생각된다. 유전학자는 유전자의 직접적인 영향이 돌 자체가 아니라 돌을 선택하는 행동을 매개하는 신경계에 미치는 것이라 주장하고 싶을지도 모른다. 그러나 나는 그 유전학자에게 신경계에 영향을 미치는 유전자에 관해 말하는 것이 도대체 무엇을 의미하는지 신중히 고찰하라고 권하고 싶다. 유전자가 정말로 직접 영향을 끼칠 수 있는 것은 단백질 합성뿐이다. 신경계에 미치는 유전자의 영향이나 눈 색깔, 콩의 주름에 미치는 영향도 항상 간접적인 것이다. 유전자는 하나의 단백질의 아미노산 서열을 결정하고 그것이 X에 영향을 미치고 그것이 또 Y에도 영향을 미치고 그것이 또 Z에도 영향을 미쳐 최종적으로 씨의 주름이나 신경계 세포의 배열에까지 영향을 미치는 것이다. 날도래의 집은 이 같은 과정을 더 확장한 것에 불과하다. 돌의 견고함은 날도래 유전자가 **확장된** 표현형에 미치는 영향이다. 만일 콩의 주름이나 동물의 신경계에 영향을 미치는 유전자에 대해 말하는 것이 정당하다면(모든 유전학자는 그렇게 생각하고 있다), 날도래의 집을 만드는 돌의 견고함에 영향을 미치는 유전자에 대해 말하는 것 또한 정당하지 않으면 안 된다. 깜짝 놀랄 만한 생각이 아닐까? 그러나 이 결론은 피할 수 없다.

달팽이의 껍데기

다음 단계로 넘어가 보자. 하나의 생물 개체에 있는 유전자는 다른 생물 개체의 몸에 확장된 표현형의 영향을 미칠 수 있다. 이전 단계까지는 날도래의 집이 도움이 됐으나 이 단계에서는 달팽이의 껍데기가 유용할 것이다. 달팽이에게 껍데기는 날도래 애벌레의 돌집과 같은 역할을 한다. 그것은 달팽이 자신의 세포에 의해 분비되는 것이므로, 관습에 충실한 유전학자들도 다행히 껍데기 두께 같은 껍데기의 성질을 '담당하는' 유전자에 관해 이야기하는 데 이의가 없을 것이다. 그러나 어떤 흡충(편충류)이 기생하는 달팽이는 특별히 두꺼운 껍데기를 가지고 있다. 이렇게 두꺼운 껍데기는 무엇을 의미하는 것일까? 만일 그 달팽이가 특별히 얇은 껍데기를 가지고 있다면 우리는 어렵지 않게 이것을, 달팽이의 체질을 약하게 하는 것이라고 설명할 수 있다. 그러나 **더 두꺼운** 껍데기라니? 두꺼운 껍데기는 아마 달팽이를 보다 잘 보호할 것이다. 그것은 마치 기생자가 숙주에게 껍데기를 개량하도록 하여 실제로 숙주에게 도움을 주고 있는 것같이 보인다. 그러나 정말 그럴까?

좀 더 조심스럽게 생각할 필요가 있다. 만일 두꺼운 껍데기가 정말로 달팽이에게 유리하다면 도대체 왜 달팽이들이 두꺼운 껍데기를 처음부터 갖지 않은 것인가? 아마도 경제적인 이유일 것이다. 껍데기를 만드는 것은 달팽이에게 비용이 드는 일이다. 그것은 에너지를 필요로 한다. 그것은 애써 얻은 먹이에서 추출되어야 하는 칼슘과 다른 화학 물질을 필요로 한다. 껍데기를 만드는 데 소비되지 않는다면 이 모든 자원은 새끼를 더 많이 만드는 등 다른 것에 소비될 수 있을 것이다. 아주 두꺼운 껍데기를 만들기 위해 다량의 자원을 소비하는 달팽이는 자기 자신의 몸을 위한 안전을 확보한 셈이다. 그러나 그 대가는 무엇인가? 그 달팽이는 오래 살지는 모르나 번식에는 그다지 성공하지 못하고 자신의 유전자를 다음 세대에 전하는 데 실패할지도 모른다. 다음 세대로 전해지지 못하는 유전자 중에는 아주 두꺼운 껍데기를 만드는 유전자도 들어 있다. 바꿔 말하면 껍데기는 너무 얇을 수도 있지만 너무 두꺼울 수도 있다. 따라서 흡충이 달팽이로 하여금 아주 두꺼운 껍데기를 분비하게 할 때, 껍데기를 두껍게 하는 경제적 비용을 흡충이 부담하지 않는 한 그 흡충은 달팽이에게 친절하게 대한다고 볼 수 없다. 그리고 우리는 흡충이 그렇게 관대한 생물이 아니라는 것을 확실히 보증할 수 있다. 흡충은 달팽이에게 모종의 숨겨진 화학적 영향을 미쳐 달팽이가 자신이 '선호하는' 껍데기의 두께를 벗어나도록 강요하는 것이다. 그것은 그 달팽이의 수명을 연장시킬지는 모르지만 달팽이의 유전자에게 도움을 주는 것은 아니다.

그러면 그 흡충에게는 어떤 이익이 있는 것일까? 왜 그런 짓을 하는 것일까? 내 생각은 다음과 같다. 다른 제반 사정이 같다면 달팽이의 유전자도 흡충의 유전자도 모두 그 달팽이의 몸이 생존함으로써 이익을 얻는 입장에 있다. 그러나 생존은 번식과 같은 것이 아니며 일종의 타협이 존재할 가능성이 있다. 달팽이의 유전자는 자신의 번식에서 이익을 얻은 입장인 데 반해 흡충의 유전자는 그렇지 않다. 왜냐하면 어떤 흡충도 현재 숙주의 자손의 몸속에 자신의 유전자가 포함되어 있다고는 기대하기 어렵기 때문이다. 그렇다면 경쟁자인 다른 흡충의 유전자도 마찬가지일 것이다. 달팽이의 수명이 늘어나려면 번식 성공도가 어느 정도 줄어드는 대가(비용)를 치러야 하므로, 흡충의 유전자는 달팽이에게 그 대가를 치르게 함으로써 '행복할' 것이다. 왜냐하면 그들은 달팽이의 번식에는 아무런 관심도 없기 때문이다. 달팽이의 유전자는 그 대가를 치르는 것이 전혀 행복하지 않다. 왜냐하면 장기적으로 볼 때 그들의 미래는 자신의 번식에 달려 있기 때문이다. 따라서 나는 흡충의 유전자가 달팽이의 껍데기를 분비하는 세포에게 영향력을 행사할 것이라고 제안한다. 흡충 유전자의 영향은 자기에게는 이익을 주지만 달팽이의 유전자에게는 부담이 되는 것이다. 이 이론은 아직 검증되지 않았지만 검증 가능한 이론이다.

이제 우리는 날도래가 주는 교훈을 일반화할 수 있다. 만일 흡충이 하는 것에 관한 내 생각이 옳다면, 우리는 달팽이의 유전자가 달팽이의 몸에 영향을 미친다는 것과 똑같은 의미로 흡충의 유전자가 달팽이의 몸에 영향을 미친다고 말할 수 있을 것이다. 마치 유전자가 '자신의' 몸 바깥까지 손을 뻗어 바깥 세계를 조작하는 것처럼 말이다. 날도래의 경우에서와 같이 이러한 표현 역시 유전학자들은 꺼림칙하게 생각할지 모른다. 그들은 몸 내부에 한정된 유전자의 영향력에만 익숙해져 있기 때문이다. 그러나 날도래의 경우에서와 같이 어떤 유전자가 '영향'을 미친다는 것에 유전학자들이 어떤 의미를 부여하는지 자세히 살펴보면 그와 같은 꺼림칙한 생각이 잘못이라는 것을 알 수 있다. 달팽이 껍데기의 변화가 흡충의 적응이라는 것을 인정하기만 하면 된다. 만일 그렇다면 그것은 흡충 유전자에 자연선택이 작용하여 생겨난 것임이 틀림없다. 방금 우리는 유전자가 표현형에 미치는 영향이 돌과 같은 무생물뿐만 아니라 '다른' 생물체에게도 확장될 수 있다는 것을 밝혀냈다.

유약 호르몬과 거세된 게

달팽이와 흡충의 이야기는 시작에 불과하다. 여러 형태의 기생자가 그 숙주에 대해 매우 교활한 영향력을 행사한다는 것은 오래전부터 알려져 왔다. 현미경으로만 볼 수 있는 작은 기생 원생동물인 **노세마** *Nosema*(포자충의 일종)는 쌀도둑거저리 애벌레에 기생하는데, 이 원생동물은 이 곤충에게서 매우 특이한 화학 물질을 제조하는 방법을 '발견'했다. 다른 곤충과 마찬가지로 이 곤충도 애벌레 상태를 그대로 유지시키는 유약幼若 호르몬을 가지고 있다. 애벌레에서 성충으로 제대로 변화하려면 애벌레는 유약 호르몬의 생산을 멈추어야 한다. 기생자인 **노세마**는 이 호르몬(그것과 아주 유사한 화합물)을 합성하는 데 성공한 것이다. 수백만 개의 **노세마**가 힘을 합해 이 곤충 애벌레의 몸속에서 유약 호르몬을 대량 생산하고, 이 호르몬은 성충이 되는 것을 저지한다. 대신 그 곤충은 생장을 계속하여 마침내 체중이 정상 성충의 두 배 이상이나 되는 거대한 애벌레가 되고 만다. 곤충 유전자의 증식에는 별 도움이 안 되는 일이지만 기생자인 **노세마**에게는 풍년이 따로 없다. 곤충 애벌레가 커지는 것은 원생동물 유전자가 확장된 표현형에 미치는 영향의 하나다.

그리고 여기에 이 피터 팬 같은 쌀도둑거저리보다 더 강한 프로이트적 우려를 일으키는 사례가 있다. '기생 거세'가 그것이다. 게에는 **사쿨리나***Sacculina*라고 하는 동물이 기생한다. **사쿨리나**는 따개비에 가깝지만 형태로 보면 기생 식물처럼 보인다. 이 기생 동물은 숙주인 게의 조직에 뿌리를 깊이 박고 그 몸에서 영양분을 빨아먹는다. 이 기생 동물이 최초로 공격하는 게의 기관 중에 정소와 난소가 들어간다는 것은 아마도 우연만은 아닐 것이다. 그러나 번식을 위한 기관과는 대조적으로 게의 생존에 필요한 기관에는 해를 끼치지 않는다. 게는 이 기생 동물 때문에 실질적으로 거세되는 것이나 다름없다. 거세된 살찐 소처럼 되어 버린 게는 번식에 쓸 에너지와 자원을 자신의 생장에만 사용한다. 게는 번식을 포기하지만 기생 동물은 먹이가 풍부해지는 것이다. 내가 쌀도둑거저리에 기생하는 노세마와 달팽이에 기생하는 흡충에 대해 상상했던 것과 똑같은 이야기다. 이 세 가지 예에서 우리가 숙주의 변화는 기생자에게 이익이 되는 적응이라는 점을 인정한다면, 숙주의 변화를 기생자 유전자가 확장된 표현형에 미치는 영향이라 보지 않을 수 없다. 따라서 유전자는 '자신의' 몸 바깥까지 팔을 뻗쳐서 다른 생물체의 표현형에 영향을 주는 것이다.

기생자와 숙주

기생자 유전자와 숙주 유전자 사이의 이해관계는 상당 부분 일치할 수 있다. 이기적 유전자의 관점에서 보면 흡충의 유전자와 달팽이의 유전자 모두 달팽이 몸의 '기생자'라 생각할 수 있다. 양자 모두 보호 껍데기에 싸여 있어서 이익을 본다. 그러나 양자가 '선호하는' 껍데기의 정확한 두께는 다르다. 이 차이는 근본적으로 기생자가 달팽이의 몸속에서 떠나 다른 개체에 들어가는 방법이 다르기 때문에 생긴다. 달팽이 유전자가 달팽이 몸을 떠나는 방법은 달팽이의 정자나 난자를 통해서다. 흡충 유전자는 사뭇 다르다. 너무 복잡해지므로 상세히 설명하지는 않겠지만, 중요한 것은 흡충 유전자는 정자나 난자를 거쳐 달팽이의 몸을 떠나지는 않는다는 것이다.

내가 보기에 기생자에 대한 질문 중 가장 중요한 것은 다음의 질문이다. 그 유전자가 숙주의 유전자와 같은 운반체를 거쳐 다음 세대로 전해지는가? 만일 그렇지 않다면 그것은 어떤 형태로든 숙주에게 해를 끼친다고 예측할 수 있다. 그리고 만일 그렇다면 기생자는 숙주가 단순히 생존뿐만 아니라 번식도 할 수 있도록 전력을 다해 도울 것이다. 긴 진화의 시간을 거쳐 오면서 그것은 더 이상 기생자가 아니라 숙주와 협력하여 종국에는 숙주의 조직에 합체될 것이며 기생자로서의 흔적은 찾을 수 없게 될 것이다. 앞에서(346쪽) 시사한 바와 같이 우리 몸의 세포도 이 진화의 스펙트럼을 지나쳐 온 것인지 모른다. 우리 모두는 태고의 기생자들이 합체한 것의 유물일지도 모른다.

기생자 유전자와 숙주 유전자가 공통의 출구를 가질 때 어떤 일이 생기는가 생각해 보자. 나무에 구멍을 뚫는 암브로시아 나무좀(*Xyleborus ferrugineus*)에는 박테리아가 기생하는데, 이 박테리아는 숙주의 몸에서 살 뿐만 아니라 새로운 숙주로 이동하는 수단으로 숙주의 알을 이용한다. 따라서 이와 같은 기생자 유전자는 숙주 유전자와 거의 똑같은 상황에서 이익을 얻을 수 있다. 두 유전자 집합은 하나의 생물 개체에 있는 모든 유전자들이 협조하는 것과 똑같은 이유로 협조할 것이라고 예측할 수 있다. 그중 어떤 것이 '딱정벌레 유전자'이며 어떤 것이 '박테리아 유전자'인지 구별하는 것은 적절치 못하다. 두 유전자 집합은 모두 나무좀의 생존과 그 알의 증식에 '관심이 있'다. 왜냐하면 양자 모두 나무좀의 알을 자신들이 미래로 갈 수 있게 해 주는 통행증이라고 '생각'하기 때문이다. 그래서 박테리아 유전자는 숙주 유전자와 공동 운명체가 되는데, 이러한 나의 해석에 따르면 박테리아는 그 생활의 모든 측면에서 나무좀과 협력할 것이라 예측할 수 있다.

사실 '협력'이라는 표현은 부드러운 표현이다. 이들이 나무좀을 위해 하는 서비스는 이 이상 있을 수 없다고 할 정도로 친밀하다. 우연히도 이 나무좀은 벌이나 개미처럼 단복상체haplodiploid다(10장 참조). 알이 수컷에 의해 수정되면 반드시 암컷이 되고, 미수정란은 수컷이 된다. 바꾸어 말하면 수컷에게는 아비가 없다. 수컷이 되는 알은 정자의 침투 없이 자연적으로 발생한다. 그러나 벌과 개미의 알과 달리 나무좀의 알은 실제로 무엇인가의 침투가 필요하다. 여기에 박테리아가 등장하는 것이다. 박테리아가 미수정란을 자극하여 수컷의 나무좀으로 발생하도록 한다. 물론 이들 박테리아는 내가 주장한 대로 더 이상 기생 생활을 하지 않고 공생적이 된 그런 종류의 기생자다. 왜냐하면 박테리아는 바로 숙주의 알 속에서 숙주 자신의 유전자와 함께 다음 세대로 전해지기 때문이다. 결국 그들 자신의 몸은 사라지고 '숙주'의 몸에 완전히 합체될 것이다.

히드라와 조류

이러한 예를 오늘날 몇 종의 히드라에서도 발견할 수 있다. 히드라는 담수에 사는 말미잘처럼 촉수를 가진 작은 고착성 동물인데, 그 조직에 조류藻類가 기생하는 경우가 있다. 히드라의 두 종 **불가리스** *Hydra vulgaris*와 **아테뉴아타** *H. attenuata*에서 조류는 진짜 기생자이며 히드라를 병들게 한다. 이에 반해 **클로로히드라 비리디시마** *Chlorohydra viridissima*라는 히드라 종에서는 조직에 조류가 늘 존재하며, 조류는 히드라에게 산소를 공급하여 히드라의 건강에 기여한다. 흥미로운 것은, 우리의 예상대로 **클로로히드라**에서 이 조류는 히드라의 알을 통하여 자기를 다음 세대에 전하는 것이다. 다른 두 종에서는 그렇지 않다. 조류의 유전자와 **클로로히드라** 유전자의 이해관계는 일치한다. 둘 모두 **클로로히드라**의 알을 양산하는 데 관심이 있다. 그러나 다른 두 종의 히드라 유전자는 자기에게 기생하는 조류의 유전자와 '의견의 일치'를 볼 수 없다. 아무래도 같은 정도로 일치하지는 않는다. 히드라 몸의 생존에는 두 유전자 세트 모두 관심이 있을지 모른다. 그러나 히드라의 번식에는 히드라의 유전자만이 관심 있다. 그래서 조류는 친절하게 협력하는 방향으로 진화하지 않고 오히려 상대를 약화시키는 기생자로 남는다. 이 논의에서 중요한 것을 다시 한 번 강조하면, 자기 유전자가 숙주의 유전자와 운명을 같이하기를 열망하는 기생자는 모든 이해관계를 숙주와 공유하고 최종적으로 기생적 작용을 멈추게 된다는 것이다.

이 경우에 운명이란 다음 세대를 의미한다. **클로로히드라**의 유전자와 조류의 유전자, 그리고 암브로시아 나무좀의 유전자와 박테리아의 유전자는 숙주의 알을 통해서만 미래에 이를 수 있다. 따라서 생활의 모든 부분에서 기생자가 최적일 것이라 '계산'한 정책은 숙주의 유전자가 같은 계산을 통해 얻은 정책과 같거나 거의 같은 것에 수렴할 것이다. 우리는 앞서 달팽이와 그 기생자인 흡충의 경우 각각 좋아하는 껍데기의 두께는 다르다고 결론 내렸다. 암브로시아 나무좀과 그의 박테리아의 경우, 숙주와 기생자는 나무좀에서 동일한 날개 길이를 선호할 것이며, 그 외 나무좀의 모든 몸의 특징에 대해서도 동일한 상태를 선호할 것이다. 이것은 그 나무좀이 날개나 다른 어떤 것을 어떤 목적으로 사용하는지 자세히 몰라도 예측할 수 있다. 우리는 나무좀의 유전자와 박테리아의 유전자가 앞으로 일어날 같은 종류의 이벤트, 즉 나무좀 알의 증식에 도움이 될 이벤트를 도모하는 데 모든 수단을 강구할 것이라는 추론에서 간단히 그렇게 예측할 수 있다.

우리는 이 논의로부터 논리적인 결론을 얻어 이를 정상적인 '우리 자신의' 유전자에 적용할 수 있다. 우리의 유전자들이 서로 협력하는 이유는 그들이 우리 자신의 것이기 때문이 아니라 미래로의 출구 — 알이나 정자 — 를 공유하기 때문이다. 가령 인간과 같은 한 생물체에 들어 있는 어떤 유전자가 만일 정자 또는 난자라고 하는 종전의 경로에 의존하지 않고도 자신을 퍼뜨리는 방법을 발견한다면, 그 유전자는 새로운 방법을 택하여 비협조적이 될 것이다. 왜냐하면 몸속의 다른 유전자들과는 다른 종류의 결과에서 이익을 얻을 수 있을 것이기 때문이다. 우리는 자기에게 유리하도록 감수 분열을 왜곡하는 유전자의 실례를 이미 보았다. 정자 내지 난자라는 '적절한 경로'를 완전히 부수고 샛길을 개척한 유전자도 있을지 모른다.

반란 유전자 절편

DNA의 절편 중에는 염색체에 편입되지 않고 세포의 액체 성분 속에 자유로이 떠다니며 증식하는 놈들이 존재한다. 이들은 특히 박테리아 세포에 많이 존재한다. 이 절편들은 비로이드viroid라든가 플라스미드plasmid라든가 하는 여러 이름으로 불린다. 플라스미드는 바이러스보다도 작고 대개 두세 유전자만으로 구성되어 있다. 일부 플라스미드는 이음새도 없이 염색체로 끼어 들어갈 수 있다. 끼어 들어간 부분이 너무 매끄러워 이음새를 찾아볼 수도 없다. 이 같은 플라스미드는 염색체의 어떤 부분과도 구별이 어렵다. 플라스미드는 자신을 다시 잘라 낼 수도 있다. 끊어지고 이어지며, 순식간에 염색체에서 뛰어내리고 뛰어오르는 이 DNA의 능력은 이 책의 초판이 나온 이후에 밝혀진 매우 흥미로운 사실 중 하나다. 실제로 플라스미드에 대한 최근의 증거는 346쪽에 적은 내 추측(그 당시에는 약간 억측처럼 생각되었다)을 멋지게 지지하는 증거라고 볼 수 있다. 어떤 관점에서 보면 이러한 DNA 절편들이 기생자의 침입으로 생겨난 것인지 아니면 반란자의 이탈로 생겨난 것인지는 전혀 문제가 되지 않는다. 어느 쪽이건 그 행동은 다분히 같을 것이기 때문이다. 내 요점을 강조하기 위해 이탈한 절편에 대해 이야기하고자 한다.

염색체로부터 끊겨 나와 세포 내를 자유로이 떠다니며, 증식하여 복사본을 많이 만들고 나서 다른 염색체에 끼어 들어갈 수 있는 인간 DNA의 반란 파편을 생각해 보자. 이와 같은 반란 복제자가 이용할 수 있는, 미래를 향한 비정통적인 대체 통로에는 무엇이 있을까? 우리는 피부에서 끊임없이 세포를 잃는다. 우리 집 안 먼지의 대부분은 우리가 벗어 버린 세포다. 우리는 분명히 서로의 세포를 항상 들이마실 것이다. 입 속을 손톱으로 긁어 보면 수백 개의 살아 있는 세포가 나올 것이다. 연인들은 키스나 애무를 통해서 서로 다수의 세포를 주고받을 것이다. 반란 DNA의 파편은 이 같은 세포들 중 어떤 것에도 올라탈 수 있다. 만일 유전자가 다른 몸으로 통하는 비정통적인 통로에서 틈(정통적인 정자 또는 난자라는 통로와 더불어, 또는 그 통로 대신에)을 발견할 수 있다면, 자연선택은 그 유전자의 기회편승을 선호하고 그것을 개선할 것이라고 우리는 예측할 수 있다. 그 DNA 파편들이 쓰는 정확한 방법에 관해서 말하자면, 그 방법이 바이러스의 모략 — 이기적 유전자/확장된 표현형 이론가라면 뻔히 예측할 수 있는 — 과 다를 이유는 아무것도 없다.

감기에 걸리거나 기침이 나면 우리는 보통 그 증상을 바이러스 활동의 부산물이라고 생각한다. 그러나 어떨 때는 그 증상이 바이러스가 한 숙주에서 다른 숙주로 이동하기 위해 의도적으로 꾸민 일일 가능성이 훨씬 높아 보인다. 바이러스는 공기 중으로 호흡을 통해 단순히 내뱉어지는 것에 만족하지 않고 재채기나 기침을 해서 힘차게 뿜어내도록 한다. 광견병 바이러스는 어떤 동물이 다른 동물을 물었을 때 타액을 통해 전해진다. 광견병에 걸리면 보통 때는 얌전하고 착하던 개가 입에 거품을 물고 사납게 문다. 또한 불길하게도, 보통 때는 집 둘레 1킬로미터 정도의 행동권을 벗어나지 않던 개가 끊임없이 여기저기 돌아다니며 바이러스를 널리 퍼뜨린다. 잘 알려져 있듯이 물을 무서워하는 증상은, 개가 얼굴을 흔들어 입에서 거품을, 그리고 그와 함께 바이러스를 뿌리기 위한 것일 가능성도 제기된 바 있다. 나는 성관계를 통해 전염되는 병이 감염자의 성욕을 높인다는 직접적 증거가 있는지는 잘 모르나 조사해 볼 가치가 있다고 본다. 적어도 사람들이 최음제라고 생각하는 청가뢰가 가려움증을 일으켜 작용한다는 것은 알려져 있다. 그리고 사람을 가렵게 하는 것은 바로 바이러스가 잘하는 일이 아니던가.

사람의 반역 DNA와 침입하는 기생 바이러스를 비교하는 것의 요점은 양자 사이에 어떠한 차이도 현실적으로는 존재하지 않는다는 것이다. 사실상 바이러스가 이탈 유전자 집단에서 생겼을 가능성도 충분하다. 만일 어떤 식으로든 구분 짓고 싶다면, 그것은 정자나 난자라는 정통적인 경로를 따라 몸에서 몸으로 옮겨 다니는 유전자와, 비정통적인 '샛길'을 따라 이동하는 유전자의 구분일 것이다. 양쪽 모두 '자신의' 염색체 유전자에서 유래한 유전자를 포함하고 있을지 모른다. 그리고 또 양쪽 모두 외부에서 침입한 기생자에게서 유래한 유전자를 포함하고 있을지 모른다. 또는 346쪽에서 내가 추측했던 것처럼, 우리 '자신의' 염색체 유전자 모두는 서로에게 기생하는 것으로 보아야 할지도 모른다. 이 두 가지 부류의 유전자 사이에 존재하는 중요한 차이는 이들이 장래에 이익을 보게 되는 상황에 있다. 감기 바이러스의 유전자와 염색체에서 이탈한 인간의 유전자는 자신들의 숙주가 재채기하기를 '바란다'는 점에서 일치한다. 정통적인 염색체 유전자와 성교에 의해 전해지는 바이러스는 자신들의 숙주가 성교하기를 바란다는 점에서 일치한다. 양쪽 모두 숙주가 성적 매력을 갖기를 바랄 것이라는 생각은 매우 흥미롭다. 또 정통적인 염색체 유전자와 숙주의 난자 속에 들어가 다음 세대로 전해지는 바이러스는, 숙주가 단순히 구애에 성공할 뿐만 아니라, 자식을 맹목적으로 사랑하는 성실한 부모, 더 나아가 조부모가 되는 것을 포함하여 인생의 모든 측면에서 성공하기를 바란다는 점에서 일치할 것이다.

비버의 댐

날도래는 자기 집 속에서 살고, 지금까지 이야기한 기생자들은 숙주의 몸속에서 산다. 따라서 유전자가 보통 그 표현형에 가까이 있는 것과 마찬가지로, 이들의 유전자는 각각의 확장된 표현형과 물리적으로 가까이 있다. 그러나 유전자는 먼 거리에서도 작용할 수 있다. 즉 확장된 표현형은 아주 멀리까지도 확장될 수 있다. 내가 생각할 수 있는 가장 긴 확장된 표현형은 호수 하나를 가로지르는 것이다. 거미집이나 날도래 집과 마찬가지로, 비버의 댐은 가장 경이로운 것 중의 하나다. 다윈주의 관점에서 보면 그 목적이 불분명하지만 어떤 목적을 가지고 있음은 분명하다. 왜냐하면 비버는 댐을 쌓기 위해 매우 많은 시간과 에너지를 소비하기 때문이다. 비버가 만드는 호수는 아마도 비버의 집을 포식자로부터 지키기 위한 것이다. 호수는 이동하거나 통나무를 운반하기에 알맞은 수로도 된다. 비버는 캐나다 목재 회사들이 하천을 이용하고, 18세기의 석탄 상인들이 운하를 이용한 것과 똑같은 방식으로 부력을 이용한다. 그 이익이 무엇이든 간에 비버의 호수는 자연 경관 중에서 특히 눈에 띄는 특징적인 것이다. 그것은 비버의 이빨이나 꼬리 못지않은 하나의 표현형이며, 다윈주의적 선택, 즉 자연선택의 영향에 의해 진화해 온 것이다. 자연선택이 작용하려면 유전적 변이가 있어야 한다. 여기서 자연선택은 좋은 호수와 그다지 좋지 않은 호수 사이에서 작용했음에 틀림없다. 자연선택은 나무를 운반하기에 적합한 호수를 만드는 비버의 유전자를 선호했을 것이다. 나무를 자르기에 적합한 이빨을 만드는 유전자를 선호하는 것과 마찬가지로 말이다. 비버의 호수는 유전자의 확장된 표현형이며 이것은 몇백 미터나 뻗칠 수 있다. 유전자의 영향력이 이렇게도 멀리까지 뻗칠 수 있다니!

뻐꾸기 유전자의 확장된 표현형

기생자들 역시 반드시 숙주의 몸속에서 살 필요는 없다. 기생자의 유전자가 멀리 떨어진 숙주에서 발현될 수도 있다. 뻐꾸기의 새끼가 울새나 개개비의 몸속에서 살지도 않고, 뻐꾸기가 직접 울새나 개개비의 피를 빨아먹거나 조직을 뜯어 먹지 않는데도 우리는 거리낌 없이 뻐꾸기에게 기생자라는 이름을 붙인다. 양부모의 행동을 조작하는 뻐꾸기의 적응은 뻐꾸기 유전자가 멀리 떨어진 확장된 표현형에 영향을 미치는 것이라 볼 수 있다.

양부모가 속아서 뻐꾸기의 알을 품는다는 것은 쉽게 이해할 수 있다. 알 수집가들 역시 뻐꾸기의 알이 논종다리 알이나 개개비 알과 너무 비슷하기 때문에 속곤 한다(뻐꾸기 암컷들은 각각 다른 숙주 종에 특화되어 있다). 이해하기 어려운 것은, 번식기 말기에 거의 둥지를 떠날 준비가 된 뻐꾸기 새끼에 대해 양부모가 취하는 행동이다. 뻐꾸기는 보통 양부모보다 훨씬 체구가 크다. 나는 지금 바위종다리 어미 새 사진을 보고 있는데, 그 괴물과 같은 양자에 비하여 양부모가 너무 작기 때문에 먹이를 주기 위해서는 양자의 등에 올라타지 않으면 안 된다. 여기서 우리는 숙주에게 별로 동정이 가지 않는다. 그 어리석음은 놀랍기까지 하다. 아무리 바보 같은 동물일지라도 그러한 새끼를 보면 어딘가 이상한 점을 알아차릴 수 있을 텐데 말이다.

나는 뻐꾸기 새끼가 오히려 그 양부모를 그냥 '속이'는 것 이상의, 단순히 정체를 숨기는 것 이상의 무언가를 하고 있다고 생각한다. 숙주의 신경계에 중독성 마약과 같은 방법으로 작용하는 것 아닌가 싶다. 마약을 경험해 본 적 없는 사람이라도 어렵지 않게 공감할 수 있다. 남자는 여성의 육체 사진에 흥분하여 발기하기까지 한다. 그가 결코 인쇄된 잉크의 패턴이 진짜 여성이라고 '속고 있을' 리는 없다. 그는 자기가 보고 있는 것이 종이 위의 잉크에 불과하다는 것을 알고 있으나, 그의 신경계는 진짜 여성에게 반응하는 것과 같은 식으로 반응한다. 우리는 비록 특정 상대와의 관계가 장기적으로 누구에게도 도움이 되지 않는다는 것이 확실할지라도 그 상대의 매력에 빠져 들고 말 때가 있다. 건강에 좋지 않은 음식물에 매력을 느끼는 것도 마찬가지다. 바위종다리는 아마도 장기적으로 보았을 때 자신에게 가장 이익이 되는 것이 무엇인지에 대해 의식하지 않을 것이다. 따라서 특정한 종류의 자극을 참기 어려운 것은 그 신경계라는 것을 우리는 쉽게 이해할 수 있다.

뻐꾸기 새끼가 벌린 빨간 입은 너무도 유혹적이어서, 조류학자들이 남의 둥지에 앉아 있는 뻐꾸기 새끼의 입에 먹이를 넣어 주고 가는 어미 새를 보는 것은 어려운 일이 아니다. 이 새는 자기 새끼에게 줄 먹이를 물고 집으로 가는 중이었을 것이다. 갑자기 시야 한구석에 전혀 다른 종류의 새 둥지 속에 있는 뻐꾸기 새끼의 시뻘건 입이 들어온다. 이 새는 방향을 바꿔 다른 새의 둥지로 날아가 자기 새끼에게 주려던 먹이를 뻐꾸기의 입속에다 넣어 준다.

이와 같은 '불가항력설'은 양부모가 '마약 중독자'처럼 행동하고 뻐꾸기 새끼가 그들의 '마약'이라고 표현한 초기 독일 조류학자들의 견해와 일치한다. 요즘의 실험 생물학자들에게 이런 표현은 별로 환영받지 못하는 것이 사실이다. 그러나 뻐꾸기의 벌린 입이 마약과 같은 강력한 초자극이라고 가정하면 어떤 일이 벌어지고 있는지 설명하기란 훨씬 쉬워진다. 괴물 같은 새끼 등에 올라탄 자그마한 양부모의 행동에 쉽게 동정할 수 있다. 양부모는 결코 바보가 아니다. '속는다'라는 표현은 잘못이다. 양부모의 신경계는 마치 무력한 마약 중독 환자의 것인 듯, 혹은 마치 뻐꾸기 새끼가 양부모의 뇌에 전극을 꽂는 과학자나 되는 듯이 불가항력적으로 통제되고 있다. 그러나 비록 조종당하는 양부모에게 우리가 더한층 동정심을 느끼게 됐다고 해도, 왜 자연선택이 뻐꾸기가 양부모를 그토록 조종할 수 있도록 허용해 왔을까에 대해 질문을 던질 수 있다. 왜 숙주의 신경계는 빨간 입이라는 마약에 대한 저항성을 진화시키지 않았는가? 아마 자연선택이 작용하는 데 필요한 만큼의 시간이 아직 지나지 않아서인지도 모른다. 어쩌면 뻐꾸기는 겨우 수백 년 전부터 현재의 양부모에게 기생을 시작했고, 향후 2~3백 년 사이에는 현재의 양부모를 포기하고 다른 종을 희생양으로 삼을지도 모른다. 이 이론을 지지하는 증거가 몇 가지 존재한다. 그러나 나는 그것보다 중요한 무언가가 더 있다는 생각을 떨쳐 버릴 수 없다.

뻐꾸기와 그 숙주 사이의 진화적인 '군비 확장 경쟁'에는 실패에 대한 대가(비용)가 동등하지 않기 때문에 일종의 불공정성이 처음부터 존재한다. 뻐꾸기 새끼는 오랜 역사를 거쳐 조상 뻐꾸기 새끼에서부터 유래한 것으로, 그 역사에 속하는 모든 개체는 그 양부모를 조종하는 데 틀림없이 성공해 왔을 것이다. 양부모에 대한 지배력을 잠시라도 잃은 뻐꾸기 새끼는 죽었을 것이다. 반면 양부모는 대개 그 생애에 걸쳐 한 번도 뻐꾸기와 만난 적 없는 조상으로부터 유래했다. 그리고 둥지 속에 뻐꾸기 알이 있었던 양부모 새도 그때는 뻐꾸기에게 당했지만 다음 번식기에는 새끼를 키울 수 있었을 것이다. 문제는 쌍방의 실패에 대한 대가가 같지 않다는 점이다. 뻐꾸기의 노예가 되는 것에 저항하는 데 실패하여 손해를 보는 유전자는 울새나 바위종다리에서 다음 세대로 전해질 수 있다. 그러나 양부모를 노예로 만드는 데 실패하여 손해를 보는 유전자는 뻐꾸기에서 다음 세대로 전해질 수 없다. 이것이 바로 내가 '처음부터 존재한 불공정'과 '실패한 대가의 비대칭성'이라는 말로 표현하고자 하는 것이다. 이 점은 이솝 우화의 한 부분에도 요약되어 있다. "토끼는 여우보다 빠르다. 왜냐하면 토끼는 목숨을 걸고 달리지만 여우는 식사를 위해서 달리기 때문이다." 나의 동료인 크렙스와 나는 이것을 '목숨/식사 원리'라고 명명했다.

목숨/식사 원리 때문에, 때로 동물들은 다른 동물에게 조종당해 자기에게 최선이 아닌 듯한 방법으로 행동하기도 한다. 그러나 그런 경우에라도 어떤 의미에서 보면 이들은 자기에게 최대의 이익이 되도록 행동하고 있다. 목숨/식사 원리의 전체적인 요점은 이론상 다른 동물에게 조종당하지 않으려고 저항할 수 있기는 하지만 그 대가(비용)가 너무 크다는 것이다. 뻐꾸기의 조종에 저항하려면 아마도 보다 큰 눈이나 뇌를 가져야 할 것인데, 이를 위해서는 부가적인 비용이 필요할 것이다. 조종당하지 않으려고 저항하는 유전적 성향을 갖는 경쟁자는 저항에 필요한 경제적 비용 때문에 실제로는 자손에게 유전자를 전하는 데 덜 성공적일 것이다.

그러나 우리는 다시 한 번 생명체를 그 유전자보다 생물 개체로 보는 관점으로 후퇴해 버렸다. 앞에서 흡충과 달팽이에 대해 말했을 때, 우리는 기생자의 유전자는 모든 동물의 유전자가 '자신의' 몸의 표현형에 영향을 미치는 것과 똑같은 방법으로 숙주의 몸의 표현형에 영향을 미칠 수 있다는 생각에 익숙해져 있었다. 우리는 '자신의' 몸이라는 생각 그 자체가 왜곡된 가정이라는 것을 증명했다. 어떤 의미에서는 하나의 몸속에 있는 모든 유전자가 '기생적' 유전자다. 우리가 그것을 몸 '자신의' 유전자라고 부르고 싶든 아니든 간에 말이다. 뻐꾸기는 숙주의 몸 내부에 살지 않는 기생자의 일례로서 이 논의에 등장했다. 그러나 뻐꾸기는 내부 기생자와 똑같은 방식으로 숙주를 조종하며, 그 조종은 몸속 약물이나 호르몬처럼 강력하여 저항하기 어렵다. 내부 기생자의 경우와 마찬가지로, 우리는 이제 모든 사실을 유전자와 확장된 표현형이라는 표현을 써서 말하지 않으면 안 된다.

뻐꾸기와 숙주 사이의 진화적 군비 확장 경쟁에서 각 단계의 진보는 양쪽 모두 유전적 돌연변이가 나타나 자연선택에 의해 선호되는 형태를 취한다. 크게 벌린 뻐꾸기의 입이 숙주의 신경계에 마약처럼 작용하는 것이 무엇이든 유전적인 돌연변이로서 생겨난 것이 틀림없다. 이 돌연변이는 뻐꾸기 새끼의, 예컨대 크게 벌린 입의 색깔이나 형상 등에 영향을 미쳤다. 그러나 이 영향마저 가장 직접적인 영향은 아니었다. 그 돌연변이의 가장 직접적인 영향은 세포 내부에 있는, 눈에 보이지 않는 화학적 현상에 미치는 것이었다. 크게 벌린 입의 색깔이나 형상에 미치는 유전자의 영향 그 자체는 간접적인 것이다. 그리고 중요한 것은, 같은 뻐꾸기 유전자가 정신이 몽롱해진 숙주의 행동에 미치는 영향은 그보다 아주 조금 더 간접적일 뿐이라는 점이다. 우리가 뻐꾸기의 유전자가 크게 벌린 뻐꾸기의 입 색깔이나 형상(표현형)에 영향을 미친다고 할 때와 똑같은 의미로, 우리는 뻐꾸기의 유전자가 숙주의 행동(확장된 표현형)에 영향을 미친다고 말할 수 있다. 기생자의 유전자가 숙주의 몸에 영향을 미치는 것은, 기생자가 숙주의 몸속에서 직접적인 화학적 수단에 의해 숙주를 조종하는 경우뿐만 아니라, 기생자가 숙주로부터 멀리 떨어져서 원격 조종하는 경우에도 가능하다. 실제로 앞으로 살펴보겠지만 화학 작용도 몸 밖에 영향을 미칠 수 있다.

개미 '뻐꾸기'

뻐꾸기는 놀랄 정도로 가르침을 많이 주는 생물이다. 그러나 척추동물에서 볼 수 있는 어떤 경이로움도 곤충의 경이로움에 비하면 아무것도 아니다. 곤충들은 그 수가 정말 많다는 이점이 있다. 내 동료인 로버트 메이Robert May는 "어림잡아 말하면 모든 종은 곤충이다"라고 말하곤 했다. 곤충 '뻐꾸기'는 헤아릴 수 없을 만큼 많고, 그들의 습성은 아주 여러 번 재발견되었다. 여기에서 살펴볼 몇몇의 사례는 낯익은 '뻐꾸기주의'를 뛰어넘어 '확장된 표현형'에 대한 가장 기상천외한 공상이 현실화되는 것이다.

새 '뻐꾸기'는 알을 낳고 사라진다. 어떤 개미 '뻐꾸기'의 암컷은 자신의 존재를 더 극적으로 드러낸다. 이제까지 라틴어 학명은 자주 쓰지 않았으나 여기서는 **보스리오머멕스 레지시두스***Bothriomyrmex regicidus*와 **보스리오머멕스 데카피탄스***B. decapitans*라는 두 종의 개미에 대한 이야기를 하고자 한다. 이 두 종의 개미는 다른 종의 개미에 기생한다. 모든 개미에서 새끼는 보통 부모가 아닌 일개미가 기르므로, 개미 뻐꾸기가 되기 위해서 속이거나 조종해야 할 대상은 일개미다. 첫 번째 단계는 자신과 경쟁하게 되는 새끼를 낳는 일개미의 어미를 없애 버리는 일이다. 이 두 종에서는 기생자 여왕이 단독으로 다른 종의 집에 숨어든다. 이 여왕은 숙주의 여왕을 찾아다니다가 숙주의 여왕을 발견하면 그 등에 올라탄다. 그러고는 이 끔찍한 장면을 기술 좋게 약하게 표현한 윌슨의 말을 빌리자면 "그 특유의 전문화된 행위를 해낸다. 즉 희생자의 머리를 천천히 잘라 버린다". 이후 고아가 된 일개미들은 이 살해범을 떠받들며 하등의 의심도 없이 살해범의 알과 애벌레를 돌본다. 알과 애벌레 일부는 자라서 일개미가 되고, 서서히 원래의 종을 대체한다. 다른 알과 애벌레는 여왕이 되어 아직 머리가 잘리지 않은 새로운 여왕을 찾아 밖으로 날아간다.

그러나 머리를 자르는 것은 좀 귀찮은 일이다. 기생자는 만일 대역을 쓸 수만 있다면 이 같은 살해 행위를 하지 않을 것이다. 윌슨의 『곤충의 사회*The Insect Societies*』 중에서 내 마음에 드는 출연자는 꼬마개미의 일종인 **모노모리움 산치***Monomorium santschii*다. 이 종은 긴 진화의 과정에서 일개미라는 계급이 완전히 소실되었다. 숙주의 일개미가 기생자를 위해 모든 것을 하고 심지어 가장 끔찍한 일까지도 한다. 침입한 기생자 여왕의 요청에 따라 일개미들은 자기 자신의 어미를 살해한다. 왕위 찬탈자는 자기의 턱을 쓸 필요가 없다. 마인드 컨트롤을 사용하는 것이다. 이 여왕이 어떻게 그렇게 하는지는 아직까지 수수께끼다. 아마도 여왕은 화학 물질을 사용할 것이다. 왜냐하면 개미의 신경계는 보통 화학 물질에 매우 잘 반응하기 때문이다. 만약 여왕의 무기가 정말로 화학 물질이라면 그것은 과학적으로 알려져 있는 어떤 마약만큼이나 교활한 것이다. 그것이 하는 일을 생각해 보자. 그것은 일개미의 뇌를 뒤덮고 근육의 고삐를 잡아당겨 정해진 의무를 포기하도록 강요하며 그 자신의 어미를 적대시하게 한다. 개미에게 어미 살해는 유전적 광기의 행위이며, 일개미를 그렇게 하도록 유인하는 마약은 그야말로 무서운 것이다. 확장된 표현형의 세계에서는 동물의 행동이 어떻게 해서 그 유전자에게 이익을 주는가 묻지 말고 그 행동이 이익을 주는 것은 누구의 유전자인가를 질문해야 한다.

개미가 기생자, 단순히 다른 개미뿐만 아니라 놀랄 만치 다양한 기생 전문가들에게 착취되고 있다는 것은 별로 놀랄 일이 아니다. 일개미들은 넓은 활동 지역에서 먹이를 싹쓸이해 중앙 저장소로 옮기는데, 그 저장소는 공짜로 먹으려고 노리는 자에게 표적이 되기 쉽다. 개미는 또한 훌륭한 경호원이다. 왜냐하면 잘 무장되어 있고 수도 많기 때문이다. 10장에서 말한 진딧물은 꿀을 지불하여 전문 경호원을 고용한다고도 볼 수 있다. 몇 종의 나비는 개미집 속에서 애벌레 시기를 지낸다. 그중 일부는 무분별한 약탈자다. 다른 종들은 보호의 대가로 개미에게 무엇인가를 준다. 종종 이들 나비의 애벌레는 보호자를 조종하기 위한 장치로 말 그대로 '뒤덮여' 있다. 부전네발나비과의 **디스베 이레니아***Thisbe irenea*라는 나비 애벌레는 개미를 호출하는 발음 기관이 머리에 있다. 그뿐만 아니라 꽁지 끝에는 망원경처럼 생긴 한 쌍의 분출구가 있어 개미를 유혹하는 데 쓰이는 단물을 낸다. 어깨에는 또 다른 한 쌍의 분사구가 있는데, 이것은 꽁지의 분출구와는 전혀 다른 미묘한 마법을 건다. 그 분비물은 먹이가 아닌 휘발성 묘약 같은데 개미의 행동에 극적인 영향을 준다. 그 영향을 받은 개미는 확실히 태도가 급변한다. 턱을 크게 벌리고 공격적이 되어 움직이는 물체는 무엇이든 덤벼들어 물고 찌른다. 중요한 것은 약물을 투여하는 나비 애벌레만은 공격 대상에서 제외라는 점이다. 또한 마약을 뿌리는 애벌레의 영향하에 있는 개미는 결국 '속박'당한다. 이렇게 되면 개미는 수일 동안 애벌레 곁에서 떨어지지 않는다.

이처럼 애벌레는 진딧물과 마찬가지로 개미를 경호원으로 고용하는데, 이들은 진딧물보다 한발 앞선다. 진딧물은 포식자에 대한 개미의 정상적인 공격성에 의존하는 반면, 애벌레는 공격성을 증가시키는 마약을 투여하고 중독시켜 '속박'한다.

확장된 표현형의 중심 정리

지금까지는 극단적인 예들을 골라서 설명했으나, 자연에는 같은 종 또는 다른 종의 다른 개체를 좀 더 적당히 조종하는 동식물이 많이 있다. 조종하는 유전자가 자연선택되는 모든 경우에서 유전자가 조종당하는 생물체의 몸(확장된 표현형)에 영향을 미친다는 것은 이치에 맞다. 유전자가 물리적으로 어디에 위치하는가는 문제가 되지 않는다. 그 조종의 표적은 같은 몸일 수도 있고, 다른 몸일 수도 있다. 자연선택은 자신이 잘 증식할 수 있도록 세상을 조종하는 유전자를 선호한다. 이로부터 내가 '확장된 표현형의 중심 정리'라고 하는 것을 이끌어 낼 수 있다. 즉 **동물의 행동은, 그 행동을 담당하는 유전자가 그 행동을 하는 동물의 몸 내부에 있거나 없거나에 상관없이, 그 행동을 담당하는 유전자의 생존을 극대화하는 경향을 가진다**는 것이다. 나는 여기서 '동물의 행동'에 대해 썼지만 이 정리는 색깔, 크기, 형상 등 어떤 것에나 적용될 수 있다.

유전자냐 개체냐

이제 맨 처음에 꺼냈던 문제, 즉 자연선택에서 중심 역할을 하는 것이 생물 개체인지 아니면 유전자인지에 대한 문제로 되돌아가 보자. 지금까지의 설명에서 나는 개체의 번식은 유전자의 생존과 동일한 것이므로 별문제 없다고 가정했다. 나는 "생물 개체는 그 몸속의 모든 유전자를 퍼뜨리기 위해 일한다"라고 해도 좋고, "유전자는 세대에 걸친 생물 개체들이 유전자 자신들을 퍼뜨리도록 만들기 위해 일한다"라고 해도 좋다고 가정하였다. 이 두 표현은 같은 것을 다르게 말한 것뿐이기 때문에 어느 것을 취해도 좋다. 그러나 어떤 이유에선지 뭔가 여전히 불안하다.

문제 전체를 해결하는 한 가지 방법은 '자기 복제자'와 '운반자'라는 용어를 사용하는 것이다. 자연선택의 근본적인 단위로 생존에 성공 또는 실패하는 기본적인 것, 그리고 때때로 무작위적인 돌연변이를 수반하면서 동일한 사본의 계보를 형성하는 기본 단위를 자기 복제자라고 한다. DNA 분자는 자기 복제자다. 자기 복제자는 앞으로 우리가 살펴보겠지만 어떠한 이유로 거대한 공동체적 생존 기계, 즉 운반자 속에 모인다. 우리가 가장 잘 알고 있는 운반자는 우리 자신과 같은 개체의 몸이다. 따라서 몸은 자기 복제자가 아니다. 몸은 운반자이다. 지금까지 잘못 이해되어 왔기 때문에 나는 이 점을 특히 강조하는 것이다. 운반자 자신은 스스로를 복제하지 못한다. 운반자는 자기를 구성하는 자기 복제자들을 퍼뜨리기 위해 일한다. 자기 복제자는 행동하지 않는다. 또한 세상을 알지도, 느끼지도 못하며 먹이를 잡거나 포식자로부터 도망치지도 못한다. 자기 복제자는 이와 같은 모든 것을 하는 운반자를 만든다. 여러 가지 이유에서 생물학자는 운반자의 수준에서 생각하는 것이 편리하다. 그러나 생물학자가 자기 복제자 수준에서 생각하는 것이 편리할 때도 있을 것이다. 유전자와 개체는 다윈주의의 드라마에서 같은 역할을 노리는 경쟁자가 아니다. 둘은 서로 다르고 보완적이며, 많은 점에서 동등하게 중요한 역할, 즉 자기 복제자라는 역할과 운반자라는 역할을 수행한다.

자기 복제자/운반자라는 용어는 여러 면에서 도움이 된다. 예를 들어 자연선택이 작용하는 수준에 대한 지리멸렬한 논쟁을 해결해 준다. 언뜻 보면 선택의 수준에 대한 사다리에서 '개체선택'은 3장에서 우리가 옹호했던 '유전자선택'과 7장에서 우리가 비판했던 '집단선택'의 중간쯤에 놓이는 것이 그럴듯해 보일지도 모른다. '개체선택'은 막연히 양극단의 중간에 있는 것처럼 보이기 때문에 많은 생물학자와 철학자들은 손쉬운 길로 빠져 이처럼 생각해 왔다. 그러나 지금 우리는 그것이 전혀 그렇지 않다는 것을 알 수 있다. 지금 우리는 개체와 집단은 이 드라마에서 운반자의 역할을 놓고 다투는 진짜 경쟁자지만, 이들 중 누구도 자기 복제자라는 역할에는 **후보**조차 못 된다는 것을 알 수 있다. '개체선택'이냐 '집단선택'이냐에 대한 논쟁은 누가 운반자가 될 것이냐에 대한 진정한 논쟁이다. 그러나 개체선택이냐 유전자선택이냐는 논쟁거리가 아니다. 왜냐하면 유전자와 생물 개체는 서로 다른 상호 보완적인 역할, 즉 자기 복제자와 운반자라는 역할을 하기 때문이다.

운반자 역할로서의 개체와 집단의 진정한 경쟁은 해결될 수 있다. 내가 보기에는 생물 개체의 결정적 승리로 결론이 날 것이다. 집단은 하나의 실체로서는 너무 시시하다. 사슴, 사자 또는 늑대의 무리는 약간의 결속력과 단일화된 목적의식을 갖고 있다. 그러나 이것은 한 마리의 사자, 늑대 또는 사슴의 몸에서 볼 수 있는 결속력과 단일화된 목적의식에 비하면 하찮다. 이것이 사실이라는 것은 이제 널리 인정되고 있다. 그러나 왜 이것이 사실인가? 이 의문에 대한 해답 역시 확장된 표현형과 기생자를 생각해 보면 쉽게 얻을 수 있다.

기생자의 유전자들이 서로 합심하여 숙주의 유전자들(이들도 서로 합심하여 일한다)과 대립할 때, 우리는 그 이유가 두 세트의 유전자가 공통의 운반자, 즉 숙주의 몸에서 떠나는 방법이 다르기 때문이라는 것을 알아냈다. 달팽이의 유전자들은 달팽이의 정자나 난자에 실려 그들이 공유했던 운반자를 떠난다. 달팽이의 모든 유전자는 어느 정자, 어느 난자에 대해서도 동등한 지분을 가지므로, 그리고 모든 유전자가 동일한, 공평한 감수 분열 과정에 참여하므로, 이들은 공동의 이익을 위하여 같이 일하며 달팽이의 몸을 결속된, 단일 목적을 가진 운반자로 만들 수 있다. 흡충이 그 숙주와 떨어져 있는 진정한 이유, 즉 흡충이 그 목적 및 정체성을 숙주와 합체시키지 않는 이유는, 흡충의 유전자가 공통의 운반자(즉 숙주)로부터 이탈하는 방법이 달팽이의 유전자와 같지 않고, 또 달팽이의 감수 분열 제비뽑기에 같이 참여하지 않기 때문이다. 그들은 그들만의 제비뽑기를 한다. 따라서 그 정도로, 그리고 그런 정도까지만, 하나는 달팽이로, 다른 하나는 그 몸속에 존재하는 분명히 다른 흡충으로 두 운반자는 합쳐지지 않고 분리된다. 만일 흡충의 유전자가 달팽이의 난자나 정자 속에 들어가 다음 세대로 전해진다고 하면 두 개의 몸은 하나의 몸이 되도록 진화할 것이다. 그렇게 되면 애초에는 두 운반자가 존재했다는 것조차 알아낼 수 없게 될 것이다.

우리 같은 '단일' 개체는 이러한 유전자들 여럿이 합쳐진 궁극적인 통합체다. 개체의 무리(새 떼나 늑대 무리)가 하나의 운반자에 합쳐지는 일은 없다. 그것은 바로 무리 내의 유전자들이 현재의 운반자를 떠나는 방법이 서로 다르기 때문이다. 어미 무리에서 작은 딸 무리가 떨어져 나갈 수는 있다. 그러나 어미 무리에 있던 유전자들 모두가 똑같은 지분을 갖는 하나의 운반체에 실려 딸 무리에 전해지는 것은 아니다. 한 늑대 무리의 유전자가 미래에 이득을 얻게 되는 상황이 모두 같은 것도 아니다. 특정 유전자는 다른 개체를 희생시키면서 자신이 속한 늑대 개체를 유리하게 함으로써 자신의 번영을 도모할 수 있다. 따라서 늑대 개체야말로 운반자라는 이름에 걸맞은 존재이다. 그렇지만 늑대의 무리는 그렇지 않다. 유전적으로 말하자면 늑대 한 마리의 몸속의 모든 세포는 생식 세포를 제외하면 동일한 유전자들을 갖고 있고, 모든 유전자들이 생식 세포 중의 하나에 들어갈 확률이 균등하다. 그러나 늑대 한 **무리**에 속하는 세포들은 동일한 유전자들을 가지지 않으며, 그 세포들이 딸 무리의 세포들 속에 들어갈 확률도 균등하지 않다. 그들 모두는 다른 늑대의 몸속에 있는 라이벌 세포와 싸워서 이득을 볼 것이다(늑대 무리가 혈연 집단이므로 이 싸움이 완화될 수는 있다).

어떤 것이 제대로 된 유전자의 운반자가 되기 위해서는 다음과 같은 속성을 지녀야 한다. 그 운반자 내부의 모든 유전자들이 미래로 전해질 수 있는 공평한 이탈 경로가 있어야 한다. 늑대 개체는 이러한 이탈 경로를 갖고 있다. 그 이탈 경로는 감수 분열로 만들어져 세대 간을 잇는 정자나 난자의 가느다란 흐름이다. 그러나 늑대 무리는 이러한 이탈 경로를 갖고 있지 않다. 유전자는 늑대 무리의 다른 유전자를 희생양으로 삼아 자기 자신이 속하는 개체의 번영을 이기적으로 촉진함으로써 이익을 얻는다. 꿀벌은 분봉할 때 늑대 무리처럼 개체의 무리가 떨어져 나가는 듯 보인다. 그러나 더 주의 깊게 살펴보면 유전자에 관한 한 그들의 운명은 대체로 같다는 사실을 알 수 있다. 꿀벌 분봉군의 유전자의 미래는 대부분 여왕 한 마리의 난소에 들어 있다. 이것이 벌의 군락이 진정으로 통합된 단일 운반자처럼 보이고 그와 같이 행동하는 이유다. 이것은 지금까지 우리가 살펴본 내용의 메시지를 다르게 표현하는 것에 불과하다. 사실 우리 주변 어디에나 생명은 늑대나 벌집과 같은 개개의 목적을 가지는 개별 운반자 속에 묶여 있다. 그러나 확장된 표현형의 이론은 꼭 그래야 할 필요가 없었다는 것을 시사한다. 근본적으로 이 이론으로부터 우리가 예측할 수 있는 것은 미래를 확보하기 위해 서로 떠밀고 속이는 자기 복제자들의 전쟁터뿐이다. 이 전쟁의 무기는 표현형에 미치는 영향이다. 이는 세포 내 화학적 과정에 대한 직접적 영향으로 시작하지만 날개, 독니, 더 나아가 원격 조종까지 포함한다. 이 같은 표현형에 대한 영향이 대체로 개별 운반자에 묶여 있다는 것은 부정할 수 없다. 각각의 운반자는 유전자를 깔때기에 걸러 미래로 보내는 정자나 난자라는 공통의 병목을 거칠 것을 예상하고 유전자를 통제한다. 그러나 이것은 당연하게 받아들일 사실이 아니다. 그 사실에 대해 우리는 질문해야 한다. 왜 유전자들은 유전적 이탈 경로가 하나인 커다란 운반자 안으로 모여들게 되었을까? 왜 유전자들은 집단을 이루고 자기들이 살아갈 커다란 몸체를 만들게 되었을까? 나는 『확장된 표현형』에서 이 난제에 대한 해답을 찾아내려고 시도했다. 여기서는 그 답의 일부만 개략적으로 설명할 것이다. 하지만 7년이 지난 지금, 아마도 조금은 진전된 논의를 할 수 있을 것이다.

유전자는 왜 집단을 형성했는가?

나는 이 문제를 세 가지로 나누어 생각해 보고자 한다. 유전자는 왜 세포 속에 모이게 되었는가? 세포는 왜 모여서 다세포 생물체를 만들게 되었는가? 그리고 생물체는 왜 내가 '병목형bottlenecked'이라고 부르는 형태의 생활사를 갖게 되었는가?

첫 번째, 유전자들은 왜 세포 속에 모이게 되었는가? 왜 태고의 자기 복제자는 원시 수프 속에서 누렸던 자유를 버리고 거대한 군체에서 살기로 했는가? 왜 그들은 협력하는가? 오늘날의 DNA 분자가 살아 있는 화학 공장인 세포 속에서 어떻게 협력하는가를 살펴보면 우리는 답의 일부를 이해할 수 있다. DNA 분자는 단백질을 만든다. 단백질은 효소로서 특정 화학 반응에서 촉매 역할을 한다. 하나의 화학 반응은 쓸모 있는 최종 산물을 합성하기에는 충분치 않을 때가 있다. 인간의 제약 공장에서 쓸모 있는 화학 물질 하나를 합성하려면 생산라인이 필요하다. 원료가 되는 화학 물질이 원하는 최종 산물로 직접 변환될 수는 없다. 일련의 중간 산물이 차례대로 합성되어야만 한다. 대부분 화학자들은 원료인 화학 물질과 원하는 최종 산물 사이에 있어야 할 중간 산물들의 경로를 고안하느라 고심한다. 이와 마찬가지로 살아 있는 세포 내에서 보통 특정 효소 혼자서는 원료가 되는 화학 물질에서 쓸모 있는 최종 산물을 합성할 수 없다. 어떤 것은 원료가 첫 번째 중간 산물로 변환되는 과정을 촉매하고, 다른 것은 첫 번째 중간 산물이 두 번째 중간 산물로 변환되는 과정을 촉매하고, 이렇게 효소들의 완전한 세트가 필요하다.

각 효소는 하나의 유전자에 의해 만들어진다. 만약 어떤 합성 경로에서 여섯 개의 효소가 순서대로 작용해야 한다면 그 효소들을 만드는 모든 유전자가 존재하지 않으면 안 된다. 그런데 같은 최종 산물에 도달하는 두 개의 다른 경로가 존재하는데, 이 경로에 각각 여섯 개의 다른 효소가 필요하지만 이 두 경로 중 어떤 것을 선호할 만한 차이가 없는 상황이 발생할 수도 있다. 이러한 상황은 화학 공장에서도 발생한다. 어느 경로가 선택되는지는 옛날에 이미 결정되어 버렸거나 아니면 화학자가 의도적으로 계획했을 수도 있다. 물론 자연의 화학 과정에서 선택이 결코 의도적일 수는 없다. 그것은 자연선택을 통하여 선택될 뿐이다. 그런데 자연선택은 어떻게 두 경로가 혼선되지 않으면서 적합한 유전자들이 서로 협력하는 집단이 생겨나도록 할 수 있을까? 그것은 독일과 영국 조정 선수에 비유해서(5장 참조) 내가 시사한 것과 똑같은 방법에 의해서다. 중요한 것은, 경로 1의 한 단계를 담당하는 유전자는 경로 1의 다른 단계를 담당하는 유전자들의 존재하에서는 번영할 것이나 경로 2를 담당하는 유전자들의 존재하에서는 번영하지 못한다는 점이다. 개체군 내에 이미 경로 1을 담당하는 다른 유전자들이 많이 있다면 선택은 경로 1을 담당하는 유전자에게는 유리하게, 경로 2를 담당하는 유전자에게는 불리하게 작용할 것이다. 그 반대의 경우도 마찬가지다. 경로 2에서 여섯 개의 효소를 담당하는 유전자가 '집단으로서' 선택된다고 말하고 싶겠지만 그것은 확실히 잘못된 표현이다. 각 유전자는 별개의 이기적 유전자로서 선택되는데, 다른 유전자들이 모여 만든 딱 알맞은 세트가 존재해야만 번영할 수 있다.

오늘날 이러한 유전자 간의 협력은 세포 내에서 계속된다. 이 협력은 원시 수프(또는 그 무엇이든 원시적 생활 조건) 속에서의 자기 복제 분자들 간의 초보적인 협력에서 시작되었음이 확실하다. 세포벽은 아마도 유용한 화학 물질을 모아서 온전하게 유지하며 새어 나가는 것을 막기 위한 장치로서 생겨났을 것이다. 세포 속의 화학 반응은 대개 실제로는 내부의 막상 구조물 속에서 진행된다. 막은 컨베이어 벨트와 시험관대試驗管臺처럼 작용한다. 그러나 유전자 간의 협력은 세포 내 생화학적 과정에 국한되지만은 않는다. 세포는 뭉쳐서(또는 세포 분열 후 분리되지 않아) 다세포의 몸을 만들어 낸다.

세포의 무리

왜 세포는 무리를 이루는가, 왜 덜거덕거리며 움직이는 로봇을 만들어 내게 되었는가? 이것이 우리의 두 번째 질문이며, 이 질문 또한 협력에 관한 것이다. 그러나 여기서는 분자의 세계보다 더 큰 규모에 대해 다룰 것이다. 다세포 생물의 몸은 현미경으로 볼 수 있는 범위를 벗어난다. 코끼리나 고래도 될 수 있다. 몸집이 큰 것이 꼭 좋은 것은 아니다. 대부분의 생물이 박테리아이며 코끼리의 수는 극히 적다. 그러나 작은 생물로서 사는 방식이 모두 채택되었더라도 큰 생물이 성공적으로 살아갈 수 있는 방식은 아직 남아 있다. 예컨대 큰 생물은 작은 생물을 먹을 수 있고 작은 생물에게 먹히는 것을 피할 수도 있다.

세포가 무리를 짓는 것의 이점은 몸 크기에 그치지 않는다. 무리 내의 세포는 특수화되어 각각의 임무를 보다 효율적으로 수행할 수 있다. 특수화된 세포는 무리 내의 다른 세포들을 위해 봉사하기도 하고 다른 전문 세포들이 효율적으로 일함에 따라 이익도 얻는다. 세포가 많이 있으면 어떤 세포는 먹이를 발견하는 감지기로, 다른 세포는 메시지를 전하는 신경으로서, 또 다른 세포는 먹이를 마비시키는 자세포로, 촉수를 움직여 먹이를 잡는 근육 세포로, 먹이를 분해하는 분비 세포로, 그 소화된 액을 흡수하는 세포로 특수화될 수 있다. 적어도 우리와 같은 현대의 생물체에서는 세포들이 클론clone이라는 것을 잊어서는 안 된다. 모든 세포는 똑같은 유전자를 갖고 있다. 다만 다른 종류의 특수화된 세포마다 다른 유전자의 스위치가 켜질 뿐이다. 각 종류의 세포 유전자들은 번식에 특수화된 소수의 세포, 즉 불멸인 생식 계열의 세포 내에 있는 자신의 사본에 직접적으로 이익을 주는 셈이다.

병목형 생활사

생물체의 몸은 왜 '병목형' 생활사를 갖게 되는 것일까? 이것이 나의 세 번째 의문이다. 도대체 '병목'이란 말은 무엇을 의미하는가?

코끼리 한 마리의 몸에 얼마나 많은 세포가 있는가에 상관없이 코끼리 한 마리는 단일 세포인 수정란에서 시작했다. 이 수정란이 좁은 병목이며, 이것이 배 발생 과정을 통해 몇조 개의 세포로 불어나서 한 마리의 코끼리가 된다. 그리고 얼마나 많은 종류의 특수화된 세포가 성체 코끼리가 달리는, 상상도 못할 만치 복잡한 일에 협조하든지 간에, 이들 모든 세포의 노력은 오직 하나의 세포(정자나 난자)의 생산이라는 최종 목표를 위한 것이다. 코끼리는 단일 세포, 즉 수정란이 그 시작일 뿐만 아니라, 그 목표 또는 최종 산물도 다음 세대의 수정란이라는 단일 세포들의 생산이다. 크고 육중한 코끼리의 생활사는 병목으로 시작해 병목으로 끝난다. 이 병목은 모든 다세포 동물과 거의 모든 식물의 생활사의 특징이다. 왜 그럴까? 그 중요성은 무엇인가? 병목이 없는 생명체가 어떨지 고찰해 보지 않고서는 이 질문에 답할 수 없을 것이다.

병목말과 가지말이라는 가상의 해초 두 종을 상상해 보면 알기 쉬울 것이다. 가지말은 바닷속에서 가지가 많아 헝클어진 듯 보이는 나뭇가지처럼 제멋대로 자란다. 때때로 그 가지가 끊어져서 표류한다. 식물체의 어느 곳이든 끊어질 수 있고, 그 조각은 클 수도 작을 수도 있다. 정원에서 꺾꽂이할 때처럼 이들 조각들은 본래 식물과 똑같이 생장할 수 있다. 이렇게 몸의 일부가 떨어져 나가는 것이 이 식물의 번식 방법이다. 이것은 이 해초가 자라는 것과 그다지 다를 바가 없다. 단지 자라는 부위가 서로 물리적으로 떨어져 있다는 차이가 있을 뿐이다.

병목말도 모양은 가지말과 같고 역시 헝클어진 모습으로 자란다. 그러나 결정적인 차이가 하나 있다. 이것은 단세포성 포자胞子를 방출하여 번식한다. 포자는 바닷속을 표류하면서 자라 새로운 식물체가 된다. 이들의 포자는 이 식물체를 구성하는 다른 세포와 같은 세포다. 가지말의 경우와 마찬가지로 성은 개입하지 않는다. 딸 식물체는 어미 식물 세포의 클론으로 되어 있다. 이 두 종 사이의 유일한 차이는 가지말이 불특정 다수의 세포로 이루어진 자신의 조각을 분리 독립시켜 번식하는 데 비해, 병목말은 항상 단일 세포인 자신의 조각을 분리 독립시킴으로써 번식한다는 것이다.

이 두 종류의 상상의 식물을 통해 병목이 있는 생활사와 병목이 없는 생활사 사이의 결정적인 차이를 살펴보았다. 병목말은 세대마다 단일 세포라는 병목을 통과하면서 번식한다. 가지말은 그저 생장하며 둘로 갈라질 뿐이다. '세대'가 구분된다든가, 개별적인 '생물체'로 구성되어 있다고 말하기는 거의 불가능하다. 병목말에 관해서는 어떠한가? 이제부터 자세히 살펴보겠지만 이미 답을 어렴풋이 알 수 있을 것이다. 병목말은 보다 개별적으로 구분 가능한 '개체성'이 있는 것처럼 보이지 않는가?

이미 살펴본 대로 가지말은 생장growth과 같은 과정을 거쳐 번식한다. 사실 그것은 생식reproduction이 아니다. 반면 병목말에서는 생장과 생식이 뚜렷하게 구별된다. 우리가 이 차이를 이미 살펴보기는 했으나 그래서 어떻다는 것인가? 그 차이가 의미하는 것은 무엇인가? 어째서 그 차이가 중요한가? 나는 이에 대해 오랫동안 생각해왔고, 이제 그 답을 알 것 같다(실은 문제가 있다는 것을 아는 것이 답을 생각하기보다 훨씬 어려웠다). 답은 세 가지로 나눌 수 있다. 그 중에 처음 둘은 진화와 배 발생 간의 관계에 관련이 있다.

첫째, 단순한 기관에서 복잡한 기관으로의 진화에 대해 생각해보자. 식물에 대해서만 생각할 필요는 없다. 동물 쪽이 더 분명히 복잡한 기관을 가지고 있으므로 이 논의에서는 식물에서 동물로 바꾸는 편이 좋겠다. 여기서도 성에 대해 생각할 필요는 없다. 이 시점에서 유성생식이냐 무성생식이냐 하는 문제는 논점을 흐릴 뿐이다. 우리는 무성 포자를 방출하면서 번식하는 동물을 상상할 수 있다. 이 포자는 단일 세포로서, 돌연변이를 제외하면 그 세포들끼리, 그리고 몸속의 다른 모든 세포와 유전적으로 동일하다.

인간이나 쥐며느리와 같이 고등한 동물의 복잡한 기관은 조상의 단순한 기관에서 서서히 단계적으로 진화한 것이다. 그러나 칼을 두들겨서 쟁기를 만들듯이 조상의 기관이 말 그대로 자손의 기관으로 변한 것은 아니다. 단순히 그렇게 변하지 **않았을** 뿐 아니라, 대개의 경우 그럴 수 **없었다**. 이것이 내 요점이다. '칼에서 쟁기로'라는 방식의 직접 변환이 초래하는 변화의 양은 극히 한정되어 있다. 정말 급격한 변화는 '제도판으로 돌아와서' 이전의 설계를 버리고 새로이 출발해야만 얻을 수 있다. 설계 기사가 제도판으로 돌아와서 새로 설계를 시작할 때 반드시 이전 설계의 아이디어를 버리는 것은 아니다. 그러나 그들은 문자 그대로 오래된 물건을 새것으로 변형시키려 하지는 않는다. 오래된 물건은 혼돈의 역사를 간직하고 있다. 칼을 두

들겨 쟁기로 바꿀 수 있을지는 모른다. 그러나 프로펠러 엔진을 '두들겨' 제트 엔진으로 바꾸려 해 보라. 그렇게 할 수는 없다. 프로펠러 엔진을 폐기하고 제도판으로 되돌아가야 한다.

물론 생물은 제도판 위에서 설계된 것이 아니다. 그러나 생물도 새로운 출발점으로 돌아간다. 그들은 세대가 바뀔 때마다 새 출발하는 것이다. 모든 새 생물체는 단세포에서 시작되어 새롭게 생장한다. 새 생물체는 조상의 설계 **아이디어**를 DNA의 프로그램 형태로 이어받지만 그 조상의 신체 기관을 물려받지는 않는다. 부모의 심장을 물려받아 새로운(가능하면 개량된) 심장으로 **고치지** 않는다. 생물체는 단일 세포로부터 재출발하여 새로운 심장을 만드는데, 부모의 심장과 동일한 설계 프로그램을 사용하며 여기에 약간 개선된 부분이 더해질 수도 있다. 여기서 여러분은 내가 어떤 결론을 이끌어 내려 하는지 알 것이다. '병목형' 생활사에서 한 가지 중요한 점은 제도판으로 돌아가는 것과 같은 일을 가능케 한다는 것이다.

생활사의 병목화는 이와 연관된 두 번째 결과를 초래한다. 그것은 발생 과정을 조절하는 데 쓰일 수 있는 '달력'이 된다. 병목형 생활사에서 새로 시작하는 세대는 모두 거의 같은 일련의 사건을 겪는다. 단세포로 시작하여 세포 분열을 거쳐 생장하며 딸세포를 내보내 번식한다. 아마도 결국 죽게 되겠지만, 그 죽음은 우리 인간이 생각하는 것만큼 중요하지는 않다. 이 생활사는 생물 개체가 번식하여 새로운 세대의 생활사가 시작됐을 때 끝난다. 이론적으로 생물 개체는 그 생장기 중 언제라도 번식할 수 있지만, 번식에 최적기가 있을 것이다. 너무 젊어, 또는 너무 늙어 포자를 방출하는 생물체는, 힘을 비축하여 두었다가 생애의 전성기에 많은 수의 포자를 방출하는 경쟁자에 비해 결국 자손 수가 적을 것이다.

우리의 논의는 규칙적으로 반복되는 정형화된 생활사에 대한 논의로 옮겨 가고 있다. 각 세대는 단세포의 병목에서 시작할 뿐 아니라 일정 기간의 생장 기간, 즉 '아동기'를 겪는다. 생장기의 고정된 기간과 그 정형성 덕분에 마치 엄격한 달력에 따르는 듯이 배 발생의 특정 시기에 특정한 상황이 발생하는 것이 가능하다. 생물 종에 따라 정도는 다르나 발생 중의 세포 분열은 정해진 순서대로 진행되며, 이 순서는 생활사가 반복될 때마다 재현된다. 각 세포는 세포 분열 등록부에 위치와 시간이 정해져 있다. 어떤 경우에는 그것이 너무도 정확하기 때문에 발생학자는 각 세포마다 이름을 붙일 수 있으며, 어떤 생물 개체의 특정 세포에 정확히 대응하는 세포가 다른 개체에는 어느 것이라고 말할 수 있을 정도다.

이렇게 정형화된 생장 주기는 발생학적인 사건들의 시작 스위치가 되는 시계 또는 달력이 된다. 지구의 자전 주기와 공전 주기를 우리가 우리 생활을 계획하고 순서를 매기는 데 얼마나 편리하게 이용하고 있는지 생각해 보기 바란다. 마찬가지로 병목형 생활사 때문에 거의 필연적으로 끝없이 되풀이되는 생장 리듬은 발생 과정을 계획하고 순서를 매기는 데 이용될 것이다. 특정 유전자의 스위치는 특정 시기에 켜지거나 꺼질 수 있다. 병목/생장 주기의 달력이 특정 시기에 확실히 그렇게 되도록 보증하기 때문이다. 그처럼 잘 조절된 유전자 활동은 복잡한 조직이나 기관을 만들어 낼 수 있는 발생 과정이 진화하는 데 필요한 전제 조건이다. 독수리의 눈이나 제비 날개의 정확성과 복잡성은 언제 무엇이 만들어지는가를 정하는 시계 장치의 규칙 없이는 출현할 수 없을 것이다.

병목형 생활사가 초래하는 세 번째 결과는 유전적인 것이다. 여기서 병목말과 가지말의 예가 다시 도움이 될 것이다. 이야기를 간단하게 하기 위해 여기서도 두 종 모두 무성생식한다고 가정하고 이들이 어떻게 진화할 것인지 생각해 보자. 진화는 유전적인 변화, 즉 돌연변이를 필요로 한다. 돌연변이는 세포 분열 기간 중 어디에서도 일어날 수 있다. 병목말과는 정반대로, 가지말은 세포 계열의 시작이 다세포이다. 절단되어 돌아다니는 각 가지는 많은 세포로 구성되어 있다. 따라서 가지말은 딸 식물에서 두 세포 간이, 딸 식물과 어미 식물의 세포 간보다 더 먼 '친척'일 가능성도 충분히 있다('친척'이란 말 그대로 사촌, 손자 등을 의미한다. 세포에는 뚜렷한 혈통이 있고 이 혈통은 갈라진다. 그래서 별다른 해명 없이도 몸속의 세포에 대해서 촌수를 따질 수 있다). 이 점에서 병목말은 가지말과 뚜렷이 다르다. 병목말에서 딸 식물의 모든 세포는 단일 포자 세포에서 유래하는 것이기 때문에 그 세포들 간의 촌수는 다른 개체의 여느 세포보다 더 가깝다.

두 종 사이에 존재하는 이러한 차이는 중대한 유전적 결과를 초래한다. 새로이 발생한 돌연변이 유전자의 운명을 우선 가지말에서, 그다음에는 병목말에서 생각해 보자. 가지말에서 새로운 돌연변이는 식물체의 어느 세포, 어느 가지에도 생길 수 있다. 딸 식물은 다세포 출아出芽로 만들어지기 때문에, 돌연변이 세포의 직계 자손들은 비교적 먼 친척인 비돌연변이 세포들과 같은 딸 식물체나 손자 식물체에 담겨 있다. 한편 병목말에서는 한 식물체 내 모든 세포의 가장 가까운 공통 조상은 병목의 시발인 포자다. 만일 그 포자가 돌연변이 유전자를 포함하고 있다면 새로운 식물체의 모든 세포는 돌연변이 유전자를 포함하게 될 것이다. 만일 그 포자가 돌연변이 유전자를 포함하지 않으면 모든 세포도 포함하지 않을 것이다. 병목말 개체 내의 세포들은 가지말 개체 내의 세포들보다 유전적으로 더 균일할 것이다(때때로 역돌연변이가 있다고 해도). 병목말에서 식물 개체는 유전적 동일성을 가지는 단위로 개체라는 이름이 걸맞을 것이다. 가지말의 식물체는 유전적 동일성이 더 적으므로 병목말에 비해 '개체'라는 이름이 걸맞지 않을 것이다.

이것은 단순히 용어상의 문제가 아니다. 여기저기서 생기는 돌연변이로 가지말 식물체 내의 모든 세포는 유전적 이해관계가 같지 않을 것이다. 가지말 세포 내 유전자는 그 세포의 번식을 촉진하는 것이 별로 득이 되지 않는다. 식물 '개체'의 번식을 촉진한다고 해도 반드시 득이 되는 것은 아닐 수 있다. 돌연변이로 한 식물체 내의 세포들은 유전적 동일성을 잃을 것이므로, 기관이나 새로운 식물체를 만들어 내는 데 세포들이 서로 성심껏 협력하려 하지 않을 것이다. 자연선택은 식물체 사이에서가 아닌, 오히려 세포 사이에서 작용할 것이다. 한편 병목말에서는 한 식물체 내의 모든 세포가 아마도 같은 유전자를 가지고 있을 것이다. 왜냐하면 극히 최근의 돌연변이만이 이들을 갈라놓을 수 있기 때문이다. 따라서 이들은 효율적인 생존기계를 만드는 데 기꺼이 협력할 것이다. 다른 식물체 내의 세포들은 다른 유전자를 가지고 있을 가능성이 높다. 무엇보다도 다른 병목을 통과한 세포군에서는 가장 최근에 생긴 돌연변이를 제외한 거의 모든 세포가 다를 것이다. 그러므로 병목말에서 자연선택은 가지말의 경우와 같이 경쟁적인 세포 간에 작용하는 것이 아니라 경쟁적인 식물체 사이에서 작용할 것이다. 그리하여 우리는 식물체 전체를 위한 기관이나 책략의 진화를 기대할 수 있다.

그런데 전문적인 관심을 가진 사람들에게만 말하자면, 여기에는 집단선택에 대한 논의와 유사한 점이 있다. 우리는 생물 개체를 세포의 집단이라고 생각할 수 있다. 집단 내 변이에 비해 집단 간 변이를 증가시키는 모종의 방법만 있으면 일종의 집단선택을 일으킬 수 있다. 병목말의 번식법은 정확히 이 비율을 증가시키는 효과를 가지고 있다. 그리고 가지말의 습성은 정확히 그 정반대의 효과를 가지고 있다. 그 외에도 '병목이 있는 것'과 이 장에서 주로 다뤘던 두 가지 견해 사이에는 유사점도 있는데, 의미가 있을지는 몰라도 여기서는 고찰하지 않겠다. 첫 번째 견해는, 기생자는 그 유전자가 숙주의 유전자와 같은 생식 세포에 들어가(병목을 통과하여) 다음 세대로 전해질 때에는 숙주와 협력할 것이라는 것이다. 두 번째 견해는 유성생식하는 생물체의 세포는 감수 분열이 극히 공정하다는 이유 때문에 서로 협력한다는 것이다.

여태까지 병목형 생활사가 왜 분명히 구분된 단위 운반자로서 생물 개체의 진화를 촉진하는가에 대해 세 가지 이유를 살펴보았다. 이 세 가지에는 각각 '제도판으로의 회귀', '주기의 규칙성', '세포의 획일성'이라는 이름표를 붙일 수 있다. 병목형 생활사와 개별적인 생물 개체 중 어느 쪽이 먼저 나타났을까? 나는 양자가 같이 진화했다고 생각하고 싶다. 사실 나는 생물 개체를 정의하는 본질적인 특징은 그것이 처음과 마지막에 단세포의 병목을 가진 단위라는 점에 있다고 생각한다. 만일 생활사에 병목이 생긴다면 생명 물질은 개별적인 단위의 생물 개체 속에 포장될 것이다. 그리고 생명 물질이 개별적인 생존 기계에 포장될수록, 그 생존 기계의 세포들은 자신들의 공통 유전자를 병목을 거쳐 다음 세대로 옮길 운명을 타고난 특별한 부류의 세포를 위해 점점 더 많은 노력을 기울일 것이다. 병목형 생활사와 개별적인 생물 개체의 두 현상은 서로 손잡고 보조를 맞추어 나간다. 한쪽이 진화하면 그것이 다른 쪽을 더욱 강화시킨다. 마치 연애 중인 남녀 사이에서 감정이 점점 커져 가는 것처럼 서로를 강화시키는 것이다.

『확장된 표현형』은 방대한 책이라서 그 논의를 한 장에 간단히 풀어 놓을 수는 없다. 그리하여 나는 압축되고 조금은 직관적인, 인상파의 스타일을 채택할 수밖에 없었다. 그렇지만 논의의 분위기를 전달하는 데는 성공했으면 좋겠다.

불멸의 자기 복제자

끝으로 간결한 선언을 통해 지금까지의 논의를 매듭짓기로 하자. 이는 이기적 유전자/확장된 표현형이라는 생명관의 전체에 대한 요약이다. 나는 이것이 우주의 어느 장소에 있는 생물에게도 적용되는 생명관이라고 주장한다. 모든 생명의 원동력이자 가장 근본적인 단위는 자기 복제자다. 우주에서 자신의 사본을 만들 수 있는 것은 어떤 것이든 자기 복제자다. 최초의 자기 복제자는 작은 입자들이 우연히 마구 부딪쳐서 출현한다. 자기 복제자가 일단 존재하면 그것은 자신의 복사본을 한없이 만들어 낼 수 있다. 그러나 어떤 복제 과정도 완벽하지 않으며 자기 복제자들의 집단 내에는 몇 개의 다른 변이체가 생긴다. 이 변이체 중 어떤 것은 자기 복제 능력을 잃어서 자신이 소멸할 때 그 변종도 아울러 소멸하고 만다. 다른 변이체는 아직 복제를 할 수는 있으나 효율이 나쁘다. 또 다른 변이체는 새로운 묘법을 획득하여 자기의 조상이나 다른 변이체들보다 자기 복제의 효율이 훨씬 좋다. 그리하여 개체군 내에서 많아지는 것은 그들의 자손이다. 시간이 지남에 따라 세상은 가장 강력하고 재주 있는 자기 복제자로 채워진다.

이제 좋은 자기 복제자가 되기 위한 더욱 정교한 방법들이 하나

둘씩 발견된다. 자기 복제자는 자기 고유의 성질 때문만이 아니라 자신들이 세상에 초래하는 결과 덕분에 살아남는다. 그 결과는 매우 간접적일 수도 있다. 필요한 단 한 가지 조건은 그 결과가 얼마나 우회적이고 간접적인 것이든 간에 피드백을 통해 최종적으로 자기 복제자의 복제 성공률에 영향을 주는 것이다.

어떤 자기 복제자가 이 세상에서 성공할지 말지는 이 세상이 어떤 세상인가, 즉 선재先在 조건에 달려 있다. 이런 조건 중에 가장 중요한 것은 다른 종류의 자기 복제자와 이것이 초래하는 결과일 것이다. 영국인과 독일인 조정 선수의 예에서와 마찬가지로, 서로에게 이익을 주고받는 자기 복제자들은 양자가 존재할 때 그 수가 많아질 것이다. 지구상의 생물이 진화하는 과정 중 어느 시점에선가 서로 공존할 수 있는 자기 복제자가 모여 개체적 운반자 — 세포, 그리고 이후에는 다세포 생물체 — 의 형태를 취하기 시작했다. 병목형 생활사를 가진 운반자가 번성하게 되었고 이들은 보다 더 개별적으로 구분이 가능하게 되었고 운반자다워졌다.

생물 물질이 이처럼 개별 운반자 속에 포장되는 것은 뚜렷이 도처에서 나타나는 현상이었기 때문에, 생물학자가 이 세상에 등장하여 생명체에 대해 질문을 던지기 시작했을 때 그 질문 대부분은 운반자, 즉 생물 개체에 관한 것이었다. 생물학자가 처음 인식한 것은 생물 개체였던 반면, 자기 복제자, 즉 유전자는 생물 개체가 사용하는 장치의 일부로 받아들여졌다. 생물학을 다시 올바른 길로 돌려, 역사상에서뿐만 아니라 그 중요성의 측면에서도 자기 복제자가 우선이라는 것을 우리 스스로 명심하기 위해서는 의도적으로 노력을 들여야 할 것이다.

우리가 이 점을 명심하는 하나의 방법은, 오늘날에도 한 유전자가 표현형에 미치는 효과가 모두 그것이 위치하는 개체의 몸속에 한정되어 있지 않다는 사실을 상기하는 것이다. 원칙적으로, 그리고 사실상 유전자는 개체의 체벽을 통과하여 바깥세상에 있는 대상을 조종한다. 그 대상 중 어떤 것은 무생물체고, 어떤 것은 다른 생물이며, 또 어떤 것은 매우 멀리 떨어져 있다. 조금만 생각해 보면 확장된 표현형의 힘이 방사상으로 뻗은 그물눈 중심에 유전자가 들어앉아 있는 것을 상상할 수 있을 것이다. 세상에 있는 대상물은 여러 생물 개체 속에 들어앉은 여러 유전자가 미치는 영향력의 그물이 합쳐지는 지점이다. 유전자의 긴 팔에는 뚜렷한 경계가 없다. 세상 전체가, 멀거나 가까운 표현형에 미치는 유전자의 영향을 잇는 인과의 화살로 가득 차 있는 셈이다.

우연이라기에는 실제적으로 너무 중요하지만 필연이라 하기에는 이론적으로 불충분한 사실을 하나 추가해 두자. 그것은 이들 인과의 화살이 뭉쳐지게 되었다는 사실이다. 자기 복제자는 더 이상 바닷속에 제멋대로 흩어져 있지 않다. 이들은 거대한 군체, 즉 개체의 몸속에 포장되어 있는 것이다. 그리고 이렇게 뭉쳐진 자기 복제자가 표현형에 초래하는 결과는 세상 전체에 균일하게 분포하고 있는 것이 아니라 대개의 경우 그 개체에 응집되어 있다. 그러나 이 지구에서 우리에게 이다지도 낯익은 개체라는 존재가 반드시 필요했던 것은 아니다. 우주의 어느 장소든 생명이 나타나기 위해 존재해야만 하는 유일한 실체는 불멸의 자기 복제자뿐이다.

40주년 기념판 에필로그

정치가와는 달리 과학자는 자신이 틀렸다고 인정해도 된다. 정치가는 마음을 바꾸면 '말을 뒤집는다'고 비난받는다. 토니 블레어Tony Blair도 자신에게는 '후진 기어가 없다'며 자랑하기도 했다. 대체로 과학자는 자신의 생각이 입증되는 것을 선호하기는 하지만, 가끔 자신의 의견을 뒤집는 것도 존경의 대상이 된다. 우아하게 인정하는 경우라면 특히 더 그렇다. 나는 한 번도 과학자가 변덕쟁이의 오명을 입는 경우를 본 적이 없다.

나도 어떤 면에서는 『이기적 유전자』의 중심 메시지를 취소할 방안을 찾고 싶다. 유전체학genomics 분야에서 흥미진진한 연구가 빠르게 진행되고 있는 마당에, 제목에 '유전자'를 달고 있는 책이 40년간 출판되면서 전면적 폐기는 아니더라도 대대적 수정은 불가피할 것이며 심지어 사람들이 애타게 기다려 온 일일지도 모른다. 이 책에서 '유전자'라는 말이 좀 특별한 의미를, 배발생학embryology보다는 진화학에 더 맞춰진 의미를 지닌다는 것을 차치하더라도 말이다. 이 책에서 쓴 '유전자'의 정의는 이 책에서도 여러 번 언급된, 지금은 작고한 존 메이너드 스미스, 윌리엄 해밀턴과 함께 진화학계의 영웅인 조지 윌리엄스의 정의를 따랐다. 그에 따르면 "유전자는 자연선택의 단위가 될 정도로 충분히 오랫동안 지속되는 염색체의 일부분이다." 나는 이를 조금은 우스운 결론으로까지 밀어붙였다. "엄밀히 말해서 이 책의 제목은 (…) 『약간 이기적인 염색체의 큰 토막과 더 이기적인 염색체의 작은 토막』이라고 붙여야 마땅했을 것이다." 배발생학자는 유전자가 어떻게 표현형에 영향을 미치는지에 관심이 있겠지만, 이 책에서 우리는 신다윈주의자로서 개체군 내 특정 존재의 비율의 변화에 관심이 있다. 이 존재는 윌리엄스가 말한 의미의 유전자에 해당한다(윌리엄스는 나중에 이 의미를 '코덱스codex'라고 불렀다). 이 책의 중심 메시지 중 하나는 개체가 이러한 속성을 지니지 않는다는 것이다. 개체는 빈도가 1이므로 '자연선택의 단위가 될' 수 없다. 같은 맥락에서 **복제자**라고 볼 수도 없다. 만약 개체가 자연선택의 단위라면 그것은 유전자의 '운반체'라는, 좀 다른 의미에서일 것이다. 개체의 성공은 향후 세대에서 존재하는 유전자의 빈도로 가늠할 수 있으며, 개체가 최대화시키고자 애쓰는 수치는 해밀턴이 '포괄적 적응도inclusive fitness'라고 정의한 지표다.

개체군 내에서 유전자의 수치화된 성공은 개체의 몸에 미치는(표현형에 나타나는) 영향 때문에 나타난다. 성공적인 유전자는 오랫동안 많은 개체에 나타나는 것이다. 성공적인 유전자는 그 몸이 특정 환경에서 번식할 때까지 생존할 수 있게 할 것이다. 그러나 여기서 말하는 환경은 몸 외부의 환경(나무, 물, 포식자 등)만을 의미하는 것이 아니라 내부 환경도 포함한다. 특히 이기적 유전자가 개체군 내에서 여러 개의 몸을 갈아타고 다음 세대에 전해질 때 여정을 함께 하는 다른 유전자도 이 내부 환경에 들어간다. 따라서 자연선택은 다른 유전자와 함께 번영하는(그 수가 불어나는) 유전자를 선호할 것이다. 이 책에서 말한 그 의미대로 유전자는 정말 '이기적'인 것이다. 유전자는 몸을 공유하는 — 현재 공유하고 있는 몸뿐 아니라 종의 유전자 풀에 속한 다른 몸까지 포함한다 — 다른 유전자에 **협력적**이기도 하다. 유성생식하는 개체군은 서로 함께 지낼 수 있는, 협력하는 유전자의 카르텔이다. 이들은 오늘날 협력한다. 왜냐하면 아주 예전부터 여러 세대 동안 비슷한 몸들을 거쳐 오면서 서로 협력함으로써 번영을 누려 왔기 때문이다. 여기서 (사람들이 많이 오해하지만) 알아야 할 중요한 요점은 이 협력이 선택된 것은 유전자의 무리 전체가 하나의 단위로 자연선택되었기 때문이 아니라, 유전자 각각이 하나의 몸에서 만날 가능성이 있는, 즉 그 종의 유전자 풀에 존재하는 다른 유전자 중에서 (다른 유전자를 배경으로 하여) 선택되었기 때문이다. 여기서 유전자 풀은 유성생식하는 종의 모든 개체가 자신의 유전자를 샘플링하는 장소를 의미한다. 그 종(다른 종이 아닌)의 유전자들은 여러 몸을 거쳐 가면서 서로를 계속 만나게, 그리고 서로 협력하게 되는 것이다.

우리는 아직도 유성생식의 기원에 대해 잘 모른다. 그러나 유성생식이 생겨난 결과 종은 서로 함께 지낼 수 있는 유전자들의 협력적 카르텔이 되었다. '유전자의 긴 팔'에서도 설명한 바와 같이, 협력의 열쇠는 모든 세대에서 한 개의 몸에 있는 모든 유전자는 미래로 향한 병목인 하나의 출구를 거쳐야 한다는 것이다. 이 출구는 바로 정자와 난자다. 정자와 난자 안에서 유전자들은 다음 세대로 항해를 계속하기를 갈망한다. 『협력적 유전자』도 이 책의 제목으로 적절했을지 모른다. 그렇게 해도 책 내용은 하나도 다르지 않을 것이다. 만약 그랬다면 오해에서 비롯된 비난의 대부분을 피할 수 있었을 텐데 말이다.

『불멸의 유전자』도 좋은 제목이었을 것이다. '이기적'이라는 말보다 좀 더 시적이기도 하고, '불멸'이라는 말이 이 책의 논지에서 중요한 메시지를 전달한다. DNA 복제의 정확성 — 돌연변이는 드물게 일어난다 — 은 자연선택을 통한 진화에서 매우 중요하다. DNA 복제가 정확하다는 것은 유전자가 정보를 그대로 담은 복사물로서 수백만 년 동안 살아남을 수 있다는 것을 의미한다. 물론 성공한 유전자에 해당하는 이야기다. 성공하지 못한 유전자는 정의상 오랫동안 살아남지 못한다. 유전 정보 한 조각의 생애가 짧다면 그 차이도 그리 중요하지 않을 테지만 말이다. 다른 말로 하자면, 살아 있는 모든 개체는 발생 과정 동안 수많은 세대 동안 수많은 개체의 몸을 거쳐 온 족보 있는 유전자들이 만든 것이다. 오늘날 현존하는 동물은 지금까지 수많은 조상이 생존하도록 도와준 유전자를 물려받았다. 이것이 오늘날 현존하는 동물들이 잘 생존하는 — 그리고 잘 번식하는 — 데 필요한 자질을 갖춘 이유다. 그 자질은 종마다 다르지만(포식 동물인지 피식 동물인지, 기생 동물인지 숙주 동물인지, 물에 사는지 땅에 사는지, 땅굴에 사는지 나무 꼭대기에 사는지 등), 일반적인 규칙은 똑같다.

이 책의 요점은 내 친구인 위대한 학자 윌리엄 해밀턴(그의 죽음을 난 아직도 애도한다)이 생각해 낸 것이다. 동물은 자신의 자손뿐 아니라 피를 나눈 친척까지도 돌본다는 것이다. 간단히 표현해서(그리고 나는 이렇게 부르는 것을 선호한다) '해밀턴의 법칙'이다. 이타주의에 대한 유전자는 그 이타적 개체가 치러야 하는 손실(비용) C가 이타적 행동의 수혜자가 얻는 이득 B보다 작을 때 (개체군 내에서 — 옮긴이) 퍼져 나갈 것이다. 그런데 B는 이타적 개체와 수혜자 간의 근연도coefficient of relatedness, r로 평가절하된다. 근연도는 0과 1 사이의 비율을 나타내는 값으로, 일란성 쌍생아 간은 1, 부모자식 간이나 친형제자매 간은 0.5, 조부모-손주 간이나 이복 또는 이부 형제자매 간, 조카-삼촌(숙모) 간은 0.25, 사촌 간은 0.125가 된다. 그렇다면 근연도는 언제 0이 되는가? 여기서 0의 의미는 무엇인가? 대답하기 쉽지 않지만, 이는 중요한 문제이며, 『이기적 유전자』 초판에서는 이 내용을 상세하게 담지 않았다. 근연도가 0이라는 것은 두 개체가 유전자를 전혀 공유하지 않는다는 것을 의미하는 것이

아니다. 인간은 서로 유전자의 99퍼센트 이상을 공유하며, 쥐와는 90퍼센트 이상, 물고기와는 75퍼센트 정도를 공유한다. 유전자를 공유하는 정도가 높다는 것 때문에 많은 사람들(몇몇 저명한 학자들마저도)이 혈연선택kin selection을 오해해 왔다. 그러나 이런 숫자의 의미는 근연도 r이 의미하는 바와는 다르다. 예를 들어 나와 내 형의 근연도가 0.5라고 하는 것은, 이때 **개체군 내 개체들 중에서 무작위로 뽑은 사람(나의 경쟁 상대일지도 모르는)과 나의 근연도**가 0이 된다는 것을 의미한다. 이타성의 진화를 이론화하기 위해 말하자면, 나와 내 사촌 간의 근연도는 배경개체군(근연도 0)과 비교했을 때에만 0.125이다. 여기서 배경개체군은 개체군 내 이타적 행동을 받았을지 모르는 잠재적 수혜자를 말한다. 먹이나 공간을 놓고 경쟁하는 경쟁자 등 그 종이 서식하는 환경에서 같이 살아가는 시간 여행자들 말이다. 0.5나 0.125의 수치는 나와의 근연도가 0에 가까운 배경개체군과의 근연도**보다** 그만큼 근연도가 **더** 높다는 뜻이다.

윌리엄스가 말한 의미에서의 유전자는 세대를 거치면서 그 수를 셀 수 있는 것들이며, 그 분자적 속성이 무엇인지는 중요하지 않다. 예를 들면 유전자가 여러 개의 '엑손exon(발현되는 부분)'으로 쪼개져 있고 그 사이에 '인트론intron(번역되지 않는 부분)'이 끼어들어가 있다는 것이 중요하지 않다는 것이다. 분자유전체학Molecular genomics은 매우 흥미로운 분야지만 이 책의 주제인 진화를 '유전자의 관점'으로 보는 것에 큰 영향을 미치지는 못한다. 『이기적 유전자』는 다른 행성에 사는 생명체에 대해서도 똑같이 적용될지 모른다. 그 행성에 존재하는 유전자가 DNA와는 전혀 다른 것이더라도 말이다. 그럼에도 불구하고 현대 분자유전학이 밝혀낸 DNA의 상세한 속성 중에 유전자 관점에서 벗어나는 것은 없으며 현대 분자유전학이 밝혀낸 것은 이러한 생명체에 대한 관점에 의문을 던지기보다는 그 관점이 옳다는 것을 입증하고 있다. 이에 대해서는 다시 설명하겠다. 뚱딴지같이 느껴질 수도 있겠지만, 다음 질문에 대해 생각해 보자. 다른 질문과도 연결되니 말이다.

당신과 엘리자베스 2세 여왕의 근연도는 얼마나 되는가? 따지고 보면 나는 여왕의 32촌의 2대 후손이다. 여왕과 나의 공동 조상은 3대 요크 공작Duke of York인 리처드 플랜태저넷Richard Plantagenet, 1412~1460이다. 리처드의 아들 중 한 명이 에드워드 4세 왕이고, 그 후손이 엘리자베스 여왕이다. 다른 아들이 클레런스 공작Duke of Clarence인 조지George였고(일설에 백포도주 술통에 빠져 죽었다는 그 사람이다), 나는 그 후손이다. 잘은 몰라도 아마 당신은 여왕의 32촌보다 더 가까운 혈연일 것이며, 이는 나도, 우리 동네 우체부도 그럴 것이다. 누군가의 먼 친척이 되는 방법은 아주 많아서, 우리는 누군가와 어떻게든 친척이 된다. 나는 내 처의 28촌의 2대 후손이다(공동 조상은 1대 헌팅던 백작Earl of Huntingdon, 1488~1544이다). 그러나 내가 모르는 방법으로 우리가 이보다 더 가까운 혈연일 가능성은 매우 높으며(각각의 조상을 거친 수많은 방법으로), 우리가 이보다 더 먼 혈연일 방법이 무수히 존재할 것도 분명하다. 우리 모두 다 그렇다. 당신이 엘리자베스 여왕의 22촌의 6대 후손임과 동시에 64촌의 9대 후손일지도 모를 일이다. 세계 어디에 살고 있든, 우리 모두는 서로에게 혈연일 뿐 아니라 수백 가지 다른 방법으로도 혈연일 것이다. 이것이 우리 모두가 근연도 r이 0에 가깝다는 배경개체군의 일원이라는 말을 다르게 표현한 것이다. 나와 여왕 간 근연도를 족보에 나온 방법대로 계산할 수도 있지만 거의 0에 가까울 것이므로 큰 차이는 없을 것이다.

혈연관계가 이렇게 골치 아플 정도로 여러 종류가 있는 이유는 바로 성(유성생식 — 옮긴이) 때문이다. 우리에게는 부모가 2명, 조부모가 4명, 증조부모가 8명 있으며, 계속 올라가면 천문학적 숫자가 나오게 된다. 당신이 정복자 윌리엄까지 조상을 거슬러 2씩 곱해 가다 보면 당신 조상(그리고 내 조상, 여왕의 조상, 우리 동네 우체부의 조상 모두)의 수는 10억도 넘을 것이며, 이는 그 당시 세계 인구보다도 많은 수치다. 이 계산만으로도 당신이 어디 출신이건 우리는 조상의 상당수를(충분히 거슬러 올라가기만 하면 결국 모든 조상을) 공유하고 있으며 여러 가지 방법으로 혈연 간이라는 것을 알 수 있다.

이렇게 복잡한 혈연관계는 개체의 관점(생물학자가 통상적으로 받아들이는 관점)이 아니라 유전자의 관점(이 책을 통틀어 여러 가지 방법으로 옹호되고 있는 관점)에서 따지면 사라지고 만다. 내가 내 처와(우체부와, 그리고 여왕과) 몇 촌인지 더 이상 묻지 말라. 그 대신, 하나의 유전자의 관점에서 질문을 해 보자. 예를 들면 내가 가진 파란 눈을 만드는 유전자에 대해, 내 파란 눈 유전자와 우리 동네 우체부의 파란 눈 유전자는 무슨 관계인가를 묻는 것이다. ABO 혈액형과 같은 다형성polymorphism은 역사가 길기 때문에 다른 유인원이나 원숭이도 갖고 있다. 인간의 A형 유전자는 인간의 B형 유전자보다 침팬지의 A형 유전자에 더 가까울 것이다. Y염색체에 있는 SRY유전자(남성성을 결정짓는다)의 경우, 내 SRY유전자는 캥거루의 SRY유전자를 혈연이라 '생각할' 것이다.

근연도를 미토콘드리아 관점에서 생각해 볼 수도 있다. 미토콘드리아는 우리 세포 모두가 갖고 있는 작은 기관으로 우리 생존에 절대적으로 중요하다. 미토콘드리아는 무성생식하며 자기만의 유전체가 있었던 흔적을 갖고 있다(미토콘드리아는 자유롭게 생활하던 박테리아의 아주 먼 후손이다). 윌리엄스의 정의에 따르면, 미토콘드리아의 유전체는 하나의 '유전자'라고 간주될 수 있다. 우리는 어머니로부터만 미토콘드리아를 물려받는다. 따라서 당신의 미토콘드리아와 여왕의 미토콘드리아 간 근연도가 얼마냐고 물어본다면 답은 이미 정해져 있다. 그 답이 뭔지 모를 수는 있어도, 여왕의 미토콘드리아와 당신의 미토콘드리아가 혈연일 수 있는 방법은 몸 전체의 관점에서 봤을 때처럼 수백 가지가 아니라 하나밖에 없다는 것을 우리는 알고 있다. 당신의 족보를 한참 거슬러 모계 쪽으로만 따라 올라가다 보면 단 하나의 가느다란 (미토콘드리아의) 길을 따라가게 된다. '개체 전체의 계보'를 따라갈 때 마주치게 되는 수많은 가지가 난 길과는 아주 다르게 말이다. 여왕에 대해서도 똑같이, 세대를 거슬러 모계를 따라 올라가 보자. 얼마 지나지 않아 그 두 길은 서로 만날 것이고, 만난 점까지 세대 수를 세기만 하면 당신과 여왕의 미토콘드리아 간 근연도를 쉽게 계산할 수 있다.

미토콘드리아를 갖고 했던 일을 원칙적으로는 어느 유전자에 대해서도 똑같이 할 수 있을 것이고, 이를 통해 우리는 유전자의 관점과 개체의 관점의 차이를 알 수 있다. 개체 전체의 관점에서 보면 당신은 부모 2명, 조부모 4명, 증조부모 8명 등등을 갖는다. 그러나 미토콘드리아처럼, 각 유전자는 한 명의 부모, 한 명의 조부모, 한 명의 증조부모 등을 갖는다. 나는 파란 눈 유전자를 하나 갖고 있고 여왕은 두 개 갖고 있다. 원칙적으로 세대를 거슬러 올라가면 내 파란 눈 유전자와 여왕의 유전자 각각 사이의 혈연관계가 있음을 알아낼 수 있다. 이 두 유전자 간의 공동 조상을 우리는 '합체점coalescence point'이라고 부른다. 합체 분석은 오늘날 유전학의 분과 중 빠르게 발전하고 있는 분야로 매우 흥미롭기도 하다. '유전자의 관점'을 취하는 것이 이 책의 내용과 얼마나 잘 들어맞는가! 더 이상 이타성에 관해 이야기하는 것이 아니다. 이제 조상 찾기라는 영역에서 '유전자의 관점'이 그 힘을 드러내고 있는 것이다.

한 개체의 몸에 있는 두 대립 유전자 간에 합체점을 찾을 수도 있다. 찰스 왕자는 파란 눈을 갖고 있으므로 15번 염색체에 파란 눈 대립 유전자 한 쌍을 가졌을 것이다. 찰스 왕자가 하나는 모친에게서, 하나는 부친에게서 물려받은 파란 눈 대립 유전자 둘은 근연도가 얼마나 될 것인가? 이 경우 답은 한 가지밖에 없다는 것을 우리는 알고 있다. 왜냐하면 왕족의 계보는 우리의 족보와는 다른 방식으로 기록되어 왔기 때문이다. 빅토리아 여왕은 파란 눈을 가졌고 찰스 왕자는 두 가지 경로로 빅토리아 여왕의 후손이다. 모친 쪽은 에드워드 7세 왕을 통해, 부친 쪽은 헤세의 앨리스 공주Princess Alice of Hesse를 통해서다. 빅토리아 여왕의 파란 눈 유전자 한 쌍 중 하나가 두 개의 사본을 만들어 냈을 가능성은 50퍼센트이고 이 중 하나가 아들인 에드워드 7세에게, 다른 하나는 딸인 앨리스 공주에게 전해졌을 것이다.◆ 이 두 자매 유전자의 다른 사본도 세대를 거쳐 엘리자베스 2세 여왕과 필립 왕자에게 전해졌을 것이고, 이 둘이 찰스 왕자에서 재결합하게 된 것이다. 이것이 찰스 왕자의 유전자 두 개의 '합체'점이 빅토리아 여왕이라는 것의 의미이다. 실제로 찰스 왕자가 가진 파란 눈 유전자가 정말 이런 역사를 겪었는지는 모른다 — 그리고 알 길도 없다. 그러나 통계적으로 찰스 왕자가 가진 많은 유전자 쌍의 합체점이 빅토리아 여왕임은 사실이어야 한다. 당신이 가진 유전자도, 내가 가진 유전자도 마찬가지다. 찰스 왕자의 족보처럼 잘 알려진 족보는 없

◆ (옮긴이) 도킨스는 유전자가 사본을 만드는 과정을 뱀이 '허물을 벗는' 과정처럼 표현했으나, 한국어판에서는 독자의 이해를 고려해 '사본을 만들다'로 번역했다.

을지라도, 원칙적으로 당신이 가진 어느 유전자 쌍에 대해서도 그 공동 조상, 즉 이들이 동일한 유전자의 사본으로부터 갈라지게 된 합체점을 찾을 수 있다.

이제 재미있는 이야기를 해 보자. 비록 내가 내 유전자 중 아무 대립 유전자에 대해서나 정확한 합체점을 알 수 있는 것은 아니지만, 원칙적으로 유전학자는 특정 개체가 가진 유전자의 모든 쌍에 대해 전 유전체를 통틀어 합체의 양상을 파악할 수 있다. 가능한 과거 경로를 모두 고려함으로써(가능한 수가 너무 많으므로 모든 경로는 아니고, 통계적 표본에 대해) 말이다. 케임브리지 생어연구소Sanger Institute의 헹 리Heng Li와 리처드 더빈Richard Durbin은 놀라운 현상을 발견했는데, 한 개체의 유전체 안에 있는 유전자 쌍의 합체 양상을 들여다보면 그 종 전체의 역사에서 시일을 추정할 수 있는 순간순간에 대해 개체군의 역사를 상세히 재구성할 수 있다는 것이다.

하나는 아버지에게서, 다른 하나는 어머니에게서 물려받은 유전자 쌍의 합체에 대한 논의에서, '유전자'라는 단어는 분자생물학자가 통상적으로 쓰는 의미보다는 좀 더 유동적인 것을 의미한다. 사실 합체유전학자가 말하는 '유전자'는 '약간 이기적인 염색체의 큰 토막과 더 이기적인 염색체의 작은 토막'의 의미라고 보아도 좋을 것이다. 합체 분석은, 분자생물학자가 보는 유전자보다 다소 크거나 심지어 더 작지만 서로 친척지간으로 볼 수 있으며 수 세대 전에 공동 조상의 '복사물'로부터 만들어진 DNA 덩어리에 대한 연구인 셈이다.

(그러한 의미에서) 유전자가 두 복사본을 만들고 각각이 두 자손에게 전해졌을 때, 그 두 복사본의 후손은 시간이 지나면서 돌연변이로 인해 점점 달라질 것이다. 표현형에서 차이가 나타나지 않는다는 의미에서 이 둘은 '숨어 있다'고 볼 수 있다. 둘 사이에 존재하는

돌연변이로 인한 차이는 이 둘이 서로 갈라진 이후 지난 시간에 비례할 것이며, 생물학자는 이를 훨씬 더 긴 시간에 걸친 '분자시계'로 이용한다. 게다가 우리가 친척 관계를 따지고 있는 유전자 쌍은 표현형에 미치는 영향이 같을 필요도 없다. 나는 아버지에게서 파란 눈 유전자를 받았고, 이는 어머니에게서 받은 갈색 눈 유전자와 쌍을 이루고 있다. 이 두 유전자가 다르기는 하지만, 이들조차도 틀림없이 과거 언젠가 합체점이 있었을 것이다. 우리 부모님의 공동 조상에서 특정 유전자가 떨어져 나와 한 개의 사본은 자식 한 명에게, 다른 사본은 다른 자식에게 전해졌을 그 순간 말이다. 그 합체점은 (빅토리아 여왕의 파란 눈 유전자 사본 두개와는 달리) 매우 오래전이었을 것이고, 이 두 유전자는 시간이 오래 지나 둘 간 차이가 많이 누적되었을 것이다. 특히 이들이 매개하는 눈 색깔의 차이 말이다.

앞서 나는 한 개체의 유전체 내 유전자의 합체 양상을 이용하여 개체군의 역사를 재구성할 수 있다고 말했다. 어떤 개체의 유전체에 대해서도 이러한 작업을 할 수 있다. 어쩌다 보니 나는 유전체 전체의 염기서열이 밝혀진 사람 중에 끼게 되었다. 2012년 BBC 채널 4에서 방영한 TV 프로그램 <성, 죽음 그리고 삶의 의미Sex, Death and the Meaning of Life>를 위한 일이었다. 나와 『조상 이야기*The Ancestor's Tale*』를 같이 쓴 옌 웡Yan Wong(내 합체 이론에 대한 지식과 그 밖의 많은 지식은 모두 옌에게서 배운 것이다)은 재빨리 이 자료를 이용하여 내 유전체에 대해 리/더빈 스타일의 계산을 했고, 내 유전체만을 이용해서 인류 역사를 유추해 냈다. 내 조상이 속했던 번식하는 개체군은 6만 년 전 그 크기가 작았다는 결과가 나왔다. 사람이 몇 명 없었기 때문에 오늘날의 유전자 쌍이 그 당시 같은 조상으로 합체될 수 있는 확률은 높았다. 30만 년 전에는 합체점이 거의 없었는데, 이

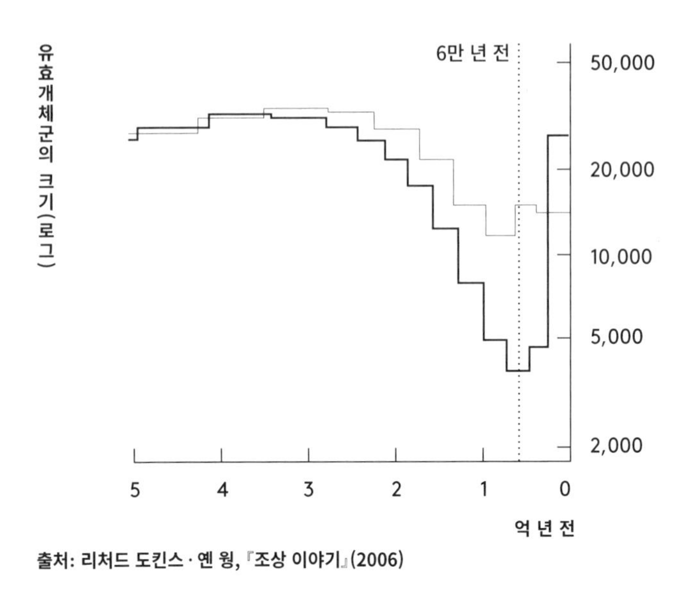

출처: 리처드 도킨스 · 옌 웡, 『조상 이야기』(2006)

를 통해 유효개체군effective population(다음 세대를 만드는 데 기여하는 개체군 — 옮긴이)의 크기가 좀 더 컸음을 알 수 있다. 이것이 옌이 알아낸 합체 양상이며, 이것은 이 방법을 고안해 낸 사람들이 여느 유럽인의 유전체에 대해 얻어 낸 양상과도 동일하다.

위 그림에서 검은 선은 내 유전체(내가 아버지와 어머니에게서 물려받은 유전자들의 합체점)에 근거하여 오랜 시간 동안 유효개체군의 크기를 추산한 결과를 보여 준다. 이에 따르면 내 조상 개체군에서 유효개체군의 크기는 6만 년 전쯤 급감했다. 회색 선은 어떤 나이지리아 남자의 유전체로부터 얻은 합체 양상이다. 이 또한 같은 시기에 개체군 크기가 급감했음을 보여 주는데, 감소한 정도는 적게 나타났다. 개체군 크기가 급격히 줄게 된 재앙이 뭔지는 몰라도 아마 유라시아 대륙에서보다 아프리카 대륙에서 그 영향이 약했던 모양이다.

옌은 옥스퍼드대학 뉴칼리지New College 소속 내 학부생 제자였는데, 그가 나한테 배운 것보다 내가 그한테 배운 것이 훨씬 많다. 옌은 대학원 시절에는 앨런 그라펜Alan Grafen의 제자였는데, 앨런도 학부생 때는 내 제자였고 학부를 졸업하고도 내 제자가 되었으며 지금은 내 지적 스승이 되었다. 그러니 옌은 내 학생이기도 하고 내 손주 학생 — 앞서 여러 가지 방법으로 표현되는 근연도에 대한 멋진 밈적 비유 — 이기도 하다. 물론 문화가 유전되는 방향은 이런 간단한 말로 나타낼 수 있는 것보다 훨씬 복잡하지만 말이다.

요약하면, 이 책의 중심 논점인 생명을 유전자의 관점에서 보는 것은 이전 판본에서 상세히 설명한 것처럼 단지 이타성이나 이기성의 진화를 밝힐 수 있는 것만이 아니다. 아주 오래된 과거 또한 밝힐 수 있다. 이는 내가 『이기적 유전자』를 처음 썼을 때는 짐작조차 하지 못했지만 『조상 이야기』의 개정판(2016년 출간)에 좀 더 상세히 설명되어 있다. 유전자의 관점은 매우 강력해서, 한 개체의 유전체가 개체군의 역사를 상세히 정량적으로 유추하는 데 충분할 정도다. 또 뭘 더 할 수 있을까? 나이지리아 남자 이야기에서 암시한 바와 같이, 세계 여러 지역에 사는 사람들을 분석하면 개체군의 역사가 지리적으로 어떻게 다른지 알 수 있을 것이다.

유전자의 관점이 먼 과거까지 들여다볼 수 있는 방법이 또 있을까? 내 책 몇 권에는 내가 '죽은 자의 유전자 책'이라고 부르는 아이디어가 담겨 있다. 한 종의 유전자 풀은 과거 특정 환경에서 살아남은, 서로 협력하는 유전자들의 카르텔이다. 이는 그 환경에 일종의 음각 도장을 남긴다. 지식이 있는 유전학자라면 한 동물의 유전체로부터 그 조상이 살았던 환경을 읽어 낼 수 있을 것이다. 원칙대로라면, 두더지*Talpa europaea*의 DNA는 축축하고 깜깜하며, 지렁이 냄새, 잎이 썩는 냄새, 딱정벌레 애벌레 냄새로 가득한 지하 세계를 드러내야 한다. 우리가 읽어 낼 줄만 안다면 아라비아낙타*Camelus dromedarius*의 DNA에는 고대 사막, 모래바람, 사구, 목마름이 코딩되어 있을 것이다. 큰돌고래*Tursiops trancatus*의 DNA를 언젠가 우리가 해독해 낸다면 '바다를 가로질러, 재빨리 물고기를 쫓고, 범고래를 피하라'라는 메시지를 담고 있을 것이다. 그러나 똑같은 돌고래의 DNA는 그 유전자가 생존했던 더 과거의 세상에 대해서도 설명할 수 있다. 그 조상이 티라노사우르스와 알로사우르스의 눈을 피해 번식했던 땅 위의 세상 말이다. 그렇다면 DNA 중 일부는 훨씬 더 과거의 환경, 어류였던 그 조상이 상어와 거대한 바다전갈에 쫓기던 바닷속 환경에 대해서도 말해 줄 수 있을 것이다. '죽은 자의 유전자 책'에 대한 연구는 미래에 더 활발하게 벌어질 것이다. 그 결과가 『이기적 유전자』의 50주년 기념판 후기에 화려한 색을 더해 줄 수 있지 않을까?

보주

1장 사람은 왜 존재하는가?

45쪽 "내가 강조하고 싶은 것은, 1859년 이전에 이 문제에 답하고자 했던 시도들은 모두 가치 없는 것이며, 오히려 그것들을 완전히 무시하는 편이 나을 것이라는 점이다."

일부 사람들, 심지어 종교가 없는 사람들조차 내가 심슨의 말을 인용한 것에 화를 냈다. 처음 읽었을 때 이것이 헨리 포드Henry Ford의 "역사는 대체로 터무니없는 소리에 지나지 않는다"라는 말처럼 매우 교양 없고, 눈치 없고, 옹졸한 소리로 들린다는 것에 나도 동의한다. 그러나 종교적인 해답(이것에 대해서는 나도 잘 알고 있으니 나한테 편지를 보내느라 우표를 낭비하지는 말길 바란다)을 차치하고라도, 혹 당신이 '인간이란 무엇인가'라든가, '생명에는 의미가 있는가'라든가, '우리는 무엇을 위해 존재하는가'라는 질문에 다윈 이전 시대에는 어떤 답을 했을까 고심하게 되었을 때, 당신은 (상당한) 역사적 의미를 제외한, 가치가 있다고 인정할 만한 답을 생각해 낼 수 있을까? 세상에는 정말 말 그대로 잘못된 것이라고밖에는 볼 수 없는 것들이 있는데, 이러한 질문에 대한 1859년 이전 해답들이 바로 그렇다.

47쪽 나는 진화에 근거하여 도덕성을 옹호하려는 것이 아니다.

비평가들은 『이기적 유전자』가 이기심이 우리가 살아가는 하나의 원리라 주장한다고 오해한다. 다른 사람들은, 아마 제목만 보거나 처음 2쪽 이상 읽지 않았겠지만, 이기심이나 그 외의 심술궂은 태도가 좋든 싫든 간에 우리가 피할 수 없는 인간 본성의 일부라고 내가 말했다고 생각한다. 유전적

'결정'이 최종적인 것, 즉 절대적으로 비가역적인 것이라고 생각한다면(신기하게도 많은 사람들이 그렇게 생각하는 것 같은데) 이 오류에 빠지기 쉽다. 실제로 유전자는 통계적인 의미에서만 행동을 '결정'한다(95~100쪽 참조). 많은 사람들이 알고 있는 '저녁놀이 진 하늘은 양치기의 기쁨'이라고 하는 일반화는 좋은 비유가 된다. 붉은 저녁놀이 다음 날 날씨가 맑다는 징조라는 것은 통계적 사실일지 모르지만 이에 전적으로 의존하는 사람은 없을 것이다. 우리는 기후가 많은 요인에 의해 매우 복잡한 형태로 영향을 받는다는 것을 잘 알고 있다. 어떤 일기 예보도 틀리게 마련이다. 그것은 통계적인 예보에 지나지 않는다. 우리는 붉은 저녁놀이 내일 날씨를 반드시 좋게 만든다고, 결정한다고 생각하지 않는다. 이와 마찬가지로 유전자가 반드시 어떤 것을 결정한다고 생각해서는 안 된다. 유전자의 영향이 다른 요인에 의해 뒤집히지 말란 법은 없다. '유전자 결정론'에 대한 구체적인 논의와, 왜 오해가 비롯되었는지에 대해서는 『확장된 표현형』의 2장 및 내 논문 「사회생물학 — 찻잔 속에 부는 새로운 폭풍(헛소동을 뜻함 — 옮긴이)」을 참조하기 바란다. 나는 심지어 인류가 근본적으로 모두 시카고 갱단이라고 주장하고 있다는 비난까지 받았다. 그러나 내가 시카고 갱단에 비유한 것(47쪽)의 요점은 다음과 같다.

> 어떤 사람이 성공을 거둔 세계가 어떠한 곳인가를 알면 그 사람이 어떤 사람인지 알 수 있다. 그것은 시카고 갱단의 개개인이 어떤 사람들인가 하는 것과는 아무 상관이 없다. 나는 이 비유를 영국 성공회 대주교였던 사람이나, 아테나에움Athenaeum 클럽(학자나 문인의 모임 — 옮긴이)의 일원으로 선출된 사람에게도 똑같이 적용할 수 있다. 어느 경우에라도 내 비유의 대상이 되는 것은 사람이 아니라 유전자다.

나는 이 내용과 글을 지나치게 해석하여 비롯된 오해들에 대해서 「이기적 유전자를 옹호하며In defence of selfish genes」라는 논문에서 논했으며, 위의 내용도 이 논문에서 가져온 것이다.

이 장에 담긴 정치적 여담 때문에, 1989년에 이 장을 다시 읽을 때 내 마음이 편치 않았다는 사실을 덧붙여야겠다. "이 점(집단 전체의 붕괴를 막으려면 이기적인 욕심을 자제해야 할 필요성이 있음)을 몇 번이나 더 반복해서 이야기해야 하는가?"(56쪽)라는 말은 마치 토리Tory 당원의 말처럼 들린다. 1975년에 내가 이 문장을 썼을 당시, 그 선출에 내가 한 표를 던졌던 사회주의 정부는 23퍼센트의 인플레이션과 절망적인 싸움을 계속하고 있었고, 임금 인상 요구에 관심을 두고 있었다. 당시 노동부 장관의 연설에서도 내 의견과 같은 내용을 들을 수 있었을 것이다. 이제 영국에 비열함과 이기심을 이데올로기의 위치에까지 끌어올린 뉴라이트 정부가 들어섰고, 이와 더불어 내 말도 유감스럽지만 비열하다는 인상을 주게 된 것 같다. 내가 한 말을 철회하려는 것이 아니다. 여전히 이기적인 근시안은 내가 언급했던 바람직하지 않은 결과를 초래한다. 그러나 오늘날 어떤 사람이 영국에서 이기적인 근시안의 예를 찾는다면, 제일 먼저 노동자 계급을 주시하지는 않을 것이다. 사실 과학적인 저작에는 정치적인 여담을 아예 담지 않는 편이 좋을 것이다. 왜냐하면 이런 이야기들은 너무나 빨리 시대에 뒤처지기 때문이다. 1930년대 정치적 의식이 있었던 과학자들(예를 들면 J. B. S. 헐데인이나 랜셀럿 호그벤Lancelot Hogben)이 쓴 것을 오늘날 읽으면 시대에 맞지 않는 비판으로 글이 망가져 있음을 알 수 있는 것처럼 말이다.

52쪽 실제로 곤충의 머리에는 억제 중추가 있기 때문에 암컷은 수컷의 머리를 먹는 것으로 수컷의 성행위를 활성화시킬 수 있다.

내가 곤충의 수컷에 관한 이 특이한 사실을 처음 알게 된 것은 날도래 연구를 하고 있던 동료의 강연에서다. 그는 날도래를 길러서 번식시킬 수 있으면 좋겠지만 그렇게 할 수 없었다고 했다. 왜냐하면 날도래를 교미시킬 수 없었기 때문이다. 이 말을 듣자 제일 앞줄에 앉아 있던 곤충학 교수가 마치 가장 명백한 사실을 간과하고 있다는 듯이 큰 소리로 말했다. "머리를 잘라 보지는 않았나요?"

60쪽 나는 선택의 기본 단위, 즉 이기성의 기본 단위가 종도 집단도 개체도 아닌, 유전의 단위인 유전자라는 것을 주장할 것이다.

유전자선택에 대한 선언서를 쓴 이래로, 나는 진화의 긴 기간 동안 때때로 작용하는 **모종의** 높은 수준에서의 선택도 있지 않을까 다시 생각해 보았다. 미리 말하건대, 내가 '높은 수준'이라고 할 때 '집단선택'과 관련 있는 것을 의미하는 것은 아니다. 내가 말하는 것은 훨씬 더 미묘하고 훨씬 더 흥미로운 것이다. 지금 내가 느끼기엔 다른 개체보다 더 잘 살아남는 개체가 있을 뿐 아니라 개체의 무리 전체가 다른 무리보다 더 잘 **진화하는** 것도 가능하다. 물론 우리가 여기서 말하는 진화란 여전히 유전자에 작용하는 선택을 통한 진화다. 돌연변이는 여전히 개체의 생존과 번식 성공에 영향을 미치기 때문에 선택된다. 그러나 개체의 기본적인 발생 과정 중 생겨난 새로운 돌연변이는 앞으로 수백 년에 걸쳐 적응방산適應放散의 진화가 펼쳐질 수 있는 계기가 될 수도 있다. 생물의 발생 과정에는 진화에 도움이 되는 높은 수준의 선택, 즉 진화 가능성evolvability을 선호하는 선택이 존재할 가능성이 있다. 이러한 선택은 그 효과가 누적적이며 따라서 점진적일 수도 있는데, 집단선택은 그런 효과를 내지 못한다. 이에 대한 내 생각은 「진화 가능성의 진화The Evolution of Evolvability」라는 논문에서 자세히 설명하였다. 이 논문의 아이디어는 진화의 양상을 시뮬레이션하는 컴퓨터 프로그램인 '눈먼 시계공'을 만지작거리다가 떠오른 것이다.

2장 자기 복제자

66쪽 이제부터 시작할 단순화된 설명은 아마도 진실과 그리 동떨어진 것은 아닐 것이다.

생명의 기원에 대해서는 여러 설이 있다. 『이기적 유전자』에서는 그것들을 구구절절 논하는 것보다는 하나를 택해서 그 주된 개념을 설명하는 편을 택했다. 그러나 나는 이것이 유일한 후보 가설이라는 인상을 주고 싶지 않았고, 최선의 가설이라는 인상은 더더욱 주고 싶지 않았다. 실제로 『눈먼 시계공』에서 나는 생명의 기원에 대한 가설로 일부러 케언스-스미스 A. G. Cairns-Smith의 점토설clay theory이라는 가설을 선택했다. 나는 어느 책에서건 선택된 특정 가설을 받아들이지 않았다. 내가 다른 책을 쓸 기회가 있다면 아마도 또 다른 관점, 즉 독일 수리과학자인 만프레트 아이겐Manfred Eigen과 그의 동료들의 관점에 대해서 설명할 것이다. 내가 독자에게 전하려고 늘 노력하는 것은 어떠한 행성에 존재하는 생명체건 그 기원에 대한 훌륭한 이론의 핵심에는 반드시 있어야만 하는 근본적 성질에 대한 내용이며, 특히 자기 복제를 하는 유전적 실체에 대한 개념이다.

70쪽 "보라 처녀가 아들을 잉태하여…"

성서에서 '젊은 여자'를 '처녀'라고 오역했다는 내 말에 대해서 난감한 편지 몇 통이 날아들었으며 이들은 나에게 답장을 요구했다. 종교적인 감수성에 상처를 주는 행위는 오늘날 지극히 위험하므로 나는 그것에 대답해야 했다. 사실 그것은 즐거운 일이었다. 왜냐하면 진정한 학문적인 보주를 작성하려고 도서관에서 마음껏 책을 뒤적일 기회가 과학자에게 자주 오는 것은 아니기 때문이다. 실제로 이 문제점은 성서학자들에게는 잘 알려져 있으며 그들 사이에서는 논쟁이 없다. 「이사야」에 나오는 이 히브리어는 עלמה (*almah*)인데, 이것은 논의의 여지 없이 '젊은 여자'를 의미하며 처녀라는 의미는 전혀 없다. 혹 '처녀'라고 하고 싶다면 בתולה(*bethulah*)를 대신 사용할 수 있을 것이다(애매한 영어 단어 maiden은 이 두 의미 사이를 오가는 것이 얼마나 쉬운지를 단적으로 드러낸다). '돌연변이'는 70인 역 성서라고 불리는 그리스도 이전의 그리스어 번역판에서 almah를 **παρθένος** (parthenos)라고 번역하면서 생겨났다. 이 단어는 정말로 보통의 처녀를 의미한다. 마태(예수와 동시대인인 12사도의 한 사람이 아닌, 훨씬 후세의 복음서 작가)는 70인 역 성서에서 파생된 것으로 보이는 책(15개의 그리스어 단어 중에서 2개를 제외하면 모두 같다)에서 「이사야」를 인용하며 이렇게 적고 있다. "모든 일이 된 것은 주께서 선지자로 하신 말씀을 이루려 하심이니 가라사대 보라 처녀virgin가 잉태하여 아들을 낳고 그 이름을 임마누엘이라 하리라."(대한성서공회 역) 예수가 처녀에게서 탄생했다는 이야기가 후세에 삽입됐다는 것은 기독교 학자들 사이에서 널리 받아들여지고 있다. (오역된) 예언이 이루어진 것처럼 보이기 위해서 그리스어를 할 줄 아는 사도가 삽입한 것일지도 모르겠다. '신영역성서New English Bible'와 같은 현대 판본에서는 「이사야」의 이 단어를 '젊은 여자'라고 올바르게 적고 있다. 마태의 복음서에서 '처녀'라고 둔 것도 올바른 것인데, 왜냐하면 이것은 마태가 그리스어로 적은 것을 번역한 것이기 때문이다.

75쪽 오늘날 자기 복제자는 덜거덕거리는 거대한 로봇 속에서 바깥세상과 차단된 채 안전하게 집단으로 떼 지어 살면서

이 현란한 구절(나에게는 드문, 아니 상당히 드문 탐닉)은 내가 과격한 '유전자 결정론'을 신봉하는 사람이라는 단적인 증거로 몇 번이나 인용되어 왔다. 문제는 '로봇'이라는 단어에 대해 사람들이 많이 떠올리는 연상이 잘못되었다는 데 있다. 우리는 전자공학의 황금시대에 살고 있으며, 로봇은 더 이상 융통성 없는 멍청한 존재가 아니라 학습하고 생각하며 창의력 있는 존재다. 얄궂게도 카렐 차페크Karel Capek가 '로봇'이라는 단어를 처음 만든 1920년 그 옛날에도 '로봇'은 사랑과 같은 인간의 감정을 갖게 되는 기계적인 존재였다. 로봇이 정의상 인간보다 '결정되어 있다'라고 생각하는 사람은 머리에 혼란을 느낄 것이다(인간이 단순한 기계에게는 허락되지 않았던 자유 의지를 신으로부터 받았다고 주장하는 신앙심 깊은 사람이 아닌 한). 혹시 당신이 나의 '덜거덕거리는 로봇'이라는 표현을 비판하는 사람들과 마찬가지로 신앙심이 깊지 않다면, 다음의 문제를 생각해 보라. 당신은 매우 복잡한 존재지만, 만약 로봇이 아니라면 당신 자신이 도대체 무엇이라고 생각하는가? 나는 이러한 내용을 모두 『확장된 표현형』에서 다루었다.

이 잘못은 말을 전하는 데 생긴 '돌연변이'로 인해 증폭되었다. 예수가 처녀 마리아에게서 태어났어야만 했던 것이 신학적으로 필요했던 것처럼, '유전자 결정론자'는 누구나 유전자가 우리 행동의 여러 측면을 '조종'한다고 믿어야만 하는 것이 악마학적으로 필요한 것 같다. 나는 유전적 자기 복제자에 대해서 "그들은 우리의 몸과 마음을 창조했다"라고 썼다. 이 구절은 "[그들은] 우리의 몸과 마음을 **조종**한다"(강조점은 내가 찍은 것이다)라고 잘못 인용되었다(예를 들면 로즈Rose, 카민Kamin, 르원틴Lewontin의 『우리 유전자 안에 없다*Not in Our Genes*』, 그리고 르원틴의 학술 논문에서). 이 장의 문맥에서 '창조했다created'라는 단어로서 내가 의미하고 있는 바는 명백하며, 이는 '조종한다control'와는 매우 다르다고 생각한다. 사실 유전자가 '결정론'이라고 비난받을 만큼 강한 의미로 그 창조물을 조종하지 않는다는 것은 누구나 이해할 수 있다. 우리는 피임할 때마다 어떤 노력도 하지 않고 (매우 간단하게) 유전자의 조종에 반기를 드는 것이다.

3장 불멸의 코일

84쪽 몸을 제조한다는 것은 유전자 각각의 기여도를 구별하는 것이 거의 불가능할 정도로 복잡한 협력 사업이다.

이것과 5장(180~185쪽)에 나오는 내용이 바로 유전자 '원자론'이라는 비판에 대한 나의 대답이다. 엄밀히 말하면, 이는 대답이라기보다 예견이다. 왜냐하면 이것은 그 비판이 나오기 전에 쓰였기 때문이다! 내가 쓴 것을 길게 인용해야 하는 것은 유감이지만, 『이기적 유전자』에 나오는 이와 관련된 내용의 문단은 너무도 놓치기 쉬운 모양이다. 예를 들면 굴드S. J. Gould는 「이타적 집단과 이기적 유전자Caring Groups and Selfish Genes」(『팬더의 엄지*The Panda's Thumb*』에 수록됨)에서 다음과 같이 적고 있다.

> 당신의 왼쪽 슬개골이나 당신의 손톱 등 명확한 형태의 일부분을 '담당하는' 유전자는 존재하지 않는다. 몸은 유전자 각각이 만들어 내는 여러 부분으로 분해될 수 있는 것이 아니다. 몇백 개나 되는 유전자가 협동해서 신체 일부를 대부분 만들어 내는 것이다.

굴드는 이것을 『이기적 유전자』를 비판하기 위해 썼다. 그러나 내가 실제로 본서에 어떤 말을 썼는지 보기 바란다(84쪽).

> 몸을 제조한다는 것은 유전자 각각의 기여도를 구별하는 것이 거의 불가능할 정도로 복잡한 협력 사업이다. 하나의 유전자가 몸의 여러 부분에 각각 다른 영향을 미치기도 한다. 또 몸의 한 부위가 여러 유전자의 영향을 받기도 하며, 한 유전자의 효과가 다른 많은 유전자들과의 상호작용에 따라 다르게 나타나기도 한다.

그리고 다시 한 번 다음과 같이 적었다(103쪽).

> 유전자가 세대를 통해 여행할 때 아무리 독립적이고 자유로울지라도 그것은 배 발생 과정을 제어하는 데 전혀 자유롭지도, 독립적이지도 **않다**는 것이다. 유전자는 매우 복잡한 방법으로 서로 간에, 그리고 외부 환경과 협력하고 상호 작용을 한다. 앞에서 이야기한 '긴 다리를 만드는 유전자'나 '이타적 행동에 대한 유전자'라는 표현은 편의상의 비유일 뿐이며, 그것이 의미하는 바를 이해하는 것이 더 중요하다. 길든 짧든 다리를 혼자 힘으로 만드는 유전자는 없다. 다리를 만드는 일은 많은 유전자의 협력 사업이다. 이때 외부 환경의 영향도 없어서는 안 될 중요한 요소다. 결국 다리는 음식으로부터 만들어진다. 그러나 **다른 조건이 같다면**, 대립 유전자가 영향을 미칠 때보다 다리를 더 길게 만드는 하나의 유전자가 존재할 수도 있다.

나는 이 다음 단락에서 밀의 생장에 비료가 미치는 영향에 비유하여 논점을 강조했다. 굴드는 내가 아무것도 모르는 원자론자임에 틀림없다고 지레 확신하여, 그가 나중에 주장하는 것과 같은 상호 작용론자의 입장을 내가 취하고 있는 이 부분의 내용을 간과한 것 같다.

굴드는 계속 이렇게 서술한다.

> 도킨스에게는 또 다른 은유가 필요할 것이다. 즉 '유전자들이 집회를 열어, 동맹을 맺고, 조약에 가맹하려 하고, 앞으로 일어날 상황을 예측한다'라는 은유 말이다.

나는 조정 선수의 비유(180~183쪽)를 통해 나중에 굴드가 추천했던 것과 완전히 똑같은 내용을 이미 적었다. 이 조정 선수에 대한 부분을 잘 읽으면, 우리가 많은 부분에서 일치하면서도 왜 굴드가 자연선택이 "생물 개체를 전체로 받아들이거나 거부하거나 하는데, 그 이유는 복잡하게 상호 작용하고 있는 여러 부분들이 한 조가 되어 개체에게 이익을 주기 때문이다"라고 잘못된 주장을 하는지도 이해할 수 있다. 유전자들의 '협동성'에 대한 진정한 설명은 다음과 같다(181쪽).

> 유전자는 혼자 있을 때 '좋은 것'이 아니라, 유전자 풀 내 다른 유전자를 배경으로 할 때 좋은 것이어야 선택된다. 좋은 유전자는 수 세대에 걸쳐 몸을 공유해야 할 다른 유전자들과 잘 어울리고 또 상호 보완적이어야 한다.

유전자 원자론이라는 비판에 대한 나의 상세한 대답은 『확장된 표현형』에 적혀 있다.

90쪽 여기서 내가 사용하고 싶은 정의는 윌리엄스의 정의다.

『적응과 자연선택』에 적힌 윌리엄스의 문장을 그대로 옮기면 다음과 같다.

> 나는 유전자라는 용어를 '상당한 빈도로 분리되고 재조합되는 것'이라는 뜻으로 사용한다. (…) 유전자는 내생적 변화율의 몇 배 내지는 여러 배에 해당하는 유리하거나 불리한 선택이 편향적으로 작용하는 유전 정보라고 정의될 수 있을 것이다.

윌리엄스의 책은 오늘날 널리, 그리고 당연하게 고전으로 인정받고 있으며 '사회생물학자'들에게도, 그리고 사회생물학의 비판자들에게도 모두 존중받고 있다. 윌리엄스가 그의 '유전자선택론'을 통해 스스로가 무엇인가 새로운 혹은 혁명적인 것을 선언했다고는 전혀 생각하지 않았을 것은 분명하며, 1976년에 나 역시 그렇게 생각하지 않았다. 우리 두 사람 모두

1930년대 '신다윈주의'의 창시자인 피셔, 헐데인, 라이트가 정립했던 근본 원리를 단순히 재확인한 것뿐이다. 그럼에도 불구하고 아마도 우리의 타협하지 않는 말투 때문인지, 슈월 라이트Sewall Wright를 포함한 몇 명의 사람들은 '유전자가 선택의 단위다'라는 우리의 견해에 이의를 제기한다. 그들의 논리는 기본적으로 자연선택은 그 내부의 유전자가 아닌 생물 개체를 대상으로 삼는다는 것이다. 라이트와 같은 비판에 대한 나의 대답은 『확장된 표현형』에 설명하였다. 윌리엄스가 「진화생물학에 있어서 환원주의의 옹호Defense of Reductionism in Evolutionary Biology」에서 적은, 선택의 단위가 유전자인가에 대한 그의 가장 최근의 생각은 그 이전의 무엇보다도 설득력 있다. 예를 들면 헐D. L. Hull, 스터럴니K. Sterelny와 키처P. Kitcher, 햄피M. Hampe와 모건S. R. Morgan 등의 철학자들도 최근 '선택의 단위' 문제를 분명히 하는 데 기여했다. 유감스럽게도 문제를 혼란스럽게 만든 다른 철학자들도 존재한다.

99쪽 유성생식을 하는 종에서 개체는 자연선택의 중요한 단위가 되기에는 너무 크고 수명이 짧은 유전 단위다.

윌리엄스의 의견에 따라, 나는 감수 분열로 인해 (개체가 갖는 유전체 전체가 — 옮긴이) 끊어지게 되므로 생물 개체는 자연선택에서 자기 복제자 역할을 할 수 없다고 주장했다. 지금은 이것이 절반의 이야기에 지나지 않는다는 생각이 든다. 또 다른 절반은 『확장된 표현형』과 내 논문 「자기 복제자와 운반자Replicators and Vehicles」에 서술되어 있다. 만약 감수 분열이 유전자를 자르는 효과가 이야기의 전부라면, 암컷 대벌레와 같이 무성생식을 하는 생물체는 진정한 자기 복제자, 즉 일종의 거대 유전자가 되는 것이다. 그러나 만약 대벌레에게 변화가 생겨도(예를 들면 다리를 하나 잃는 등) 이 변화는 다음 세대에 전해지지 않는다. 유성생식이든 무성생식이든, 유전자만이 다음 세대에 전해진다. 따라서 유전자는 진정한 자기 복제자이다. 무성생식을 하는 대벌레의 경우 게놈(유전자 전체의 세트) 전체는 자기 복제자이지만, 대벌레 자체는 자기 복제자가 아니다. 대벌레의 몸은 이전 세대의 몸을 주형으로 만들어지는 복사본이 아니다. 어떠한 세대에 있건 몸은 게놈의 지시에 따라 알에서부터 새롭게 성장한다. 게놈은 이전 세대 게놈의 복사본**이다**.

이 책의 인쇄된 복사본들은 모두 같을 것이다. 이들을 복사본이라고 할 수는 있지만, 복제자는 아니다. 이들은 서로를 복사했기 때문이 아니라 모두가 하나의 판본으로부터 복사되었기 때문에 복사본이다. 이들은 어떤 책이 다른 책의 선조라는 식으로 복사의 계통을 갖고 있지 않다. 만약 한 권에서 어느 쪽을 복사하고, 그것을 다시 복사하고, 그것을 또다시 복사하는 것을 계속한다면 복사의 계통이 존재하게 될 것이다. 이쪽의 계통에서는 실제로 선조/자손의 관계가 존재하게 될 것이다. 중간에 흠집이 생기면 자손들은 모두 이 흠집을 공유하지만 선조는 공유하지 못할 것이다. 이런 종류의 선조/자손의 계통은 잠재적으로 진화할 가능성을 가지고 있다.

표면적으로는, 세대를 거쳐 계속되는 대벌레 몸이 복사본의 계통이 될 수 있는 것 같다. 그러나 만약 당신이 이 계통 중 한 개체에게 실험적으로 변화를 주었을 경우(예를 들면 다리를 하나 부러뜨리는 식으로), 이 변화는 그 계통 내에서 전승되지 않는다. 이와는 대조적으로, 만약 당신이 실험적으로 게놈 내의 한 유전자에게 변화를 주면(예를 들면 X선을 쬐는 식으로) 그 변화는 이 계통 내에서 전승되어 갈 것이다. 이것은 생물 개체가 '선택의 단위'가 아니라는 것, 즉 진정한 자기 복제자가 아니라는 것에 대해, 감수 분열이 유전자를 단편으로 끊는 효과보다 더 근본적인 이유다. 이는 유전의 '라마르크'설이 잘못됐다고 하는, 널리 받아들여지는 사실로 알 수 있는 중요한 결론 중 하나다.

108쪽 피터 메더워 경이 주장한 또 다른 이론은 진화를 유전자선택에 근거한 것으로 생각하는 사고방식의 좋은 예가 된다.

이 노화의 이론을 윌리엄스가 아닌 메더워의 것이라고 한 것에 대해 나는 비난받아 왔다(물론 윌리엄스 자신이 나를 비난한 것은 아니며 그는 이 사실을 알지 못할 것이다). 많은 생물학자, 특히 미국의 생물학자들은 이 이론을 윌리엄스의 1957년 논문 「다면 발현, 자연선택, 노쇠의 진화Pleiotropy, Natural Selection, and the Evolution of Senescence」를 통해서 알고 있다. 윌리엄스가 이 이론을 메더워보다 훨씬 세련되게 정리한 것 역시 사실이다. 그럼에도 불구하고 내가 판단컨대 1952년 『생물학의 미해결 문제*An Unsolved Problem in Biology*』와 1957년 『개체의 특이성*The Uniqueness of the Individual*』에서 메더워는 그 개념의 핵심을 서술하고 있다. 나는 윌리엄스가 그 이론을 발전시킨 것이 매우 도움이 된다고 생각했다는 사실도 덧붙이고 싶다. 왜냐하면 그의 논문이 메더워가 딱히 강조하지 않았으나 논의에 필수적인 단계(다면 발현, 즉 유전자가 여러 표현형에 영향을 미치는 현상의 중요성)를 분명히 밝혔기 때문이다. 해밀턴은 최근에 「자연선택이 어떻게 노쇠를 만들어 내는가The Moulding of Senescence by Natural Selection」라는 논문에서 이 이론을 더욱 진전시켰다. 덧붙이자면 나는 의사들로부터 흥미로운 편지를 많이 받았지만, 자신이 들어 있는 몸의 연령을 '속이는' 유전자에 관한 나의 추측(110~111쪽)에 대해 언급한 사람은 아무도 없었다. 이 아이디어는 전혀 어리석지 않은 것 같은데, 혹시 이것이 옳다면 오히려 의학적으로 중요하지는 않을까?

113쪽 성이 있으면 무엇이 좋을까?

생각을 자극하는 몇 권의 책, 특히 기슬린M. T. Ghiselin, 윌리엄스, 메이너드 스미스, 벨G. Bell의 책들 및 미초드R. Michod와 레빈B. Levin이 편저한 책이 출판되었음에도 불구하고 성이 무엇 때문에 존재하는가 하는 문제는 지금도 여전히 사람들을 고민하게 한다. 내 생각에 가장 흥미로운 아이디어는 해밀턴의 기생 동물설인데, 제러미 셔퍼스Jeremy Cherfas와 존 그리빈John Gribbin은 『남아도는 수컷*The Redundant Male*』에서 이 가설을 전문 용어 없이 설명하고 있다.

115쪽 여분의 DNA에 대한 가장 단순한 설명은 그것을 기생자, 아니면 기껏해야 다른 DNA가 만든 생존 기계에 편승하는, 해는 주지 않지만 쓸데도 없는 길손으로 생각하는 것이다(346쪽도 참조).

번역되지 않은 여분의 DNA가 이기적인 기생자일지 모른다는 나의 생각은 분자생물학자(오겔Orgel과 크릭Crick, 그리고 둘리틀Doolittle과 사피엔자Sapienza의 논문 참조)에 의해 '이기적 DNA'라는 캐치프레이즈로 발전되었다. 굴드는 『닭의 이와 말의 발가락*Hen's Teeth and Horse's Toes*』에서, 다음과 같이 (내가 보기에) 도발적인 주장을 하고 있다. 이기적 DNA라는 아이디어의 역사적 유래에도 불구하고, "이기적 유전자 이론과 이기적 DNA 이론은 이론을 설명하는 구조가 확연히 다를 수밖에 없을 것이다"라는 것이다. 나는 그의 논리가 잘못되었지만, 그가 내 논리에 대해 대체로 어떻게 생각하고 있는지 알려 준 것 같아서 흥미롭다고 생각한다. '환원주의'와 '계층구조'에 대한 서론(이것은 늘 그렇지만 딱히 틀리지도, 재미있지도 않았다)에 이어 그는 이렇게 적고 있다.

> 도킨스가 말하는 이기적 유전자는 몸에 영향을 미쳐 생존 경쟁에서 살아남도록 돕기 때문에 그 빈도가 증가한다. 이기적 DNA는 이것과 정반대의 이유로 빈도가 증가한다. 몸에 어떠한 영향도 미치지 않기 때문에. (…)

굴드가 그 둘을 구별하는 방식은 이해하지만, 나는 이것이 근본적인 구별이라고는 생각하지 않는다. 그 반대로, 나는 지금까지 이기적 DNA가 이기적 유전자 이론 전체에서 특별한 경우라고 생각하며, 애당초 이기적 DNA에 대해 생각한 것도 바로 이러한 경로에서였다(이기적 DNA가 특별한 경우라고 하는 점은 아마도 둘리틀과 사피엔자, 오겔과 크릭이 인용하고 있는 본서 115쪽보다는 346쪽의 내용에서 더 분명히 알 수 있을 것이다. 덧붙여 말하면 둘리틀과 사피엔자는 그들 논문의 제목에 '이기적 DNA'가 아니라 '이기적 유전자'라고 하고 있다). 굴드에게 다음의 비유로 대답해 보겠다. 말벌에서 노란색과 검은색의 줄무늬를 만들어 내는 유전자는 이('경고' 의미의) 줄무늬가 다른 동물의 뇌를 강력하게 자극하기 때문에 그 빈도가 증가한다. 호랑이에서 노란색과 검은색의 줄무늬를 만들어 내는 유전자는 '정반대의 이유로' 그 빈도가 증가한다. 즉 이상적으로는 이 (몸을 숨겨 주는) 줄무늬가 다른 동물의 뇌를 전혀 자극하지 않기 때문이다. 여기서는 분명 굴드의 구별과 매우 비슷한(그러나 계층 단계상 다른) 구별이 있기는 하지만, 이는 세부 사항에 대한 미묘한 구별에 지나지 않는다. 이 두 경우에 대해 "그 이론을 설명하는 구조가 확연히 다를 수밖에 없을 것이다"라고 주장하는 사람은 아마 없을 것이다. 오겔과 크릭은 이기적 DNA와 뻐꾸기 알의 비슷한 점을 언급하면서 핵심을 찌른다. 뻐꾸기의 알은 숙주의 알과 똑같아 보이므로 발견되지 않는다는 것이다.

덧붙여 말하면, 옥스퍼드 영어 사전의 최신판에는 '이기적selfish'이라는 단어의 뜻에 "(유전자 혹은 유전 물질에 대해서) 표현형에 어떠한 영향도 미치지 않으나 사라지지 않고 퍼지는 경향"이라는 새로운 의미가 더해져 있다. 이것은 '이기적 DNA'에 대한 간결한 정의이며, '사라지지 않고 퍼지는 경향'은 실제로 이기적 DNA가 갖는 속성이다. 그러나 내 생각에 '표현형에 어떠한 영향도 미치지 않으나'라는 문구는 적절하지 않다. 이기적 유전자가 표현형에 영향을 미치지 않는 경우도 있지만, 많은 경우 영향을 미치기 때문이다. 사전 편찬자가 이 의미를 '이기적 DNA'에 한정할 생각이었다고 주장한다면 그럴 수는 있다. 실제로 그것은 표현형에 미치는 영향이 없기 때문이다. 그러나 『이기적 유전자』를 인용한 '(유전자 혹은 유전 물질에 대해서)'라는 구절은 표현형에 영향을 미치는 이기적 유전자를 포함한다. 그러나 옥스퍼드 영어 사전에 인용되었다는 명예를 얻고도 하찮은 트집을 잡고 싶은 생각은 없다!

이기적 DNA에 대해서는 『확장된 표현형』에서 더욱 자세히 서술했다.

4장 유전자 기계

123쪽 뇌는 그 기능상 컴퓨터와 유사하다고 볼 수 있다.

이러한 문장은 글자 그대로 해석하고 싶어 하는 비평가들에게서 우려를 자아내는 모양이다. 물론 뇌는 많은 부분이 컴퓨터와 다르다는 그들의 의견도 맞다. 예를 들면 뇌의 내적 작동 방식은 우리의 기술이 발전시킨 특정 종류의 컴퓨터와는 매우 다르다. 그러나 이것은 기능상 유사하다는 나의 진술이 옳다는 것에 대한 반박이 될 수 없다. 기능적으로 뇌는 내장 컴퓨터와 완전히 같은 역할, 즉 데이터 처리, 패턴 인식, 단기 및 장기 데이터 축적, 작업 조정 등의 역할을 한다.

컴퓨터에 대해서 말하고 있지만, 이에 대한 나의 의견은 만족스럽게(독자의 관점에서 본다면 끔찍스럽게) 시대에 뒤처지는 것이 되고 말았다. 나는 "하나의 두개골에는 겨우 수백 개의 트랜지스터밖에 집어넣을 수 없을 것이다"라고 썼지만 지금의 트랜지스터는 집적 회로(IC)로 되어 있어, 하나의 두개골에 집어넣을 수 있는 트랜지스터에 해당하는 물건의 개수는 수십억 개에 이를 수 있다. 또 나는 체스를 두는 컴퓨터는 적어도 훌륭한 아마추어 수준 정도는 된다고도 했다. 오늘날 아주 진지한 상대를 제외한 모든 사람에게 이기는 체스 프로그램은 저렴한 가정용 컴퓨터 어디에나 있으며, 세계에서 가장 강한 프로그램은 이윽고 명인에게 도전장을 내밀었다. 예를 들면 『스펙테이터*Spectator*』지의 체스 기고가 레이먼드 킨 Raymond Keene은 1988년 10월 7일 자에서 다음과 같이 적었다.

> 현재까지는 타이틀을 가진 선수가 컴퓨터에게 지면 큰 이야깃거리가 되지만, 이러한 현상은 조만간 끝날 것이다. 지금까지 인간의 뇌에 도전해 온 것 중 가장 무시무시한 금속 괴물에는 '딥 소트Deep Thought(깊은 생각)'라는 기이한 이름이 붙었는데, 이것은 더글러스 애덤스Douglas Adams에게 경의를 표한 이름이다. 딥 소트가 가장 최근에 쌓은 수훈은 8월에 보스턴에서 열린 전미 오픈 선수권에서 인간 상대들을 겁먹게 한 것이다. 딥 소트의 종합 성적을 나는 아직 손에 넣지 못했는데, 그것이 있으면 아마추어와 프로가 함께 참가하는 스위스 시스템 경기에서 딥 소트의 성적을 가늠할 수 있을 것이다. 그러나 나는 딥 소트가 카르포프 Karpov를 한 번 이긴 적 있는 강적 캐나다인 이고어 이바노프Igor Ivanov를 상대로 놀라울 정도로 인상적인 승리를 거두는 것을 보았다. 주시하라. 이것이 체스의 미래일지도 모른다.

그러고 나서 게임의 한 수 한 수에 대한 설명이 계속된다. 다음에 나오는 것은 딥 소트의 22번째 수에 대한 킨의 반응이다.

> 훌륭한 수다. (…) 이는 퀸을 중앙에 두려고 하는 것이다. (…) 그리고 이 전략은 놀라울 정도로 신속하게 성공을 거둔다. (…) 괄목할 만한 성과다. (…) 검은 퀸의 진영은 이 퀸의 진출로 철저히 파괴되고 말았다.

이에 대한 이바노프의 응수는 다음과 같이 표현하고 있다.

> 절망적인 돌진이지만, 컴퓨터는 놀리듯이 적당히 응하고 있다. (…) 더

할 수 없는 굴욕. 딥 소트는 퀸의 탈환을 무시하고 그 대신 재빠르게 체크 메이트를 외친다. (…) 검은 말은 경기를 포기한다.

딥 소트가 세계 정상의 체스 플레이어 중 하나라는 사실뿐 아니라, 내게 더욱 충격적이었던 것은 이 해설자가 인간의 의식을 나타내는 말을 쓸 수밖에 없었다는 것이다. 딥 소트는 이바노프의 '절망적인 돌진'을 '놀리듯이 적당히 응하고 있다'. 딥 소트는 '공격적'이라고 묘사되고 있다. 킨은 이바노프가 어떠한 성과를 '바라고 있다'고 했지만, 그의 말로 보아 그는 딥 소트에게도 '바라다'라는 단어를 똑같이 사용할 것이다. 개인적으로 나는 오히려 컴퓨터 프로그램이 세계 선수권을 석권할 것을 기대한다. 인간성humanity은 겸손humility의 교훈을 필요로 하고 있는 것이다.

129쪽 2백 광년이나 멀리 떨어져 있는 안드로메다 성좌에 어떤 문명이 있다.

『안드로메다의 A』와 그 속편 『안드로메다 돌파 작전*Andromeda Breakthrough*』은 내용이 서로 엇갈리는 부분이 있는데, 외계 문명이 터무니없이 먼 거리에 있는 안드로메다 **은하**에서 생겨난 것인지, 아니면 내가 말했듯이 안드로메다 성좌의 별에서 생겨난 것인지 일치하지 않는다. 전편에서는 그 행성이 우리 은하에 속하는 범위인 2백 광년 떨어진 곳에 있다. 그러나 그 속편에서는 동일한 외계인이 2백만 광년 떨어진 안드로메다 은하에 있는 것으로 나온다. 내 책을 읽는 독자들은 '2백' 광년을 '2백만' 광년으로 바꿔 읽어도 된다. 어떻게 읽든 내가 이 이야기로 의미하려던 바는 바뀌지 않는다.

이 두 소설의 작가인 프레드 호일Fred Hoyle은 저명한 천문학자이며 내가 가장 좋아하는 공상 과학 소설 『검은 구름*The Black Cloud*』의 저자이기도 하다. 그의 소설에 깔려 있는 뛰어난 과학적 통찰력은 그가 최근 위크라마싱게C. Wickramasinghe와 공저한 책들의 분위기와는 완전히 대조된다. 그들이 다윈주의를 잘못 표현하고 있다는 사실과(우연에 대한 이론으로 치부

함) 다윈 그 자체를 비꼬는 태도는 행성을 초월한 생명의 기원에 대한 재미있는(그러나 불가능한) 그들의 추측을 펼치는 데 하등 도움이 되지 않는다. 출판사 측도 한 분야에서 뛰어난 학자가 다른 분야에서도 뛰어날 것이라는 잘못된 생각을 고쳐야 한다. 그리고 이러한 잘못된 생각이 계속 존재하는 한, 뛰어난 학자들은 자신의 학식을 남용하려는 유혹을 견뎌야 할 것이다.

133쪽 체스 프로그래머와 마찬가지로, 유전자는 생존 기계에게 생존 기술의 각론이 아니라 일반 전략이나 비결을 '가르쳐' 주지 않으면 안 된다.

마치 동물이나 식물, 또는 유전자가 자신의 성공도를 어떻게 하면 가장 잘 증대시킬 수 있는지를 의식적으로 생각해 내고 있는 듯한 전략적인 말(예를 들면 135쪽에 나오는 '수컷은 큰돈을 거는 모험적인 도박꾼, 암컷은 안정형 투자가'라는 표현)은 생물학자들 사이에서 이미 흔한 것이 되었다. 이런 말은 그것을 이해할 준비가 안 된(혹은 그것을 오해할 만큼 준비가 과하게 된) 사람들이 들을 일이 없다면 별로 해될 것이 없는 편의상의 표현이다. 예를 들면 잡지 『필로소피*Philosophy*』에서 『이기적 유전자』를 비판한 메리 미즐리Mary Midgley라는 사람의 논문을 내가 이해할 수 있는 다른 방법은 없다. 그 비판의 내용은 "유전자가 이기적이라든가 비이기적이라는 표현은 있을 수 없다. 원자가 시샘을 한다거나, 코끼리가 관념적이라든가 비스켓이 목적론적이라고 할 수 없는 것처럼 말이다"라는 첫 문장에 전형적으로 드러나 있다. 같은 잡지의 다음 호에 실린 나의 「이기적 유전자를 옹호하며」는 절제란 찾아볼 수 없고 악의에 가득 찬 논문에 대한 전면적인 회답이다. 철학 교육을 지나치게 받은 일부의 사람들은 도움이 되지 않는 경우에도 그 학문적 도구로 여기저기 들쑤시고 싶어 안달이 나는 모양이다. '고도의 문학적, 학문적 취미를 가졌으나 자신의 분석적 사고로 이해할 수 있는 범위를 훨씬 넘어서는 교육을 받아 온 많은 사람들'이 '허황된 철학 이야기'에 매력을 갖는다는 메더워의 말이 생각난다.

139쪽 아마도 의식이 생겨난 것은 뇌가 세상을 완벽하게 시뮬레이션할 수 있어서 그 시뮬레이션 속에 자체 모형을 포함해야 할 정도가 되었을 때였을 것이다.

세계를 시뮬레이션하는 뇌에 대한 아이디어를, 나는 1988년 기퍼드 강연Gifford Lecture의 '마이크로 코스모스 속의 세계Worlds in Microcosm'에서 언급했다. 그 아이디어가 정말로 의식 그 자체라는 심원한 문제에 관해 우리에게 도움이 될지 어떨지는 지금도 확신할 수 없지만, 나는 포퍼 경Sir Karl Popper이 그의 다윈 강연Darwin Lecture에서 내 아이디어를 주목한 것이 기뻤다. 철학자 대니얼 데닛Daniel Dennett은 컴퓨터 시뮬레이션이라는 은유를 더욱 발전시킨 의식에 대한 이론을 제안하였다. 그의 이론을 이해하기 위해서는 컴퓨터 세계에서 통용되는 두 개의 개념을 파악해야만 한다. 즉 가상 기계virtual machine라는 개념과, 직렬serial 프로세서와 병렬parallel 프로세서의 구별이다. 일단 이 개념들에 대해서 설명하고자 한다.

컴퓨터는 진정한 기계이자 상자에 든 하드웨어다. 그러나 컴퓨터는 어느 시점에 다른 기계, 즉 가상 기계처럼 보이는 프로그램을 작동시킨다. 이것은 오랫동안 모든 컴퓨터에 적용되어 온 사실이지만, 최근의 '사용자가 쓰기 편한user-friendly' 컴퓨터는 이 점을 특히 실감케 한다. 이 책을 집필하는 시점에서 사용자가 가장 쓰기 편한 컴퓨터는 애플 매킨토시라고 널리 여겨진다. 매킨토시는 진정한 하드웨어 기계(다른 모든 컴퓨터와 마찬가지로 매우 복잡하여 인간의 직감으로는 이해하기 어려운 메커니즘을 지닌 기계)를 다른 종류의 기계, 즉 인간의 뇌와 인간의 손에 꼭 맞도록 특별히 설계된 가상 기계**처럼** 보이게 하는 일련의 내장 프로그램 덕분에 성공하였다. 매킨토시 유저 인터페이스라고 불리는 **가상** 기계는 분명 기계다. 버튼도 있고, 하이파이 오디오 세트와 같은 슬라이드 컨트롤도 있다. 그러나 그것은 가상 기계다. 버튼과 슬라이더는 금속과 플라스틱으로 된 것이 아니다. 그것들은 화면상에 보이는 것으로, 당신은 화면상의 가상적인 손가락을 움직여서 버튼을 누르거나 슬라이드시키거나 하는 것이다.

한 사람의 인간으로서 당신은 기계를 조종하는 주체라고 느낀다. 왜냐하면 당신은 물건들을 자신의 손가락으로 움직이는 것에 익숙해져 있기 때문이다. 지난 25년 동안 나는 여러 기종의 컴퓨터를 사용해 보고 프로그램도 짜 넣어 봤지만, 매킨토시(혹은 그 모방 기종)를 사용하는 것은 이전의 어떠한 기종의 컴퓨터보다 질적으로 다르다고 증언할 수 있다. 매킨토시를 쓰는 데는 별다른 노력이 필요치 않으며 상당히 자연스럽게 느껴진다. 마치 이 가상 기계가 자신의 몸의 일부인 것 같다. 이 가상 기계는 놀라울 정도로 당신이 매뉴얼 대신 직감을 따를 수 있게 한다.

다음으로 우리가 컴퓨터 과학에서 배워야 하는 다른 아이디어, 즉 직렬 프로세서와 병렬 프로세서에 대해 알아보자. 오늘날의 디지털 컴퓨터는 거의 직렬 프로세서다. 중앙 계산 장치가 하나 있고, 모든 데이터가 조작될 때 거쳐야 하는 전기적인 병목이 한 군데 있다. 컴퓨터의 처리 속도가 너무도 빠르기 때문에 마치 다수의 일을 동시에 행하고 있다는 착각을 갖기도 한다. 직렬 컴퓨터는 20명을 상대로 '동시에' 대전을 벌이는 체스의 명인 같은 존재지만, 실제로는 순서대로 상대하고 있다. 체스의 명인과는 다르게 컴퓨터는 매우 빠르고 조용히 일을 처리하기 때문에, 각각의 사용자들은 컴퓨터가 자신의 대전에만 집중하고 있다는 환상에 빠진다. 그러나 근본적으로 컴퓨터는 사용자들과 연속적으로, 한 번에 한 명씩 대전한다.

최근에 보다 빠른 속도로 정보를 처리하기 위해 기술자들은 정말로 병렬 프로세싱을 하는 기계를 만들어 냈다. 이 기계 중에는 에든버러 슈퍼컴퓨터가 있는데, 나는 최근에 이것을 보는 특전을 누렸다. 이것에는 수백 개의 '트랜스퓨터'가 병렬로 나열되어 있으며, 트랜스퓨터의 하나하나는 능력 면에서 현재의 데스크톱 컴퓨터에 필적한다. 이 슈퍼컴퓨터는 주어진 과제를 개별적으로 취급할 수 있도록 작은 일로 분할하고 그 일들을 일단의 트랜스퓨터에게 맡긴다. 트랜스퓨터는 분할된 과제를 가지고 가서 해결한 다음 해답을 보고하고 새로운 과제를 기다린다. 그러는 동안 다른 트랜스퓨터 일단도 각각의 해답을 계속 보고하고, 이렇게 하여 이 슈퍼컴퓨터는 직렬 컴퓨터가 행하는 것보다 엄청나게 빠른 속도로 최종적인 해답을 얻는다.

나는 앞서 통상적인 직렬 컴퓨터는 여러 가지 일에 신속하게 '관심'을 돌려 병렬 프로세서인 듯한 착각을 불러일으킨다고 서술했다. 우리는 직렬 하드웨어에 **가상**의 병렬 프로세서가 들어앉아 있다고 말할 수 있을 것이다. 데닛이 생각한 것은 인간의 뇌에서는 이것과 정반대의 과정이 수행되고 있다는 것이다. 뇌의 하드웨어는 에든버러 기계와 같이 기본적으로 병렬 프로세서다. 그리고 직렬 프로세서라는 환영을 주도록 설계된 소프트웨어를 작동시키는 것이다. 즉 병렬적으로 놓인 구축물에 직렬 프로세싱을 하는 가상 기계가 들어앉아 있는 것이다. 주관적인 사고 체험이 갖는 특징은 연속적으로 '하나씩 차례대로' 추진하는 '조이스 식' 의식의 흐름이라고 데닛은 생각한다. 데닛은 대부분의 동물은 이 직렬 체험을 하지 않기 때문에 뇌를 직접 병렬 프로세싱 방식으로 사용한다고 믿는다. 의심의 여지없이 인간의 뇌도 복잡한 생존 기계를 유지하기 위한 일상적 일들에 대해서는 병렬 구축물을 사용한다. 그러나 이에 덧붙여 인간의 뇌는 직렬 프로세서의 환영을 모방한 소프트웨어의 가상 기계를 진화시킨 것이다. 의식의 연속적(직렬적인) 흐름이 있는 마음은 하나의 가상 기계이자 뇌를 체험하는 '사용자의 편의를 위한' 하나의 방법이다. 마치 '매킨토시 유저 인터페이스'가 회색 상자 내부에 들어 있는 물리적인 컴퓨터를 체험하는 '사용자의 편의를 위한' 하나의 방법인 것과 마찬가지로 말이다.

다른 생물이 간소한 병렬 장치에 매우 만족하고 있는 듯이 보이는 반면, 왜 인간의 뇌는 직렬 가상 기계를 필요로 했는지는 불분명하다. 야생의 인류가 직면했던 난관에는 뭔가 본질적으로 연속적인 측면이 있었거나, 혹은 데닛이 우리만은 예외라고 생각한 점이 잘못일지도 모른다. 데닛은 직렬 소프트웨어의 발달은 대체로 문화적 현상이라고 믿고 있지만, 왜 그래야 하는지도 불분명하다. 그러나 내가 이것을 쓰고 있는 시점에서 데닛의 논문은 아직 발표되지 않았으며, 내가 여기 적은 것은 1988년 런던에서 그가 했던 야콥슨 강연의 내용에 근거하고 있다는 것을 덧붙여 둔다. 여러분은 나의 불완전하고 인상에 근거한(어쩌면 윤색되어 있을지도 모르는) 설명보다 데닛 본인의 설명이 발표되면 그것을 참고하기 바란다.

심리학자 니콜라스 험프리Nicholas Humphrey도 시뮬레이션하는 능력의 진화가 어떻게 의식을 생겨나게 했을까에 대해 상당히 매력적인 가설을 발전시켰다. 저서 『감정의 도서관*Inner Eye*』에서 험프리는 우리나 침팬지와 같은 고도의 사회적 동물이 전문 심리학자가 되어야 한다고 설득력 있게 논의했다. 뇌가 세계의 다양한 측면을 인지하여 처리하고 시뮬레이션해야만 하기 때문이다. 그러나 세계가 지니는 대부분의 측면은 뇌 그 자체에 비해서 꽤 단순하다. 사회적 동물은 다른 개체들, 즉 잠재적인 교미 상대, 경쟁자, 협력자, 적이 있는 세계에 살고 있다. 이러한 세계에서 살아남아 번성하기 위해서는 이러한 다른 개체들이 다음에 무엇을 하려는지 잘 예측해야만 한다. 무생물의 세계에서 무슨 일이 일어날지를 예측하는 것은 사회적인 세계에서 무슨 일이 일어날지를 예측하는 것에 비하면 식은 죽 먹기다. 과학적인 연구를 하는 전문 심리학자들이 인간의 행동을 정말로 잘 예측하는 것은 아니다. 얼굴 근육의 미세한 움직임이나 그 외의 미묘한 단서를 이용하여, 동료들이 놀라울 정도로 상대방의 마음을 읽고 행동을 알아맞히는 경우가 가끔 있다. 험프리는 이 '자연의 심리학'적인 기능이 사회적 동물에서 고도로 진화되어, 마치 여분의 눈이나 다른 복잡한 기관처럼 되어 있다고 믿는다. '내면의 눈'(『감정의 도서관』의 원제목을 번역하면 '내면의 눈'이 된다 — 옮긴이)은 외부의 눈이 시각 기관인 것처럼 사회심리학적 기관이다.

여기까지는 험프리의 의견이 설득력 있다고 생각한다. 그는 계속해서 이 내면의 눈이 자기 성찰을 통해 작동한다고 주장한다. 동물들 각각은 자기 자신의 기분과 감정을 들여다봄으로써 다른 개체의 기분과 감정을 이해하는 수단으로 삼는다는 것이다. 즉 심리학적 기관이 자기 성찰을 통해 작동한다는 것이다. 이것이 의식을 이해하는 데 도움이 되는지 확신은 없지만, 어쨌거나 험프리는 훌륭한 저자이며 그의 책은 설득력이 있다.

141쪽 이타적 행동을 담당하는 유전자 (…)

사람들은 이타주의, 또는 그 밖에 복잡해 보이는 행동을 '담당하는, 만들어 내는' 유전자라는 말에 화를 내곤 한다. 그들은 어떻게든 행동의 복잡성이 틀림없이 유전자 속에 포함되어 있을 것이라고 (잘못) 생각한다. 그들은 유전자가 하는 일은 단백질 사슬을 지정하는 것뿐인데 어떻게 이타주의를 담당하는 하나의 유전자가 존재할 수 있느냐고 묻는다. 그러나 무언가에 '대한', 무언가를 '담당하는' 유전자가 있다는 것은 그 유전자가 **변할** 때 무언가도 **변한다**는 것을 의미할 뿐이다. 유전적 **차이** 하나는 세포 내 분자들의 세세한 양상을 바꿔서 복잡한 배 발생 과정에 **차이**가 생기게 하고, 이것이 이를테면 행동의 **차이**로 이어지게 된다.

예를 들면 조류鳥類에서 형제간 이타주의를 '만들어 내는' 돌연변이 유전자 혼자서 완전히 새롭고 복잡한 행동 패턴을 만들어 내지 않는다는 것은 확실하다. 대신에 이것은 아마도 기존의 복잡한 행동 패턴에 변화를 줄 것이다. 형제간 이타주의의 경우 가장 가능성이 높은 선구체는 부모의 자식 돌보기 행동이다. 조류는 보통 자신의 새끼에게 먹이를 주고 돌보는 데 필요한 복잡한 신경 장치를 가지고 있다. 이 장치도 그 선구체로부터 몇 세대에 걸쳐 하나씩 하나씩 진화를 거쳐 쌓여 온 것이다(덧붙이자면, 형제 돌보기 유전자에 대해 회의적인 사람들의 논리는 종종 앞뒤가 맞지 않는다. 이들은 똑같이 복잡한 부모 돌보기 유전자에 대해서는 왜 회의적이지 않은 것일까?). 기존의 행동 패턴(이 경우는 부모의 자식 돌보기)은 "둥지 속에서 울며 입을 벌리는 물체에게 먹이를 주라"는 주먹구구식의 편리한 규칙을 거쳐 나타날 것이다. 여기서 '동생들에게 먹이를 주는 행동을 담당하는' 유전자는 이러한 주먹구구식의 규칙을 따르게 되는 개체의 발달 시점을 앞당김으로써 작용할 수 있다. 새로운 형제 돌보기 유전자 돌연변이를 갖고 있는 새끼 새는 단순히 '부모'가 따르는 주먹구구의 규칙을 다른 개체들보다 아주 조금 일찍 활성화시킨 셈이다. 이것은 어미 새의 둥지 속에서 울며 입을 벌리고 있는 것(자신의 동생들)을 마치 자신의 둥지 속에서 울며 입을 벌리고 있는 것(자신의 새끼)으로 취급한다. '형제를 돌보는 행동'은 완전히 새로운 복잡한 행동이 아니라, 기존 행동의 발달 시점을 약간 변형시켜 생겨난다. 진화의 근본적인 점진성, 즉 적응적인 진화는 기존의 구조 혹은 행동에 작은 변화가 생겨 진행된다는 사실을 잊어버릴 때 가끔 이러한 착오가 생긴다.

142쪽 위생적인 일벌

만약 초판에 보주를 달았다면, 벌에 대한 실험 결과가 그다지 깔끔하지만은 않았다는 것을 설명(로센불러 자신이 세심한 주의를 기울여 설명했던 것처럼)했을 것이다. 이론에 따르면 위생적인 행동을 보이지 않아야 하는 여러 군락 중에서 한 군락이 위생적인 행동을 보인 것이다. 로센불러의 말에 따르자면, "아무리 무시하고 싶어도 우리는 이 결과를 무시할 수 없다. 그러나 유전자가 관련되어 있다는 우리의 가설은 다른 데이터로 지지된다." 그 이례적인 군락에 돌연변이가 생겼다는 것도 가능한 설명이지만, 이 가능성은 극히 적다.

144쪽 그것은 넓은 의미로 의사소통이라고 부를 수 있는 행동이다.

지금 다시 읽어 보니 내가 동물의 의사소통을 이렇게 다루었다는 것이 만족스럽지 않다. 나와 존 크렙스는 두 편의 논문에서 대부분의 동물의 신호가 정보를 전달하기 위한 것도, 속이기 위한 것도 아니며, 오히려 **조종**하기 위한 것이라고 주장했다. 신호란 어떤 동물이 다른 동물의 근육의 힘을 이용하기 위한 하나의 수단이다. 나이팅게일의 노래는 정보가 아니며 다른 동물을 속이는 정보는 더욱더 아니다. 그것은 설득력 있고, 최면을 거는 것이며, 주문을 거는 웅변이다. 이런 종류의 논의는 『확장된 표현형』에서 논리적 결론에 이르게 되는데, 그 결론의 일부는 본서의 13장에 요약했다. 크렙스와 나는 신호가 마음 읽기와 조종의 상호 작용에서 진화했다고 주장한다. 아모츠 자하비Amotz Zahavi는 동물 신호 전반에 대해 완전히 다른 접근법을 택하고 있다. 나는 본서의 초판 이후 자하비의 견해에 더 공감하게 되었으며 9장의 보주에서 이에 대해 더 논했다.

5장 공격 — 안정성과 이기적 기계

158쪽 진화적으로 안정한 전략 (…)

나는 지금은 오히려 진화적으로 안정한 전략 ESS의 기본 개념을 다음과 같이 더 간략하게 표현하기를 좋아한다. 즉 ESS란 자신의 복사본에 대해 잘 대응할 수 있는 전략이다. 근거는 다음과 같다. 성공적인 전략이란 개체군 내에서 그 수가 지배적이 되는 전략이다. 따라서 그 전략은 자신의 복사본과 만나게 될 것이며, 자신의 복사본에 잘 대응하지 못하면 성공적인 상태에 머물 수 없을 것이다. 이 정의는 메이너드 스미스의 정의만큼 수학적으로 정밀하지는 않으며, 실제로 불완전하기 때문에 그의 정의를 이 손쉬운 정의로 대치할 수는 없다. 그러나 이 정의는 ESS의 기본 개념을 직관적으로 담고 있다는 장점이 있다.

ESS로 사고하는 방식은 이 장을 쓴 이후로 생물학자들 사이에 널리 퍼졌다. 메이너드 스미스는 『진화와 게임 이론*Evolution and the Theory of Games*』에서 1982년까지 ESS의 발전을 요약하였다. 또 한 명의 중요한 공헌자인 제프리 파커Geoffrey Parker는 더 최근에 책을 냈다. 로버트 액설로드의 『협동의 진화*The Evolution of Cooperation*』는 ESS 이론을 사용하고 있지만, 여기서는 그것을 설명하지 않겠다. 왜냐하면 본서에 새롭게 추가된 두 장 중 하나인 '마음씨 좋은 놈이 일등한다'(12장)는 액설로드의 연구를 주로 다루기 때문이다. 본서의 초판이 나온 이후 ESS 이론에 관한 나의 저술로는 「좋은 전략인가 진화적으로 안정한 전략인가Good Strategy or Evolutionarily Stable Strategy?」라는 논문과 구멍벌에 대한 공저 논문이 있다.

166쪽 (…) 보복자만이 진화적으로 안정한 전략이 된다.

유감스럽지만 이 문장은 잘못된 것이다. 메이너드 스미스와 프라이스의 원전 논문에 오류가 있었으며 나는 본서에서 그 잘못을 반복했다. 그뿐만 아니라 시험 보복자가 ESS에 가깝다는 어리석은 발언을 해서 잘못을 가중시켰다(어느 전략이 ESS에 가깝다면 ESS는 아니므로 다른 전략의 침입을 받게 된다). 보복자는 표면적으로 ESS처럼 보인다. 왜냐하면 보복자의 개체군 내에서는 다른 어떤 전략도 보복자만큼 성공적이지 않기 때문이다. 그러나 보복자의 개체군 내에서는 비둘기파도 보복자만큼 잘해 나갈 수 있는데, 그 행동이 보복자와 구별되지 않기 때문이다. 따라서 비둘기파는 이 개체군에 들어갈 수 있다. 문제는 그다음이다. 게일J. S. Gale과 이브즈L. J. Eaves는 컴퓨터로 동적 시뮬레이션을 실시해 방대한 세대에 걸쳐 동물의 개체군 모델에 진화를 일으켰다. 이들은 이 게임에서 진정한 ESS는 매파와 불량배가 안정된 비율로 혼합된 것임을 보였다. 초기의 ESS 문헌에 있었던 오류가 이러한 종류의 동적 시뮬레이션으로 밝혀진 경우는 이것뿐만이 아니다. 또 하나의 훌륭한 실례는 나 자신이 범한 오류로, 이는 9장의 보주에서 논하겠다.

167~168쪽 불행하게도 현재 자연계에서 일어나는 모든 현상의 비용과 이익을 실제 수치에 맞추어 보기에는 우리의 지식이 너무도 부족하다.

오늘날 우리는 자연계에서 일어나는 비용과 이익에 대한 훌륭한 측정치를 몇 개 가지고 있으며 이는 특정 ESS 모델에 적용되었다. 가장 좋은 예 중 하나는 북미의 조롱박벌이다. 조롱박벌을 포함하는 구멍벌류는 가을에 우리에게 잼 항아리를 선사하는 친숙한 사회성 말벌과는 달리 불임인 암컷이 군락 전체를 위해 일하지 않는다. 암컷 각각은 단독으로 생활하며 매년 낳은 유충의 은신처를 만들고 먹이를 주는 데 일생을 바친다. 전형적으로는 암컷이 땅속에 긴 굴을 파기 시작하는데, 이 굴 아래쪽에 방을 만든다. 그다음에 먹이(조롱박벌의 경우는 여치류)를 잡으러 나간다. 먹이를 발견하면 독침으로 쏘아 마비시켜 자신이 판 굴로 가져온다. 여치가 네댓 마리 모이면 그 위에 알을 한 개 낳고는 구멍을 막는다. 알에서 부화한 유충이 여치를 먹는다. 먹이를 죽이지 않고 마비시키는 이유는 유충이 신선한 먹이를 먹을 수 있기 때문이다. 근연종인 맵시벌의 이 섬뜩한 습성에 대해서 다윈은 "나는 은혜롭고 전능한 하느님이 애벌레의 살아 있는 몸을 맵시벌이 먹도록 창조했다고는 믿을 수 없다"고 쓰기도 했다. 다윈은 신선함을 유지하기 위해 살아 있는 바닷가재를 찌는 프랑스 요리사를 예로 들 수도 있었을 것이다. 다시 조롱박벌의 생활로 돌아가서, 이들은 같은 지역에서 다른 암컷이 독립해서 생활하지 않는 한 단독 생활을 하며, 때때로 새로운 굴을 파지 않고 다른 암컷이 파 놓은 굴을 점령하는 경우도 있다.

제인 브록만Jane Brockmann 박사는 말벌 연구의 제인 구달이라고 불리는 여성이다. 브록만 박사는 미국에서 내가 있는 옥스퍼드로 연구하러 오면서, 개체 식별이 된 조롱박벌 암컷 두 개체군에서 벌어진 거의 모든 일에 대한 방대한 기록을 가져왔다. 이 기록은 너무도 완벽해서 벌 각각의 시간표를 만들 수도 있었다. 시간은 경제 상품이다. 어떤 부분에 시간을 쓰면 쓸수록 다른 부분에 쓸 수 있는 시간이 줄어든다. 앨런 그라펜이 합세하여 우리 둘에게 시간 비용과 번식에서의 이익에 대해서 올바르게 생각하는 방법을 가르쳐 주었다. 우리는 뉴햄프셔의 조롱박벌 암컷 개체군에서 개체 간에 벌어지는 게임이 진정한 혼합 ESS라는 증거를 찾아냈다. 그러나 미시간의 또 다른 개체군에서는 그러한 증거를 찾아내지 못했다. 요약하자면 뉴햄프셔의 조롱박벌은 자신의 굴을 파거나, 다른 조롱박벌이 판

굴에 들어간다. 우리는 조롱박벌이 이미 만들어져 있는 굴에 들어감으로써 이익을 얻는다고 해석했는데, 이는 버려진 굴이 몇 개 있으며 이런 굴은 재사용될 수 있기 때문이다. 어떤 개체가 이미 쓰고 있는 굴에 들어가는 것은 좋지 않겠지만, 특정 조롱박벌이 어떤 굴은 쓰이고 있으며 어떤 굴은 버려진 것인가를 알 방법은 없다. 굴에 들어간 조롱박벌은 수일 동안 동거의 위험을 무릅쓴다. 어느 날 굴로 돌아오자 입구가 막혀 있을지도 모른다. 그리고 이것으로 그 벌의 모든 노력이 수포로 돌아가게 된다. 동거하고 있던 다른 벌이 알을 낳고 이익을 챙긴 것이다. 만약 한 개체군 내에서 이미 만들어진 굴에 들어가는 개체들이 너무 많으면 사용할 수 있는 굴이 적어져 동거의 확률이 증가하므로, 굴을 파는 것이 이득이 된다. 반대로 만약 많은 조롱박벌이 굴을 판다면 이용할 굴이 많기 때문에 굴을 파는 대신 만들어진 굴에 들어가는 것이 더 이득이 된다. 개체군 내에서 굴에 들어가는 것의 임계 빈도가 존재하게 되는데, 이 빈도에서는 굴을 파는 것과 들어가는 것의 이득이 같다. 만약 실제의 빈도가 임계 빈도 이하라면, 이용 가능한 버려진 굴이 많으므로 자연선택은 이러한 굴에 들어가는 것을 선호한다. 만약 실제 빈도가 임계 빈도 이상이라면, 이용 가능한 버려진 굴이 부족하므로 자연선택은 굴을 파는 것을 선호한다. 따라서 개체군 내에서 균형이 유지된다. 구체적인 정량적 증거에 따르면 이것은 진정한 혼합 ESS로서, 개개의 조롱박벌이 굴 파기와 굴 들어가기를 일정한 비율로 행하고 있는 것이지, 개체군 전체가 굴 파기 전문가와 굴에 들어가는 전문가로 나뉘는 것은 아니었다.

174쪽 이러한 종류의 행동적 비대칭에 대해 내가 알고 있는 가장 훌륭한 예는 (…)

틴버겐이 증명한 '거주자가 언제나 이긴다'는 현상보다도 더욱 명료한 증거가 데이비스N. B. Davies의 나비 조사에서 얻어졌다. 틴버겐의 연구는 ESS 이론이 생기기 이전에 행해진 것으로 본서의 초판에서 내가 ESS에 근거해 그 자료를 해석한 것은 내가 나중에 덧붙인 것이다. 데이비스는 그의 나비 연구를 ESS 이론에 근거하여 고안하였다. 그는 옥스퍼드 근교의 와이텀 숲Wytham Wood에서 수컷 나비들이 약간의 양지를 각각 방어하고 있는 것을 관찰했다. 암컷들이 양지에 모이기 때문에 양지는 싸워서 획득할 가치가 있는 귀중한 자원이다. 양지의 수보다 수컷의 수가 많았으므로, 낙오된 수컷들은 나무 위에서 기회를 엿보고 있었다. 수컷을 한 마리씩 잡아서 놓아줌으로써 데이비스는 두 마리의 개체 중에서 어느 쪽이든 먼저 양지에 도착한 쪽이 '주인'으로 간주된다는 것을 보였다. 어느 쪽이든 그다음으로 양지에 도착한 수컷은 '침입자'로 간주되었다. 침입자는 거의 예외 없이 즉시 패배를 인정하고 주인의 독점권을 인정했다. 마지막 일격이라고 할 수 있는 실험으로 데이비스는 두 마리의 나비를 자신이 주인이고 상대가 침략자라고 '생각'하도록 '속였'다. 이러한 상황에서만 장시간에 걸친 심각한 싸움이 시작되었다. 덧붙여 말하면 이 모든 경우에 나는 이야기를 단순히 하기 위해서 두 마리의 나비만이 있었던 것처럼 말했지만, 실제로는 여러 쌍의 나비들이 통계 처리를 위한 표본으로 이용되었다.

176쪽 역설적 ESS

역설적 ESS라고 볼 수 있는 또 다른 사건은 「더 타임스The Times」(1977년 12월 7일 자)에 제임스 도슨James Dawson 씨가 보낸 편지에 기록되어 있다. 그의 편지에는 이렇게 적혀 있다. "수년 동안 내가 보아 온 바로는 깃대를 전망대로 사용하는 갈매기는 거기에 내려 앉으려는 다른 갈매기에게 반드시 자리를 양보하는데 이것은 두 마리의 크기와는 관계가 없었다."

내가 아는 한 역설적 전략의 가장 만족스러운 예는 스키너 상자 안의 돼지에 대한 것이다. 그 전략은 ESS에서 말하는 것과 똑같은 의미에서 안정한 것이지만 발생적으로 안정한 전략developmentally stable strategy, DSS이라고 부르는 편이 더 좋을 것이다. 왜냐하면 이것은 진화적인 시간을 거쳐 생겨나는 것이 아니라 그 동물 자신의 생애 동안 생겨나는 것이기 때문이다. 스키너 상자라는 것은 동물이 레버를 눌러서 스스로 먹이를 얻는 것을 학습하는 장치로, 레버를 누르면 자동적으로 먹이가 떨어진다. 실험 심리학자들은 비둘기나 쥐를 작은 스키너 상자에 넣는 것에 익숙하다. 스키너 상자에 넣어진 동물들은 먹이라는 보상을 얻으려고 민감한 작은 레버를 누르는 것을 금방 배운다. 돼지도 전혀 민감해 보이지 않는 코로 누르는 방식의 레버가 달린 거대한 스키너 상자에서 이와 똑같이 학습할 수 있다(나는 몇 년 전에 이 연구에 대한 비디오를 본 적이 있는데 배꼽이 빠질 정도로 웃었던 기억이 난다). 볼드윈B. A. Baldwin과 미스G. B. Meese는 돼지를 스키너 우리에서 훈련시켰는데 이 이야기에는 또 하나의 반전이 있다. 코로 누르는 레버는 우리의 한편에 있고 음식 공급기는 그 반대편에 있었다. 그래서 돼지는 레버를 누른 뒤 반대편으로 달려가 먹이를 먹고, 또 레버가 있는 곳으로 잽싸게 돌아와 다시 같은 행동을 반복했다. 다 좋아 보이지만, 볼드윈과 미스는 한 **쌍**의 돼지를 장치 속에 넣었다. 이제 한 마리의 돼지가 다른 돼지를 착취할 수 있게 되었다. '노예' 돼지는 왔다 갔다 하며 레버를 누른다. '주인' 돼지는 먹이가 나오는 곳 앞에 앉아 있다가 먹이가 나오면 먹는다. 한 쌍의 돼지 내에 실제로 안정적인 '주인/노예'의 패턴이 형성되어 한 마리는 일하고 다른 한 마리는 거의 먹기만 하는 것이다.

자, 이제 역설적인 부분이 나온다. '주인'과 '노예'라는 명칭은 완전히 뒤바뀐 것이다. 한 쌍의 돼지가 안정적인 관계를 형성했을 때, 언제나 '주인', 즉 '착취하는' 역할을 하는 돼지는 모든 점에서 열등한 개체였다. 소위 '노예' 돼지, 즉 모든 일을 하는 돼지는 우월한 개체였다. 돼지에 대해 알고 있는 사람이라면 누구나 이와 반대로 우월한 돼지가 주인이 되어 대부분의 먹이를 먹고 열등한 돼지는 힘든 일만 하고 거의 먹지 못하는 노예가 됐을 것이라고 예상할 것이다.

어떻게 해서 이러한 역설적인 반전이 생긴 것일까? 안정한 전략이라는 관점에서 생각한다면 쉽게 이해할 수 있다. 진화의 시간이 아닌 발달상의 시간, 즉 두 개체 간의 관계가 발달해 온 시간에 대해 생각하면 된다. "만약 우월하다면 먹이통 옆에 앉고, 열등하다면 레버를 눌러라"라는 전략은 현명한 것으로 보이지만 안정한 것은 아니다. 열등한 돼지는 레버를 누른 다음 전속력으로 달려가도 앞 다리를 먹이통에 넣은 우월한 돼지를 발견할 뿐 우월한 돼지를 내몰지는 못한다. 열등한 돼지는 머지않아 레버를 누르는 것을 그만둘 것이다. 왜냐하면 그 습성은 어떤 보상도 주지 않기 때문이다. 그러나 여기서 반대의 전략 "만약 우월하다면 레버를 누르고, 열등하다면 먹이통 옆에 앉아라"를 생각해 보자. 이것은 비록 열등한 돼지가 먹이의 대부분을 얻는다는 역설적인 결과를 낳기는 하지만 안정한 것이다. 필요한 조건은 우월한 돼지가 우리의 한편에서 반대편으로 돌진해 갔을 때 어느 정도의 먹이가 남아 있어야 한다는 것이다. 우월한 돼지는 도착하자마자 열등한 돼지를 먹이통에서 쉽게 밀어낼 수 있다. 우월한 돼지에게 보상이 되는 먹이가 존재하는 한, 그가 레버를 누르고 무심결에 열등한 돼지의 배를 채우는 일이 계속될 것이다. 그리고 먹이통 옆에서 게으르게 누워 있는 열등한 돼지의 습성도 역시 보상을 받는 것이다. "만약 우월하다면 '노예'의 역할을 하고, 열등하다면 '주인'의 역할을 하라"는 전략 전체가 보상을 받는 것이며 따라서 안정한 것이 된다.

177쪽 (…) [귀뚜라미에서] 모종의 우열 순위가 생겨난다.

당시 나의 대학원생이었던 테드 버크Ted Burk는 귀뚜라미에서 위에서 언급한 것과 비슷한 유사 순위제가 있다는 증거를 더 발견했다. 그는 또한 귀뚜라미 수컷이 최근에 다른 수컷과의 싸움에서 이겼을 때에는 암컷과 교미하기가 더 쉽다는 것을 보였다. 이것은 '말보로 공 효과Duke of Marlborough Effect'라고 불러야 할 것이다. 이것은 말보로 공작부인의 일기 중에 나오는 "각하는 오늘 전쟁에서 돌아오셔서 승마 구두를 신은 채로 나를 두 번이나 기쁘게 하셨다"는 구절 때문이다. 또 다른 이름을 짓자면 남성 호르몬인 테스토스테론 양의 변화에 대해서 『뉴사이언티스트』지에 실린 다음의 리포트를 생각할 수 있다. "큰 시합 전 24시간 동안 테니스 선수의 테스토스테론 양은 두 배가 됐다. 이후 승자의 호르몬 양은 그대로 유지되지만 패자의 양은 급락했다."

180쪽 다윈 이후 진화론에서 가장 중요한 진보를 꼽으라면, ESS 개념의 창안을 들어야 할 것이다.

이 문장은 조금 지나치다. 나는 아마도 그 당시의 생물학 문헌, 특히 미국에서 ESS 개념이 무시되고 있는 것에 과잉 반응을 했던 모양이다. 예를 들면 윌슨의 저서 『사회생물학』 어디에도 이 단어는 나오지 않는다. 그러나 지금 ESS 개념은 더 이상 무시당하지 않으며, 지금 나는 더욱 신중하고 차분한 견해를 가질 수 있다. 당신이 충분히 명료하게 사고하고 있다면 당신은 굳이 ESS의 용어를 쓰지 않아도 된다. 그러나 이것은 특히 상세한 유전적 정보가 알려져 있지 않은 경우에는(실제로 대부분의 경우가 그렇다) 명료한 사고에 큰 도움이 된다. 때로는 ESS 모델이 무성생식을 전제로 하고 있다고 말들 하지만, 이 말을 유성생식이 아닌 무성생식이 특별히 필요해서 전제로 하는 것이라고 이해한다면 그것은 오해다. ESS 모델에서는 유전적 체계가 구체적으로 어떻다는 것이 별로 중요하지 않다. 그 대신 막연하게 닮은 것은 닮은 것을 만들어 낸다는 전제는 하고 있다. 대부분 이 정도 전제면 충분하다. 실제로 약간 막연하고 애매한 것이 오히려 이로울 수도 있다. 왜냐하면 그것은 보통은 잘 알려져 있지 않은 유전적 우열 관계와 같은 구체적인 사실에 얽매이지 않고 본질에 집중하게 해 주기 때문이다. ESS적 사고는 부정적인 역할을 할 때 가장 유용하다. 자칫 빠지기 쉬운 이론상의 오류를 피할 수 있도록 해 주기 때문이다.

184쪽 진보를 향한 진화는 꾸준히 올라가는 과정이 아니라 오히려 한 안정기에서 다음 안정기로 불연속적인 계단을 올라가는 과정일지도 모른다.

이 문단은 오늘날 잘 알려져 있는 단속 평형설punctuated equilibrium을 잘 요약하고 있다. 부끄럽지만 이 추측을 쓸 당시, 나는 당시 영국의 많은 생물학자들과 마찬가지로 이 이론에 대해서 전혀 몰랐다. 이 이론이 3년 전에 이미 발표되어 있었는데도 말이다. 그때 이후로 (예를 들면 내가 쓴 『눈먼 시계공』에서) 나는 단속평형설이 지나치게 널리 알려지게 된 데 다소(어쩌면 지나치게) 불쾌해졌다. 만약 이것이 누군가의 기분을 상하게 했다면 유감이다. 최소한 1976년에는 내 마음이 올바른 것을 가리키고 있었다는 사실이라도 알아주길 바란다.

6장 유전자의 행동 방식

192쪽 이들 논문이 그간 왜 동물행동학자들에게 무시되어 왔는지 이해가 안 된다.

해밀턴의 1964년 논문은 더 이상 무시되지 않는다. 처음에는 무시되다가 알려지게 된 이 논문의 역사 자체가 하나의 흥미로운 정량적 연구, 즉 하나의 '밈'이 밈 풀에서 퍼지는 것에 관한 연구의 사례가 된다. 이 밈의 자취에 대해서는 11장의 보주에서 논의했다.

192쪽 (…) 드물게 존재하는 유전자에 대해 이야기해 보자.

개체군 전체에서 드물게 존재하는 유전자에 대해서 이야기하는 것은 근연도의 계산을 쉽게 하려는 작은 속임수다. 해밀턴의 주요 공적의 하나는 유전자가 드물게 존재하든 흔하든 **상관없이** 같은 결론에 이르게 된다는 것을 보인 것이다. 그리고 바로 이 점이 사람들이 이 이론에 대해서 이해하기 어렵다고 느끼는 부분이다.

근연도를 계산하는 문제는 다음과 같이 우리를 헷갈리게 한다. 한 종의 어떤 두 개체는 가족이 같든 아니든 보통 90퍼센트 이상의 유전자를 공유한다. 그렇다면 형제간의 근연도가 1/2, 사촌간의 근연도는 1/8이라는 것은 도대체 무슨 소리인가? 이에 대한 대답은, 형제가 공유하고 있는 1/2은 모든 개체가 공유하는 90퍼센트(그 수치가 어떻든 간에)를 **빼고** 난 나머지 유전자의 1/2을 말한다는 것이다. 한 종의 모든 구성원에게 공유되는 일종의 기준 근연도가 존재한다. 사실 정도의 차이가 있지만 다른 종의 구성원과도 얼마간은 공유되고 있다. 이타주의는 그 기준이 어떻든 간에 근연도가 기준보다 높은 개체에게 행해진다고 예측된다.

초판에서는 드물게 존재하는 유전자에 대해서 서술한다는 묘안을 써서 문제를 회피했다. 그 논의상에서 문제 될 것은 없지만, 논의를 더 진전시키기에는 부족하다. 해밀턴 자신은 '혈통이 같은' 유전자에 대해서 썼지만, 이것도 역시 앨런 그라펜이 보인 것처럼 어려움이 있다. 다른 저자들은 문제가 있다는 것조차 인정하지 않거나 공유된 유전자의 절대적인 퍼센트에 대해서 말하는데, 이것은 명백한 잘못이다. 이러한 부주의한 발언이 실제로 심각한 오해를 불러일으키기도 했다. 예를 들면 어느 저명한 인류학자는 1978년에 『사회생물학』에 대해 신랄하게 비판하면서 "만약 우리가 혈연선택을 진지하게 생각한다면 모든 인류는 서로 이타적으로 행동할 것이라 예측해야 한다. 왜냐하면 모든 인류는 99퍼센트 이상의 유전자를 공유하고 있으니까"라고 주장하였다. 이 잘못에 대해서는 「혈연선택에 관한 12개의 오해Twelve Misunderstandings of Kin Selection」(이 잘못은 제5의 오해에 해당한다)에 간단히 대답을 적었다. 다른 11개의 오해에 대해서도 읽어 볼 가치가 있을 것이다.

그라펜은 「근연도에 대한 기하학적인 관점Geometric View of Relatedness」에서 근연도 계산에 대한 결정적인 해결책이 될 수 있는 것을 서술하고 있지만, 여기서 자세히 논하지는 않을 것이다. 그리고 또 다른 논문 「자연선택, 혈연선택, 그리고 집단선택Natural Selection, Kin Selection, and Group Selection」에서 그라펜은 더욱 보편적이고 중요한 문제인 해밀턴의 '포괄적 적응도' 개념의 오용을 바로잡고 있다. 그는 또 혈연자에 대해서 비용과 이익을 어떻게 계산하는 것이 올바른 방법인지도 설명하고 있다.

197쪽 (…) 아마딜로 (…) 누구라도 남아메리카에 가서 한번 살펴볼 가치가 분명히 있는 일이다.

아마딜로에 대해서 새로 발견된 것은 없지만, 또 하나의 '클론' 동물, 즉 진딧물에 대해서는 놀랄 만한 새로운 사실이 몇 가지 공개되었다. 진딧물이 유성생식도 하고 무성생식도 한다는 것은 이미 오래전에 밝혀졌다. 만약 당신이 어떤 식물에 붙어 있는 진딧물 떼를 봤다면, 이들은 아마도 모두 한 암컷이 만든 클론이고 옆의 식물에 붙어 있는 것은 다른 암컷의 클론일 것이다. 이론적으로 이러한 조건은 혈연선택에 의한 이타주의가 진화하는 데 이상적이다. 그러나 진딧물의 이타적인 행동에 대한 사례는 발견되지 않다가, 1977년(본서의 초판에 싣기에는 약간 늦었다)에야 비로소 시게유키 아오키Shigeyuki Aoki가 일본의 진딧물 중에서 불임의 '병정' 진딧물을 발견하였다. 이후 아오키는 여러 다른 종에서 이 현상을 발견했고, 병정 진딧물이 다른 진딧물 종류에서 적어도 네 번 이상 독립적으로 진화했다는 확실한 증거를 얻었다.

아오키의 이야기를 요약하면 다음과 같다. 진딧물의 '병정'은 개미와 같은 전통적인 사회성 곤충의 계급, 즉 카스트와 마찬가지로 해부적으로 다르다. 병정은 완전한 성충으로 자라지 않는 유충이므로 불임이다. 병정은 겉모습도 행동도 병정이 아닌 같은 연령의 유충과 다르다. **유전적으로는** 같은데 말이다. 보통 병정은 병정이 아닌 진딧물보다 크다. 그리고 특히 큰 앞다리를 가지고 있어서 마치 전갈처럼 보인다. 머리에는 튀어나온 날카로운 뿔이 있다. 병정은 이 무기를 사용해서 포식자와 싸우고 적을 죽인다. 이 과정에서 자주 죽기도 하지만, 죽지 않더라도 병정들은 불임이기 때문에 유전적으로 '이타적'이라고 보는 것이 옳다.

이기적 유전자의 관점에서 볼 때 무슨 일이 일어나고 있는 것인가? 어떤 개체가 불임의 병정이 되고 어떤 개체가 정상적인 번식력을 가진 성충이 되는지를 무엇이 결정하느냐에 대해서 아오키는 자세히 설명하지는 않지만, 그것은 분명히 유전적인 것이 아니라 환경적인 것이라고 말할 수 있다. 왜냐하면 분명히 한 식물에 붙어 있는 불임의 병정과 정상적인 진딧물은 유전적으로 같기 때문이다. 그러나 어느 발생 경로의 스위치를 켤지 환경에 따라 결정하는 유전자는 틀림없이 존재할 것이다. 그 유전자의 일부가 결국 불임인 병정의 몸으로 들어가 자손에게 전달되지 않더라도 왜 자연선택은 이 유전자를 선호하는 것일까? 그 이유는 병정 덕분에 이 유전자의 사본이 병정이 아닌, 번식하는 진딧물의 몸속에 보존되어 왔기 때문이다. 이 이유는 모든 사회성 곤충의 경우와 같다(10장 참조). 단 개미나 흰개미와 같은 다른 사회성 곤충에서 불임의 '이타주의자'는 불임이 아닌 번식 개체에 들어 있는 자신의 사본을 도울 확률이 **통계적인** 수준밖에 되지 않는다는 점에서 다르다. 병정 진딧물은 자신이 이익을 주는 번식력이 있는 자매의 클론이기 때문에, 진딧물의 이타주의자는 통계적인 확률보다 확실하게 자신의 사본을 돕는다. 몇 가지 측면에서 아오키의 진딧물은 해밀턴의 아이디어를 가장 깔끔하게 실제적으로 보여 주는 예이다.

그렇다면 진딧물은 전통적인 개미, 벌, 흰개미의 요새였던 사회성 곤충의 배타적인 모임에 포함될 수 있을 것인가? 곤충학계의 보수주의자들은 여러 근거에서 진딧물을 배척할 것이다. 일례로 진딧물에게는 수명이 긴 여왕이 없다. 더욱이 진정한 클론이기 때문에 진딧물의 '사회성'은 우리 몸의 세포 정도밖에 안 된다. 식물을 먹고 있는 한 마리의 동물일 뿐이다. 어쩌다 보니 그 몸이 분리된 진딧물로 나뉘고, 그중 일부가 인체의 백혈구와 같이 몸을 방어하는 역할에 전문화되어 있을 뿐이다. 이들의 논리에 따르면 '진정한' 사회성 곤충은 한 생물체의 일부분이 아님에도 불구하고 서로 협력하지만, 아오키의 진딧물은 같은 '생물체'에 속해 있기 때문에 협력한다는 것이다. 이 말장난 같은 이야기에 대해서 나는 도무지 의욕이 나지 않는다. 개미들에게서 무슨 일이 일어나고 있는가를 이해하는 한, 진딧물과 인간의 세포를 사회적이라고 부르든 그렇지 않든 그것은 자유라고 생각한다. 내 의견을 피력하자면, 나는 아오키의 진딧물들이 한 생물체를 구성하는 일부분이 아닌, 사회성 동물이라고 불려야 하는 이유가 있다고 생각한다. 진딧물 한 마리는 가지고 있지만 진딧물의 클론은 가지지 않은, 하나의 개체가 지니는 결정적인 특징이 있다. 이 논의는 『확장된 표현형』의 '유기체의 재발견'이라는 장 및 본서에 새롭게 추가한 '유전자의 긴 팔'에 자세히 기술하였다.

199쪽 혈연선택은 절대로 집단선택의 특수한 예가 아니다.

집단선택과 혈연선택의 차이를 둘러싼 혼란은 아직 해소되지 않았다. 오히려 악화되었을지도 모른다. 나의 의견은 절대로 흔들리지 않는다. 신중치 못한 단어의 선택 때문에 내가 초판에서 저지른 완전히 별개의 잘못만 빼면 말이다. 초판에서 나는 이렇게 적었다(증보판의 본문에서 정정한 몇 부분 중 하나다). "6촌이 자식이나 형제의 1/16에 해당하는 이타적 행동을 받는다고 예상할 수 있을 뿐이다." 알트만S. Altmann이 지적했던 것처럼 이것은 명백한 오류다. 이것이 오류인 이유는 그 당시 내가 주장하려고 했던 논점과 아무런 관계가 없다. 만약 이타적인 동물 한 마리가 자신과 가까운 친척에게 줄 케이크를 가지고 있다고 할 때, 그것을 모든 친척에게 근연도의 정도 차이에 따라 조각의 크기를 결정해 한 조각씩 줘야 할 이유는 전혀 없다. 실제로 이것은 어처구니없는 이야기가 되고 마는데, 왜냐하면 다른 종의 개체는 말할 것도 없고 같은 종의 구성원 모두는 적어도 먼 친척이므로 각각에게 크기를 신중하게 재서 한 조각씩 나눠 주어야 하기 때문이다. 반대로 주변에 가까운 친척이 있으면 사실 먼 친척에게 케이크를 줘야 할 이유는 없다. 수익 체감의 법칙law of diminishing returns과 같은 다른 복합 요인에 좌우될 수 있으므로 케이크는 통째로 근처에 있는 가까운 친척에게 주어야 할 것이다. 물론 내가 여기서 하고 싶었던 말은 "6촌이 이타적 행동을 받을 가능성은 아들이나 형제의 1/16이라고 예상할 수 있을 뿐이다"이며, 그렇게 고쳤다.

199쪽 윌슨은 일부러 논의에서 자식을 제외한다. 자식은 혈연으로 포함시키지 않는 것이다!

나는 윌슨이 장래의 저작에서는 혈연선택의 정의를 바꿔 자식도 '혈연'에 포함시키도록 변경할 것을 바란다고 표명했다. 기쁘게도 그의 『인간 본성에 대하여*On Human Nature*』에서는 '자식 이외의'라는 거슬리는 문구가 실제로 빠져 있다(내 덕분이라고 말하는 것은 아니다!). 그는 "혈연은 자식을 포함하도록 정의되지만, 혈연선택이라는 용어는 적어도 형제, 자매, 부모 등의 다른 혈연자도 영향을 받는 경우에만 통상적으로 사용된다"라고 덧붙이고 있다. 이것은 유감스럽게도 생물학자들이 통상적으로 쓰고 있는 방식을 정확히 표현한 것으로, 많은 생물학자들이 혈연선택이 근본적으로 무엇인지에 대해 직감적으로 이해하지 못한다는 사실을 반영한다. 생물학자들은 **여전히** 이것을 일반적인 '개체선택'을 넘어서는 뭔가 특별하고 심원한 것이라고 잘못 생각한다. 그렇지 않다. 혈연선택은 밤이 지나면 아침이 오는 것처럼 신다윈주의의 기본 전제에서 자연스럽게 얻어지는 것이다.

201쪽 (…) 황급히 계산하기에는 이 얼마나 복잡한가!

동물들이 비현실적인 계산을 하는 것이 혈연선택에서 필요하다는 잘못된 의견은, 전혀 수그러들 줄 모르고 대대로 학생들에 의해 몇 번이나 부활되었다. 단지 젊은 학생들뿐만이 아니었다. 저명한 사회인류학자인 마셜 사린즈Marshall Sahlins가 쓴 『생물학의 이용과 오용*The Use and Abuse of Biology*』은 '사회생물학'을 '위축시키는 공격'이라는 갈채를 받지 않았다면 어둠에 묻혀 있었을 것이다. 다음에 인용한 내용은 혈연선택이 인간에게서 작용할 수 있는지 아닌지의 문맥에서 나오는 부분인데 그럴듯하지만 사실이 아니다.

> 그런데 여기서 r, 즉 근연도를 계산하는 방법에 대한 충분한 설명이 없어서 생기는 인식론적인 문제가 혈연선택설에 중대한 오점이 된다는 것에 주목할 필요가 있다. 분수라는 것은 세계 언어에서 드물게 나타나며, 인도-유럽 문명과 근동 및 극동의 고대 문명에는 나타나지만 소위 미개하다고 불리는 민족에게는 없다. 수렵-채집 생활을 하는 사람들의 수 체계는 대개 1, 2, 3에서 그친다. 동물들이 어떻게 r [자신-사촌] = 1/8이라는 것을 알아내는가라는 더욱 중대한 문제에 대한 논평은 그만두도록 하겠다.

이렇게 매우 계몽적인 문장을 내가 인용한 것은 처음이 아니다. 그리고 이것에 대한 매우 가차 없는 내 대답을 「혈연선택에 관한 12개의 오해」에서 인용하고자 한다.

> 사린즈가 동물이 어떻게 해서 r을 '알아내는가'에 대해서 '논평을 그만두겠다'는 유혹에 굴복한 것은 그를 위하여 유감스러운 일이다. 그가 비웃으려고 한 개념이 말이 안 되기 때문에 그의 마음에는 비상등이 켜졌어야 했다. 달팽이의 껍데기는 완전한 대수 나선을 그리는데, 도대체 어디에 달팽이가 대수표를 가지고 있단 말인가? 달팽이는 어떻게 그 대수표를 읽는 것인가? 달팽이 눈의 수정체에는 m, 즉 굴절률 계산에 대한 '설명서'가 없다. 녹색 식물은 어떻게 엽록소를 만드는 방법을 '알아내는' 것인가?

사실 만약 당신이 행동뿐 아니라 해부, 생리, 또는 생물학의 어떠한 측면에 대해서든 사린즈와 같은 방법으로 생각한다면 사린즈와 똑같은 가공의 문제에 봉착할 것이다. 동물체 또는 식물체에서 어느 작은 일부분이라도 그 발생 과정을 완벽하게 기술하려면 복잡한 수학을 필요로 하지만, 이것이 그 동물 또는 식물이 머리 좋은 수학자여야만 한다는 것을 의미하지는 않는다! 매우 큰 나무는 보통 나무 몸통의 기부基部에서부터 거대한 지지근이 날개처럼 뻗어 나와 있다. 한 종 내에서는 나무가 크면 클수록 지지근이 더 굵다. 이러한 지지근의 형태와 굵기는 나무가 똑바로 서는 데 필요한 경제적 최적치에 근사하다고 받아들여지지만, 이것을 증명하기 위해서 기술자는 극히 정밀한 수학을 써야 할 것이다. 사린즈든 누구든 단순히 나무에게 계산을 할 만한 전문적 수학 지식이 없다는 이유로 지지근을 설명하는 이론을 의심하는 일은 결코 없을 것이다. 그렇다면 왜 혈연선택에 의해 진화한 행동은 특별히 문제를 삼는 것인가? 이것이 해부학적인 구조가 아니라 행동이기 때문이라는 것은 말도 안 되는 얘기다. 왜냐하면 사린즈가 '인식론적인' 이의를 제기하지 않고도 기쁘게 인정한 다른 행동(혈연선택에 의해 진화한 행동을 제외한 행동)의 예는 많기 때문이다. 일례로 내가 예시했던, 우리 모두가 공을 받을 때면 언제나 해야만 하는 복잡한 계산에 대해서 생각해 보라. 자연선택설은 대체로 잘 받아들이면서 **혈연선택설만 특별히**, 그들의 전공 분야에서 기원한 듯한 상당히 무관한 이유로 흠집을 잡으려고 눈에 불을 켜는 사회과학자들은 왜 있는 것일까라는 의문을 떨쳐 버릴 수가 없다.

206쪽 이것을 알기 위해서는 실제로 동물이 자신의 친척을 어떻게 판단하는지 생각해 보아야 한다.

이 책을 쓴 이후 혈연 인식이라는 연구 주제가 대유행하게 되었다. 우리 자신을 포함한 동물은 혈연자와 비혈연자를 구별하는(종종 냄새로) 놀라

우리만치 미묘한 능력을 가진 것 같다. 최근에 나온 『동물의 혈연 인식*Kin Recognition in Animals*』이라는 책은 현재 알려진 사실들을 요약하고 있다. 파멜라 웰스Pamela Wells가 쓴 인간에 대한 장은 위와 같은 진술('우리가 우리의 친척을 알 수 있는 것은 누가 우리의 친척이라고 배우기 때문이다')을 보강할 필요가 있음을 드러낸다. 우리가 혈연자의 땀 냄새를 포함한 여러 가지 비언어적인 단서를 사용할 수 있다는 데는 정황적 증거 이상의 증거가 있다. 내 생각에 이 주제 전체는 웰스가 서두에서 인용한 문장에 요약되어 있는 것 같다.

> 좋은 동지는 그들이 풍기는 이타주의의 냄새로 알아볼 수 있다.
>
> — 커밍스e. e. cummings

이타주의 때문이 아니더라도 혈연자들은 서로를 인지할 필요가 있을지 모른다. 다음의 보주에서 살펴보겠지만 혈연자들은 이계 교배outbreeding와 근친 교배inbreeding 사이의 균형을 맞추고 싶은지도 모른다.

206쪽 아마도 그것은 근친 교배로 나타나는 열성 유전자의 유해성과 관계가 있을 것이다(왠지 많은 인류학자들은 이 설명을 좋아하지 않는다).

치사 유전자는 자신의 보유자를 죽이는 유전자다. 열성의 치사 유전자는 다른 열성 유전자들과 마찬가지로 양이 2배가 되지 않는 한 효과가 나타나지 않는다. 열성 치사 유전자는 유전자 풀 속에서 살아남는다. 왜냐하면 그 유전자를 갖는 개체들은 대부분 그 유전자의 사본을 하나밖에 가지고 있지 않으며 따라서 그 유전자가 미치는 악영향을 경험하지 않기 때문이다. 모든 치사 유전자는 드물게 존재한다. 만약 수가 많아지면 그 자체의 사본과 만나게 되고 결국 그 보유자를 죽이게 되기 때문이다. 그럼에도 불구하고 여러 종류의 치사 유전자가 잔뜩 있어서 여전히 우리 몸 안에는 치사 유전자가 퍼져 있을 수 있다. 인간의 유전자 풀에 숨어 있는 치사 유전자가 몇 종류나 되는지에 대해서는 의견이 분분하다. 어떤 책에서는 한 사람당 평균 2개 정도의 치사 유전자를 지닌다고 계산하고 있다. 만약 임의의 남자와 임의의 여자가 결혼할 때 남자의 치사 유전자가 여자의 치사 유전자와 같은 것이 아니라면 그 자식이 피해를 입는 일은 없을 것이다. 그러나 오빠가 여동생과, 혹은 아버지가 딸과 결혼한다면 좋지 않은 결과가 초래될 것이다. 나의 열성 치사 유전자가 개체군 전반에 걸쳐 아무리 드물게 존재하더라도, 그리고 내 여동생의 열성 치사 유전자가 개체군 전반에 걸쳐 아무리 드물게 존재하더라도, 내 치사 유전자와 내 여동생의 치사 유전자가 같을 확률은 불안할 정도로 높다. 만약 확률을 계산하면, 내가 가진 모든 열성 치사 유전자에 대해 내가 여동생과 결혼하게 되면 우리 자식 중 1/8은 사산되거나 어릴 때 죽을 것이라는 계산이 나온다. 덧붙이면, 사춘기에 죽는 것은 유전학적으로 볼 때 사산보다 더 '치사적'일 수 있다. 사산된 아이는 부모의 소중한 시간과 에너지를 그다지 헛되게 하지 않기 때문이다. 그러나 어떻게 보더라도 근친상간은 그저 조금 유해한 것이 아니다. 이것은 파멸에 이르게 할 수 있다. 적극적으로 근친상간을 회피하는 선택은, 자연계에서 지금까지 계측되어 온 어떠한 선택압에 뒤지지 않을 만큼 강력하다.

근친상간 회피를 다윈주의 관점에서 설명하는 것에 반대하는 인류학자들은 아마도 자신들이 다윈주의에 강력히 부합하는 이 경우에 반대하고 있다는 것을 깨닫지 못하는 듯하다. 그들의 논거는 때로는 너무도 빈약해서 필사적인 항변을 연상시킨다. 예를 들면 그들이 가장 흔히 말하는 것은, "만약 자연선택이 정말로 우리에게 근친상간에 대해 본능적으로 혐오감을 갖게 했다면 우리는 근친상간을 금지할 필요가 없을 것이다. 금기는 근친상간에 대한 갈망이 있기 때문에 생겨나는 것이다. 따라서 근친상간을 금지하는 규칙이 '생물학적' 기능을 갖는다는 것은 있을 수 없으며, 그것은 단순히 '사회적' 규칙임에 틀림없다"는 것이다. 이 논의는 이런 말과 꽤 흡사하다. "자동차는 문에 자물쇠가 있기 때문에 시동 스위치의 자물쇠는 필요 없다. 따라서 시동 자물쇠는 도둑 방지의 장치가 될 수 없다. 시동 자물쇠는 틀림없이 순전히 의례적ritual 중요성만 갖는 것이다." 인류학자들은 또한 문화가 다르면 금기의 종류도 다르며, 실제로 혈연의 정의도 다르다는 것을 강조하기 좋아한다. 그들은 이것 역시 근친상간 회피를 설명하려는 다윈주의의 야심을 약화시킨다고 생각하고 있다. 그러나 (만약 그 이야기가 맞다면) 문화가 다르면 성교 시 선호하는 체위도 다르므로 성적 욕망이 다윈주의에서 말하는 적응이 될 수 없다고 말할 수도 있을 것이다. 내가 보기에, 다른 동물에서와 마찬가지로 인류에게 근친상간의 회피가 강력한 자연선택의 결과라는 것은 매우 그럴듯하다.

유전적으로 당신과 너무 가까운 사람과 결혼하는 것만이 나쁜 것은 아니다. 유전적으로 너무 먼 사람과의 이계 교배 역시 다른 혈통 간의 유전적 부적합성 때문에 나쁠 수 있다. 이상적인 상대가 그 둘의 중간 어디쯤에 속하는 존재인지 예측하기는 쉽지 않다. 사촌과 결혼해야 하는 것인가? 6촌 혹은 8촌과 해야 하는 것인가? 패트릭 베이트슨Patrick Bateson은 메추라기가 그 스펙트럼상의 누구를 선호하는지 알아내려고 했다. 암스테르담 장치Amsterdam Apparatus라고 불리는 실험 장치에 메추라기를 넣고 작은 쇼윈도 뒤에 늘어서 있는 이성 중에서 상대를 선택하도록 했다. 메추라기는 형제나 혈연관계가 없는 개체보다 사촌을 선호했다. 더 심화된 실험에서는 어린 메추라기가 같은 둥지에서 자란 개체의 특징을 학습하여 나이가 들고 나서 그러한 개체들과 상당히 비슷하지만 너무 똑같지 않은 배우자를 선택한다는 결과를 얻었다.

따라서 메추라기는 같이 자란 개체에 대한 욕구를 내적으로 가지지 않음으로써 근친상간을 피하는 것 같다. 다른 동물들은 사회적인 법, 사회적으로 강요되는 분산 규칙을 준수함으로써 근친상간을 피한다. 예를 들면 사춘기의 수사자는 그들을 유혹하는 근연의 암컷들을 뒤로한 채 부모의 무리에서 쫓겨나, 스스로 다른 무리를 빼앗은 뒤에만 번식을 한다. 침팬지나 고릴라의 사회에서는 젊은 암컷이 교미의 상대를 찾아 다른 무리로

가는 경향이 있다. 메추라기의 방식뿐만 아니라 이 두 가지 분산 패턴도 우리 인류의 여러 문화 속에서 찾아볼 수 있다.

213쪽 자기 종의 개체들이 탁란할 염려는 없으므로 이 방법은 유효하다.

이것은 아마도 대부분의 조류에 해당한다. 그러나 자기 종의 둥지에 기생하는 새를 발견한다고 해도 그리 놀랄 일은 아니다. 그리고 실제로 이러한 현상은 점점 많은 종에서 발견되고 있다. 특히 최근에 누구와 누가 근연인지를 확인하기 위해 새로운 분자 기술이 계속 도입되고 있다. 사실 이기적 유전자론에서 보면 동종 탁란이 지금까지 우리가 알고 있는 수준 이상으로 더 빈번하게 일어나고 있을지도 모른다.

215쪽 사자에서의 혈연선택

사자에서 관찰되는 협력의 원동력이 혈연선택이라고 강조한 버트람의 견해에 패커C. Packer와 퓨지A. Pusey는 이의를 제기했다. 이들은 많은 사자 무리에서 수사자들은 혈연 관계가 아니라고 주장한다. 그리고 사자의 협력에 대한 설명으로는 호혜적 이타주의가 혈연선택과 적어도 비슷한 정도의 가능성이 있다고 제안했다. 아마도 양쪽 모두 맞는 이야기일 것이다. 12장에서는 최초의 호혜적으로 행동하는 개체의 수가 임계 수치를 넘기만 하면 호혜성('눈에는 눈, 이에는 이')이 진화할 수 있음을 강조하였다. 호혜적으로 행동하는 개체의 수가 임계 수치를 넘는다는 것은 장래 파트너가 될 개체가 확실히 호혜적으로 행동하는 개체일 것임을 보증하는 것이다. 아마도 혈연은 이것이 성립하는 가장 분명한 방법일 것이다. 혈연자는 당연히 서로 닮는 경향이 있으므로, 비록 개체군 전체에서 임계 빈도에 이르지 않더라도 가족 내부에서는 임계 빈도에 이르는 경우가 있다. 아마도 사자의 협력은 버트람이 시사한 혈연 효과를 통해서 시작되고, 이로 인해 호혜성이 선호되는 데에 필요한 조건이 충족되었을 것이다. 사자를 둘러싼 의견의 불일치를 해결하는 길은 사실뿐이겠지만, 언제나 그렇듯이 사실은 우리에게 특정 경우에 대해서만 알려 줄 뿐, 전반적인 이론적 논의에 대해서는 알려 주지 않는다.

216쪽 C와 내가 일란성 쌍둥이라면 (…)

당신의 일란성 쌍둥이는(정말로 일란성임을 보증할 수 있는 한) 이론적으로 당신 자신과 동등한 가치를 가진다고 널리 여겨지고 있다. 보증된 일부일처제의 어머니도 그와 마찬가지라는 사실은 그만큼 널리 받아들여지지 않고 있다. 만약 당신 어머니가 당신 아버지의 자식을, 그리고 오로지 당신 아버지의 자식만을 계속 낳을 것이 확실하다면, 당신 어머니는 유전학적으로 당신에게 일란성 쌍둥이 혹은 당신 자신과 동등한 가치를 가진다. 당신 자신을 후손을 생산하는 기계라고 생각해 보라. 그렇다면 당신 아버지의 자식만을 낳는 당신 어머니는 당신의 친형제를 생산하는 기계이며, 친형제는 유전적으로 당신에게 당신의 자식과 가치가 같다. 물론 이것은 모든 종류의 실제적인 사항을 무시하고 있다. 예를 들어 당신 어머니가 당신보다 나이가 많다는 사실처럼 말이다. 단 이 사실로 인해 장래에 당신 자신이 번식하는 것보다 당신 어머니가 번식하는 것이 유리할지 불리할지는 상황에 따라 다르며, 거기에 일반적인 규칙은 없다.

이 논의는 당신 어머니가 다른 남자의 아이가 아닌 당신 아버지의 아이를 낳는 것이 확실하다는 것을 전제로 한다. 그것이 얼마나 확실한지는 그 종의 교미 체계에 따라 다르다. 만약 당신이 난교를 상습적으로 하는 종의 일원이라면, 분명 당신은 당신 어머니가 낳은 아이가 친형제라고 기대할 수는 없다. 지극히 이상적인 일부일처제의 조건에서조차 당신 자신보다 당신 어머니가 불리해지는 불가피한 이유가 있다. 당신 아버지가 죽을지도 모른다는 것이다. 당신 아버지가 죽으면 아무래도 당신 어머니는 아버지의 아이를 낳을 수 없을 것이 아닌가.

그런데 실제로 당신 어머니는 아버지의 아이를 낳을 수 있다. 당신 어머니가 그렇게 할 수 있는 조건은 혈연선택설에서 매우 흥미로운 부분이다. 포유류로서 우리는 성교 후 꽤 짧은 정해진 기간이 지나야 출산한다는 것에 익숙해져 있다. 인간의 수컷은 사후에 아이의 아버지가 될 수 있지만, 사후 9개월 이상이 지나면 그럴 수 없다(정자 은행에 냉동 보관하는 방법을 제외하면). 그러나 암컷이 평생 동안 정자를 몸의 내부에 저장하였다가, 한 해 두 해(교미의 상대가 죽고 나서 한참 뒤에도) 그것을 꺼내서 알을 수정시키는 곤충이 몇 종류 있다. 만약 당신이 이 같은 종의 일원이라면, 당신은 어머니가 번식에서 당신만큼 유리한 존재라는 것을 확신할 수 있다. 암개미는 생애의 초기에 단 한 번의 결혼 비행에서 교미한다. 그 후 암컷은 날개를 떼고 두 번 다시 교미하지 않는다. 의심할 여지없이 여러 개미 종에서 암컷은 결혼 비행 시 여러 마리의 수컷과 교미를 한다. 그러나 만약 당신이 암컷이 늘 일부일처 규칙을 따르는 종의 일원이라면, 당신은 당신 어머니가 유전적으로 자신만큼 소중한 존재라고 간주할 수 있을 것이다. 젊은 포유류와 달리 젊은 개미에게 중요한 사실은 당신 아버지가 죽었는지 아닌지가 전혀 문제 되지 않는다는 것이다(실제로 당신이 개미일 경우 당신 아버지는 이미 죽었다는 것이 확실하다). 당신은 당신 아버지의 정자가 그의 사후에도 살아 있어 어머니가 당신의 친형제를 계속 낳을 것이라고 확신할 수 있다.

만약 형제 돌보기나 곤충의 병정과 같은 현상의 진화적인 기원에 관심이 있다면, 우리는 암컷이 평생 동안 정자를 저장하는 종에게 특별히 관심을 가져야 한다. 10장에서 논한 바와 같이 개미, 꿀벌, 말벌에서는 유전적 특이성(단복상)이 있어 이로 인해 그들이 고도의 사회성을 띠게 되었는지도 모른다. 여기서 내가 주장하고자 하는 것은 단복상 체계가 그 유일한 요인이 아니라는 것이다. 평생 정자를 저장하는 습성이 그것과 마찬가지로 중요했을지 모른다. 이상적인 조건하에서는 그 습성으로 인해 어머니가 일란성 쌍둥이와 동등한 유전적 가치를 지니게 되어 ‘이타적인’ 도움을 베풀 만한 상대가 될 수 있다.

217쪽 특히 사회인류학자들에게는 흥미로운 이야깃거리가 있을지 모르겠다.

이는 내가 얼굴을 붉힐 정도로 나를 부끄럽게 만드는 문장이다. 초판 출간 후 나는 사회인류학자들이 ‘외삼촌 효과’에 대해서 말할 것이 있는 정도만이 아님을 알게 되었다. 사실 그들 중 상당수는 수년간 그 효과에 대해서만 이야기하고 있었던 것이다! 내가 ‘예측했던’ 효과는 여러 문화권에서 관찰되는 사실이자 인류학자들에게는 수십 년 전부터 잘 알려져 있었던 것이다. 내가 “간통이 매우 흔한 사회에서는 외삼촌이 아버지보다 이타적일 것이다. 외삼촌 쪽이 그 아이와의 근연도에 대해 더 확실한 근거를 갖고 있기 때문이다”(217쪽)라는 구체적인 가설을 제안했을 때, 유감스럽게도 리처드 알렉산더가 이미 같은 것을 제안했다는 사실을 간과하였다(이에 대해 사과하는 내용을 본서 초판의 후기 인쇄본에서 각주로 넣었다). 이 가설은 다른 누구보다 알렉산더 자신이 인류학 문헌에 대해 정량적 계산을 하여 검토하였으며, 이 가설을 지지하는 결과를 얻었다.

7장 가족계획

225쪽 집단선택설을 유포시킨 장본인인 윈-에드워즈가 ‘인구 조절’의 이론을 기초로 했다는 데 있다.

윈-에드워즈는 여타의 학문적 이단자들보다는 관대한 대우를 받고 있다. 그는 누구도 의심할 수 없는 오류를 저지름으로써 자연선택에 대해 사람들이 좀 더 명료한 사고를 할 수 있도록 했다는 칭찬을 듣는다(나는 이 처사가 좀 지나치다고 생각한다). 그는 1978년에 고결하게도 자신의 입장을 철회하는 글을 썼다.

> 이론생물학자들이 오늘날 일반적으로 동의하는 바는, 집단선택의 느린 행보가 개체의 적응도에 도움을 주는 이기적 유전자의 빠른 확산을 따라잡을 수 있음을 보이는 신뢰할 만한 모델을 만드는 것이 불가능하다는 점이다. 나도 그들의 의견에 동의한다.

자신의 입장에 대한 재고가 고결한 행동으로 보이겠지만, 그는 또 한 번 자신의 입장을 번복했다. 최근에 그는 자신의 책에서 입장 철회를 번복했다.

우리가 오늘날까지 이해해 왔던 의미에서의 집단선택은 이 책의 초판이 출간되었을 때보다 현재 더 생물학자들의 눈총을 사고 있다. 여러분은 반대로 생각하더라도 용납될지 모른다. 특히 미국에서는 '집단선택'이라는 이름을 여기저기 흩뿌리고자 하는 세대의 사람들이 많아졌다. 이들은 예를 들면 혈연선택처럼, 이전에는 명백히 다른 것이라 생각되어 왔던, 그리고 그 사람들을 제외한 우리 모두는 아직도 다르다고 생각하는 모든 것에 집단선택의 이름을 붙인다. 나는 이와 같은 용어 사용의 남발에 너무 골치를 썩는 것은 쓸데없는 일이라 생각한다. 그러나 집단선택에 대한 논의는 이미 10여 년 전 존 메이너드 스미스 등이 아주 만족스럽게 종지부를 찍었는데도 불구하고, 우리가 공통의 언어를 사용함에도 두 나라, 심지어 두 세대로 나뉘어 있다는 사실은 좀 화가 나는 일이기까지 하다. 뒤늦게야 논쟁장에 들어서고 있는 철학자들이 최근의 이런 용어 사용의 변덕에 갈피를 못 잡는다는 것은 특히나 불행한 일이 아닐 수 없다. 나는 여러분의 명료한 사고를 위하여 앨런 그라펜의 논문 「자연선택, 혈연선택, 그리고 집단선택」을 읽어 보기를 추천한다. 그리고 곧 신新집단선택설에 관한 문제가 최종적으로 마무리되길 바란다.

8장 세대 간의 전쟁

250쪽 트리버스는 1972년에 양육 투자라는 개념을 이용하여 (…)

트리버스의 1970년대 초반 논문들은 이 책의 초판을 쓸 당시 내게 많은 영감을 주었으며, 특히 8장에는 그의 아이디어가 많이 깔려 있다. 트리버스는 결국 『사회성의 진화*Social Evolution*』라는 책을 출간했다. 나는 이 책을 추천하는 바이다. 단지 그 내용 때문만이 아니라 명료한 사고, 학술적으로 올바르면서도 학문적 권위자들을 우롱하기에 딱 알맞은 정도의 의인화 표현, 양념으로 더해진 개인적인 여담 등 그 문체 때문이다. 이 중 하나를 인용하고 넘어가지 않을 수 없다. 트리버스 고유의 문체를 여실히 드러내 주는 것이기 때문이다. 트리버스는 케냐에서 개코원숭이 수컷 두 마리의 관계를 관찰하면서 느낀 흥분감에 대해 기술했다. "내가 이렇게 흥분한 또 다른 이유는 내가 아서Arthur를 무의식적으로 알아봤다는 것이다. 아서는 권력기의 절정에 이른 당당한 젊은 수컷이었다." 부모-자식 간 갈등에 대해 트리버스가 새로 쓴 장은 이 주제에 대한 최신 정보까지 담고 있다. 사실 그의 1974년 논문에는 새로 발견된 사례 말고는 덧붙일 것이 거의 없다. 이 이론은 시간의 시험을 통과했다. 좀 더 면밀한 수학적, 유전적 모델을 통해 트리버스의 구술적 논의가 현재 받아들여지고 있는 다윈 이론에 부합한다는 것이 재확인되었다.

270쪽 그에 의하면 항상 부모가 이긴다.

알렉산더는 1980년 자신의 책 『다윈주의와 인간사*Darwinism and Human Affairs*』에서, 부모-자식 간 갈등에서 부모가 승리하는 것이 근본적인 다윈주의의 가정에서 필연적으로 도출되는 결과라는 자신의 논의가 틀렸음을 시인했다. 이제 부모가 세대 간 전쟁에서 자손에 대해 비대칭적인 우위를 점한다는 그의 논제는 다른 종류의 논의에 의해 지지될 수 있는 것 같다. 이는 에릭 차르노프Eric Charnov에게서 배운 것이다.

차르노프는 사회성 곤충과 불임 카스트의 기원에 대한 글을 쓰는 중이었는데, 그의 논의를 좀 더 일반적으로 적용할 수 있을 것 같으므로 여기에서는 일반적 용어를 써서 이를 설명하겠다. 일부일처제인 종의 젊은 암컷 한 마리를 생각해 보자. 꼭 곤충이 아니어도 된다. 이 암컷은 이제 어른이 된다. 이 암컷은 집을 떠나 혼자서 번식할 것인가, 아니면 부모의 둥지에 남아 동생 기르는 것을 도울 것인가 하는 딜레마에 봉착했다. 그 종의 번식 습성상, 아주 오랫동안 어미가 배 다른 동생이 아닌, 아비가 같은 동생을 낳을 것은 분명하다고 하자. 해밀턴의 논리에 따라, 이 형제는 유전적으로 이 암컷의 자손과 똑같은 '가치'를 지닌다. 유전적 근연도에 관한 한 이 젊은 암컷은 어느 쪽이라도 상관없을 것이다. 떠나건 머물건 '신경' 쓰지 않을 것이다. 그러나 그 부모는 이 암컷이 어느 쪽을 택하는지에 매우 관심을 가질 것이다. 이 암컷의 나이 든 어미 입장에서 보면, 선택은 손자냐 아니면 자식이냐다. 새로 낳는 자식이 유전적으로 볼 때 새로 낳는 손자보다 두 배만큼 더 가치가 있다. 자손이 부모를 떠나는지 아니면 둥지에 남아 동생 양육을 돕는지에 대한 부모-자식 간 갈등에 대해서 이야기하자면, 부모만이 이를 갈등 상황으로 보기 때문에 부모가 이기게 된다는 것이 차르노프의 요점이다.

이는 마치 두 운동선수 간의 경기와 같다. 한 선수는 이기면 천 파운드를 받게 되고, 다른 선수는 이기건 지건 관계없이 천 파운드를 받는 경기다. 첫 번째 선수가 더 열심히 달릴 것이며, 만약 이 둘이 동등하다면 이 선수가 이길 것이라 기대할 수 있다. 차르노프가 말한 것이 이 비유보다 더 강한데, 이는 선수들이 금전적 보상을 받느냐에 관계없이 전속력으로 달리는 것의 비용이 그렇게 크지 않아 많은 사람들이 달리기 경기에 참가할 것이기 때문이다. 올림픽 경기의 고매한 목적은 다윈주의의 경기에는 사치일 뿐이다. 한쪽 방향으로 노력을 쏟으면 다른 쪽으로는 노력을 쏟을 수 없게 마련이다. 한 경기에 노력을 더 쏟으면 지쳐서 앞으로의 경기에 이길 확률이 적어지는 것과 마찬가지다.

조건은 종마다 다르므로, 다윈주의의 경기에서 누가 이길 것인지 항상 예측할 수는 없는 노릇이다. 그럼에도 불구하고 우리가 가까운 혈연관계만 고려하고 일부일처제인 교미 체계를 가정한다면(그래서 자매간에 아비가 같다), 그 암컷의 어미는 이제 막 어른이 된 딸이 둥지에 머물러 자신을 돕도록 꼬드길 것이다. 어미는 모든 것을 얻는 반면, 딸 자신은 두 선택 모두 유전적으로 동등하므로 어미의 꼬드김에 저항할 이유가 없다.

다시 한 번, 이 이야기는 '제반 사항이 같다면'과 같은 식의 논의라는 것을 강조하고 싶다. 제반 사항이 대개는 똑같지 않을 것이지만, 차르노프의 논의는 알렉산더를 비롯하여 부모의 조종설을 옹호하는 자들에게 여전히 유용할 것이다. 어느 경우라도, 부모가 승자임을 지지하는 알렉산더의 실질적 논의, 즉 부모는 몸도 크고 힘도 세다는 등의 논의는 정당하다.

9장 암수의 전쟁

279쪽 유전자의 50퍼센트를 공유하는 부모 자식 사이에도 이해의 대립이 있는데 하물며 혈연관계가 아닌 배우자, 즉 짝 사이의 다툼은 얼마나 격렬하겠는가?

자주 나오는 이야기이지만, 이런 식으로 한 장을 시작하는 문장은 '다른 제반 사항이 모두 같다'는 전제를 깔고 있다. 명백히 암수는 협력을 통해 많은 것을 획득할 것이다. 이러한 논의는 9장에서 여러 번 반복된다. 결국 암수는 비영합 게임을 하게 될 것이며, 이 게임에서는 한쪽의 이득이 반드시 상대방의 손실로 이어지는 것이 아니라 둘이 협력하여 이길 확률을 증가시킬 수 있다(이는 12장에 다시 나온다). 이 부분이 이 책에서 내 논조가 지나치게 냉소적으로 생명체의 이기적 관점에 치우친 몇 부분 중 하나다.

그 당시에는 이것이 필요하다고 생각했는데, 그 이유는 동물의 구애에 대한 지배적인 견해가 그 반대쪽으로 너무 치우쳐 있었기 때문이다. 거의 모든 사람들이 번식 짝은 서로에게 무한히 협력할 것이라는 가정을 아무런 비난 없이 받아들였다. 착취의 가능성은 고려의 대상조차 아니었다. 이러한 역사적 맥락에서 볼 때 한 장을 시작하는 내 문장이 지극히 냉소적이라는 것도 이해는 되지만, 지금의 나라면 조금은 부드러운 논조로 쓸 것이다. 마찬가지로 이 장의 말미에 적힌 인간의 성적 역할에 대한 내 견해도 지금은 고지식하게 들린다. 인간의 성적 차이의 진화에 대해서는 마틴 데일리Martin Daly와 마고 윌슨Margo Wilson의 『성, 진화, 그리고 행동*Sex, Evolution, and Behavior*』과 시몬즈Donald Symons의 『인간 성행동의 진화*The Evolution of Human Sexuality*』에서 심도 있게 다루고 있다.

281쪽 수컷의 암컷 착취는 여기서부터 출발한다.

지금은 성 역할의 근거로서 정자와 난자의 크기 차이를 강조하는 것이 오해를 불러일으킬 소지가 있다는 생각이 든다. 정자 한 개가 작고 만드는 비용도 적게 들기는 하지만, 수백만 개의 정자를 만들어 내고 또한 모든 경쟁자를 제치고 암컷에게 성공적으로 정자를 전달하는 일은 절대로 비용이 적게 드는 일이 아니다. 지금은 암수 사이의 근본적인 비대칭성을 설명하기 위해 다음과 같은 접근을 취하는 것이 더 낫다고 생각된다.

수컷이나 암컷의 특징 어느 쪽도 갖지 않은 두 성이 있다고 해 보자. 중립적인 이름을 붙여 A와 B라고 부르도록 하자. 단 모든 교미는 A 한 개체와 B 한 개체 사이에 이루어져야 한다는 규칙을 정하자. 이제 A건 B건 간에 어떤 개체라도 일종의 타협을 해야만 할 것이다. 경쟁자와 싸우는 데 소요된 시간과 노력은 현재의 자손을 돌보는 데 사용될 수 없고 그 역도 마찬가지다. 어느 개체라도 이 두 요구 사이에 균형을 맞추어야 할 것이다. 내가 말하고자 하는 요점은 A가 안착하는 균형은 B와 다를 수 있으며, 일단 안착하기만 하면 이 둘 사이의 차이는 점점 커지게 될 것이라는 점이다.

이를 이해하기 위해서, A와 B가 자신의 성공에 가장 영향을 미치는 것은 자식에게 투자하는 것인지 아니면 싸움에 투자하는 것인지(여기에서 '싸움'이라 함은 한 성 내의 개체들 사이에 벌어지는 모든 종류의 직접적 경쟁을 말한다)에 따라 처음부터 다르다고 가정하자. 두 성 간의 차이는 처음에는 아주 미미해도 된다. 이 차이가 내재적으로 점점 더 커지는 경향을 보일 것이기 때문이다. A가 양육 행동보다 싸우는 것이 자신의 번식 성공에 더 많이 기여하기 시작한다고 하자. 한편 B는 '자신의' 번식 성공도가 싸움보다 양육 행동에 따라 더 많이 좌우된다고 하자. 이것이 의미하는 바는, A가 물론 양육 행동을 함으로써 이익을 얻기는 하지만 A개체들 사이에서 성공적인 양육자와 비성공적인 양육자 사이의 차이는 A개체들 간 성공적인 싸움꾼과 비성공적인 싸움꾼 사이의 차이보다 작다는 것이다. B개체들 사이에서는 그 정반대가 성립된다. 따라서 단위 노력으로 A는 싸우는 것이 유리하고 B는 싸우는 것 대신 자식을 돌보는 것이 유리하다.

세대가 지날수록 A는 부모보다 약간씩 더 싸울 것이고 B는 부모보다 싸움은 조금 덜 하는 대신 자식을 더 돌볼 것이다. 이제 싸움을 가장 잘하는 A와 가장 못하는 A 사이에 존재하는 싸우는 능력의 차이는 이전보다 훨씬 더 커져 있을 것이며, 자식 돌보기 측면에서 가장 잘하는 A와 가장 못하는 A 사이의 차이는 훨씬 줄어들어 있을 것이다. 세대가 지날수록 B의 경우에는 이와 정확히 반대가 된다. 여기서 가장 중요한 점은 성 간에 초기에 존재했던 미미한 차이가 스스로 그 차이를 점점 늘리는 효과를 낸다는 것이다. 선택이 처음의 미미한 차이에서 시작해 점점 그 차이를 벌려 놓으며, 이는 A가 오늘날 우리가 수컷이라고 부르는 존재가 되고 B가 암컷이라고 부르는 존재가 될 때까지 계속된다. 초기의 차이는 무작위로 생겨날 수 있을 정도로 작아도 된다. 어쨌든 두 성의 초기 상태가 정확히 동일할 수는 없을 것이다.

독자가 알아채게 되겠지만, 이는 파커Parker, 베이커Baker, 스미스Smith가 고안했고, 280쪽에 논의되어 있는 원시적인 생식 세포가 정자와 난자로 갈라지는 초기 단계에 대한 이론과 다소 유사하다. 위의 설명이 좀 더 일반적이다. 정자와 난자로 갈라지는 것은 기본적인 성 역할 형성 중 한 가지 경우에 불과하다. 정자-난자의 분화를 일차적으로 다루고 암수의 특성을 그로부터 유추하는 것 대신, 이제 위의 설명으로 정자-난자의 분화뿐 아니라 다른 경우들도 똑같은 방법으로 설명할 수 있다. 두 성이 존재하고 서로와 교미한다는 가정만이 필요하며, 그 성에 대해서 더 알 필요가 없다. 이 최소한의 가정에서부터, 처음에는 두 성이 아무리 동등하더라도 결국 반대이면서 상호 보완하는 생식 기법에 특수화된 두 성으로 갈라질 것임을 우리는 예측할 수 있다. 정자와 난자로의 분화는 좀 더 일반적인 분화의 한 증상이지, 그 이유는 아니다.

295쪽 여기서 메이너드 스미스가 공격적 경쟁을 분석하는 데 사용한 방법을 암수의 다툼 문제에 응용하기로 하자.

한 성 내에서 진화적으로 안정한 전략의 혼합체(상대 성에서의 혼합 전략과 균형을 이루고 있는)를 찾고자 하는 아이디어는 메이너드 스미스 자신이 더 심화시켰으며, 독립적이지만 비슷한 방향으로 그라펜과 리처드 시블리Richard Sibly가 연구하였다. 그라펜과 시블리의 논문은 기술적으로 더 발달되어 있으며, 메이너드 스미스의 논문은 말로 설명하기가 더 쉽다. 간단히 말해 메이너드 스미스는 지키는 자Guard와 버리는 자Desert의 두 전략으로 시작하는데, 이 전략들은 양쪽 성 누구라도 채택할 수 있다. 내 '조신형/경솔형, 성실형/바람둥이형' 모델에서와 같이, 이제 수컷의 전략 중 어떤 조합이 암컷 전략의 어떤 조합에 대해 가장 안정적이냐라는 흥미로운 질문을 던져 볼 수 있다. 그 대답은 그 종 특유의 경제적 상황에 대한 우리의 가정에 따라 달라질 것이다. 그러나 재미있는 것은, 우리가 경제적 상황을 아무리 다르게 가정한다고 해도, 조금씩 차이가 나는 모든 종류의 안정한 결과를 얻을 수는 없다. 모델은 네 개의 안정된 결과 중 하나로 귀착되는 경향이 있다. 이 네 결과를 그들을 대표하는 동물종의 이름을 따서 부르기로 하자. 그 넷은 오리(수컷이 버리고 암컷이 지킨다), 가시고기(암컷이 버리고 수컷이 지킨다), 초파리(암수 모두 버린다), 긴팔원숭이(둘 다 지킨다)이다.

더욱더 흥미로운 사실이 있다. 5장에서 우리는 ESS 모델이 동등하게 안정한 두 가지 결과로 귀착될 수 있음을 살펴봤다. 이것이 메이너드 스미스의 모델에서도 관찰된다. 더 흥미로운 것은 이 결과 중 특정 쌍이 다른 쌍에 비해 동일한 경제적 상황에서 더 안정하다는 점이다. 예를 들어 어떤 일련의 상황하에서는 오리와 가시고기가 모두 안정한 전략이다. 이들 중 누가 실제로 관찰되느냐는 운이나, 아니면 좀 더 정확히 말하면 진화적 과거, 즉 초기 상황에 따라 달라진다. 또 다른 일련의 상황하에서는 긴팔원숭이와 초파리가 안정적이다. 마찬가지로 어떤 종에서 이들 중 어느 전략이 관찰되느냐는 역사적 사건에 의해 결정된다. 그러나 어느 상황하에서도 긴팔원숭이와 오리가 모두 안정하거나, 또 오리와 초파리가 모두 안정한 경우는 없다. 이렇게 궁합이 잘 맞거나 잘 맞지 않는 ESS의 조합을 '안정한 짝 전략stablemate(동음이의어)'(통상적으로는 한 마구간을 같이 쓰는 말의 짝을 의미하지만, 문맥상 안정한 전략의 짝이라는 뜻으로 해석될 수 있다 — 옮긴이)으로 분석함으로써, 우리는 진화적 역사를 재구성하는 데 흥미로운 결과를 도출해 낼 수 있다. 예를 들자면 진화의 역사상 번식 체계 간 어떤 전이는 일어났을 법하다거나 아니면 일어났을 법하지 않다거나 하는 예측을 할 수 있을 것이다. 메이너드 스미스는 동물계를 통틀어 관찰되는 번식 양상을 간략히 조사하여 이러한 네트워크의 역사상 존재 가능성을 가늠하였고, 그 말미에 다음과 같은 유명한 수사적 질문을 던졌다. '왜 수컷 포유동물은 수유를 하지 않는가?'

298쪽 (…) 실제로 변동은 일어나지 않는다는 것을 알 수 있다. 이 시스템은 어떤 안정 상태로 수렴한다.

여러분에게 미안하지만 이 문장은 잘못되었다. 그러나 그 잘못된 방식이 흥미롭기 때문에 나는 이 오류를 남겨 두었고 여기서 이에 대해 고찰하고자 한다. 사실 내가 저지른 오류는 메이너드 스미스와 프라이스의 원문(166쪽에 대한 보주 참조)에서 게일과 이브스가 발견한 오류와 같은 종류다. 내 오류는 오스트리아의 두 수리생물학자 슈스터P. Schuster와 지그문트K. Sigmund가 지적하였다.

성실형과 바람둥이형 수컷의 비율, 그리고 조신형과 경솔형 암컷의 비율에 대한 계산은 맞는 것이었다. 따라서 두 수컷의 성공도가 비슷하고 두 암컷의 성공도가 비슷하다는 결과는 맞는 것이다. 이 둘이 평형 상태에 있는 것은 사실이나, 나는 그 평형 상태가 **안정한가**에 대해서는 검토하지 못했다. 그 평형 상태가 안정적인 계곡이 아니라 불안정한 칼날 끝에 놓여 있을 가능성도 있다. 안정성을 검토하려면, 그 평형을 약간 깨뜨렸을 때 어떻게 되는지를 알아보아야 할 것이다(칼날 끝이라면 공을 굴렸을 때 떨어져 버릴 것이고, 계곡에 있다면 공을 굴리더라도 제자리로 돌아올 것이다). 내가 사용했던 수리적 예에서 수컷에 대한 평형 비율은 성실형 5/8, 바람둥이형 3/8이다. 이제 우연찮게도 개체군 내 바람둥이형의 비율이 평형 상태보다 약간 늘어나게 된다면 어떻게 될까? 평형 상태가 안정적이며 자가 수정 기능을 할 수 있으려면 바람둥이형 수컷의 성공도가 즉각적으로 낮아야 할 것이다. 유감스럽게도 슈스터와 지그문트에 따르면 이것은 사실이 아니다. 오히려 바람둥이형 수컷의 성공도가 높아진다. 따라서 개체군 내에서 이들의 빈도는 스스로 안정을 찾는 것과는 거리가 먼, 스스로 점점 늘어나는 효과를 갖는다. 증가하기는 하지만, 영원히 증가하는 것은 아니다. 독자가 내가 지금한 것과 같이 컴퓨터상에서 모델을 시뮬레이션해 보면 끝없이 사이클이 반복되는 결과를 얻게 될 것이다. 얄궂게도 이는 내가 296~298쪽에서 설정한 가상의 사이클과 동일하지만, 당시 나는 매파와 비둘기파 게임에서처럼 일종의 설명을 위한 도구로서만 생각했었다. 매파와 비둘기파에 빗대어 말함으로써, 나는 그 사이클이 단지 설정된 가설일 뿐이고 실제 시스템은 안정된 평형에 도달할 것이라고 잘못 가정했던 것이다. 슈스터와 지그문트는 다음과 같은, 더 이상의 논의의 여지가 없는 결론을 내렸다.

> 요약하면 우리는 두 가지 결론을 도출할 수 있다.
> (a) 성 간의 전쟁은 포식과 관계가 깊다.
> (b) 암수의 행동은 달처럼 주기적으로 변화하며, 날씨처럼 변덕스럽다. 물론 예전 사람들은 미분 방정식 없이도 이를 알아챘다.

303쪽 아비가 자식에게 헌신하는 예는 (…) 어류에서는 흔히 볼 수 있다. 도대체 왜 일까?

칼라일이 학부 시절 어류에 대해 세웠던 가설에 대해 마크 리들리Mark Ridley는 전 동물계의 부모의 자식 보호 행동을 철저히 조사 평가하면서 검토하였다. 그의 논문은 놀라운 걸작인데, 칼라일의 가설과 마찬가지로 학부 시절 내 수업에 대한 에세이로 시작되었다. 불행히도 리들리는 그 가설이 맞다는 결론을 얻지 못했다.

307쪽 그러므로 풍조 수컷의 꼬리와 같은 사치스러움은 일종의 불안정한 질주 과정을 거쳐 진화했을지도 모른다.

성선택에 대한 피셔R. A. Fisher의 질주 이론은 극히 간략하게만 언급되어 있었는데, 오늘날 란드R. Lande 등이 이를 다시 수학적으로 고찰하였다. 까다로운 주제가 되어 버렸지만, 충분한 공간만 주어진다면 비수리적인 용어를 써서 설명될 수도 있다. 그러나 한 장을 통째로 할애할 필요는 없고 『눈먼 시계공』(8장)에서 한 장에 걸쳐 설명하였으므로 여기서는 이에 대해 더 이상 이야기하지 않겠다.

그 대신, 내가 다른 책에서 한 번도 충분히 강조하지 못했던 성선택의 한 문제에 대해 다루고자 한다. 어떻게 성선택에 필요한 변이가 유지될 수 있는가? 다윈주의의 선택은 선택이 작용할 수 있는 유전적 변이가 충분히 있을 때에만 작용할 수 있다. 예를 들어 토끼를 개량하여 큰 귀를 갖게 하려고 한다면 처음부터 성공할 것이다. 야생의 토끼는 평균적으로 중간 크기의 귀를 갖고 있을 것이다(토끼의 기준에서 말이다. 우리의 기준으로 본다면 물론 아주 큰 귀를 갖고 있을 것이다). 몇몇 토끼는 평균보다 작은 귀를, 또 몇몇은 평균보다 큰 귀를 가질 것이다. 가장 귀가 큰 토끼들을 교배시킴으로써 우리는 다음 세대 토끼의 귀를 평균적으로 크게 만드는데 성공할 수 있을 것이다. 잠시 동안은 말이다. 그러나 귀가 가장 큰 녀석들을 **계속** 교배시킨다면 언젠가는 필요한 변이가 존재하지 않게 되는 시점이 올 것이다. 토끼들이 모두 '가장 큰' 귀를 갖고 있을 것이므로 진화는 급기야 멈추게 될 것이다. 정상적인 진화라면 이러한 것쯤이야 별로 문제가 되지 않는다. 왜냐하면 환경은 대부분 한쪽 방향으로만 확고히, 또 일관적으로 압력을 가하지 않을 것이기 때문이다. 어떤 동물이든 신체 일부에서 '가장 좋은' 길이는 대개의 경우 '현재 평균이 무엇이든 간에 현재 평균보다 조금 더 긴 길이'가 아닐 것이다. 그 길이는 숫자로 정해져 있을 가능성이 더 크다. 예를 들면 3인치, 이런 식으로 말이다. 그러나 성선택은 실제로 '최적치'를 더 멀리 밀쳐내 버릴 수도 있다. 암컷 사이의 유행은 점점 더 큰 수컷의 귀를 염원하게 될 수 있는 것이다. 현재 개체군의 귀가 얼마나 더 큰지는 상관없이 말이다. 따라서 실제로 변이는 심각하게 고갈되어 버릴 수 있다. 그러나 성선택이 작용했다는 것은 알아낼 수 있다. 쓸데없을 정도로 과장된 수컷의 장식물이 존재하기 때문이다. 우리는 일종의 패러독스를 정의할 수 있는데, 이를 '사라지는 변이의 패러독스' 정도로 부를 수 있을 것이다.

이 패러독스에 대한 해답으로 란드가 제안한 것은 바로 돌연변이다. 언제라도 선택이 지속될 수 있을 만큼 충분한 돌연변이가 존재할 것이라고 란드는 생각했다. 예전에 사람들이 이 아이디어를 의심했던 이유는 한 번에 하나의 유전자에 대해서만 생각했기 때문이다. 즉 어떤 한 유전자 좌위에서의 돌연변이율은 너무나도 낮기 때문에 사라지는 변이의 패러독스를 해결할 수는 없을 것이라는 생각에서였다. 란드는 '꼬리'나 여타 성선택이 작용하는 다른 형질들은 무수히 많은 유전자들('다유전자polygene')의 영향을 받으며, 이들 유전자 각각의 미약한 효과들은 모두 합해진다는 점을 지적했다. 게다가 진화가 계속되면서 관련된 다유전자의 조합은 변하게 될 것이다. '꼬리 길이'의 변이에 영향을 미치는 유전자의 조합에 새로운 유전자가 첨가될 것이며 어떤 유전자는 삭제될 것이다. 돌연변이는 이렇게 크고 바뀌는 유전자의 조합에 영향을 미칠 수 있으므로, 사라지는 변이의 패러독스 그 자체는 사라지게 된다.

이 패러독스에 대한 해밀턴의 해답은 다르다. 해밀턴은 오늘날 그가 대부분의 질문에 대해 답하는 것과 똑같은 방식으로 대답한다. 바로 '기생 동물'을 통해서다. 토끼의 귀로 되돌아가 보자. 가장 좋은 토끼 귀의 크기는 아마도 여러 가지 청각적 요인에 따라 달라질 것이다. 이러한 요인이 세대가 거듭되어도 일관된 방향으로 변할 것이라 예측할 이유는 딱히 없다. 가장 좋은 토끼 귀의 크기가 절대적으로 늘 똑같으리라는 법은 없지만, 선택이 한쪽으로만 작용하여 현재 유전자 풀이 만들어 낼 수 있는 변이의 범위 밖으로 쉽게 벗어나게 되지는 않을 것이다. 따라서 사라지는 변이의 패러독스는 존재하지 않게 된다.

그러나 기생 동물 때문에 극심하게 변동하는 환경을 생각해 보자. 기생 동물이 창궐한 세상에는 기생 동물에 대한 저항력을 강력히 선호하는 선택이 존재한다. 자연선택은 주위에 어쩌다 존재하는 기생 동물에 잘 견디는 토끼라면 어떤 개체든 선호할 것이다. 여기서 중요한 것은 그 기생 동물이 늘 같지는 않다는 점이다. 전염병은 왔다 간다. 올해는 점액종증, 내년에는 토끼 흑사병, 그다음 해에는 토끼 AIDS 등처럼 말이다. 또 10년 뒤에는 다시 점액종증이 반복될 수도 있다. 또는 점액종증 바이러스 자체가 토끼가 만들어 내는 모든 종류의 반反적응에 대항할 수 있도록 진화할지도 모른다. 해밀턴은 반적응과 이에 대한 반적응(반-반적응)이 끊임없이 반복되면서 '가장 좋은' 토끼에 대한 정의를 계속 업데이트하는 과정으로 진화를 그리고 있다.

이 모든 과정의 요지는 물리적 환경에 대한 적응과 비교해 볼 때 질병 저항성에 대한 적응에는 뭔가 다른 점이 있다는 것이다. 토끼의 다리에 대해서는 '가장 좋은' 길이가 어느 정도 정해져 있는 반면, 질병 저항성에 관한 한 '가장 좋은' 토끼란 정해져 있지 않을 것이다. 현재 가장 위험한 종류의 질병이 계속 변하기 때문에 현재 '가장 좋은' 토끼도 변한다. 이렇게 작용하는 선택압에는 기생 동물만 있을 것인가? 포식자와 피식자는 어떠한가? 해밀턴은 이들도 기생 동물과 기본적으로 같다는 데에 동의한다. 그리고 포식자나 피식자보다 기생 동물이 각 유전자에 대한 세밀한 반적응을 만들어 낼 가능성이 더 높다는 데에도 동의한다.

해밀턴은 기생 동물이 제공하는 주기적 변화를 발판으로 하여 좀 더 폭넓은 주제인 왜 성이 존재하는가에 대한 이론을 세웠다. 그러나 우리의 관심사는 해밀턴이 성선택에서 사라지는 변이의 패러독스를 푸는 데 기생 동물을 이용하였다는 데 있다. 그는 유전되는 수컷의 질병 저항성이 암컷의 선호도에서 가장 중요한 기준이 된다고 믿는다. 질병은 매우 강력한 재앙이므로 암컷이 잠재적인 짝에서 그 저항성을 알아차릴 수 있는 모종의 능력을 갖는다면 이는 암컷에게 매우 이로울 것이다. 진단을 잘하는 의사처럼 행동하여 가장 건강한 수컷만을 짝으로 선택하는 암컷은 자손에게 건강한 유전자를 얻어 주는 셈이다. 이제 '가장 좋은 토끼'에 대한 정의가 항상 변하므로, 암컷이 수컷들을 살펴볼 때 중요한 선택 기준이 생길 것이다. 언제라도 몇몇의 '좋은' 수컷과 몇몇의 '나쁜' 수컷이 존재한다. 선택 이후 수 세대가 지난 뒤 모두가 다 '좋은' 수컷이 되지는 않을 것이다. 왜냐하면 그때쯤이면 기생 동물이 달라져 있을 것이고 '좋은' 토끼에 대한 정의도 바뀔 것이기 때문이다. 한 종류의 점액종 바이러스에 대해 저항성을 나타내는 유전자는 즉각적인 돌연변이로 만들어지는 다른 종류의 바이러스에는 아무 소용이 없을 것이다. 이러한 과정이 유행병의 무한한 주기를 통해 계속된다. 기생 동물은 결코 사라지지 않는다. 그리고 암컷들도 건강한 짝을 찾는 부단한 노력을 그만둘 수 없다.

의사처럼 행세하는 암컷에게 조사당하는 수컷은 어떤 반응을 보일 것인가? 거짓으로 건강해 보이게 만드는 유전자가 선호될 것인가? 처음에는 그럴지 모른다. 그러나 이후 암컷에게 진단 능력을 향상시키도록 선택이 작용할 것이고 겉으로만 건강한 수컷을 걸러낼 것이다. 해밀턴에 따르면, 결국 암컷은 아주 훌륭한 의사가 되므로 수컷들은 자신들의 상태를 정직하게 광고하게 될 것이다(만약 광고를 하게 된다면). 수컷의 성적 광고가 과장된다면, 이는 그 광고가 건강을 진짜로 드러내는 지표이기 때문일 것이다. 수컷은 암컷에게 자신의 건강함을 쉽게 알 수 있도록 진화할 것이다. 만약 자신이 건강하다면 말이다. 정말 건강한 수컷은 그 사실을 기꺼이 광고할 것이다. 물론 비실비실한 수컷은 그렇지 못할 텐데, 그럼 이들은 무엇을 할 수 있는가? 이들이 건강 보증서를 보여 주려는 시도도 하지 않는다면 암컷들은 최악의 결론에 도달할 것이다. 그런데 의사에 빗댄 이 모든 이야기는 만약 암컷이 수컷을 고치는 데에 관심이 있다면 잘못 받아들여질 소지가 있다. 암컷의 단 한 가지 관심사는 진단을 내리는 것이며, 이는 전혀 이타적인 관심사가 아니다. 또한 '정직'이나 '결론에 도달한다'라는 은유에 대해 사과할 필요는 더 이상 없으리라고 믿는다.

광고에 대한 이야기로 되돌아가면, 암컷들 때문에 수컷은 마치 영구적으로 입 밖에 삐져나온 체온계를 달고 다니도록 진화한 것 같다. 암컷들이 체온을 잘 읽을 수 있도록 말이다. 이 '체온계'는 실제로 무엇일까? 놀라우리만치 긴 풍조의 꼬리를 생각해 보자. 이 우아한 장식물에 대한 피셔의 우아한 설명을 우리는 앞서 살펴보았다. 해밀턴의 설명은 좀 더 현실적이다. 새에서 흔히 질병의 증상으로 나타나는 것이 설사다. 꼬리가 길다면 설사로 꼬리가 엉망진창이 될 것이 뻔하다. 설사로 고생하고 있다는 사실을 숨기고 싶다면, 가장 좋은 방법은 긴 꼬리를 갖지 않는 것이다. 같은 맥락에서 설사로 고생하고 있지 '않다'는 것을 광고하고 싶다면, 가장 좋은 방법은 아주 긴 꼬리를 갖는 것이다. 이렇게 함으로써 꼬리가 깨끗하다는 사실이 더 극명하게 드러날 것이다. 꼬리가 보일락 말락 하는 정도라면, 암컷들은 꼬리가 깨끗한지 아닌지 알아차릴 수조차 없으므로 최악의 결론을 내리고 말 것이다. 해밀턴은 직접 풍조의 꼬리에 대해 이렇게 설명하고 싶지는 않을 것이나, 이러한 설명은 그가 지지하는 **종류**의 설명이다.

나는 여자들의 미소가 진단하는 의사와 같고, 남자들은 여기저기서 '체온계'를 자랑하여 여자들의 일을 수월하게 해 준다고 했다. 의사의 다른 진단 도구에는 혈압계와 청진기가 있을 텐데, 이는 인간의 성선택에 대한 단상을 떠올린다. 짧게만 언급하려고 한다. 아마도 이 가설이 그럴싸하게 들리는 것보다는 재미있기만 할 것이다. 우선, 왜 인간의 페니스에 뼈가 없게 되었는가에 대한 가설이다. 발기한 사람의 페니스는 너무나 딱딱해서 사람들은 그 안에 뼈가 없다는 것을 믿을 수 없다는 농담을 하곤 한다. 사실 다른 포유동물에는 음경골이라는 발기를 돕는 단단한 뼈가 있다. 게다가 이 뼈는 우리의 가까운 친척 영장류에도 흔한 것이다. 가장 가까운 친척인 침팬지도 갖고 있기는 한데, 그 크기가 아주 작아서 진화적으로 사라지는 중인 듯 보이기는 한다. 영장류에서는 음경골이 작아지는 경향이 있었던 것 같다. 우리 인간과 몇몇 종의 영장류에서는 음경골이 완전히 사라졌다. 우리는 조상이 갖고 있었던, 아마도 페니스가 딱딱해지도록 돕는 뼈를 없애 버린 것이다. 그 대신 우리는 순전히 물을 펌프질하는 시스템에 의존하는데, 이는 어째 비용이 많이 들고 번거로운 것처럼 느껴진다. 그리고 모두 다 알다시피 발기가 제대로 되지 않을 때도 있다. 야생동물 수컷의 유전적 성공도에서 발기 실패는 과연 안타깝기만 한 일일까. 명백한 치료책은 물론 페니스 안에 뼈를 갖는 것이다. 그렇다면 왜 우리는 발기골을 갖도록 진화하지 않는 것인가? 한번은 '유전적 제약' 사단의 생물학자들이 "아, 그에 필요한 변이는 단지 생길 수가 없었을 거예요"라는 답만을 내놓기도 했다. 하지만 최근까지도 우리 조상은 그런 뼈를 분명히 갖고 있었고, 우리는 이를 잃는 길을 걸어온 것이다! 도대체 왜 그렇게 된 것인가?

인간의 발기는 순전히 혈압 때문에 생긴다. 발기 시 단단한 정도가 암컷이 수컷의 건강을 가늠하는 데에 쓰이는 의사의 혈압계에 상응한다고는 유감스럽지만 믿기 어렵다. 그러나 우리는 혈압계를 이용한 은유에 굳이 매일 필요가 없다. 만약, **어떤** 이유에서든 발기 실패가 신체적이건 정신적이건 건강에 문제가 있음을 초기에 알려 주는 신호라면 이러한 종류의 이론이 맞을 수도 있다. 암컷에게 필요한 것은 진단에 쓸 수 있는 도구뿐이다. 의사는 일상적인 건강 검진에 발기 테스트를 하지는 않는다. 혓바닥을 내밀어 보라고 말하는 편을 더 선호할 것이다. 그러나 발기 실패는 당뇨나 일종의 신경계 질환 초기임을 알리는 경고 신호로 알려져 있다. 더 흔하게는 우울, 걱정, 스트레스, 과로, 자신감 상실 등의 심리학적 요인에 기인한다(자연 상태에서라면 '세력 순위' 서열이 낮은 수컷들이 이런 식으로 고통받고 있을 것이라 생각할 수 있다. 몇몇 원숭이는 발기한 페니스를 위협 신호로 쓰기도 한다). 진단 기술을 다듬는 자연선택을 통해 암컷들이 수컷 페니스의 긴장 상태로부터 수컷의 건강과 스트레스에 대처하는 능력에 대한 모든 단서를 수집한다는 가설이 아예 말도 안 되는 이야기는 아닐 것이다. 뼈는 오히려 방해만 될 뿐이다! 어느 누구도 뼈는 가질 수 있다. 별나게 건강하거나 강인한 사람만이 갖는 것은 아니다. 따라서 암컷으로부터 선택압이 작용하여 수컷에게 발기골을 잃도록 하였을 것이다. 그래야 진짜 건강하고 강한 수컷만이 정말 단단한 발기를 할 수 있을 것이고 암컷들은 방해받지 않은 진단을 내릴 수 있을 것이기 때문이다.

여기에는 논쟁의 여지가 있다. 선택압을 행사하는 암컷이 수컷 페니스의 단단한 상태가 뼈 때문인지 아니면 수압 때문인지 어떻게 알 수 있는가? 결국 우리는 인간의 발기가 뼈 때문인 것처럼 보인다는 관찰로 되돌아간다. 그러나 암컷이 그렇게 쉽게 속을지는 의문이다. 암컷도 선택의 영향을 받는다. 암컷의 경우에는 뼈를 잃는 것이 아니라 판단을 내리는 것이다. 잊지 말아야 할 것은, 암컷 앞에 놓여 있는 것이 똑같은 페니스이며, 발기하지 않았을 때와 발기했을 때의 차이는 엄청나다는 것이다. 뼈는 늘거나 줄어들 수 없다(숨을 수는 있지만 말이다). 아마도 이러한 페니스의 이중생활이 수압에 의한 광고의 진실성을 보장하는 것이리라.

이제 '청진기'에 대해서 이야기해 보자. 침실에서 생기는 또 한 가지 악명 높은 문제는 코골이다. 코골이가 오늘날에는 단지 사회적 불편의 문제일지 모르지만 옛날에는 아마도 생사의 문제였을 것이다. 정적이 깔린 깊은 밤에 코고는 소리는 매우 크게 들린다. 주위의 포식자를 코고는 사람과 같이 자고 있는 사람들에게로 불러들일 수도 있었을 것이다. 그렇다면 왜 많은 사람들이 코를 골게 된 것인가? 플라이스토세 시대쯤 어느 동굴에서 자고 있는 우리 조상의 무리를 상상해 보자. 남자들은 각자 다른 음정으로 코를 골고, 여자들은 코고는 소리에 잠이 깰 것이다(나는 남자들이 더 코를 고는 것이 사실이라고 가정하였다). 코고는 남자는 청진기로 들을 수 있는 소리를 일부러 크게 내 여자들에게 광고하는 것일까? 코고는 소리의 음질이 그 사람의 호흡기 건강을 진단하는 데에 도움이 되는 것은 아닐까? 사람들이 아플 때에만 코를 곤다고 말하고자 하는 것은 아니다. 그보다 코골이는 일종의 주파수를 내보내는 라디오와 같아서 어찌 되었든 단조롭게 계속된다. 코골이는 명백히 코와 목의 상태에 따라 **조정되는** 신호이며, 그 미세한 차이가 진단에 도움이 된다. 바이러스 때문에 콧물을 훌쩍이는 소리보다 뻥 뚫린 기관지에서 나오는 명쾌한 트럼펫 소리를 여자들이 좋아할 것도 당연하지만, 여자들이 코를 고는 사람을 좋아한다고 상상하기가 어려운 것도 사실이다. 여전히 개인적인 직관은 신뢰도가 매우 떨어진다. 최소한 이 가설이 불면증 의사에게는 연구 주제가 될지도 모를 일이다. 생각해 보니 불면증 의사라면 앞의 가설 또한 검증할 수도 있을 것 같다.

이 두 가설을 너무 심각하게 받아들여서는 안 된다. 암컷이 어떻게 건강한 수컷을 선택하려고 애쓰는지에 대한 해밀턴의 이론의 원리를 여러분에게 명심시킨다면 이 두 가설은 성공한 셈이다. 아마도 이들 가설에서 가장 흥미로운 부분은 이들이 해밀턴의 기생 동물 이론과 자하비의 '핸디캡' 이론이 연관된다는 것을 지적한다는 점이다. 내가 내세운 페니스 가설의 논리를 따르면, 남자들은 뼈를 잃음으로써 일종의 핸디캡을 갖게 되며 그 핸디캡은 우연한 것만은 아니다. 수압에 의한 광고는 발기가 때때로 실패하기 **때문에** 그 효과를 보게 된다. 다윈의 진화론을 아는 독자들은 이 '핸디캡'에 함축된 의미를 분명히 이해할 것이며 이로 인해 의구심을 갖게 되었을 것이다. 나는 독자들이 핸디캡 이론 그 자체를 새롭게 조명하는 다음 보주를 읽고 나서 판결을 내리도록 부탁하는 바이다.

308쪽 그는 그 대신 '핸디캡 원리'라는, 성선택과 정반대의 설명을 제안한다.

초판에서 나는 다음과 같이 썼다. "나는 자하비의 이론을 믿지 않는다. 비록 지금은 내가 처음 이 이론을 들었을 때만큼 확고하지는 않지만 말이다." '비록'이라고 덧붙였다는 사실이 참 다행스러운데, 왜냐하면 오늘날 자하비의 이론은 내가 그 문장을 쓸 당시보다 훨씬 더 그럴듯하게 들리기 때문이다. 몇몇 저명한 이론가들이 자하비의 이론을 진지하게 받아들이기 시작했다. 가장 걱정되는 점은 이들 중에 내 동료인 앨런 그라펜이 있다는 것인데, 예전에 말했듯이 그는 '늘 맞는 말만 하는 몹쓸 버릇'이 있다. 그는 자하비의 말로 적힌 아이디어를 수학적 모델로 바꾸었고 그 이론이 맞다고 주장한다. 그리고 그것은 다른 사람들이 갖고 논 화려하면서도 졸렬한 자하비의 모조품이 아니라, 자하비의 아이디어 그 자체를 직접 수학식으로 변형시킨 것이었다. 여기서 나는 그라펜의 원조 ESS 모델을 논의할 것이지만, 그라펜은 현재 어떤 의미에서는 ESS 모델을 앞서는 유전적 모델을 만드는 중이다. 그렇다고 ESS 모델이 틀리다는 것은 아니다. ESS 모델은 좋은 근사치를 제공한다. 사실 이 책에 담긴 모델을 포함하는 ESS 모델은 같은 의미에서 모두 근사한 것에 해당한다.

핸디캡 이론은 개체들이 다른 개체들의 질을 판단하려고 하는 모든 경우에 관련될 수 있으나, 우리는 수컷이 암컷에게 광고하는 경우에 대해 이야기할 것이다. 이는 사태를 명료하게 파악하기 위함이다. 대명사를 성으로 구별하는 것이 실제로 유용한 몇 가지 경우 중 하나일 것이다. 그라펜은 핸디캡 원리에 대해 적어도 네 가지 종류의 접근을 취할 수 있다고 했다. 이는 자격 검정 핸디캡Qualifying Handicap(핸디캡을 갖고 있음에도 살아남은 수컷은 누구라도 다른 면에서도 뛰어날 것이 틀림없으므로 암컷들은 이 수컷을 택한다), 드러내는 핸디캡Revealing Handicap(수컷이 평소에는 숨겨져 있는 능력을 드러내기 위해 성가신 일을 수행한다), 조건부 핸디캡Conditional Handicap(질이 좋은 수컷만이 핸디캡을 발달시킬 수 있다)과 전략적 선택 핸디캡Strategic Choice Handicap(수컷이 자기 자신의 질에 대한 정보를 몰래 갖고 있으면서 이 정보를 이용하여 핸디캡을 발달시킬지, 얼마나 크게 만들 것인지를 '결정'한다)이다. 그라펜은 전략적 선택 핸디캡 개념을 선호하는데, 이는 ESS 분석에 적합하다. 수컷이 채택하는 광고가 얼마나 비용이 클지 혹은 핸디캡이 될지에 대한 사전 가정은 없다. 오히려 정직하거나 부정직하거나, 비용이 많이 들거나 아니면 싸거나 어떤 종류의 광고를 진화시킬 것인가는 수컷의 자유다. 그러나 그라펜이 증명하듯이, 이런 자유로운 조건에서 시작하여도 핸디캡 시스템은 진화적으로 안정한 전략이 될 수 있다.

그라펜의 초기 가정은 다음과 같이 네 가지다.

1. 수컷들의 실제 질은 다르다. 여기서 질은 옛날에 다녔던 대학이나 가입했던 클럽에 대해 생각 없이 가지는 자부심처럼 막연하게 잘난 체하기 위해 들먹이는 개념이 아니다[한번은 독자에게서 끝부분에 다음과 같이 적힌 편지를 받은 적이 있다. "내 편지가 건방

지다고 생각하지 않길 바랍니다. 하지만 나는 베일리올(옥스퍼드 대학교 기숙사 중 하나 — 옮긴이) 출신이랍니다"]. 그라펜이 말하는 질은 좋은 수컷과 나쁜 수컷을 구분 짓는 것이며, 암컷이 좋은 수컷과 짝을 짓고 나쁜 수컷을 멀리함으로써 유전적인 이익을 얻도록 하는 것이다. 질은 근육의 강도, 달리는 속도, 먹이를 찾는 능력, 좋은 둥지를 짓는 능력 등을 의미한다. 지금 우리는 수컷의 최종 번식 성공도를 이야기하는 것이 아니다. 왜냐하면 번식 성공도는 암컷이 그 수컷을 선택하느냐에 따라 달라질 것이기 때문이다. 현재 시점에서 번식 성공도에 대해 이야기하는 것은 논점을 교묘하게 피해 가는 것이다. 번식 성공도는 모델로부터 도출될 수도 있지만 그렇지 않을 수도 있다.

2. 암컷은 수컷의 질을 직접 파악할 수는 없고 수컷의 광고에 의존해야만 한다. 이 단계에서 우리는 수컷의 광고가 정직한가 아닌가에 대해 어떠한 가정도 하지 않는다. 광고의 정직성은 모델로부터 도출될 수도, 아닐 수도 있다. 다시 한 번 말하지만 이를 알아내기 위해 모델을 이용하는 것이다. 예를 들자면 수컷은 자기가 크고 강하다고 눈속임하기 위해 뽕이 달린 것처럼 부푼 어깨를 만들어 낼 수도 있을 것이다. 모델의 역할은 이러한 가짜 신호가 진화적으로 안정한 것인지, 아니면 자연선택이 공평하고 정직하며 믿을 수 있는 광고를 만들어 낼지를 우리에게 알려 주는 것이다.
3. 수컷을 지켜보는 암컷과 달리, 수컷은 자기 자신의 질을 어떤 의미에서 '알고 있다'. 그리고 수컷들은 광고를 하는 데에 어떤 '전략', 즉 자신의 질에 비추어 조건에 따라 광고를 하는 규칙을 채택한다. 늘 그렇듯이 여기서 '안다'는 것은 지각적으로 아는 것을 의미하는 것이 아니다. 수컷이 자신의 질에 따라 조건적으로 발현되는 유전자를 가지고 있다고 가정한다(그리고 이러한 정보를 아

는 특권을 갖는다는 것도 그리 허무맹랑한 가정만은 아닐 것이다. 결국 수컷의 유전자는 그의 내재적 생화학적 과정에 얽혀 있으므로 수컷의 질에 반응하는 암컷의 유전자보다는 훨씬 더 좋은 위치를 선점하고 있기 때문이다). 어떤 규칙을 채택하느냐는 수컷마다 다르다. 예를 들어 어떤 수컷은 '내 진정한 질에 비례하는 길이의 꼬리를 보여 준다'는 규칙을 따를 수도 있고, 또 다른 수컷은 반대의 규칙을 따를 수도 있다. 이렇게 되면 자연선택이 다른 규칙을 채택하도록 유전적으로 프로그램된 수컷들 사이에 작용함으로써 수컷들이 채택하는 규칙을 조절할 수 있게 된다. 광고의 수준은 수컷의 진정한 질에 정비례하지 않아도 되며, 오히려 어떤 수컷은 그 반대의 규칙을 채택할 수도 있다. 우리에게 필요한 것은 수컷이 자신의 진정한 질을 '들여다보는' **일종의** 규칙을 택하도록 프로그램되어 있으며, 이 규칙에 근거하여 광고의 수준(예를 들면 꼬리의 길이나 뿔의 크기 등)을 결정한다는 사실이다. 어떤 규칙이 진화적으로 안정할 것이냐는 역시 모델을 통해 알아내야 할 문제다.

4. 암컷은 자신만의 규칙을 진화시킬 자유가 있다. 암컷의 경우에 규칙은 수컷 광고의 강도에 근거하여 수컷을 선택할 것인가 하는 것이다(암컷, 아니 암컷의 유전자는 수컷처럼 자기 자신의 질을 볼 수 있는 특권을 갖지 않는다는 점을 기억하기 바란다). 예를 들어 어떤 암컷은 '수컷을 전적으로 믿는다'는 규칙을, 다른 암컷은 '수컷의 광고를 전적으로 무시한다'는 규칙을, 또 다른 암컷은 '광고가 보여 주는 반대로 생각한다'는 규칙을 채택할 수 있을 것이다.

따라서 질에 따라 광고 수준을 결정하는 수컷의 규칙과, 광고 수준에 따라 짝을 고르는 암컷의 규칙은 다양하다. 양쪽 모두 규칙은 연속적으로 변하며 유전자의 영향을 받는다. 지금까지의 논의에서 수컷은 질에 따라 광고 수준을 결정하는 어떠한 규칙도 채택할 수 있고, 암컷은 수컷의 광고 수준에 따라 누구를 결정할지에 대한 어떠한 규칙도 채택할 수 있다. 이렇게 수많은 수컷과 암컷의 규칙 중에 우리가 찾고자 하는 것은 진화적으로 안정한 규칙의 한 쌍이다. 이는 '성실형/바람둥이형과 조신형/경솔형' 모델과 유사하다. 우리가 진화적으로 안정한 수컷의 규칙과 진화적으로 안정한 암컷의 규칙을 찾고 있으며, 여기서 안정성은 상호 안정성이어서 둘 모두가 존재해야만 각각 안정한 상태를 의미한다는 맥락이다. 우리가 진화적으로 안정한 규칙의 한 쌍을 찾아낼 수 있다면 우리는 이러한 규칙을 채택하는 수컷과 암컷으로 구성된 사회에서 어떠한 일들이 벌어질지 파악할 수 있을 것이다. 특히 이러한 사회가 자하비의 핸디캡이 지배하는 사회일 것인가?

그라펜은 이렇게 상호 안정한 규칙 쌍을 찾는 작업에 착수했다. 나라면 고생스럽겠지만 컴퓨터 시뮬레이션을 돌릴 것이다. 질에 따라 광고 규칙 수준을 결정하는 규칙이 다른 여러 종류의 수컷을 컴퓨터에 입력하고, 수컷의 광고 수준에 따라 수컷을 결정하는 여러 종류의 암컷을 입력한다. 그다음 컴퓨터 안에서 수컷과 암컷을 돌아다니도록 하여 서로 마주치게 한 뒤, 암컷 결정의 조건이 충족되면 짝을 짓게 해서 이들 암수의 전략이 딸과 아들에게 전해지도록 한다. 물론 이들 개체는 부모로부터 물려받은 '질'에 따라 생존하기도 하고 죽기도 한다. 세대가 거듭되면서 암수 규칙 각각의 희비가 개체군 내의 빈도 변화로 드러날 것이다. 중간 중간에 컴퓨터를 들여다보면서 안정한 규칙의 쌍이 탄생하는지 관찰한다.

이런 방법이 이론적으로는 가능하겠지만 실제로는 어려운 점들이 있다. 다행히 수학자들은 몇 개의 수식을 놓고 이를 풂으로써 시뮬레이션과 같은 결론에 도달할 수 있다. 이것이 그라펜이 채택한 방법이었다. 그라펜의 수학적 논리를 여기에 다시 적거나 세밀한 가정을 상세히 설명하는 대신 그의 결론을 곧바로 설명하고자 한다. 그라펜은 다음과 같이 자하비

핸디캡의 속성을 지닌 진화적으로 안정한 사회가 존재할 수 있다는 것을 알아냈다.

1. 광고 수준을 자유롭게 결정할 수 있음에도 불구하고 수컷은 자신의 진정한 질을 올바르게 드러내는 광고를 한다. 자신의 진정한 질이 낮다는 것을 드러내는 경우에라도 말이다. 다시 말해 수컷의 ESS는 '정직하다'이다.
2. 수컷의 광고에 따라 자유롭게 선택할 수 있음에도 불구하고 암컷은 '수컷을 믿는다'는 전략을 채택한다. 고로 암컷의 ESS는 '믿는다'이다.
3. 광고에는 대가가 따른다. 다시 말해 우리가 어떻게든 질과 매력의 효과를 무시할 수 있다면, 수컷은 광고를 하지 않는 편이 나을 것이다(그럼으로써 에너지를 절약하든가 포식자의 눈에 띌 가능성을 줄일 수 있다). 광고에는 대가만 따르는 것이 아니다. 광고에 따르는 대가 때문에 그 광고 체계가 선택된다. 어떤 광고 체계가 선택되는 것은 바로 그 광고 체계가 광고자의 성공도를 감소시키기 때문이다. 물론 제반 사항이 같다는 전제하에서만이다.
4. 질이 나쁜 수컷은 광고하는 데 더 큰 대가를 치른다. 보잘것없는 수컷이 건강한 수컷과 같은 수준의 광고를 하기는 더 어려울 것이다. 질이 좋은 수컷보다 질이 나쁜 수컷은 대가가 따르는 광고를 하는 데에 더 큰 위험을 감수해야 할 것이다.

위의 속성, 특히 3번 항목은 자하비가 말하는 핸디캡과 동일하다. 자하비의 핸디캡이 현실과 그리 동떨어지지 않은 조건하에서 진화적으로 안정할 수 있다는 그라펜의 증명은 매우 설득력 있어 보인다. 그러나 자하비의 아이디어가 실제로 관찰되지 않을 것이라 결론지은 자하비 이론의 비판자들의 논리 역시 설득력이 있었다. 이는 이 책의 초판을 낼 당시 나에게 영향을 주었다. 그라펜의 결론만 갖고 좋아해서는 안 될 것이다. 예전에 자하비를 비판했던 사람들이 왜 틀렸는지(만약 틀렸다면)를 알아내야 하기 때문이다. 그들은 어떤 가정 때문에 그라펜과 다른 결론에 도달하게 된 것일까? 그들이 가상의 동물이 채택할 수 있는 전략이 연속적인 차이를 보이는 수만 가지 전략이라고 가정하지 않았다는 것도 이유 중 하나일 것이다. 이는 그들이 자하비가 말로 기술한 모델을 그라펜의 첫 세 가지 종류(즉 자격 검정 핸디캡, 드러내는 핸디캡, 조건부 핸디캡)의 하나로 해석했음을 의미한다. 그들은 네 번째인 전략적 선택 핸디캡은 고려하지 않았던 것이다. 그 결과 그들은 핸디캡 원리가 실제로 작동할 수 없다고 결론을 내리거나, 작동하더라도 아주 특별한, 수학적으로 애매모호한 조건하에서만 작동할 것이라는 결론을 내리게 된 것이다. 더구나 핸디캡 원리를 전략적 선택으로 해석하는 데 가장 중요한 내용은 질이 좋은 개체와 나쁜 개체의 ESS가 모두 같은 전략, 즉 '정직하게 광고한다'는 전략인데, 예전에 자하비의 핸디캡 원리를 모델화한 사람들은 질이 좋은 수컷과 나쁜 수컷이 다른 전략을 채택하여 다르게 광고할 것이라고 가정하였다. 이와 반대로 그라펜은 질이 좋은 개체와 나쁜 개체 간의 차이는 이들이 ESS로써 같은 전략을 구사하기 때문에 나타날 것이라고 가정하였다. 이들의 광고는 이들의 질의 차이가 신호 규칙에 의거해 정직하게 표현되기 때문에 차이가 난다.

위의 논의에서 우리는 신호가 실제로는 핸디캡일 수 있음을 항상 인정하였다. 극단적인 핸디캡이, 핸디캡임에도 **불구하고** 특히 성선택을 거쳐 진화할 수 있음을 받아들였다. 자하비 이론 중 우리가 늘 반대했던 부분은 신호가 신호하는 개체에게 핸디캡이기 **때문에** 선택에 의해 선호될 수 있다는 점이었다. 그라펜은 바로 이 점이 사실임을 밝힌 것이다.

그라펜이 맞다면(내 생각엔 그렇다) 이는 동물의 신호에 대한 연구 분야에서 상당히 중요한 결과다. 행동의 진화에 대해 현재 우리가 갖고 있는 견해를, 이 책에서 다루고 있는 많은 논제에 대한 우리의 견해를 통째로 바꾸어야 할지도 모른다. 성적 광고는 광고의 한 가지 종류일 뿐이다. 자하비-그라펜 이론이 만약 맞다면 이는 동성의 라이벌 간, 부모-자식 간, 이종의 적 간의 관계에 대한 생물학자들의 견해를 엉망진창으로 만들 것이다. 앞으로 벌어질 일이 다소 걱정스럽기는 하다. 왜냐하면 밑도 끝도 없는 이론이 상식선에서 배제되는 일이 더 이상 없을 것이기 때문이다. 어떤 동물이 사자 앞에서 도망가기는커녕 머리를 들이대고 서 있는 것과 같은 정말 바보 같은 행동을 할 때, 이 동물은 암컷에게 잘 보이기 위해서 이런 행동을 하는 것일지도 모른다. 심지어는 사자에게 다음과 같이 과시하는 것일 수도 있다. '나는 질이 너무나 높은 개체이기 때문에 네가 나를 잡으려고 애쓰는 것은 시간 낭비일 뿐이다.'

그러나 내가 이것이 아무리 얼토당토않다고 생각하더라도, 자연선택에서는 이것이 그리 이상한 아이디어가 아닐지 모른다. 감수해야 하는 위험보다 광고 효과가 더 크다면 군침을 흘리는 포식자 무리 앞에서 재주를 넘는 동물도 있을 것이다. 바로 그것이 위험하기 때문에 과시 효과를 갖는 것이다. 물론 자연선택이 끝도 없는 위험을 선호하지는 않을 것이다. 과시가 그야말로 무모해지는 시점부터는 불리해질 것이기 때문이다. 위험하거나 대가가 많이 따르는 쇼는 우리 눈에 무모해 보일지 모른다. 그러나 사실 우리가 알 바는 아니다. 자연선택만이 판단할 권리를 갖기 때문이다.

10장 내 등을 긁어 줘, 나는 네 등 위에 올라탈 테니

332쪽 이론적으로 이러한 방향으로 진화가 일어날 가능성이 있음에도 이것이 실제로 벌어진 것은 사회성 곤충뿐인 것 같다.

우리 모두는 이렇게 알고 있었다. 벌거숭이 두더지쥐naked mole rat가 나타나기 전까지는 말이다. 이들은 털이 없고 거의 시력이 없는 작은 설치류로, 케냐, 소말리아, 에티오피아의 사막 지대에 거대한 지하 군락을 이루어 산다. 이들은 정말 포유류판 '사회성 곤충'인 것 같다. 케이프타운대학교에서 사육되는 군락에 대한 제니퍼 자비스Jennifer Jarvis의 선구적인 연구에 이어 현재 케냐에서는 로버트 브렛Robert Brett이 야생에서 관찰을 하고 있으며, 미국에서는 리처드 알렉산더와 폴 셔먼Paul Sherman이 사육 군락에 대한 연구를 심도 있게 하고 있다. 이 네 연구자들은 공동으로 책을 출간하기로 했고, 나는 이 책이 나오기를 학수고대하고 있다. 다음의 내용은 현재까지 게재된 몇 편 안 되는 논문과 셔먼과 브렛의 연구에 대한 강의에 기초하였다. 런던 동물원에 있는 벌거숭이 두더지쥐 군락을 내게 보여 준 포유류 분과 학예사 브라이언 버트람에게도 감사의 뜻을 전한다.

벌거숭이 두더지쥐는 땅속 굴을 복잡하게 연결하여 생활한다. 한 군락에는 대개 70~80마리가 있으나 수백 마리인 경우도 있다. 한 군락이 만드는 땅굴 망은 총길이가 3~5킬로미터에 이르며 한 군락이 매년 파헤쳐 내는 흙의 양은 3~4톤가량 된다. 땅굴 파기는 공동 작업으로 진행된다. 맨 앞 일꾼이 이로 흙을 파내면 그 뒤에서 갈팡질팡 법석을 떠는 열두 마리가량의 분홍색 동물로 된 살아 움직이는 컨베이어 벨트를 통해 흙이 옮겨진다. 때때로 맨 앞 일꾼은 바로 뒤 일꾼과 교대한다.

군락 내에서 단 한 마리의 암컷만이 수년에 걸쳐 번식한다. 자비스는 사회성 곤충에서 사용되는 용어를 사용하는데, 내 생각에도 이는 적절한 것 같다. 자비스는 이 암컷을 여왕이라 부른다. 여왕은 두세 마리 수컷과만 교미한다. 다른 모든 개체는 암수 할 것 없이 사회성 곤충의 일꾼과 마찬가지로 번식을 하지 않는다. 그리고 다수의 사회성 곤충에서와 마찬가지로, 여왕을 제거하면 이전에는 불임이었던 암컷 중 몇몇이 번식할 수 있게 되어 여왕 자리를 놓고 서로 싸운다.

불임의 개체는 '일꾼'이라고 불리는데, 이것 역시 적절하다. 일꾼은 암수 모두가 되며, 이는 흰개미와 같다(개미, 벌, 말벌에서는 일꾼이 암컷뿐이다). 두더지쥐 일꾼이 하는 일은 그 몸집에 따라 달라진다. 가장 작은 개체들은(자비스는 이들을 '일을 많이 하는 일꾼'이라고 부른다) 땅을 파고 흙을 나르며, 어린 개체들을 먹이고, 여왕이 새끼를 낳는 것에 집중할 수 있도록 다른 일을 도맡는다. 여왕은 비슷한 몸집의 다른 설치류보다 새끼를 많이 낳는데, 이 또한 사회성 곤충의 여왕과 흡사하다. 몸집이 가장 큰 불임 개체는 먹고 자는 것 말고는 별일을 하지 않으며, 중간 크기의 불임 개체는 반 정도 일하고 반 정도 논다. 개미에서처럼 확연히 구분되는 카스트가 있는 것이 아니라, 벌에서처럼 개체 간 일하는 정도가 조금씩 달라 일하는 정도에 연속적인 차이가 존재한다.

자비스는 원래 몸집이 가장 큰 불임 개체를 일꾼이 아니라고 생각했다. 그러나 정말 이들이 아무것도 안 하고 있는 것일까? 이제 실험실과 야외 관찰을 통해 이들이 병정이며 군락이 위험에 처하면 방어하는 역할을 한다는 가설이 제기되었다. 주 포식자는 뱀이다. 이들이 '꿀단지개미'(329쪽 참조)처럼 '먹이통' 역할을 할 가능성도 있다. 두더지쥐는 서로 다른 개체의 변을 먹는다(전적으로 변만 먹는 것은 아니다. 만약 그렇다면 전 우주의 법칙에 거스르는 일이 아닌가). 아마도 몸집이 큰 개체들은 먹이가 풍부할 때 몸속에 변을 쌓아 두는 역할을 하는 것이 아닐까 싶다. 먹이가 적어지면 비상 식품을 제공하는 것이다. 변비에 걸린 식량 보급소라고 할 수도 있을 것이다.

내가 벌거숭이 두더지쥐에서 가장 신기한 것은, 이들이 여러 면에서 사회성 곤충과 유사하기는 하지만 개미와 흰개미의 날개 달린 번식 개체에 해당하는 카스트가 없다는 점이다. 물론 이들도 번식 개체가 있기는 하다. 그러나 이 번식 개체들은 땅에서 날아올라 새로운 곳에 유전자를 퍼뜨림으로써 새 삶을 시작하지 않는다. 알려진 바에 따르면, 벌거숭이 두더지쥐 군락은 땅속 굴을 넓혀 가면서 점점 커진다. 날개 달린 번식 개체에 해당할 만한 먼 거리로 분산하는 개체가 없다. 다윈주의 이론에 입각한 내 직관에 따르면 이 현상은 참 신기한 것이라 한번 심사숙고해 볼 가치가 있다. 내 예감으로는 이전까지는 여하간의 이유로 관찰되지 않았던 분산 과정을 어느 날 목격하게 될 것이다. 분산하는 개체가 말 그대로 날개를 푸득거릴 것이라고 기대하는 것은 지나친 기대일 것이다. 그러나 이들은 여러 면에서 땅속보다는 땅 위의 삶에 적합할지 모른다. 예를 들면 이들은 벌거숭이가 아니라 몸이 털로 뒤덮여 있을 수도 있다. 벌거숭이 두더지쥐는 여느 포유동물과 같은 방식으로 체온을 유지하지는 않는다. '냉혈' 동물인 파충류와 더 가깝다. 이들은 사회적으로 온도를 조절하는 모양인데, 이 역시 흰개미나 벌과 유사한 점이다. 아니면 지하실에서는 온도가 일정하게 유지된다는 잘 알려진 사실을 이용하는지도 모른다. 어쨌거나 가상의 분산 개체는 다른 땅속 일꾼들과는 다르게 '온혈' 동물일 것이다. 이미 알려진 털이 복슬복슬한, 여태껏 전혀 다른 종으로 분류되었던 어떤 설치동물이 벌거숭이 두더지쥐의 '사라진' 카스트라고 판명될 수도 있지 않을까?

이런 비슷한 일에 대한 선례도 있다. 땅메뚜기가 그러한 경우다. 땅메뚜기는 메뚜기가 변한 것으로, 땅메뚜기도 메뚜기의 전형적인 생활 형태인 단독의 은둔생활을 한다. 그러나 특정 조건하에서는 갑자기, 그리고 끔찍하게 돌변한다. 은둔의 위장을 벗고 원색의 줄무늬를 갖는다. 이는 누가 보기에도 경고나 다름없다. 그리고 이 경고는 농담이 아닌 것이, 이들의 행동 또한 바뀌기 때문이다. 단독의 생활을 팽개치고 떼를 지어 다니며 끔찍한 결과를 초래한다. 성경에 등장하는 그 전설적인 재앙에서부터 오늘날에 이르기까지, 땅메뚜기만큼 무시무시한 인간 번영의 파괴자로 인식된 동물은 없었다. 수백만 마리가 몰려다니며 수십 킬로미터 너비의 길을 싹쓸이하는 데다, 어떨 때는 하루에 수백 킬로미터를 돌아다니고 2천 톤이 넘는 작물을 집어 삼키며 그 뒤로는 기아와 황폐함만 남기는, 끔찍한 파괴자 말이다. 두더지쥐의 경우와 비슷한 것은 바로 이 점이다. 단독생활을 하는 개체와 그의 패거리로의 변신 간 차이는 개미 카스트 간의 차이만큼이나 대단한 것이다. 게다가 우리가 두더지쥐에서 '사라진 카스트'가 있다고 생각하는 것처럼, 1921년까지 메뚜기 지킬과 땅메뚜기 하이드는 다른 종으로 분류되었다.

그러나 포유류 전문가들이 오늘날에 이르기까지 그릇된 판단을 하고 있다고는 생각되지 않는다. 아마도 보통의, 변형되지 않은 벌거숭이 두더지쥐가 땅 위에서도 때때로 관찰되며 사람들이 생각하는 것보다는 좀 더 먼 거리까지 돌아다닌다고 말해야 할 것이다. 그러나 우리가 이 '변형된 번식 개체'에 대한 추측을 완전히 무산시키기 전에, 땅메뚜기의 경우를 한 번 더 생각해 보자. 아마도 벌거숭이 두더지쥐는 변형된 번식 개체를 만들기는 하는데, 특정 조건에서만 그럴 것이다. 그리고 그 조건은 최근 몇십 년 동안에는 존재하지 않았을 것이다. 아프리카와 중동 지역에서 땅메뚜기 피해는 성경 시대에 그랬던 것처럼 여전히 끔찍하다. 그러나 북미에서는 상황이 사뭇 다르다. 북미의 메뚜기 중에도 잠재적으로 떼를 짓는 땅메뚜기로 돌변하는 종이 있다. 그러나 조건이 맞지 않았기 때문에 20세기에는 북미에서 땅메뚜기 피해가 발생하지 않았다(전혀 다른 종류의 해충인 매미는 여전히 정기적으로 피해를 입히며, 미국식 영어 회화에서는 매미를 땅메뚜기라고 부르기도 한다). 그럼에도 불구하고 만약 미국에서 오늘날 진짜 땅메뚜기로 인한 피해가 발생하더라도 그리 놀랄 일은 아닐 것이다. 화산은 그 활동이 끝난 것이 아니라 단지 잠자고 있을 뿐인 것처럼 말이다. 그러나 우리가 역사적 기록과 세계 다른 지역에서 벌어지는 일에 대한 기록을 남기지 않았더라면, 땅메뚜기로 인한 피해는 정말 깜짝 놀랄 만한 일이었을 것이다. 왜냐하면 모두 다 알다시피 그 동물은 아주 평범한, 단독 생활을 하는, 피해를 주지 않는 메뚜기일 뿐이기 때문이다. 만약 벌거숭이 두더지쥐가 미국의 메뚜기와 같이 특정 조건에서만 분산하는 별개의 카스트를 만들어 낼 수 있다면 어떨까? 여하간의 이유에서 20세기에는 아직 존재하지 않았던 그런 조건에서만 말이다. 19세기 동부 아프리카에서는 털이 복슬한 두더지쥐가 레밍들처럼 땅 위를 떼를 지어 돌아다니며 피해를 입히는 일이 있었을지 모른다. 단지 우리에게 그 기록이 전해지지 않았을 수도 있다. 아니면 그 기록이 지역 부족의 전설이나 영웅담 속에는 전해져 내려오는지도 모를 일이다.

336쪽 이에 따르면 벌목 곤충의 암컷에게는 자기 자식보다 자신의 친자매가 더 근연도가 높다는 이야기가 된다.

벌목 곤충의 특수한 경우에 대해 해밀턴이 제안한 기발한 '3/4 근연도' 가설은 그의 더 일반적이며 근본적인 이론의 명성을 오히려 망치는 결과를 초래했다. 단복상 3/4 근연도 이야기는 누구라도 적은 노력으로도 쉽게 이해할 수 있는 것이면서도, 혼자 알고 있는 데에 그치지 않고 남들에게 알려주고 싶게 만든다. 따라서 이는 아주 좋은 '밈'인 셈이다. 해밀턴의 이론을 직접 읽지 않고 술 한 잔 걸치면서 남이 해 주는 이야기로 들으면 단복상 가설만 듣게 될 것이 거의 확실하다. 요즘 모든 생물학 교과서에서는 혈연선택은 짧게 다루더라도 한 문단 정도는 '3/4 근연도'를 설명하는 데 할애한다. 지금은 큰 포유동물의 사회 행동에 대한 전문가가 된 내 동료 하나도 수년 동안 해밀턴의 혈연선택 이론에는 3/4 근연도 가설밖에 **없는** 줄 알았다고 고백하기도 했다. 마치 위대한 작곡가가 길고 독창적인 협주곡을 작곡했는데, 그 중간에 잠깐 튀어나오는 특정 곡조가 아주 외우기 쉬워 모든 길거리의 사람들이 이 곡조를 휘파람 불며 다니는 것과 같다. 그 협주곡은 결국 이 곡조로 알려지게 된다. 만약 나중에 사람들이 그 곡조에 싫증나면 사람들은 그 협주곡 전체가 별로라고 느끼게 되는 것이다.

린다 갬린Linda Gamlin이 최근 『뉴사이언티스트』지에 벌거숭이 두더지쥐에 관해 기고한 글을 일례로 들어 보자. 이 글에서는 벌거숭이 두더지쥐와 흰개미가 단복상이 아니라는 이유로 해밀턴 가설을 망치고 있다는 말도 안 되는 설명을 하고 있다. 그 저자가 해밀턴의 고전적인 논문 두 편을 읽었다고 믿기 어려울 정도다. 단복상에 대한 이야기는 50쪽 중 단지 4쪽만 차지한다. 그 저자는 틀림없이 2차적 자료에 의존해서 글을 썼을 것이다. 그 자료가 『이기적 유전자』가 아니기를 바란다.

또 다른 예는 내가 6장의 보주에서 설명했던 병정 진딧물에 관한 것이다. 거기서 설명한 대로, 진딧물은 일란성 쌍둥이의 클론이기 때문에 이들 사이에서 이타적으로 자신을 희생하는 행동은 매우 쉽게 나타날 수 있다. 해밀턴은 1964년 이 사실에 주목하였으며, 클론을 형성하는 동물들이 특별히 이타적 행동의 경향을 보이지 않는다는 거북한 사실(그때는 그렇게 알려졌다)을 설명하려 애썼다. 병정 진딧물이 처음 알려졌을 때, 해밀턴 이론에 이보다 더 잘 들어맞는 것은 없었다. 그러나 병정 진딧물의 발견을 처음 알리는 최초의 논문에서는 진딧물이 단복상이 아니라는 이유로 그 존재가 해밀턴 이론으로 설명되기 어려운 것처럼 기술했다. 정말 멋진 아이러니가 아닌가.

해밀턴 이론으로 설명되기 어려운 것처럼 생각되는 또 하나의 예인 흰개미에 대해서도 그 아이러니는 계속된다. 해밀턴 자신이 1972년 흰개미가 왜 사회성이 되었는지에 대해 가장 기발한 가설을 제시하였는데, 이는 단복상 가설과 비교해서 생각해 볼 수 있다. 이 이론은 주기적 근친 교배 이론cyclic inbreeding theory으로, 해밀턴이 최초로 발표한 지 7년이 지난 뒤 이를 발전시킨 바츠S. Bartz의 이론으로 알려지기도 했다. 해밀턴은 그답게 자신이 '바츠의 이론'을 먼저 생각해 냈다는 것을 잊어버렸으며, 내가 그의 코앞에 그 논문을 들이밀기 전에는 이를 믿지 않으려 했다. 누가 먼저냐를 차치하고, 이 이론은 그 자체로 매우 흥미롭기 때문에 초판에 이 이론을 논의하지 않았다는 것이 나는 송구스러울 따름이다. 이제 그 잘못을 바로잡으려 한다.

나는 이 이론을 단복상 가설과 비교해서 생각해 볼 수 있다고 했다. 내가 의미한 바는 다음과 같다. 사회성 진화의 관점에서 볼 때 단복상 동물의 가장 중요한 특징은 한 개체가 자신의 자손보다 그 자매와 유전적으로 더 가깝다는 것이다. 이로써 그 개체는 부모의 둥지를 떠나 자신의 자손을 낳아 기르기보다 부모의 둥지에 남아 자매를 기르는 편이 더 낫게 된다. 해밀턴은 흰개미에서도 어떻게 부모-자식 간보다 형제-자매 간이 더 유전적으로 가까울지 생각해 냈다. 근친 교배가 그 단서가 된다. 어떤 동물이 형제/자매와 교미하여 생기는 자손은 유전적으로 더 비슷하게 된다. 실험용 흰쥐는 같은 종류 내에서는 모두 유전적으로 일란성 쌍둥이와 비슷하다. 이들이 오랫동안 형제-자매 교미를 거쳐 만들어지기 때문이다. 기술적 용어로 말하자면, 이들의 유전체는 동형 접합체homozygote가 된다. 거의 모든 유전적 좌위에 있는 두 유전자가 동일한 것이 되며, 같은 종류의 다른 개체들에서도 같은 좌위에는 동일한 유전자를 갖게 된다. 자연 상태에서는 근친 교배가 아주 오랫동안 지속되는 일이 흔하지 않다. 그러나 한 가지 예외가 있다. 바로 흰개미다.

전형적인 흰개미 집은 왕과 여왕이 설립하는데, 이들은 둘 중 하나가 죽을 때까지 둘끼리만 교미한다. 둘 중 하나가 죽으면, 그 자리는 자손 중 하나가 메우며 이 자손은 부모 중 살아 있는 개체와 근친 교배를 하게 된다. 원래의 왕과 여왕이 모두 죽으면 근친 관계인 형제-자매 쌍이 그 자리를 대치하게 된다. 이런 식으로 계속된다. 성숙한 군락은 그간 여러 마리의 왕과 여왕을 거쳤을 것이므로 수년 후 그 자손은 실험실 쥐처럼 근친 교배로 형성되었을 가능성이 매우 높아지는 것이다. 흰개미 집 안에서 개체 간 평균 동형 접합도와 평균 근연도는 해가 거듭될수록 계속 치솟으며, 왕족의 자리는 그 자손이나 형제/자매에게 이어진다. 그러나 이것은 해밀턴의 논의에서 첫 번째 단계에 불과하다. 기발한 부분은 바로 다음이다.

어느 사회성 곤충의 군락에서 최종적으로 만들어지는 것은 부모 군락에서 나와 교미하여 새로운 군락을 만드는 새로운, 날개 달린 번식 개체다. 새로운 왕과 여왕이 교미할 때, 이는 근친 교배가 아닐 확률이 높다. 마치 한 지역의 여러 흰개미 집에서 모든 날개 달린 번식 개체가 같은 날 날아오르도록 하는 특수한 동시화 규약이 있어서 이계 교배를 강화하는 것 같다. 이제 A군락에서 나온 젊은 왕과 B군락에서 나온 젊은 여왕이 교미하는 경우, 어떠한 유전적 결과가 초래되는지 생각해 보자. 둘 모두는 고도의 근친 교배로 형성된 개체들로, 근친 교배를 거쳐 만들어진 실험실 쥐와 마찬가지다. 그러나 이들은 서로 다른, 즉 **독립적인** 근친 교배 프로그램의 산물이므로 유전적으로 다를 것이다. 즉 이들은 종류가 다른 실험용 흰쥐와 마찬가지인 셈이다. 이들이 서로 교미하게 되면 그 자손은 **이형 접합체** heterozygote가 되겠지만 그 자손은 모두 **획일적인** 이형 접합체일 것이다. 이형 접합이라는 것은 많은 유전적 좌위에서 두 유전자가 서로 다르다는 것을 의미한다. 획일적인 이형 접합체라는 것은 거의 모든 자손이 똑같은 이형 접합일 것임을 의미한다. 그 자손들은 형제자매와 유전적으로 거의 동일할 것이나, 그와 동시에 모두 이형 접합체일 것이다.

이제 시간을 훌쩍 뛰어넘어 가보자. 왕족 한 쌍이 새로 설립한 군락이 커졌다. 똑같이 이형 접합인 젊은 흰개미들이 바글대기 시작했다. 설립자 왕족 한 쌍 모두 혹은 하나가 죽으면 어떤 일이 벌어질까? 예전의 근친 교배 주기가 다시 시작되고 엄청난 결과를 초래한다. 처음 근친 교배로 만들어진 세대는 이전 세대보다 훨씬 더 다양해질 것이다. 우리가 형제-자매, 아비-딸, 어미-아들 교미 중 어떤 것을 생각하더라도 상관없다. 그 원리는 모두 똑같다. 다만 형제-자매의 교미가 가장 간단하므로 이에 대해 논의해 보자. 형제와 자매 모두 똑같은 이형 접합체라면 그 자손은 뒤죽박죽 매우 다양한 유전적 조합을 갖게 된다. 이는 기초적인 멘델 유전 법칙을 따르기 때문인데, 원칙적으로는 흰개미뿐만 아니라 모든 동식물에게도 적용된다. 똑같이 이형 접합인 개체들을 데려다가 서로 또는 동형 접합인 부모 종류와 교배시키면, 유전적으로 말해 모든 것이 무너지고 만다. 그 이유는 어느 기초 유전학 교과서에서도 찾아볼 수 있을 테니 여기서 일일이 살펴보지는 않겠다. 현재 우리의 관점에서 볼 때 중요한 것은, 흰개미 군락 발달 단계 중 이 시기에 개체들이 잠재적인 자손보다 형제자매에게 더 유전적으로 가깝다는 것이다. 그리고 우리가 앞서 단복상 벌목 곤충의 경우에서 살펴보았듯이, 이것이 이타적으로 불임인 일꾼 카스트의 진화에 대한 전제 조건이다.

개체들이 자신의 자식보다 형제자매와 더 가깝다고 기대할 이유는 딱히 없을지라도, 개체들이 자식과 **비슷한 정도로** 형제자매에게 가깝다고 기대할 근거는 충분히 있다. 이것이 사실이기 위해서 필요한 단 한 가지 조건은 어느 정도의 일부일처제다. 어찌 보면, 해밀턴의 관점에서 놀라운 것은 불임의 일꾼이 남동생과 여동생을 돌보는 현상이 나타나는 종이 더 이상 없다는 것일 수도 있다. 우리가 점점 더 알아내고 있는 바와 같이, 불임 일꾼보다 더 만연해 **있는** 것은 불임 일꾼의 물탄 버전인 '집에서 돕기' 현상이다. 다수의 조류와 포유류에서 젊은 어른 개체는 독립해서 자신의 가족을 시작하기 전에 한두 번씩 시즌을 부모 곁에 머무르면서 남동생과 여동생 기르는 것을 돕는다. 이러한 행동에 대한 유전자는 남동생과 여동생의 몸속에 담겨 전해진다. 그 수혜자가 친동생(이복동생이 아닌)이기만 하면, 동생에게 투자된 먹이 하나하나는 유전적으로 말해 자식에게 투자된 것과 똑같은 보답을 줄 것이다. 그러나 이것은 다른 제반 사항이 동일할 때에만 성립된다. '집에서 돕기'가 왜 어떤 종에서만 나타나는지 설명하려면 특정 사항이 다른지 살펴보아야 한다.

예를 들어 속이 빈 나무에 둥지를 짓는 새를 생각해 보자. 이런 나무는 그리 널려 있는 것이 아니므로 귀하다. 여러분이 젊은 어른 새라고 해 보자. 그리고 여러분의 부모는 아직 살아 있다. 부모는 아마도 몇 개 없는 속이 빈 나무를 갖고 있을 것이다(적어도 최근까지는 갖고 있었을 것이다. 아니라면 여러분이 존재하지 않을 테니까). 따라서 여러분은 골치를 점점 썩이는 속이 빈 나무에서 살고 있을 것이며, 이 생산력 넘치는 부화장에서 새로 태어난 개체들은 여러분의 친동생들로 유전적으로 여러분 자신의 자식과 같을 것이다. 만약 여러분이 이곳을 떠나 혼자서 시작하려 한다면 속이 빈 나무를 얻게 될 확률은 낮을 것이다. 혹시나 성공한다고 하더라도 여러분이 기르게 될 자식은 친동생들보다 유전적으로 특별히 더 가깝지도 않다. 여러분의 부모가 가진 속이 빈 나무에서 (동생을 키우는 데에) 투자된 노력의 양이, 여러분이 독립해서 자식을 기를 때 투자되는 동량의 노력보다 훨씬 값진 것이다. 따라서 이러한 조건은 동생을 돌보는 '집에서 돕기' 행동의 진화를 촉구하는 것이다.

이 모든 것에도 불구하고 몇몇 개체는(혹은 모든 개체가 가끔씩은)

밖으로 나가서 속이 빈 나무(혹은 그에 해당하는 것)를 새로 찾아야만 한다. 7장에서 나온 '낳기와 기르기' 용어를 쓰자면, **누군가는** 낳기를 해야 한다. 그렇지 않으면 돌볼 새끼가 없기 때문이다. 요점은 '그렇지 않으면 그 종이 절멸에 이를 것이다'가 아니다. 그보다는 순전히 기르기만 하는 유전자만이 가득한 개체군에서는 순전히 낳기만 하는 유전자가 이득을 볼 것이라는 점이다. 사회성 곤충에서 낳기의 역할은 여왕과 수컷이 담당한다. 세상 밖으로 나가 '속이 텅 빈 나무'를 새로 찾는 개체들이 이들이며, 그 이유로 이들은 날개가 있다. 일꾼 개미는 날개가 없다. 번식을 담당하는 이 카스트는 평생 동안 이 일만 한다. 집에서 돕기 현상을 보이는 조류와 포유류는 다르다. 각 개체가 생애의 일부분(대개 처음 어른이 된 이후 한두 번의 번식기)을 '일꾼'이 되어 지내면서 동생 돌보기를 돕는 반면, 그 이후에는 '번식 개체'가 되기를 열망한다.

앞의 보주에서 다루었던 벌거숭이 두더지쥐는 어떨까? 이들은 밖으로 나가 '속이 빈 나무'를 찾는 원리를 완벽하게 설명한다. 비록 이들의 경우 말 그대로 속이 빈 나무를 찾는 것은 아니지만 말이다. 이들 이야기에서 중요한 것은 아마도 사바나 땅 밑에 깔린 이들 먹이의 분포가 균일하지 않다는 점일 것이다. 이들은 지하에 있는 괴경(감자 따위 — 옮긴이)을 주로 먹는다. 이 괴경은 매우 큰 경우도 있고 아주 깊이 파묻혀 있는 경우도 있다. 괴경 하나가 1천 마리의 두더지쥐보다 더 무게가 많이 나가는 경우도 있으며, 한번 발견되기만 하면 한 군락을 몇 달 혹은 몇 년까지 배불리 먹일 수 있다. 문제는 괴경을 찾는 것인데, 괴경은 사바나 전역에 걸쳐 여기저기 드문드문 흩어져 있다. 두더지쥐에게 먹이원은 찾기 어렵기는 하지만 일단 찾기만 하면 고생한 보람이 있는 것이다. 브렛의 계산에 따르면, 혼자 일하는 두더지쥐 한 마리가 괴경 하나를 찾는 데는 시간이 너무 오래 걸리기 때문에 땅을 파느라 이빨이 다 닳고 말 것이라고 한다. 수 킬로미터에 이르는 땅굴에 개체들이 바쁘게 오가는 큰 군락이라면 괴경을 찾아내는 효율이 괜찮을 것이다. 각 개체는 괴경 광부 조합에 가입함으로써 경제적으로 훨씬 더 잘 지낼 수 있다.

수십 마리의 일꾼들이 협력하여 지키는 거대한 땅굴 체계가 우리가 앞서 이야기했던 '속이 빈 나무'와 같은, 밖에 나가서 찾아야 하는 자원에 해당한다. 여러분이 한창 번영하는 공동의 미로 속에 살고 있다면, 그리고 여러분의 어미가 여전히 친동생을 낳고 있다면, 집을 뛰쳐나가 여러분의 가족을 새로 만들고자 하는 유혹은 그야말로 적을 것이다. 어미가 낳는 새끼 중 몇몇이 이복동생이라고 할지라도 '밖으로 나가야 하는 걱정' 문제는 여전히 젊은 어른 개체를 집에 묶어 둘 만큼 강력할 수 있다.

338쪽 이들은 실제 암수 비율이 일개미가 자기들의 이익을 위하여 주도권을 쥐고 있다는 이론으로부터 예측할 수 있는 3 대 1에 근접한다는 것을 알아냈다.

알렉산더와 폴 셔먼은 트리버스와 헤어의 방법과 결론을 비판하는 논문을 썼다. 이들도 사회성 곤충에서는 암컷에 치우친 성비가 정상적이라는 점에는 동의하지만, 그 성비가 3 대 1에 잘 들어맞는다는 주장을 반박했다. 대신 이들은 트리버스와 헤어의 주장도 그랬듯 원래 해밀턴이 제안했던 대안 가설을 지지했다. 알렉산더와 셔먼의 논리가 상당히 설득력 있지만, 트리버스와 헤어의 가설처럼 아름다운 과학적 작품이 다 틀린 것은 아닐 것이라는 느낌이 들기도 한다.

그라펜은 이 책의 초판에서 벌목 곤충의 성비에 대해 적었던 설명에서 좀 더 문제가 될 만한 점을 지적해 주었다. 나는 그의 지적을 『확장된 표현형』에서 설명하였다. 다음은 그 요약이다.

> 어떤 개체군 성비하에서도 잠재적 일개미는 동생을 돌보는 것과 자식을 기르는 것 사이에 **여전히** 어느 것도 선호하지 않는다. 이에 개체군 성비가 암컷에 치우쳐 있다고, 아니 아예 트리버스와 헤어가 예측한 대로 3 대 1이라고 가정해 보자. 일개미는 남동생이나 자기 자식(아들딸

관계없이)보다 여동생에게 더 가까운 근연 관계를 가지므로, 이렇게 암컷이 많은 성비하에서는 자식을 낳는 것보다 동생을 돌보는 것이 더 '선호'된다고 생각할 수도 있다. 그렇다면 동생 돌보기를 선택할 때 가장 가치가 높은 여동생을 덜 얻게 되는 것은 아닌가(몇 마리의 쓸데없는 남동생도 같이 얻게 되니 말이다)? 그러나 이러한 논리는 그러한 개체군에서 상당한 희소가치를 지니게 되는 수컷의 번식 가치를 무시하는 것이다. 일개미는 남동생과 근연도가 낮을지 모르지만, 만약 개체군 내 전반적으로 수컷이 희소하다면 이러한 남동생 하나가 향후 세대의 조상이 될 가능성이 매우 높다.

353쪽 만약 한 개체군이 절멸에 이르게 하는 ESS에 도달하면 그 개체군은 절멸해 버릴 것이다. 그저 안됐다고 할 수밖에 없다.

훌륭한 철학자 고故 매키J. L. Mackie는 사기꾼과 원한자의 개체군이 동시에 안정할 수 있다는 사실로부터 파생되는 흥미로운 결과에 주목하였다. 만약 개체군이 절멸에 이르게 하는 ESS에 도달한다면 '안됐다고 할 수밖에 없을지' 모른다. 매키는 더 나아가 어떤 종류의 ESS가 개체군을 더 절멸에 이르게 할 수 있는지 설명하였다. 사기꾼과 원한자의 예에서, 둘 모두는 진화적으로 안정한 전략이다. 개체군은 사기꾼의 평형 혹은 원한자의 평형에 안주할 것이다. 매키가 말하고자 하는 것은 사기꾼의 평형에 안주하게 되는 개체군이 그 이후 절멸할 가능성이 더 높다는 것이다. 따라서 ESS 간에도 호혜적 이타주의를 선호하는 일종의 선택이 있다고 볼 수 있다. 이 논의는 집단선택설을 지지하는 논의로 발전할 수 있는데, 대부분의 다른 집단선택설 이론과는 달리 이러한 일이 실제로 벌어질 수도 있기 때문이다. 나는 이 논의를 내 논문 「이기적 유전자를 옹호하며」에서 상세히 다루었다.

11장 밈 — 새로운 복제자

363쪽 바로 모든 생명체가 자기 복제를 하는 실체의 생존율 차이에 의해 진화한다는 법칙이다.

전 우주의 모든 생명체가 다윈의 자연선택을 거쳐 진화했을 것이라는 내 주장에 대해 나는 내 논문 「범 우주 다윈주의Universal Darwinism」와 『눈먼 시계공』의 마지막 장에 좀 더 상세히 설명하였다. 현재까지 제기되었던 다윈의 자연선택에 대한 대안은 원칙적으로 생명체의 조직화된 복잡성을 설명할 수 없다. 이 논의는 우리가 알고 있는 생명체에 대한 구체적 사실에 근거하지 않은 일반론이다. 그러나 이 논의는 뜨거운 시험관과 씨름하거나 또는 진흙이 잔뜩 묻은 차가운 부츠를 신고 돌아다니는 것이 과학적 발견을 하는 유일한 방법이라고 믿는 저속한 과학자들에게 비판의 대상이 되었다. 어떤 사람은 내 논의가 '철학적'이라고 불평했는데, 마치 '철학적'이라는 것 자체가 비난의 대상이 되기에 충분하다는 듯한 논조였다. 철학적이든 아니든 간에, 중요한 것은 그도, 그리고 그 어느 누구도 내 논의에서 허점을 찾아내지 못했다는 사실이다. 그리고 '원칙적으로' 내 논의와 같은 논의는 실제 세계와 무관하다고는 전혀 생각할 수 없으며, 특정 사실에 대한 연구에 기반을 두고 있는 논의들보다 훨씬 더 강력할 수 있다. 만약 내 논리가 옳다면, 이는 전 세계에 존재하는 모든 생명체에 대한 중요한 사실을 알려 주는 것이다. 실험실과 야외에서 진행되는 연구는 우리가 여기에서 표본 조사할 수 있는 생명체에 대해서만 알려 줄 수 있다.

364쪽 그러기 위해서 위의 단어를 밈meme으로 줄이고자 하는데, 이를 고전학자들이 이해해 주기를 바란다.

밈이라는 단어는 아주 좋은 밈인 모양이다. 현재 상당히 널리 사용되며,

1988년에 옥스퍼드 영어 사전의 판본에 사용될 단어 목록에 오르기도 했다. 이 사실은 나를 더욱 걱정스럽게 만드는 것이므로 나는 여기서 인간의 문화에 대한 내 디자인이 조심스러운 것이었다는 점을 다시 한 번 반복해야겠다. 사실 내 욕심은, 지나친 욕심이었다는 것을 인정하지만, 완전히 다른 데 있다. 약간 정확도가 떨어지는 자기 복제자가 일단 우주상 어디에라도 나타난다면 이들은 무한한 힘을 갖게 될 것이라는 것이 내가 주장하고 싶은 바다. 그 이유는 이들이 다윈의 자연선택이 작용할 기반이 되며, 충분한 수의 세대가 지나면 매우 복잡한 체계를 만들어 낼 것이기 때문이다. 조건이 맞기만 한다면, 복제자들은 자동적으로 떼를 지어 자신들을 담고 다니면서 자신들이 복제를 계속할 수 있도록 작동하는 체계, 또는 기계를 만들어 낼 것이라고 나는 믿는다. 『이기적 유전자』의 10장까지는 한 종류의 복제자, 즉 유전자에 대해서만 집중적으로 설명하고 있다. 마지막 장(11장을 가리킨다 — 옮긴이)에서 밈에 대해 설명하면서, 나는 일반적인 자기 복제자에 대해서 설명하려 했고 유전자만이 중요한 것은 아니라는 것을 보이려고 하였다. 인간 문명의 중심에 다윈주의의 형태를 갖춘 것이 정말로 있는지는 확실치 않다. 그러나 어떻든 간에 그 문제는 부차적일 뿐이다. 여러분이 책을 덮으면서 자연선택을 통한 진화의 토대가 되는 것이 DNA만은 아니라는 생각을 한다면, 11장은 그 몫을 다한 것이다. 나는 인간 문명에 대한 위대한 이론을 만들어 내려고 한 것이 아니라 유전자의 비중을 줄이려고 했던 것이다.

364쪽 (…) 밈은 비유로서가 아니라 실제로 살아 있는 구조로 간주해야 한다.

DNA는 자기 복제를 하는 하드웨어 조각이다. 각 조각은 고유한 구조를 갖고 있으며, 경쟁자인 다른 DNA 조각과는 그 구조가 다르다. 뇌에 들어 있는 밈이 유전자와 비슷하다면, 밈은 자기 복제를 하는 뇌 구조로, 이 뇌 저 뇌 속에서 뉴런의 연결이 어떻게 재조합되느냐에 따라 달라질 것이다. 나는 이러한 생각을 밖으로 내놓기를 늘 꺼려했었다. 왜냐하면 우리가 뇌에 대해서 알고 있는 것은 유전자보다 훨씬 적어 이러한 뇌 구조가 실제로 어떨지에 대해서는 막연할 수밖에 없기 때문이다. 최근 독일 콘스탄스대학교의 유안 델리우스Juan Delius가 발표한 논문을 받고 나는 한시름 놓았다. 나와 달리 델리우스는 사과조로 말할 필요가 없다. 왜냐하면 나는 뇌 과학자가 아닌 데 반해 그는 저명한 뇌 과학자이기 때문이다. 따라서 그가 뉴런이 관여된 밈의 하드웨어가 어떻게 생겼을지에 대한 상세한 그림을 담은 논문을 과감히 게재했을 때 나는 기뻤다. 그가 하는 일 중에 또 다른 흥미로운 것은, 내가 했던 것보다 훨씬 더 폭넓게 밈과 기생 동물의 비슷한 점을 찾는 것이다. 더 정확하게 말하자면, 악성의 기생체와 해를 주지 않는 '공생'체 사이의 모든 종류의 기생 동물 중 어느 것과 밈이 비슷한지 살펴보는 것이다. 나는 특히 이 연구에 관심이 많은데, 기생 동물의 유전자가 숙주 행동에 미치는 '확장된 표현형' 효과 때문이다(이 책의 13장과 특히 『확장된 표현형』의 12장을 참조하기 바란다). 또 델리우스는 밈과 그 ('표현형') 효과를 명확히 구분하여야 함을 강조하였으며, 상호 적합한 밈이 함께 선택된 공적응된 밈 복합체의 중요성을 다시 한 번 강조하였다.

367쪽 '올드랭사인'

어쩌다 보니 '올드랭사인'은 재수 좋게 고른 예가 되었다. 왜냐하면 거의 전 세계적으로 불리는 올드랭사인에는 한 가지 오류, 즉 돌연변이가 있기 때문이다. 오늘날은 항상 그 후렴구가 'For the sake of auld lang syne(우리말 가사로 '노래를 부르자'에 해당하는 부분 — 옮긴이)'이라고 불리지만, 원래 번즈Burns가 작곡했을 때는 그 가사가 'For auld lang syne'이었다. 밈에 대해 알고 있는 다윈주의자라면 즉각적으로 새로 삽입된 'the sake of' 구절의 '생존 가치'가 궁금할 것이다. 우리가 관심 있는 것은 그 노래를 변형된 형태로 부르는 **사람들**이 더 잘 살아남았는지가 아님을 기억하기 바란다. 우리가 관심 있는 것은 변형 그 **자체가** 밈 풀에서 살아남는 데 어떻게 도움이 되었는가이다. 사람들은 모두 어릴 때 이 노래를 배운다. 번즈의 악보를 보고 배우는 것이 아니라 섣달 그믐날 밤에 듣고 배우는 것이다. 아마도 아주 옛날에는 모든 사람들이 원래대로 불렀을 것이며, 'For the sake of'는 틀림없이 드문 돌연변이로 생겨났을 것이다. 우리가 궁금한 것은, 처음에는 드물었던 돌연변이가 왜 그렇게 슬금슬금 퍼져 오늘날 밈 풀의 표준이 되었는가 하는 점이다.

나는 그 해답이 멀리 있다고는 생각지 않는다. 치아 사이를 스치는 's' 소리는 늘 거슬린다. 교회 성가대에서는 's' 소리를 가능하면 가볍게 내도록 연습시킨다. 그렇지 않으면 교회당에 '스스' 하는 소리가 계속 메아리칠 테니 말이다. 거대한 성당 제단에서 나직이 말하는 신부의 목소리 중 뒷자리에서도 들을 수 있는 것은 어쩌다 들리는 's' 소리뿐이다. 'sake'의 또 다른 자음 'k'는 늘 잘 들리는 소리다. 열아홉 명이 함께 이 노래를 원래대로 부르고 있는데 방 어디선가 한 사람이 'For the sake of auld lang syne'이라 부른다고 상상해 보자. 이 노래를 처음 듣는 어린이는 끼어들고 싶겠지만 가사를 정확히 알지는 못할 것이다. 모든 사람이 'For auld lang syne'이라고 부르고 있지만 's'의 '스스' 소리와 'k'의 강력한 발음은 이 어린이의 귀에 와서 꽂힐 것이며, 후렴구가 반복될 때쯤이면 그 어린이도 'For the sake of auld lang syne'이라고 부를 것이다. 돌연변이 밈이 또 하나의 기계를 확보한 것이다. 다른 어린이가 더 있다면, 그리고 그 가사를 잘 모르는 어른이 있다면, 이들은 다음 번 후렴구가 반복될 때 돌연변이 형태로 노래를 부를 것이다. 이는 그 사람들이 그 돌연변이 형태를 '선호'하기 때문이 아니다. 그 사람들은 단지 가사를 잘 몰라 제대로 배우고 싶은 것뿐이다. 가사를 제대로 아는 사람이 목청껏 제대로 된 가사를 소리 질러 본들(내가 하듯), 제대로 된 가사에는 귀에 꽂히는 소리를 가진 자음이 없기 때문에 나직이 자신 없는 목소리로 부르더라도 그 돌연변이 형태의 소리가 더 잘 들리게 된다.

비슷한 예가 'Rule Britannia'(영국의 비공식 국가 — 옮긴이)이다. 중창 부분 2절은 원래 'Britannia, rule the waves'이다. 여기서 밈의 강렬한 's' 소리는 또 다른 요인에 의해 그 효과가 배가된다. 시인(제임스 톰슨 James Thompson)은 아마도 명령문(대영 제국이여, 나가서 파도를 지배하라!)이나 가정문(대영 제국이 파도를 지배하도록 하라, 가정 부분이 생략된 형태의 let으로 시작하는 가정문이다 — 옮긴이)을 의도했을 것이다. 그러나 그 문장을 직설문으로 잘못 이해하는 것이 표면적으로 더 쉽다(대영 제국은 실제로 파도를 지배한다). 따라서 이 돌연변이 밈은 원래 형태보다 소리도 더 자극적일 뿐 아니라 이해하기도 쉽다는, 두 가지의 생존 가치를 갖는다. 어떤 가설에 대한 최종 검증은 실험을 통해서 하게 된다. 일부러 밈 풀에 '스스' 소리를 가진 밈을 아주 낮은 빈도로 주입하여 그 고유의 생존 가치 때문에 얼마나 빨리 퍼져 나가는지 관찰할 수 있을 것이다. 우리 중 몇몇이 'God saves our gracious Queen'(영국 국가의 1절 첫 부분, 원래 가사는 save이다 — 옮긴이)이라고 노래를 부르기 시작한다면 어떻게 될까?

367쪽 문제의 밈이 과학적인 아이디어일 경우 그 확산은 그 아이디어가 과학자들에게 얼마나 받아들여지는가에 따라 달라질 것이다. 이 경우에는 과학 학술지에 그 아이디어가 인용되는 수를 셈하여 대략적인 생존 가치를 측정할 수 있다.

만약 위의 말이 과학적 아이디어가 받아들여지는 데 대중의 마음을 얼마나 사로잡느냐가 그 유일한 기준이라는 식으로 받아들여진다면 나는 매우 기분이 언짢을 것이다. 결국 몇몇 아이디어는 실제로 옳은 것이지만 나머지는 틀린 것이다. 옳고 그름은 검증할 수 있으며, 그 논리 또한 파헤칠 수 있다. 과학적 아이디어는 유행가 곡조도, 종교도, 펑크식 헤어스타일도 아니다. 그러나 과학에는 논리뿐 아니라 일종의 사회학이 존재한다. 어떤 아이디어는 옳지 않음에도 널리 (적어도 당분간은) 받아들여진다. 그리고 어떤 아이디어는 훌륭함에도 수년 동안 깊은 잠에 빠져 있다가 결국 과학적 상상력을 파고들면서 되살아나기도 한다.

휴면기에 있다가 대유행하게 되는 아이디어의 예를 우리는 이 책 중에서도 찾을 수 있다. 바로 해밀턴의 혈연선택 이론이다. 나는 학술지에 참고 문헌으로 포함되는 빈도를 셈으로써 밈의 확산 속도를 측정할 수 있다는 생각을 검증하기에 혈연선택 이론이 딱 알맞을 것이라고 생각했다. 초판에서 나는 "1964년 발표된 해밀턴의 두 논문은 지금까지의 사회성 동물 행동학 문헌 중 가장 중요한 것인데, 이들 논문이 그간 왜 동물행동학자들에게 무시되어 왔는지 이해가 안 된다(그의 이름은 1970년에 출간된 두 종의 중요한 동물행동학 교과서의 색인에서조차 없다). 다행히 최근 그의 이론에 대한 관심이 되살아나고 있다"고 적었다. 초판은 1976년에 나왔다. 그 이후 10년 동안 이 밈의 부활이 어떻게 진행되었는지 되짚어 보자.

과학 인용 지수Science Citation Index(흔히 SCI라고 부름 — 옮긴이) 목록은 좀 이상한 종류의 저작물이다. 여기서는 모든 게재 논문이 특정 해에 인용된 횟수를 찾아볼 수 있다. 이는 특정 주제의 참고 문헌을 찾기 편하게 하기 위해 만들어졌다. 대학교 인사협의회는 이것을 대략적이면서도 손쉬운(너무 대충이고 너무 손쉽긴 하지만) 방법으로 교수 채용 응시자들의 과학적 업적을 평가하는 데 쓰고 있다. 1964년 이후 해밀턴의 논문이 인용된 횟수를 셈으로써 우리는 해밀턴의 아이디어가 생물학자들에게 얼마나 널리 이해되고 있는지 추정할 수 있다(그림 1). 초기의 휴면기가 뚜렷이 드러난다. 그런 뒤 1970년대에는 혈연선택에 대한 관심이 급증했던 것처럼 보인다. 언제부터 급증하기 시작했느냐를 따지자면 1973년과 1974년 중간쯤이다. 이 급증은 계속 힘을 받아 1981년에 최고조에 이르고, 그 이후 인용 횟수는 불규칙적으로 오르락내리락하고는 있지만 대략 평형을 보이고 있다.

혈연선택에 대한 흥미가 급증한 데는 1975년과 1976년에 출간된 책들 덕분이라는 가공의 이야기가 사람들 사이에서 오가고 있다. 1974년의

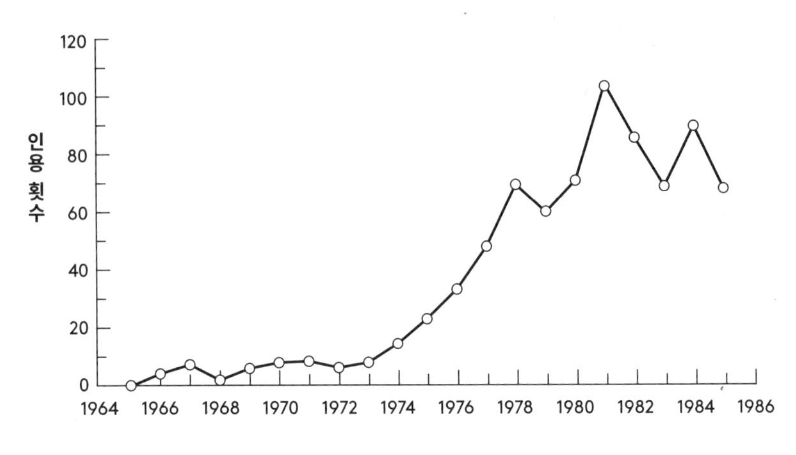

<그림 1> 과학 인용 지수에서 찾은 해밀턴의 논문(1964)의 연도별 인용 횟수

급증을 보여 주는 이 그래프에 따르면 이 이야기는 거짓인 셈이다. 한편 이 증거는 전혀 새로운 가설을 지지하는 듯한데, 소위 해밀턴의 혈연선택이 '유행할 것 같은' 혹은 '전성기를 앞에 둔' 아이디어라는 것이다. 1970년대 중반의 책들은 그 급증을 일으킨 주범이라기보다 유행의 전조가 된다고 볼 수 있다.

아마도 우리가 다루는 것은 훨씬 더 이전에 이미 시작되었던, 처음에는 느렸지만 지수적으로 가속되는 장기적 유행을 앞둔 아이디어인지도 모르겠다. 이 간단한 지수적 가속설을 검증하는 한 가지 방법은 누적 인용 횟수에 로그를 취하여 그래프를 그려 보는 것이다. 그 크기에 비례하는 성장 속도에 이미 도달한 성장 과정을 우리는 지수적 성장exponential growth이라고 부른다. 전형적으로 지수적 성장 과정을 보이는 것으로 질병의 확산을 들 수 있다. 한 사람은 몇 명의 다른 사람에게서 바이러스를 받고 또 같은 수의 사람에게 바이러스를 전달하면서 질병에 걸린 사람의 수는 점점 더 그 속도가 빠르게 증가한다. 지수적 성장 곡선을 판정하는 방법은 로그를

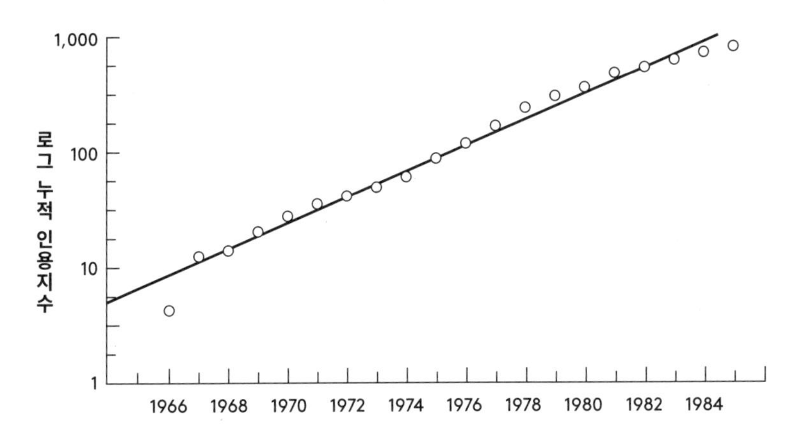

<그림 2> 해밀턴 논문(1964)의 누적 인용 지수에 로그를 취한 그래프

취해서 그래프를 그렸을 때 직선이 되는지를 보는 것이다. 꼭 필요한 것은 아니지만 누적 수치에 대해서 로그를 취한 그래프를 그리는 것은 편리하고도 대중적인 방법이다. 해밀턴의 밈이 퍼져 나가는 질병의 확산과 비슷한 방식으로 퍼져 나간다면, 로그를 취한 누적 수치 그래프의 지점들이 하나의 직선상에 위치해야 한다.

<그림 2>에 그려진 직선은 모든 지점의 위치에 통계적으로 가장 근사한 직선이다. 1966년과 1967년 사이 갑자기 증가하는 것처럼 보이는 것은 무시해야 할 것이다. 숫자가 작으면 로그를 취한 수치가 과장되기 쉽기 때문이다. 따라서 이 그래프는 물론 약간 들쭉날쭉하기는 하지만 한 직선에 잘 근사한다고 말할 수 있다. 만약 지수적 증가라는 내 의견이 받아들여진다면, 해밀턴의 혈연선택 이론에 대한 과학계의 관심은 1967년부터 1980년대 후반까지 이어지는, 천천히 증가하여 폭발에 이르는 양상을 보인다. 여러 책과 논문들이 나온다는 것은 이러한 장기적 양상에 대한 전조인 동시에 이유라고 보아야 할 것이다.

그나저나 이 증가 양상이 하찮은 것이며, 필연적인 것이라고 생각하

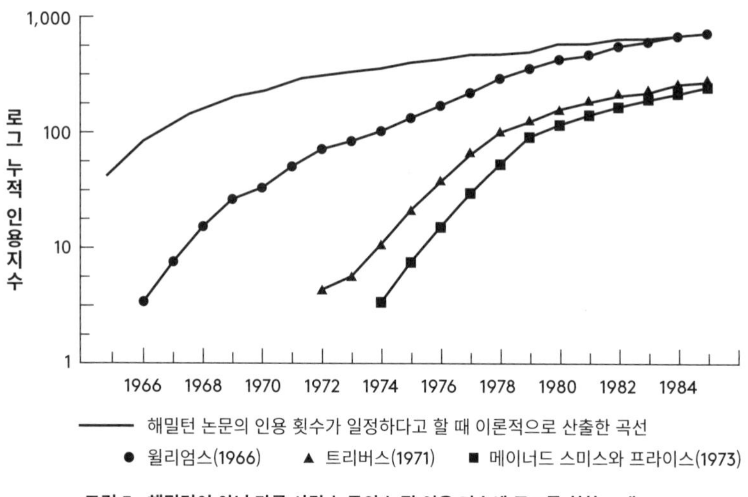

<그림 3> 해밀턴이 아닌 다른 사람 논문의 누적 인용 지수에 로그를 취한 그래프
해밀턴 논문에 대한 '이론적' 곡선과 비교해 보기 바란다(자세한 설명은 본문 참조).

지는 않기 바란다. 물론 매년 인용 횟수가 일정하더라도 누적 곡선은 증가하는 추세를 보일 것이다. 그러나 로그를 취하면 그 증가 속도가 줄어들어 결국 일정 수준에서 멈추게 된다. <그림 3>의 맨 위에 있는 두꺼운 곡선은 매년 인용 횟수가 일정하다고 할 때(해밀턴의 논문이 인용되는 평균 횟수와 비슷한 수준으로 매년 37회라고 가정할 때) **이론적으로** 얻어지는 곡선이다. 점점 편평해지는 **곡선**을 <그림 2>의 **직선**과 비교해 보면 해밀턴의 논문 인용 횟수가 지수적으로 증가하고 있음을 알 수 있다. 인용 횟수가 일정하게 유지되는 것이 아닌, 증가에 증가를 거듭하고 있는 예를 우리는 보고 있다.

둘째로, 지수적 증가가 별것 아니라고 생각할지도 모르겠다. 과학적 논문의 전체 출판율이나 그에 따라 다른 논문을 인용하는 기회 자체가 지수적으로 증가하는 것은 아닌가? 아마도 과학계 저변의 크기가 지수적으로 증가하는 것인지도 모른다. 해밀턴 밈에 뭔가 특별한 것이 있다는 것을 보이는 가장 쉬운 방법은 다른 논문에 대해서도 같은 종류의 그래프를 그려 보는 것이다. <그림 3>에는 다른 저작물 세 편(이 책의 초판에 막강한 영향력을 행사했던 논문들이다)의 누적 인용 횟수의 로그 수치도 표시되어 있다. 이들은 윌리엄스의 1966년 책 『적응과 자연선택』, 트리버스의 호혜적 이타주의에 대한 1971년 논문, 메이너드 스미스와 프라이스의 ESS 아이디어를 도입한 1973년 논문이다. 이들 모두는 전 기간에 걸쳐 지수적으로 증가하지 않는 양상을 뚜렷이 보인다. 그러나 이 저작들의 연간 인용 횟수 역시 늘 같지는 않으며, 어느 기간에 대해서는 지수적 증가를 했다고 볼 수 있을지도 모르겠다. 예를 들어 윌리엄스의 곡선은 1970년 이후로 로그 수치가 대략 직선을 그리는데, 이로써 이 또한 폭발적인 영향력을 지니게 되었다고 말할 수 있다.

나는 지금까지 해밀턴 밈을 퍼뜨린 특정 작품의 영향력에 대해 다루지 않았다. 그러나 밈에 대한 분석에 덧붙일 수 있는 것이 있다. '올드랭사인'이나 'Rule Britannia'에서처럼 돌연변이 오류도 있다. 1964년에 발표된 해밀턴 논문 한 쌍의 원래 제목은 '사회 행동의 유전적 진화The Genetical Evolution of Social Behaviour'이다. 1970년대 중후반에 『사회생물학』과 『이기적 유전자』를 포함한 관련 저작물이 쏟아져 나오면서 이 제목을 '사회 행동의 유전적 이론The genetical theory of social behaviour'이라고 잘못 인용하기 시작했다. 존 시거Jon Seger와 폴 하비Paul Harvey는 과학적 영향력에 대한 일종의 방사능 표지 같은 표지자가 될 것이라고 생각하면서 이 돌연변이 밈의 근원을 찾아 나섰다. 그리고 1975년에 출판된 윌슨의 영향력 있는 책 『사회생물학』에서 그 근원을 찾아냈고, 이 밈의 가계도에 대한 간접적인 증거까지도 찾아냈다.

나는 윌슨의 대저작을 존경한다. 나는 사람들이 그 책에 대한 글을 읽지 않고 그 책을 직접 읽었으면 한다. 그렇기는 하지만, 그의 책이 내 책에 영향을 주었다는 완전히 그릇된 이야기를 들을 때마다 화가 난다. 그러나 내 책 역시 방사능 표지와 같은 그 돌연변이 밈을 담고 있기 때문에 적어도 하나의 밈 이상이 윌슨에게서 나에게로 전해진 것처럼 보이는 것이다. 이는 그다지 놀랄 일이 아니다. 『사회생물학』이 영국에서 출판된 것은 내가 『이기적 유전자』를 끝냈을 무렵, 아마도 내가 참고 문헌을 정리하고 있을 때쯤이었을 것이다. 윌슨의 방대한 참고 문헌은 도서관에서 보내야 할 시간을 줄여 주는, 신이 내려준 선물이었을 것이다. 하지만 내가 1970년에 옥스퍼드 대학교에서 강의하면서 학생들에게 나누어 주었던, 등사된 참고 문헌 목록을 발견했을 때, 내 분한 감정은 기쁨으로 변했다. 거기에는 정말로 '사회 행동의 유전적 이론'이라고 쓰여 있었다. 윌슨의 책이 출판되기 5년도 전에 말이다. 윌슨은 1970년에 내가 작성한 참고 문헌 목록을 보았을 리가 없다. 따라서 윌슨과 내가 독립적으로 똑같은 돌연변이 밈을 만들어 냈다는 데는 의심의 여지가 없다.

어떻게 이런 우연이 있을 수 있을까? 한 번 더, '올드랭사인'의 경우에서와 같이 그에 대한 설명을 생각해 내는 것은 그리 어렵지 않다. 피셔의 가장 유명한 책의 제목은 『자연선택에 대한 유전적 이론The Genetical Theory of Natural Selection』이다. 이러한 제목이 진화생물학자들에게 익숙해지다 보니, 처음 두 단어만 들어도 그다음 단어를 자동적으로 떠올리게 되는 것은 당연한 일이다. 아마도 윌슨과 나는 그랬을 것이다. 이로써 행복한 결론으로 이야기는 끝이 난다. 피셔의 영향을 받았음을 인정하기 꺼려하는 사람은 아무도 없을 테니 말이다.

372쪽 인간의 뇌는 밈이 살고 있는 컴퓨터다.

공장에서 만들어진 컴퓨터도 결국 정보의 자기 복제 형태, 즉 밈의 숙주가 될 것임은 분명히 예측 가능하다. 컴퓨터는 점점 더 정보를 공유하는 복잡한 네트워크로 묶이고 있다. 이 중 다수는 전자 메일을 주고받으며 말 그대로 서로 연결되어 있다. 다른 컴퓨터들은 주인이 플로피 디스크를 여기저기 전달할 때 정보를 공유한다. 이는 자기 복제 프로그램이 번창하고 퍼질 수 있는 완벽한 환경이다. 내가 초판을 쓸 때, 나는 제대로 된 프로그램을 복사하는 과정에서 자연히 오류가 생기면서 부적절한 컴퓨터 밈이 생겨날 것이라 생각했고, 그 발생이 거의 불가능할 것이라고 생각할 정도로 순진했다. 아, 순수의 시대는 가버렸다. 악의를 지닌 프로그래머들이 일부러 퍼뜨린 '바이러스'와 '웜'의 유행은 오늘날 전 세계 모든 컴퓨터 사용자들에게 친숙한 위험 요소다. 내 하드 디스크는 작년에 내가 아는 것만도 두 번 다른 바이러스에 감염되었고, 이 정도면 컴퓨터를 오래 쓰는 사람들에게는 보통인 수준이다. 자기들이 끔찍한 침입자를 만들어 냈다는 데 모종의 만족감을 줄지도 모르니 그 이름은 언급하지 않으려 한다. '끔찍하다'고 했는데, 왜냐하면 이들이 하는 짓이 식수를 오염시키고 병원균을 뿌려 사람들이 아픈 것을 보고 킬킬거리는 미생물학 연구실의 기술자가 하는 짓과 도덕적으로 똑같아 보이기 때문이다. 컴퓨터 바이러스를 만들어 내는 것은 똑똑한 짓이 아니다. 웬만한 능력의 프로그래머라면 누구나 할 수 있으며, 그런 프로그래머들은 세상에 널려 있다. 나도 그쯤은 한다. 컴퓨터 바이러스가 어떻게 작동하는지 애써 설명하지는 않겠다. 너무 자명하니 말이다.

바이러스에 맞서는 방법을 아는 것은 그만큼 쉽지 않다. 불행히도 프로그램 전문가들은 그들의 소중한 시간을 바이러스 탐지 프로그램이나 백신 프로그램 등을 만드는 데 써 버렸다(의학 백신과 컴퓨터 백신은 바이러스의 '약해진 종류'를 주사하는 것이라는 점까지 비슷하다). 이제 위험한 것은 군비 확장 경쟁이 시작될 것이라는 점이다. 바이러스를 막는 프로그램이 진보하면 새 바이러스가 이에 맞서 또 다른 진보를 하게 될 것이다. 지금까지 대부분의 안티 바이러스 프로그램은 이타주의자들이 만들어 냈고 일종의 서비스로 무료로 배포되었다. 그러나 내가 예견하건대 소프트웨어 의사라는 전혀 새로운 직업이 탄생할 것이다. 돈이 되는 직업은 전문화되기 마련이다. 이들은 진단용과 치료용 플로피 디스크가 가득 담긴 검정 가방을 들고 사람들의 전화를 기다릴 것이다. '의사'라고 하기는 했지만, 진짜 의사는 인간의 악의가 만들어 내지 않은 자연의 문제를 해결한다.

하지만 소프트웨어 의사는 변호사처럼 예전에는 존재하지도 않았을 법한, 사람이 만들어 낸 문제를 해결할 것이다. 바이러스를 만드는 사람들이 별다른 동기 없이 바이러스를 만들어 내는 한, 이들은 아마도 막연히 무질서 상태에 있을 것이다. 그들에게 호소하고 싶다. 정말 무기력하고 나약한 직업을 갖고 싶은가? 만약 아니라면 바보 같은 밈 장난을 그만두고 당신의 프로그래밍 능력을 좀 더 나은 데 쓰기 바란다.

373쪽 맹신은 어떤 것도 정당화할 수 있다.

내가 예상했던 대로 믿음의 희생자들로부터 내 비판에 항의하는 엄청난 양의 편지가 쏟아지고 있다. 믿음은 자기에게 유리하게 사람들, 특히 어린이들을 세뇌시키는 아주 훌륭한 전략이므로 그 믿음을 깨는 것은 어려운 일이다. 그러나 믿음이란 결국 무엇인가? 믿음은 사람들이 근거가 전혀 없음에도 불구하고 어떤 것(그야말로 아무거나)을 믿게 만드는 심리 상태다. 만약 확고한 근거가 있다면 믿음이 필요치 않을 것이다. 그 근거만으로도 사람들은 믿게 될 테니 말이다. 이러한 이유로 사람들이 흔히 되뇌는 "진화 그 자체도 믿음의 문제다"라는 주장이 어리석은 것이 된다. 사람들이 진화를 믿는 것은 단지 믿고 싶어서가 아니라, 엄청난 양의 공공의 증거가 있기 때문이다.

믿음은 '그야말로 아무거나' 믿게 만든다고 했는데, 실제로 사람들은 전적으로 어리석은, 임의의 것에 믿음을 가지기도 한다. 더글라스 애덤스 Douglas Adams의 소설 『더크 젠틀리의 탐정 사무소*Dirk Gently's Holistic Detective Agency*』에 나오는 외계에서 온 로봇 신부가 진짜 있다고 믿는 사람들도 있다. 로봇 신부는 믿도록 만들어진 존재이고, 그 역할을 충분히 해내고 있다. 그가 처음 등장할 때 그는 모든 증거에도 불구하고 세상 모든 것이 분홍색이라고 굳게 믿고 있었다. 어떤 사람이 믿음을 갖고 있는 대상이 꼭 어리석어야 하느냐에 대해 논쟁하고 싶지는 않다. 그럴 수도 있고 아닐 수도 있다.

중요한 것은 그 대상이 어리석으냐 아니냐를 판단할 기준도 없거니와, 다른 대상을 믿는 것이 더 나은지 논의할 가치도 없다는 점이다. 증거가 전혀 없기 때문이다. 실제로 진정한 믿음은 증거를 필요치 않는다는 사실은 위대한 진리인 듯 여겨지고 있다. 불신하는 도마의 이야기를 인용한 것도 바로 이 점 때문이다. 열두 제자 중 정말 존경받아야 할 인물은 도마뿐이다.

믿음으로 산을 옮길 수는 없다(비록 수 세대 동안 어린이들은 믿음으로 산을 옮길 수 있다고 배워 왔고 그렇게 믿고 있지만 말이다). 그러나 믿음은 사람들이 이러한 위험한 발상을 믿게 만들 수 있고, 따라서 내게 믿음은 일종의 정신 질환처럼 보이기도 한다. 그 대상이 무엇이든 간에 믿음은 사람들에게 극단적인 경우에는 더 이상의 정당한 사유 없이 살인을 하거나 목숨을 바치게 할 수도 있다. 키스 헨슨Keith Henson은 밈에 너무 심취하여 자신의 생존을 하찮게 여기는 사람에 대해 '미모이드memeoid'라는 용어를 붙였고, "벨파스트나 베이루트 등지의 저녁 뉴스에 이러한 사람들이 등장하는 것을 심심치 않게 볼 수 있다"고 덧붙였다. 믿음의 힘은 동정, 용서, 관대 등 인간 감정에 대한 모든 호소로부터 사람들을 무디게 만든다. 순교자의 영혼은 곧장 천국으로 향한다고 믿는 사람들은 공포로부터도 무디다. 이 얼마나 강력한 무기인가. 종교적 믿음은 전쟁술 연보의 한 장을 장식할 만한 것이며, 활, 군마, 탱크, 수소 폭탄과 한자리에 나란히 설명될 수도 있을 것이다.

378쪽 이 지구에서는 우리 인간만이 유일하게 이기적인 자기 복제자의 폭정에 반역할 수 있다.

위의 내 결론은 낙관론적인 논조를 띠고 있는데, 이 책 다른 부분의 내용과 일관성이 떨어진다고 생각하는 비평가들은 이 결론을 탐탁지 않게 생각한다. 어떤 비평가들은 강력한 유전자의 영향력을 옹호하는 교조적 사회생물학자들인 반면, 다른 사람들은 완전히 반대편인, 악마적 우상을 옹호하는 급진적인 고위 성직자들이다! 로즈, 카민, 르원틴은 『우리 유전자 안에 없다』에서 '환원주의'라는 두려움의 존재를 만들어 냈다. 그리고 최고의 환원주의자는 '결정론자'일 것이며, 더 적합하게는 '유전자 결정론자'일 것이라고 말한다.

> 환원주의자들에게 뇌란 결정된 생물학적 물체로서, 그 특성이 우리가 관찰할 수 있는 행동과, 우리가 행동으로부터 유추할 수 있는 생각이나 의도를 만들어 낸다. (…) 이러한 견지는 윌슨과 도킨스가 제안하는 사회생물학적 원리에 전적으로 부합한다. 그러나 이러한 견지를 채택하기 전에 우선 윌슨이나 도킨스는 인간 행동의 본능적 측면을 논의해야 할 것인데, 교양 있는 신사인 이들이 이러한 측면(앙심, 사상 주입 등)에 관심이 있을지 의문인 데다가, 이 논의를 거친다고 하더라도 모든 행위가 생물학적으로 결정된다고 할 때 범죄 행위에 대한 책임을 어떻게 지울 것이냐에 관한 윤리적 문제에 봉착하게 될 것이다. 이러한 문제를 회피하기 위해 윌슨과 도킨스는 우리가 원한다면 유전자의 명령에 반항할 수 있게 해 주는 '자유 의지'를 들먹이고 있다. (…) 이는 근본적으로 뻔뻔스러운, 이원주의적 기계신을 들먹이는, 데카르트적 사고방식으로 돌아가는 것이다.

내가 **보기에** 로즈 등은 우리가 만든 케이크를 우리가 먹고 있다고 비난하는 것 같다. 우리가 '유전자 결정론자'이거나 '자유 의지'를 믿거나 둘 중 하나이지, 둘 다는 될 수 없다고 생각하는 모양이다. 그러나(윌슨 교수도 나와 같은 입장일 것이라고 생각하고 말한다) 우리가 '유전자 결정론자'인 것은 로즈 등의 눈에만 그런 것이다. 이들이 이해하지 못하는 것은(아마도 믿기 어렵겠지만), 유전자가 인간 행동에 통계적으로 유의미한 수준에서 영향력을 행사한다는 견지와, 그 영향력이 다른 요인에 의해 무효가 되거나 전혀 반대 양상이 나타나거나 하는 식으로 조정될 수 있다는 견지를 동시에 갖는 것에는 전혀 문제 될 것이 없다는 점이다. 유전자는 자연선택을 거쳐 진화한 모든 행동 양상에 통계적으로 유의미한 영향력을 반드시 행사한다. 로즈 등도 다른 모든 형질이 자연선택을 거쳐 진화한 것과 마찬가지로 인간의 성적 욕구가 자연선택을 거쳐 진화했다고 믿을 것이다. 따라서 유전자가 다른 무엇에라도 영향을 미치는 것과 마찬가지로, 성적 욕구에 영향을 미치는 유전자가 있었다는 것에도 동의해야만 한다. 그러나 이들은 아마도 사회적으로 필요하다 싶을 때에는 별문제 없이 성적 욕구를 억제할 수 있을 것이다. 이것은 이원적 아닌가? 분명히 아니다. 그리고 '이기적인 자기 복제자의 폭정에 대한 반역'을 내가 옹호하는 것도 이원적이 아니다. 우리, 즉 우리의 뇌는 우리 유전자의 명령에 반항할 수 있을 만큼 유전자로부터 떨어져 있고 독립적이다. 이미 살펴본 대로, 우리가 피임법을 사용하는 것도 작은 반역이다. 우리가 큰 규모의 반역 역시 꾀하지 못할 이유는 아무것도 없다.

참고 문헌

- Alexander, R. D. (1961) Aggressiveness, territoriality, and sexual behavior in field crickets. *Behaviour* 17, 130-223.
- ____, (1974) The evolution of social behavior. *Annual Review of Ecology and Systematics* 5, 325-83.
- ____, (1980) *Darwinism and Human Affairs*. London: Pitman.
- ____, (1987) *The Biology of Moral Systems*. New York: Aldine de Gruyter.
- Alexander, R. D. and Sherman, P. W. (1977) Local mate competition and parental investment in social insects. *Science* 96, 494-500.
- Allee, W. C. (1938) *The Social Life of Animals*. London: Heinemann.
- Altmann, S. A. (1979) Altruistic behaviour: the fallacy of kin deployment. *Animal Behaviour* 27, 958-9.
- Alvarez, F., de Reyna, A., and Segura, H. (1976) Experimental brood-parasitism of the magpie (*Pica pica*). *Animal Behaviour* 24, 907-16.
- Anon. (1989) Hormones and brain structure explain behaviour. *New Scientist* 121 (1649), 35.
- Aoki, S. (1987) Evolution of sterile soldiers in aphids. In *Animal Societies: Theories and facts* (eds. Y. lto, J. L. Brown, and J. Kikkawa). Tokyo: Japan Scientific Societies Press. pp. 53-65.
- Ardrey, R. (1970) *The Social Contract*. London: Collins.
- Axelrod, R. (1984) *The Evolution of Cooperation*. New York: Basic Books.
- Axelrod, R. and Hamilton, W. D. (1981) The evolution of cooperation. *Science* 211, 1390-6.
- Baldwin, B. A. and Meese, G. B. (1979) Social behaviour in pigs studied by means of operant conditioning. *Animal Behaviour* 27, 947-57.
- Bartz, S. H. (1979) Evolution of eusociality in termites. *Proceedings of the National Academy of Sciences*, USA 76(11), 5764-8.
- Bastock, M. (1967) *Courtship: A Zoological Study*. London: Heinemann.
- Bateson, P. (1983) Optimal outbreeding. In *Mate Choice* (ed. P. Bateson). Cambridge: Cambridge University Press. pp. 257-77.
- Bell, G. (1982) *The Masterpiece of Nature*. London: Croom Helm.

- Bertram, B. C. R. (1976) Kin selection in lions and in evolution. In *Growing Points in Ethology* (eds. P. P. G. Bateson and R. A. Hinde). Cambridge: Cambridge University Press. pp. 281-301.
- Bonner, J. T. (1980) *The Evolution of Culture in Animals*. Princeton: Princeton University Press.
- Boyd, R. and Lorberbaum, J. P. (1987) No pure strategy is evolutionarily stable in the repeated Prisoner's Dilemma game. *Nature* 327, 58-9.
- Brett, R. A. (1986) The ecology and behaviour of the naked mole rat (*Heterocephalus glaber*). Ph. D. thesis, University of London.
- Broadbent, D. E. (1961) *Behaviour*. London: Eyre and Spottiswoode.
- Brockmann, H. J. and Dawkins, R. (1979) Joint nesting in a digger wasp as an evolutionarily stable preadaptation to social life. *Behaviour* 71, 203-45.
- Brockmann, H. J., Grafen, A., and Dawkins, R. (1979) Evolutionarily stable nesting strategy in a digger wasp. *Journal of Theoretical Biology* 77, 473-96.
- Brooke, M. de L. and Davies, N. B. (1988) Egg mimicry by cuckoos Cuculus canorus in relation to discrimination by hosts. *Nature* 335, 630-2.
- Burgess, J. W. (1976) Social spiders. *Scientific American* 234(3), 101-6.
- Burk, T. E. (1980) An analysis of social behaviour in crickets. D. Phil. thesis, University of Oxford.
- Cairns-Smith, A. G. (1971) *The Life Puzzle*. Edinburgh: Oliver and Boyd.
- ____, (1982) *Genetic Takeover*. Cambridge: Cambridge University Press.
- ____, (1985) *Seven Clues to the Origin of Life*. Cambridge: Cambridge University Press.
- Cavalli-Sforza, L. L. (1971) similarities and dissimilarities of sociocultural and biological evolution. In *Mathematics in the Archaeological and Historical Sciences* (eds. F. R. Hodson, D. G. Kendall, and P. Tautu). Edinburgh: Edinburgh University Press. pp. 535-41.
- Cavalli-Sforza, L. L. and Feldman, M. W. (1981) *Cultural Transmission and Evolution: A Quantitative Approach*. Princeton: Princeton University Press.
- Charnov, E. L. (1978) Evolution of eusocial behavior: offspring choice or Parental Parasitism? *Journal of Theoretical Biology* 75, 451-65.

- Charnov, E. L. and Krebs, J. R. (1975) The evolution of alarm calls: altruism or manipulation? *American Naturalist* 109, 107-12.
- Cherfas, J. and Gribbin, J. (1985) *The Redundant Male*. London: Bodley Head.
- Cloak, F. T. (1975) Is a cultural ethology possible? *Human Ecology* 3, 161-82.
- Crow, J. F. (1979) Genes that violate Mendel's rules. *Scientific American* 240(2), 104-13.
- Cullen, J. M. (1972) Some Principles of animal communication. In *Non-verbal communication* (ed. R. A. Hinde). Cambridge: Cambridge University Press. pp. 101-22.
- Daly, M. and Wilson, M. (1982) *Sex, Evolution and Behavior*. 2nd edition. Boston: Willard Grant.
- Darwin, C. R. (1859) *The Origin of Species*. London: John Murray.
- Davies, N. B. (1978) Territorial defence in the speckled wood butterfly (*Pararge aegeria*): the resident always wins. *Animal Behaviour* 26, 138-47.
- Dawkins, M. S. (1986) *Unravelling Animal Behaviour*. Harlow: Longman.
- Dawkins, R. (1979) In defence of selfish genes. *Philosophy* 56, 556-73.
- ____, (1979) Twelve misunderstandings of kin selection. *Zeitschrift für Tierpsychologie* 51, 184-200.
- ____, (1980) Good strategy or evolutionarily stable strategy? In *Sociobiology: Beyond Nature/Nurture* (eds. G. W. Barlow and J. Silverberg). Boulder, Colorado: Westview Press. pp. 331-67.
- ____, (1982) *The Extended Phenotype*. Oxford: W. H. Freeman.
- ____, (1982) Replicators and vehicles. In *Current Problems in Sociobiology* (eds. King's College Sociobiology Group). Cambridge: Cambridge University Press. pp. 45-64.
- ____, (1983) Universal Darwinism. In *Evolution from Molecules to Men* (ed. D. S. Bendall). Cambridge: Cambridge University Press. pp. 403-25.
- ____, (1986) *The Blind Watchmaker*. Harlow: Longman.
- ____, (1986) Sociobiology: the new storm in a teacup. In *Science and Beyond* (eds. S. Rose and L. Appignanesi). Oxford: Basil Blackwell. pp. 61-78.
- ____, (1989) The evolution of evolvability. In *Artificial Life* (ed. C. Langton). Santa Fe: Addison-Wesley. pp. 201-20.

- ____, (1993) Worlds in microcosm. In *Humanity, Environment and God* (ed. N. Spurway). Oxford: Basil Blackwell.
- Dawkins, R. and Carlisle, T. R. (1976) Parental investment, mate desertion and a fallacy. *Nature* 262, 131-2.
- Dawkins, R. and Krebs, J. R. (1978) Animal signals: information or manipulation? In *Behavioural Ecology: An Evolutionary Approach* (eds. J. R. Krebs and N. B. Davies). Oxford: Blackwell Scientific Publications. pp. 282-309.
- ____, (1979) Arms races between and within species. *Proceedings of the Royal Society of London* B 205, 489-511.
- De Vries, P. J. (1988) The larval ant-organs of Thisbe irenea (Lepidoptera: Riodinidae) and their effects upon attending ants. *Zoological Journal of the Linnean Society* 94, 379-93.
- Delius, J. D. (1991) The nature of culture. In *The Tinbergen Legacy* (eds. M. S. Dawins, T. R. Halliday and R. Dawkins). London: Chapman and Hall.
- Dennett, D. C. (1989) The evolution of consciousness. In *Reality Club* 3 (ed. J. Brockman). New York: Lynx Publications.
- Dewsbury, D. A. (1982) Ejaculate cost and male choice. *American Naturalist* 119, 601-10.
- Dixson, A. F. (1987) Baculum length and copulatory behavior in primates. *American Journal of Primatology* 13, 51-60.
- Dobzhansky, T. (1962) *Mankind Evolving*. New Haven: Yale University Press.
- Doolittle, W. F. and Sapienza, C. (1980) Selfish genes, the phenotype paradigm and genome evolution. *Nature* 284, 601-3.
- Ehrlich, P. R., Ehrlich, A. H., and Holdren, J. P. (1973) *Human Ecology*. San Francisco: Freeman.
- Eibl-Eibesfeldt, I. (1971) *Love and Hate*. London: Methuen.
- Eigen, M., Gardiner, W., Schuster, P., and Winkler-Oswatitsch, R. (1981) The origin genetic information. *Scientific American* 244 (4), 88-118.
- Eldredge, N. and Gould, S. J. (1972) Punctuated equilibrium: an alternative to phyletic gradualism. In *Models in Paleobiology* (ed. J. M. Schopf). San Francisco: Freeman Cooper. pp. 82-115.

- Fischer, E. A. (1980) The relationship between mating system and simultaneous hermaphroditism in the coral reef fish, *Hypoplectrus nigricans* (Serranidae). *Animal Behaviour* 28, 620-33.
- Fisher, R. A. (1930) *The Genetical Theory of Natural Selection*. Oxford: Calrendon Press.
- Fletcher, D. J. C. and Michener, C. D. (1987) *Kin Recognition in Humans*. New york: Wiley.
- Fox, R. (1980) *The Red Lamp of Incest*. London: Hutchinson.
- Gale, J. S. and Eaves, L. J. (1975) Logic of animal conflict. *Nature* 254, 463-4.
- Gamlin, L. (1987) Rodents join the commune. *New Scientist* 115 (1571), 40-7.
- Gardner, B. T. and Gardner, R. A. (1971) Two-way communication with an infant chimpanzee. In *Behavior of Non-human Primates* 4 (eds. A. M. Schrier and F. Stollnitz). New York: Academic Press. pp. 117-84.
- Ghiselin, M. T. (1974) *The Economy of Nature and the Evolution of Sex*. Berkeley: University of California Press.
- Gould, S. J. (1980) *The Panda's Thumb*. New York: W. W. Norton.
- ____, (1983) *Hen's Teeth and Horse's Toes*. New York: W. W. Norton.
- Grafen, A. (1984) Natural selection, kin selection and group selection. In *Behavioural Ecology: An Evolutionary Approach* (eds. J. R. Krebs and N. B. Davies). Oxford: Blackwell Scientific Publications. pp. 62-84.
- ____, (1985) A geometric view of relatedness. In *Oxford Surveys in Evolutionary Biology* (eds. R. Dawkins and M. Ridley), 2, pp. 28-89.
- ____, (1990). Sexual selection unhandicapped by the Fisher process. *Journal of Theoretical Biology* 144, 473-516
- Grafen, A. and Sibly, R. M. (1978) A model of mate desertion. *Animal Behaviour* 26, 645-52.
- Haldane, J. B. S. (1955) Population genetics. *New Biology* 18, 34-51.
- Hamilton, W. D. (1964) The genetical evolution of social behaviour (I and II). *Journal of Theoretical Biology* 7, 1-16; 17-52.
- ____, (1966) The moulding of senescence by natural selection. *Journal of Theoretical Biology* 12, 12-45.

- ____, (1967) Extraordinary sex ratios. *Science* 156, 477-88.
- ____, (1971) Geometry for the selfish herd. *Journal of Theoretical Biology* 31, 295-311.
- ____, (1972) Altruism and related phenomena, mainly in social insects. *Annual Review of Ecology and Systematics* 3, 193-232.
- ____, (1975) Gamblers since life began: barnacles, aphids, elms. *Quarterly Review of Biology* 50, 175-80.
- ____, (1980) Sex versus non-sex versus parasite. *Oikos* 35, 282-90.
- Hamilton, W. D. and Zuk, M. (1982) Heritable true fitness and bright birds: a role for parasites? *Science* 218, 384-7.
- Hampe, M. and Morgan, S. R. (1987) Two consequences of Richard Dawkins' view of genes and organisms. *Studies in the History and philosophy of Science* 19, 119-38.
- Hansell, M. H. (1984) *Animal Architecture and Building Behaviour*. Harlow: Longman.
- Hardin, G. (1978) Nice guys finish last. In *Sociobiology and Human Nature* (eds. M. S. Gregory, A. Silvers and D. Sutch). San Francisco: Jossey Bass. pp. 183-94.
- Henson, H. K. (1985) Memes, L_5 and the religion of the space colonies. L_5 News, September 1985, pp. 5-8.
- Hinde, R. A. (1974) *Biological Bases of Human Social Behaviour*. New York: McGraw-Hill.
- Hoyle, F. and Elliot, J. (1962) *A for Andromeda*. London: Souvenir Press.
- Hull, D. L. (1980) Individuality and selection. *Annual Review of Ecology and Systematics* 11, 311-32.
- ____, (1981) Units of evolution: a metaphysical essay. In *The Philosophy of Evolution* (eds. U. L. Jensen and R. Harré). Brighton: Harvester. pp. 23-44.
- Humphrey, N. (1986) *The Inner Eye*. London: Faber and Faber.
- Jarvis, J. U. M. (1981) Eusociality in a mammal: cooperative breeding in naked mole-rat colonies. *Science* 212, 571-3.
- Jenkins, P. F. (1978) Cultural transmission of song patterns and dialect development in a free-living bird population. *Animal Behaviour* 26, 50-78.
- Kalmus, H. (1969) Animal behaviour and theories of fames of fames and of language. *Animal Behaviour* 17, 607-17.
- Krebs, J. R. (1977) The significance of song repertoires - the Beau Geste hypothesis.

Animal Behaviour 25, 475-8.
- Krebs, J. R. and Dawkins, R. (1984) Animal signals: mind-reading and manipulation. In *Behavioural Ecology: An Evolutionary Approach* (eds. J. R. Krebs and N. B. Davies), 2nd edition. Oxford: Blackwell Scientific Publications. pp. 380-402.
- Kruuk, H. (1972) *The Spotted Hyena: A Study of Predation and Social Behavior*. Chicago: Chicago University Press.
- Lack, D. (1954) *The Natural Regulation of Animal Numbers*. Oxford: Clarendon Press.
- ____, (1966) *Population Studies of Birds*. Oxford: Clarendon Press.
- Le Boeuf, B. J. (1974) Male-male competition and reproductive success in elephant seals. *American Zoologist* 14, 163-76.
- Lewin, B. (1974) *Gene Expression*, volume 2. London: Wiley.
- Lewontin, R. C. (1983) The organism as the subject and object of evolution. *Scientia* 118, 65-82.
- Lidicker, W. Z. (1965) Comparative study of density regulation in confined populations of four species of rodents. *Researches on Population Ecology* 7(27), 57-72.
- Lombardo, M. P. (1985) Mutual restraint in tree swallows: a test of the Tit for Tat model of reciprocity. *Science* 277, 1363-5.
- Lorenz, K. Z. (1966) *Evolution and Modification of Behavior*. London: Methuen.
- ____, (1966) *On Aggression*. London: Methuen.
- Luria, S. E. (1973) *Life - the Unfinished Experiment*. London: Souvenir Press.
- MacArthur, R. H. (1965) Ecological consequences of natural selection. In *Theoretical and Mathematical Biology* (eds. T. H. Waterman and H. J. Morowitz). New York: Blaisdell. pp. 388-97.
- Mackie, J. L. (1978) The law of the jungle: moral alternatives and principles of evolution. *Philosophy* 53, 455-64. Reprinted in *Persons and Values* (eds. J. Mackie and P. Mackie, 1985). Oxford: Oxford University Press. pp. 120-31.
- Margulis, L. (1981) *Symbiosis in Cell Evolution*. San Francisco: W. H. Freeman.
- Marler, P. R. (1959) Developments in the study of animal communication. In *Darwin's Biological Work* (ed. P. R. Bell). Cambridge: Cambridge University Press. pp. 150-206.
- Maynard Smith, J. (1972) Game theory and the evolution of fighting. In J. Maynard

Smith, *On Evolution*. Edinburgh: Edinburgh University Press. pp. 8-28.

- ____. (1974) The theory of games and the evolution of animal conflict. *Journal of Theoretical Biology* 47, 209-21.
- ____, (1976) Group selection. *Quarterly Review of Biology* 51, 277-83.
- ____, (1976) Evolution and the theory of games. *American Scientist* 64, 41-5.
- ____, (1976) Sexual selection and the handicap principle. *Journal of Theoretical Biology* 57, 239-42.
- ____, (1977) Parental investment: a prospective analysis. *Animal Behaviour* 25, 1-9.
- ____, (1978) *The Evolution of Sex*. Cambridge: Cambridge University Press.
- ____, (1982) *Evolution and the Theory of Games*. Cambridge: Cambridge University Press.
- ____, (1988) *Games, Sex, and Evolution*. New York: Harvester Wheatsheaf.
- ____, (1989) *Evolutionary Genetics*. Oxford: Oxford University Press.
- Maynard Smith, J. and Parker, G. A. (1976) The logic of asymmetric contests. *Animal Behaviour* 24, 159-75.
- Maynard Smith, J. and Price, G. R. (1973) The logic of animal conflicts. *Nature* 246, 15-18.
- McFarland, D. J. (1971) *Feedback Mechanisms in Animal Behaviour*. London: Academic Press.
- Mead, M. (1950) *Male and Female*. London: Gollancz.
- Medawar, P. B. (1952) *An Unsolved Problem in Biology*. London: H. K. Lewis.
- ____, (1957) *The Uniqueness of the Individual*. London: Methuen.
- ____, (1961) Review of P. Teilhard de Chardin, *The Phenomenon of Man*. Reprinted in P. B. Medawar (1982) *Pluto's Republic*. Oxford: Oxford University Press.
- Michod, R. E. and Levin, B. R. (1988) *The Evolution of Sex*. Sunderland, Massachusetts: Sinauer.
- Midgley, M. (1979) Gene-juggling. *Philosophy* 54, 439-58.
- Monod, J. L. (1974) On the molecular theory of evolution. In *Problems of Scientific Revolution* (ed. R. Harré). Oxford: Clarendon Press. pp. 11-24.
- Montagu, A. (1976) *The Nature of Human Aggression*. New York: Oxford University Press.
- Moravec, H. (1988) *Mind Children*. Cambridge, Massachusetts: Harvard University Press.

- Morris, D. (1957) 'Typical Intensity' and its relation to the problem of ritualization. *Behaviour* 11, 1-21.
- *Nuffield Biology Teachers Guide IV* (1966) London: Longman, p. 96.
- Orgel, L. E. (1973) *The Origins of Life*. London: Chapman and Hall.
- Orgel, L. E. and Crick, F. H. C. (1980) Selfish DNA: the ultimate parasite. *Nature* 284, 604-7.
- Packer, C. and Pusey, A. E. (1982) Cooperation and competition within coalitions of male lions: kin-selection or game theory? *Nature* 296, 740-2.
- Parker, G. A. (1984) Evolutionarily stable strategies. In *Behavioural Ecology: An Evolutionary Approach* (eds. J. R. Krebs and N. B. Davies) 2nd edition. Oxford: Blackwell Scientific Publications. pp. 62-84.
- Parker, G. A., Baker, R. R., and Smith, V. G. F. (1972) The origin and evolution of gametic dimorphism and the male-female phenomenon. *Journal of Theoretical Biology* 36, 529-53.
- Payne, R. S. and McVay, S. (1971) Songs of humpback whales. *Science* 173, 583-97.
- Popper, K (1974) The rationality of scientific revolutions In *Problems of Scientific Revolution* (ed. R. Harré). Oxford: Clarendon Press. pp. 72-101.
- ____, (1978) Natural selection and the emergence of mind. *Dialectica* 32, 339-55. Ridley, M. (1978) Paternal care. *Animal Behaviour* 26, 904-32.
- ____, (1985) *The Problems of Evolution*. Oxford: Oxford University Press.
- Rose, S., Kamin, L. J., and Lewontin, R. C. (1984) *Not In Our Genes*. London: Penguin.
- Rothenbuhler, W. C. (1964) Behavior genetics of nest cleaning in honey bees. IV. Responses of F_1 and backcross generations to disease-killed brood. *American Zoologist* 4, 111-23.
- Ryder, R. (1975) *Victims of Science*. London: Davis-Poynter.
- Sagan, L. (1967) On the origin of mitosing cells. *Journal of Theoretical Biology* 14, 225-74.
- Sahlins, M. (1977) *The Use and Abuse of Biology*. Ann Arbor: University of Michigan Press.
- Schuster, P. and Sigmund, K. (1981) Coyness, philandering and stable strategies. *Animal Behaviour* 29, 186-92.
- Seger, J. and Hamilton, W. D. (1988) Parasites and sex. In *The Evolution of Sex* (eds. R. E. Michod and B. R. Levin). Sunderland, Massachusetts: Sinauer. pp. 176-93.

- Seger, J. and Harvey, P. (1980) The evolution of the genetical theory of social behaviour. *New Scientist* 87 (1280), 50-1.
- Sheppard, P. M. (1958) *Natural Selection and Heredity*. London: Hutchinson.
- Simpson, G. G. (1966) The biological nature of man. *Science* 152, 478-8.
- Singer, P. (1976) *Animal Liberation*. London: Jonathan Cape.
- Smythe, N. (1970) On the existence ofpursuit invitation' signals in mammals. *American Naturalist* 104, 491-4.
- Sterelny, K. and Kitcher, P. (1988) The return of the gene. *Journal of Philosophy* 85, 339-61.
- Symons, D. (1979) *The Evolution of Human Sexuality*. New York: Oxford University Press.
- Tinbergen, N. (1953) *Social Behaviour in Animals*. London: Methuen.
- Treisman, M. and Dawkins, R. (1976) The cost of meiosis-is there any? *Journal of Theoretical Biology* 63, 479-84.
- Trivers, R. L. (1971) The evolution of reciprocal altruism. *Quarterly Review of Biology* 46, 35-57.
- ____, (1972) Parental investment and sexual selection. In *Sexual Selection and the Descent of Man* (ed. B. Campbell). Chicago: Aldine. pp. 136-79.
- ____, (1974) Parent-offspring conflict. *American Zoologist* 14, 249-64.
- ____, (1985) *Social Evolution*. Menlo Park: Benjamin/Cummings.
- Trivers. R. L. and Hare, H. (1976) Haplodiploidy and the evolution of the social insects. *Science* 191, 249-63.
- Turnbull, C. (1972) *The Mountain People*. London: Jonathan Cape.
- Washburn, S. L. (1978) Human behavior and the behavior of other animals. *American Psychologist* 33, 405-18.
- Wells, P. A. (1987) Kin recognition in humans. In *Kin Recognition in Animals* (eds. D. J. C. Fletcher and C. D. Michener). New York: Wiley. pp. 395-415.
- Wickler, W. (1968) *Mimicry*. London: World University Library.
- Wilkinson, G. S. (1984) Reciprocal food-sharing in the vampire bat, *Nature* 308, 181-4.
- Williams, G. C. (1957) Pleiotropy, natural selection, and the evolution of senescence. *Evolution* 11, 398-411.

- ____, (1966) *Adaptation and Natural Selection*. Princeton: Princeton University Press.
- ____, (1975) *Sex and Evolution*. Princeton: Princeton University Press.
- ____, (1985) A defense of reductionism in evolutionary biology. In *Oxford Surveys in Evolutionary Biology* (eds. R. Dawkins and M. Ridley), 2, pp. 1-27.
- Wilson, E. O. (1971) *The Insect Societies*. Cambridge, Massachusetts: Harvard University Press.
- ____, (1975) *Sociobiology: The New Synthesis*. Cambridge, Massachusetts: Harvard University Press.
- ____, (1978) *On Human Nature*. Cambridge, Massachusetts: Harvard University Press.
- Wright, S. (1980) Genic and organismic selection. *Evolution* 34, 285-43.
- Wynne-Edwards, V. C. (1962) *Animal Dispersion in Relation to Social Behaviour*. Edinburgh: Oliver and Boyd.
- ____, (1978) Intrinsic population control: an introduction. In *Population Control by Social Behaviour* (eds. F. J. Ebling and D. M. Stoddart). London: Institute of Biology. pp. 1-22.
- ____, (1986) *Evolution Through Group Selection*. Oxford: Blackwell Scientific Publications.
- Yom-Tov, Y. (1980) Intraspecific nest parasitism in birds. *Biological Reviews* 55, 93-108.
- Young, J. Z. (1975) *The Life of Mammals*. 2nd edition. Oxford: Clarendon Press.
- Zahavi, A. (1975) Mate selection-a selection for a handicap. *Journal of Theoretical Biology* 53, 205-14.
- ____, (1977) Reliability in communication systems and the evolution of altruism. In *Evolutionary Ecology* (de. B. Stonehouse and C. M. Perrins). London: Macmillan. pp. 253-9.
- ____, (1978) Decorative patterns and the evolution of art. *New Scientist* 80 (1125), 182-4.
- ____, (1987) The theory of signal selection and some of its implications. In *International Symposium on Biological Evolution, Bari, 9-14 April 1985* (ed. V. P. Delfino). Bari: Adriatici Editrici. pp. 305-27.
- ____, Personal communication, quoted by permission.

찾아보기

ㄹ

ㅁ

ㅇ

ㅊ

ㅋ

ㅌ

ㅍ

이 책에 대한 서평

공공의 이익을 위하여

피터 메더워Peter Medawar, 『스펙테이터』, 1977년 1월 15일

표면상으로 이타적이거나 비이기적으로 보이는 동물의 행동에 직면했을 때, 점점 그 수가 많아지는 사회학자들을 포함해 생물학에 대한 깊은 이해가 없는 보통 사람들은 그 행동이 "종의 이익을 위해서" 진화했다고 말하려는 유혹에 빠지기 쉽다.

예를 들어 레밍 수천 마리가 절벽에서 바다로 뛰어들어 사라짐으로써 개체 수를 조절한다(분명히 그들은 인간보다 그 필요성을 잘 알고 있다)는 것은 잘 알려진 미신이다. 아무리 잘 속는 자연학자라도, 이것을 지령하는 유전적 성분이 이 대규모 인구통계를 위한 처형 과정에서 그 소유주와 함께 사라질 것이라는 것을 생각하면, 이러한 이타적 행동이 어떻게 그 종의 행동의 일부가 되었을까를 분명히 자문했을 것이다. 그렇지만 이것을 미신으로 치부한다고 해서 유전적으로 이기적인 행동이 때때로 무관심하거나 이타적인 행동으로 '나타난다'(임상의가 말하듯)는 사실을 부정하는 것은 아니다. 할머니가 차갑고 무관심하게 대하지 않고 응석을 받아주도록 지령하는 유전적 요인은 진화 중에 우세하게 퍼질지도 모른다. 왜냐하면 다정한 할머니는 손자의 몸에 들어 있는 자신의 유전자 일부분의 생존과 증식을 이기적으로 촉진시키고 있는 것이기 때문이다.

리처드 도킨스는 신세대 생물학자 중 가장 재기 넘치는 사람들 중 한 사람이다. 그는 이타성의 진화에 대해 사회생물학에서 즐겨 해 온 몇 가지 오해를 친절하고 전문가답게 타파한다. 그러나 이 책을 오해를 타파하는 종류의 책으로 생각해서는 안 된다. 정반대로 이 책은 사회생물학의 중심

문제를 자연선택에 대한 유전적 이론이라는 관점에서 매우 교묘하게 재편성한 책이다. 더 나아가 이 책은 풍부한 학식과 기지가 번뜩이는 책이다. 리처드 도킨스가 동물학을 연구하게 된 이유 중 하나는 동물에 대한 '전반적인 호감'이었다. 이 사실은 뛰어난 생물학자 모두가 공유하는 것이며, 동물에 대한 도킨스의 호감은 이 책 전체를 통해 돋보인다.

『이기적 유전자』는 원래 논쟁적인 성질의 책은 아니지만, 로렌츠의 『공격성에 관하여』, 아드리의 『사회 계약』, 아이블-아이베스펠트의 『사랑과 미움』과 같은 책에 담긴 주장들을 꺾는 것은 도킨스가 할 일 목록에서 매우 중요한 부분이었다. "이 책들의 문제점은 그 저자들이 전적으로, 완전히 틀렸다는 데 있다. 이들이 틀린 이유는 진화가 어떻게 진행되는지를 잘못 이해했기 때문이다. 이들은 진화에서 중요한 것은 개체(또는 유전자)의 이익이 아닌 종(또는 집단)의 이익이라는 잘못된 가정을 하고 있다."

"닭은 달걀을 하나 더 만드는 수단에 불과하다"라는, 학생들이나 믿는 격언에는 실로 많은 교훈적 진실이 담겨 있다. 리처드 도킨스는 이에 대해 이렇게 말한다.

> 이 책이 주장하는 바는 사람을 비롯한 모든 동물이 유전자가 만들어 낸 기계라는 것이다. 성공한 시카고의 갱단과 마찬가지로 우리의 유전자는 치열한 세상에서 때로는 수백만 년 동안이나 생존해 왔다. 이 사실로부터 우리는 우리의 유전자에 어떤 성질이 있음을 기대할 수 있다. 이제부터 논의하려는 것은, 성공한 유전자에 대해 우리가 기대할 수 있는 성질 중 가장 중요한 것은 '비정한 이기주의'라는 것이다. 이러한 유전자의 이기주의는 보통 개체 행동에서도 이기성이 나타나는 원인이 된다.

우리가 이러한 진실을 개탄할지라도 그것이 진실이라는 것은 조금도 변하지 않는다고 도킨스는 말한다. 그러나 유전적 과정의 이기성에 대해 보다 깊이 이해하면 할수록 우리는 관대함과 협력 그리고 그 밖에 모든 공익을 위한 것의 이점을 **가르칠** 자격을 갖게 될 것이다. 도킨스는 인류의 문화적 진화 또는 유전자 이외의 요인으로 일어나는 진화의 특별한 중요성에 대해 대부분의 사람보다 훨씬 분명하게 설명하고 있다.

책의 마지막 장이며 가장 중요한 장(11장을 가리킨다 — 옮긴이)에서 도킨스는 모든 진화적인 시스템에 틀림없이 적용될 수 있는 하나의 근본적인 원리를 밝히는 것에 도전한다. 이 원리는 아마 탄소 원자의 자리에 규소 원자를 가진 생물체, 그리고 인류처럼 진화의 대부분이 비유전적인 경로를 통해서 조정되는 생물에게조차 적용할 수 있다. 그 원리는 "진화는 복제하는 실체가 얻는 번식상의 순이익 총계를 통해서 일어난다"는 것이다. 보통의 상황하에 있는 보통의 생물에게 있어 그러한 실체는 DNA 분자 속에 있는 '유전자'라 불리는 것이다. 도킨스는 문화적 전달의 단위를 '밈'이라고 명명하고 있으며, 마지막 장에서 밈에 대한 다윈 이론이 실제로 어떠한 것인지를 상세히 설명한다.

명쾌하게 훌륭한 도킨스의 책에 나는 하나의 각주를 더하고 싶다. 기억 기능이 이 모든 생물이 갖는 하나의 기본적인 속성이라는 생각은 1870년에 오스트리아 생리학자 에발트 헤링Ewald Hering이 최초로 제창했다는 사실이다. 그는 그 단위를 언어학적인 정확함을 의식해 '므넴mneme'이라고 불렀다. 이 문제에 대한 리처드 세먼Richard Semon의 해설(1921년)은 당연히 완전히 비다윈주의적이어서 시대에 뒤떨어진 유물로 밖에 볼 수 없다. 헤링의 아이디어 중 하나는 라이벌이었던 자연철학자 헐데인 교수에 의해 웃음거리가 되었는데, 오늘날 데옥시리보핵산, 즉 DNA가 가지고 있는 성질과 똑같은 성질의 화합물이 틀림없이 존재한다는 것이었다.

자연이 연기하는 연극

윌리엄 D. 해밀턴W. D. Hamilton, 『사이언스 저널』, 1977년 5월 13일(발췌)

이 책은 누구나 읽어야 하며, 또 누구든지 읽을 수 있다. 진화 이론의 새로운 국면이 매우 능숙하게 기술되어 있기 때문이다. 오늘날 대중에게 새롭고 때로는 잘못된 생물학을 올바로 납득시키기 위해 이 책은 경쾌하고 거침없는 스타일을 다분히 유지하면서도 매우 중대한 내용을 담고 있다. 꽤 난해하고 거의 수학에 가까운 최근의 진화 사상에 내포된 주제를 전문 용어가 아닌 평이한 말로 설명하는 것은 일견 불가능하다. 그럼에도 이 책은 그러한 과제를 훌륭하게 수행해 내고 있다. 넓은 시야로 논쟁적인 주제를 다룬 이 책을 통독하고 나면 그 분야를 이미 잘 알고 있다고 자신해 온 생물학자도 신선한 충격을 받을 것이다. 적어도 나는 그랬다. 그러나 반복해서 강조하지만 이 책은 과학에 대한 최소한의 소양만 있으면 누구나 쉽게 읽을 수 있는 책이다.

도도하게 굴 생각은 없지만, 자신의 관심 분야에 가까운 대중서를 읽으면 누구나 오류를 찾게 된다. 이 예는 잘못된 예고, 저 이야기는 좀 모호하게 설명되었고, 그 생각은 틀린 것이어서 수년 전에 폐기된 것이라는 식으로 말이다. 하지만 이 책은 내가 보기에 흠잡을 데가 없는 거의 완벽한 책이다. "잘못의 가능성이 아주 없다"고 말하는 것은 아니다(어떤 의미에서는 추측이 장점이라 할 수 있는 책에서 잘못의 가능성이 없을 수는 없을 것이다). 그러나 이 책에서 다루는 생물학적 내용은 전반적으로 올바른 것이기 때문에 의심스러운 설명이 있다고 해도 독단적인 것이라고는 할 수 없다. 스스로의 생각에 대한 저자의 겸손한 평가는 비난의 화살을 완화시키는 경향이 있지만, 독자는 이 책에 설명된 모델이 마음에 들지 않으면 좀 더 좋은 모델을 생각해 내라는 제안에 기분이 좋아질 것이다. 대중서로서 그러한 권유를 심각하게 할 수 있다는 사실이 이 책에 담긴 주제의 새로움을 단적으로 반영한다. 단순하지만 지금까지 검증된 적이 없는 아이디어가 오래된 진화의 수수께끼를 간단하게 해결해 버릴 가능성은 실제로 존재한다.

그러면 진화론에 있어서 새로운 국면이라고 하는 것은 무엇인가? 그것은 셰익스피어에 대한 새로운 해석과 같다. 모든 것이 대본에 쓰여 있지만 어째서인지 간과되어 온 것처럼 말이다. 그러나 이 새로운 견해가 진화에 대한 다윈의 대본에 숨겨져 있었던 시간은 진화에 대한 자연의 대본에 숨겨져 있던 것에 비하면 아무것도 아니라는 점과, 우리가 깨닫지 못했던 기간은 100년 정도의 기간이 아니고 20년 정도라는 점은 언급해야겠다. 예를 들어 도킨스는 우리가 오늘날 꽤 잘 알고 있는 변이가 존재하는 나선의 분자에서부터 이야기를 시작하지만, 다윈은 염색체에 대해서도, 그리고 유성생식 과정에서 염색체가 보이는 이상한 댄스에 대해서조차도 몰랐던 것이다. 그러나 20년이라는 시간도 놀라움을 가져오기에 충분히 길다.

1장은 이 책이 설명하려는 현상의 특징을 대략적으로 설명하면서 이 현상이 인간 생활에서 갖는 철학적, 실제적인 중요성을 보여 준다. 흥미롭고 신기한 동물의 실례가 눈길을 끈다. 2장은 원시 수프 속의 최초의 자기 복제자로 거슬러 올라간다. 우리는 이 자기 복제자가 증식하고 보다 정교해지는 것을 보게 된다. 이들은 기질을 놓고 경쟁하고, 싸우고 심지어는 서로를 녹여 먹기 시작한다. 이들은 방어벽 안에 자신의 몸과 양분과 무기를 숨겼다. 이러한 벽은 경쟁 상대나 포식자로부터 몸을 지키기 위해서뿐만 아니라 자기 복제자가 서서히 살아갈 수 있게 된 환경의 난관으로부터 몸을 지키는 데도 사용되었다. 이처럼 이들은 움직이고, 정착하고, 기묘한 형태를 만들고, 바다를 벗어나 육지를 횡단하여 사막과 만년설에까지 이르렀다. 오랫동안 생명이 이를 수 없었던 미개척 영역들 사이에, 끊임없이 다양한 모양을 한 주형에 원시 수프는 수백만 번 반복해 쏟아지고 또 쏟아졌다. 그리고 마침내는 개미, 코끼리, 비버와 사람이라고 하는 주형이 만들어졌다. 2장은 이러한 태고의 자기 복제자의 궁극적인 자손 연합체에 대한 고찰로 매듭짓는다. "그들이 살아 있다는 사실이야말로 우리가 존재하는 궁극적인 이론적 근거이기도 하다. (…) 이제 그들은 유전자라는 이름으로 계속 나아갈 것이며, 우리는 그들의 생존 기계다."

여러분은 이 말이 너무 세고 자극적인 표현이라고 생각할지도 모른다. 그러나 이 말이 새로운 생각인가? 뭐, 지금까지 봐서는 그렇지 않다. 그러나 물론 진화는 우리의 몸과 함께 끝나지 않는다. 더 중요한 것은 북적거리는 세계에서 생존하는 방책이 예상 외로 미묘하다는 것이다. 생물학자가 종의 이익을 위한 적응이라고 하는, 시대에 뒤져 쓸모없게 된 패러다임 아래에서 상상했던 것보다 훨씬 더 말이다. 이 미묘함이 이 책의 나머지에서 다루는 내용이다. 간단한 예로 새소리를 들어 보자. 새소리는 매우 효율이 나쁜 행동처럼 보인다. 즉 어떤 지빠귀가 추운 겨울과 배고픔과 같은 조건에서 어떻게 살아남는지를 찾고 있는 소박한 유물론자는, 이 종의 수컷이 내는 매우 소란스러운 노랫소리도 강령회에서 나타나는 가상의 심령체 만큼이나 존재할 수 없다는 사실을 쉽게 발견할지 모른다(좀 더 깊이 생각하면 이 종에서 수컷이 존재한다는 사실마저도 불가능해 보일지 모른다. 그리고 실제로 이것이 이 책의 또 다른 주제다. 새소리처럼 성의 기능도 과거에는 지나치게 쉽게 설명되어 왔다). 그러나 어떤 새에서도 자기 복제자의 팀 전체는 이 퍼포먼스를 얼마나 정교하게 할지에 관심이 있다. 이 책의 어디에선가 도킨스는 한층 더 대단한, 바다 전역에서 들릴 수 있을지 모르는 혹등고래의 노래를 인용하고 있다. 그러나 우리는 이 노래가 무엇을 위한 것인지, 누구를 향한 노래인지 지빠귀 노래보다도 더 모른다. 이 노래는 고래류 전체가 인류에게 대항해 단결을 호소하는 국가일지도 모른다. 만약 그렇다면 혹등고래는 당연히 포함된다. 물론 지금 교향곡의 콘서트를 쫓아내는 것은 자기 복제자의 팀이 모인 다른 무리이다. 그리고 이러한 콘서트는 때때로 바다를 건너 들린다. 훨씬 더 복잡한 팀이 만든 계획에 따라 만들어지고 움직여진 공간에서 온 몸들이 만들어 낸 반향에 의해서 말이다. 만약 도킨스가 옳다면, 심령술사가 거울을 사용해서 하는 일은, 응고된 원시 수프와 같은 훌륭한 재료로 자연이 해내는 일에 비하면 아무것도 아니다. 이렇게 확장된 생명체가 가장 단순한 세포벽, 가장 단순한 다세포 생물체, 그리고 지빠귀의 노래까지 포함하는 일반적인 패턴 — 본질적으로 세부적인 것은 다르다고 해도 — 에 들어맞는다는 데에 이 책이 서광을 비춘다고 말하면 이 책과 최근 출간된 다른 책(에드워드 윌슨의 『사회생물학』과 같은)을 이해하는 데 도움이 될 것이다. 세부적인 것은 차치하더라도 말이다(종교인들과 신新마르크스주의자는 자기편의 논리에 맞게 이 말을 뒤집으려고 할지 모르지만).

그렇지만 이 책이 『사회생물학』의 대중서나 염가서 버전이라는 인상을 가지면 안 된다. 첫째, 이 책에는 디수의 독창적인 생각이 포함되어 있고, 둘째, 윌슨이 거의 언급하지 않았던 사회적 행동의 게임 이론적인 측면을 강조함으로써 윌슨이 쓴 방대한 책과의 불균형을 상쇄하고 있다. '게임 이론적'이라는 말이 적절한 것은 아니다. 특히 낮은 수준의 사회성의 진화에 대해 말할 때는 부적절하다. 왜냐하면 유전자 그 자체는 자신이 어떻게 작동하는지에 대해 이성적으로 생각할 수 없기 때문이다. 그럼에도 불구하고 게임 이론의 개념적인 구조와 사회성 진화의 개념적인 구조 사이에는 모든 수준에서 유사성이 존재한다. 여기서 암시하는 지식의 교류는 새로운 것으로 아직도 진행 중이다. 예를 들어 나는 게임 이론이 '진화적으로 안정한 전략'과 유사한 개념에 벌써 이름(내쉬 평형)을 붙였던 것을 최근에야 알았다. 도킨스는 사회생물학을 새롭게 조명하면서 진화적 안정성의 개념을 사회생물학에서 극히 중요한 개념으로 취급하고 있는데 그의 견해는 맞는 것이다. 사회적 행동 및 사회적 적응에 있어서 게임 이론적인 요소는, 어떠한 사회적 상황에서도 어느 개체의 전략이 성공할지 말지는 그 개체와 상호 작용하는 상대의 전략에 따라 달라진다는 데에 있다. 전반적인 이익과는 상관없이 특정 조건에서 최대의 이익을 얻게 하는 적응을 추구하는 것은 매우 놀랄 만한 결과를 가져올 수 있다. 예를 들어 다른 대부분의 동물과는 달리 왜 어류에서는 보통 수컷이 알이나 치어를 보호하는가라는 중대한 문제는 어느 쪽이 먼저 생식 세포를 수중에 방출하는가라는 사소한 일에 달려 있다. 이러한 사실을 그 누가 상상이나 할 수 있었을까? 그러나 도킨스와 그의 공동 연구자는 로버트 트리버스의 아이디어를 빌려, 그러한 타이밍의 차이가 — 비록 몇 초에 불과한 작은 차이라도 —

이 현상 전체에 있어 결정적으로 중요하다는 논증을 제시한다. 또 수컷의 도움을 받는 일부일처제의 새 암컷은 일부다처제의 암컷보다 한배 산란수가 더 클 것이라 기대하겠지만 실제로 사실은 그 반대이다. 도킨스는 '암수의 전쟁'이라고 하는 놀라운 내용을 담은 장에서 착취(이 경우에는 수컷에 의해서)에 대한 안정성이라는 생각을 한 번 더 적용하면서 돌연 이 기묘한 관계를 자연스러운 것으로 만들어 버린다. 이 생각은 그의 다른 생각처럼 아직 증명되지 않았으며 여기에는 다른 중대한 이유가 있을지도 모른다. 하지만 그의 새로운 시각으로부터 아주 쉽게 찾아볼 수 있는, 그가 제시하는 이유는 주목할 필요가 있다.

게임 이론의 교과서에는 현대 기하학의 교과서에 원과 삼각형이 그다지 나오지 않는 것처럼 게임은 그다지 나오지 않는다. 언뜻 보면 모든 것이 마치 대수학이다. 게임 이론은 기술적인 학문이다. 따라서 책에서 말하고 있듯이, 상세 내용은 말할 것도 없이 게임 이론적인 상황에 대해 수식에 의존하지 않고 이렇게 많은 내용을 전한다는 것은 확실히 문학적인 업적이다. 피셔는 진화에 관한 그의 훌륭한 저서의 서장에서 "내가 모든 노력을 기울였음에도 불구하고 이 책을 읽기 쉽게 만들 수 없었다"라고 썼다. 피셔의 책에서는 수식과 간결하고 심오한 문장이 비처럼 내리쳐 독자를 잠자코 따르게 만든다. 『이기적 유전자』를 다 읽고 나서 나는 피셔가 좀 더 잘할 수 있었던 것은 아닐까 하고 생각한다. 다만 그러려면 그가 전혀 다른 종류의 책을 써야 했을 테지만 말이다. 수식으로 표현된 고전적인 집단유전학의 개념조차 지금까지 쓰인 어느 책에서보다 훨씬 더 일상적인 문장으로 훨씬 재미있게 쓸 수 있었을 텐데 말이다(실제로 이 점에서 헐데인은 피셔보다 조금 나았지만 피셔만큼 내용이 심원하지는 않다). 그러나 정말로 주목해야 할 것은 생물의 실태에 대해 새롭게 그리고 좀 더 사회적인 관점에서 접근할 때 라이트, 피셔 그리고 헐데인의 뒤를 잇는 집단유전학의 주류가 따르는 꽤 지루한 수식의 대부분을 어떻게 회피해 갈 수 있는가라는 것이다. 나는 도킨스도 피셔가 '20세기 최고의 생물학자'(나는 이것이 드문 견해라고 생각하고 있었다)라고 평가하고 있다는 것을 알고 꽤 놀랐다. 그러나 그와 동시에, 그가 피셔의 책 내용을 거의 반복하지 않아도 되었다는 것을 눈치채고 매우 놀랐다.

마지막으로, 마지막 장에서 도킨스는 문화의 진화라고 하는 매력적인 주제를 다룬다. 그는 '유전자'에 대응하는 문화적 인자에 '밈(mimeme을 줄인 말)'이라고 하는 용어를 제안한다. 이 용어가 지칭하는 내용의 범위를 정하는 것은 '유전자'의 범위를 정하는 것보다 틀림없이 어려운 일이다. '유전자'의 범위를 정하는 것은 정말 어려운 일인데도 말이다. 그러나 나는 이 용어가 조만간 생물학자에 의해 일반적으로 사용될 것이라고 추측한다. 또 철학자, 언어학자, 그 외의 사람들에게도 사용되기를 바란다. 그래서 '유전자'라는 단어만큼 일상 회화 속에 들어오게 되기를 바란다.

유전자와 밈

존 메이너드 스미스John Maynard Smith, 『런던 리뷰 오브 북스』, 1982년 2월호

(『확장된 표현형』의 서평에서 발췌)

『이기적 유전자』는 대중서임에도 생물학에 그 고유의 기여를 했다는 의미에서 이례적이다. 게다가 그 공헌 자체도 매우 이례적인 것이다. 데이비드 랙의 고전 『울새의 삶*The Life of the Robin*』(이것도 대중서이면서 고유의 기여를 했다)과는 달리, 『이기적 유전자』는 새로운 사실을 보고하고 있지 않다. 또한 어떤 새로운 수학적 모델을 담고 있지도 않다. 아니, 수학은 전혀 담겨 있지 않다. 이 책이 제공하고 있는 것은 하나의 새로운 세계관이다.

이 책은 널리 읽혀져 호평을 얻고 있지만 또한 강한 적개심을 불러일으키기도 했다. 그 적개심의 대부분은 오해에서, 정확히 말하면 몇 가지 오해에서 생겨난 것이리라 나는 생각한다. 그중에서 가장 근본적인 것은 이 책이 무엇에 관한 것인지에 대한 오해이다. 이 책은 진화적 과정에 관한 책이지, 도덕, 혹은 정치, 혹은 인간에 관한 책이 아니다. 만약 당신이 진화가 어떻게 진행되어 왔는지에 관심이 없다면, 그리고 어떻게 인간에 관한 일 이외의 다른 무언가에 관해 심각하게 생각할 수 있는지 도통 모르겠다면 이 책을 읽지 않아도 된다. 읽으면 당신은 쓸데없이 화만 날 것이다.

그러나 당신이 진화에 관심을 갖고 있다면, 도킨스가 말하려고 하는 것을 이해하는 좋은 방법은 1960년대부터 1970년대에 걸쳐 진화생물학자들 사이에 벌어진 논쟁이 어떤 성질의 것이었는지를 파악하는 것이다. 이 논쟁은 '집단선택'과 '혈연선택'이라는 두 가지 서로 관련이 있는 화제에 관한 것이다. 집단선택 논쟁은 윈-에드워즈에 의해 촉발됐다. 그는 행동 적응이 집단선택에 의해 진화했다, 즉 어느 집단은 살아남고 어느 집단은 멸종하는 과정을 통해서 진화하는 것이라 제안했다.

거의 같은 시기에 해밀턴은 자연선택이 어떻게 작용하는가에 대해 또 하나의 의문을 제기했다. 그는 만약 유전자가 그 소유자로 하여금 친척 몇 명의 목숨을 구하기 위해 스스로의 목숨을 희생하게 했다면, 후에 그 유전자의 사본은 희생하지 않았을 경우에 비해 보다 많이 존재하게 될 것이라는 점을 지적했다. 이 과정을 수량적으로 표현하기 위해서 해밀턴은 '포괄적 적응도'라는 개념을 도입했다. 포괄적 적응도에는 그 개체 자신의 자식뿐만 아니라 그 개체의 도움으로 자란 친척의 자식도 모두 그 혈연도에 해당하는 비율을 곱해 포함시킨다.

도킨스는 우리가 해밀턴에게 진 빚을 인정하면서, 적응도의 개념을 강조하기 위한 마지막 노력에서 자신이 잘못을 저지른 것 같다고 했다. 순수한 유전자의 관점에서 진화를 바라보는 것이 훨씬 현명했을 것이라고 말이다. 그는 '자기 복제자'(번식 과정에서 구조가 정확하게 복제되는 실체)와 '운반자'(죽음을 면하지 못하고 복제되지는 않으나 그 성질은 자기 복제자의 영향을 받는 실체)의 근본적인 차이를 인식하라고 우리에게 강하게 호소한다. 우리가 잘 알고 있는 주요한 자기 복제자는 유전자 및 염색체의 구성 요소인 핵산 분자(보통은 DNA 분자)이다. 전형적인 운반자는 개, 초파리 그리고 인간의 몸이다. 이제 눈과 같은 구조를 관찰한다고 가정해 보자. 눈은 분명히 보는 것에 적응되어 있다. 여기서 우리는 눈이 진화한 것이 누구에게 이익을 주는가라고 질문할 수 있다. 도킨스에 따르면 이 질문에 대한 유일한 합리적인 대답은, 눈이 그 발생의 원인이 된 자기 복제자의 이익을 위해 진화했다는 것이다. 나처럼, 그는 집단의 이익보다는 개체의 이익으로 설명하는 편을 강하게 선호하겠지만, 결국은 자기 복제자의 이익만으로 설명하는 것을 선호할 것이다.

『이기적 유전자』가 처음 출간된 해의 리처드 도킨스(1976년)